北大社·“十三五”普通高等教育本科规划教材
高等院校机械类创新型应用人才培养规划教材

理论力学(第2版)

主　编　盛冬发　刘　军
副主编　闫小青　李旭平
参　编　牟春燕　崔　玮
　　　　姚金阶　王金和
主　审　陈乐生

北京大学出版社
PEKING UNIVERSITY PRESS

内 容 简 介

本书按照教育部关于工科理论力学的教学基本要求编写。全书分为三篇：静力学、运动学和动力学。静力学部分主要讲述物体受力分析的方法和力系的简化与平衡；运动学部分主要从几何的观点论述质点和刚体的运动规律；动力学部分讨论物体的运动及其受力的关系。全书内容涵盖了理论力学课程的基本要求，共14章，内容包括绪论、静力学公理及物体的受力分析、平面汇交力系和平面力偶系、平面任意力系、空间力系、摩擦、运动学基础、点的合成运动、刚体平面运动概述和运动分解、质点动力学基本方程、动量定理、动量矩定理、动能定理、达朗贝尔原理、虚位移原理。

本书可以作为50～80学时的理论力学课程教学用书，也可以作为工程力学课程的理论力学部分教学的教材，还可作为相关专业的电大、夜大和函授的自学教材，也可供其他专业学生和技术人员参考使用。

图书在版编目(CIP)数据

理论力学/盛冬发，刘军主编. —2版. —北京：北京大学出版社，2013.9
(高等院校机械类创新型应用人才培养规划教材)
ISBN 978-7-301-23125-8

Ⅰ. ①理… Ⅱ. ①盛…②刘… Ⅲ. ①理论力学—高等学校—教材 Ⅳ. ①O31

中国版本图书馆 CIP 数据核字(2013)第 207084 号

书　　名：理论力学(第2版)
著作责任者：盛冬发　刘　军　主编
策 划 编 辑：童君鑫　宋亚玲
责 任 编 辑：宋亚玲
标 准 书 号：ISBN 978-7-301-23125-8/TH·0367
出 版 发 行：北京大学出版社
地　　址：北京市海淀区成府路205号　100871
网　　址：http://www.pup.cn　新浪官方微博：@北京大学出版社
电 子 邮 箱：编辑部 pup6@pup.cn　总编室 zpup@pup.cn
电　　话：邮购部 010-62752015　发行部 010-62750672　编辑部 010-62750667
印 刷 者：北京虎彩文化传播有限公司
经 销 者：新华书店
787毫米×1092毫米　16开本　19.25印张　443千字
2007年8月第1版
2013年9月第2版　2024年8月第6次印刷
定　　价：49.00元

第 2 版前言

本书从 2007 年出版后，编者听取了兄弟院校教师和读者的意见，对它进行了修改。第 2 版订正了初版的若干错误与不妥之处，改写了个别章节，增删了某些习题。各章都增加了引例部分，补充了相关知识的发展历史及其在日常生活和工程实际中的应用等内容，力求更加适应当前应用型本科院校教学的需要。

本书着力体现当前应用型本科教学改革的特点，突出针对性、适用性和实用性，以及对专业技能、素质的培养。编者力图通过本书，重点培养读者两方面的能力：对工程对象正确建立力学模型的能力，对力学模型进行静力学、运动学与动力学(瞬时或过程)分析的能力。编写时精选内容，简化公式推导，理论联系实际，注重工程应用；文字简洁，叙述深入浅出，通俗易懂，图文配合紧密。每章末附有习题，方便读者自学。

本书静力学和动力学部分新增的引例部分由刘军执笔，运动学的引例部分和习题部分增删的内容由盛冬发完成。全书文句的修改由刘军负责，最后由盛冬发对全书进行校阅。

为方便使用本书的教师教学，本书提供电子课件和课后习题的参考答案，如有需要，可以从出版社网站 http：//www. pup6. com 下载。

本书虽经修改，但由于编者水平所限，不足之处仍在所难免，衷心地希望广大读者批评指正。

编　者

2013 年 7 月于昆明

第 1 版前言

本书是按照教育部关于工科理论力学的教学基本要求编写的。全书分为三篇：静力学、运动学和动力学。静力学部分主要讲述物体受力分析的方法和力系的简化与平衡；运动学部分主要从几何的观点论述质点和刚体的运动规律；动力学部分讨论物体的运动及其受力的关系。全书内容涵盖了理论力学课程的基本要求，共 14 章，内容包括绪论、静力学公理及物体受力分析、平面汇交力系和力偶系、平面任意力系、空间力系、摩擦、运动学基础、点的合成运动、刚体平面运动概述和运动分解、质点动力学的基本方程、动量定理、动量矩定理、动能定理、达朗贝尔原理、虚位移原理。

本书是编者多年教学工作的经验总结。理论力学是工科类专业一门重要的专业基础课。由于它的理论性强，逻辑严密，使得学生在学习本课程时感觉有一定的难度，因而在编写本书的过程中，强调基础知识，注意由浅入深，遵循由概念到理论的过程。为了使学生更好地掌握本书的基本知识，每章后面都安排了大量的概念题，包括填空题、判断题和选择题。这些习题的安排注重基础性，同时又不失普遍性、典型性和新颖性。学生通过练习这些基本概念题，可以及时巩固学过的知识，理解书中的基本概念和定理。各章后面安排了适当的计算题(书后附有部分计算题答案)，学生通过练习，巩固学过的内容，同时提高应用知识解决实际问题的能力。

本书的编写得到福建工程学院力学教研室老师的支持，特别是曾绍锋老师在繁忙的工作中抽空对部分章节进行了修改。本书由福州大学陈乐生教授审阅，他们对本书内容提出了许多宝贵意见，在此一并表示感谢。

本书编写分工如下：第 1、2 章由李旭平编写；第 3 章由牟春燕编写；第 4、5、6、8、10、13 章由盛冬发编写；第 7 章由姚金阶编写；第 9 章由王金和编写；第 11、12 章由闫小青编写；第 14 章由崔玮编写。本书由盛冬发教授和闫小青副教授任主编。

本书可以作为 50～80 学时的理论力学课程教学用书，也可以作为工程力学课程中理论力学部分的教学教材，还可作为相关专业的电大、夜大和函授的自学教材，也可供其他专业的学生和技术人员参考。

由于编者水平所限，书中难免存在不妥之处，敬请读者批评指正。

编　者

2007 年 5 月于福州

目　录

绪　论

一、理论力学的研究对象和内容

理论力学是研究物体机械运动一般规律的科学。

物体在空间的位置随时间而改变，称为机械运动。机械运动是人们生活和生产实践中最常见的一种运动。平衡是机械运动的特殊情况。

本课程研究的内容是速度远小于光速的宏观物体的机械运动，它以伽利略和牛顿总结的基本定律为基础，属于古典力学的范畴。至于速度接近于光速的物体和基本粒子的运动，则超出了理论力学的研究范围，必须用相对论和量子力学的观点来加以解释。

本课程主要研究以下三个方面的内容。

静力学——主要对物体进行受力分析，对各种力系进行简化，建立各种力系的平衡条件。

运动学——只从几何上来研究物体(点或刚体)的运动(如轨迹、速度、加速度等)，而不考虑引起物体运动的物理因素。

动力学——研究物体的运动与作用于物体上的力之间的关系。

二、研究方法

科学的认识过程符合辩证唯物主义的认识论。理论力学也必须遵循这个正确的认识规律。

首先，通过观察生活和生产实践中的各种现象，进行多次的科学实验，经过分析总结，得到力学最基本的规律。

其次，在基本规律的基础上，建立力学模型，形成概念，然后经过逻辑推理和数学演绎，建立理论体系。

最后，将理论力学的理论用于实践，用实践来验证并发展理论力学体系。

三、学习目的

理论力学是一门理论性较强的专业基础课。学习理论力学有如下目的。

首先，工程专业都要接触机械运动问题。在这些问题中，有些工程问题可以直接应用理论力学的基本理论去解决，有些比较复杂的问题需要用理论力学和其他专门知识来共同解决。学习理论力学是为解决工程问题打下一定的基础。

其次，理论力学课程是许多专业后续课程，如材料力学、机械原理、机械设计、结构力学、弹塑性力学、流体力学、飞行力学、振动理论等课程的重要基础。

最后，理论力学的研究方法与其他学科的研究方法有不少相同之处。理解理论力学的研究方法，不仅可以深入地掌握这门学科，而且有助于学习其他科学技术理论，有助于培养辩证唯物主义世界观，掌握科学的思维方法，培养正确地分析问题和解决问题的能力，为今后解决生产实际问题，从事科学研究工作打下基础。

第一篇

静力学部分

第1章

静力学公理及物体的受力分析

本章教学要点

知识要点	掌握程度	相关知识
静力学公理	掌握静力学公理及物理意义	静力学公理的有关推论
约束与约束反力	掌握常见约束的约束反力性质	自由体和非自由体
物体的受力分析	能正确地画出物体的受力图	正确画物体受力图的步骤

导入案例

力学是什么？力学是物理、化学和工程的根本。力学对科学和技术的贡献是巨大的。可是要对一个个具体的力学方面的成果进行估价，却是很困难的。譬如评价稻米，你可以对它的果实定价，说一斤(1 斤＝0.5 千克)米几元钱。稻的杆是稻草，也可以说一捆稻草几角钱。那么，根呢？它长在泥土里。稻子割了，根可没人要，只好翻转来，让它烂掉，做下一代的养料。力学对于工程就像是根，它的作用就是给技术输送养料，使新的技术发芽、生长，结出果实。可是它本身却卖不出钱来。力学对于科技的作用，又有点像普天下的母亲，孕育子女，这是不能用价格来衡量的。

力学是研究物质机械运动规律的科学。什么是物体的机械运动呢？一般地说机械运动指物体位置和形状随时间而变化。它既包括物体的移动、转动、流动和变形，也包括静止(静止是运动的一种特殊情况)。“力学”在英语中称为 mechanics，有机械和工具的意义；汉语中的“力学”一词字面上是力的科学，已没有机械的意义了。

人们对力的认识，最初是与人们在劳动中的推、拉、压等活动中的肌肉紧张、疲劳的主观感觉联系在一起的，随后又由实践和推理，逐渐认识到物体之间也存在力的作用。

两千多年以前的春秋时期，我国有位叫墨翟的著名学者，他有一部有名的著作，叫做《墨经》。他指出：“力，刑之所奋也”。这里，“刑”同“形”，指人体或物体，而“奋”字表示物体由静到动、由慢到快的过程。由此可见，墨家已将力与运动联系起来了，并初步认识到力是使物体运动状态发生变化的原因。这个认识与后来牛顿(1642—1727)在他的名著《自然哲学的数学原理》中总结的力学第二定律是相吻合的。

静力学是从公元前三世纪开始发展，到公元 16 世纪伽利略奠定动力学基础为止。这期间因农业、建筑业的要求，以及同贸易发展有关的精密衡量的需要，推动了力学的发展。阿基米德(约公元前 287—公元前 212)被认为是静力学奠基人之一。在他的关于平面图形的平衡和重心的著作中，创立了杠杆理论，并且为静力学的主要原理奠定了基础。著名的意大利艺术家、物理学家和工程师达·芬奇(1452—1519)应用力矩法解释了滑轮的工作原理，应用虚位移原理的概念来分析起重机构中的滑轮和杠杆系统。荷兰物理学家斯蒂文(1548—1620)于 1586 年出版了《静力学原理》，论证了力合成的平行四边形法则，对力的分解、合成与平衡进行了比较系统的认识。法国力学家伐里农(1654—1722)在 1687 年出版的著作《新力学大纲》中，第一个对力矩的概念和运算规则做出科学的说明，静力学才真正完备起来。法国力学家潘索(1777－1859)发展了几何静力学，于 1803 年写成《静力学原理》，首次提出力偶的概念，提出了任意力系的简化和平衡理论、约束的定义以及解除约束原理，从而建立了静力学的体系。

万丈高楼平地起，世界上任何一种建筑物、结构、机械都是在基础上建成的，而这种基础就是力学中的约束。但实际结构是很复杂的，完全按照结构的实际工作状态进行力学分析是不可能的，也是不必要的。因此，对实际结构进行力学计算以前，必须加以简化。简化遵循的原则是：结构应能反映实际结构的受力和变形性能；同时又要方便计算，即保留主要因素，略去次要因素。本章讨论的约束就是将工程的实际支撑情况进行简化，它为后续章节提供了必要的力学分析平台。

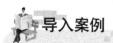

学完本章后，你也可以将下列一些图示支座进行合理的简化。

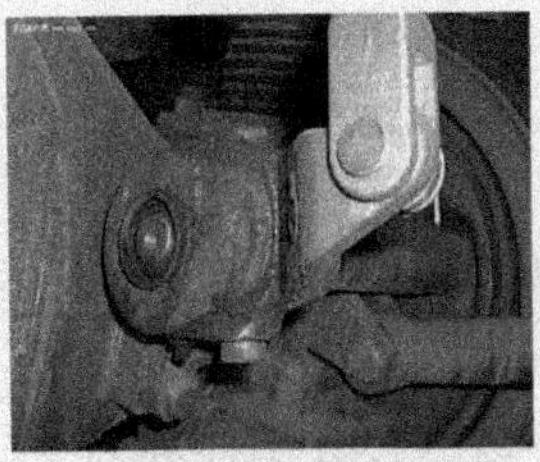
钢板固定座

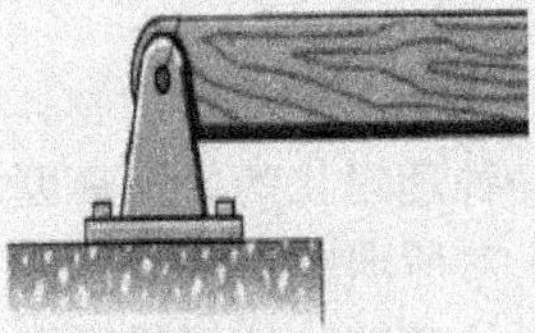
木结构支座

橡胶支座

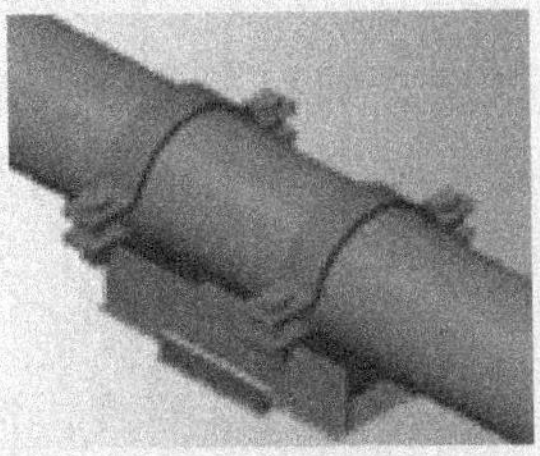
管道约束

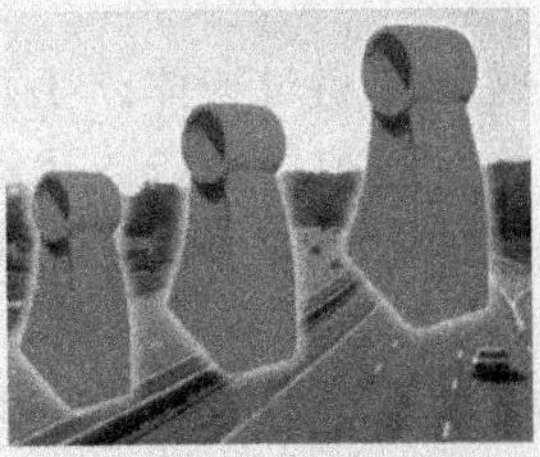
桥梁护栏支架

管桁架支座节点

鸟巢支座(1)

鸟巢支座(2)

节点约束

1.1 静力学的基本概念

静力学研究物体在力系作用下的平衡规律。它包括物体的受力分析、力系简化、各种力系的平衡条件等内容。在工程中，平衡是指物体相对于地面保持静止或做匀速直线运动，是物体机械运动的一种特殊情况。

力系是指作用在物体上的一群力。在保持力系对物体作用效果不变的条件下，用另一个力系代替原力系，称为力系的等效替换。这两个力系互为等效力系。若一个力与一个力系等效，则称此力为该力系的合力，而该力系的各力称为此力的分力。

用一个简单力系等效替换一个复杂力系，称为力系的简化。通过力系的简化可以容易地了解力系对物体总的作用效果。在一般情况下，物体在力系的作用下未必处于平衡状态，只有当作用在物体上的力系满足一定的条件时，物体才能平衡。物体平衡时作用在物体上的力系所满足的条件，称为力系的平衡条件。满足平衡条件的力系称为平衡力系。力系的简化是建立平衡条件的基础。平衡力系可以简化，非平衡力系也可以简化。因此，力系简化方法在动力学中也得到了应用。

凡对牛顿运动定律成立的参考系称为惯性参考系，工程中一般可以把固结在地球上或相对地球做匀速直线运动的参考系看做惯性参考系。

1.1.1 刚体

所谓刚体是指在任意力(或力系)作用下不变形的物体。其特点表现为物体受力后内部任意两点的距离始终保持不变。这是一种理想化的力学模型。实际上，物体受力后均会产生不同程度的变形。但当变形十分微小，对所研究的问题不起主要作用时，可以略去不计，这样可使问题大为简化。在静力学中，所研究的物体只限于刚体，故又称为刚体静力学。

1.1.2 力

力是物体间相互的机械作用，这种作用对物体产生两种效应，即引起物体机械运动状态的变化和使物体产生变形，前者称为力的外效应或运动效应，后者称为力的内效应或变形效应。物体对物体的施力方式有两种：一种是通过物体间的直接接触而施力；另一种是通过力场对物体施力。

实践表明，力对物体的作用效果取决于力的大小、方向和作用点三个要素，简称力的三要素。力的大小指物体之间机械作用的强度。在国际单位制中，力的单位是牛顿(N)或千牛顿(kN)。力的方向表示物体的机械作用具有方向性。力的方向包括力的作用线方位和力沿作用线的指向。力的作用点是指物体间机械作用的位置。物体相互接触发生机械作用时，力总是分布在一定的面上。如果力作用的面积较大，这种力称为分布力。反之，如果力作用的面积很小，可以近似地看成作用在一个点上，这种力称为集中力，此点称为力的作用点。通过力的作用点表示力的方位的直线称为力的作用线。

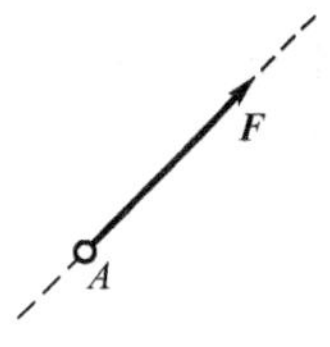

图 1.1 力的三要素

力的三要素表明力是矢量，且为定位矢量。它可以用一条具有方向的线段表示。如图 1.1 所示，线段的长度按一定的比例尺表示力的大小，箭头的指向表示力的方向，线段的起点(或终点)表示力的作用点，而与线段重合的直线表示力的作用线。本书中矢量的符号用粗斜体表示，如图 1.1 中作用于 A 点的力用矢量 $\boldsymbol{F}$ 表示。

1.2 静力学公理

静力学公理是人们关于力的基本性质的概括和总结，它们是静力学理论的基础。公理是人们在生活和生产活动中长期积累的经验总结，又经过实践的反复检验，证明是符合客观实际的最普遍、最一般的规律。

公理 1 力的平行四边形法则

作用在物体上同一点的两个力，可以合成为一个合力。合力的作用点也在该点，合力的大小和方向由这两个力为边构成的平行四边形的对角线确定，如图 1.2(a)所示。或者说，合力矢等于两个分力矢的矢量和，即

$$\boldsymbol{F}_R=\boldsymbol{F}_1+\boldsymbol{F}_2 \tag{1-1}$$

力的平行四边形法则表明了最简单力系的简化规律，它是复杂力系简化的基础。力的

平行四边形也可演变成为力的三角形，由它能更简便地确定合力的大小和方向，如图 1.2(b)或图 1.2(c)所示，而合力作用点仍在汇交点 A。

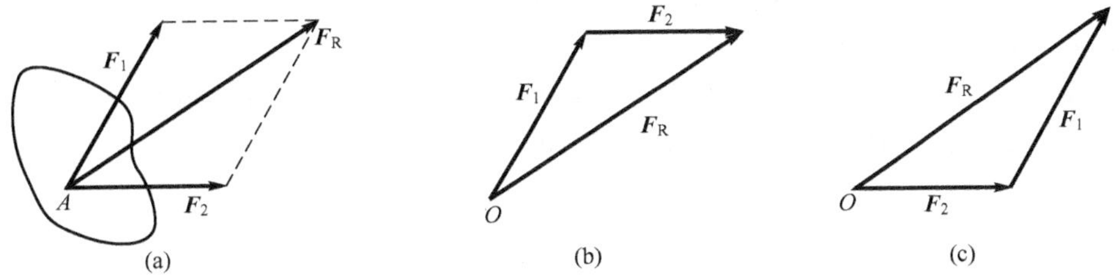

图 1.2　力的平行四边形法则

公理 2　二力平衡公理

作用在同一刚体上的两个力使刚体平衡的必要与充分条件是：这两个力大小相等、方向相反，且作用在同一条直线上。如图 1.3 所示的刚体在力 $\boldsymbol{F}_1$ 和 $\boldsymbol{F}_2$ 作用下平衡，则有 $\boldsymbol{F}_1=-\boldsymbol{F}_2$。

该公理给出了作用在刚体上的最简单的力系平衡时所必须满足的条件，它是以后推证平衡条件的基础。这个条件对于刚体是充分必要的；对于变形体只是必要而不是充分的。

只在两个力作用下平衡的构件，称为二力构件(简称二力杆)。由二力平衡公理可知，二力杆所受的两个力必定沿两力作用点的连线，且等值、反向。在工程实际中经常遇到二力杆。例如，不考虑自重而只在两端受有约束反力而平衡的构件就是二力杆。

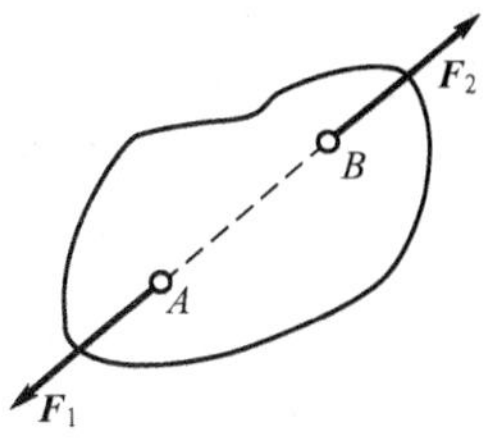

图 1.3　二力平衡公理

公理 3　加减平衡力系公理

在同一刚体已知力系上加上或减去任意的平衡力系，并不会改变原力系对刚体的作用效果。该公理提供了力系简化的重要理论基础。

根据公理 3 可以导出下列推论。

推论 1　力的可传性原理

作用在同一刚体上的力，可以沿其作用线移到刚体内任意一点，而不改变该力对刚体的作用效果。

证明：如图 1.4(a)所示的刚体，在点 A 受力 $\boldsymbol{F}$ 作用。若在力 $\boldsymbol{F}$ 的作用线上任一点 B 加上一平衡力系 $\boldsymbol{F}'$、$\boldsymbol{F}''$，且使 $\boldsymbol{F}''=-\boldsymbol{F}'=\boldsymbol{F}$，如图 1.4(b)所示。由于 $\boldsymbol{F}$ 与 $\boldsymbol{F}'$ 构成一平衡力系，将此平衡力系去掉后，可得到作用于 B 点的力 $\boldsymbol{F}''$，如图 1.4(c)所示。由于 $\boldsymbol{F}''=\boldsymbol{F}$，

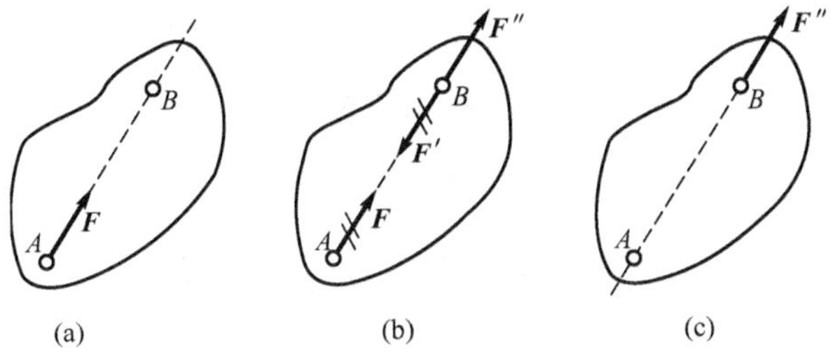

图 1.4　力的可传性原理

所以原作用于 A 点的力 $\boldsymbol{F}$ 可以沿其作用线移到 B 点。推论证毕。

由此可见，作用在刚体上的力的三要素可表示为力的大小、方向和作用线。作用于刚体上的力可以沿着作用线移动，这种矢量称为滑动矢量。

推论 2　三力平衡汇交定理

当刚体在三个力作用下处于平衡时，若其中任何两个力的作用线相交于一点，则第三个力的作用线也必交于同一点，且三个力的作用线共面。

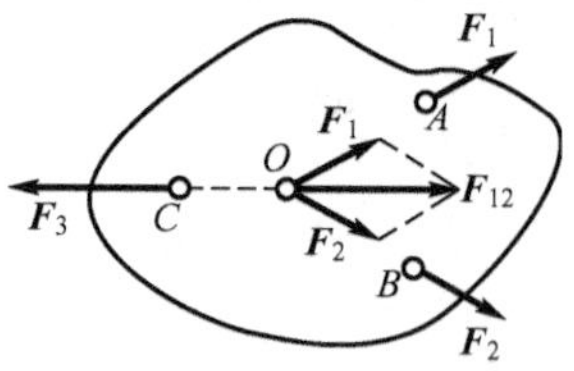

图 1.5　三力平衡汇交定理

证明：设有三个互相平衡的力 $\boldsymbol{F}_1$、$\boldsymbol{F}_2$、$\boldsymbol{F}_3$ 分别作用于刚体上的三个点 A、B、C，如图 1.5 所示。已知 $\boldsymbol{F}_1$ 和 $\boldsymbol{F}_2$ 的作用线交于点 O，根据力的可传性，将力 $\boldsymbol{F}_1$ 和 $\boldsymbol{F}_2$ 移到汇交点 O。根据力的平行四边形法则，得 $\boldsymbol{F}_1$ 和 $\boldsymbol{F}_2$ 的合力 $\boldsymbol{F}_{12}$，则 $\boldsymbol{F}_3$ 应与 $\boldsymbol{F}_{12}$ 平衡。由于两力平衡必须共线，所以，力 $\boldsymbol{F}_3$ 必定与力 $\boldsymbol{F}_1$ 和 $\boldsymbol{F}_2$ 共面，且通过力 $\boldsymbol{F}_1$ 和 $\boldsymbol{F}_2$ 的汇交点 O。推论证毕。

三力平衡汇交定理说明了不平行的三个力平衡的必要条件。在画物体的受力图时，若已知两个力的作用线，可用此定理来确定第三个力的作用线的方位。但是，值得注意的是，三力汇交是刚体平衡的必要条件，但非充分条件。

公理 4　作用与反作用公理

作用力和反作用力总是同时存在、大小相等、方向相反，沿同一直线分别作用在两个相互作用的物体上。由于作用力和反作用力分别作用在两个不同的物体上，这两个力并不能构成平衡力系，所以必须把作用与反作用公理与二力平衡公理区别开来。

这个公理概括了自然界物体间相互作用的关系。它表明作用力与反作用力总是成对出现。在对两个相互作用的物体分别进行受力分析时，必须遵循该公理。

公理 5　刚化原理

变形体在某一力系作用下处于平衡状态，如把此变形体刚化为刚体，则平衡状态保持不变。

这个原理提供了把变形体抽象成刚体的条件，建立了刚体力学与变形体力学的联系。刚体的平衡条件对变形体来说只是必要的，而不是充分的。例如，如图 1.6(a)所示的刚性杆在两个等值反向的拉力作用下处于平衡状态，若将其变为绳索，则平衡状态保持不变；但对刚性杆受两个等值反向压力作用而平衡时，如果将该刚性杆变为绳索，则不能保持平衡状态。

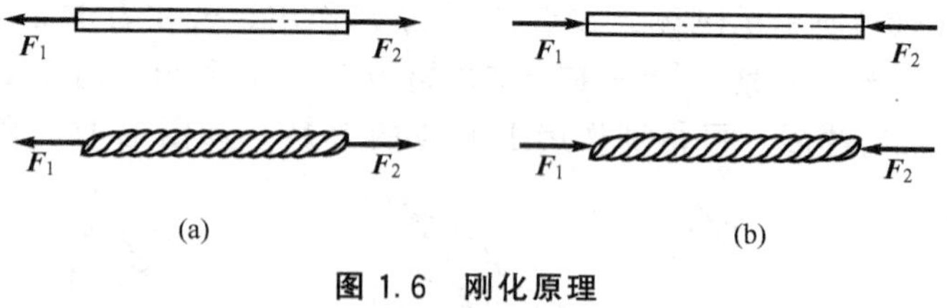

图 1.6　刚化原理

1.3　约束与约束反力

凡位移不受任何限制可以在空间作任意运动的物体称为自由体，如空中飞行的飞机、炮弹和火箭等。相反，有些物体在空间的位移受到一定的限制。例如，机车受轨道的限制，只能沿轨道运动；电机转子受轴承的限制，只能绕轴线转动；重物由钢索吊住，不能落地，等等。这种在空间某些方向的位移受到限制的物体称为非自由体。

所谓约束是指对非自由体的某些位移起限制作用的周围物体。约束通常是通过与被约束体之间相互连接或直接接触而形成的。钢轨是机车的约束，轴承是轴的约束，钢索是重物的约束。这些约束分别阻碍了被约束物体沿着某些方向的运动。

约束作用于被约束物体上的力称为约束反力，正是约束反力阻碍物体沿某些方向运动。在静力学中，对于约束反力和物体受到的其他已知力(称为主动力)组成的平衡力系，主要分析，计算约束反力的大小和方向。约束反力的方向总是与约束所能阻止的运动方向相反，这是确定约束反力方向的准则；至于约束反力的大小，在静力学中可由静力平衡条件确定。在工程实际中，物体间连接方式很复杂，为分析和解决实际力学问题，必须将物体间各种复杂的连接方式抽象化为几种典型的约束模型。

下面介绍工程中常见的几种典型的约束模型，并根据它们的构造特点和性质，分析约束反力的作用点和方向。

1.3.1 柔性体约束

胶带、绳索、传动带、链条等均属于柔性体约束(柔索约束)。理想化的柔索柔软而不可伸长，忽略其刚性。在不计自重的条件下，这类约束的特点是只能承受拉力，不能承受压力，因而只能限制物体沿着柔性体伸长方向的运动。所以柔性体的约束反力作用在接触点，方向沿柔索，背离物体，恒为拉力。

图 1.7(a)所示为起重机用绳索吊起大型机械主轴。绳索的约束反力都通过它们与吊钩的连接点，沿着各绳索的轴线，背离吊钩。吊钩和主轴的受力图如图 1.7(b)和图 1.7(c)所示。

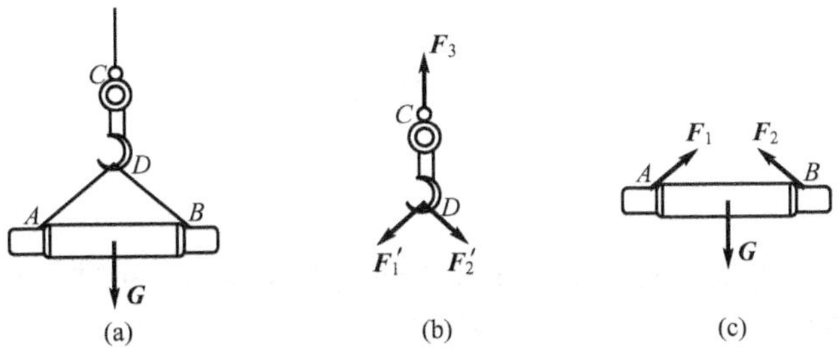

图 1.7 吊钩和主轴的受力图

如图 1.8 所示的带传动机构，带给带轮的约束反力沿着带方向，背离带轮，恒为拉

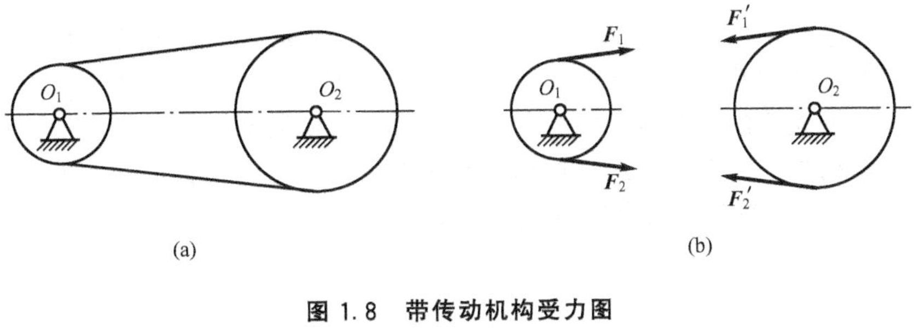

图 1.8 带传动机构受力图

力。图 1.8 中 $\boldsymbol{F}_1$ 与 $\boldsymbol{F}_1'$，$\boldsymbol{F}_2$ 与 $\boldsymbol{F}_2'$分别是作用与反作用力。应该注意：两边的带拉力 $\boldsymbol{F}_1$ 和 $\boldsymbol{F}_2$($\boldsymbol{F}_1'$和 $\boldsymbol{F}_2'$)大小通常并不相同。

1.3.2 光滑接触面约束

光滑接触表面的约束反力作用在接触点上，方向沿接触表面的公法线，指向被约束的物体，恒为压力。光滑接触面的反力又称法向反力。

图 1.9 所示为各种光滑接触面约束。图 1.9(a)是重量为 $\boldsymbol{G}$ 的物块 A 放在光滑的水平地面上，地面对物块的约束反力可简化为 $\boldsymbol{F}_{\mathrm{N}A}$；图 1.9(b)是重量为 $\boldsymbol{G}$ 的球 B 放在光滑的凹槽内，凹槽对球的约束反力为 $\boldsymbol{F}_{\mathrm{N}B}$；图 1.9(c)是两个互相啮合的轮齿，不计齿面之间的摩擦，右齿对左齿 C 的约束反力为 $\boldsymbol{F}_{\mathrm{NC}}$。各图中的约束反力均为光滑接触面的约束反力，恒为压力。

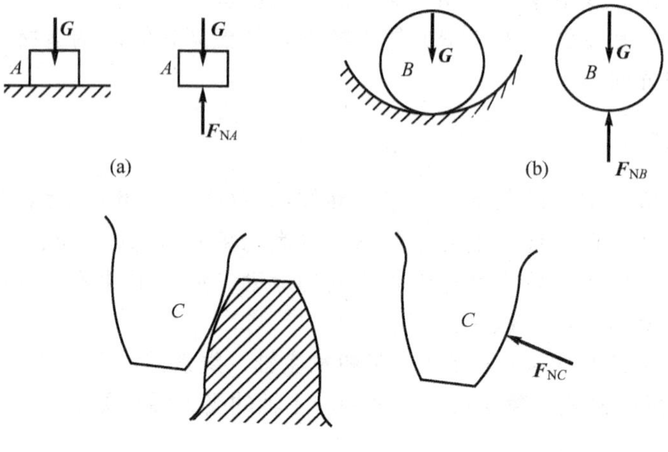

图 1.9 各种光滑接触面约束

1.3.3 光滑铰链约束

铰链是工程结构和机械中通常用来连接构件或零部件的一种结构形式，指两个带有圆孔的物体，用光滑圆柱形销钉连接。这类约束的特点是只能限制物体任意径向移动，不能限制物体绕圆柱销轴线的转动和平行于圆柱轴线的移动，因此又称圆柱铰链约束。一般根据被连接物体的形状、位置及作用，光滑铰链约束分为以下几种形式。

1. 中间铰链

中间铰链的结构如图 1.10(a)、(b)所示。1、2 分别是两个带圆孔构件，将圆柱形销钉穿入构件 1 和 2 的圆孔中，构成中间铰链，结构简图如图 1.10(b)所示。由于销钉与构件的圆孔表面都是光滑的，两者之间总有缝隙，只能产生局部接触，其本质上是光滑面约束，那么销钉对构件的约束反力应通过构件圆孔中心，垂直于销钉轴线，方向不定，可表示为图 1.10(c)。因中间铰链约束反力 $\boldsymbol{F}_{\mathrm{R}}$的方向未知，所以通常用两个正交分力 $\boldsymbol{F}_{\mathrm{R}x}$、$\boldsymbol{F}_{\mathrm{R}y}$来表示。

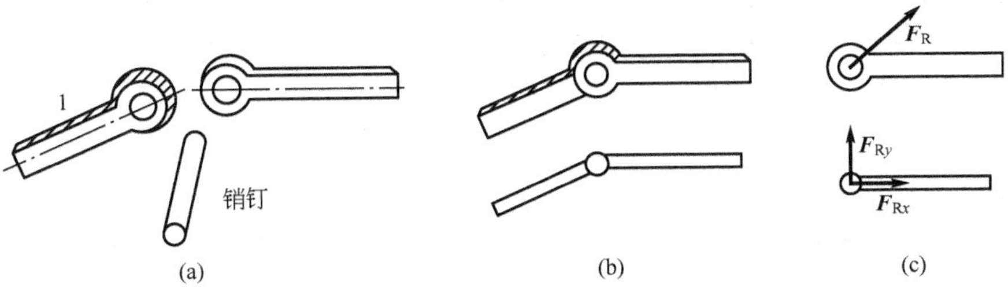

图 1.10　中间铰链的结构及约束反力

2. 固定铰链支座约束

如果铰链连接中有一个构件固定于地面或机架，则这种约束称为固定铰链支座，简称固定铰支。其结构简图如图 1.11(a)所示。这种约束的特点是构件只能绕铰链轴线转动，而不能发生垂直于铰轴的任何移动。所以，固定铰链支座的约束反力垂直于圆柱销轴线，通过圆柱销中心，方向不定。通常用两个正交的分力 $\boldsymbol{F}_{Ax}$、$\boldsymbol{F}_{Ay}$ 表示，如图 1.11(b)所示。

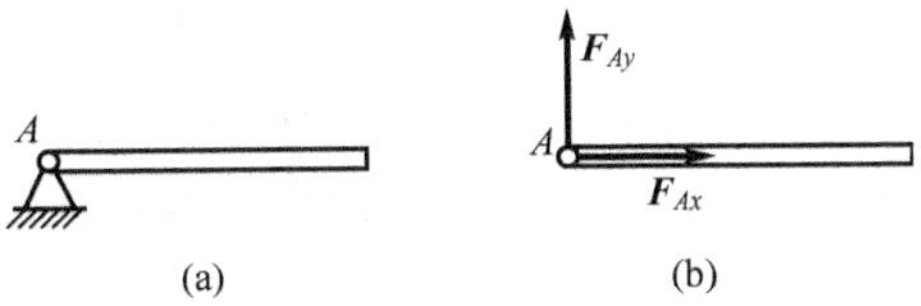

图 1.11　固定铰链支座约束结构简图及约束反力

3. 活动铰链支座约束

若铰链连接中有一个构件的底部安放若干个滚子，并置于光滑支撑面上，则构成活动铰链支座，又称辊轴支座，如图 1.12(a)所示。这类支座常见于桥梁、屋架等结构中，其结构简图如图 1.12(b)所示。这种约束的特点是只能限制物体沿支撑面法线方向的运动，而不能阻止物体绕圆柱铰的转动和沿支撑面方向的运动。因此活动铰链支座的约束反力通过销钉中心，垂直于支撑面，通常用 $\boldsymbol{F}_{NA}$ 表示其法向约束反力，如图 1.12(c)所示。

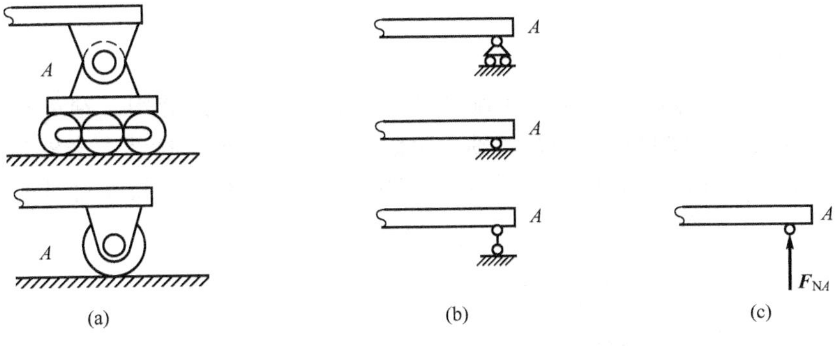

图 1.12　活动铰链支座约束、受力简图及约束反力

4. 二力杆约束

不计自重的杆 BC 只在两个约束反力的作用下平衡，为二力杆，如图 1.13(a)所示。根据二力平衡公理，这两个力必定等值、反向、共线。由此可确定 $\boldsymbol{F}_{BC}$ 和 $\boldsymbol{F}_{CB}$ 的作用线应沿铰链中心 B、C 的连线。杆 BC 的受力图如图 1.13(b)所示。$\boldsymbol{F}_{BC}$ 和 $\boldsymbol{F}_{CB}$ 的指向不必预先判断，一般可先假定杆受拉力，然后列平衡方程，通过计算来确定其指向。如果求得的结

果为正，说明杆受拉；反之，若结果为负，则说明杆受压。有时也把二力杆作为一种约束，如梁 AD 受二力杆 BC 的约束，根据作用与反作用公理，有 $\boldsymbol{F}'_{BC}=-\boldsymbol{F}_{BC}$，梁 AD(包括重物)的受力图如图 1.13(c)所示。

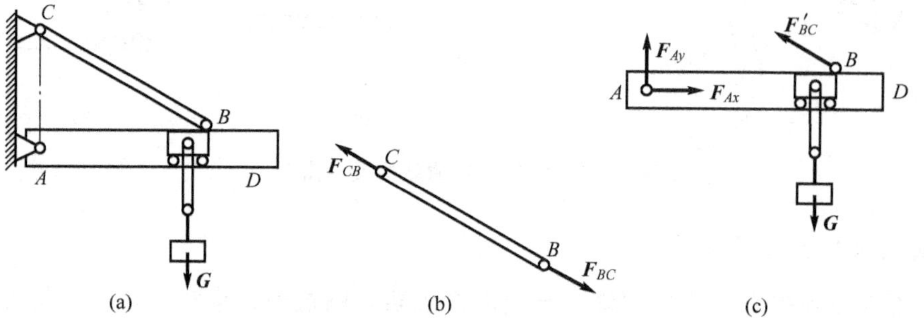

图 1.13 直二力杆的受力分析

值得注意的是，二力构件有时是曲杆，如图 1.14(a)中的杆 AB，此时作用于杆 AB 的两个约束反力 $\boldsymbol{F}_{AB}$ 和 $\boldsymbol{F}_{BA}$ 的作用线仍应沿铰链中心 A 与 B 的连线，如图 1.14(b)所示。

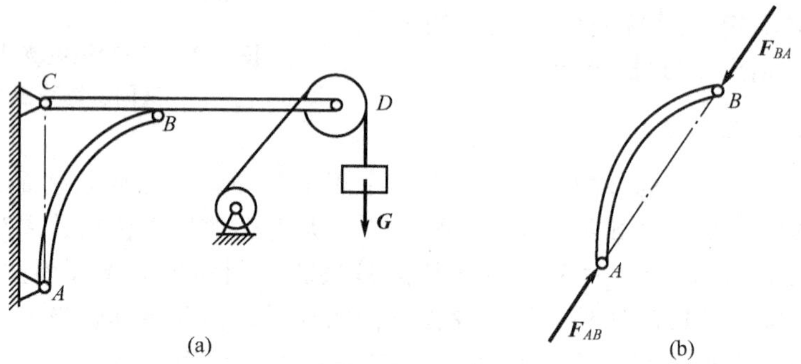

图 1.14 弧形二力杆的受力分析

5. 向心轴承

如图 1.15(a)所示为轴承装置，可画成如图 1.15(b)所示的简图。轴可在孔内任意转动，也可以沿孔的中心线移动；但是，轴承阻碍轴沿径向向外的位移。当轴和轴承在点 A 光滑接触时，轴承对轴的约束反力 $\boldsymbol{F}_A$ 作用在接触点 A，且沿公法线通过轴心，指向被约束的轴，如图 1.15(a)所示。

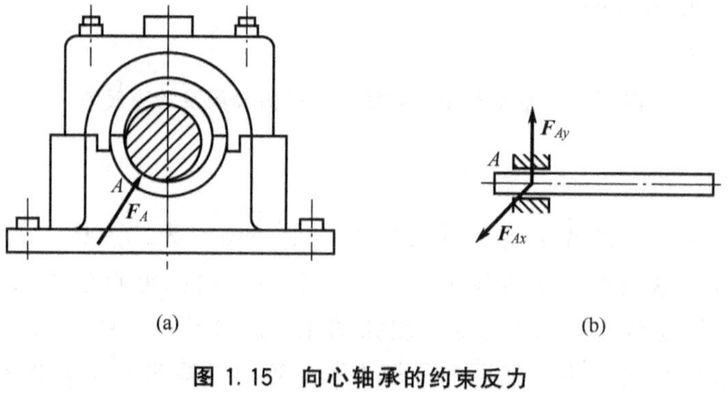

图 1.15 向心轴承的约束反力

但是，当轴所受的主动力改变时，轴和轴承接触点的位置也随着改变。一般情况下，当约束反力的方向不能预先确定时，通常用两个大小未知的正交分力 $\boldsymbol{F}_{Ax}$、$\boldsymbol{F}_{Ay}$ 表示，如图 1.15(b)所示，这里 $\boldsymbol{F}_{Ax}$、$\boldsymbol{F}_{Ay}$ 的指向暂时可先任意假定，最后通过计算来确定其指向。

1.4 物体受力分析和受力图

在工程实际中，为了求出未知的约束反力，需要根据已知力应用平衡条件求解。为此，首先要确定构件受了几个力，每个力的位置和力的作用方向，这种分析过程称为物体受力分析。

作用在物体上的力可分为两类：一类是主动力，如物体的重力、风力、气体压力等，一般是已知的；另一类是约束对于物体的约束反力，为未知的被动力。

为了清晰地表示物体的受力情况，需要把研究的物体(称为受力体)从与其相联系的周围物体(称为施力体)中分离出来，单独画出它的简图，这个步骤称为取研究对象或取分离体。然后把施力体作用于研究对象上的主动力和约束反力全部画在简图上，这种表示物体受力情况的简明图形称为受力图。画物体的受力图是解决静力学问题，乃至动力学问题的一个重要步骤。画受力图的步骤如下。

(1) 根据题意及已知条件确定研究对象，取分离体，单独画出其简单图形。

(2) 分析分离体上所受到的力的情况，即主动力和约束反力。

(3) 在分离体上画出其所受到的全部力，即主动力和约束反力。

【例 1-1】 如图 1.16(a)所示的碾子，重量为 $\boldsymbol{P}$。在压路面时受到一石块的阻碍，不计摩擦，画出碾子的受力图。

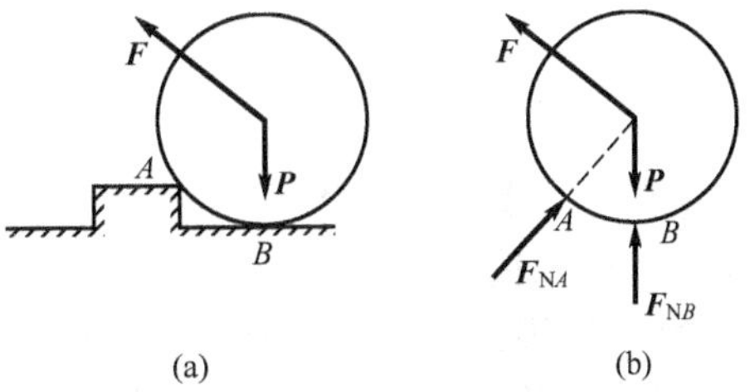

图 1.16 例 1-1 图

解： 选取研究对象，将碾子从周围物体的联系中分离出来，单独画出其轮廓简图。画主动力，碾子受主动力 $\boldsymbol{P}$ 及 $\boldsymbol{F}$ 作用，作用点均在碾子的重心上。然后根据约束的性质，画出约束反力。使碾子成为分离体时，需要在 A、B 两处分别解除墙壁和地面的约束，因此，必须在这两处加上相应的约束反力，用来代替墙壁和地面对碾子的约束。根据 A、B 两处均为光滑面约束的特点，墙面和地面作用于碾子的约束反力用 $\boldsymbol{F}_{NA}$、$\boldsymbol{F}_{NB}$ 表示，它们分别沿各自接触面公法线方向指向碾子。碾子的受力图如图 1.16(b)所示。

【例 1-2】 重量为 $\boldsymbol{P}$ 的梯子 AB 放在水平面和铅垂墙壁上。在 D 点用水平绳索 DE 与墙面相连，如图 1.17(a)所示。不计摩擦，试画出梯子 AB 的受力图。

解： 选择梯子为研究对象。将梯子 AB 从周围物体的联系中分离出来，单独画出其轮廓简图。画主动力，梯子受主动力 $\boldsymbol{P}$ 作用，作用点在梯子的重心上，方向铅垂向下。然后根据约束的性质画出约束反力。使梯子成为分离体时，需要在 B、C、D 三处分别解除地面、墙壁、绳索的约束，因此，必须在这三处加上相应的约束反力，用来代替地面、墙壁、绳索对梯子的约束。根据 A、D 两处均为光滑面约束的特点，地面、墙面作用于梯子的约束反力 $\boldsymbol{F}_B$、$\boldsymbol{F}_C$ 分别沿各自接触面公法线方向指向梯子。绳索作用于梯子的拉力 $\boldsymbol{F}_D$ 沿

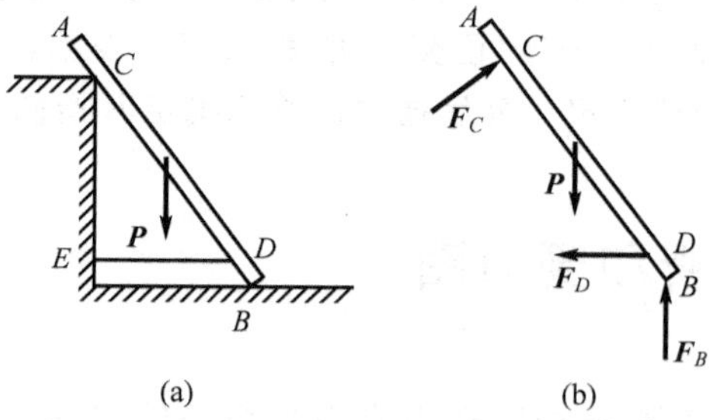

图 1.17　例 1-2 图

着 DE 方向背离梯子。梯子的受力图如图 1.17(b)所示。

【例 1-3】 水平梁 AB 用斜杆 CD 支撑，A、C、D 三处均为光滑铰链连接，如图 1.18(a)所示。均质梁 AB 重量为 $\boldsymbol{P}_1$，其上放置一重量为 $\boldsymbol{P}_2$ 的电动机。不计斜杆 CD 的自重，试分别画出斜杆 CD 和梁 AB(包括电动机)的受力图。

解：先画出斜杆 CD 的受力图。取 CD 为研究对象，由于斜杆 CD 自重不计，且只在 C、D 两处受铰链约束，因此斜杆 CD 为受压二力杆。由此可确定 C、D 两处的约束反力 $\boldsymbol{F}_C$ 和 $\boldsymbol{F}_D$ 的作用线沿铰链中心 C 与 D 的连线，且 $\boldsymbol{F}_C=-\boldsymbol{F}_D$，方向如图 1.18(b)所示。

再取梁 AB(包括电动机)为研究对象，梁 AB 受主动力 $\boldsymbol{P}_1$ 和 $\boldsymbol{P}_2$ 的作用。在铰链 D 处受斜杆 CD 给它的约束反力 $\boldsymbol{F}'_D$ 的作用，根据作用与反作用公理，$\boldsymbol{F}'_D=-\boldsymbol{F}_D$。$A$ 处受固定铰支座给它的约束反力的作用，由于方向未知，可用两个正交分力 $\boldsymbol{F}_{Ax}$、$\boldsymbol{F}_{Ay}$ 表示。梁 AB 的受力图如图 1.18(c)所示。

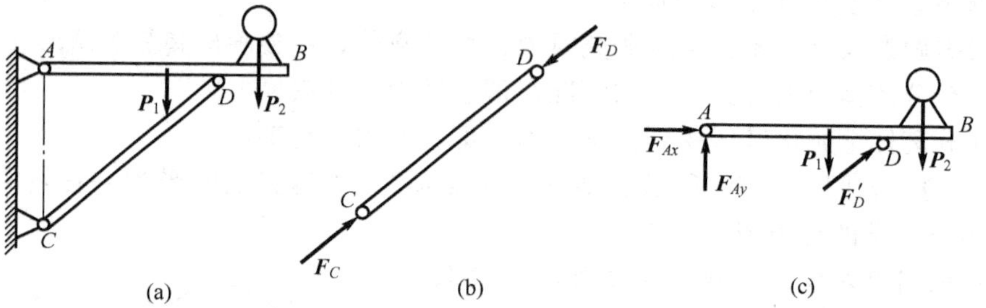

图 1.18　例 1-3 图

【例 1-4】 多跨梁用铰链 C 连接。载荷和支座如图 1.19(a)所示，试分别画出梁 AC、CD 和整体的受力图。

解：先画梁 AC 的受力图。以梁 AC 为研究对象，画出主动力 $\boldsymbol{F}_1$ 和作用于 BC 梁段的均布荷载，其荷载集度为 $\boldsymbol{q}$。然后再画梁 AC 所受的约束反力。A 处受固定铰支座的约束，约束反力用 $\boldsymbol{F}_{Ax}$、$\boldsymbol{F}_{Ay}$ 表示；B 处受辊轴支座的约束，约束反力用 $\boldsymbol{F}_{By}$ 表示；C 处受中间铰链的约束，约束反力用 $\boldsymbol{F}_{Cx}$、$\boldsymbol{F}_{Cy}$ 表示。梁 AC 的受力图如图 1.19(b)所示。图中所有约束反力的指向都是假设的。

再画梁 CD 的受力图。作用在梁 CD 上的力有：主动力，即荷载集度为 $\boldsymbol{q}$ 的均布荷载；约束反力，即辊轴支座 D 的约束反力 $\boldsymbol{F}_D$，方向垂直于支撑面向上；中间铰链 C 的约束反力，用 $\boldsymbol{F}'_{Cx}$、$\boldsymbol{F}'_{Cy}$ 表示，根据作用与反作用公理，其方向分别与 $\boldsymbol{F}_{Cx}$、$\boldsymbol{F}_{Cy}$ 相反。梁 CD 的受力图如图 1.19(c)所示。

最后画整体受力图。作用在整体上的力有主动力 $\boldsymbol{F}_1$ 和作用于梁 BD 段的荷载集度为 $\boldsymbol{q}$ 的均布荷载；约束反力有 $\boldsymbol{F}_{Ax}$、$\boldsymbol{F}_{Ay}$、$\boldsymbol{F}_{By}$ 和 $\boldsymbol{F}_D$。整体的受力图如图 1.19(d)所示。值得一提的是，中间铰链的约束反力对于梁 AC 和梁 CD 来说是外力，而对于整体来说是内力，内力不能在受力图中表示。

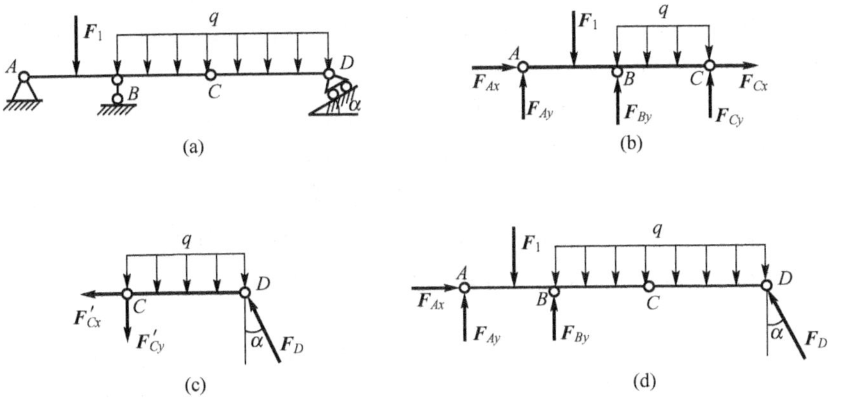

图 1.19 例 1-4 图

【例 1-5】 在图 1.20(a)所示的吊架结构中，物体 H 的重量为 $\boldsymbol{G}$，滑轮及各杆自重不计。试分别画出杆 AB、杆 BE、滑轮 C(包括重物)及整个系统的受力图。

解：首先画出杆 AB 的受力图。以杆 AB 为研究对象，杆 AB 没有主动力作用，在固定铰支座 A 处的约束反力为 $\boldsymbol{F}_{Ax}$、$\boldsymbol{F}_{Ay}$，在 B 处受连杆 BE 约束，其约束反力为 $\boldsymbol{F}_{BE}$，方向沿 B、E 铰链中心的连线，指向假定向上。在 C 处和滑轮铰接，其约束反力为 $\boldsymbol{F}_{Cx}$、$\boldsymbol{F}_{Cy}$。杆 AB 的受力图如图 1.20(b)所示。

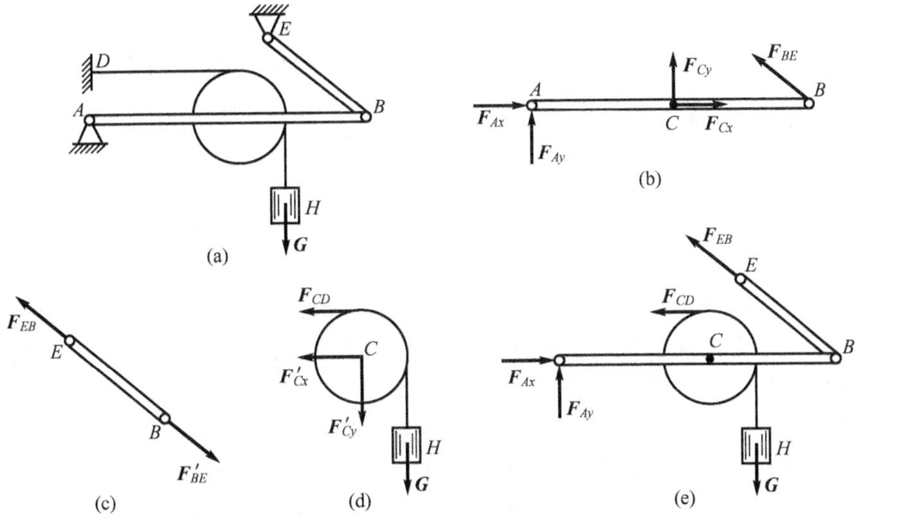

图 1.20 例 1-5 图

其次画出杆 BE 的受力图。取杆 BE 为研究对象，由于自重不计，杆 BE 为二力杆，其所受约束反力为 $\boldsymbol{F}_{EB}$ 和 $\boldsymbol{F}'_{BE}$。这里 $\boldsymbol{F}'_{BE}$ 和 $\boldsymbol{F}_{BE}$ 是作用与反作用力。杆 BE 的受力图如图 1.20(c)所示。

再次画出滑轮 C (包括重物 H)的受力图。取滑轮 C 为研究对象，其上作用有主动力 $\boldsymbol{G}$，绳子对滑轮 C 的约束反力 $\boldsymbol{F}_{CD}$，杆 AB 对滑轮 C 的约束反力 $\boldsymbol{F}'_{Cx}$、$\boldsymbol{F}'_{Cy}$，$\boldsymbol{F}'_{Cx}$、$\boldsymbol{F}'_{Cy}$ 和 $\boldsymbol{F}_{Cx}$、$\boldsymbol{F}_{Cy}$ 是作用与反作用力。滑轮 C 的受力图如图 1.20(d)所示。

最后画出整个系统的受力图。取整个系统为研究对象，其上作用有主动力 $\boldsymbol{G}$，在固定铰支座 A 处的约束反力 $\boldsymbol{F}_{Ax}$、$\boldsymbol{F}_{Ay}$，在固定铰支座 E 处的约束反力 $\boldsymbol{F}_{EB}$，绳子的拉力 $\boldsymbol{F}_{CD}$，整体受力图如图 1.20(e)所示。

【例 1-6】 如图 1.21(a)所示的三角拱桥，由左右两拱铰接而成。设各拱自重不计，在拱 AC 上作用有载荷 $\boldsymbol{P}$。试分别画出拱 AC、BC 的受力图。

解： 首先画拱 BC 的受力图。取拱 BC 为研究对象，由于拱 BC 自重不计，且只在 B、C 两处受到铰链约束，因此拱 BC 为二力构件。在铰链 B、C 处分别受到 $\boldsymbol{F}_{BC}$、$\boldsymbol{F}_{CB}$ 两力作用，且 $\boldsymbol{F}_{BC}=-\boldsymbol{F}_{CB}$，这两个力的方向沿铰链 B、C 中心的连线。拱 BC 的受力图如图 1.21(b)所示。

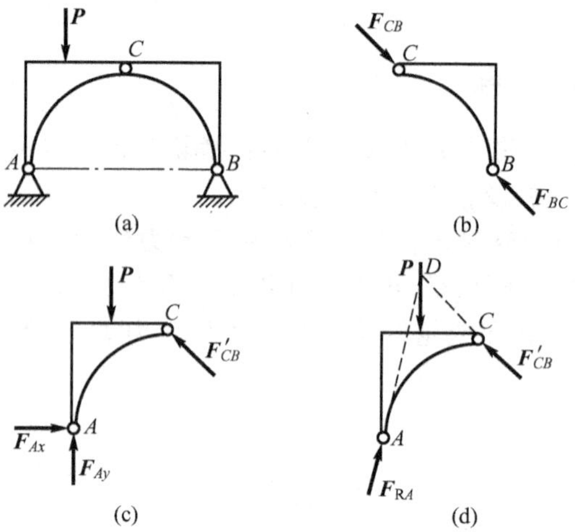

图 1.21　例 1-6 图

其次画拱 AC 的受力图。取拱 AC 为研究对象，拱 AC 上作用有主动力 $\boldsymbol{P}$，拱在 C 处受到拱 BC 给它的约束反力 $\boldsymbol{F}'_{CB}$ 的作用，根据作用与反作用公理，$\boldsymbol{F}'_{CB}=-\boldsymbol{F}_{CB}$。拱在 A 处受到固定铰链支座给它的约束反力的作用，可用 $\boldsymbol{F}_{Ax}$、$\boldsymbol{F}_{Ay}$ 表示。拱 AC 的受力图如图 1.21(c)所示。

再进一步分析可知，由于拱 AC 在主动力 $\boldsymbol{P}$、约束反力 $\boldsymbol{F}'_{CB}$ 和 $\boldsymbol{F}_{RA}$ 三个力作用下平衡，故可根据三力平衡汇交定理，确定铰链 A 处约束反力 $\boldsymbol{F}_{RA}$ 的方向。点 D 为力 $\boldsymbol{P}$ 和 $\boldsymbol{F}'_{CB}$ 作用线的交点，当拱平衡时，约束反力 $\boldsymbol{F}_{RA}$ 的作用线必通过点 D，拱 AC 的受力图还可用图 1.21(d)表示。

小　　结

静力学是研究物体在力系作用下的平衡条件的科学。其主要研究三个方面的问题，即物体的受力分析、力系的合成与简化、各种力系的平衡条件。本章主要介绍了静力学的基本概念、静力学公理及物体受力分析。

静力学基本概念、公理及物体的受力分析是研究静力学的基础。静力学概念主要包括力、刚体、平衡等。力是物体间相互的机械作用，这种作用使物体的机械运动状态发生改变，同时使物体产生变形。力系是指作用于物体上的一群力。使物体或物体系统处于平衡状态的力系称为平衡力系；使同一物体产生相同效应的两个力系称为等效力系。与力系等效的一个力称为力系的合力。刚体是指在力的作用下不产生变形的物体，这是一种理想化的力学模型。理论力学的研究对象均视为刚体。平衡是指物体相对于惯性参考系处于静止或做匀速直线运动的状态。

静力学公理揭示了力的基本性质和力对物体作用的基本规律，是建立静力学理论体系的基础。静力学公理包括力的平行四边形法则、二力平衡公理、加减平衡力系公理、作用与反作用公理以及刚化公理。

对物体某方向的位移起限制作用的周围物体称为约束。约束对被约束物体的作用力称为约束反力。约束反力的方向总是与约束所能阻碍的物体的运动方向相反。

在分离体上画出所受的主动力和全部约束反力的图形称为物体的受力图。对物体进行受力分析，正确画出物体的受力图是解决静力学问题的关键。

习　　题

一、是非题(正确的在括号内打“√”，错误的打“×”)

1. 刚体是指在力的作用下不变形的物体。　　(　　)

2. 只受两个力作用而平衡的构件称为二力杆，其约束反力的作用线一定在这两个力作用点的连线上。　　(　　)

3. 平衡是指物体相对于惯性参考系静止或做匀速直线运动的状态。　　(　　)

4. 作用与反作用力也可构成一个二力平衡力系，因为它们满足二力平衡的条件。　　(　　)

5. 约束是对物体某方向位移起限制作用的周围物体，约束对被约束物体的作用力称为约束反力。　　(　　)

6. 对于作用于刚体上的三个力，若其作用线共面且相交于一点，则刚体一定平衡。　　(　　)

二、填空题

1. 力是物体间相互的机械作用，这种作用对物体的效应包括________和________。

2. 作用在物体上的一群力称为________，对同一物体的作用效应相同的两个力系称为________。

3. 静力学公理包括________、________、________、________和________。

4. 力的可传性适用条件是________。

5. 把研究对象从与其相联系的周围的物体中分离出来，单独画出它的简图，这个步骤称为________。

三、选择题

1. 图 1.22 所示为用细绳悬挂的均质圆盘，并靠在光滑斜面上。在图 1.22(a)、(b)、(c)、(d)所示的四种状态中，只有图(　　)可以保持平衡。

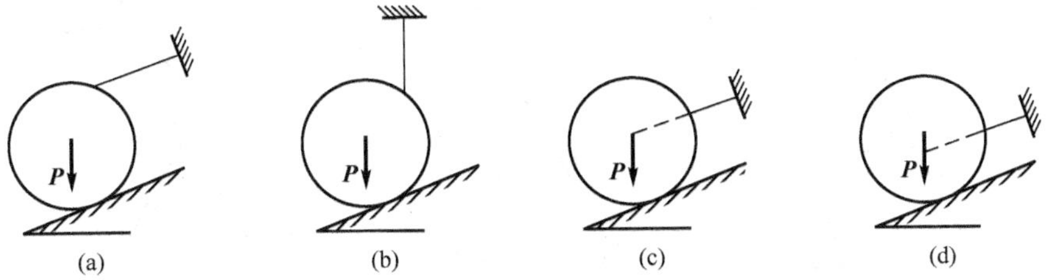

图 1.22　题三(1)图

2. 支架如图 1.23(o)所示，$\boldsymbol{P}$、$\boldsymbol{Q}$ 分别为杆 AB、AC 的自重，在 D 处作用一铅垂力 $\boldsymbol{F}$。图 1.23(a)、(b)、(c)、(d)所示分别是两杆 AB 和 AC 的四种可能受力图，其中图(　　)

是正确的。

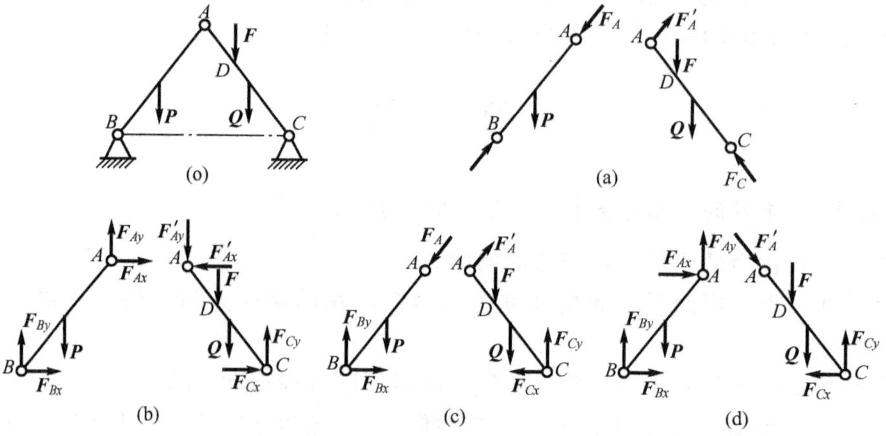

图 1.23　题三(2)图

3. 物块 A、B 的自重不计，并与光滑的平面 mm 和 nn 相接触，如图 1.24 所示。若其上分别作用有大小相等、方向相反且作用线相同的力 $\boldsymbol{P}_1$ 和力 $\boldsymbol{P}_2$，试问两刚体是否平衡。(　　)

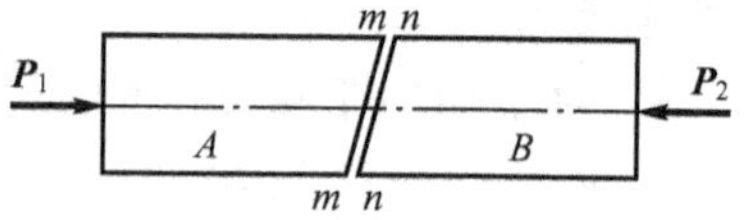

图 1.24　题三(3)图

A. A、B 都不平衡

B. A、B 都平衡

C. A 平衡，B 不平衡

D. A 不平衡，B 平衡

4. 若刚体在四个力作用下处于平衡状态，则下列说法哪个正确。(　　)

A. 和三力平衡汇交一样，该四力作用线一定汇交于一点

B. 四力作用线不一定汇交于一点

C. 四力作用线一定不汇交于一点

D. 四力作用线一定平行

5. 图 1.25(a)、(b)、(c)所示为结构在水平力 $\boldsymbol{P}$ 的作用下处于平衡状态，则三种情况下铰链 A 的约束反力方向是否相同？(　　)

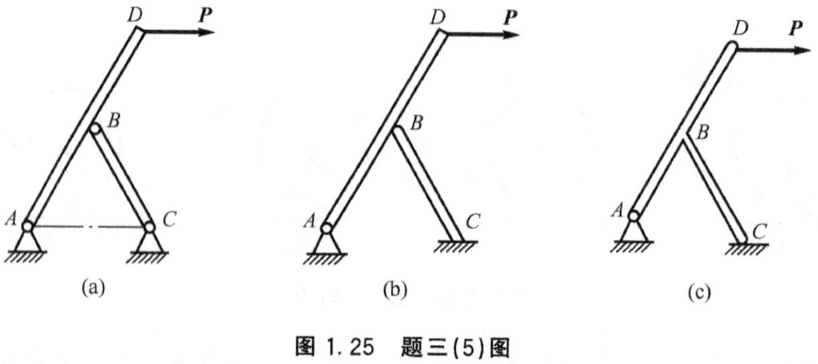

图 1.25　题三(5)图

A. 在图(a)和图(b)中，铰链 A 的约束反力方向相同

B. 在图(a)和图(c)中，铰链 A 的约束反力方向相同

C. 在图(b)和图(c)中，铰链 A 的约束反力方向相同

D. 三种情况下，铰链 A 的约束反力方向均不相同

四、画图题

1. 画出如图 1.26 所示各物体的受力图。设各接触面均光滑，未画出重力的物体的重量均不计。

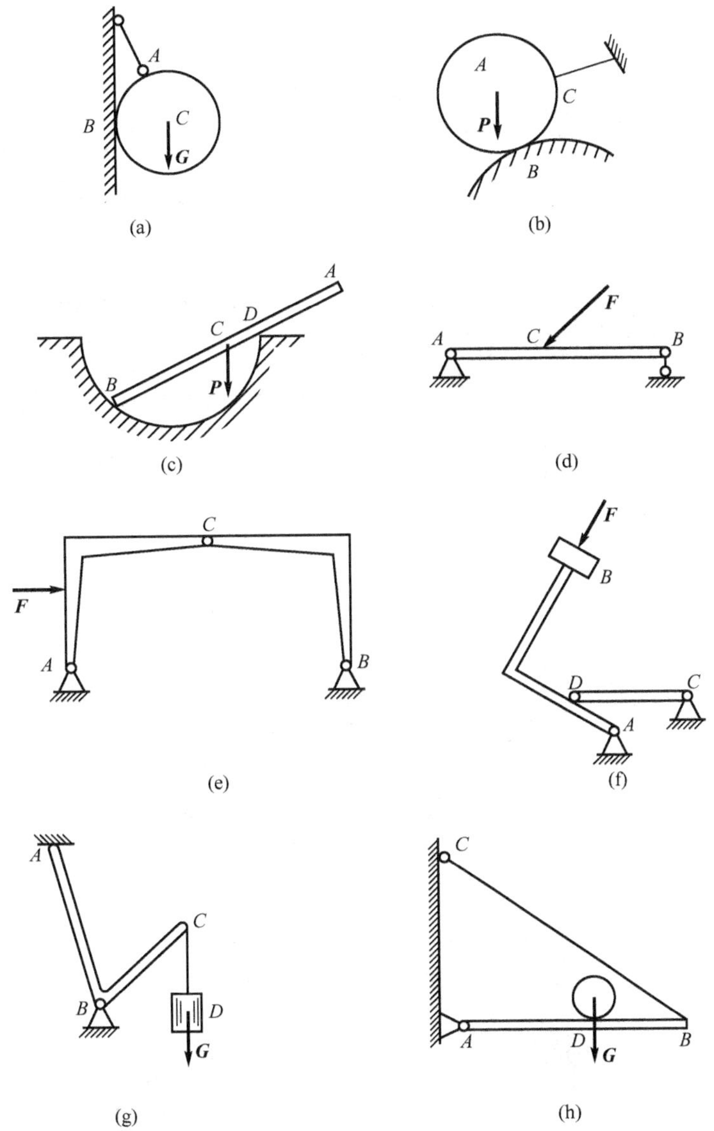

图 1.26 题四(1)图

2. 画出图 1.27 中每个标注字母的物体及整体的受力图。设各接触面均光滑，未画出重力的物体的重量均不计。

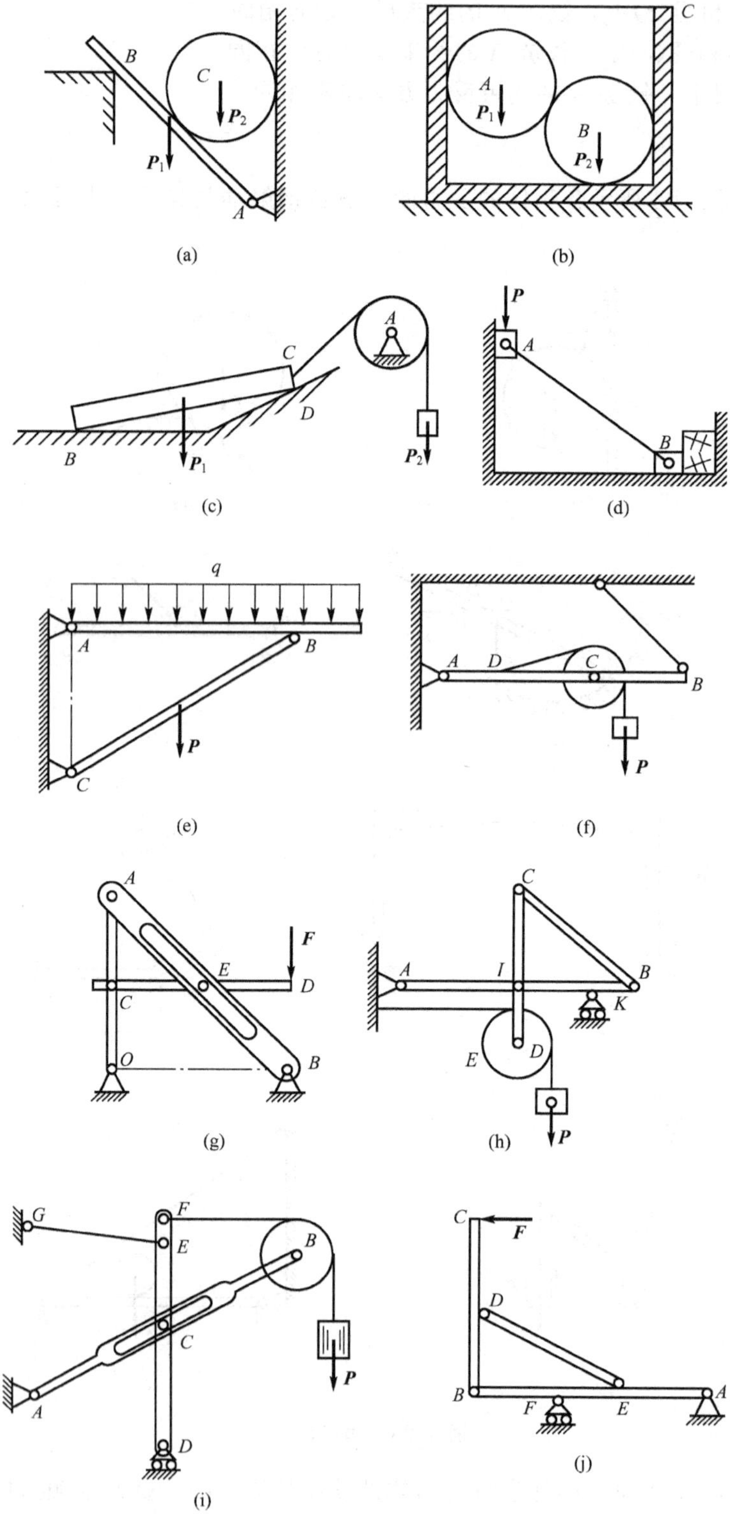

图 1.27　题四(2)图

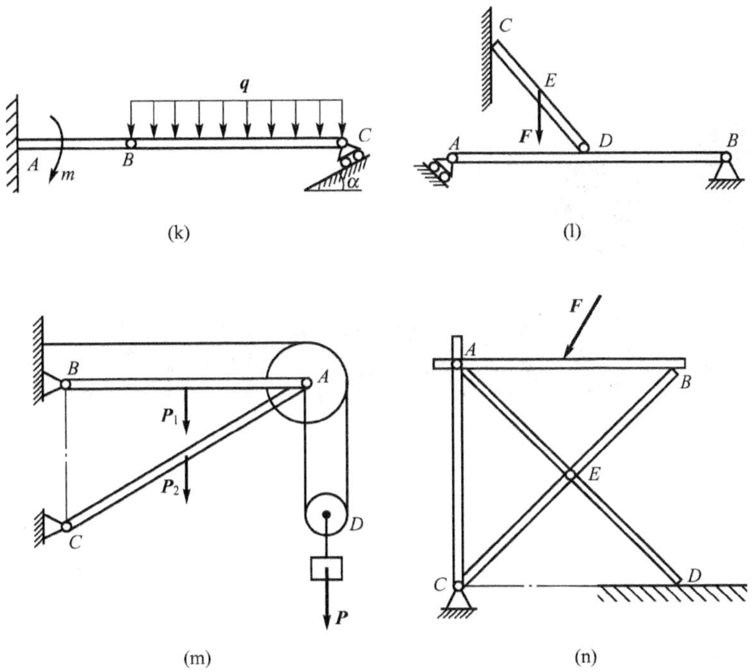

图 1.27 题四(2)图(续)

第2章 平面汇交力系与平面力偶系

本章教学要点

知识要点	掌握程度	相关知识
平面汇交力系合成	掌握合成的几何法和解析法	力的平行四边形法则
平面汇交力系平衡	掌握几何条件和解析条件	力系等效的概念
平面力偶系	掌握平面力偶系的合成方法	力偶的性质

导入案例

我们每天都要拿东西、走路，其实就是在不停地使用杠杆。人的前臂是一个费力杠杆，支点在肘关节处。人在端杯子时，虽然费了力，但省了距离。也就是说肱二头肌收缩很小的距离，就能使手握的重物移动很大的距离。人的脚中也存在杠杆，当脚跟抬起用脚尖站立时，这个杠杆就会暴露出来。这时脚前掌是支点，小腿肌肉的收缩提供动力，人体重力则落在两者之间的趾骨上。从这个杠杆上可以发现，当人如此站起时，因为动力臂大于重力的力臂，因而用较小的肌肉拉力就能克服较大的重力。所以，它是一个省力杠杆。由此不难看出，在体育竞赛中，运动员的脚越长，则提起脚用力越小，跑起来就越快。

看过《三国演义》的同学都知道“木牛流马”的故事，诸葛亮从汉中北伐曹魏，由于征途崎岖，军队不便运输粮食，因此诸葛亮对旧式车辆加以改装，称为“木牛流马”。据说“木牛”载一年的粮食每天能行20里(1里＝500m)，“流马”有方囊两个，每个可以装米二斛三斗，能够在崎岖不平的山道上行走。其实“木牛”即有前辕的小车，“流马”类似后世的独轮车，仍然需要人力的推动。

从诸葛亮第五次北伐“以木牛运粮”，第六次北伐“以流马运粮”的史实可知，“木牛流马”使得蜀兵能在险恶的蜀道上迅速行军，对当时的军粮运输有很大的贡献。

“木牛”与“流马”是同一种运输工具，称为“木牛”较为适宜。它是由人力推动的四足行走的木质运输工具，自重约50kg，载重约200kg。利用杠杆原理，可以省力，人肩负重在0～75kg有规律地变化。它能在山地和泥泞路面等真牛可以通行的路面上行走，这是圆轮车不能相比的。在路况较好时，圆轮车比“木牛流马”要实用得多，这是“木牛流马”不能普遍使用以至失传的一个主要原因。

我国劳动人民创造的读诗解题：

(1) 弹簧秤下挂砖头，空气里称重G牛，没入煤油重减半，请把砖头密度求。

(2) 立方木块水面漂，不深不浅浸半腰，不知体积和重量，却问密度是多少？

世间万物都充满了奥秘，我们要努力培养一双会发现的眼睛，认识世界的神奇和伟大，在此过程中既能满足我们的求知欲，又能得到发展人类自身的无尽快乐！

图示就是我们在日常生活中利用汇交力系与力偶系制造的简单工具，学完本章后，你就可以找到读诗解题的答案，也可以试着设计一款如图所示的简单机械。

BZJ-20型拔桩机

打拔一体机

杠杆式压力机

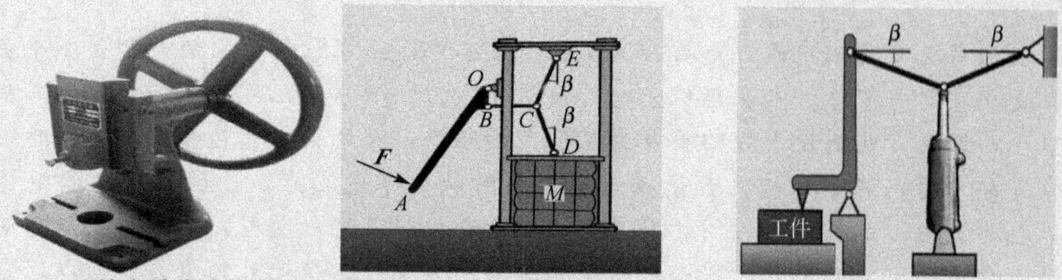

回转式手动压力机　　打包机　　气动夹具

2.1 平面汇交力系合成与平衡的几何法

所谓平面汇交力系指各力的作用线在同一平面内且汇交于一点的力系。为了解平面汇交力系和平面力偶系的合成和平衡问题，首先应用几何法求平面汇交力系的合力，得到平面汇交力系平衡的几何条件。

2.1.1 平面汇交力系合成的几何法和力多边形法则

设一刚体在点 A 受到由力 $\boldsymbol{F}_1$、$\boldsymbol{F}_2$、$\boldsymbol{F}_3$、$\boldsymbol{F}_4$ 组成的平面汇交力系的作用，如图 2.1(a)所示，现求该力系合成的结果。

为合成此力系，可在图 2.1(a)中连续应用力的平行四边形法则，依次两两合成各力，最后求得一个作用线也通过力系汇交点 A 的合力 $\boldsymbol{F}_R$。为了用更简便的方法求此合力 $\boldsymbol{F}_R$ 的大小和方向，下面介绍力多边形法则。

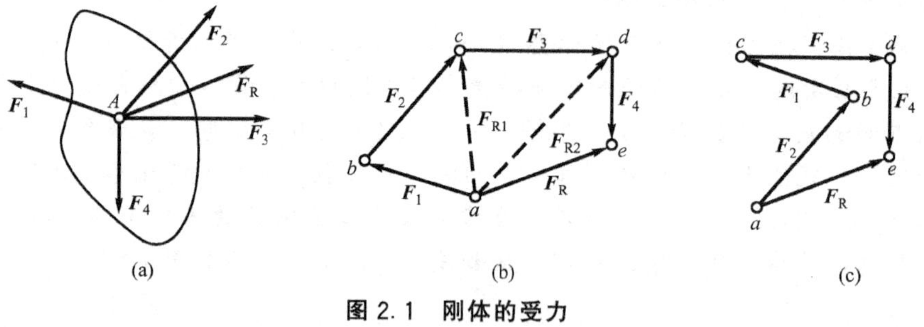

图 2.1　刚体的受力

在平面汇交力系所在的平面内，任取一点 a，按一定的比例尺，将力的大小用适当长度的线段表示，根据力三角形法则，先作矢量$\overrightarrow{ab}$平行且等于 $\boldsymbol{F}_1$，再从点 b 作矢量$\overrightarrow{bc}$平行且等于力 $\boldsymbol{F}_2$，用虚线连接矢量$\overrightarrow{ac}$，即代表力 $\boldsymbol{F}_1$ 和 $\boldsymbol{F}_2$ 的合力 $\boldsymbol{F}_{R1}$ 的大小和方向；再过力 $\boldsymbol{F}_{R1}$ 的终点 c 作矢量$\overrightarrow{cd}$平行且等于力 $\boldsymbol{F}_3$，用虚线连接矢量$\overrightarrow{ad}$，即代表力 $\boldsymbol{F}_{R1}$ 和 $\boldsymbol{F}_3$ 的合力 $\boldsymbol{F}_{R2}$ 的大小和方向(也就是 $\boldsymbol{F}_1$、$\boldsymbol{F}_2$、$\boldsymbol{F}_3$ 合力的大小和方向)。最后将 $\boldsymbol{F}_{R2}$ 与 $\boldsymbol{F}_4$ 合成得矢量$\overrightarrow{ae}$，即得到该平面汇交力系的合力 $\boldsymbol{F}_R$ 的大小和方向，如图 2.1(b)所示。多边形 $abcde$ 称为此平面汇交力系的力多边形，矢量$\overrightarrow{ae}$称为力多边形的封闭边。封闭边矢量$\overrightarrow{ae}$即表示平面汇交力

系合力 $\boldsymbol{F}_R$ 的大小和方向，而合力 $\boldsymbol{F}_R$ 的作用线仍应通过原力系汇交点 A，如图 2.1(a)所示。上述求合力的作图规则称为力多边形法则。根据矢量相加的交换律，任意变换各分力矢的作图次序，可得形状不同的力多边形，但其合力矢 $\overrightarrow{ae}$ 仍然不变，如图 2.1(c)所示。必须注意，作力多边形的矢量规则：各分力的矢量沿着环绕力多边形边界的某一方向首尾相接，而合力矢量沿相反的方向，由第一个分力矢的起点指向最后一个分力矢的终点。值得一提的是，在作力多边形时，如图 2.1(b)中的虚线矢量 $\overrightarrow{ac}$、$\overrightarrow{ad}$ 不必画出。

上述结果表明：平面汇交力系合成的结果是一个合力，合力作用线通过各力的汇交点，合力的大小和方向等于原力系中所有各力的矢量和，即

$$\boldsymbol{F}_R=\boldsymbol{F}_1+\boldsymbol{F}_2+\cdots+\boldsymbol{F}_n=\sum\boldsymbol{F}_i \tag{2-1}$$

若力系中各力的作用线重合，则该力系称为共线力系。它是平面汇交力系的特殊情况，其力多边形在同一直线上，合力的作用线与力系中各力的作用线相同。若沿直线的某一指向为正，反之为负，则合力的大小与方向取决于各分力的代数和，即

$$F_R=\sum F_i \tag{2-2}$$

2.1.2 平面汇交力系平衡的几何条件

平面汇交力系可用其合力来代替。显然，平面汇交力系平衡的必要和充分条件是：该力系的合力等于零，即

$$\boldsymbol{F}_R=\sum_{i=1}^{n}\boldsymbol{F}_i=0 \tag{2-3}$$

力系平衡时，力多边形中最后一个力的终点与第一个力的起点重合，此时的力多边形自行封闭。于是，平面汇交力系平衡的几何条件可表述为：该力系的力多边形自行封闭。利用这个几何条件，可以通过作图的方法来确定未知的约束反力，这种方法称为图解法，即按比例先画出封闭的力多边形，然后，直接量得或利用三角关系计算出所要求的未知量。下面通过举例来说明图解法的应用。

【例 2-1】 如图 2.2(a)所示，平面吊环上作用有四个力 $\boldsymbol{F}_1$、$\boldsymbol{F}_2$、$\boldsymbol{F}_3$、$\boldsymbol{F}_4$，它们汇交于圆环的中心。其中 $\boldsymbol{F}_1$ 水平向左，大小为 10kN，$\boldsymbol{F}_2$ 指向左下方向，与水平轴夹角为 30°，大小为 15kN；$\boldsymbol{F}_3$ 垂直向下，大小为 8kN；$\boldsymbol{F}_4$ 指向右下方，与水平方向夹角为 45°，大小为 10kN，试求其合力。

解： 根据图中所示的力的比例尺，按顺序画出各力 $\boldsymbol{F}_1$、$\boldsymbol{F}_2$、$\boldsymbol{F}_3$、$\boldsymbol{F}_4$，得到力多边形 $abcde$，封闭边矢量 $\overrightarrow{ae}$ 即表示平面汇交力系合力矢 $\boldsymbol{F}_R$，如图 2.2(b)所示。按比例量得 $F_R=27.5$kN，并量得该矢量与水平方向的夹角为 $\alpha=55°$。合力结果如图 2.2(a)所示，合力通过原力系的汇交点。

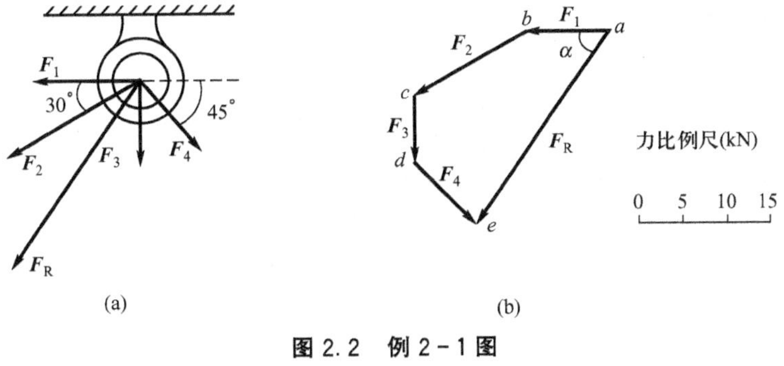

图 2.2 例 2-1 图

【例 2-2】 如图 2.3(a)所示的简支梁在中点 C 处受集中力 $F=20\text{kN}$ 的作用，其与水平线夹角为 60°，应用图解法求梁两端约束反力的大小。

解： 选取梁 AB 为研究对象，画出梁 AB 的受力图，如图 2.3(b)所示。其中由于 B 处为活动铰链支座，其约束反力垂直于斜面。然后应用三力平衡汇交定理可确定固定铰链支座 A 处的约束反力的方向。

根据平面汇交力系平衡的几何条件，这三个力应组成一封闭的力三角形。按照一定的比例先画出已知力矢 $\overrightarrow{ab}=\boldsymbol{F}$，再由点 b 作直线平行于 $\boldsymbol{F}_A$，由点 a 作直线平行于 $\boldsymbol{F}_B$，这两条直线相交于点 c，如图 2.3(c)所示。

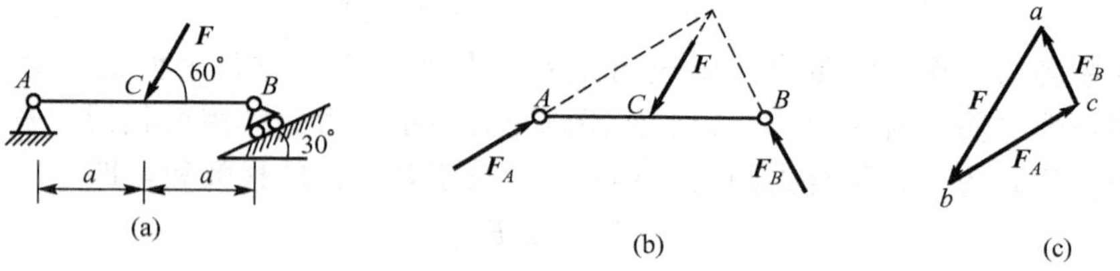

图 2.3 例 2-2 图

在力三角形中，线段 bc 和 ca 分别表示 $\boldsymbol{F}_A$ 和 $\boldsymbol{F}_B$ 的大小，由三角关系，可得

$$F_A=F\cos30^\circ=20\times\cos30^\circ=17.32\text{kN}$$

$$F_B=F\sin30^\circ=20\times\sin30^\circ=10\text{kN}$$

【例 2-3】 如图 2.4(a)所示的圆球 O 重为 $\boldsymbol{W}$，放在与水平面成 α 角的光滑斜面上，BC 为绳索，与铅垂面成 β 角，求绳索拉力与斜面对球的约束反力。

解： 选圆球 O 为研究对象，受力分析如图 2.4(b)所示。小球受到重力 $\boldsymbol{W}$、光滑斜面的法向反力 $\boldsymbol{F}_A$ 以及绳子拉力 $\boldsymbol{F}_C$ 的作用而处于平衡状态。由三力平衡汇交定理可知它们构成一平面汇交力系。

根据平面汇交力系平衡的几何条件，这三个力应组成一封闭的力三角形。按照一定的比例先画出已知力矢 $\overrightarrow{ab}=\boldsymbol{W}$，再由点 b 作直线平行于 $\boldsymbol{F}_C$，由点 a 作直线平行于 $\boldsymbol{F}_A$，这两条直线相交于点 c，如图 2.4(c)所示。

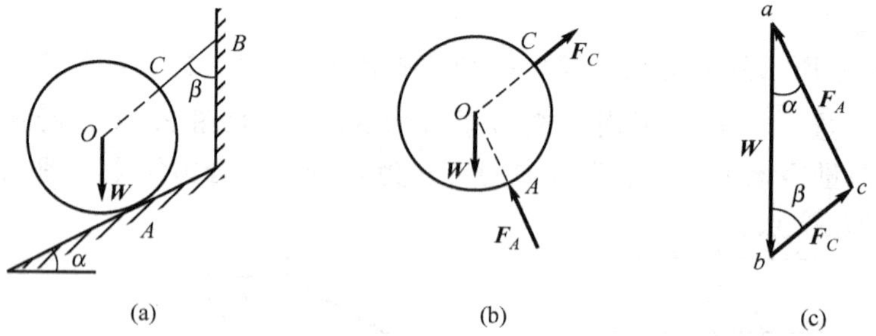

图 2.4 例 2-3 图

在力三角形中，线段 bc 和 ca 分别表示 $\boldsymbol{F}_C$ 和 $\boldsymbol{F}_A$ 的大小，由三角关系，可得

$$\frac{F_A}{\sin\beta}=\frac{F_C}{\sin\alpha}=\frac{W}{\sin(180^\circ-\alpha-\beta)}$$

解得

$$F_A=\frac{\sin\beta}{\sin(\alpha+\beta)}W,\quad F_C=\frac{\sin\alpha}{\sin(\alpha+\beta)}W$$

通过以上例题分析，可总结出应用几何法求解平面汇交力系平衡问题的基本步骤。

(1) 选取研究对象。根据题意，首先选取适当的物体作为研究对象，并画出简图。

(2) 画受力图。在研究对象上，画出它所受的全部主动力和约束反力。

(3) 作力多边形或力三角形。选择适当的比例，作出该力系的封闭力多边形或力三角形。必须注意，作图时总是从已知力开始，根据矢序规则和封闭特点，画出封闭的力多边形或力三角形。

(4) 求出未知量。按比例量出未知量的大小和方向，或者用三角公式计算。

2.2 平面汇交力系合成与平衡的解析法

对平面汇交力系，当力系中力的数量较多时，用几何法求解不够方便，因此要应用平面汇交力系合成与平衡的解析法。

2.2.1 力在轴上的投影

设 x 轴是力矢量所在平面内的一个坐标轴，如图 2.5(a)所示。从力矢的端点 A、B 分别作 x 轴的垂线。垂足 a、b 称为 A、B 两点在轴上的投影，而线段 ab 的长度则称为力 $\boldsymbol{F}$ 在 x 轴上的投影，并规定当 ab 的指向与 x 轴的正向一致时取正值，反之取负值。因此，力在轴上的投影是一个代数量，一般记为 F_x。设 $\boldsymbol{F}$ 与 x 轴的正向的夹角为 α，则有

$$F_x=F\cos\alpha \tag{2-4}$$

2.2.2 力在平面直角坐标系中的投影与分解

在平面直角坐标系中，通常用 F_x、F_y 表示力 $\boldsymbol{F}$ 在 x、y 轴上的投影。假设力 $\boldsymbol{F}$ 与 x、y 轴正方向的夹角分别为 α、β，如图 2.5(b)所示，则 F_x、F_y 可分别表示为

$$F_x=F\cdot\cos\alpha;\quad F_y=F\cdot\cos\beta \tag{2-5}$$

如果将一个力 $\boldsymbol{F}$ 向两坐标轴方向进行分解，得到力 $\boldsymbol{F}$ 在 x、y 轴上两个分力 $\boldsymbol{F}_x$ 和 $\boldsymbol{F}_y$。对于直角坐标系，两分力的大小应分别等于该力在两坐标轴上的投影。这样，力 $\boldsymbol{F}$ 的解析表达式可写为

$$\boldsymbol{F}=F_x\boldsymbol{i}+F_y\boldsymbol{j} \tag{2-6}$$

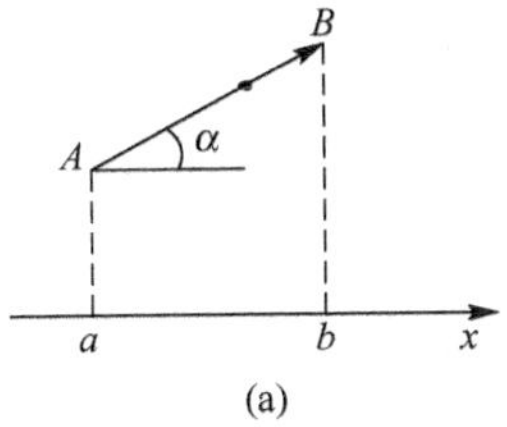

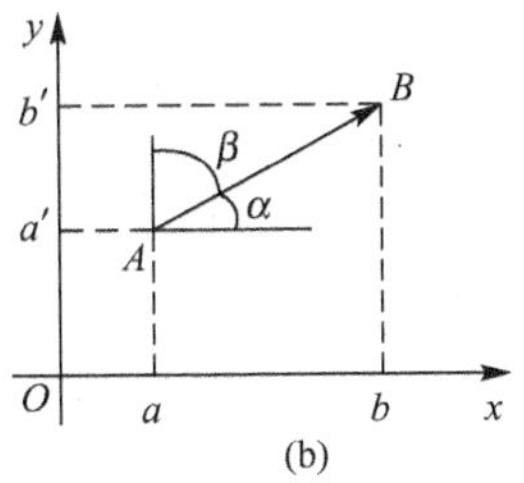

图 2.5 力在直角坐标轴上的投影

这里 $\boldsymbol{i}$、$\boldsymbol{j}$ 分别为 x、y 轴的单位矢量。反之，若已知力 $\boldsymbol{F}$ 的投影 F_x 和 F_y，则力 $\boldsymbol{F}$ 的大小和方向可由式(2-7)计算

$$\begin{cases} F=\sqrt{F_x^2+F_y^2} \\ \cos\alpha=\dfrac{F_x}{F}, \quad \cos\beta=\dfrac{F_y}{F} \end{cases} \tag{2-7}$$

必须指出，只有在直角坐标系中才有上述对应关系。对一般坐标系，一个力在两坐标轴上的投影和该力沿两坐标轴分解所得到的分力在数值上并不一定相等。

利用力在直角坐标系中的投影和力矢量的关系以及合力投影定理，可以用解析法来计算平面汇交力系的合力。

2.2.3 平面汇交力系合成的解析法

前面已应用式(2-1)求解平面汇交力系的合力。将式(2-1)中各力分别写成解析表达式，有

$$\boldsymbol{F}_R=F_{Rx}\boldsymbol{i}+F_{Ry}\boldsymbol{j}, \quad \boldsymbol{F}_1=F_{x1}\boldsymbol{i}+F_{y1}\boldsymbol{j}, \quad \boldsymbol{F}_2=F_{x2}\boldsymbol{i}+F_{y2}\boldsymbol{j}, \quad \cdots, \quad \boldsymbol{F}_n=F_{xn}\boldsymbol{i}+F_{yn}\boldsymbol{j}$$

代入式(2-1)，有

$$F_{Rx}\boldsymbol{i}+F_{Ry}\boldsymbol{j}=(F_{x1}+F_{x2}+\cdots+F_{xn})\boldsymbol{i}+(F_{y1}+F_{y2}+\cdots+F_{yn})\boldsymbol{j}$$

比较系数，可得

$$\begin{cases} F_{Rx}=F_{x1}+F_{x2}+\cdots+F_{xn}=\sum\limits_{i=1}^{n}F_{xi} \\ F_{Ry}=F_{y1}+F_{y2}+\cdots+F_{yn}=\sum\limits_{i=1}^{n}F_{yi} \end{cases} \tag{2-8}$$

式(2-8)称为合力投影定理，即合力在某一轴上的投影等于各分力在同一轴上投影的代数和。若已知合力 $\boldsymbol{F}_R$ 在两坐标轴上的投影，则合力 $\boldsymbol{F}_R$ 的大小和方向可分别表示为

$$\begin{cases} F_R=\sqrt{F_{Rx}^2+F_{Ry}^2}=\sqrt{(\sum F_x)^2+(\sum F_y)^2} \\ \cos(\boldsymbol{F}_R, \boldsymbol{i})=\dfrac{F_{Rx}}{F_R}=\dfrac{\sum F_x}{F_R}, \quad \cos(\boldsymbol{F}_R, \boldsymbol{j})=\dfrac{F_{Ry}}{F_R}=\dfrac{\sum F_y}{F_R} \end{cases} \tag{2-9}$$

【例 2-4】 用解析法计算例 2-1 中的合力。

解： 选定参考坐标系如图 2.6 所示。根据图中各力的大小和方向，分别求出它们在两坐标轴上的投影。

$$F_{x1}=-F_1=-10\text{kN}, \quad F_{y1}=0$$

$$F_{x2}=-F_2\cdot\cos30°=-12.99\text{kN}, \quad F_{y2}=-F_2\cdot\sin30°=-7.5\text{kN}$$

$$F_{x3}=0, \quad F_{y3}=-F_3=-8\text{kN}$$

$$F_{x4}=F_4\cos45°=7.07\text{kN}, \quad F_{y4}=-F_4\sin45°=-7.07\text{kN}$$

由合力投影定理，合力在两坐标轴上的投影分别为

$$F_{Rx}=\sum F_x=-10-12.99+7.07=-15.92\text{kN}$$

$$F_{Ry}=\sum F_y=-7.5-8-7.07=-22.57\text{kN}$$

合力 $\boldsymbol{F}_R$ 的大小和方向分别为

$$F_R=\sqrt{F_{Rx}^2+F_{Ry}^2}=27.62\text{kN}$$

$$\cos(\boldsymbol{F}_R,\boldsymbol{i})=\frac{F_{Rx}}{F_R}=\frac{-15.92}{27.62}=-0.5764$$

$$\cos(\boldsymbol{F}_R,\boldsymbol{j})=\frac{F_{Ry}}{F_R}=\frac{-22.57}{27.62}=-0.8172$$

$$(\boldsymbol{F}_R,\boldsymbol{i})=125.2^\circ,\ (\boldsymbol{F}_R,\boldsymbol{j})=144.8^\circ$$

由于 $F_{Rx}<0$，$F_{Ry}<0$，可见合力通过原汇交点且指向左下方，如图 2.6 所示。

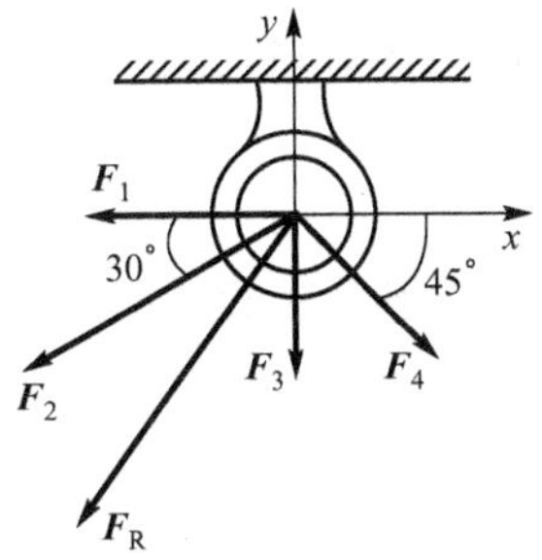

图 2.6 例 2-4 图

2.2.4 平面汇交力系平衡的解析条件

由前所述，平面汇交力系平衡的必要与充分条件是合力为零，由式(2-9)应有

$$F_R=\sqrt{F_{Rx}^2+F_{Ry}^2}=\sqrt{(\sum F_x)^2+(\sum F_y)^2}=0$$

要使上式成立，必须同时满足

$$\begin{cases}\sum F_x=0\\ \sum F_y=0\end{cases} \tag{2-10}$$

式(2-10)称为平面汇交力系的平衡方程。即平面汇交力系平衡的必要和充分条件是：力系中各力在任一坐标轴上投影的代数和为零。利用这两个独立方程可求解出两个未知量。

【例 2-5】 重量 $G=100\text{N}$ 的球用两根细绳悬挂固定，如图 2.7(a)所示。试求各绳的拉力。

解： 以 A 球为研究对象，其受力图如图 2.7(b)所示。

可先用几何法计算，根据力多边形闭合条件，作出力三角形。按照一定的比例先画出已知力矢 $\overrightarrow{ab}=\boldsymbol{G}$，再由点 b 作直线平行于 $\boldsymbol{F}_{CE}$，由点 a 作直线平行于 $\boldsymbol{F}_{BD}$，这两条直线相交于点 c，如图 2.7(c)所示。

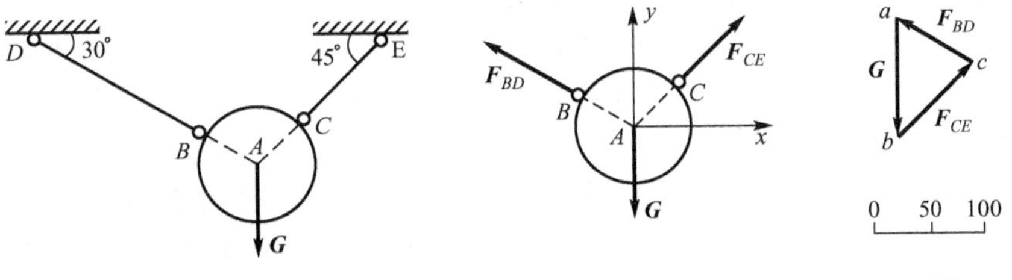

图 2.7 例 2-5 图

在力三角形中，线段 bc 和 ca 分别表示 $\boldsymbol{F}_{CE}$ 和 $\boldsymbol{F}_{BD}$ 的大小，由三角关系，可得

$$\frac{G}{\sin 75^\circ}=\frac{F_{BD}}{\sin 45^\circ}=\frac{F_{CE}}{\sin 60^\circ}$$

解得两绳的拉力分别为

$$F_{BD}=73.2\text{N},\quad F_{CE}=89.7\text{N}$$

然后再用解析法求解。建立如图 2.7(b)所示的坐标系，列出平衡方程

$$\sum F_x=0,\quad F_{CE}\cos45°-F_{BD}\cos30°=0$$

$$\sum F_y=0,\quad F_{CE}\sin45°+F_{BD}\sin30°-G=0$$

联立求解，可得两绳的拉力分别为

$$F_{CE}=89.7N,\quad F_{BD}=73.2\text{N}$$

两种方法解出的结果完全相同。

【例 2-6】 平面刚架在 C 点受水平力 $\boldsymbol{P}$ 作用，如图 2.8(a)所示。设 $P=80\text{kN}$，不计刚架自重，试求 A、B 支座的约束反力。

解： 取刚架为研究对象，它受到 $\boldsymbol{P}$、$\boldsymbol{F}_{RA}$、$\boldsymbol{F}_{By}$ 三个力作用，其受力图如图 2.8(b)所示。应用三力平衡汇交定理可以确定 $\boldsymbol{F}_{RA}$ 的作用线通过两点 A、D。列出平衡方程

$$\sum F_x=0,\quad P+F_{RA}\cos\alpha=0$$

解得

$$F_{RA}=-\frac{P}{\cos\alpha}=-80\times\frac{5}{4}=-100\text{kN}$$

负号表示约束反力 $\boldsymbol{F}_{RA}$ 方向与原假定方向相反。再由

$$\sum F_y=0\quad F_{By}+F_{RA}\sin\alpha=0$$

解得

$$F_{By}=-F_{RA}\cdot\sin\alpha=-100\times\left(-\frac{3}{5}\right)=60\text{kN}$$

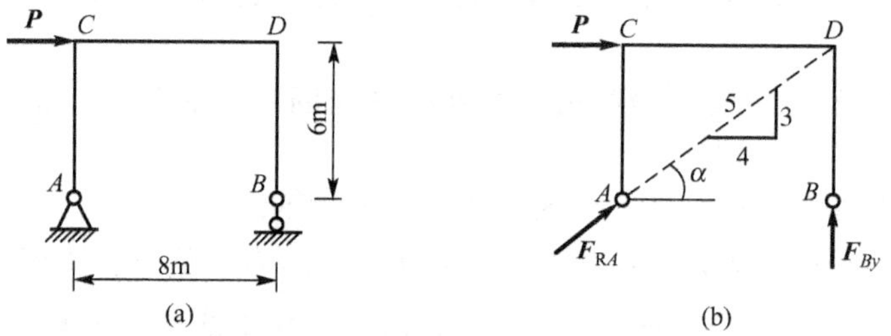

图 2.8 例 2-6 图

正号表示约束反力 $\boldsymbol{F}_{By}$ 方向与原假定方向一致。

【例 2-7】 简易起重机如图 2.9(a)所示，重物重 $W=10\text{kN}$。不计杆件自重，不计摩擦力，不计滑轮大小。设 A、B、C 处均为铰链约束，试求杆 AB、BC 所受的力(假设起吊时物体做匀速运动)。

解： 杆 AB、BC 均为二力杆，不妨假设两杆均为受拉。将滑轮连同销钉作为研究对象，作出其受力图，如图 2.9(b)所示，其中 $\boldsymbol{W}$ 为起吊绳对滑轮的拉力，方向垂直向下。因为物体做匀速直线运动，属于平衡状态，所以拉绳的拉力与物体的重量相等，即 $F_{BD}=W=10\text{kN}$。$\boldsymbol{F}_{BA}$ 为销钉通过铰链作用于杆 AB 上的力，$\boldsymbol{F}'_{BA}$ 是 $\boldsymbol{F}_{BA}$ 的反作用力。$\boldsymbol{F}_{BC}$ 为销钉通过铰链作用于杆 BC 上的力，$\boldsymbol{F}'_{BC}$ 为 $\boldsymbol{F}_{BC}$ 的反作用力。由于不计滑轮的大小，故作用于滑轮上的所有力构成一平面汇交力系。列平衡方程有

$$\sum F_x=0,\quad -F'_{BA}-F'_{BC}\cdot\cos45°-F_{BD}\cdot\cos60°=0$$

$$\sum F_y=0,\quad -F'_{BC}\cdot\sin45°-F_{BD}\cdot\sin60°-W=0$$

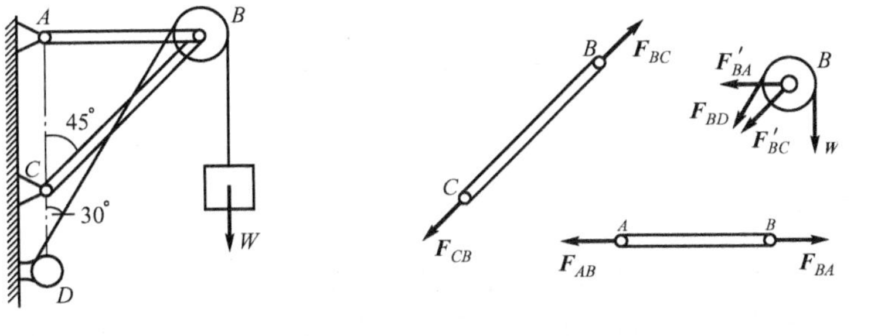

图 2.9 例 2-7 图

联立求解，可得

$$F'_{BC}=-\frac{W+F_{BD}\cdot\sin60^{\circ}}{\sin45^{\circ}}=-\frac{10+10\times0.866}{0.707}=-26.39\text{kN}$$

$$F'_{BA}=-F_{BD}\cdot\cos60^{\circ}-F'_{BC}\cdot\cos45^{\circ}=-10\times0.5+26.39\times0.707=13.66\text{kN}$$

负号表示 $\boldsymbol{F}'_{BC}$ 的实际方向与假设方向相反，正号表示 $\boldsymbol{F}'_{BA}$ 的实际方向与假设方向相同。因此杆 BC 受压，杆 AB 受拉。

2.3 平面力矩

力对刚体的运动效应使刚体的运动状态发生改变(包括移动与转动)，其中力对刚体的移动效应可用力矢来度量，而力对刚体的转动效应则要用力对点的矩(简称力矩)来度量，即力矩是度量力对刚体转动效应的物理量。

如图 2.10 所示为用扳手松紧螺母的示意图。作用于扳手上的力 $\boldsymbol{F}$ 使扳手和螺母一起绕螺母中心转动，由经验可知，力 $\boldsymbol{F}$ 使扳手和螺母绕点 O 转动的效应既与力 $\boldsymbol{F}$ 的大小有关，也与点 O 到 $\boldsymbol{F}$ 的垂直距离 d 有关。因而在平面问题中，通常将乘积 Fd 冠以正负号，作为度量力 $\boldsymbol{F}$ 使刚体绕点 O 转动效应的物理量。这个量称为力对点之矩，简称力矩。力 $\boldsymbol{F}$ 对于点 O 的矩用 $M_O(\boldsymbol{F})$ 表示，即

$$M_O(\boldsymbol{F})=\pm F\cdot d \tag{2-11}$$

点 O 称为矩心；d 称为力臂。正负号表示力矩在其作用面上的转向。一般规定力 $\boldsymbol{F}$ 使刚体绕点 O 逆时针转动为正，顺时针转动为负。力 $\boldsymbol{F}$ 对点 O 之矩，其值还可以用以力 $\boldsymbol{F}$ 为底边，以矩心 O 为顶点所构成的三角形面积的两倍来表示，如图 2.10 所示。

$$M_O(\boldsymbol{F})=\pm2S_{\triangle OAB} \tag{2-12}$$

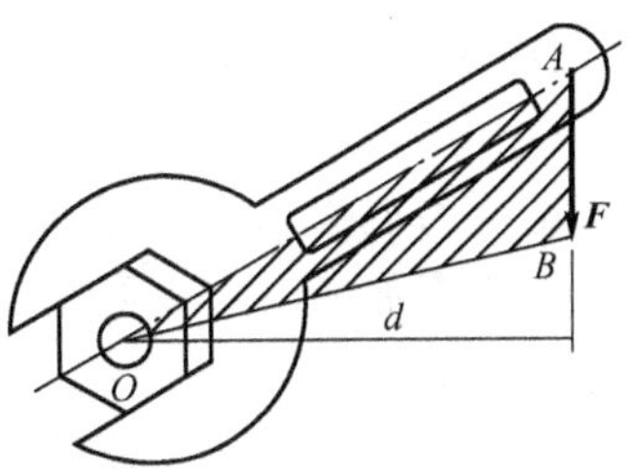

图 2.10 平面力矩

力矩的单位为 N · m(牛顿 · 米)或 kN · m(千牛顿 · 米)。由力矩的定义式(2-11)可知：当 $d=0$，即力的作用线通过矩心时，力矩的值为零；当力沿作用线滑动时，该力对任一固定点的矩保持不变。

2.4 平面力偶系

2.4.1 力偶的概念

在日常生活中，我们经常碰到不自觉地使用力偶的情况，如用手打开水龙头、用手旋开笔帽、用钥匙开锁等。在机械工程中也有许多力偶的例子，如司机对方向盘的操作、钳工对丝锥的操作等。这些例子告诉我们，力偶是作用在物体上的两个大小相等、方向相反，且不共线的一对平行力所组成的力系，记作($\boldsymbol{F}$，$\boldsymbol{F}'$)，如图2.11所示。两个力之间的垂直距离d称为力偶臂，力偶所在的平面称为力偶作用面。力偶对刚体的外效应只能使刚体产生转动。

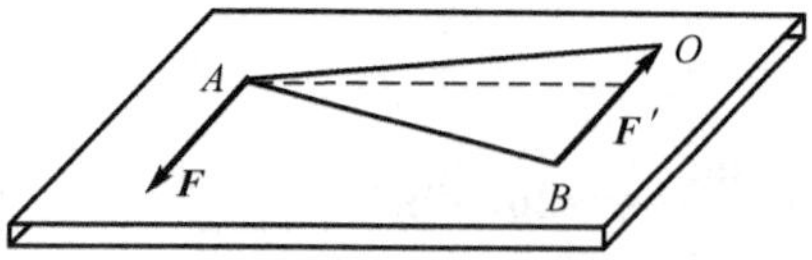

图2.11 平面力偶

力偶对刚体的转动效应用力偶矩度量。对于平面力偶，力偶矩是代数量。力偶矩以符号M表示，即

$$M=\pm Fd \tag{2-13}$$

式(2-13)中的正负号一般以逆时针转向为正，顺时针转向为负。力偶矩的单位为N・m，由图2.11可知，力偶矩的大小也可用力偶中的一个力为底边与另一个力的作用线上任一点所构成的三角形面积的两倍表示，即

$$M=\pm 2S_{\triangle OAB} \tag{2-14}$$

2.4.2 力偶的性质

性质1 力偶既没有合力，也不能用一个力平衡。

力偶是由两个力组成的特殊力系，该力系不能合成为一个力，或用一个力来等效替换；力偶也不能用一个力来平衡。力偶只能对刚体产生转动效应，而力既能对刚体产生转动效应，同时又能产生平动效应。

性质2 力偶对其作用面内任意一点的矩恒等于该力偶的力偶矩，与矩心的位置无关。

证明：设有一力偶($\boldsymbol{F}$，$\boldsymbol{F}'$)作用在刚体上某平面内，其力偶矩$M=Fd$，如图2.12所示。在此平面上任取一点O，该点至力F的垂直距离为x，则力偶对O点的矩为

$$M_O(\boldsymbol{F},\boldsymbol{F}')=F'(x+d)-Fx=Fd=M$$

可见，力偶矩与矩心选择无关。因而力偶与力矩不同，标注力偶矩时不需要指明力偶是对哪一点的矩，而简记为M。

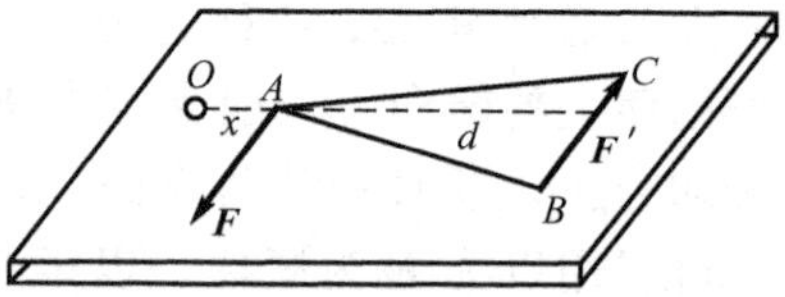

图2.12 力偶性质2

性质3 只要保持力偶矩的大小和转向不变，可改变力偶作用的位置，也可同时改变力的大小和力偶臂的长短，而不影响力偶对刚体的作用效果。

如图2.13(a)所示，拧紧瓶盖时，可将力偶加在A、B位置或C、D位置，其效果相同。因此，力偶对刚体的作用与力偶在其作用面内的位置无关。又如图2.13(b)所示，用

丝锥攻螺纹时，若将力增加1倍，而力偶臂减少1/2，其效果仍相同。因此，只要保持力偶矩的大小和转向不变，可以同时改变力偶中力的大小和力偶臂的长短，而不改变力偶对刚体的作用效果。

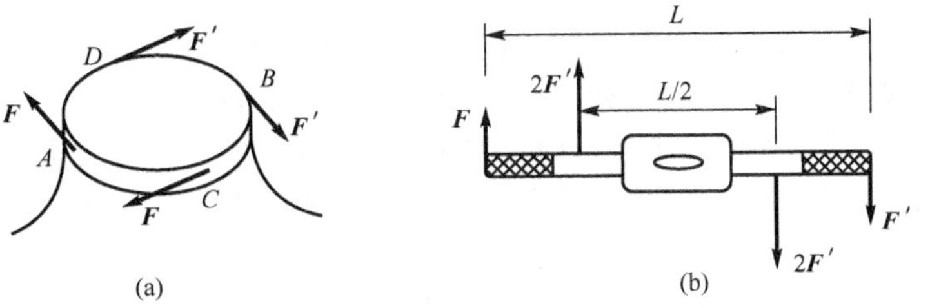

图 2.13　力偶性质 3

由此得出力偶的等效条件是：作用在同一平面内的两个力偶，只要其力偶矩大小相等、转向相同，则此二力偶彼此等效。

力偶可在其作用面内用一弯曲的箭头表示，如图2.14所示。箭头表示力偶的转向，M表示力偶矩的大小。

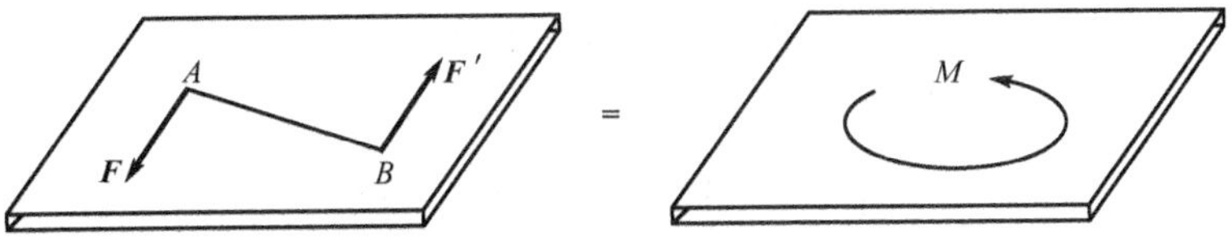

图 2.14　力偶表示

2.4.3　平面力偶系的合成

如图2.15所示，假设($\boldsymbol{F}_1$，$\boldsymbol{F}_1'$)、($\boldsymbol{F}_2$，$\boldsymbol{F}_2'$)是作用在物体同一平面内的两个力偶，根据力偶的等效性质，($\boldsymbol{F}_1$，$\boldsymbol{F}_1'$)可以与通过A、B两点的一对力($\boldsymbol{F}_3$，$\boldsymbol{F}_3'$)等效，即$F_3 \cdot d=F_1 \cdot d_1=M_1$。($\boldsymbol{F}_2$，$\boldsymbol{F}_2'$)同样可以与通过$A$、$B$两点的一对力($\boldsymbol{F}_4$，$\boldsymbol{F}_4'$)等效，即$F_4 \cdot d=F_2 \cdot d_2=-M_2$。显然$\boldsymbol{F}_3$、$\boldsymbol{F}_4$的合力$\boldsymbol{F}$与$\boldsymbol{F}_3'$、$\boldsymbol{F}_4'$的合力$\boldsymbol{F}'$组成新的力偶($\boldsymbol{F}$，$\boldsymbol{F}'$)，其合力偶矩为

$$M=F \cdot d=(F_3-F_4) \cdot d=F_3 \cdot d-F_4 \cdot d=M_1+M_2$$

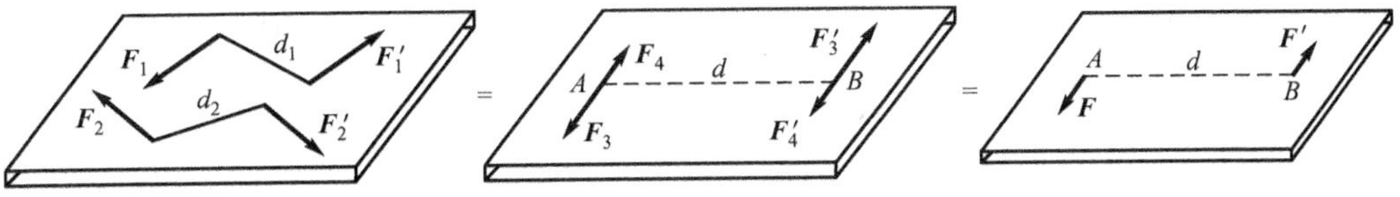

图 2.15　平面力偶系的合成

平面力偶系合成的结果为一合力偶矩，合力偶矩等于力偶系中各力偶矩的代数和。

上述结论可以推广到任意多个力偶合成的情形，即在同一平面内的任意一个力偶可合成为一个合力偶，合力偶的力偶矩等于各已知力偶的力偶矩的代数和，可写为

$$M=\sum M_i \tag{2-15}$$

2.4.4 平面力偶系的平衡

平面力偶系平衡的必要和充分条件：合力偶矩为零。即各力偶矩的代数和等于零，即

$$M=\sum M_i=0 \tag{2-16}$$

上式也称为平面力偶系的平衡方程，利用这个平衡方程可求解出一个未知量。

【例 2-8】 简支梁 AB 上受力如图 2.16(a)所示，试求梁的反力。

解： 以 AB 梁为研究对象，受力分析如图 2.16(b)所示。因为力偶只能与力偶平衡，所以铰链 A 处的约束反力 $\boldsymbol{F}_{RA}$ 与铰链 B 处的约束反力 $\boldsymbol{F}_{RB}$ 必组成一个力偶。由平面力偶系的平衡条件得

$$\sum M_i=0,\quad F_{RB}\times5-6\times2\times\sin30°=0$$

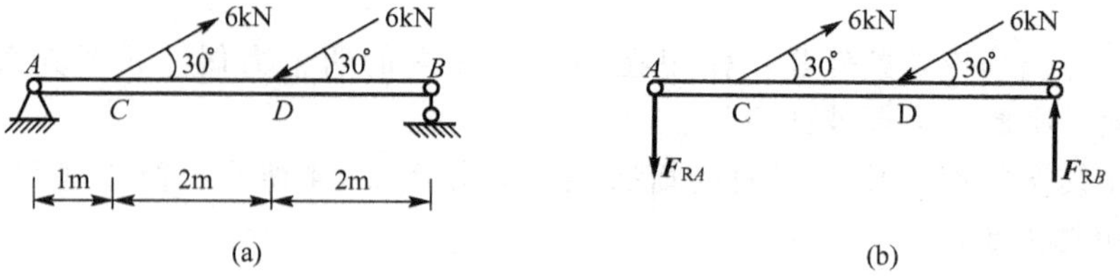

图 2.16 例 2-8 图

解得

$$F_{RB}=1.2\text{kN},\quad F_{RA}=1.2\text{kN}$$

【例 2-9】 四连杆机构 $OABO_1$ 如图 2.17(a)所示。已知在 OA 和 O_1B 上分别作用力偶 M_1 和 M_2，且知 $M_1=1\text{kN}\cdot\text{m}$，$OA=40\text{cm}$，$O_1B=60\text{cm}$，不计各杆自重，求平衡时力偶矩 M_2 的大小以及 AB 杆所受的力。

解： 分别取杆 OA 和 O_1B 为研究对象。因为杆 AB 为二力杆，假设受拉力，则 OA、O_1B 的受力图如图 2.17(b)、(c)所示。它们都是平面力偶系的平衡问题，于是可分别列静力平衡方程：

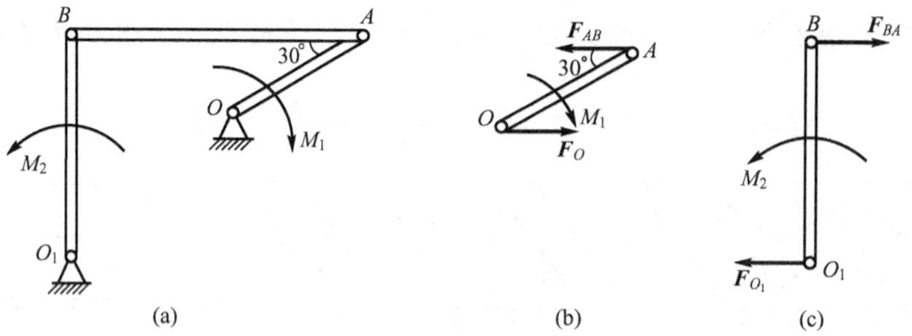

图 2.17 例 2-9 图

OA： $\sum M_i=F_{AB}\cdot OA\sin30°-M_1=0$

O_1B： $\sum M_i=M_2-F_{BA}\cdot O_1B=0$

式中，$F_{BA}=F_{AB}$。联立求解，可得平衡时 AB 杆所受的力以及力偶矩 M_2 的大小为

$$F_{AB}=F_{BA}=5\text{kN},\quad M_2=3\text{kN}\cdot\text{m}$$

小　　结

1. 平面汇交力系合成与平衡的几何法

对于平面汇交力系，可应用力多边形，力多边形的封闭边为平面汇交力系的合力。合力作用线通过各力的汇交点，合力的大小和方向等于原力系中所有各力的矢量和，即

$$\boldsymbol{F}_R=\boldsymbol{F}_1+\boldsymbol{F}_2+\cdots+\boldsymbol{F}_n=\sum\boldsymbol{F}_i$$

平面汇交力系平衡的必要和充分条件：该力系的合力等于零，即

$$\boldsymbol{F}_R=\sum_{i=1}^{n}\boldsymbol{F}_i=0$$

力系平衡时，在力多边形中最后一个力的终点与第一个力的起点重合，此时的力多边形自行封闭。于是，平面汇交力系平衡的几何条件可表述为：该力系的力多边形自行封闭。

2. 平面汇交力系合成与平衡的解析法

平面汇交力系的合力在某一轴上的投影等于各分力在同一轴上投影的代数和，即

$$\begin{cases}F_{Rx}=F_{x1}+F_{x2}+\cdots+F_{xn}=\sum\limits_{i=1}^{n}F_{xi}\\F_{Ry}=F_{y1}+F_{y2}+\cdots+F_{yn}=\sum\limits_{i=1}^{n}F_{yi}\end{cases}$$

平面汇交力系平衡的解析条件：力系中各力在两直角坐标轴上的投影的代数和分别等于零，即

$$\begin{cases}\sum F_x=0\\\sum F_y=0\end{cases}$$

上式称为平面汇交力系的平衡方程，利用这个平衡方程可求解出一个未知量。

3. 平面力偶系的合成与平衡

同一平面内的任意一个力偶可合成为一个合力偶，合力偶的力偶矩等于各已知力偶的力偶矩的代数和，即

$$M=\sum M_i$$

平面力偶系平衡的必要和充分条件：各力偶矩的代数和等于零，即

$$M=\sum M_i=0$$

上式又称平面力偶系的平衡方程，利用这个平衡方程可求解出一个未知量。

习　　题

一、是非题(正确的在括号内打“√”，错误的打“×”)

1. 力在两同向平行轴上投影一定相等，两平行相等的力在同一轴上的投影一定相等。（　　）

2. 用解析法求平面汇交力系的合力时，若选取不同的直角坐标轴，其所得的合力一定相同。（　　）

3. 在平面汇交力系的平衡方程中，两个投影轴一定要互相垂直。 (　　)

4. 在保持力偶矩大小、转向不变的条件下，可将如图 2.18(a)所示 D 处平面力偶 M 移到如图 2.18(b)所示 E 处，而不改变整个结构的受力状态。 (　　)

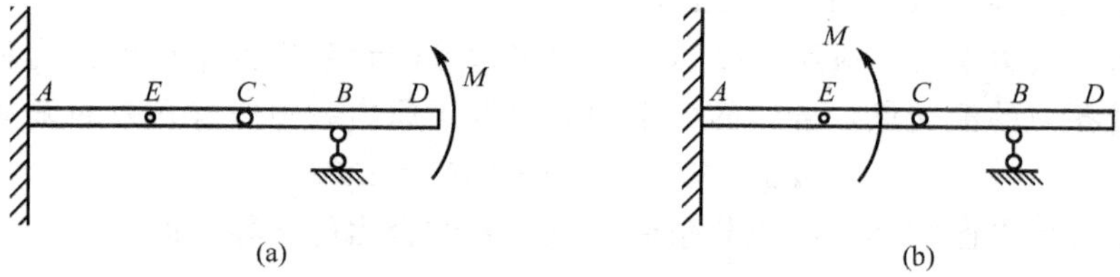

图 2.18　题一(4)图

5. 如图 2.19 所示四连杆机构在力偶 $M_1=M_2$ 的作用下系统能保持平衡。 (　　)

6. 如图 2.20 所示带传动，若仅是包角 α 发生变化，而其他条件均保持不变时，使带轮转动的力矩不会改变。 (　　)

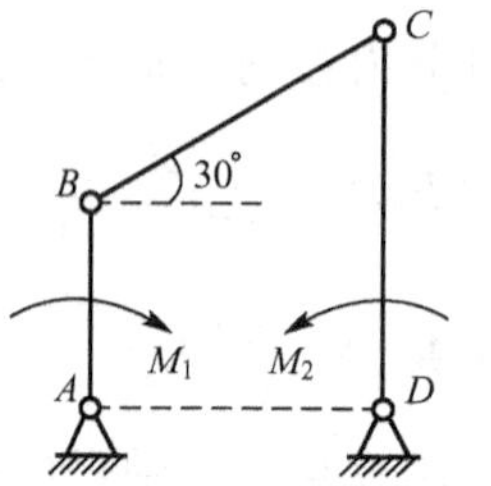

图 2.19　题一(5)图

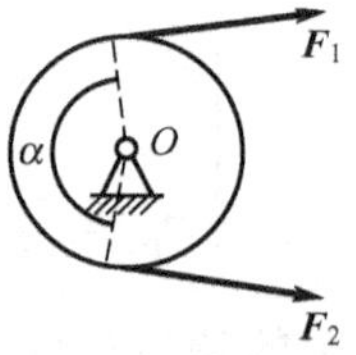

图 2.20　题一(6)图

二、填空题

1. 平面汇交力系平衡的充要条件是________，利用它们可以求解________个未知的约束反力。

2. 三个力汇交于一点，但不共面，这三个力________相互平衡。

3. 如图 2.21 所示，杆 AB 自重不计，在五个力的作用下处于平衡状态，则作用于点 B 的四个力的合力 $F_R=$________，方向沿________。

4. 如图 2.22 所示结构中，力 $\boldsymbol{P}$ 对点 O 的矩为________。

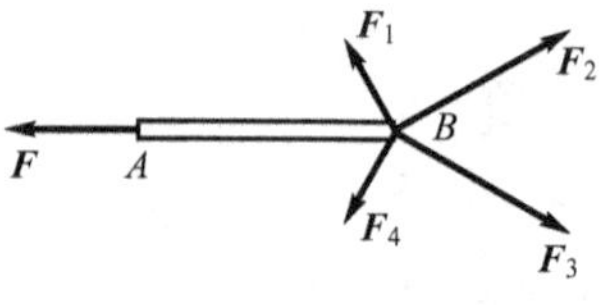

图 2.21　题二(3)图

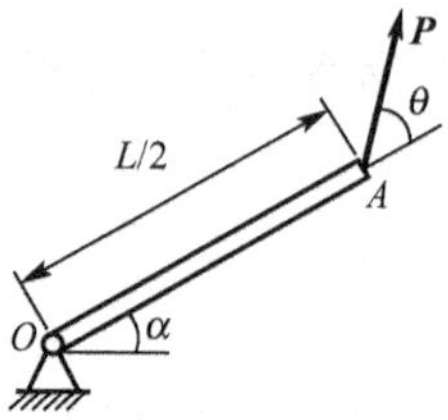

图 2.22　题二(4)图

5. 平面汇交力系中作力多边形的矢量规则为：各分力的矢量沿着环绕力多边形边界的某一方向________，而合力矢量沿________的方向，由第一个分力的________指向最后一个分力的________。

6. 在直角坐标系中，力对坐标轴的投影与力沿坐标轴分解的分力的大小________，但在非直角坐标系中，力对坐标轴的投影与力沿坐标轴分解的分力的大小________。

三、选择题

1. 如图 2.23 所示的各图为平面汇交力系所作的力多边形，下面说法正确的是(　　)。

A. 图(a)和图(b)是平衡力系　　B. 图(b)和图(c)是平衡力系

C. 图(a)和图(c)是平衡力系　　D. 图(c)和图(d)是平衡力系

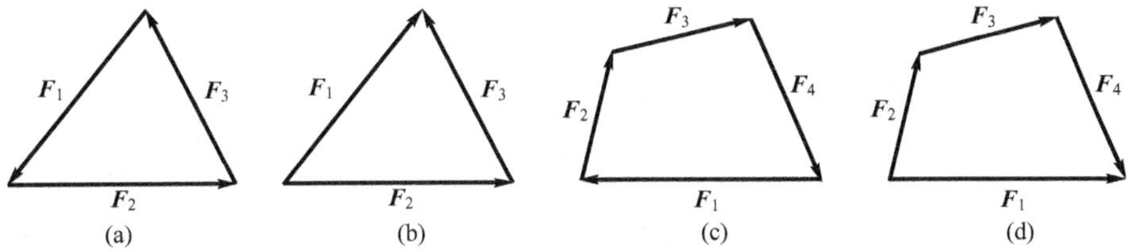

图 2.23　题三(1)图

2. 关于某一个力、分力与投影，下面说法正确的是(　　)。

A. 力在某坐标轴上的投影与力在该轴上的分力都是矢量，且大小相等、方向一致

B. 力在某坐标轴上的投影为代数量，而力在该轴上的分力是矢量，两者完全不同

C. 力在某坐标轴上的投影为矢量，而力在该轴上的分力是代数量，两者完全不同

D. 对一般坐标系，力在某坐标轴上投影的量值与力在该轴上的分力大小相等

3. 如图 2.24 所示，四个力作用在一物体的四点 A、B、C、D 上，设 $\boldsymbol{P}_1$ 与 $\boldsymbol{P}_2$、$\boldsymbol{P}_3$ 与 $\boldsymbol{P}_4$ 大小相等、方向相反，且作用线互相平行，该四个力所作的力多边形闭合，那么(　　)。

A. 力多边形闭合，物体一定平衡

B. 虽然力多边形闭合，但作用在物体上的力系并非平面汇交力系，无法判定物体是否平衡

C. 作用在该物体上的四个力构成平面力偶系，物体平衡由 $\sum M_i$ 是否为 0 来判定

D. 上述说法均无依据

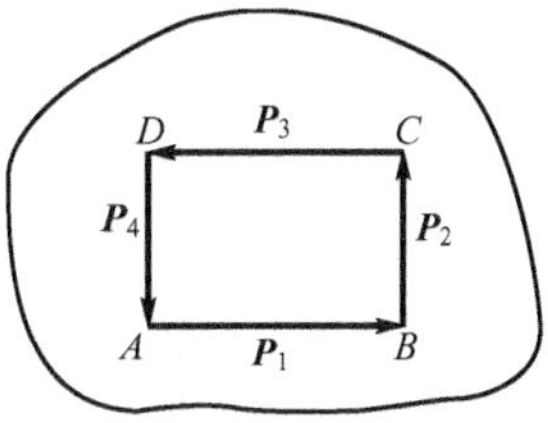

图 2.24　题三(3)图

4. 力偶对物体的作用效应，取决于(　　)。

A. 力偶矩的大小

B. 力偶的转向

C. 力偶的作用平面

D. 力偶矩的大小、力偶的转向和力偶的作用平面

5. 一个不平衡的平面汇交力系，若满足 $\sum F_x = 0$ 的条件，则其合力的方位应是(　　)。

A. 与 x 轴垂直　　B. 与 x 轴平行

C. 与 y 轴正向的夹角为锐角　　D. 与 y 轴正向的夹角为钝角

四、计算题

1. 在物体的某平面上，点 A 受 4 个力作用，力的大小、方向如图 2.25 所示。试用几

何法求其合力。

2. 螺栓环眼受到3根绳子拉力的作用，其中 $\boldsymbol{T}_1$、$\boldsymbol{T}_2$ 大小和方向如图2.26所示，今欲使该力系合力方向铅垂向下，大小等于15kN，试用几何法确定拉力 $\boldsymbol{T}_3$ 的大小和方向。

3. 如图2.27所示套环 C 可在垂直杆 AB 上滑移，设 $F_1=2.4\text{kN}$，$F_2=1.6\text{kN}$，$F_3=4.8\text{kN}$，试用几何法求当 α 角多大时，才能使作用在套环上的合力沿水平方向，并求此时的合力。

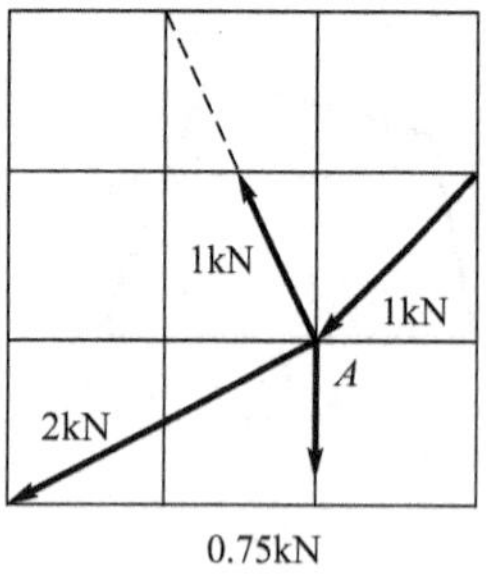

图2.25 题四(1)图

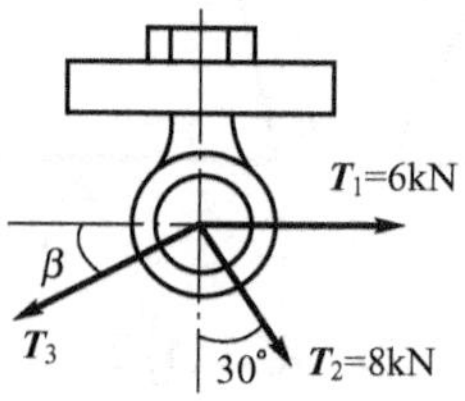

图2.26 题四(2)图

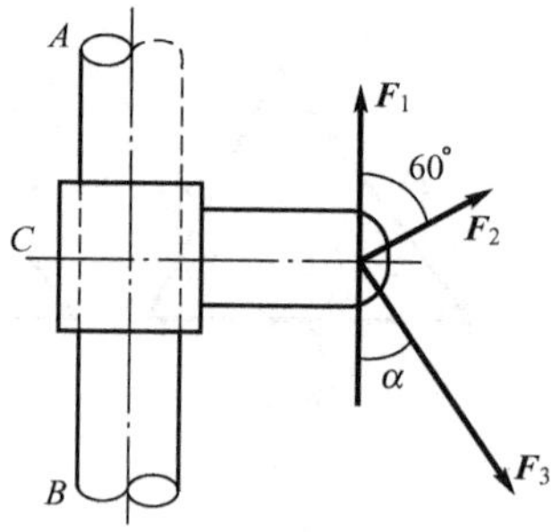

图2.27 题四(3)图

4. 已知 $F_1=100\text{N}$，$F_2=50\text{N}$，$F_3=60\text{N}$，$F_4=80\text{N}$，各力方向如图2.28所示。试分别求各力在 x 轴和 y 轴上的投影。

5. 如图2.29所示，$F_1=20\text{kN}$，$F_2=14.14\text{kN}$，$F_3=27.32\text{kN}$，试求此三个力的合力。

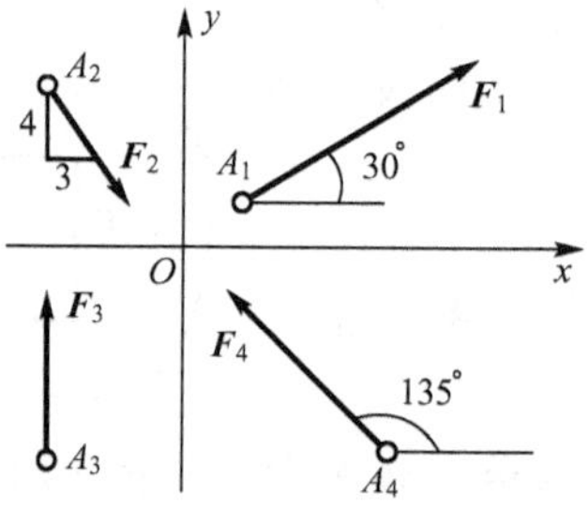

图2.28 题四(4)图

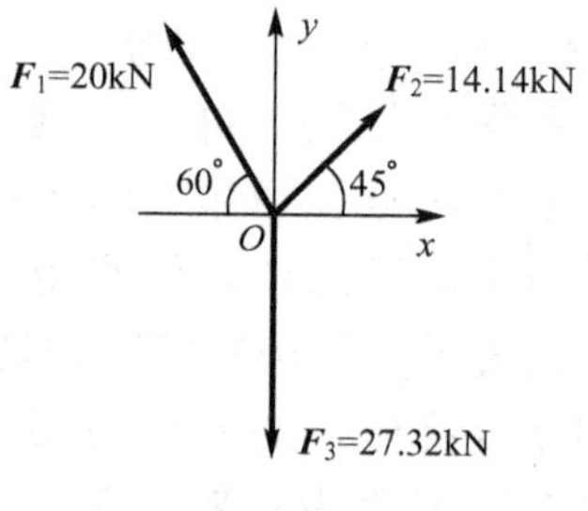

图2.29 题四(5)图

6. 求如图2.30所示各梁支座的约束反力。

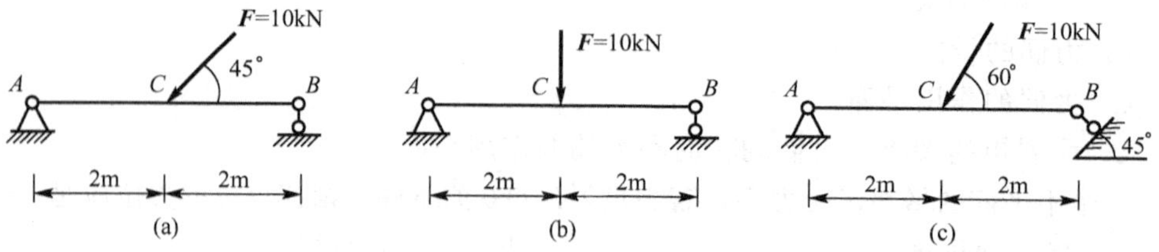

图2.30 题四(6)图

7. 压路机的碾子半径 $R=40\text{cm}$，在其中心 O 处受重力 $W=20\text{kN}$，如图2.31所示。试求碾子越过厚度为8cm的石板时，所需的最小水平拉力 $\boldsymbol{F}_{min}$ 以及碾子对石板的作用力。

8. 水平杆 AB 分别用铰链 A 和绳索 BD 连接，在杆中点悬挂重物 $G=1\text{kN}$，如图 2.32 所示。设杆自重不计，求铰链 A 处的反力和绳索 BD 的拉力。

9. 如图 2.33 所示，杆 AB 长 2m，B 端挂一重物 $G=3\text{kN}$，A 端靠在光滑的铅直墙上，C 点放于光滑的台阶上。设杆自重不计，求杆在图示位置平衡时，A、C 处的反力及 AC 的长度。

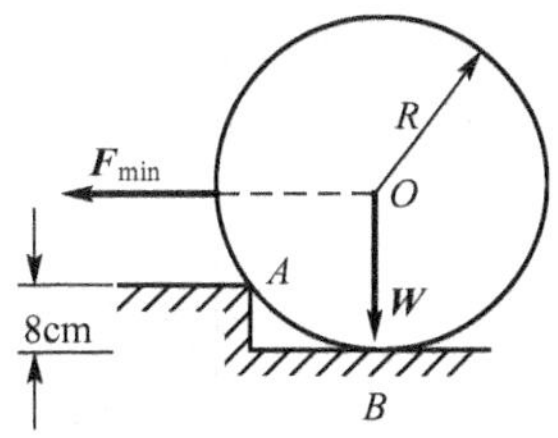

图 2.31　题四(7)图

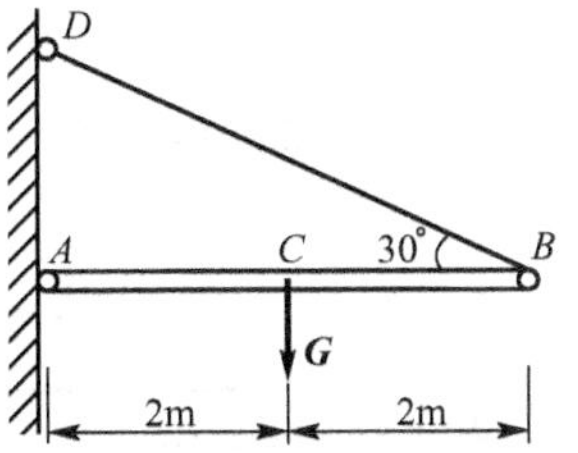

图 2.32　题四(8)图

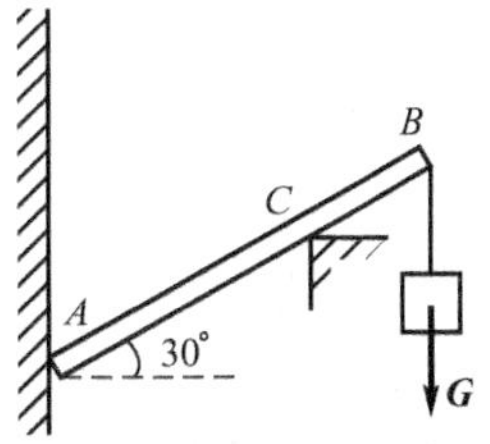

图 2.33　题四(9)图

10. 如图 2.34 所示的起重机支架的 AB、AC 杆用铰链支承在立柱上，并在 A 点用铰链互相连接，绳索一端绕过滑轮 A 起吊重物 $G=20\text{kN}$，另一端连接在卷扬机 D 上，AD 与水平面成 30°角。设滑轮和各杆自重及滑轮的大小均不计。求平衡时杆 AB 和 AC 所受的力。

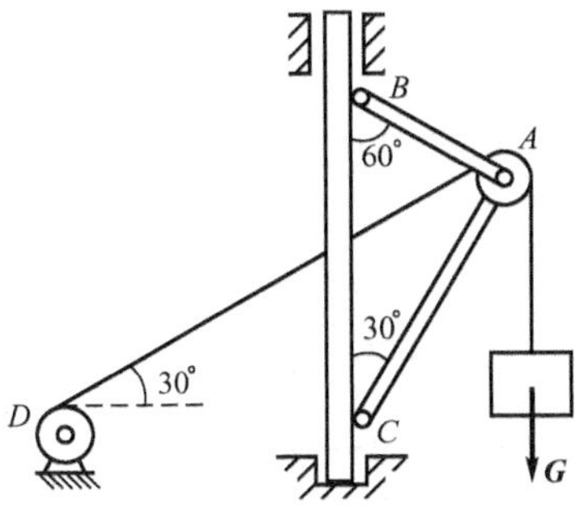

图 2.34　题四(10)图

11. 如图 2.35 所示，自重为 $\boldsymbol{G}$ 的圆柱搁置在倾斜的板 AB 与墙面之间，圆柱与板的接触点 D 是 AB 的中心，各接触处都是光滑的。试求绳 BC 的拉力及 A 处的约束反力。

12. 半径为 R，自重为 $\boldsymbol{G}$ 的圆柱用拉紧的绳子 $ACDB$ 固定在水平面上，如图 2.36 所示。已知绳子的拉力为 $\boldsymbol{F}$，$AE=BE=3R$，求点 E 处圆柱对水平面的压力。

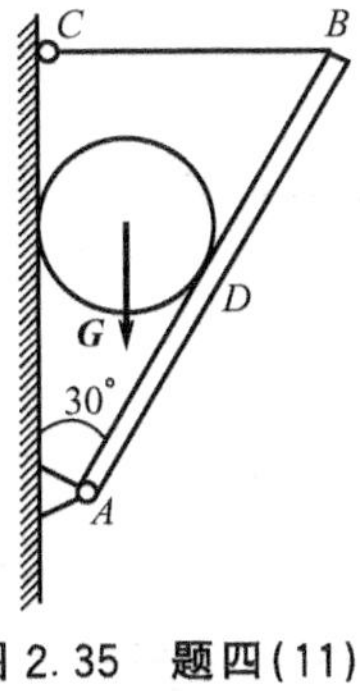

图 2.35　题四(11)图

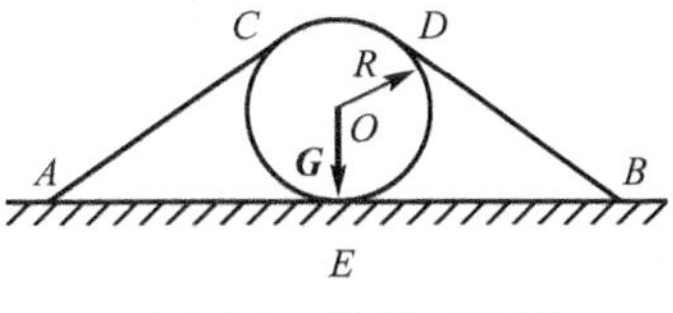

图 2.36　题四(12)图

13. 如图 2.37 所示，自重为 $\boldsymbol{G}$ 的两均质球，半径均为 r，放在光滑槽内，求在图示位置平衡时，槽壁对球的约束反力。

14. 自重 $G=200\text{N}$ 的物体，用四根绳索悬挂，如图 2.38 所示，求各绳所受的拉力。

15. 求图 2.39 所示各梁支座处的约束反力。

16. 连杆机构 $OABC$，受铅直力 $\boldsymbol{F}_1$ 和水平力 $\boldsymbol{F}$，如图 2.40 所示，已知 $F=3.5\text{kN}$，求平衡时力 $\boldsymbol{F}_1$ 的大小以及杆 OA、AB、BC 所受的力(不计杆自重)。

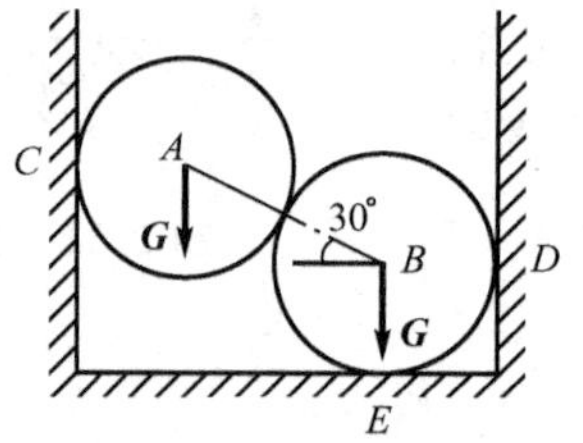

图 2.37　题四(13)图

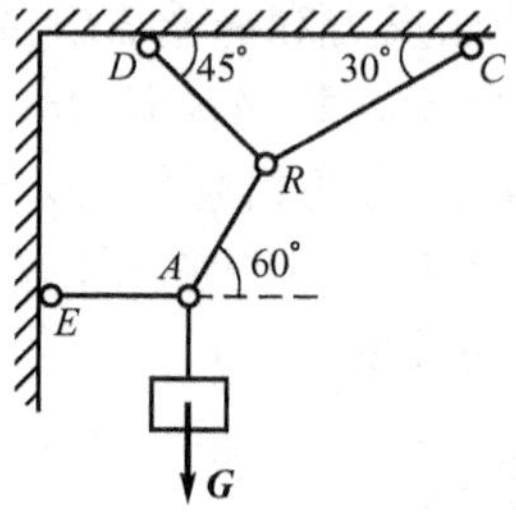

图 2.38　题四(14)图

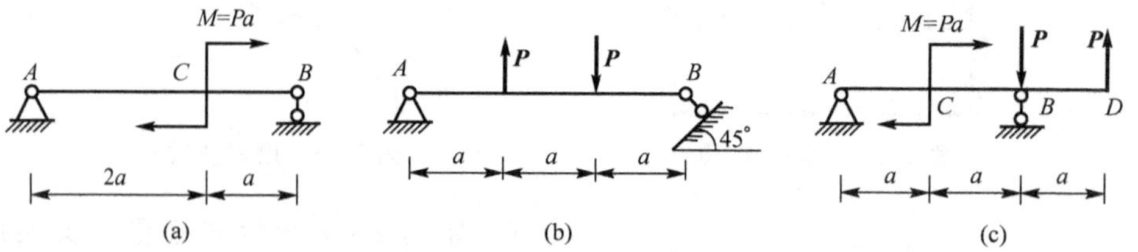

图 2.39　题四(15)图

17. 如图 2.41 所示结构中各构件的自重略去不计，在构件 AB 上作用一力偶，其力偶矩 $M=800\text{N}\cdot\text{m}$，求 A 和 C 点的约束反力。

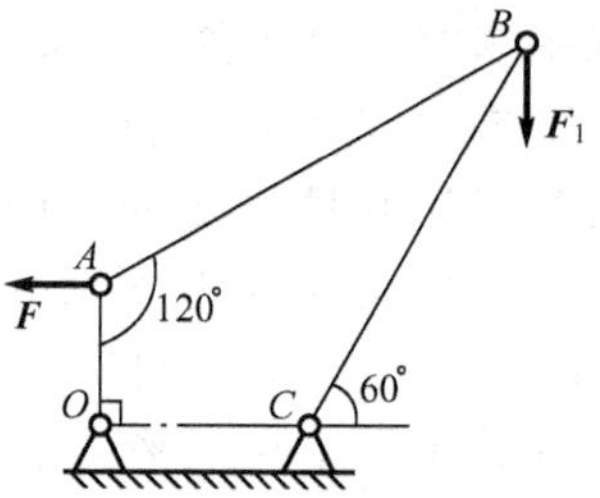

图 2.40　题四(16)图

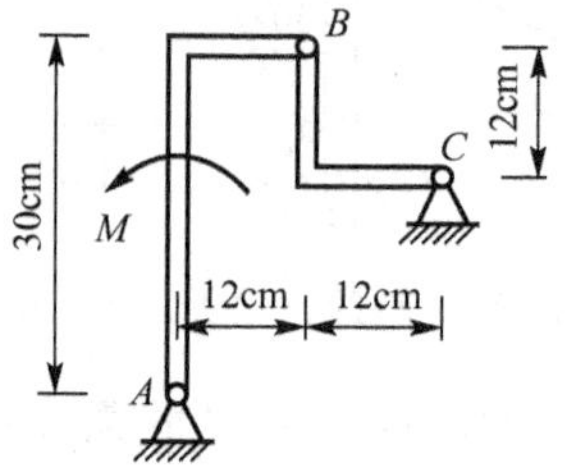

图 2.41　题四(17)图

18. 如图 2.42 所示构架，已知 $F_1=F_2=5\text{kN}$，杆自重不计，求 A 和 C 处的约束反力。

19. 在图 2.43 所示的曲柄滑道机构中，杆 AE 上有一导槽，套在杆 BD 的销子 C 上，销子 C 可在光滑导槽内滑动。已知 $M_1=4\text{kN}\cdot\text{m}$，转向如图所示，$AB=2\text{m}$，$\theta=30°$，机构在图示位置处于平衡。求 M_2 以及铰链 A、B 的约束反力。

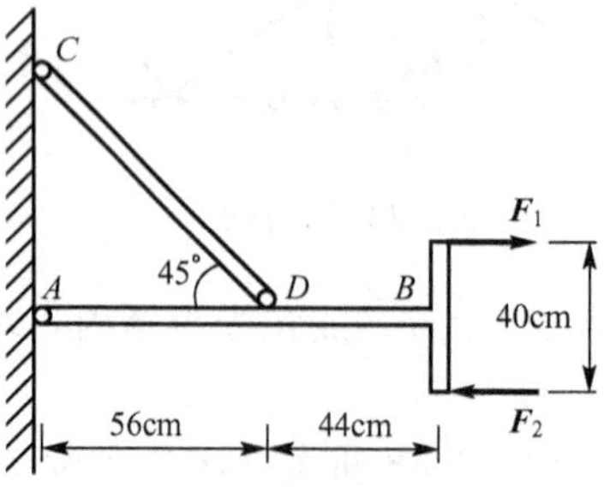

图 2.42　题四(18)图

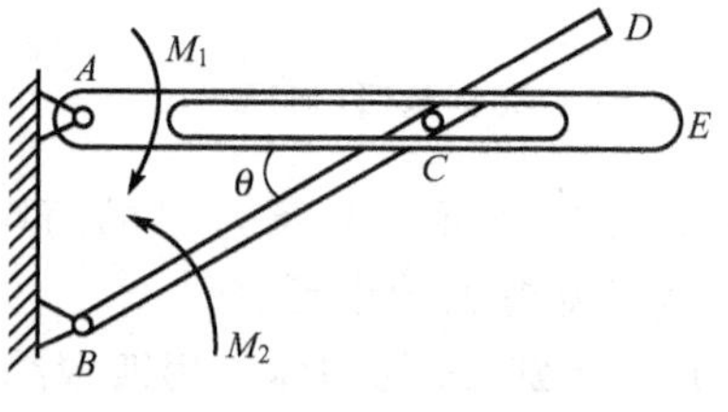

图 2.43　题四(19)图

第3章 平面任意力系

本章教学要点

知识要点	掌握程度	相关知识
力线平移定理	掌握力线平移定理	加减平衡力系原理
平面任意力系的简化	掌握平面任意力系简化结果分析	主矢和主矩
平面任意力系的平衡	掌握三种形式的平衡方程表达式	平衡方程的二矩式和三矩式

导入案例

我国是世界上古老的文明国家之一，生产和科学技术都发展得比较早。远在新石器时代，木架建筑已初具规模。建于1056年的山西应县佛宫寺，塔高67.31米，距今已有近千年历史，虽然历经近千年的风雨侵蚀、多次地震和炮击的重创，至今仍巍然屹立。用现代力学的观点看，构件的受力特性都较好。

隋朝李春主持建造的赵州桥建于隋大业(公元605—618)年间。桥长64.40m，跨径37.02m，是当今世界上跨径最大、建造最早的单孔敞肩型石拱桥。因桥两端肩部各有两个小孔，不是实的，故称敞肩型，这是世界造桥史的一个创造(没有小拱的称为满肩或实肩型)。赵州桥距今已1400年，经历了10次水灾、8次战乱和多次地震，特别是1966年邢台发生7.6级地震，邢台距此有40km，这里也有四点几级地震，但赵州桥没有被破坏。著名桥梁专家茅以升说，先不管桥的内部结构，仅就它能够存在1300多年就说明了一切。1963年发生水灾，大水淹到桥拱的龙嘴处，据当地的老人说，站在桥上都能感觉桥身很大的晃动。

1979年5月，由中国科学院自然史组四个单位组成联合调查组，对赵州桥的桥基进行了调查，自重为2800t的赵州桥，其根基只有五层石条砌成高1.55m的桥台，直接建在自然砂石上。这些成果反映出丰富的力学知识。

山西应县佛宫寺

赵州桥

同学们听说过曹冲称象的故事，故事的原文是这样讲的：曹冲生五六岁，智意所及，有若成人之智。时孙权曾致巨象，太祖欲知其斤重，访之群下，咸莫能出其理。冲曰："置象大船之上，而刻其水痕所至，称物以载之，则校可知矣。"太祖悦，即施行焉。意思是说：曹冲长到五六岁的时候，知识和判断能力所达到的程度，可以比得上成人(如一个成年人)。有一次，孙权送来了一头巨象，太祖想知道象的重量，询问属下，都不能说出称象的办法。曹冲说："把象放到大船上，在水面所达到的地方做上记号，再让船装载其他东西(当水面也达到记号的时候)，称一下这些东西，那么比较一下(东西的总质量差不多等于大象的质量)就能知道了。"太祖听了很高兴，马上照这个办法做了。

学习本章之后，你不妨对下图所示的称大象的结构进行力学分析，看看能否称出大象的重量。当然，你也可以对下图所示的起重机平衡物配重问题以及桁架的内力计算问题进行分析。

称大象

起重机

桁架结构

3.1 力线平移定理

定理： 作用在刚体上的力，可以向刚体内任一点平移，但必须同时附加一个力偶，此力偶的力偶矩等于原力对新作用点的矩。

证明：如图 3.1(a)中的力 $\boldsymbol{F}$ 作用于刚体的点 A，在刚体上任取一点 B，并在点 B 上加两个等值反向的力 $\boldsymbol{F}'$ 和 $\boldsymbol{F}''$，并使它们与力 $\boldsymbol{F}$ 平行，且 $\boldsymbol{F}=\boldsymbol{F}'=-\boldsymbol{F}''$，如图 3.1(b)所示。根据加减平衡力系公理，这三个力 $\boldsymbol{F}$、$\boldsymbol{F}'$、$\boldsymbol{F}''$组成的新力系与原来的一个力 $\boldsymbol{F}$ 等效。同时，这三个力可看做一个作用在点 B 的力 $\boldsymbol{F}'$和一个力偶($\boldsymbol{F}$，$\boldsymbol{F}''$)，此力偶称为附加力偶，如图 3.1(c)所示。从图中可以看出，该附加力偶的矩 $M=Fd$，其中 d 为附加力偶的臂，也就是点 B 到力 $\boldsymbol{F}$ 的作用线的垂距，即 $M=M_B(\boldsymbol{F})$。这样，就把作用于点 A 的力 $\boldsymbol{F}$ 平移到另一点 B，但同时必须附加上一个力偶，此力偶的力偶矩等于原来的力对新作用点的矩。定理得到证明。

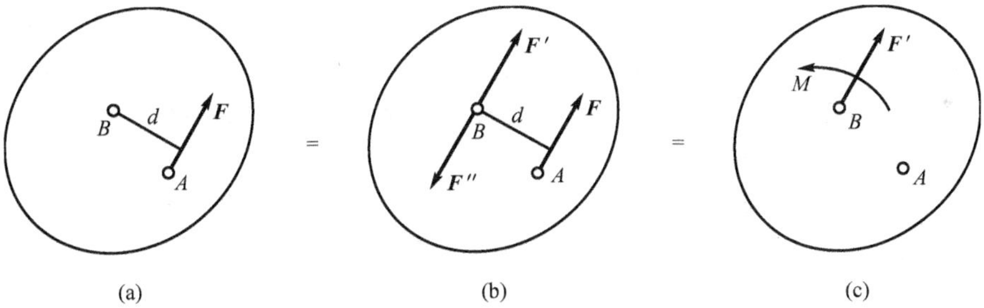

图 3.1 力线平移定理(一)

反过来，根据力线平移定理，也可以将平面内的一个力和一个力偶用作用在平面内另一点的力来等效替换。力线平移定理是力系简化与合成的基础。通过力线平移定理，可以将平面任意力系进行简化，得到一个平面汇交力系和一个平面力偶系，然后应用前面学过的知识，对平面汇交力系和平面力偶系分别进行合成。

力线平移定理表明了在一般情况下力对物体作用有两种效果。例如，如图 3.2(a)所示作用于齿轮上的圆周力为 $\boldsymbol{P}$，根据力线平移定理，作用于齿轮上的圆周力 $\boldsymbol{P}$ 等效于通过齿轮中心的力 $\boldsymbol{P}'$和附加力偶 M，如图 3.2 (b)所示。力 $\boldsymbol{P}'$主要使轴产生弯曲变形，而附加力

偶 M 使轴产生旋转。图 3.2(b)所示的载荷可以看做图 3.2(c)和图 3.2(d) 两种载荷作用的叠加。

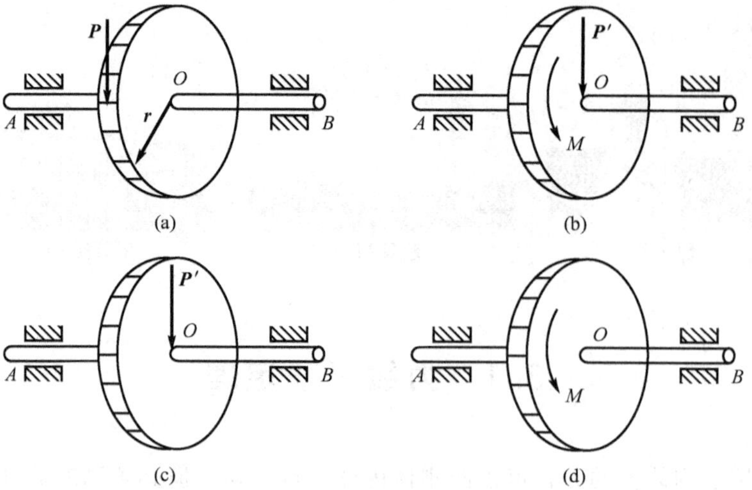

图 3.2 力线平移定理(二)

3.2 平面任意力系的简化

各力的作用线在同一平面内且任意分布的力系称为平面任意力系，下面我们应用力线平移定理来研究平面任意力系的简化。

3.2.1 主矢与主矩

设物体上作用一平面任意力系 $\boldsymbol{F}_1$，$\boldsymbol{F}_2$，…，$\boldsymbol{F}_n$，如图 3.3(a)所示。在平面内任取一点 O，称为简化中心。根据力线平移定理，把各力都平移到点 O。这样，得到一个汇交于点 O 的平面汇交力系 $\boldsymbol{F}_1'$，$\boldsymbol{F}_2'$，…，$\boldsymbol{F}_n'$，以及相应的附加力偶系 M_1，M_2，…，M_n，如图 3.3(b)所示。

平面汇交力系可以合成一个作用于点 O 的合力 $\boldsymbol{F}_R'$，用矢量表示为

$$\boldsymbol{F}_R'=\boldsymbol{F}_1'+\boldsymbol{F}_2'+\cdots+\boldsymbol{F}_n'=\sum\boldsymbol{F}_i' \qquad (3-1)$$

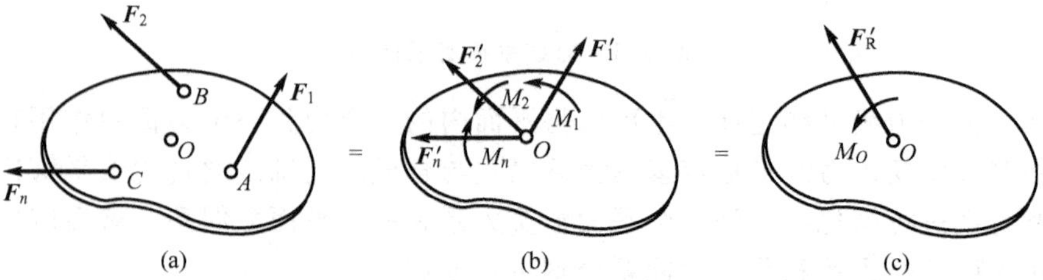

图 3.3 主矢与主矩

$\boldsymbol{F}_R'$称为原力系的主矢，其大小及方向与简化中心的选择无关。附加力偶系可以合成为

一个合力偶，其力偶矩为

$$M_O = M_1 + M_2 + \cdots + M_n = \sum M_O(\boldsymbol{F}_i) \tag{3-2}$$

M_O称为原力系对简化中心 O 的主矩，其大小与简化中心的选择有关。$\boldsymbol{F}'_R$和 M_O组成一个新力系，该力系与原力系等效，如图 3.3(c)所示。

通过以上分析可知：在一般情况下，平面任意力系可向作用面内任一点简化，可得到一个力和一个力偶，这个力称为该力系的主矢，作用线通过简化中心。这个力偶的矩称为该力系对于简化中心 O 的主矩。

一个物体的一端完全固定在另一个物体上，这种约束称为固定端或插入端支座，它们的约束端称为插入端或固定端。如图 3.4(a)所示的房屋建筑物中的阳台、图 3.4(b)所示的车床上的刀具、图 3.4(c)所示的立于路边的电线杆等均受固定端支座的约束。

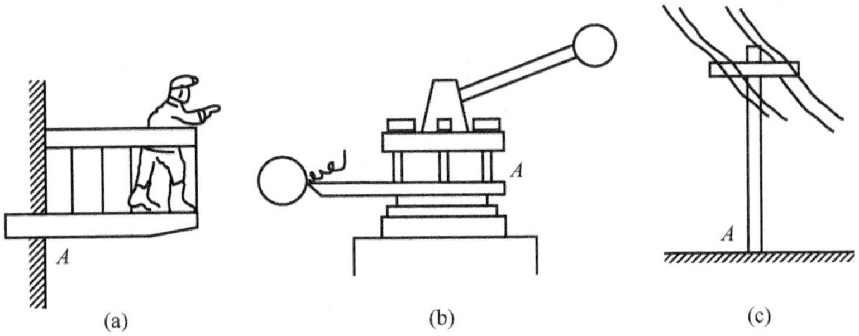

图 3.4　固定端或插入端支座

图 3.5(a)所示表示一物体 AB 在左端 A 受固定端支座约束。固定端支座对物体的约束反力是作用在接触面上的一群力，如图 3.5(b)所示。将这群力向作用平面内一点 A 简化得到一个力和一个力偶，如图 3.5(c)所示。一般情况下，这个力的大小和方向均为未知量，可用两个正交分力来代替。因此，在平面力系情况下，固定端 A 处的约束反力可简化为两个约束反力 $\boldsymbol{F}_{Ax}$、$\boldsymbol{F}_{Ay}$和一个矩为 M_A的约束力偶，如图 3.5(d)所示。

一端受固定端支座约束一端自由的梁称为悬臂梁。其结构简图如图 3.6(a)所示。其约束反力如图 3.6(b)所示，正交约束反力 $\boldsymbol{F}_{Ax}$、$\boldsymbol{F}_{Ay}$限制梁水平和铅直方向的移动，而约束力偶 M_A限制梁绕 A 点转动。

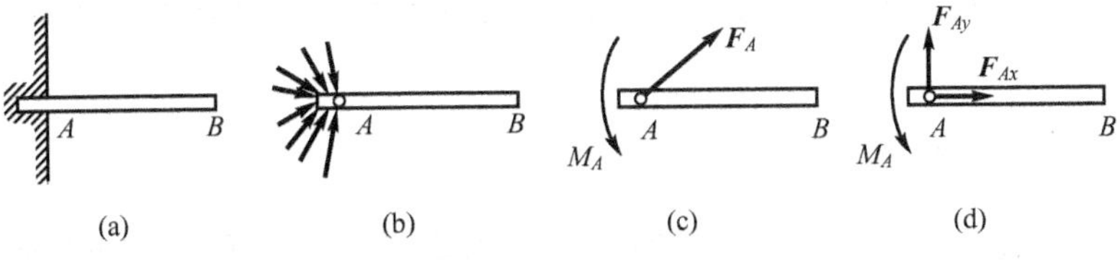

图 3.5　固定端的约束

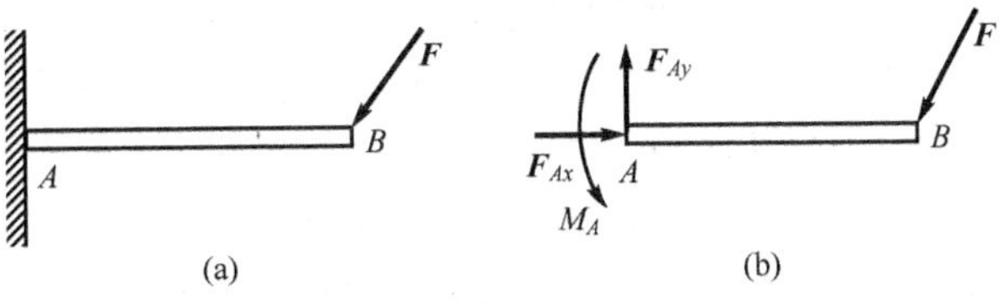

图 3.6　悬臂梁的受力简化

3.2.2 平面任意力系的简化结果分析

平面任意力系向任一点简化，一般可得主矢 $\boldsymbol{F}'_R$和主矩 M_O。进一步讨论力系的简化结果，可得以下 4 种情况。

1) $\boldsymbol{F}'_R \neq 0$，$M_O \neq 0$

主矢 $\boldsymbol{F}'_R$和主矩 M_O都不等于零，如图 3.7(a)所示。此时，原力系可进一步简化。将主矩 M_O用($\boldsymbol{F}_R$，$\boldsymbol{F}''_R$)来代替，并使 $\boldsymbol{F}'_R = \boldsymbol{F}_R = -\boldsymbol{F}''_R$，如图 3.7(b)所示。除去平衡力 $\boldsymbol{F}'_R$及 $\boldsymbol{F}''_R$后，只剩下作用于 O'点的力 $\boldsymbol{F}_R$，该力称为原力系的合力，如图 3.7(c)所示。

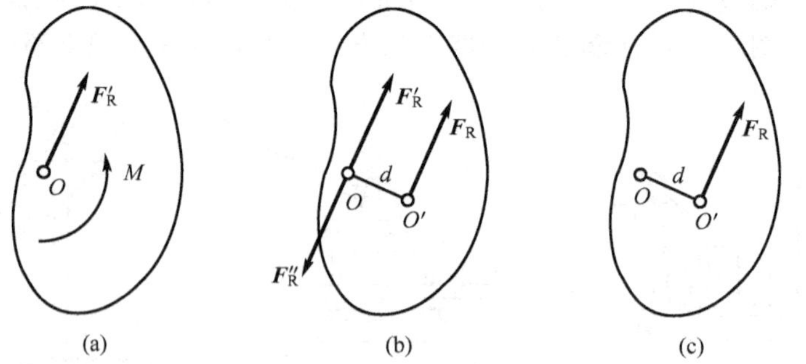

图 3.7 平面力系的简化

合力 $\boldsymbol{F}_R$的作用线到简化中心 O 的距离 d 为

$$d = |M_O / F'_R|$$

合力作用线在点 O 的哪一侧，需根据主矢和主矩的方向确定。

2) $F'_R \neq 0$，$M_O = 0$

主矢 $\boldsymbol{F}'_R$不等于零，而主矩 M_O等于零。此时，简化中心恰好选在力系合力的作用线上。显然 $\boldsymbol{F}'_R$就是原力系的合力。

3) $F'_R = 0$，$M_O \neq 0$

主矢 $\boldsymbol{F}'_R$等于零，而主矩 M_O不等于零。此时，原力系的简化结果与简化中心的选择无关，原力系合成为一力偶。

4) $F'_R = 0$，$M_O = 0$

主矢 $\boldsymbol{F}'_R$和主矩 M_O都等于零。此时，原力系是平衡力系，物体在该力系的作用下处于平衡状态。

3.2.3 平面任意力系合力矩定理

由前面的分析可知：平面任意力系向作用面内任意一点的简化，共有四种可能结果。由于第一种情况和第二种情况都是简化后得一合力，故平面任意力系向作用面内一点简化最终的结果只有三种情况：合力、合力偶或平衡。对于平面任意力系最终简化为一合力的情况，我们来分析合力对平面内任一点之矩与原力系各分力对同一点之矩的关系。

由图 3.7(c)可知，合力 $\boldsymbol{F}_R$对点 O 之矩为

$$M_O(\boldsymbol{F}_R) = F_R \cdot \mathrm{d} = M_O$$

另一方面，根据式(3-2)可知，原力系向点 O 简化的主矩为

$$M_O = \sum M_O(\boldsymbol{F}_i)$$

比较式（3－1）和式（3－2），有

$$M_O(\boldsymbol{F}_R)=\sum M_O(\boldsymbol{F}_i) \tag{3-3}$$

由于简化中心是任取的，式(3－3)的结论具有一般性。式(3－3)称为合力矩定理，即平面任意力系的合力对作用平面内任一点之矩等于原力系各分力对同一点之矩的代数和。

3.3 平面任意力系的平衡条件和平衡方程

由3.2节的讨论可知平面任意力系平衡的必要和充分条件：力系的主矢和对任一点的主矩都等于零，即

$$F'_R=0,\quad M_O=0 \tag{3-4}$$

平面任意力系的主矢 $F'_R=\sqrt{(\sum F_x)^2+(\sum F_y)^2}$，主矩 $M_O=\sum M_O(\boldsymbol{F}_i)=0$。代入式(3－4)可得平面任意力系的平衡方程

$$\begin{cases}\sum F_x=0\\ \sum F_y=0\\ \sum M_O(\boldsymbol{F}_i)=0\end{cases} \tag{3-5}$$

式(3－5)称为平面任意力系的平衡方程，它表明平面任意力系平衡的充分必要条件是：平面任意力系各力在两直角坐标轴上投影的代数和分别等于零，力系中各力对平面内任意点之矩的代数和等于零。平面任意力系的平衡方程共包含三个独立的方程，应用它最多可求三个未知量。式(3－5)为平面任意力系的平衡方程的基本形式。值得一提的是，上面的结论是在直角坐标系下推导出来的，但对任意坐标系也适用。对于平面任意力系，其平衡方程还有其他两种形式。

1）平面任意力系平衡方程的二矩式

$$\begin{cases}\sum F_x=0(\text{或}\sum F_y=0)\\ \sum M_A(\boldsymbol{F}_i)=0\\ \sum M_B(\boldsymbol{F}_i)=0\end{cases} \tag{3-6}$$

式中，x 轴(或 y 轴)不垂直两点 A、B 连线。

2）平面任意力系平衡方程的三矩式

$$\begin{cases}\sum M_A(\boldsymbol{F}_i)=0\\ \sum M_B(\boldsymbol{F}_i)=0\\ \sum M_C(\boldsymbol{F}_i)=0\end{cases} \tag{3-7}$$

式中，三点 A、B、C 不共线。

各力作用线在同一平面内且互相平行的力系称为平面平行力系。平面平行力系是平面任意力系的一种特殊情形。因而其平衡方程也可从平面任意力系平衡方程的基本形式直接导出。

若取 x 轴与各力垂直，则不论该力系是否平衡，总有 $\sum F_x=0$，于是平行力系的平衡方程为

$$\begin{cases}\sum F_y=0\\ \sum M_O(\boldsymbol{F}_i)=0\end{cases} \tag{3-8}$$

两个独立的平衡方程可以求解两个未知量。同理，平面平行力系的平衡方程也有二矩式，即

$$\begin{cases}\sum M_A(\boldsymbol{F}_i)=0\\ \sum M_B(\boldsymbol{F}_i)=0\end{cases} \tag{3-9}$$

式中，A、B 两点的连线不能与各力作用线平行。

【例 3-1】 加料小车重 $G=10\text{kN}$，由钢索牵引沿倾角 $\alpha=60°$ 的斜面轨道等速上升，如图 3.8(a)所示。已知小车重心在 C 点，$a=b=h=0.5\text{m}$，$e=0.4\text{m}$，摩擦不计。试求钢索拉力 $\boldsymbol{T}$ 和轨道作用于小车的约束反力。

解：取小车为研究对象进行受力分析。小车受到的主动力有重力 $\boldsymbol{G}$ 和绳索的拉力 $\boldsymbol{T}$，受到的约束反力有轨道对小车的反作用力 $\boldsymbol{F}_{\text{NA}}$ 和 $\boldsymbol{F}_{\text{NB}}$，受力分析如图 3.8(b)所示，建立如图 3.8(b)所示的坐标系。

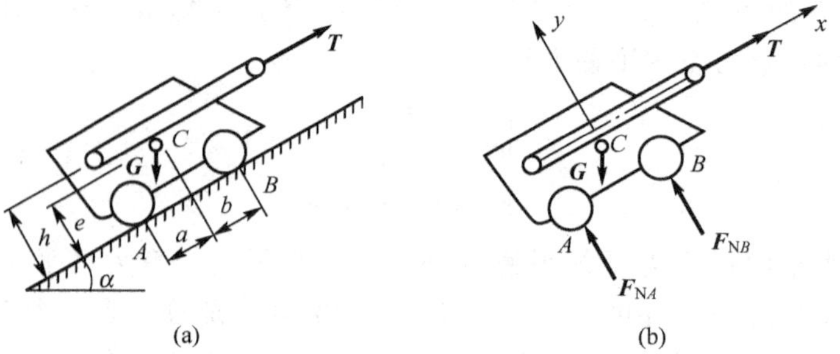

图 3.8　例 3-1 图

列平衡方程

$$\sum F_x=0,\quad T-G\sin\alpha=0$$

$$\sum M_A(\boldsymbol{F})=0,\quad F_{\text{NB}}(a+b)-Th+G\sin\alpha\cdot e-G\cos\alpha\cdot a=0$$

$$\sum F_y=0,\quad F_{\text{NA}}+F_{\text{NB}}-G\cos\alpha=0$$

求解，可得

$$T=G\sin\alpha=10\times\sin60°=8.66\text{kN}$$

$$F_{\text{NB}}=[G(a\cos\alpha-e\sin\alpha)+Th]/(a+b)=3.366\text{kN}$$

$$F_{\text{NA}}=G\cos\alpha-F_{\text{NB}}=10\cos60°-3.66=1.34\text{kN}$$

【例 3-2】 如图 3.9(a)所示，在水平梁上作用有集中力 $F_C=20\text{kN}$，力偶矩 $M=10\text{kN}\cdot\text{m}$，载荷集度为 $q=10\text{kN/m}$ 的均布载荷。求支座 A、B 处的反力。

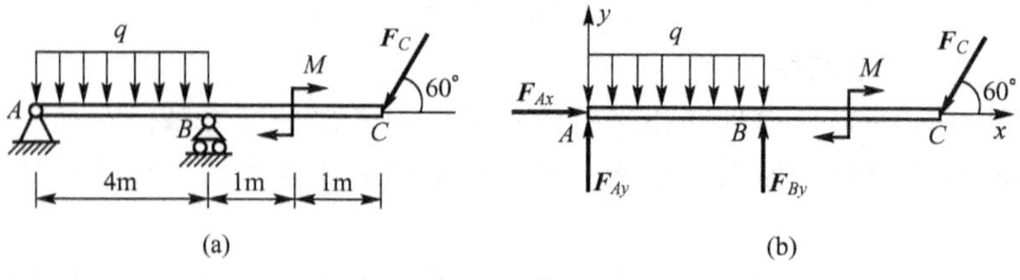

图 3.9　例 3-2 图

解：选取水平梁 AB 为研究对象，其上的主动力有 $\boldsymbol{F}_C$、M 和均布载荷 $\boldsymbol{q}$。均布载荷的载荷集度 $\boldsymbol{q}$ 是单位长度上所受的力，因此，均布载荷可简化为一合力，其大小等于载荷集

度与载荷段长度的乘积，其作用线在 AB 的中点。约束反力有 $\boldsymbol{F}_{Ax}$、$\boldsymbol{F}_{Ay}$ 和 $\boldsymbol{F}_{By}$。选取坐标轴，如图 3.9(b)所示。列平衡方程时应注意，力偶在任一轴上的投影都等于零，因此在投影方程中不考虑力偶；另外力偶对任一点的矩都等于该力偶矩本身，因此不论对何点取矩，只要将力偶矩的代数量代入力矩方程即可。于是有平衡方程

$$\sum F_x=0,\quad F_{Ax}-F_C\cos60^\circ=0$$

$$\sum F_y=0,\quad F_{Ay}+F_{By}-q\times4-F_C\sin60^\circ=0$$

$$\sum M_A(\boldsymbol{F})=0,\quad 4F_{By}-q\times4\times2-6F_C\sin60^\circ-M=0$$

联立求解，可得

$$F_{Ax}=10\text{kN},\quad F_{Ay}=8.84\text{kN},\quad F_{By}=48.48\text{kN}$$

3.4 物体系统的平衡静定和静不定问题

在工程上，经常遇到由两个或两个以上的物体构成的系统。当物体系平衡时，组成该系统的每一个物体都处于平衡状态。因此对于每一个受平面任意力系作用的物体，均可写出三个平衡方程。例如，物体系有 n 个物体组成，则共有 $3n$ 个独立方程。如系统中有的物体受平面汇交力系或平面平行力系作用时，则系统的平衡方程数目相应减少。当系统中的未知量数目等于独立平衡方程的数目，待求的未知量全部能用列平衡方程的方法求出，这样的问题就称为静定问题。前面列举的例子都属于静定问题。在工程上有很多构件与结构，为了提高构件与结构的刚度和坚固性，常常增加约束，因而使这些结构的未知量的数目多于独立平衡方程的数目，未知量不能全部由平衡方程求出，这类问题称为超静定问题(静不定问题)。

对于静不定问题，必须考虑物体因受力作用而产生的变形。加列某些补充方程后，才能使方程的数目等于未知量的数目。静不定问题已超出刚体静力学的范围，须在材料力学和结构力学中研究。

如图 3.10(a)所示一厂房结构，可对顶拱进行分析。顶拱可视为两端用固定铰链支撑的梁，如图 3.10(b)所示。对该梁进行受力分析可知，两端各有两个约束反力，共四个约束反力。而该梁受力构成一个平面任意力系，只能列出三个独立的平衡方程。未知量的数目大于独立的平衡方程的数目，未知量不能全部由平衡方程求出，故这是一个静不定问题。

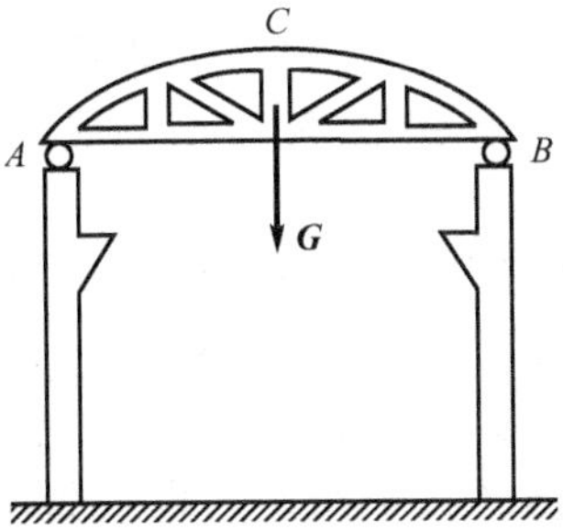

(a)

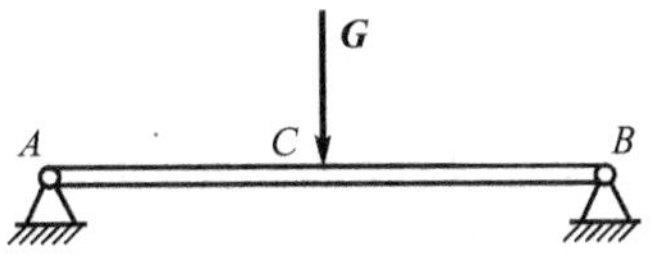

(b)

图 3.10 厂房结构

如图 3.11(a)所示为机床主轴，该轴可视为 A 处受到固定铰支座约束，而 B、C 处受到活动铰链支座约束的梁，如图 3.11(b)所示。对该梁进行受力分析可知，共有四个约束反力，但该梁也只能列出三个独立的平衡方程，故该梁是一个静不定问题。几种常见的静定梁和静不定梁的比较见表 3－1。

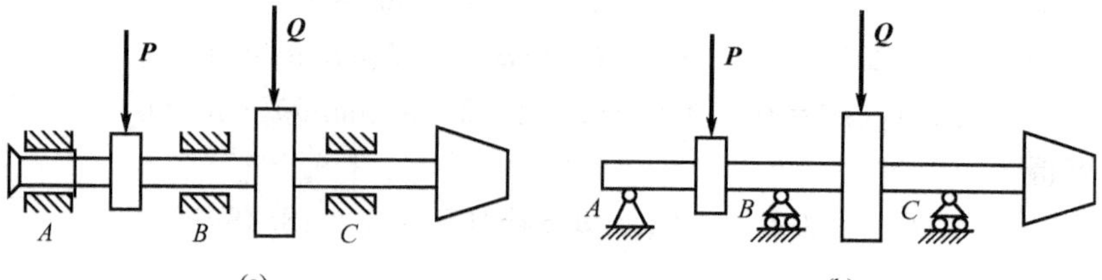

(a)　　　　(b)

图 3.11　机床主轴

表 3－1　几种常见的静定梁和静不定梁的比较

静定问题	静不定问题
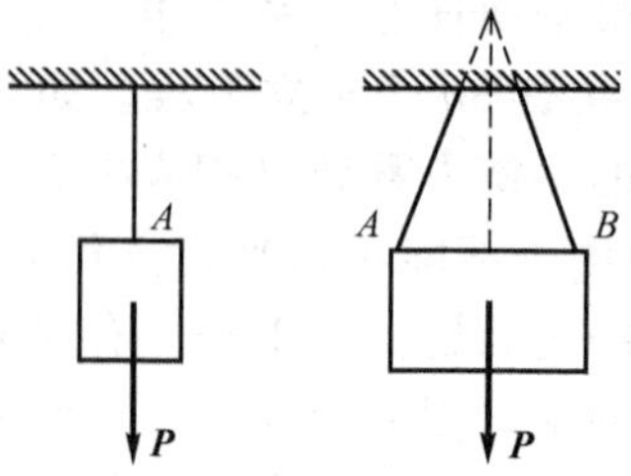	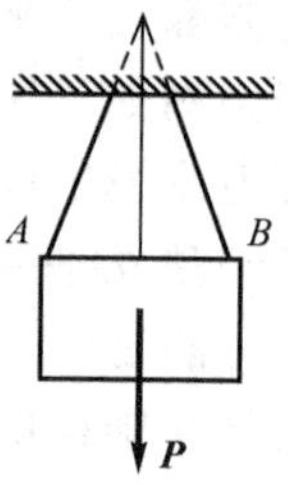
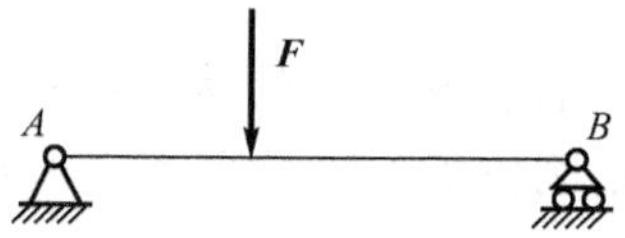	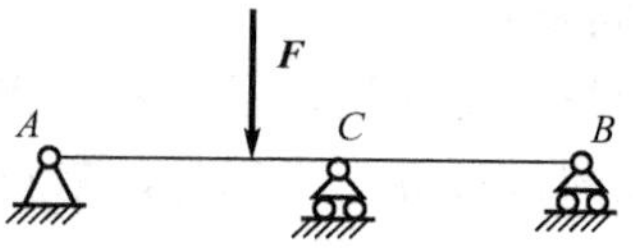
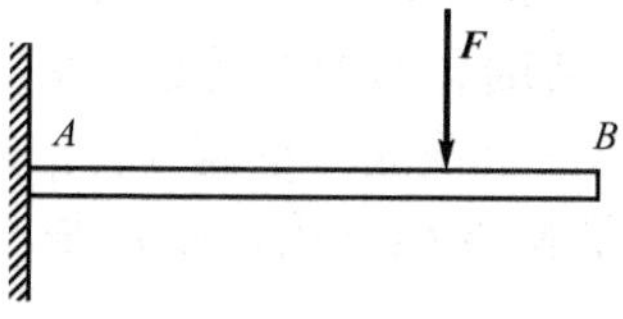	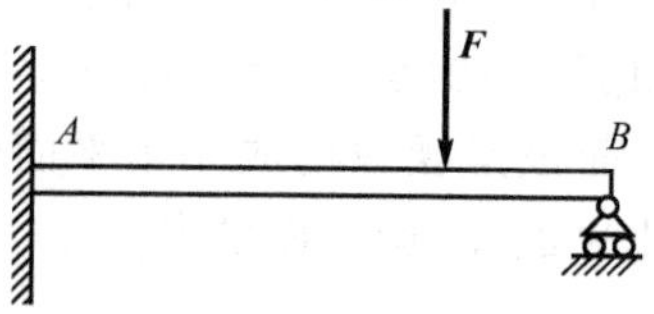

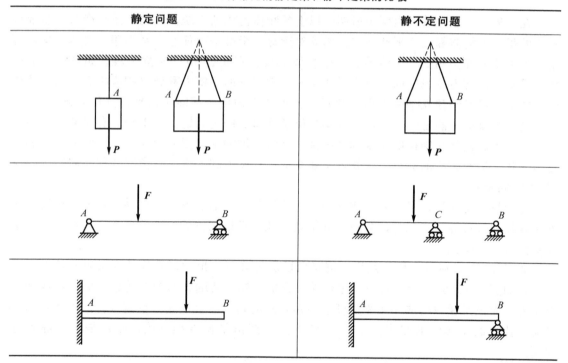

【例 3－3】 由不计自重的三根直杆组成的 A 字形支架置于光滑地面上，如图 3.12(a)所示，杆长 $AC=BC=L=3\text{m}$，$AD=BE=L/5$，支架上有作用力 $F_1=0.8\text{kN}$，$F_2=0.4\text{kN}$，求横杆 DE 的拉力及铰 C 和 A、B 处的反力。

解：A 字形支架由三根直杆组成，要求横杆 DE 的拉力和铰 C 的反力必须分开研究。又 DE 为二力杆，所以可分别研究 AC 和 BC 两部分，但这两部分上 A、B、C、D、E 处都有约束反力，且未知量的数目都多于三个。用各自的平衡方程都不能直接求得未知量。如果选整个系统为研究对象，则可一次求出系统的外约束反力，因而先取整体为研究对象。其受力分析如图 3.12(b)所示，其上作用有主动力 $\boldsymbol{F}_1$ 和 $\boldsymbol{F}_2$，A、B 处均为光滑面约束，而 A 处是两个方向上受到约束，因而有约束反力 $\boldsymbol{F}_{Ax}$、$\boldsymbol{F}_{Ay}$ 和 $\boldsymbol{F}_{By}$，建立如图 3.12(b)

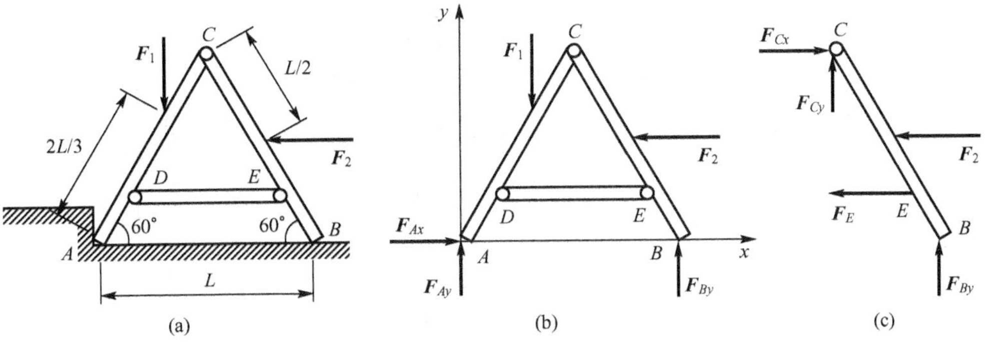

图 3.12 例 3-3 图

所示坐标系。列出平衡方程

$$\sum F_x=0,\quad F_{Ax}-F_2=0$$

$$\sum F_y=0,\quad F_{Ay}+F_{By}-F_1=0$$

$$\sum M_A(\boldsymbol{F})=0,\quad F_{By}L+F_2\frac{L}{2}\sin60°-F_1\frac{2L}{3}\cos60°=0$$

联立求解，可得 A、B 处的反力为

$$F_{Ax}=0.4\text{kN},\quad F_{Ay}=0.707\text{kN},\quad F_{By}=0.093\text{kN}$$

再取较简易部分 BC 为研究对象，其受力图如图 3.12(c)所示。这里需要注意的是，C 处反力在整体研究时为内力，在分开研究 BC 时，则变成了外力。列出平衡方程

$$\sum F_x=0,\quad F_{Cx}-F_2-F_E=0$$

$$\sum F_y=0,\quad F_{By}+F_{Cy}=0$$

$$\sum M_C(\boldsymbol{F})=0,\quad F_{By}\frac{L}{2}-F_E\frac{4L}{5}\sin60°-F_2\frac{L}{2}\sin60°=0$$

联立求解，可得横杆 DE 的拉力及铰 C 处的反力为

$$F_{Cx}=0.218\text{kN},\quad F_{Cy}=0.093\text{kN},\quad F_E=-0.182\text{kN}$$

本题还可分别取 BC 和 AC 部分为研究对象求解，请读者自行思考，并与上述方法比较繁简。

【例 3-4】 物体重量 $Q=1200\text{N}$，由三杆 AB、BC 和 CE 所组成的构架以及滑轮 E 支持，如图 3.13(a)所示。已知 $AD=DB=2\text{m}$，$CD=DE=1.5\text{m}$，BC 与 CD 杆夹角为 α，不计各杆及滑轮重量。求支座 A 和 B 处的约束反力以及杆 BC 所受的力。

解： 先取整体为研究对象，受力图及坐标系如图 3.13(b)所示，设滑轮半径为 r。列平衡方程

$$\sum F_x=0,\quad F_{Ax}-T=0$$

$$\sum F_y=0,\quad F_{Ay}+F_{By}-Q=0$$

$$\sum M_A(\boldsymbol{F})=0,\quad F_{By}\cdot4-Q\cdot(2+r)-T\cdot(1.5-r)=0$$

其中，$T=Q$，联立求解，可得

$$F_{Ax}=T=1200\text{N},\quad F_{Ay}=150\text{N},\ F_{By}=1050\text{N}$$

再取杆 CE (包括滑轮 E 及重物 Q)为研究对象，受力分析如图 3.13(c)所示。列平衡方程

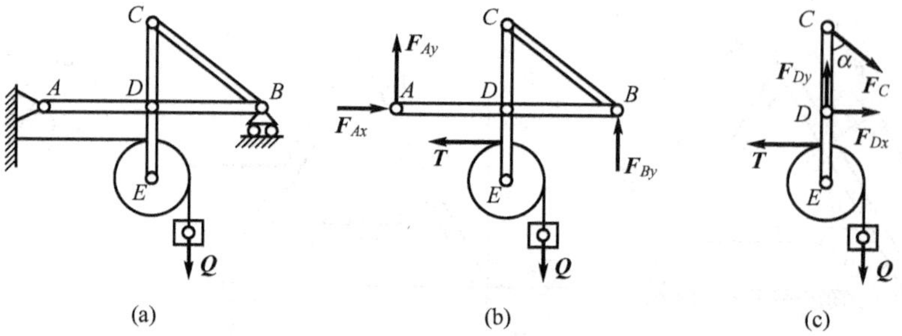

图 3.13　例 3-4 图

$$\sum M_D(\boldsymbol{F})=0,\quad -F_C\sin\alpha\cdot 1.5-\boldsymbol{Q}\cdot r-T\cdot(1.5-r)=0$$

解得杆 BC 所受的力 $\boldsymbol{F}_C$ 的大小为

$$F_C=-\frac{Q}{\sin\alpha}=-\frac{1200\times\sqrt{2^2+1.5^2}}{2}=-1500\text{N}$$

求得杆 BC 所受的力 $\boldsymbol{F}_C$ 为负值，说明杆 BC 受压力。

讨论：

(1) 本题机构复杂、约束较多，求解途径也很多。如果将机构全部拆开来分析，将暴露许多的约束反力，而其中有些约束反力是不需要求出的。未知数增多后，所需要列出的平衡方程数也要增加。对于物体系统的平衡问题，解题时一般首先考虑整体，然后再根据题目需要考虑物体系统中的一部分或单刚体。在本例中 A、B 处的约束反力都是外力，且未知量正好三个，因此首先以整体为研究对象是比较合适的。

(2) 要迅速判断出二力杆。本例中杆 BC 是二力杆，二力杆的内力沿其轴线，其指向可根据机构受力情况判断，难以判断时，可任意假设，图中假设杆 BC 受拉力。

(3) 由于取整体为研究对象不能求出杆 BC 的内力，因此必须第二次取研究对象。注意每取一次研究对象都要单独画出其受力图。受力图必须画完整，即使是方程中不出现的力也应画出其约束反力，如本例中图 3.13(c)上点 D 的约束反力。

(4) 建立平衡方程时，应适当选择投影轴方向和矩心位置，使相应方程中最好只含有一个未知量。在本例图 3.13 (b)中选点 A 为矩心可直接求得 F_{By}。在图 3.13 (c)中取点 D 为矩心，只需列一个方程便可求出 F_C。由于点 D 约束反力不需要求，因此对图 3.13(c)而言在列方程时，方程中最好不出现 F_{Dx} 和 F_{Dy}，所以只需列一个对点 D 的力矩方程，而不必列坐标投影方程。

【例 3-5】 连续梁受力如图 3.14(a)所示。已知 $q=2\text{kN/m}$，$M=4\text{kN}\cdot\text{m}$，$\alpha=30°$，求 A 和 C 处支座的约束反力。

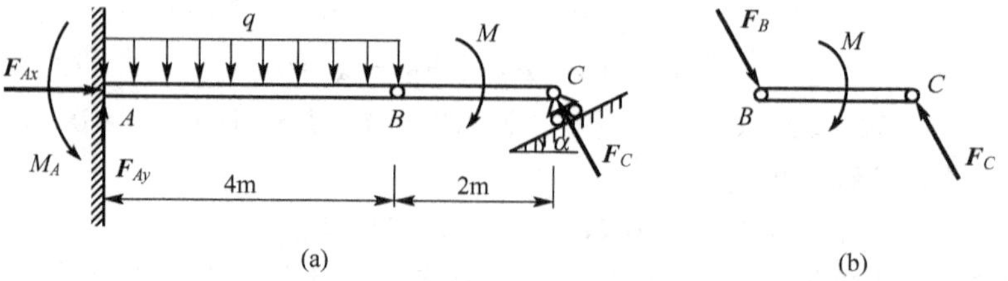

图 3.14　例 3-5 图

解：本题是研究 AB 和 BC 两段梁构成的连续梁，要求 A 和 C 处的约束反力，可取整体为研究对象。但如只取整体研究，并不能将全部的约束反力全部求出。所以还要另外寻找研究对象，以增加平衡方程的数量。但要注意的是，增加的方程中不能增加新的未知量。可以再以梁 BC 为研究对象，增加一个平衡方程后可以求出题目要求的全部约束反力。通过分析后，我们可分别选择整体和梁 BC 为研究对象，受力分析如图 3.14(a)和图 3.14(b)所示。分别列平衡方程

整体：
$$\sum F_x=0,\quad F_{Ax}-F_C\sin\alpha=0$$
$$\sum F_y=0,\quad F_{Ay}+F_C\cos\alpha-q\times 4=0$$
$$\sum M_A(\boldsymbol{F})=0,\quad M_A+F_C\cos\alpha\times 6-q\times 4\times 2-M=0$$

BC 杆：
$$\sum M_i=0,\quad F_C\cos\alpha\times 2-M=0$$

联立求解，可得 A 和 C 处支座的约束反力

$$F_C=\frac{M}{2\cos\alpha}=\frac{4}{2\cos 30^\circ}=2.31\text{kN}$$

$$F_{Ax}=F_C\sin\alpha=\frac{2\sqrt{3}}{3}=1.65\text{kN}$$

$$F_{Ay}=-F_C\cos\alpha+q\times 4=-\frac{4\sqrt{3}}{3}\times\frac{\sqrt{3}}{2}+4\times 2=6\text{kN}$$

$$M_A=-F_C\cos\alpha\times 6+q\times 4\times 2+M=-\frac{4\sqrt{3}}{3}\times\frac{\sqrt{3}}{2}\times 6+2\times 4\times 2+4=8\text{kN}\cdot\text{m}$$

3.5 平面桁架

桁架是工程中一种常用的结构。本节简单介绍桁架的一些最基本的概念以及桁架内力的计算方法。

3.5.1 桁架的基本概念

桁架是由许多直杆联结而成的一种几何形状不变的结构。桁架中杆件的铰链接头称为节点。桁架所有的杆件都在同一平面内，这种桁架称为平面桁架。

由于大多数桥梁、屋架等是由几个平面桁架组合而成的，所以在此只讨论平面桁架。

桁架由许多直杆组成，各杆的长度可以较短，重量也就较轻。同时，在实际结构中，尽量使外来的载荷集中地作用于各杆连接的地方，使每一直杆的弯曲变形减低到很小的程度，在初步计算中，可以作为次要因素而略去不计。也就是说，可以把构成桁架的每一根杆看做只承受拉力或压力的构件。这样，将大大地简化内力的计算，而所得到的结果与实际情况相差不大。因此，在初步计算桁架各杆的内力时，可以有下面的几个假定。

(1) 平面桁架由许多直杆组成，杆的轴线在同一平面内。

(2) 杆件的重量不计，或平均分配在杆件两端的节点上。

(3) 杆件用光滑的铰链连接。

(4) 所有外力，包括载荷及支座上的约束力，均在各杆所在的平面内，并且作用于节点上。图 3.15(a)、(b)都是应用桁架的实际例子。

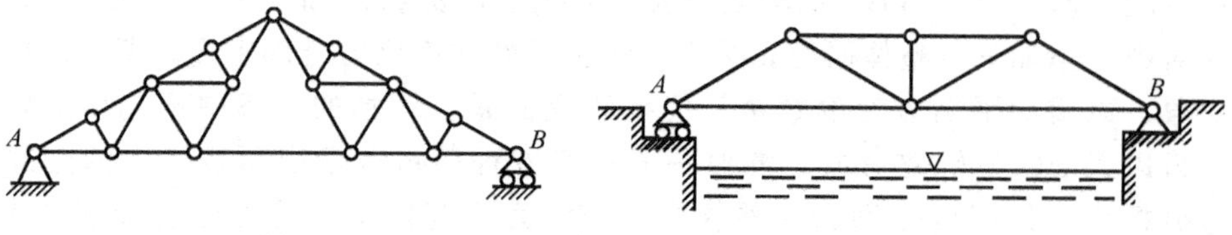

图 3.15 桁架实例

实际的桁架当然与上述假设有差别。例如，桁架的节点不是铰接的，杆件的中心线也不可能是绝对直的。但上述假设能简化计算，而且所得的结果符合工程实际的需要。根据这些假设，桁架的杆件都可以看做二力杆。

3.5.2 桁架内力的计算

1. 节点法

桁架的每个节点都受一个平面汇交力系的作用。为了求每个杆件的内力，可以逐个地取节点为研究对象，由已知力求出全部未知力，这就是节点法。

【例 3-6】 平面桁架的尺寸和支座如图 3.16(a)所示。求桁架各杆件所受的内力及 A、B 两处的约束反力。

解：本题应用节点法求解桁架各杆的内力。节点 C 受到杆 6 和杆 7 的内力及主动力作用，可以首先取节点 C 为研究对象，其受力如图 3.16(b)所示。列该点的平衡方程

$$\sum F_y=0,\quad S_6\sin\alpha-10=0$$

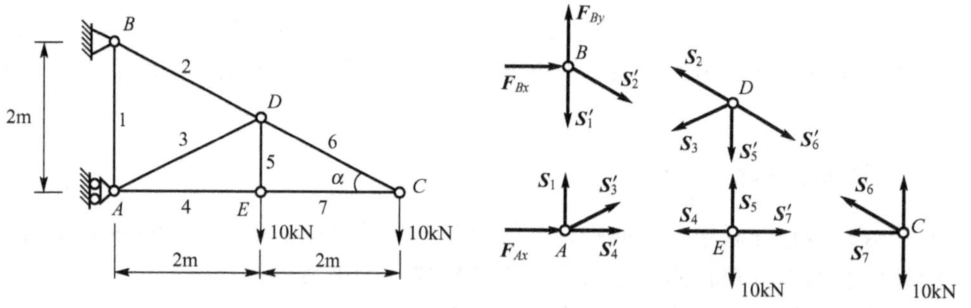

图 3.16 例 3-6 图

而 $\sin\alpha=\dfrac{1}{\sqrt{5}}$，于是可得杆 6 的内力为

$$S_6=10\sqrt{5}=22.4\text{kN}$$

$$\sum F_x=0,\quad -S_6\cos\alpha-S_7=0$$

解得杆 7 的内力为

$$S_7=-10\sqrt{5}\times\frac{2}{\sqrt{5}}=-20\text{kN}$$

然后选节点 E 为研究对象，受力分析如图 3.16(b)所示，列出节点 E 的平衡方程

$$\sum F_y=0,\quad S_5-10=0$$

解得杆 5 的内力为

$$S_5=10\text{kN}$$

$$\sum F_x=0,\quad -S_4+S_7'=0$$

由于 $S_7'=S_7$，解得杆 4 的内力为

$$S_4=-20\text{kN}$$

再选节点 D 为研究对象，受力分析如图 3.16(b)所示，列出节点 D 的平衡方程

$$\sum F_x=0,\quad S_6'\cos\alpha-S_2\cos\alpha-S_3\cos\alpha=0$$

$$\sum F_y=0,\quad -S_5'-S_6'\sin\alpha-S_3\sin\alpha+S_2\sin\alpha=0$$

联立上面两式，解得 2、3 两杆的内力为

$$S_2=15\sqrt{5}=33.5\text{kN},\quad S_3=-5\sqrt{5}=-11.18\text{kN}$$

再选节点 A 为研究对象，受力分析如图 3.16(b)所示，列出节点 A 的平衡方程

$$\sum F_y=0,\quad S_1+S_3'\sin\alpha=0$$

由于 $S_3'=S_3$，解得杆 1 的内力为

$$S_1=5\sqrt{5}\times\frac{1}{\sqrt{5}}=5\text{kN}$$

$$\sum F_x=0,\quad F_{Ax}+S_3'\cos\alpha+S_4'=0$$

解得 A 处的约束反力

$$F_{Ax}=5\sqrt{5}\times\frac{2}{\sqrt{5}}+20=30\text{kN}$$

最后选节点 B 为研究对象，受力分析如图 3.16(b)所示，列出节点 B 的平衡方程

$$\sum F_x=0,\quad F_{Bx}+S_2'\cos\alpha=0$$

解得

$$F_{Bx}=-15\sqrt{5}\times\frac{2}{\sqrt{5}}=-30\text{kN}$$

$$\sum F_y=0,\quad F_{By}-S_1'-S_2'\sin\alpha=0$$

解得

$$F_{By}=5+15\sqrt{5}\times\frac{1}{\sqrt{5}}=20\text{kN}$$

这样，桁架杆件内力及支座反力已全部求出，正号表示杆件受拉，负号表示杆件受压。

2. **截面法**

如果只要求计算桁架内某几个杆件所受的内力，可以适当地选取一截面，假想地把桁架截成两部分，然后取其中任一部分为研究对象，通过建立平衡方程，求出这些被截杆件的内力，这种计算桁架内力的方法称为截面法。

【例 3-7】 如图 3.17(a)所示平面桁架，各杆件的长度都等于 1m。在节点 E 上作用载荷 $P_1=10\text{kN}$，在节点 G 上作用载荷 $P_2=7\text{kN}$。试计算杆 1、2 和杆 3 的内力。

解： 先求桁架的支座反力。以桁架整体为研究对象。列出平衡方程

$$\sum F_x=0,\quad F_{Ax}=0$$

$$\sum M_B(\boldsymbol{F})=0,\quad F_{Ay}\times3-P_1\times2-P_2\times1=0$$

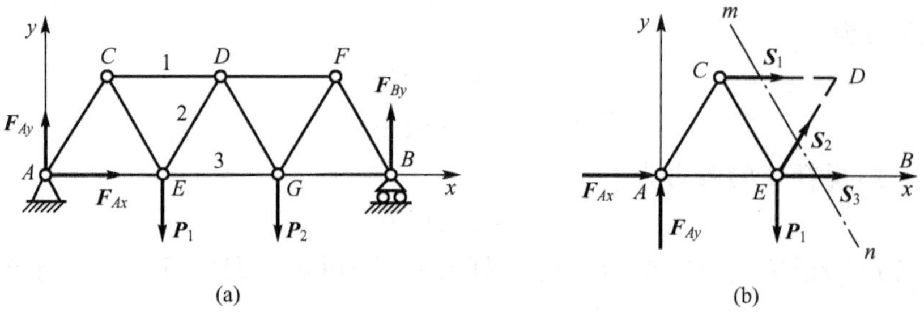

图 3.17　例 3-7 图

解得固定铰支 A 的约束反力为

$$F_{Ax}=0,\quad F_{Ay}=\frac{2P_1+P_2}{3}=9\text{kN}$$

用假想的面 mn 截取桁架，取桁架左半部分为研究对象，受力分析如图 3.17(b)所示，列平衡方程

$$\sum F_y=0,\quad F_{Ay}-P_1+S_2\sin 60°=0$$

解得杆 2 的内力，即

$$S_2=\frac{P_1-F_{Ay}}{\sin 60°}=1.15\text{kN}$$

$$\sum M_E(\boldsymbol{F})=0,\quad -S_1\times\sin 60°-F_{Ay}\times 1=0$$

解得杆 1 的内力，即

$$S_1=-\frac{F_{Ay}}{\sin 60°}=-10.39\text{kN}$$

$$\sum F_x=0,\quad S_3+S_1+S_2\cos 60°+F_{Ax}=0$$

解得杆 3 的内力，即

$$S_3=-S_1-S_2\cos 60°=9.82\text{kN}$$

计算结果中内力出现负值的杆为压杆，而内力是正值的杆为拉杆。

小　　结

本章主要研究平面任意力系的简化与平衡。在工程实际中，很多问题都可以简化为平面任意力系来处理，因此，本章的理论应用较广泛，是静力学的重点内容之一。

力线平移定理是平面任意力系简化的基础。根据力线平移定理，可将平面任意力系简化为作用于简化中心的一个力和一个附加力偶。这个力的矢量称为原力系的主矢，它等于力系中各力的矢量和，而与简化中心的选择无关；附加力偶的力偶矩称为原力系对简化中心的主矩，它等于原力系中各力对简化中心之矩的代数和，一般与简化中心的选择有关。

平面任意力系平衡的必要和充分条件是：平面任意力系的主矢和对任一点的主矩都等于零。由此导出平面任意力系的平衡方程，平面汇交力系和平面力偶系是平面任意力系的特例。

在求解物体系的平衡问题时应注意：首先，分析物体系统由几个物体组成，判断研究的系统是静定的还是静不定的；其次，根据题目的要求选取适当的物体(它可以是单个物体或物体系统的一部分或整个系统)作为研究对象，画出所选研究对象的受力图；再次，根据受力图建立平衡方程，列平衡方程要避开不需要求的未知量在方程中出现，可以选取适当的方向进行投影或选择适当的点作为矩心；最后，一个方程尽量只出现一个未知量，以达到求解简便的目的。

平面桁架是平面任意力系在工程结构中的具体应用。计算桁架内力的方法有节点法和截面法。节点法逐个地选取节点为研究对象，由已知力求出全部杆件内力的方法。如果只要求计算桁架内某几个杆件所受的内力，可以适当地选取一截面，假想地把桁架截成两部分，然后取其中任一部分为研究对象，通过建立平衡方程，求出这些被截杆件的内力，这种计算杆架内力的方法称为截面法。

习　　题

一、是非题(正确的在括号内打“√”，错误的打“×”)

1. 某平面力系向 A、B 两点简化，主矩都为零，则此力系一定平衡。 (　　)
2. 力沿其作用线移动不改变力对点之矩的效果。 (　　)
3. 力系简化的最后结果为一力偶时，主矩与简化中心无关。 (　　)
4. 用截面法解桁架问题时，只需截断所求部分杆件。 (　　)
5. 判断结构是否静定，其根据是所有的未知量能否只通过列平衡方程全部求出。 (　　)
6. 平面任意力系向任一点简化后，若主矢 $\boldsymbol{F}'_{\mathrm{R}}=0$，而主矩 $M_O\neq0$，则原力系简化的结果为一个合力偶，合力偶矩等于主矩，此时主矩与简化中心位置无关。 (　　)
7. 平面任意力系向任一点简化后，若主矢 $\boldsymbol{F}'_{\mathrm{R}}\neq0$，而主矩 $M_O=0$，则原力系简化的结果为一个合力，且合力通过简化中心。 (　　)
8. 在一般情况下，平面任意力系向作用面内任一点简化，可以得到一个合力和一个合力偶矩。 (　　)
9. 已知作用于刚体上所有力在某一坐标轴上投影的代数和等于零，则这些力的合力为零，刚体处于平衡状态。 (　　)
10. 平面任意力系平衡的必要与充分条件是：力系的主矢和力系对任何一点的主矩都等于零。 (　　)
11. 桁架是一种由杆件彼此在两端用铰链连接而成的结构，它在受力以后几何形状可以发生改变。 (　　)

二、填空题

1. 在简化已知平面任意力系时，选取不同的简化中心，主矢________主矩________。
2. 对于平面任意力系，一般情况下由 n 个物体所组成的物体系统可以列出________独立平衡方程。
3. 主矢与简化中心位置________，而主矩与简化中心位置________。
4. 在平面任意力系中，合力对任一点之矩，等于各分力对同一点之矩的代数和，即 $M_O(\boldsymbol{F}_{\mathrm{R}})=\sum M_O(\boldsymbol{F})$，称为________。
5. 若物体系中所有未知量数目不超过独立方程个数，则所有未知量可由平衡方程解出，这类问题称为________；反之则为________。

6. 如果从桁架中任意消除一根杆件，桁架就会活动变形，称这种桁架为________；反之则为________。

7. 在平面静定桁架中，杆件的数目 m 与节点的数目 n 之间的关系是________。

8. 计算平面静定桁架杆件内力的两种基本方法是________。

三、选择题

1. 如图 3.18 所示，平面力系向 A 点简化得主矢 $\boldsymbol{F}'_{RA}$ 和主矩 M_A，向 B 点简化得主矢 $\boldsymbol{F}'_{RB}$ 和主矩 M_B。以下四种说法，正确的是(　　)。

A. $\boldsymbol{F}'_{RA}=\boldsymbol{F}'_{RB}$，$M_A=M_B$　　B. $\boldsymbol{F}'_{RA}\neq\boldsymbol{F}'_{RB}$，$M_A=M_B$

C. $\boldsymbol{F}'_{RA}\neq\boldsymbol{F}'_{RB}$，$M_A\neq M_B$　　D. $\boldsymbol{F}'_{RA}=\boldsymbol{F}'_{RB}$，$M_A\neq M_B$

2. 如图 3.19 所示，平面内一力系 $F_1=F_3$，$F_2=F_4$，此力系简化的最后结果为(　　)。

A. 作用线过 B 点的合力　　B. 一个力偶

C. 作用线过 O 点的合力　　D. 力系平衡

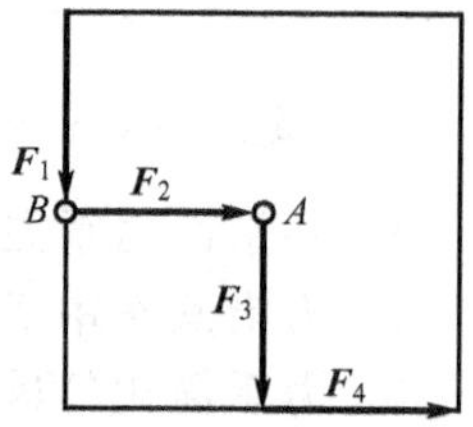

图 3.18　题三(1)图

3. 如图 3.20 所示，刚体在一个平面任意力系作用下处于平衡状态，以下四组平衡方程中不独立的是(　　)。

A. $\sum F_x=0$，$\sum F_\xi=0$，$\sum M_A(\boldsymbol{F})=0$

B. $\sum M_O(\boldsymbol{F})=0$，$\sum M_A(\boldsymbol{F})=0$，$\sum M_B(\boldsymbol{F})=0$

C. $\sum M_O(\boldsymbol{F})=0$，$\sum M_C(\boldsymbol{F})=0$，$\sum F_y=0$

D. $\sum F_x=0$，$\sum F_y=0$，$\sum M_O(\boldsymbol{F})=0$

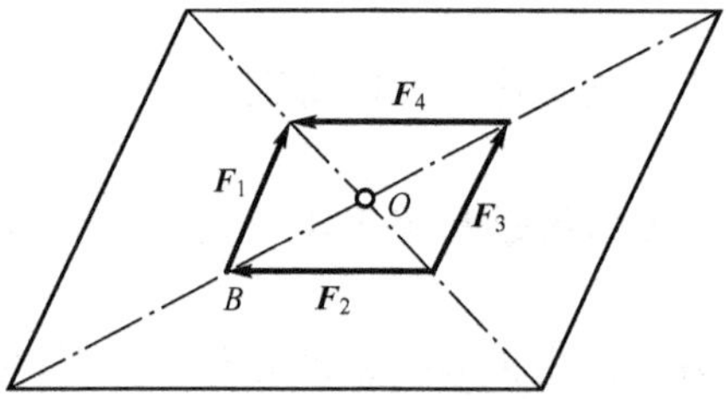

图 3.19　题三(2)图

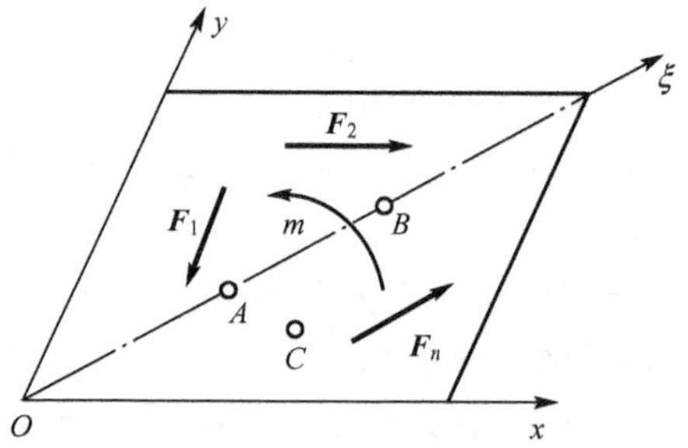

图 3.20　题三(3)图

4. 如图 3.21 所示的四种结构中，各杆重忽略不计，其中是静定结构的是(　　)。

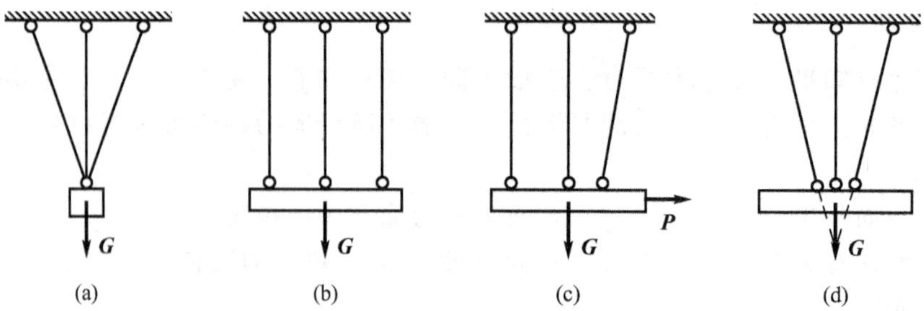

图 3.21　题三(4)图

5. 如图 3.22 所示的四种结构中，梁、直角刚架和 T 形刚杆的自重均忽略不计，其中是静不定结构的是(　　)。

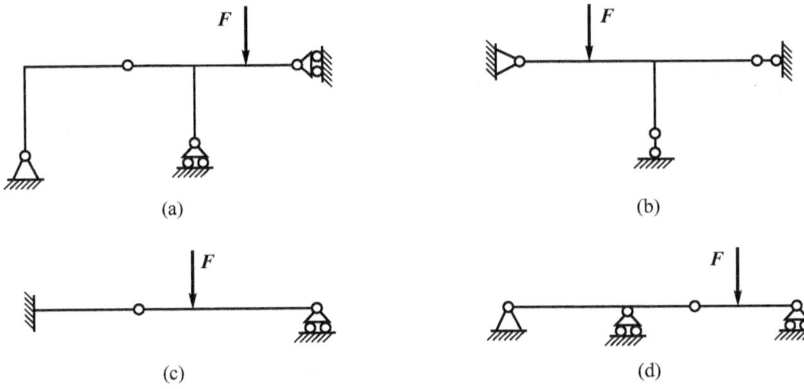

图 3.22　题三(5)图

6. 平面任意力系向一点简化得到一个力和一个力偶，这个力作用在(　　)。

A. x 轴上　　B. y 轴上　　C. 坐标系原点　　D. 简化中心

7. 重量为 $\boldsymbol{W}$ 的均匀杆 EF 放在光滑的水平面上，在两端沿其轴线方向作用拉力 $\boldsymbol{P}$ 和 $\boldsymbol{Q}$，如图 3.23 所示，且 $P>Q$。如将杆在 A、B、C 三个截面处均分四段，则在 A、B、C 三处截面的张力的关系为(　　)。

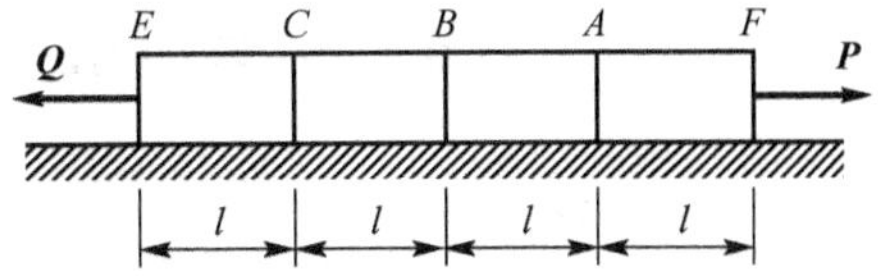

图 3.23　题三(7)图

A. $S_A=S_B=S_C$　　B. $S_C<S_B<S_A$

C. $S_A<S_B<S_C$　　D. $S_C<S_A<S_B$

8. 如图 3.24 所示三种受力情况，关于对支座 A、B 约束反力大小正确的答案是(　　)。

A. 三种情况相同，$F_A=F_B=\dfrac{F}{4}$　　B. 三种情况相同，$F_A=F_B=\dfrac{F}{2}$

C. 三种情况相同，$F_A=F_B=F$　　D. 三种情况不相同

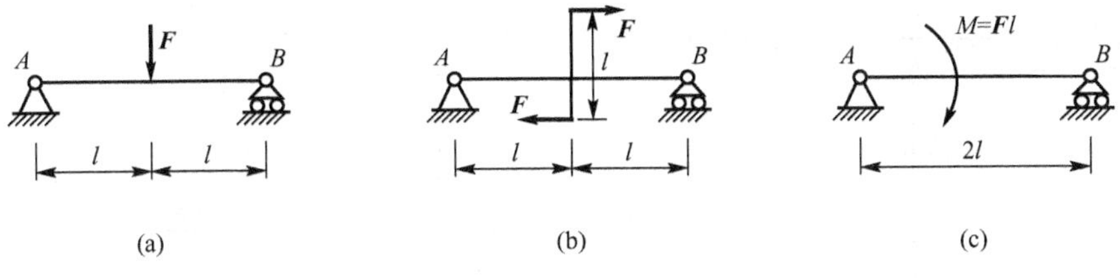

图 3.24　题三(8)图

9. 矩形 $ABCD$ 平板受力图如图 3.25 所示。下面为其四组平衡方程，其中只有(　　)组是独立的方程。

A. $\begin{cases}\sum M_A(\boldsymbol{F})=0\\ \sum M_B(\boldsymbol{F})=0\\ \sum F_x=0\end{cases}$　　B. $\begin{cases}\sum M_A(\boldsymbol{F})=0\\ \sum M_D(\boldsymbol{F})=0\\ \sum F_x=0\end{cases}$

C. $\begin{cases}\sum M_B(\boldsymbol{F})=0\\ \sum M_E(\boldsymbol{F})=0\\ \sum M_C(\boldsymbol{F})=0\end{cases}$　　D. $\begin{cases}\sum M_A(\boldsymbol{F})=0\\ \sum M_B(\boldsymbol{F})=0\\ \sum M_C(\boldsymbol{F})=0\\ \sum M_D(\boldsymbol{F})=0\end{cases}$

10. 某平面平行力系，已知 $F_1=10\text{N}$，$F_2=4\text{N}$，$F_3=F_4=8\text{N}$，$F_5=10\text{N}$，受力情况如图 3.26 所示，尺寸单位为 cm，则此力系简化的结果与简化中心的位置关系为(　　)。

A. 无关

B. 有关

C. 若简化中心在 Ox 轴上，则与简化中心无关

D. 若简化中心在 Oy 轴上，则与简化中心无关

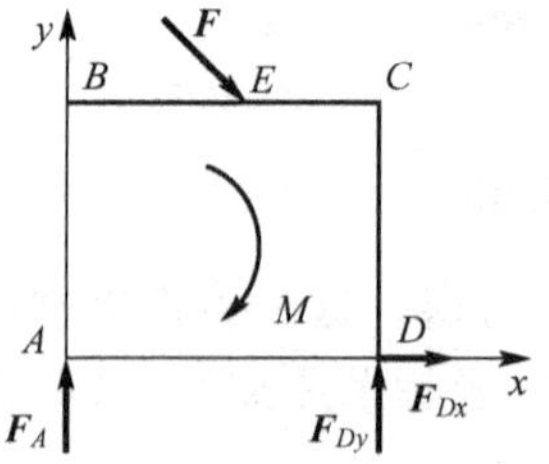

图 3.25　题三(9)图

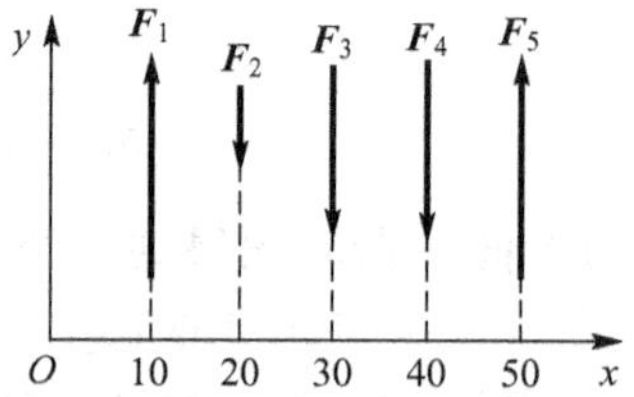

图 3.26　题三(10)图

四、计算题

1. 重物悬挂如图 3.27 所示，已知 $G=1.8\text{kN}$，其他重量不计。求铰链 A 的约束反力和杆 BC 所受的力。

2. 求如图 3.28 所示平面力系的合成结果。

3. 求如图 3.29(a)、(b)所示平行分布力的合力和对于点 A 之矩。

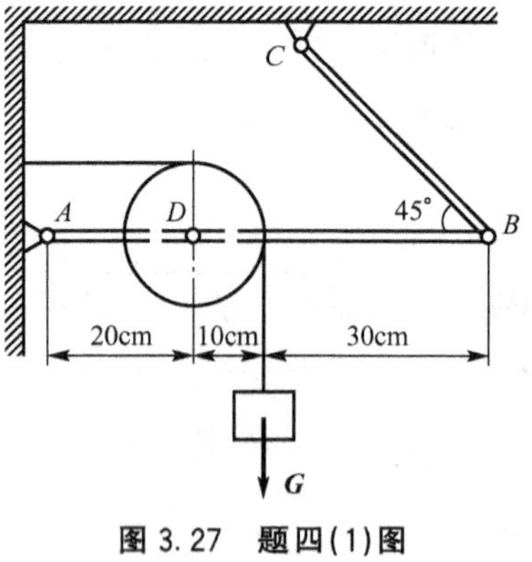

图 3.27　题四(1)图

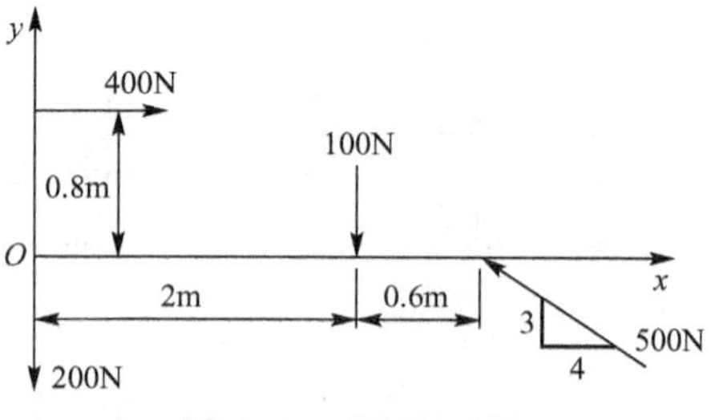

图 3.28　题四(2)图

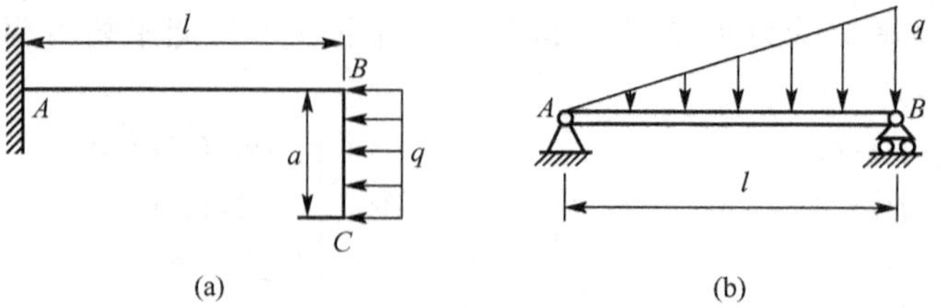

图 3.29　题四(3)图

4. 静定多跨梁的荷载及尺寸如图 3.30(a)、(b)所示，长度单位为 m，求支座的约束反力。

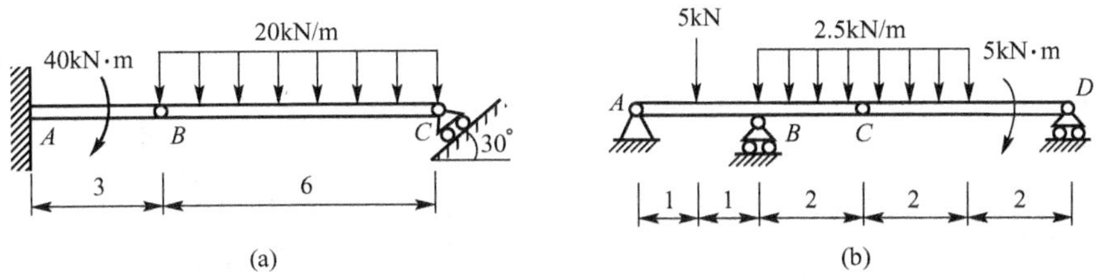

图 3.30 题四(4)图

5. 均质圆柱体 O 重为 $\boldsymbol{P}$，半径为 r，放在墙与板 BC 之间，如图 3.31 所示，板长 $BC=L$，其与墙 AC 的夹角为 α，板的 B 端用水平细绳 BA 拉住，C 端与墙面间为光滑铰链。不计板与绳子自重，问 α 角多大时，绳子 AB 的拉力为最小。

6. 求图 3.32 所示悬臂梁的固定端的约束反力。已知 $M=qa^2$。

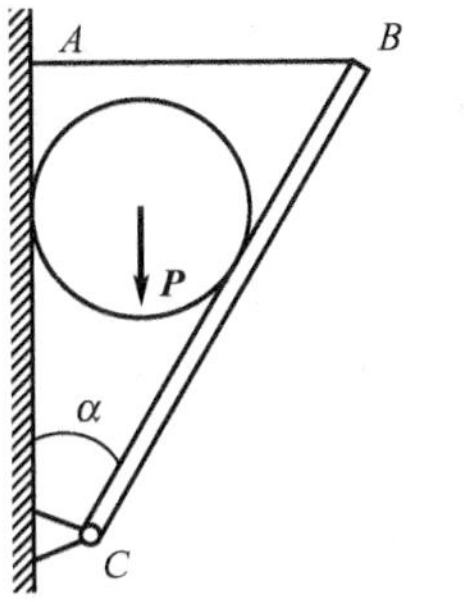

图 3.31 题四(5)图

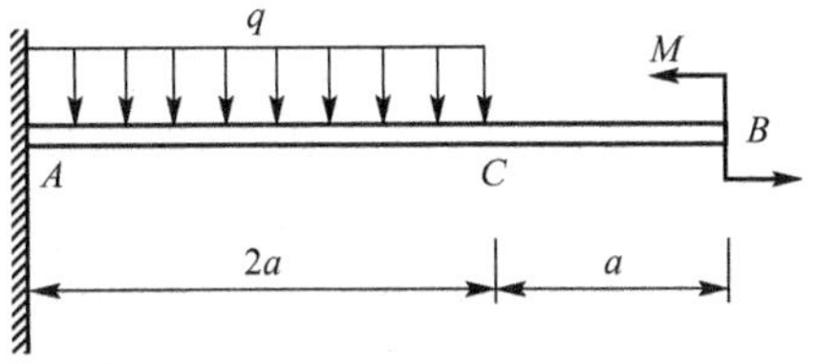

图 3.32 题四(6)图

7. 如图 3.33(a)、(b)所示承重架，不计各杆与滑轮的重量。A、B、C、D 处均为铰链。已知 $AB=BC=AD=250\text{mm}$，滑轮半径 $R=100\text{mm}$，重物重 $W=1000\text{N}$。求铰链 A、D 处的约束反力。

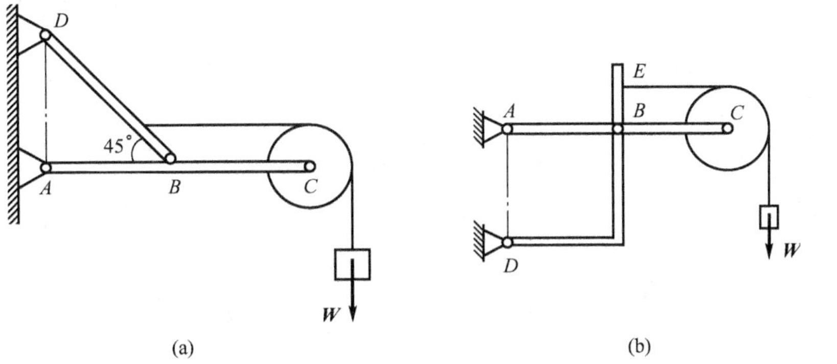

图 3.33 题四(7)图

8. 如图 3.34 所示结构中，$P_1=10\text{kN}$，$P_2=12\text{kN}$，$q=2\text{kN/m}$，求平衡时支座 A、B 的约束反力。

9. 如图 3.35 所示构架，轮重为 P，半径为 r，BDE 为直角弯杆，BCA 为一杆。A、B、E 为铰链，点 D 为光滑接触，$BC=CA=L/2$，求点 A、B、D 约束反力和轮压 ACB 杆的压力。

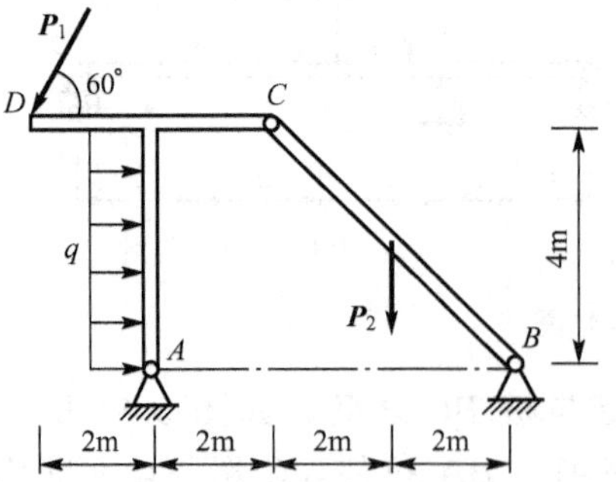

图 3.34　题四(8)图

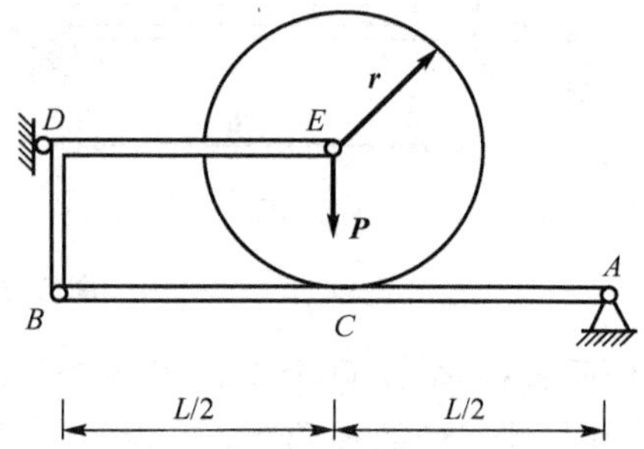

图 3.35　题四(9)图

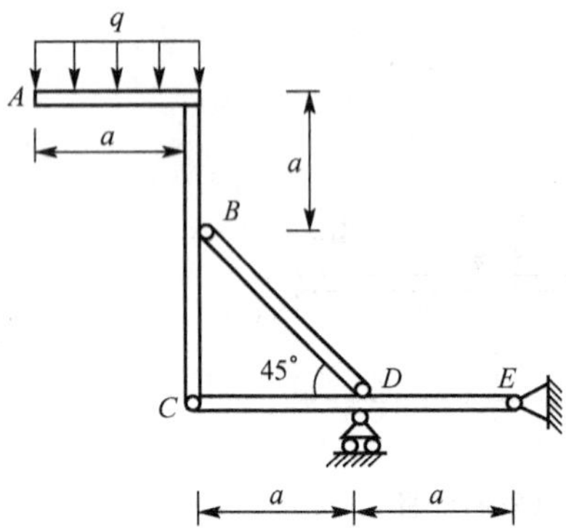

图 3.36　题四(10)图

10. 构架由 ABC、CDE、BD 三杆组成，尺寸如图 3.36 所示。B、C、D、E 处均为铰链。各杆重不计，已知均布载荷为 $\boldsymbol{q}$，求点 E 的约束反力和杆 BD 所受力。

11. 如图 3.37 所示的构架由杆 AB 和 BC 组成，重物 M 重 $P=2\text{kN}$。已知 $AB=AC=2\text{m}$，D 为杆 AB 的中点，定滑轮半径 $R=0.3\text{m}$，不计滑轮及杆的自重，求支座 A、C 处的约束反力。

12. 已知力 $\boldsymbol{P}$，用截面法求如图 3.38 所示各桁架中杆 AC、杆 EF 和杆 BD 的内力。

13. 桁架如图 3.39 所示，已知力 $\boldsymbol{F}$ 和尺寸 l，试求杆件 BC、DE 的内力。

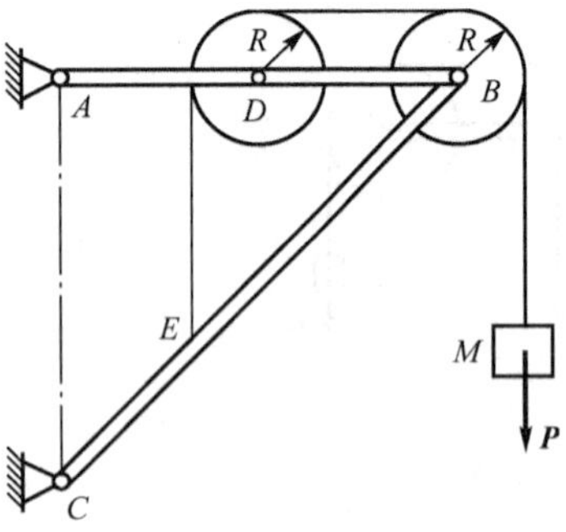

图 3.37　题四(11)图

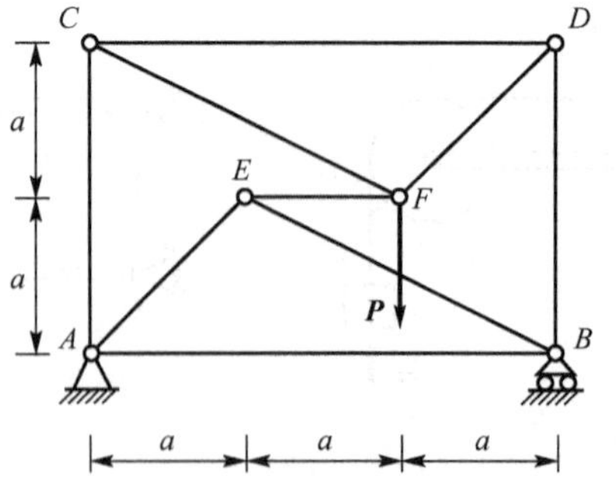

图 3.38　题四(12)图

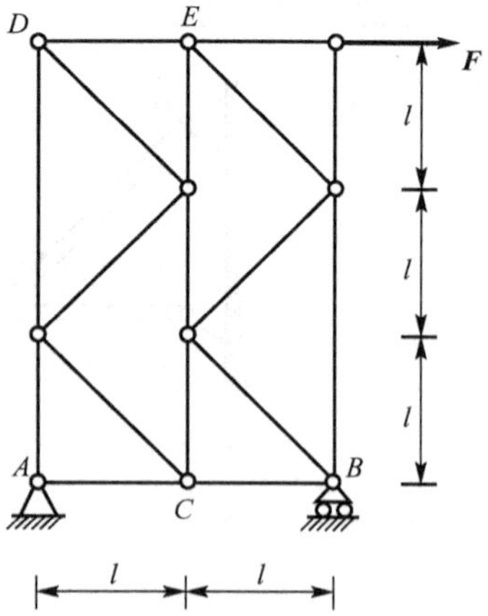

图 3.39　题四(13)图

第4章
空间力系

本章教学要点

知识要点	掌握程度	相关知识
空间汇交力系	掌握空间汇交力系的合成与平衡条件	平面汇交力系
空间力偶系	掌握空间力偶系的合成与平衡条件	平面力偶系
空间任意力系	掌握空间任意力系的合成与平衡条件	平面任意力系
重心	掌握计算物体的重心的方法	平行力系中心的概念

导入案例

我国是世界上古老的文明国家之一，生产和科学技术都发展得比较早。远在新石器时代，木架建筑已初具规模。中国西安半坡遗址出土的汲水壶采取尖底的形式，利用重心，空壶在水面上会倾倒，壶满时会自动恢复竖直位置。春秋末期成书的《考工记》中有不少与力学有关的技术问题的记述。战国时期以墨翟为首的墨家的代表作《墨经》中，有涉及重心的概念。

拔河时人们为了取胜，常采用后仰的姿势，这是为什么呢？原来，任何物体都有重心，重心越低，稳定性越强，人体的几何中心在小腹，重心在臀部。拔河比赛能否取胜，与重心的高低、脚与地面的摩擦以及用来维持身体后仰状态的蹬地力有直接关系。

走钢丝的杂技演员，常伸开双臂，当身体摇晃要倒下时，人们往往摆动两臂，目的是让物体的重力作用线(通过重心的竖直线)必须通过支撑面，以保持平衡，他们手中还常拿着长长的竹竿，或者花伞、彩扇等，这些物品起着“延长手臂”的作用，是帮助身体平衡的辅助工具，也是为了改变自己的重心，保证演出的成功，而不是为了增加表演的难度。

通过本章的学习，读者既可以对三脚架和辘轳装置进行受力分析，也可以对车床中工件进行力的分析，还可以自己设计一些简单的结构。

拔河比赛

空中走钢丝

简易三脚架

辘轳装置

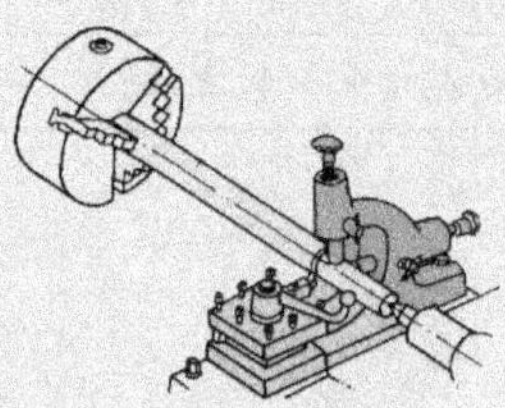
车床中工件所受的力

曲轴锯床

4.1 空间汇交力系

力的作用线不在同一平面内的力系，称为空间力系。与平面力系一样，可以把空间力系分为空间汇交力系、空间力偶系和空间任意力系来研究。本章将平面问题中力在坐标轴上的投影、力对点之矩、力偶矩等概念，推广到空间的情形。

4.1.1 力在直角坐标轴上的投影

力在直角坐标轴上有两种投影方式，如图 4.1 所示，即直接投影(又称一次投影)和间接投影(又称二次投影)。

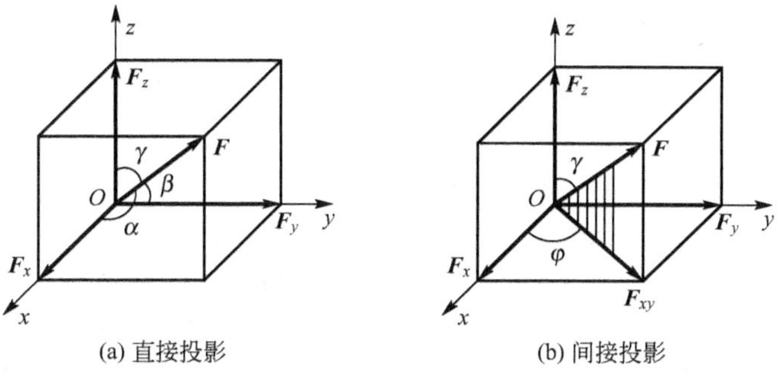

图 4.1　力在直角坐标轴上的投影

1) 直接投影法

若已知力 $\boldsymbol{F}$ 与直角坐标系 $Oxyz$ 三轴间的正向夹角分别为 α、β、γ，如图 4.1(a)所示，则力 $\boldsymbol{F}$ 在这三个轴上的投影可表示为 $F_x=F\cos\alpha$，$F_y=F\cos\beta$，$F_z=F\cos\gamma$。若 $\boldsymbol{i}$、$\boldsymbol{j}$、$\boldsymbol{k}$ 分别为沿 x、y、z 轴的单位矢量，力 $\boldsymbol{F}$ 沿三轴的分力为 $\boldsymbol{F}_x$、$\boldsymbol{F}_y$、$\boldsymbol{F}_z$，则 $\boldsymbol{F}$ 可表示为

$$\boldsymbol{F}=\boldsymbol{F}_x+\boldsymbol{F}_y+\boldsymbol{F}_z=F_x\boldsymbol{i}+F_y\boldsymbol{j}+F_z\boldsymbol{k} \tag{4-1}$$

显然，在直角坐标系中，分力的大小和投影的绝对值相等，但投影是代数量，分力是矢量。

2) 间接投影法

当力 $\boldsymbol{F}$ 与坐标轴 Ox、Oy 之间的夹角 α、β 不易确定时，可先把力投影到坐标平面 Oxy 上，得到 $\boldsymbol{F}_{xy}$(力在平面上的投影是矢量)，然后再投影到坐标轴 x、y 上，如图 4.1(b)所示。这种方法称为间接投影法。在图 4.1(b)中，若已知角 γ 和力 $\boldsymbol{F}$ 在 xy 平面上的投影 $\boldsymbol{F}_{xy}$ 与 x 轴间的夹角 φ，则力 $\boldsymbol{F}$ 在三个坐标轴上的投影为 $F_x=F\sin\gamma\cos\varphi$，$F_y=F\sin\gamma\sin\varphi$，$F_z=F\cos\gamma$。

4.1.2　空间汇交力系的合成

空间汇交力系是指力系的作用线在空间分布且汇交于一点的力系。将平面汇交力系的合成法则扩展到空间，可得空间汇交力系的合力等于各分力的矢量和，合力的作用线通过汇交点，即

$$\boldsymbol{F}_{\mathrm{R}}=\sum\boldsymbol{F}_i \tag{4-2}$$

将合力沿三个坐标轴分解，可将合力表示为

$$\boldsymbol{F}_{\mathrm{R}}=\boldsymbol{F}_{\mathrm{R}x}+\boldsymbol{F}_{\mathrm{R}y}+\boldsymbol{F}_{\mathrm{R}z}=F_{\mathrm{R}x}\boldsymbol{i}+F_{\mathrm{R}y}\boldsymbol{j}+F_{\mathrm{R}z}\boldsymbol{k} \tag{4-3}$$

将式(4-1)代入式(4-2)，并结合式(4-3)，可得

$$\left.\begin{aligned}F_{\mathrm{R}x}&=F_{x1}+F_{x2}+\cdots+F_{xn}=\sum F_x\\F_{\mathrm{R}y}&=F_{y1}+F_{y2}+\cdots+F_{yn}=\sum F_y\\F_{\mathrm{R}z}&=F_{z1}+F_{z2}+\cdots+F_{zn}=\sum F_z\end{aligned}\right\}$$

这样，合力的大小和方向可分别表示为

$$\left.\begin{aligned}&F_{\mathrm{R}}=\sqrt{F_{\mathrm{R}x}^2+F_{\mathrm{R}y}^2+F_{\mathrm{R}z}^2}=\sqrt{(\sum F_x)^2+(\sum F_y)^2+(\sum F_z)^2}\\&\cos\alpha=\frac{F_{\mathrm{R}x}}{F_{\mathrm{R}}}=\frac{\sum F_x}{F_{\mathrm{R}}},\quad\cos\beta=\frac{F_{\mathrm{R}y}}{F_{\mathrm{R}}}=\frac{\sum F_y}{F_{\mathrm{R}}},\quad\cos\gamma=\frac{F_{\mathrm{R}z}}{F_{\mathrm{R}}}=\frac{\sum F_z}{F_{\mathrm{R}}}\end{aligned}\right\} \tag{4-4}$$

式中，α、β、γ分别为合力$\boldsymbol{F}_R$与x、y、z轴正向间的夹角。

4.1.3 空间汇交力系的平衡条件

空间汇交力系平衡的必要和充分条件是该力系的合力等于零，即

$$\boldsymbol{F}_R=\sum \boldsymbol{F}_i=0$$

由式(4－4)可知，为使合力$\boldsymbol{F}_R$为零，必须同时满足

$$\sum F_x=0,\quad \sum F_y=0,\quad \sum F_z=0 \tag{4-5}$$

式(4－5)称为空间汇交力系的平衡方程。

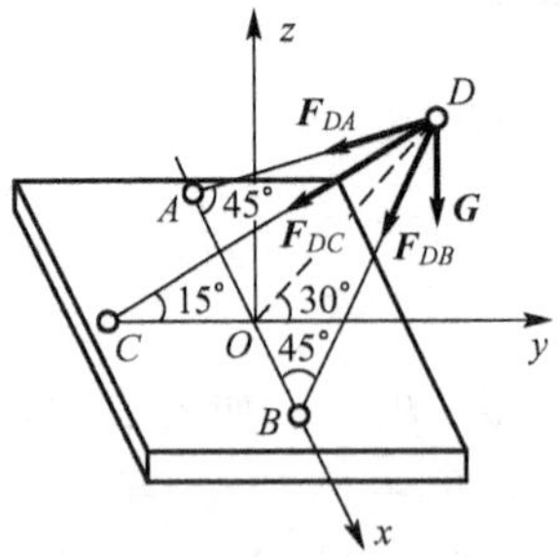

图4.2 例4－1图

【例4－1】 如图4.2所示的结构，三杆DA、DB、DC用铰链连接起来，三点A、B、C用铰链固定在水平面上，重量为10kN的物块挂在点D，试求三杆所受的力。

解： 取节点D为研究对象。因为三杆均为二力杆，假设均受拉力。点D受力分析如图4.2所示，它们构成一空间汇交力系。建立如图4.2所示的坐标系，并应用空间汇交力系的平衡方程，可得

$$\sum F_x=0\quad F_{DB}\cos45°-F_{DA}\cos45°=0$$

$$\sum F_y=0\quad -F_{DB}\sin45°\cdot\cos30°-F_{DA}\sin45°\cdot\cos30°-F_{CD}\cos15°=0$$

$$\sum F_z=0\quad -F_{DB}\sin45°\cdot\sin30°-F_{DA}\sin45°\cdot\sin30°-F_{DC}\sin15°-G=0$$

联立求解，可得三杆所受的力分别为

$$F_{DA}=F_{DB}=-26.4\text{kN},\quad F_{DC}=33.5\text{kN}$$

式中，F_{DA}和F_{DB}为负值，说明杆DA、DB均受压力，而F_{DC}为正值，说明杆DC为拉杆。

4.2 力对点之矩和力对轴之矩

4.2.1 力对点之矩

前面我们在平面问题中讨论过力对点之矩，知道了在平面上力对点之矩是代数量。那么，在空间问题中，一个力对空间的任意一点的矩如何来描述呢？我们知道，一个力使物体绕空间某个点转动不仅和力矩的大小、转向有关，而且还和力与矩心所组成的平面的方位有关，这三个因素可以用一个矢量来描述。事实上，我们应用平面力矩概念，很容易得到力对空间任一点之矩。如图4.3所示的空间力$\boldsymbol{F}$对空间任一点O的矩是矢量，称为力矩矢，用$\boldsymbol{M}_O(\boldsymbol{F})$表示。力矩矢$\boldsymbol{M}_O(\boldsymbol{F})$与力$\boldsymbol{F}$和矩心$O$所确定的平面垂直，而指向按右手螺旋法则确定，即以右手四指的绕向表示力使物体绕矩心O转动的方向，大拇指的指向为力矩矢$\boldsymbol{M}_O(\boldsymbol{F})$的指向。由于力对点之矩与矩心的位置有关，力矩矢$\boldsymbol{M}_O(\boldsymbol{F})$一定要画在矩心$O$上，$\boldsymbol{M}_O(\boldsymbol{F})$

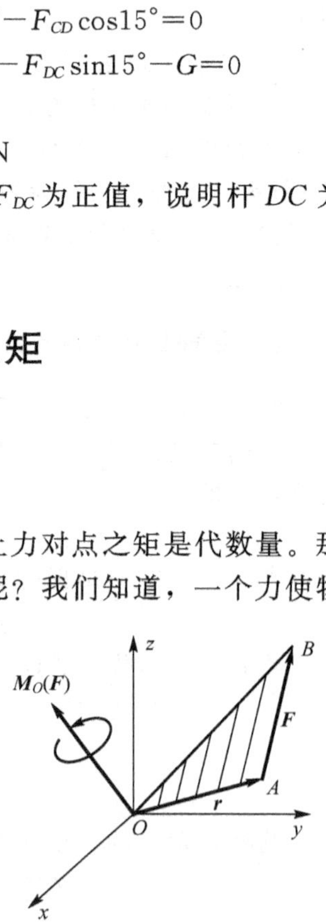

图4.3 空间力对点之矩

称为定位矢量。若以 $\boldsymbol{r}$ 表示力 $\boldsymbol{F}$ 的作用点 A 对矩心的矢径，则力 $\boldsymbol{F}$ 对矩心 O 点的矩可表示为

$$\boldsymbol{M}_O(\boldsymbol{F})=\boldsymbol{r}\times\boldsymbol{F} \tag{4-6}$$

设力 $\boldsymbol{F}$ 作用点 A 的坐标为$(x,\ y,\ z)$，力 $\boldsymbol{F}$ 在直角坐标轴上的投影为 F_x、F_y、F_z，则

$\boldsymbol{F}=F_x\boldsymbol{i}+F_y\boldsymbol{j}+F_z\boldsymbol{k}$，$\boldsymbol{r}=x\boldsymbol{i}+y\boldsymbol{j}+z\boldsymbol{k}$，力对点 O 的矩可表示为

$$\boldsymbol{M}_O(\boldsymbol{F})=\boldsymbol{r}\times\boldsymbol{F}=\begin{vmatrix}\boldsymbol{i} & \boldsymbol{j} & \boldsymbol{k}\\ x & y & z\\ F_x & F_y & F_z\end{vmatrix}=(yF_z-zF_y)\boldsymbol{i}+(zF_x-xF_z)\boldsymbol{j}+(xF_y-yF_x)\boldsymbol{k} \tag{4-7}$$

式(4-7)称为力矩矢的矢量表达式，式中单位矢量 $\boldsymbol{i}$、$\boldsymbol{j}$、$\boldsymbol{k}$ 前的系数，就是 $\boldsymbol{M}_O(\boldsymbol{F})$在相应的坐标轴上的投影。若用 $[\boldsymbol{M}_O(\boldsymbol{F})]_x$、$[\boldsymbol{M}_O(\boldsymbol{F})]_y$、$[\boldsymbol{M}_O(\boldsymbol{F})]_z$分别表示力矩矢在 x、y、z 轴上的投影，则有

$$[\boldsymbol{M}_O(\boldsymbol{F})]_x=yF_z-zF_y,\quad [\boldsymbol{M}_O(\boldsymbol{F})]_y=zF_x-xF_z,\quad [\boldsymbol{M}_O(\boldsymbol{F})]_z=xF_y-yF_x \tag{4-8}$$

4.2.2 力对轴之矩

力对轴之矩是力使刚体绕该轴转动效应的度量，力对轴之矩是一个代数量，其绝对值等于该力在垂直于该轴的平面上的投影对于这个平面与该轴的交点之矩，如图 4.4 所示的力 $\boldsymbol{F}$ 对 z 轴的矩可表示为

$$M_z(\boldsymbol{F})=M_O(\boldsymbol{F}_{xy})=\pm F_{xy}\cdot d \tag{4-9}$$

其正负号按右手螺旋法则确定，即以右手四指的绕向表示力使物体绕 z 轴转动的方向，大拇指指向与 z 轴一致时为正，反之为负。由式(4-9)通过分析得到力对轴之矩等于零的两种情况。

(1) 力与轴相交，即 $d=0$。

(2) 力与轴平行，即 $F_{xy}=0$。两种情况综合起来，即当力与轴在同一平面时，力对该轴之矩等于零。图 4.5 给出了空间力 $\boldsymbol{F}$ 对 z 轴之矩的解析表达式，即

$$M_z(\boldsymbol{F})=M_O(\boldsymbol{F}_{xy})=M_O(\boldsymbol{F}_x)+M_O(\boldsymbol{F}_y)=xF_y-yF_x$$

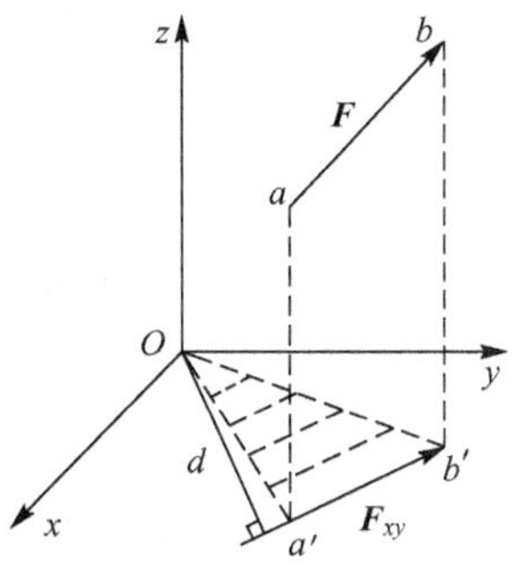

图 4.4 空间力对轴之矩(一)

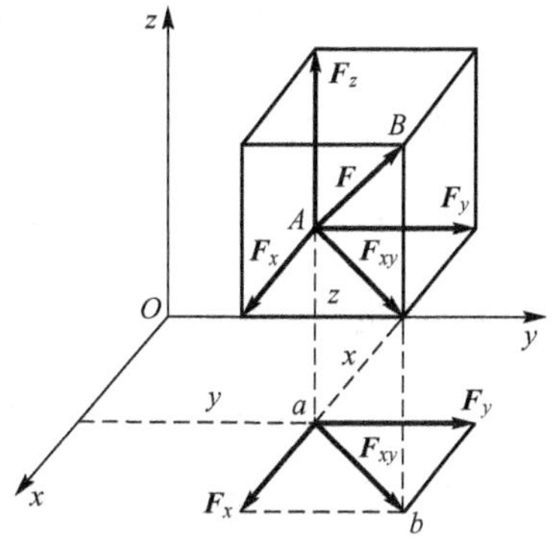

图 4.5 空间力对轴之矩(二)

同理，可得力 $\boldsymbol{F}$ 对 x、y 轴之矩的解析表达式

$$M_x(\boldsymbol{F})=yF_z-zF_y$$
$$M_y(\boldsymbol{F})=zF_x-xF_z$$

力对轴的矩的单位为 N·m。

4.2.3 力对点之矩和力对过该点的轴之矩间的关系

从上述分析结果可知，力对点之矩在通过该点的某坐标轴上的投影，等于力对该轴之矩，即

$$\left.\begin{aligned}[\boldsymbol{M}_O(\boldsymbol{F})]_x&=M_x(\boldsymbol{F})\\ [\boldsymbol{M}_O(\boldsymbol{F})]_y&=M_y(\boldsymbol{F})\\ [\boldsymbol{M}_O(\boldsymbol{F})]_z&=M_z(\boldsymbol{F})\end{aligned}\right\}\qquad(4-10)$$

4.2.4 空间汇交力系合力矩定理

设力 $\boldsymbol{F}_1$ 与 $\boldsymbol{F}_2$ 为作用于刚体上同一点 A 点的两个力，其合力为 $\boldsymbol{F}_R$，如图 4.6 所示。自矩心 O 至 A 作矢径 r，显然合力 $\boldsymbol{F}_R$ 对任意点 O 的矩为

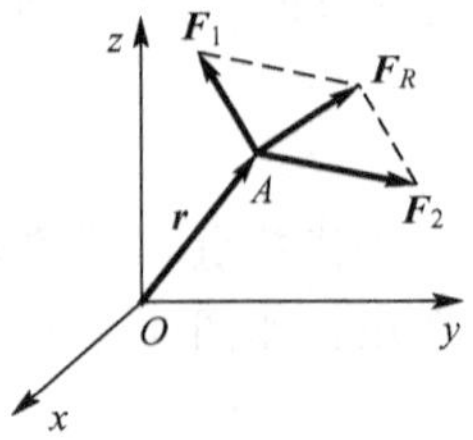

图 4.6 合力矩定理

$$\boldsymbol{M}_O(\boldsymbol{F}_R)=\boldsymbol{r}_A\times\boldsymbol{F}_R$$

由于 $\boldsymbol{F}_R=\boldsymbol{F}_1+\boldsymbol{F}_2$，代入上式有 $\boldsymbol{M}_O(\boldsymbol{F}_R)=\boldsymbol{r}_A\times\boldsymbol{F}_1+\boldsymbol{r}_A\times\boldsymbol{F}_2$，即

$$\boldsymbol{M}_O(\boldsymbol{F}_R)=\boldsymbol{M}_O(\boldsymbol{F}_1)+\boldsymbol{M}_O(\boldsymbol{F}_2)\qquad(4-11)$$

式(4-11)称为合力矩定理。即空间汇交力系的合力对任一点之矩，等于各分力对同一点之矩的矢量和。

对于平面汇交力系，由于此时力对点之矩为代数量，所以只需将式(4-11)中的矢量换成代数量，即

$$M_O(\boldsymbol{F}_R)=\sum M_O(\boldsymbol{F}_i)$$

即平面汇交力系的合力对任一点之矩，等于各分力对同一点之矩的代数和。

【例 4-2】 已知力 $\boldsymbol{F}$ 位于圆盘 C 处的切平面内，尺寸与角度如图 4.7 所示，求力 $\boldsymbol{F}$ 对 x、y、z 轴的力矩。

解： 力 $\boldsymbol{F}$ 在三个坐标轴上的投影为

$$F_x=F\cos60^\circ\cos30^\circ=\frac{\sqrt{3}}{4}F$$

$$F_y=-F\cos60^\circ\sin30^\circ=-\frac{1}{4}F$$

$$F_z=-F\sin60^\circ=-\frac{\sqrt{3}}{2}F$$

而力作用点的坐标分别为

$$x=r\sin30^\circ=\frac{1}{2}r,\quad y=r\cos30^\circ=\frac{\sqrt{3}}{2}r,\quad z=h$$

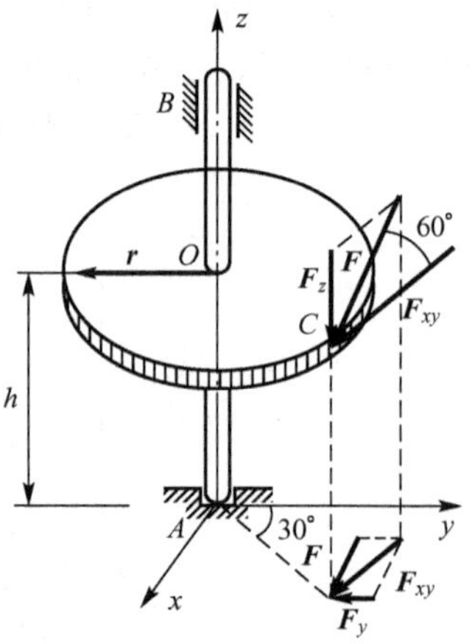

图 4.7 例 4-2 图

代入力对轴之矩计算公式，可得力 $\boldsymbol{F}$ 对三个坐标轴的矩分别为

$$M_x(\boldsymbol{F})=yF_z-zF_y=\frac{\sqrt{3}}{2}r\times\left(-\frac{\sqrt{3}}{2}F\right)-h\times\left(-\frac{F}{4}\right)=\frac{F}{4}(h-3r)$$

$$M_y(\boldsymbol{F})=zF_x-xF_z=h\times\left(\frac{\sqrt{3}}{4}F\right)-\frac{r}{2}\times\left(-\frac{\sqrt{3}}{2}F\right)=\frac{\sqrt{3}}{4}F(h+r)$$

$$M_z(\boldsymbol{F})=xF_y-yF_x=\frac{1}{2}r\times\left(-\frac{1}{4}F\right)-\frac{\sqrt{3}}{2}r\times\left(\frac{\sqrt{3}}{4}F\right)=-\frac{1}{2}Fr$$

4.3 空间力偶

4.3.1 力偶矩以矢量表示——力偶矩矢

如图 4.8 所示的空间力偶($\boldsymbol{F}$, $\boldsymbol{F}'$)对于任一点的矩可表示为

$$\boldsymbol{M}=\boldsymbol{r}\times\boldsymbol{F} \tag{4-12}$$

力偶对刚体作用效果取决于三要素：力偶矩的大小、力偶的转向和力偶作用面的方位。可以用一个矢量来表示这三个要素：矢量的长度按一定比例尺表示力偶矩大小，方向与力偶作用面的法线方向相同，指向按右手螺旋法则确定。这个矢量称为力偶矩矢，用 $\boldsymbol{M}$ 表示。它是一个自由矢量。

作用在刚体上的平行平面内的两个力偶，如图 4.9 所示，若其力偶矩大小相等，转向相同，则两力偶等效，即作用在同一刚体上的两个空间力偶，如果其力偶矩矢相等，则它们彼此等效，即

$$\boldsymbol{M}_1=\boldsymbol{M}_2$$

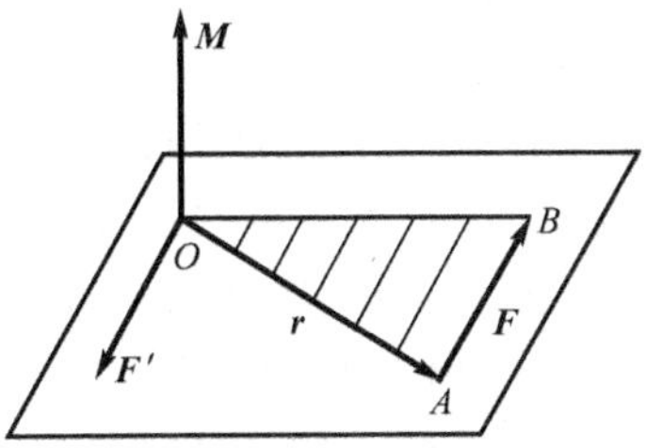

图 4.8 力偶矩矢

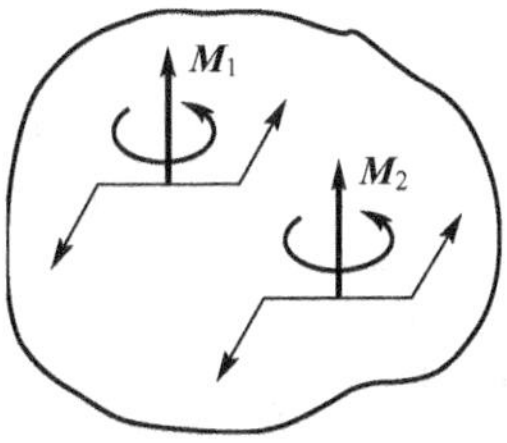

图 4.9 力偶等效

4.3.2 空间力偶系的合成与平衡条件

空间力偶系可以合成，得到一个合力偶，合力偶的矩矢等于各分力偶矩矢的矢量和。

$$\boldsymbol{M}_{\mathrm{R}}=\boldsymbol{M}_1+\boldsymbol{M}_2+\cdots+\boldsymbol{M}_n=\sum_{i=1}^{n}\boldsymbol{M}_i \tag{4-13}$$

由于

$$\begin{aligned}\boldsymbol{M}_{\mathrm{R}}&=M_{\mathrm{R}x}\boldsymbol{i}+M_{\mathrm{R}y}\boldsymbol{j}+M_{\mathrm{R}z}\boldsymbol{k}\\ \boldsymbol{M}_1&=M_{x1}\boldsymbol{i}+M_{y1}\boldsymbol{j}+M_{z1}\boldsymbol{k}\\ \boldsymbol{M}_2&=M_{x2}\boldsymbol{i}+M_{y2}\boldsymbol{j}+M_{z2}\boldsymbol{k}\\ &\vdots\\ \boldsymbol{M}_n&=M_{xn}\boldsymbol{i}+M_{yn}\boldsymbol{j}+M_{zn}\boldsymbol{k}\end{aligned}$$

即有

$$M_{Rx}=M_{x1}+M_{x2}+\cdots+M_{xn}=\sum_{i=1}^{n}M_{xi}$$

$$M_{Ry}=M_{y1}+M_{y2}+\cdots+M_{yn}=\sum_{i=1}^{n}M_{yi}$$

$$M_{Rz}=M_{z1}+M_{z2}+\cdots+M_{zn}=\sum_{i=1}^{n}M_{zi}$$

合力偶矩的大小为

$$M_R=\sqrt{(\sum M_{xi})^2+(\sum M_{yi})^2+(\sum M_{zi})^2} \tag{4-14}$$

对于平面力偶系，各 $\boldsymbol{M}_i$ 作用面的方位相同，则式(4-14)退化为代数式，即

$$M_R=\sum_{i=1}^{n}M_i$$

空间力偶系平衡的充分必要条件：该力偶系中所有力偶矩矢的矢量和等于零，即

$$\boldsymbol{M}_R=\sum_{i=1}^{n}\boldsymbol{M}_i=0 \tag{4-15}$$

对于平面力偶系，式(4-15)退化为代数式，即

$$M_R=\sum_{i=1}^{n}M_i=0$$

式(4-15)也是平面力偶系的平衡方程。由于 $M_R=\sqrt{(\sum M_{xi})^2+(\sum M_{yi})^2+(\sum M_{zi})^2}=0$，要求

$$\sum M_{xi}=0,\quad \sum M_{yi}=0,\quad \sum M_{zi}=0 \tag{4-16}$$

式(4-16)称为空间力偶系平衡方程，即空间力偶系平衡的充分必要条件是各力偶矩矢在三个坐标轴上投影的代数和分别等于零。

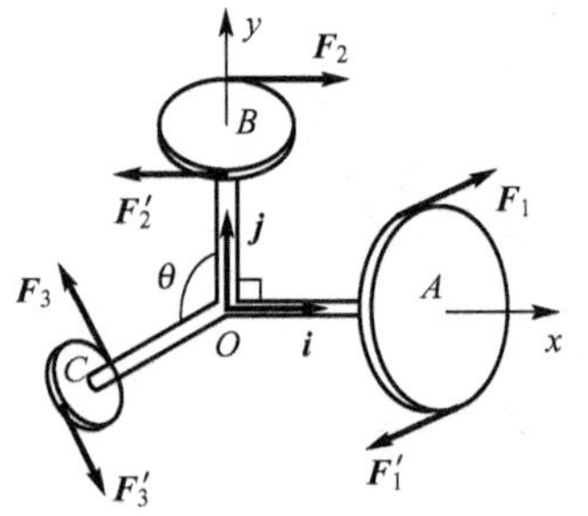

图 4.10 例 4-3 图

【例 4-3】 如图 4.10 所示的机构由三个圆盘 A、B、C 和轴组成，圆盘半径分别为 $r_A=15\text{cm}$，$r_B=10\text{cm}$，$r_C=5\text{cm}$。轴 OA、OB 和 OC 在同一平面内，且 $\angle BOA=90°$。在这三个圆盘的边缘上各自作用力偶($\boldsymbol{F}_1$，$\boldsymbol{F}_1'$)、($\boldsymbol{F}_2$，$\boldsymbol{F}_2'$)和($\boldsymbol{F}_3$，$\boldsymbol{F}_3'$)而使机构保持平衡，已知 $F_1=100\text{N}$，$F_2=200\text{N}$，不计自重，求力 $\boldsymbol{F}_3$ 和角 θ 的大小。

解： 力偶($\boldsymbol{F}_1$，$\boldsymbol{F}_1'$)、($\boldsymbol{F}_2$，$\boldsymbol{F}_2'$)和($\boldsymbol{F}_3$，$\boldsymbol{F}_3'$)写成矢量表达式为

$$\boldsymbol{M}_1=-F_1\times d_A\boldsymbol{i}=-30\boldsymbol{i}$$

$$\boldsymbol{M}_2=-F_2\times d_B\boldsymbol{j}=-40\boldsymbol{j}$$

$$\boldsymbol{M}_3=F_3\times d_C\cos(\theta-90°)\boldsymbol{i}+F_3\times d_C\sin(\theta-90°)\boldsymbol{j}$$

要使机构在三个力偶的作用下处于平衡状态，即

$$\boldsymbol{M}_R=\boldsymbol{M}_1+\boldsymbol{M}_2+\boldsymbol{M}_3=0$$

将三个力偶的表达式代入上式，合并同类项后令 $\boldsymbol{i}$ 和 $\boldsymbol{j}$ 的系数分别等于零，有

$$F_3\times d_C\sin\theta-30=0;\quad -F_3\times d_C\cos\theta-40=0$$

将 $d_C=0.1$ 代入，可得

$$F_3=500\text{N};\quad \theta=143.13°$$

4.4 空间任意力系向一点简化——主矢和主矩

4.4.1 空间任意力系向一点简化

刚体上作用空间任意力系 $\boldsymbol{F}_1$，$\boldsymbol{F}_2$，…，$\boldsymbol{F}_n$，如图 4.11(a)所示。应用力线平移定理，依次将各力向简化中心 O 平移，同时附加一个相应的力偶。这样，原来的空间任意力系被空间汇交力系和空间力偶系两个简单力系等效替换，如图 4.11(b)所示。

空间汇交力系合成后得一作用于简化中心 O 的一力 $\boldsymbol{F}'_{\mathrm{R}}$，称为原空间任意力系的主矢。空间力偶系合成为一力偶 $\boldsymbol{M}_O$，其力偶矩矢称为原空间任意力系对简化中心 O 的主矩，如图 4.11(c)所示，即

$$\boldsymbol{F}'_{\mathrm{R}}=\sum_{i=1}^{n}\boldsymbol{F}_i=\sum_{i=1}^{n}F_{xi}\boldsymbol{i}+\sum_{i=1}^{n}F_{yi}\boldsymbol{j}+\sum_{i=1}^{n}F_{zi}\boldsymbol{k}$$

$$\boldsymbol{M}_O=\sum_{i=1}^{n}\boldsymbol{M}_O(\boldsymbol{F}_i)=\sum_{i=1}^{n}(\boldsymbol{r}_i\times\boldsymbol{F}_i) \tag{4-17}$$

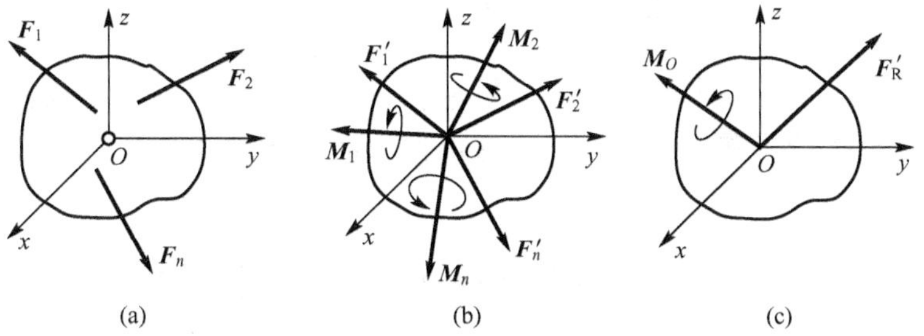

图 4.11 空间任意力系向一点简化

由式(4-7)可得

$$\boldsymbol{M}_O=\sum_{i=1}^{n}(y_iF_{zi}-z_iF_{yi})\boldsymbol{i}+\sum_{i=1}^{n}(z_iF_{xi}-x_iF_{zi})\boldsymbol{j}+\sum_{i=1}^{n}(x_iF_{yi}-y_iF_{xi})\boldsymbol{k} \tag{4-18}$$

空间任意力系向任一点简化，可得到一力和一力偶，分别称为该力系的主矢和主矩。与平面任意力系一样，主矢 $\boldsymbol{F}'_{\mathrm{R}}$与简化中心 O 点的选择无关，而主矩 $\boldsymbol{M}_O$与简化中心O 点的选择有关。

4.4.2 空间任意力系的简化结果分析

根据主矢 $\boldsymbol{F}'_{\mathrm{R}}$和主矩 $\boldsymbol{M}_O$是否等于零，可将空间任意力系的简化结果分为四种可能的情况，下面分别讨论这四种可能的情况。

(1) 当 $\boldsymbol{F}'_{\mathrm{R}}=0$，$\boldsymbol{M}_O\neq0$ 时，空间任意力系简化为一合力偶，此时主矩与简化中心的选择无关。

(2) 当 $\boldsymbol{F}'_{\mathrm{R}}\neq0$，$\boldsymbol{M}_O=0$ 时，空间任意力系简化为一合力，合力通过简化中心。

(3) 当 $\boldsymbol{M}_O\neq0$，$\boldsymbol{F}'_{\mathrm{R}}\neq0$ 时，针对两种不同情况进行讨论。

① 当 $\boldsymbol{M}_O \perp \boldsymbol{F}'_{\mathrm{R}}$时，可将力偶 $\boldsymbol{M}_O$用通过 O 点且垂直于 $\boldsymbol{M}_O$的平面内一对力 $\boldsymbol{F}_{\mathrm{R}}$ 和$\boldsymbol{F}''_{\mathrm{R}}$代替，并令 $\boldsymbol{F}_{\mathrm{R}}=\boldsymbol{F}'_{\mathrm{R}}=-\boldsymbol{F}''_{\mathrm{R}}$，$\boldsymbol{F}_{\mathrm{R}}$和 $\boldsymbol{F}''_{\mathrm{R}}$作用线间的垂直距离 $d=\dfrac{|\boldsymbol{M}_O|}{F_{\mathrm{R}}}$。根据加减平衡力系原理，原空间任意力系可进一步简化通过另一点 O' 的一个合力 $\boldsymbol{F}_{\mathrm{R}}$，如图 4.12 所示。

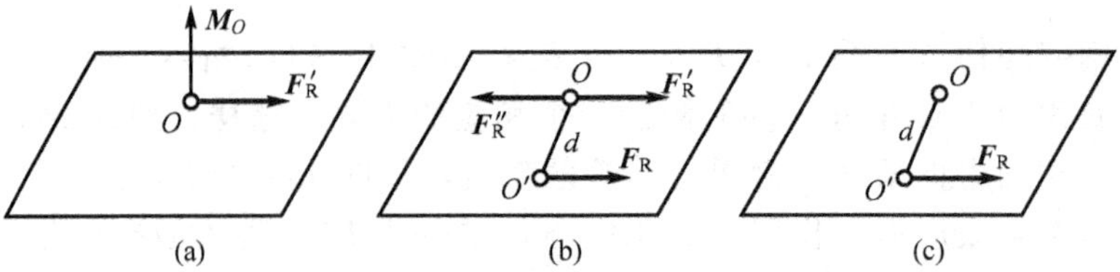

图 4.12　主矢和主矩垂直

② 当 $\boldsymbol{M}_O // \boldsymbol{F}'_{\mathrm{R}}$时，空间任意力系简化为力螺旋。力螺旋是由一个力和一力偶组成的力系，不能进一步合成。其中的力垂直于力偶的作用面。符合右手螺旋法则的称为右螺旋，如图 4.13(a)所示，而符合左手螺旋法则的称为左螺旋，如图 4.13(b)所示。

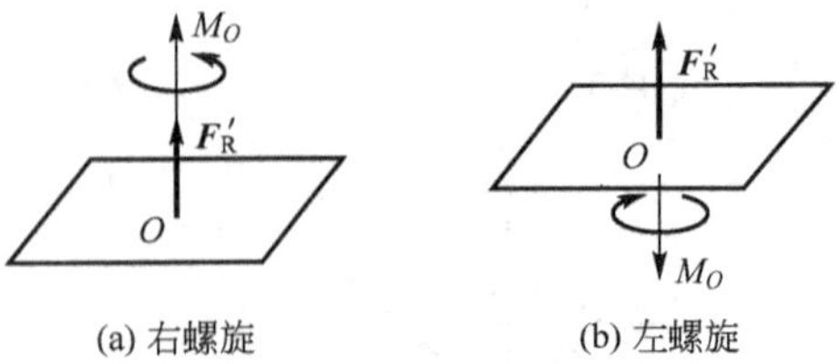

图 4.13　力螺旋

(4) 当 $\boldsymbol{M}_O=0$，$\boldsymbol{F}'_{\mathrm{R}}=0$ 时，空间力系简化为平衡，对于空间任意力系平衡的问题将在下一节进行详细讨论。

4.5　空间任意力系平衡方程

空间任意力系向任一点 O 简化后，可得到一个主矢和一个主矩。空间任意力系平衡的必要和充分条件是此力系的主矢和对任一点的主矩都等于零，即

$$\boldsymbol{F}'_{\mathrm{R}}=0，\boldsymbol{M}_O=0 \tag{4-19}$$

由于主矢和主矩的大小可分别表示为

$$F'_{\mathrm{R}}=\sqrt{(\sum F_x)^2+(\sum F_y)^2+(\sum F_z)^2}$$

$$M_O=\sqrt{[\sum M_x(\boldsymbol{F})]^2+[\sum M_y(\boldsymbol{F})]^2+[\sum M_z(\boldsymbol{F})]^2}$$

故空间任意力系平衡方程可写为

$$\left.\begin{array}{l}\sum F_x=0,\quad \sum F_y=0,\quad \sum F_z=0\\ \sum M_x(\boldsymbol{F})=0,\quad \sum M_y(\boldsymbol{F})=0,\quad \sum M_z(\boldsymbol{F})=0\end{array}\right\} \tag{4-20}$$

空间任意力系平衡的必要和充分条件是：所有各力在三个坐标轴中每一个轴上的投影的代数和等于零，以及这些力对于每个坐标轴的矩的代数和也等于零。空间任意力系是最一般的力系，其他各力系都是它的特殊情况。为了比较，表 4-1 给出了各力系的平衡方程的基本形式。

表 4-1 各种力系的平衡方程

力系的类型	方程形式	方程个数
空间任意力系	$\Sigma F_x=0$ $\Sigma F_y=0$ $\Sigma F_z=0$ $\Sigma M_x(\boldsymbol{F})=0$ $\Sigma M_y(\boldsymbol{F})=0$ $\Sigma M_z(\boldsymbol{F})=0$	6
空间汇交力系	$\Sigma F_x=0$ $\Sigma F_y=0$ $\Sigma F_z=0$	3
空间平行力系	$\Sigma F_z=0$ $\Sigma M_x(\boldsymbol{F})=0$ $\Sigma M_y(\boldsymbol{F})=0$	3
空间力偶系	$\Sigma M_x=0$ $\Sigma M_y=0$ $\Sigma M_z=0$	3
平面任意力系	$\Sigma F_x=0$ $\Sigma F_y=0$ $\Sigma M_O(\boldsymbol{F})=0$	3
平面汇交力系	$\Sigma F_x=0$ $\Sigma F_y=0$	2
平面平行力系	$\Sigma F_y=0$ $\Sigma M_O(\boldsymbol{F})=0$	2
平面力偶系	$\Sigma M_i=0$	1

【例 4-4】 如图 4.14 所示的均质正方形薄板重 $Q=200\text{N}$，用球铰链 A 和蝶铰链 B 固定在墙上，并用绳子 CE 维持其在水平位置，绳子 CE 缚在薄板的 C 点，并挂在钉子 E 上，钉子钉入墙内，并和点 A 在同一铅直线上。求绳子的拉力 $\boldsymbol{T}$ 和 A、B 的支座反力。

解：取薄板为研究对象，薄板受到的主动力有重力 $\boldsymbol{Q}$，绳子的约束反力 $\boldsymbol{T}$，球铰链 A 处的约束反力 $\boldsymbol{F}_{Ax}$、$\boldsymbol{F}_{Ay}$、$\boldsymbol{F}_{Az}$，蝶铰链 B 处的约束反力 $\boldsymbol{F}_{Bx}$、$\boldsymbol{F}_{Bz}$。薄板全部受力构成一空间任意力系，可建立六个独立的平衡方程，解出六个未知的约束反力。受力分析如图 4.14 所示，并建立如图 4.14 所示的坐标系。列静力平衡方程

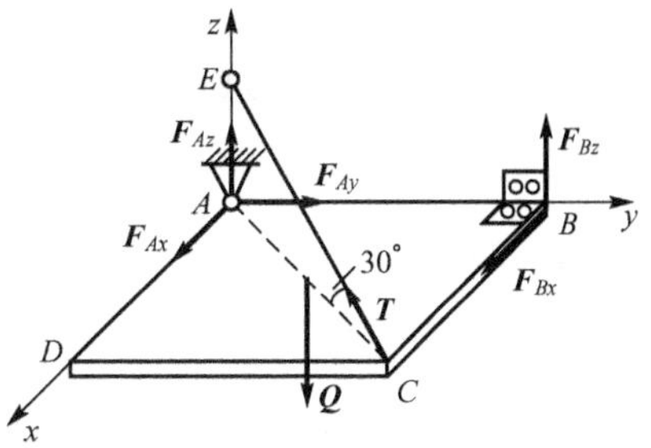

图 4.14 例 4-4 图

$$\Sigma M_y(\boldsymbol{F})=0 \quad -T\sin 30°\times BC+Q\times\frac{BC}{2}=0$$

解之得绳子的拉力为

$$T=Q=200\text{N}$$

$$\Sigma M_z(\boldsymbol{F})=0 \quad -F_{Bx}\times AB=0$$

解得 F_{Bx} 为

$$F_{Bx}=0$$

$$\Sigma M_x(\boldsymbol{F})=0 \quad T\sin 30°\times CD+F_{Bz}\times CD-Q\times\frac{CD}{2}=0$$

解得 F_{Bz} 为

$$F_{Bz}=0$$

$$\Sigma F_x=0 \quad F_{Ax}+F_{Bx}-T\cos 30°\times\cos 45°=0$$

解得 F_{Ax} 为

$$F_{Ax}=T\cos 30°\cos 45°=122.4\text{N}$$

$$\sum F_y=0 \quad F_{Ay}-T\cos30°\times\sin45°=0$$

解得 F_{Ay} 为

$$F_{Ay}=T\cos30°\sin45°=122.4\text{N}$$

$$\sum F_z=0 \quad F_{Az}+F_{Bz}+T\sin30°-Q=0$$

解得 F_{Az} 为

$$F_{Az}=-T\sin30°+Q=100\text{N}$$

值得注意的是，求解空间任意力系问题时，由于方程和未知量的个数较多，给计算带来一定的困难。为了计算方便，列方程时最好一个方程解决一个未知量，而尽可能地避免求解联立方程。通过此例，可知这种方法可大大简化解题计算过程。

【例 4-5】 如图 4.15 所示的均质矩形平板，重为 $P=800\text{N}$，用三条铅垂绳索悬挂在水平位置，一绳系在一边的中点 A 处，另两绳分别系在其对边距各端点均为 $\frac{1}{4}$ 边长的点 B、C 上，求各绳所受的拉力。

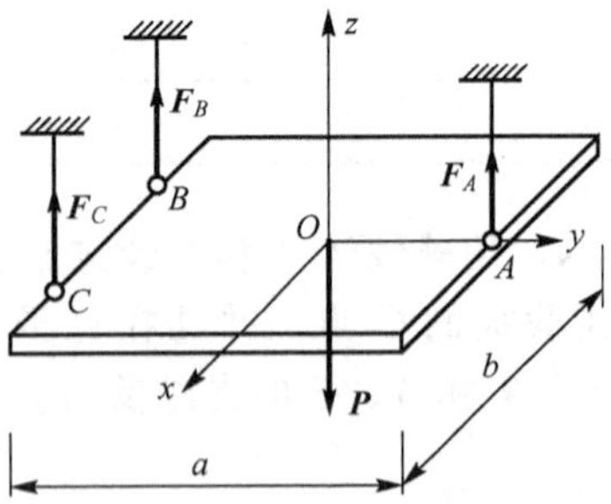

图 4.15 例 4-5 图

解： 取正方形板为研究对象，正方形板受重力 $\boldsymbol{P}$，绳子的约束反力 $\boldsymbol{F}_A$、$\boldsymbol{F}_B$、$\boldsymbol{F}_C$ 共同作用而处于平衡状态，它们构成一空间平行力系。板的受力图如图 4.15 所示，并建立如图 4.15 所示的坐标系。列平衡方程

由 $\sum F_z=0$，可得

$$F_A+F_B+F_C-P=0$$

由 $\sum M_x(\boldsymbol{F})=0$，可得

$$F_A\times\frac{a}{2}-F_B\times\frac{a}{2}-F_C\times\frac{a}{2}=0$$

由 $\sum M_y(\boldsymbol{F})=0$，可得

$$F_B\times\frac{b}{4}-F_C\times\frac{b}{4}=0$$

联立求解，可得

$$F_A=400\text{N}, \quad F_B=F_C=200\text{N}$$

通过以上列举的例子，求解空间力系平衡问题的要点归纳如下。

(1) 求解空间力系的平衡问题，其解题步骤与平面力系相同，即先确定研究对象，再进行受力分析，画出受力图，最后列出平衡方程求解。但是，由于力系中各力在空间任意分布，故某些约束的类型及其反力的画法与平面力系有所不同。

(2) 为简化计算，在选择投影轴与力矩轴时，注意使轴与各力的有关角度及尺寸为已知或较易求出，并尽可能使轴与大多数的未知力垂直、平行或相交，这样在计算力在坐标轴上的投影或力对轴之矩就较为方便，且使平衡方程中所含未知量较少。同时注意，空间力偶对轴之矩等于力偶矩矢在该轴上的投影。

(3) 根据题目特点，可选用不同形式的平衡方程。所选投影轴不必相互垂直，也不必与矩轴重合。当用力矩方程取代投影方程时，必须附加相应条件以确保方程的独立性。但由于这些附加条件比较复杂，故具体应用时，只要所建立的一组平衡方程能解出全部未知量，则说明这组平衡方程是彼此独立的，已满足了附加条件。

4.6 平行力系的中心与重心

4.6.1 平行力系的中心

设有两个同向平行力 $\boldsymbol{F}_1$ 和 $\boldsymbol{F}_2$，分别作用于 A、B 两点，其合力的作用线也平行于 $\boldsymbol{F}_1$ 和 $\boldsymbol{F}_2$。假设合力的作用点为 AB 连线上的 C 点，由合力矩定理，可知

$$M_C(\boldsymbol{F}_R)=M_C(\boldsymbol{F}_1)+M_C(\boldsymbol{F}_2)$$

由于 $M_C(\boldsymbol{F}_R)=0$，于是

$$F_1\times AC-F_2\times BC=0$$

即合力的作用点 C 的位置可由下式确定

$$\frac{AC}{BC}=\frac{F_2}{F_1}$$

如果同时将 $\boldsymbol{F}_1$ 和 $\boldsymbol{F}_2$ 转动相同的角度 α，如图 4.16 所示。合力也转过角度 α，由合力矩定理不难看出，合力的作用点仍然是 AB 连线上的点 C。可见，合力作用点的位置仅与这两个平行力的大小和作用点的位置有关，而与各平行力的方向无关。

将两平行力系合力的这种性质推广到 n 个平行力的情况，可以得到这样的结论：平行力系的合力作用点的位置仅与各平行力的大小和作用点的位置有关，而与各平行力的方向无关，称合力的作用点为该平行力系的中心。

下面由合力矩定理计算平行力系中心的坐标。如图 4.17 所示的平行力系，其合力的作用线通过点 C。由合力矩定理，可知

$$\boldsymbol{M}_O(\boldsymbol{F}_R)=\boldsymbol{M}_O(\boldsymbol{F}_1)+\boldsymbol{M}_O(\boldsymbol{F}_2)$$

即

$$\boldsymbol{r}_C\times\boldsymbol{F}_R=\boldsymbol{r}_1\times\boldsymbol{F}_1+\boldsymbol{r}_2\times\boldsymbol{F}_2$$

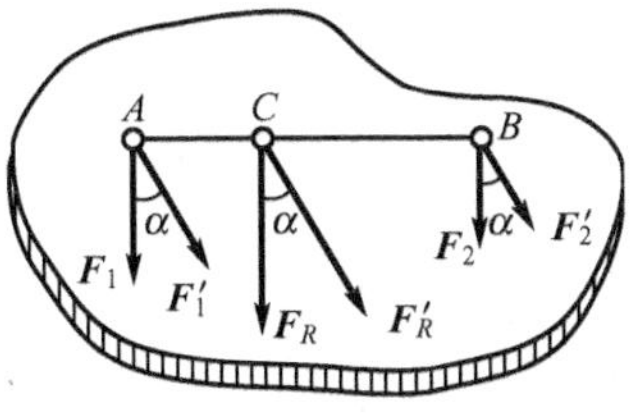

图 4.16　合力作用点的位置与各平行力的方向无关

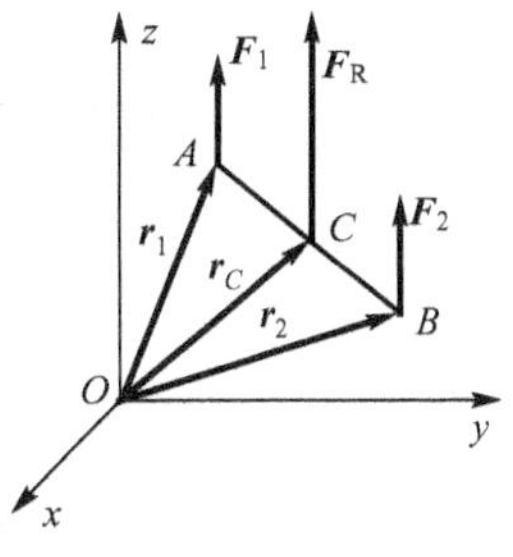

图 4.17　平行力系的中心

设力作用线方向的单位矢量为 $\boldsymbol{F}^0$，则有

$$\boldsymbol{F}_R=F_R\boldsymbol{F}^0,\quad \boldsymbol{F}_1=F_1\boldsymbol{F}^0,\quad \boldsymbol{F}_2=F_2\boldsymbol{F}^0$$

代入上式，可得

$$\boldsymbol{r}_C\times F_R\boldsymbol{F}^0=\boldsymbol{r}_1\times F_1\boldsymbol{F}^0+\boldsymbol{r}_2\times F_2\boldsymbol{F}^0$$

这样，可得

$$F_R \boldsymbol{r}_C \times \boldsymbol{F}^0 = (F_1 \boldsymbol{r}_1 + F_2 \boldsymbol{r}_2) \times \boldsymbol{F}^0$$

解得

$$\boldsymbol{r}_C = \frac{F_1 \boldsymbol{r}_1 + F_2 \boldsymbol{r}_2}{F_R} = \frac{F_1 \boldsymbol{r}_1 + F_2 \boldsymbol{r}_2}{F_1 + F_2}$$

推广到 n 个力组成的平行力系，合力作用点的坐标可表示为

$$\boldsymbol{r}_C = \frac{\sum F_i \boldsymbol{r}_i}{\sum F_i} \tag{4-21}$$

写成投影形式，式(4－21)可表示为

$$x_C = \frac{\sum F_i x_i}{\sum F_i}, \quad y_C = \frac{\sum F_i y_i}{\sum F_i}, \quad z_C = \frac{\sum F_i z_i}{\sum F_i} \tag{4-22}$$

4.6.2 重心

重心是物体重力合力的作用点，重心有确定的位置，与物体在空间的位置无关。对于均质物体，其重心与形心相重合。根据合力矩定理，可建立计算重心坐标的一般计算公式。

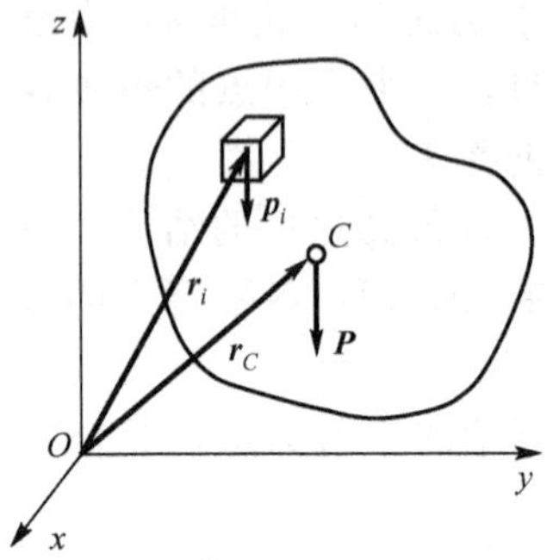

图 4.18 物体的重心

将刚体看做由许多无限小的微元体组成，第 i 个微元体的重量为 $\boldsymbol{p}_i$，如图 4.18 所示，则各微元体的重量组成一组平行力系，根据平行力系的中心坐标公式，可得到刚体的重心坐标 O 用公式表示为

$$\left.\begin{aligned} x_C &= \frac{\sum p_i x_i}{\sum p_i} \\ y_C &= \frac{\sum p_i y_i}{\sum p_i} \\ z_C &= \frac{\sum p_i z_i}{\sum p_i} \end{aligned}\right\} \tag{4-23}$$

如果物体是均质的，单位体积的重量为 $\gamma =$ 常数，则物体的重心可表示为

$$\left.\begin{aligned} x_C &= \frac{\sum \gamma \Delta V_i x_i}{\sum \gamma \Delta V_i} = \frac{\sum \Delta V_i x_i}{\sum \Delta V_i} = \frac{\int_V x \, \mathrm{d}V}{V} \\ y_C &= \frac{\sum \gamma \Delta V_i y_i}{\sum \gamma \Delta V_i} = \frac{\sum \Delta V_i y_i}{\sum \Delta V_i} = \frac{\int_V y \, \mathrm{d}V}{V} \\ z_C &= \frac{\sum \gamma \Delta V_i z_i}{\sum \gamma \Delta V_i} = \frac{\sum \Delta V_i z_i}{\sum \Delta V_i} = \frac{\int_V z \, \mathrm{d}V}{V} \end{aligned}\right\} \tag{4-24}$$

显然，均质物体的重心就是物体的几何中心，即形心。

对于均质等厚度的薄板(薄壳)，其厚度与其表面积 S 相比是很小的，则重心的坐标可用公式表示为

$$x_C = \frac{\int_S x \, \mathrm{d}S}{S}, \quad y_C = \frac{\int_S y \, \mathrm{d}S}{S}, \quad z_C = \frac{\int_S z \, \mathrm{d}S}{S} \tag{4-25}$$

对于均质等横截面细长杆，其截面尺寸与其长度 l 相比是很小的，则重心的坐标可用公式表示为

$$x_C = \frac{\int_l x\,dl}{l},\quad y_C = \frac{\int_l y\,dl}{l},\quad z_C = \frac{\int_l z\,dl}{l} \tag{4-26}$$

4.6.3 确定物体重心的方法

计算物体重心坐标的基本方法有两种，即积分法和组合法，组合法又包括分割法和负面积法(负体积法)。除此之外，还可采用实验法(即悬挂法和称重法)测定物体的重心。

1. 用积分法求重心

【例 4-6】 试求如图 4.19 所示半径为 R、顶角为 2α 的均质圆弧的重心。

解： 取顶角的平分线为 x 轴。由于对称关系，该圆弧重心必在 Ox 轴上，即 $y_C=0$。取微段 $dL=Rd\theta$，其重心的 x 坐标为 $x=R\cos\theta$，圆弧的总长度 $L=2\alpha R$。

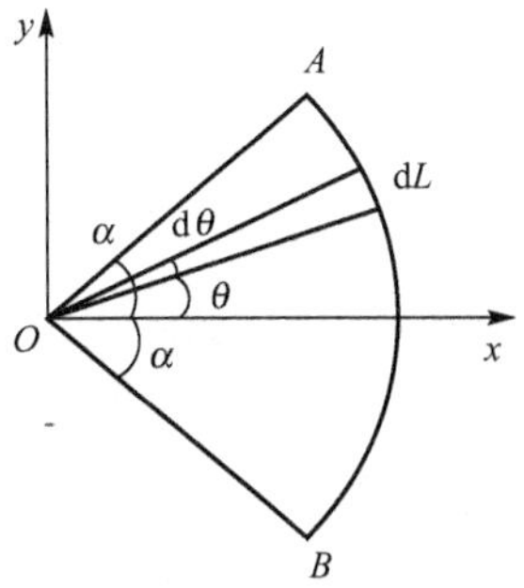

图 4.19 例 4-6 图

由式(4-26)可得圆弧的形心 x 坐标为

$$x_C = \frac{\int_L x \cdot dL}{L} = \frac{\int_{-\alpha}^{\alpha} R^2 \cdot \cos\theta \cdot d\theta}{2\alpha R}$$

即

$$x_C = \frac{R\sin\alpha}{\alpha}$$

这样，半径为 R、顶角为 2α 的均质圆弧的重心坐标为

$$x_C = \frac{R\sin\alpha}{\alpha},\quad y_C = 0$$

2. 用组合法求重心

1）分割法

对于较复杂的物体，常将其分割成为若干形状简单的物体。若已知这些简单形体重心的位置，则整个物体的重心可用公式求出，这种方法称为分割法。

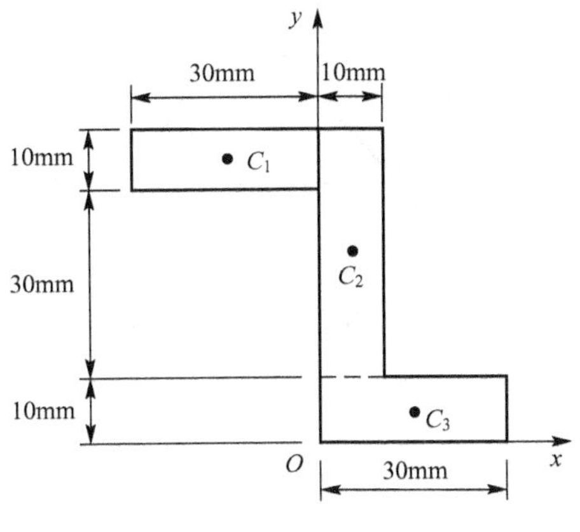

图 4.20 例 4-7 图

【例 4-7】 试求 Z 形截面重心的位置，其尺寸如图 4.20 所示。

解： 选择如图 4.20 所示的坐标系，将该图形分成三个矩形。以 C_1、C_2 和 C_3 表示这些矩形的重心，而以 S_1、S_2 和 S_3 表示它们的面积，以 (x_1, y_1)、(x_2, y_2) 和 (x_3, y_3) 分别表示 C_1、C_2 和 C_3 的坐标，由图可知

$$x_1=-15\text{mm},\ y_1=45\text{mm},\ S_1=300\text{mm}^2$$
$$x_2=5\text{mm},\ y_2=30\text{mm},\ S_2=400\text{mm}^2$$
$$x_3=15\text{mm},\ y_3=5\text{mm},\ S_3=300\text{mm}^2$$

按公式求得该截面重心的坐标 (x_C, y_C) 为

$$x_C = \frac{x_1S_1+x_2S_2+x_3S_3}{S_1+S_2+S_3} = \frac{-15\times300+5\times400+15\times300}{300+400+300} = 2\text{mm}$$

$$y_C=\frac{y_1S_1+y_2S_2+y_3S_3}{S_1+S_2+S_3}=\frac{45\times300+30\times400+5\times300}{300+400+300}=27\text{mm}$$

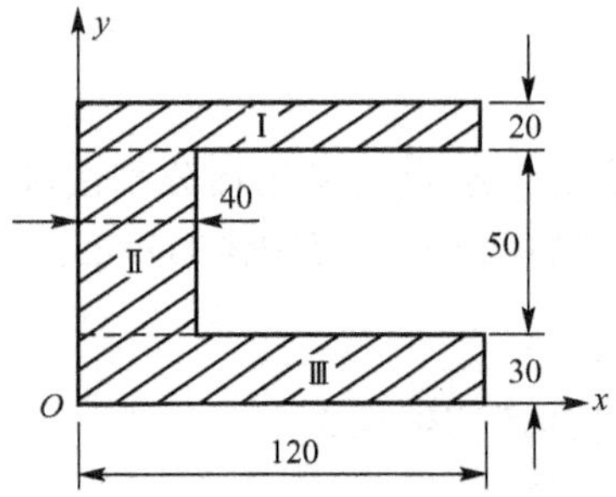

图 4.21 例 4-8 图

【例 4-8】 求图 4.21 所示平面图形的形心坐标(图中尺寸单位为 mm)。

解: 采用分割法求图形的形心。假设按虚线位置将图示平面图形分成三部分,并分别用Ⅰ、Ⅱ、Ⅲ表示。三部分的面积和中心的坐标分别为

$$A_1=120\times20=2400,\ x_1=60,\ y_1=90$$

$$A_2=40\times50=2000,\ x_2=20,\ y_2=55$$

$$A_3=120\times30=3600,\ x_3=60,\ y_3=15$$

按式(4-25)求得该截面形心的坐标(x_C, y_C)为

$$x_C=\frac{A_1x_1+A_2x_2+A_3x_3}{A_1+A_2+A_3}=\frac{2400\times60+2000\times20+3600\times60}{2400+2000+3600}=50\text{mm}$$

$$y_C=\frac{A_1y_1+A_2y_2+A_3y_3}{A_3+A_3+A_3}=\frac{2400\times90+2000\times55+3600\times15}{2400+2000+3600}=47.5\text{mm}$$

3. 负面积法

如果从一个平面图形中切去一块图形,要求切除以后图形的重心仍可以用组合法求出,只是将切去部分的面积取负值,这种求平面图形重心的方法称为负面积法。

【例 4-9】 已知正方形的边长为 a,如图 4.22 所示。试在其中找出一点 E,使此正方形被截去等腰三角形后,点 E 为剩余面积的形心。

解: 设点 E 的坐标为 $\left(\frac{a}{2},\ y\right)$,剩余部分看做由两部分组成,即边长为 a 的正方形 A_1 和底边为 a、高为 y 的等腰三角形 A_2。因为 A_2 为切去的部分,所以面积应取负值。

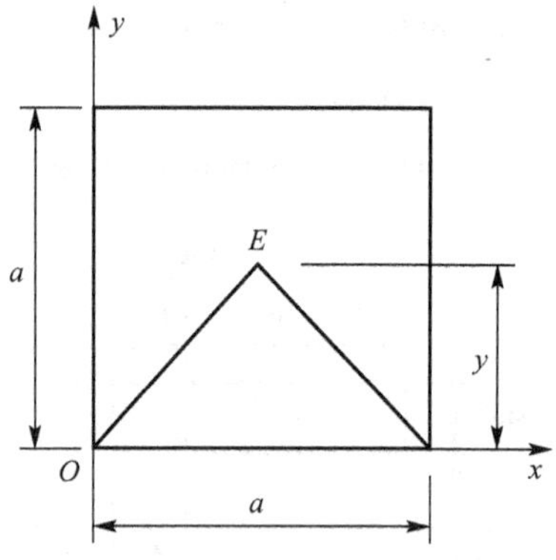

图 4.22 例 4-9 图

设 y_1 和 y_2 分别是 A_1 和 A_2 的重心坐标,则有

$$y_1=\frac{a}{2},\quad y_2=\frac{y}{3},\quad A_1=a^2,\quad A_2=-\frac{1}{2}ay$$

代入式(4-25)可求得剩余面积形心坐标为

$$y_C=\frac{y_1A_1+y_2A_2}{A_1+A_2}=\frac{\frac{a^3}{2}-\frac{1}{6}ay^2}{a^2-\frac{1}{2}ay}$$

依题意有 $y_C=y$,即

$$y_C=\frac{\frac{a^3}{2}-\frac{1}{6}ay^2}{a^2-\frac{1}{2}ay}=y$$

解之得 $y=\frac{3-\sqrt{3}}{2}a=0.634a$。

小　结

空间汇交力系是作用线不在同一平面内且汇交于一点的力系。和平面汇交力系一样，空间汇交力系也可以合成为一合力。理论上空间汇交力系也可以用力多边形求合力，但由于画空间力多边形存在一定的困难，计算时很不方便，所以空间汇交力系的平衡问题一般用解析法求解。

空间汇交力系的平衡方程为

$$\sum F_x=0,\quad \sum F_y=0,\quad \sum F_z=0$$

空间力偶系的平衡方程为

$$\sum M_{xi}=0,\quad \sum M_{yi}=0,\quad \sum M_{zi}=0$$

空间任意力系的平衡方程为

$$\left.\begin{array}{l}\sum F_x=0,\quad \sum F_y=0,\quad \sum F_z=0\\ \sum M_x(\boldsymbol{F})=0,\quad \sum M_y(\boldsymbol{F})=0,\quad \sum M_z(\boldsymbol{F})=0\end{array}\right\}$$

重心是物体重力合力的作用点，重心有确定的位置，与物体在空间的位置无关。对于均质物体，其重心与形心重合。根据平行力系的中心坐标公式，可得到刚体的重心坐标可用公式表示为

$$x_C=\frac{\sum p_i x_i}{\sum p_i},\quad y_C=\frac{\sum p_i y_i}{\sum p_i},\quad z_C=\frac{\sum p_i z_i}{\sum p_i}$$

计算物体重心坐标的基本方法有两种，即积分法和组合法，组合法又包括分割法和负面积法。还可采用实验法(即悬挂法和称重法)测定物体的重心。

习　题

一、是非题(正确的在括号内打“√”，错误的打“×”)

1. 力在坐标轴上的投影是代数量，而在坐标面上的投影为矢量。 (　　)

2. 力对轴之矩是力使刚体绕轴转动效应的度量，它等于力在垂直于该轴的平面上的分力对轴与平面的交点之矩。 (　　)

3. 在平面问题中，力对点之矩为代数量；在空间问题中，力对点之矩也是代数量。 (　　)

4. 合力对任一轴之矩，等于各分力对同一轴之矩的代数和。 (　　)

5. 空间任意力系平衡的必要与充分条件是力系的主矢和对任一点的主矩都等于零。 (　　)

6. 物体重力的合力所通过的点称为重心，物体几何形状的中心称为形心，重心与形心一定重合。 (　　)

7. 计算一个物体的重心，选择不同的坐标系，计算结果不同，因而说明物体的重心位置是变化的。 (　　)

8. 物体的重心一定在物体上。 (　　)

二、填空题

1. 空间汇交力系共有三个独立的平衡方程，它们分别表示为________、________和

________。空间力偶系共有三个独立的平衡方程，它们分别表示为________、________和________。而空间任意力系共有六个独立的平衡方程，一般可表示为________、________、________、________、________、和________。

2. 由 n 个力组成的空间平衡力系，如果其中的$(n-1)$个力相交于 A 点，那么另一个力也必定________点 A。

3. 作用在同一刚体上的两个空间力偶彼此等效的条件是________。

4. 空间力对一点的矩是一个________，而空间力对某轴的矩是一个________。

5. 空间力 $\boldsymbol{F}$ 对任一点 O 之矩 $\boldsymbol{M}_O(\boldsymbol{F})$可用矢量积来表示，即________，写成解析表达式为________。

6. 当空间力与轴________时，力对该轴的矩等于零。

7. 空间力系向一点简化，若主矩与简化中心的选择无关，则该力系的主矢________，该力系可合成为一个________。若空间任意力系向任一点简化，其主矩均等于零，则该力系是________力系。

8. 力螺旋是指由一力和一力偶组成的力系，其中的力________于力偶的作用面。力螺旋可分为________和________。

9. 通常情况下物体的重心与形心是不相同的，只有对________来说，重心才与形心重合。

10. 工程中常见的测定物体重心的实验方法有________和________两种。

三、选择题

1. 图 4.23 中力 $\boldsymbol{F}$ 在平面 $OABC$ 内，该力对 x、y、z 轴的矩是(　　)。

A. $M_x(\boldsymbol{F})=0$，$M_y(\boldsymbol{F})=0$，$M_z(\boldsymbol{F})=0$

B. $M_x(\boldsymbol{F})=0$，$M_y(\boldsymbol{F})=0$，$M_z(\boldsymbol{F})\neq 0$

C. $M_x(\boldsymbol{F})\neq 0$，$M_y(\boldsymbol{F})\neq 0$，$M_z(\boldsymbol{F})=0$

D. $M_x(\boldsymbol{F})\neq 0$，$M_y(\boldsymbol{F})\neq 0$，$M_z(\boldsymbol{F})\neq 0$

2. 正方体上作用有力偶如图 4.24(a)、(b)、(c)所示，下列答案中正确的是(　　)。

A. (a)图刚体处于平衡状态　　B. (b)图刚体处于平衡状态

C. (c)图刚体处于平衡状态　　D. 三种情况下刚体都不平衡

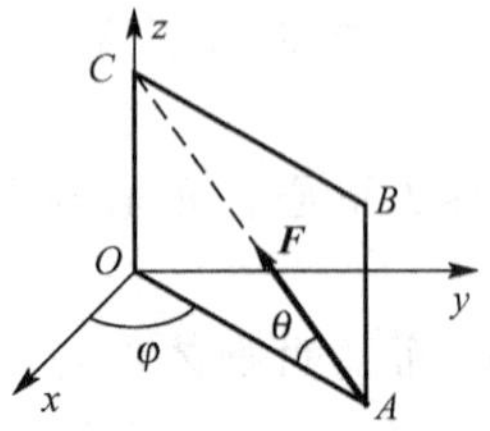

图 4.23　题三(1)图

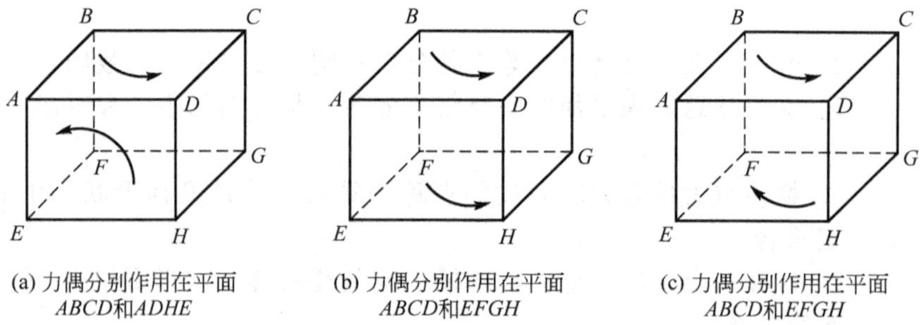
B
C
A
D
G
F
E
H
(a) 力偶分别作用在平面
ABCD和ADHE
(b) 力偶分别作用在平面
ABCD和EFGH
(c) 力偶分别作用在平面
ABCD和EFGH

图 4.24　题三(2)图

3. 如图 4.25 所示，力系由作用于点 A 的力 $\boldsymbol{F}_A$ 及作用于点 B 的力 $\boldsymbol{F}_B$ 组成。力系向点 O 简化，下述说法正确的是(　　)。

A. 力系简化的最终结果是力螺旋

B. 力系简化的最终结果是一个合力

C. 力系简化的最终结果是一个力偶

D. 力系平衡

4. 空间任意力系向两个不同的点简化，下述有可能的情况的是(　　)。

A. 主矢相等，主矩相等

B. 主矢不相等，主矩相等

C. 主矢相等，主矩不相等

D. 主矢、主矩都不相等

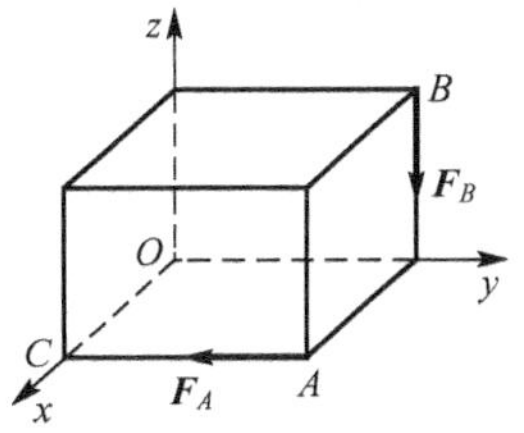

图 4.25　题三(3)图

5. 图 4.26 中正方体受不同力系作用，图中各力大小相等，问哪种状态下，正方体处于平衡状态(　　)。

6. 如图 4.27 所示一平衡的空间平行力系，各力作用线与 z 轴平行，下列可以作为该力系的平衡方程组的是(　　)。

A. $\sum F_x=0$，$\sum F_y=0$，$\sum M_x(\boldsymbol{F})=0$

B. $\sum F_x=0$，$\sum F_y=0$，$\sum M_z(\boldsymbol{F})=0$

C. $\sum F_z=0$，$\sum M_x(\boldsymbol{F})=0$，$\sum M_y(\boldsymbol{F})=0$

D. $\sum M_x(\boldsymbol{F})=0$，$\sum M_y(\boldsymbol{F})=0$，$\sum M_z(\boldsymbol{F})=0$

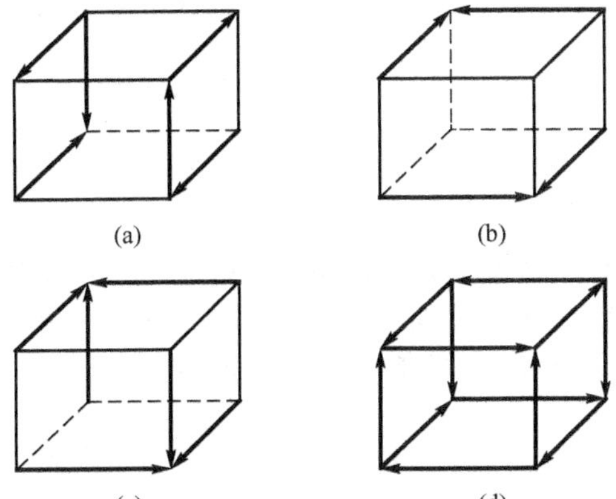

图 4.26　题三(5)图

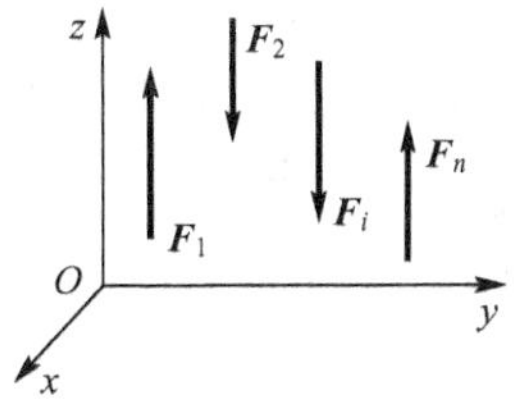

图 4.27　题三(6)图

四、计算题

1. 一重物由 OA、OB 两杆及绳 OC 支持，两杆分别垂直于墙面，由绳 OC 维持在水平面内，如图 4.28 所示。已知 $W=10\text{kN}$，$OA=30\text{cm}$，$OB=40\text{cm}$，不计杆重。求绳的拉力和两杆所受的力。

2. 支柱 AB 高 $h=4\text{m}$，顶端 B 上作用三个力 $\boldsymbol{P}_1$、$\boldsymbol{P}_2$、$\boldsymbol{P}_3$，大小均为 2kN，方向如图 4.29 所示。试写出该力系对三个坐标轴之矩。

3. 如图 4.30 所示，已知力 $P=20\text{N}$，求 $\boldsymbol{P}$ 对 z 轴的矩。

4. 如图 4.31 所示，轴 AB 与铅直线成 α 角，悬臂 CD 垂直地固定在轴 AB 上，其长

度为 a 并与铅直面 zAB 成 θ 角，如在点 D 作用一铅直向下的力 $\boldsymbol{P}$，求此力对于轴 AB 的矩。

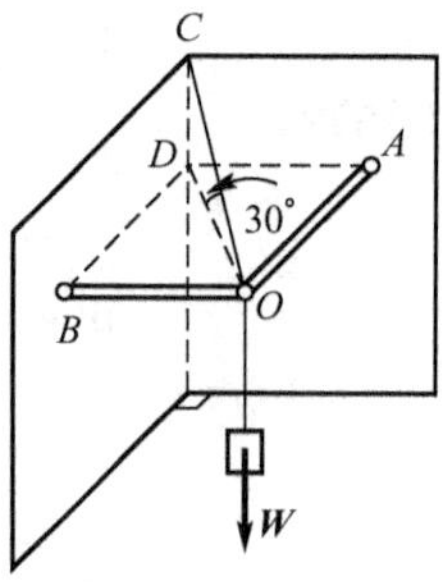

图 4.28　题四(1)图

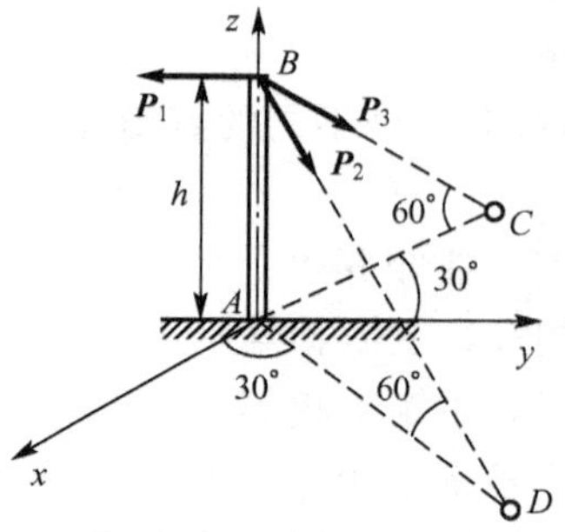

图 4.29　题四(2)图

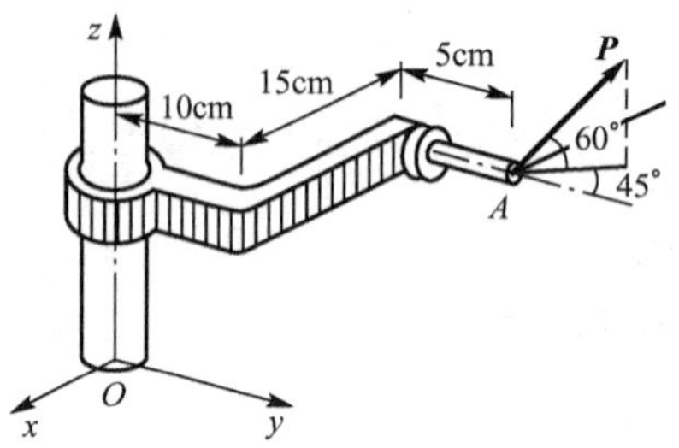

图 4.30　题四(3)图

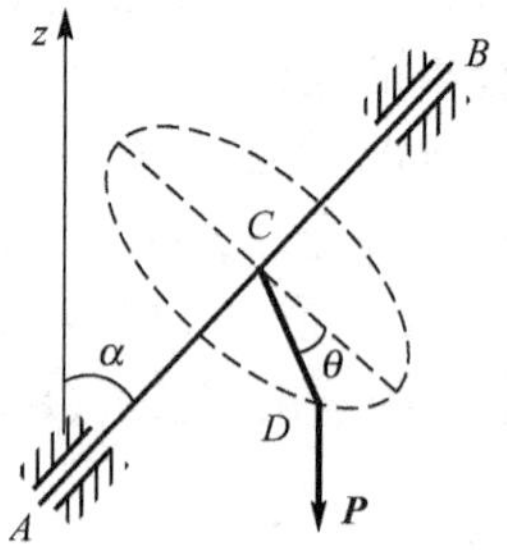

图 4.31　题四(4)图

5. 一重 W、边长为 a 的正方形板，在 A、B、C 三点用三根铅垂的绳吊起来，使板保持水平，B、C 为两边的中点，如图 4.32 所示。求绳的拉力。

6. 如图 4.33 所示的矩形薄板 $ABDC$，重量不计，用球铰链 A 和蝶铰链 B 固定在墙上，另用细绳 CE 维持于水平位置，连线 BE 正好铅垂，板在点 D 受到一个平行于铅直轴的力 $G=500\text{N}$。已知 $\angle BCD=30°$，$\angle BCE=30°$。求细绳拉力和铰链反力。

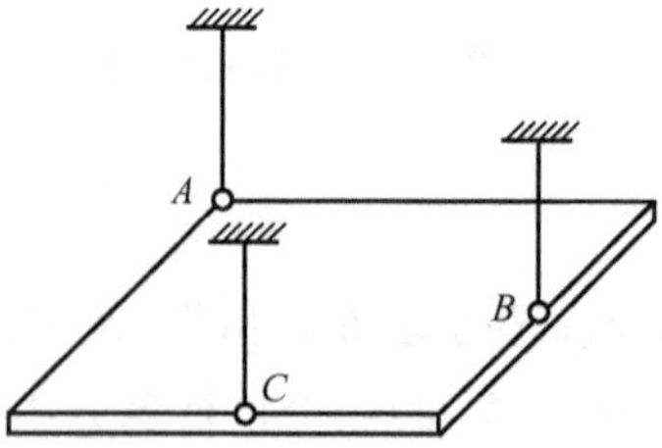

图 4.32　题四(5)图

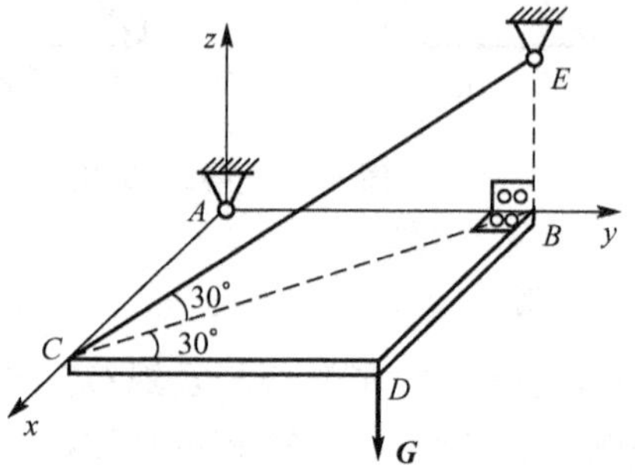

图 4.33　题四(6)图

7. 如图 4.34 所示，六杆支撑一水平板，尺寸如图所示。设板和杆自重不计，求在板角 A 处受铅直力 $\boldsymbol{F}$ 作用时各杆的内力。

8. 无重曲杆 $ABCD$ 有两个直角，且平面 ABC 与平面 BCD 垂直。杆的 D 端为球铰链支座，另一端受轴承支持，如图 4.35 所示。在曲杆的 AB、BC 和 CD 上作用三个力偶，力偶所在平面分别垂直于 AB、BC、CD 三线段。已知力偶矩 M_2 和 M_3，求曲杆处于平衡的力偶矩 M_1 和支座反力。

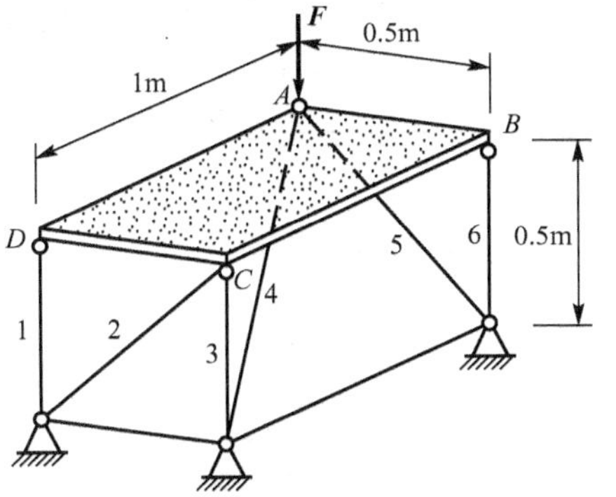

图 4.34 题四(7)图

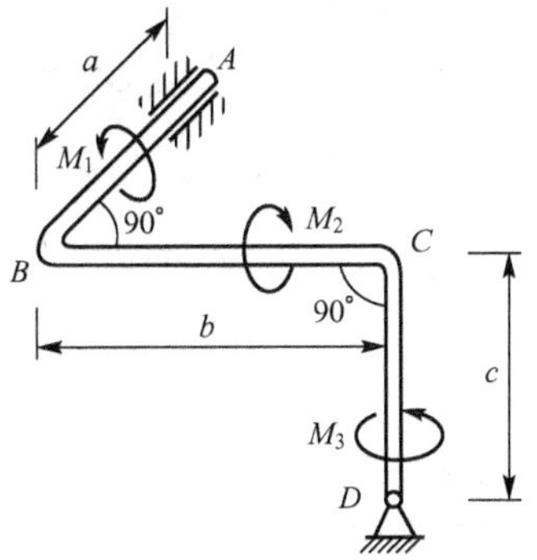

图 4.35 题四(8)图

9. 如图 4.36 所示，某传动轴以 A、B 两轴承支撑，圆柱直齿轮的节圆直径 $d=17.3\text{cm}$，压力角 $\alpha=20°$，在法兰盘上作用一力偶矩 $M=1030\text{N}\cdot\text{m}$ 的力偶，轮轴自重和摩擦不计。求传动轴匀速转动时 A、B 轴承的约束反力。

10. 如图 4.37 所示，悬臂刚架上受均布荷载 $q=2\text{kN/m}$ 及两个集中力 $P=5\text{kN}$，$Q=4\text{kN}$ 作用，求固定端的约束反力和反力偶矩。

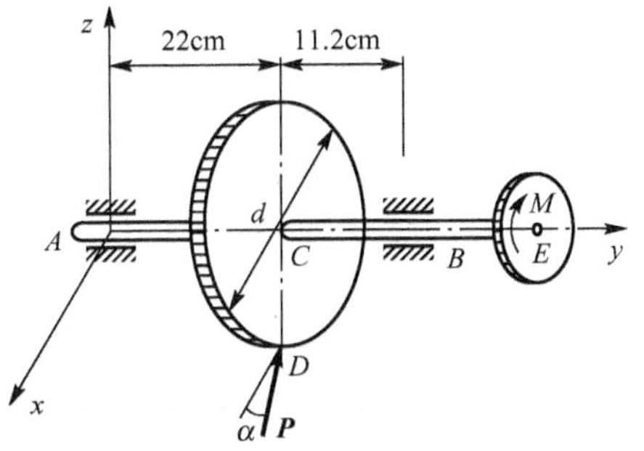

图 4.36 题四(9)图

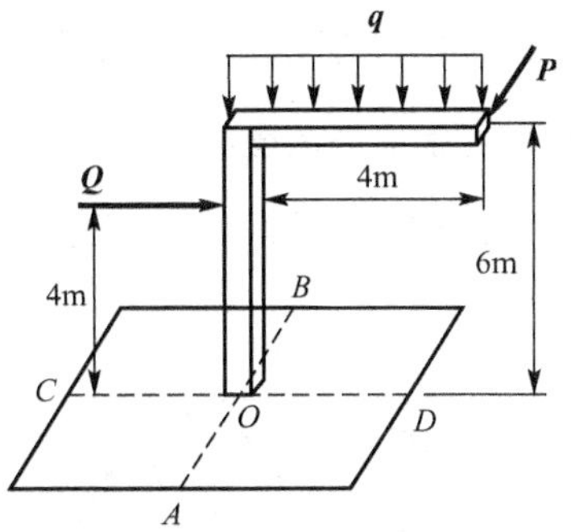

图 4.37 题四(10)图

11. 三轮小货车在底板 M 处放置重物 $P=1\text{kN}$。后面两轮中心 O_1、O_2 相距 1m，前轮中心 O_3 到 O_1O_2 的距离 $O_3D=1.6\text{m}$，若 $ME=0.6\text{m}$，$O_1E=0.4\text{m}$，如图 4.38 所示。试求当小车自重不计保持平衡时三个轮子受到的反力。

12. 如图 4.39 所示，两个均质杆 AB 和 BC 分别重 $\boldsymbol{P}_1$ 和 $\boldsymbol{P}_2$，其端点 A 和 C 分别用球铰链固定在水平面上，另一端由球铰链相连接，靠在光滑的铅直墙上，墙面与 AC 平行。如 AB 与水平线夹角为 45°，$\angle BAC=90°$，$OA=AC$，求 A 和 C 的支座约束反力以及墙上点 B 所受的力。

13. 求如图 4.40(a)、(b)所示平面图形的形心 C 的坐标(图中尺寸单位为 mm)。

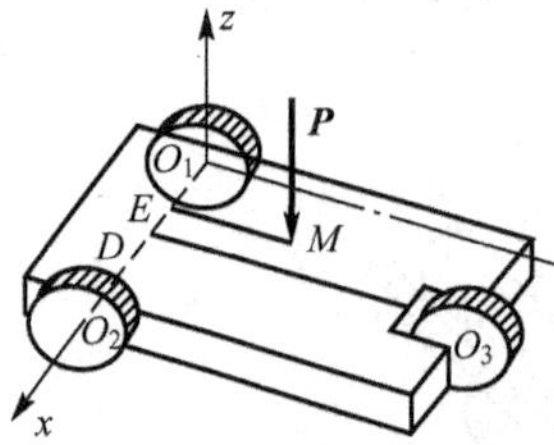

图 4.38　题四(11)图

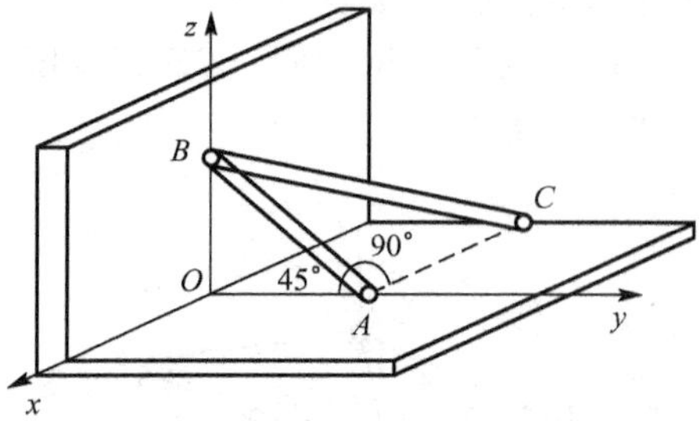

图 4.39　题四(12)图

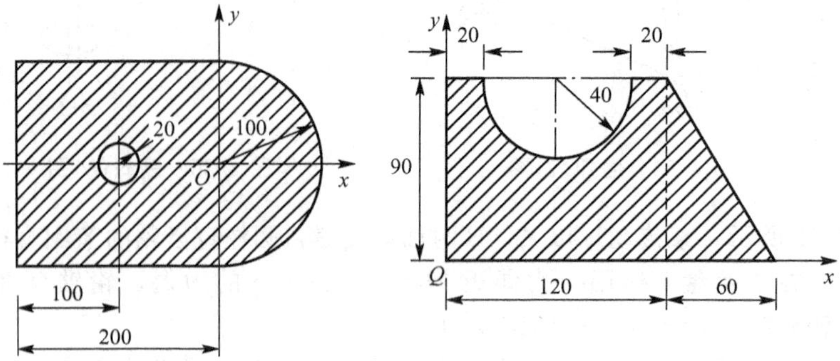

(a)　　　　(b)

图 4.40　题四(13)图

14. 如图 4.41 所示，在半径为 r_1 的均质圆盘内有一半径为 r_2 的圆孔，两圆的中心相距$\frac{r_1}{2}$。求此圆盘重心的坐标。

15. 机器基础如图 4.42 所示，该基础由均质物质组成，求其重心坐标。

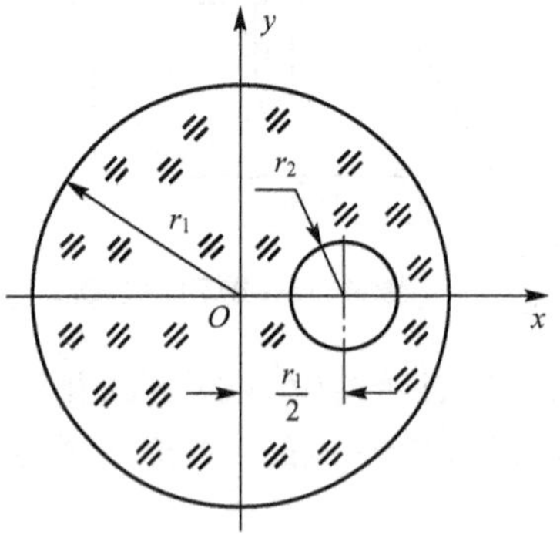

图 4.41　题四(14)图

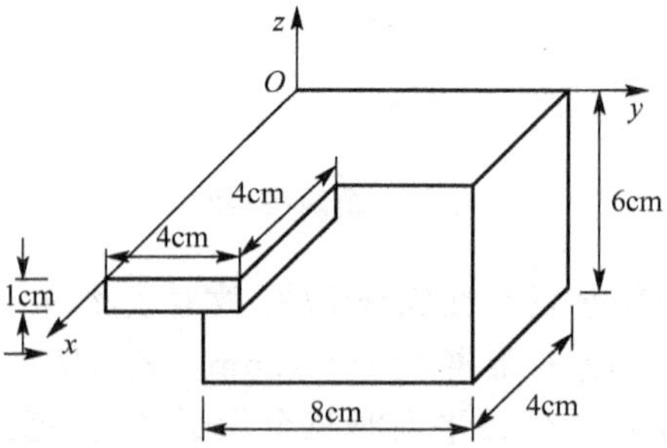

图 4.42　题四(15)图

第5章
摩　　擦

本章教学要点

知识要点	掌握程度	相关知识
基本概念	掌握滑动摩擦、摩擦角、自锁和滚动摩擦	光滑接触面
考虑摩擦的平衡问题	掌握几何法和解析法求解摩擦问题	平面力系的平衡方程

导入案例

摩擦是一种极为普遍的现象。在日常生活中，人们对摩擦现象并不陌生。例如，在冬季结冰的路面上，行人很容易滑倒，但是撒上一层煤渣后，就很安全了；人们为了减少机器内部零件的摩擦，便不时地添加润滑油，等等。这些现象都与摩擦有关。

其实人们每天都在不自觉地利用摩擦力。如果没有摩擦力，人们简直寸步难行，因为人类行走本身就要利用摩擦力。可以进一步想象一下，如果没有摩擦力，生活处处困难重重。我们甚至用手拿不起任何东西，也拧不开盖子或把手；想写字却拿不起笔，笔又不能和纸产生摩擦写字；想吃饭，碗筷却拿不住，筷子怎么也夹不住菜；想喝水又提不起杯子；想穿衣服却拿不起、穿不上；想工作劳动，但任何工具都一次次从手上滑落。如果没有了摩擦，以后我们就再也不能够欣赏用小提琴演奏的美妙音乐了，因为弓和弦的摩擦产生振动才发出了声音。但摩擦也会给我们的日常生活带来麻烦。例如，人们在路面上行走，鞋底与地面的摩擦使鞋底产生磨损。机器开动时，滑动部件之间因摩擦而浪费动力，还会使机器的部件磨损，缩短寿命。摩擦力有利也有弊，我们应该尽量减少那些有害摩擦，学会利用摩擦造福人类。

最早对摩擦进行实验研究的代表性人物是文艺复兴时期的达·芬奇。他对表面光滑程度不同的物质的摩擦做了比较，提出物体间的摩擦程度取决于物体表面粗糙程度的大小，表面越粗糙，摩擦力越大，即固体表面的凹凸程度是产生摩擦的根本原因。这一想法后来逐步被发展为一种学说——凹凸说。该学说认为：物体表面无论经过何种加工，都必然留下或大或小的凹凸，这种表面凹凸不平的物体相互接触，必然产生摩擦。有人对此做过这样一个比喻：固体表面的接触犹如把一列山脉翻过来盖在另一列山脉上一样。由于它们的相互咬合，所以只有把凸部破坏掉，才能使之滑动，这便是产生阻碍相对运动的摩擦力的基本原理。这种学说在很长一段时间里，受到许多人的支持。

对于摩擦力本质的另外一种看法是分子说。这是由英国的物理学家德萨古利埃提出的。他认为，摩擦力产生的原因是摩擦面上的分子力相互交错。该学说指出，物体表面越是光滑，摩擦面越是相互接近，表面分子力就越大，这样摩擦力也就越大。但是这种学说由于加工技术上的原因，一直没有得到实验的证实，因而人们对此很难接受。

进入20世纪以后，分子说逐渐得到很多人的支持。一个叫尤因的人首先指出因摩擦引起的能量损失，是因固体表面分子引力场的相互干涉所致，与凹凸程度无关。而另一名著名的学者哈迪进行了大量的实验，从而证明了分子说的正确性。他首先把两个物体表面研磨得极光滑，然后来做摩擦实验，结果发现，两物体磨得越光滑，它们之间的摩擦力就越少，但是这种光滑水平达到一定程度时，摩擦力反而有所增加，甚至两个光滑的金属面能“粘”在一起。而这正好证实了分子说的观点：当两个表面的分子互相进入彼此的分子间的引力圈时，两者间就能产生强烈的粘合作用，并以摩擦力的形式显示出来。哈迪的实验为分子说提供了有力的证据，分子说因而获得了广泛的承认，并被进一步发展为“粘合说”。

但是，凹凸说并没有因分子说和粘合说的进展而被完全废弃，它与对立的分子说和粘合说都持之有据，言之有理。有人在这两者的基础上提出了包含凹凸说内容的综合性的现代粘合论。看来，有关摩擦力本质的争论还将继续下去，究竟孰是孰非，人们将拭目以待。同学们如有兴趣，将来可从事一些有关摩擦学的研究。

图示就是我们在日常生活中利用摩擦制造的简单工具，学完本章后，你也可以试着设计一款。

螺旋千斤顶

双盘摩擦压砖机

发动机缸体夹具

车床刀架

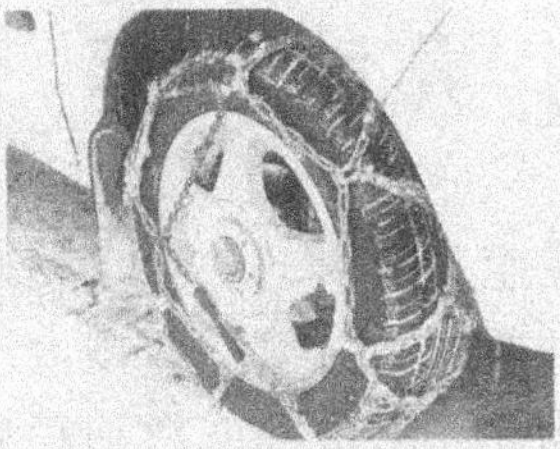

防滑链

传输带

5.1 摩擦及其分类

在前几章中，一般把物体的接触面都看成绝对光滑的，忽略了物体之间的摩擦。但是，在日常生活和工程实践中，完全光滑的表面并不存在。当两物体具有相对运动或相对运动趋势时，在两物体的接触面上一般都有摩擦力产生。摩擦有时会起到重要的作用，必须考虑其影响。按照接触物体的相对运动情况，摩擦可分为滑动摩擦和滚动摩擦。摩擦现象极其复杂，本章只介绍工程中常用的近似理论，重点研究考虑摩擦情况下的物体平衡问题。

5.1.1 摩擦现象

摩擦是自然界中普遍存在的现象之一，它在人类生活和工程实际中的许多方面起着重要的作用。例如，如果没有摩擦力，人不能行走，车辆不能行驶。又如，皮带通过摩擦传递轮子间的运动，夹具利用摩擦夹紧工件等。但摩擦也有不利的一面，如摩擦能加速机器零件的磨损，同时引起发热、损耗能量等。摩擦的作用有利有弊，我们研究摩擦就是充分利用摩擦有利的一面，减小或限制其不利的一面。

5.1.2 摩擦分类

1. 按接触部分的相对运动情况分类

摩擦按接触部分的相对运动情况可分为滑动摩擦和滚动摩擦。

(1) 滑动摩擦：两个表面粗糙的物体，当其接触面之间有相对滑动或相对滑动趋势时，彼此作用有阻碍相对滑动的阻力，称为滑动摩擦。滑动摩擦又可分为静滑动摩擦和动滑动摩擦两种。

(2) 滚动摩擦：一个物体在另一个物体上滚动或有滚动趋势时产生的摩擦称为滚动摩擦。

2. 按两物体接触表面间的物理情况分类

摩擦按两物体接触表面间的物理情况可分为干摩擦和湿摩擦。

(1) 干摩擦：接触面没有添加润滑剂的摩擦称为干摩擦，如工件和夹具之间的摩擦。

(2) 湿摩擦：接触面有润滑剂的摩擦称为湿摩擦，如充满润滑油的轴和轴承之间的摩擦。在刚体静力学中，一般只研究干摩擦。

5.2 滑动摩擦

两个表面粗糙的物体相互接触，发生相对滑动或存在相对滑动趋势时，彼此之间就有阻碍相对滑动的力存在，此力称为滑动摩擦力，简称摩擦力。摩擦力作用在物体的接触表面处，其方向沿接触面的切线，并和物体相对滑动或滑动趋势的方向相反。

5.2.1 静滑动摩擦力及最大滑动摩擦力

在固定水平面上一重量为 $\boldsymbol{P}$ 的物块 A 受一水平力 $\boldsymbol{F}$ 的作用，如图 5.1 所示。因实际水平面并非理想光滑，当力 $\boldsymbol{F}$ 由零逐渐增大但不超过某一限度时，物块始终保持静止，只是在力 $\boldsymbol{F}$ 的作用下有向右滑动的趋势。如对物块进行受力分析，可知支撑面对物块除了产生法向反力 $\boldsymbol{F}_N$外，还产生沿支撑面的阻碍物体运动的切向反力 $\boldsymbol{F}_s$。我们称 $\boldsymbol{F}_s$为静滑动摩擦力或静摩擦力，方向向左，如图 5.1 所示。通过对物块的平衡条件可知，静滑动摩擦力在数值上等于力 $\boldsymbol{F}$ 的大小，随主动力 $\boldsymbol{F}$ 的增大而增大。

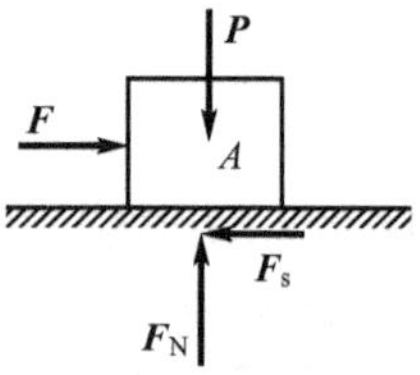

图 5.1 静滑动摩擦力

当主动力 $\boldsymbol{F}$ 增大到一定数值，物块将处于行将运动又尚未运动的临界状态，此时静滑动摩擦力 $\boldsymbol{F}_s$达到最大值 $\boldsymbol{F}_{smax}$，称为最大静摩擦力，或称临界摩擦力。

静滑动摩擦力的大小可在一定的范围内取值，即

$$0 \leqslant F_s \leqslant F_{smax} \tag{5-1}$$

要确定摩擦力 $\boldsymbol{F}_s$的具体大小，要应用物体的平衡条件。

法国学者库仑通过大量的实验得出静滑动摩擦定律：静滑动摩擦力的最大值 F_{smax}与支撑面对物块的法向反力成正比，即

$$F_{smax} = f_s F_N \tag{5-2}$$

式中，f_s称为静滑动摩擦因数。它是一个无量纲的比例因数，其值与两接触面的材料及表面状况(如粗糙度、干湿度、温度等)有关，大小由实验确定并载于工程手册。例如，钢对钢、钢对铸铁的静摩擦因数分别为 0.15 和 0.3。

5.2.2 动滑动摩擦力

物块沿支撑面滑动时的摩擦力称为动滑动摩擦力。动滑动摩擦力服从动滑动摩擦定律，即

$$F_d = fF_N \tag{5-3}$$

式中，f 为动滑动摩擦因数。一般情况下，动滑动摩擦因数略小于静滑动摩擦因数，并与两个相接触物体的材料以及接触表面的情况有关；同时也和两物体相对滑动速度有关。在实际应用中，动滑动摩擦因数要通过实验测定。

5.3 摩擦角和自锁现象

5.3.1 摩擦角概述

1. 全约束反力

法向约束反力 $\boldsymbol{F}_N$ 和切向约束反力 $\boldsymbol{F}_s$ 的合力称为全约束反力。全约束反力与法向约束反力的夹角为 φ，由图 5.2(a)可知：$\tan\varphi = F_s/F_N$

2. 摩擦角

当主动力 $\boldsymbol{F}$ 达到一定值时，物块处于行将运动又未运动的临界状态，摩擦力也达到最大值，而此时全约束反力与法线间的夹角也达到最大值 φ_m，称 φ_m 为摩擦角。由图 5.2(b)可知

$$\tan\varphi_m = \frac{F_{smax}}{F_N} = \frac{f_s F_N}{F_N} = f_s \tag{5-4}$$

这样摩擦角可表示为 $\varphi_m = \arctan f_s$，也就是说，摩擦角 φ_m 与材料及其表面状况有关。当物块处于平衡时，全约束反力与法向反力的夹角 φ 也总是小于或等于摩擦角 φ_m，即

$$0 \leqslant \varphi \leqslant \varphi_m \tag{5-5}$$

当 $\boldsymbol{F}$ 改变方向时，物块滑动趋势的方向改变，全约束反力的方向也随着改变。当 $\boldsymbol{F}$ 不断地改变方向时，$\boldsymbol{F}_{Rmax}$ 的作用线将画出一个以接触点 A 为顶点的锥面，如图 5.3 所示，该锥面称为摩擦锥。

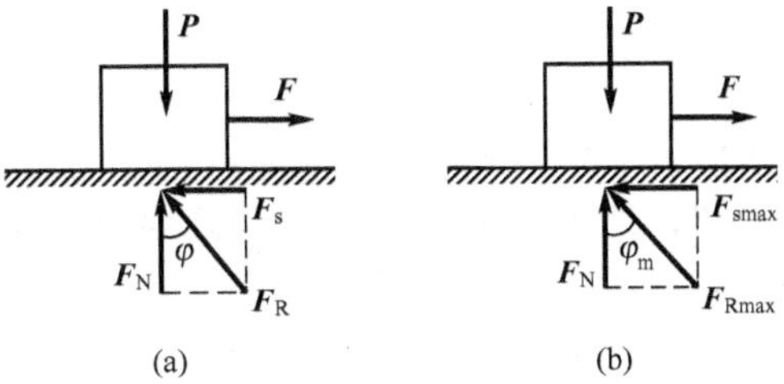

图 5.2 摩擦角

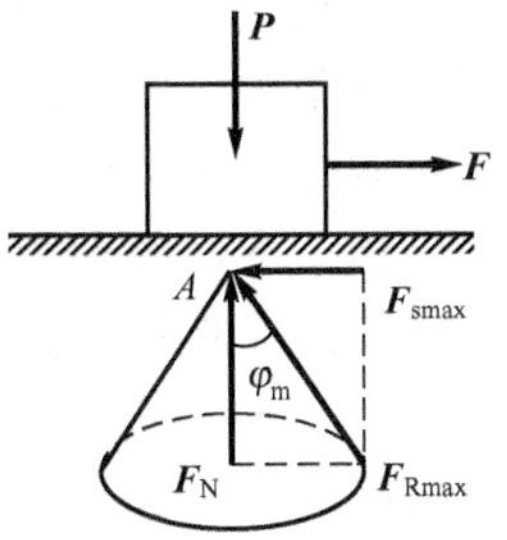

图 5.3 摩擦锥

5.3.2 自锁现象

当主动力的合力 $\boldsymbol{F}_{合}$ 与法线之间的夹角 θ 小于摩擦角 φ_m，即主动力的合力作用线在摩擦锥之内时，如图 5.4(a)所示，则不论主动力有多大，物体总能依靠摩擦而保持平衡，这种现象称为自锁现象。反之，若主动力的合力 $\boldsymbol{F}_{合}$ 与法线之间的夹角 θ 大于摩擦角 φ_m，即主动力的合力作用线在摩擦锥之外，如图 5.4(b)所示，则不论主动力有多小，物体一定会滑动。这是因为全约束反力作用线可能出现在摩擦锥面上(此时处于临界状态)或摩擦锥之内的任何位置，而大小可以不加限制。所以对第一种情况，即当主动力的合力 $\boldsymbol{F}_{合}$ 与法线之间的夹角 θ 小于摩擦角 φ_m 时，在摩擦锥内总能找到一个全约束反力 $\boldsymbol{F}_R$，该力和主动力的合力 $\boldsymbol{F}_{合}$ 相平衡；而对于第二种情况，由于主动力的合力 $\boldsymbol{F}_{合}$ 作用线在摩擦锥之外，则由于全约束反力作用线只能在摩擦锥之内，全约束反力 $\boldsymbol{F}_R$ 不可能和主动力的合力 $\boldsymbol{F}_{合}$ 共线，此二力不符合二力平衡的条件，于是物体将产生滑动。通过分析可知，放在斜面上的物块在重力作用下不至于产生滑动的条件是斜面的倾角 θ 小于或等于摩擦角 φ_m，即斜面自锁条件为 $\theta \leqslant \varphi_m$。

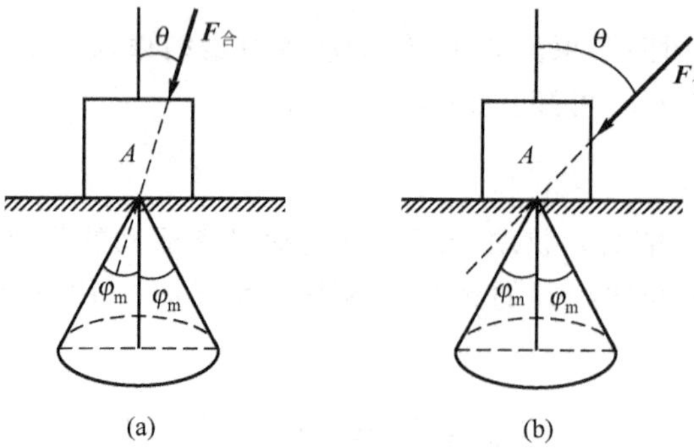

图 5.4 自锁现象

5.4 考虑摩擦时物体的平衡问题

考虑摩擦时物体的平衡问题的解法与不考虑摩擦时物体的平衡问题大致相同，即作用于物体上的力都应满足力系的平衡条件。对于考虑摩擦时物体的平衡问题，可用平面任意力系的平衡方程求解，也可用摩擦角给出的自锁条件求解，同时要注意以下几点。

(1) 取研究对象时，一般总是从摩擦面将物体分开。

(2) 分析受力时必须考虑摩擦力。

(3) 在临界状态下，摩擦力达到最大值 $F_{max} = f_s \cdot F_N$。

(4) 物体未达到临界状态，摩擦力未知，处于 $0 \leqslant F_s \leqslant f_s \cdot F_N$ 范围内，如物体具有两种可能滑动趋势时，要分别讨论两种情况，其大小由平衡条件确定。

(5) 解题的最后结果常常为不等式或用最大值和最小值表示。

【例 5-1】 曲柄连杆滑块机构如图 5.5(a)所示。已知 $OA = l$，在 OA 上作用一力偶矩

M，连杆 AB 与铅垂线的夹角为 θ，滑块与水平面间的摩擦因数为 f_s，系统在图 5.5(a)所示位置保持平衡。求保持平衡时力 $\boldsymbol{P}$ 的最小值(注：$\theta>\varphi=\arctan f_s$，角 α 并非定值)。

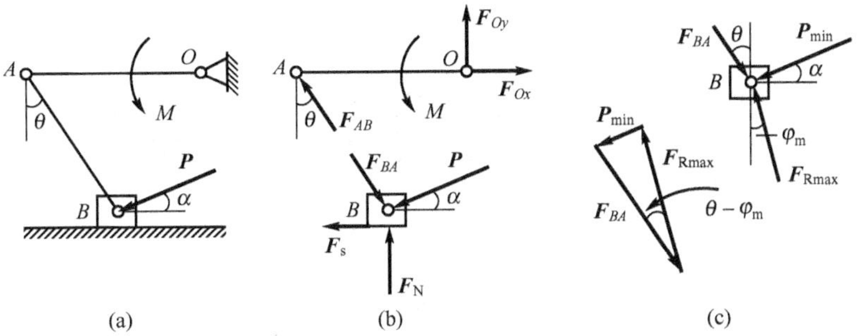

图 5.5　例 5-1 图

解：该机构有两种运动趋势：力 $\boldsymbol{P}$ 较小时，滑块 B 有向右滑动趋势；力 $\boldsymbol{P}$ 较大时，滑块 B 有向左滑动的趋势。本题仅求 $\boldsymbol{P}$ 的最小值，属于第一种情况。可以应用考虑摩擦的平衡问题的解析法和几何法，计算系统保持平衡时力 $\boldsymbol{P}$ 的最小值。

(1) 解析法：分别取曲柄 OA 和滑块 B 为研究对象，受力分析如图 5.5(b)所示，分别列平衡方程

杆 OA：　　$\sum M_O(\boldsymbol{F})=0\quad M-F_{AB}\cdot\cos\theta\cdot l=0$

解得连杆 AB 的受力为

$$F_{AB}=\frac{M}{l\cos\theta}$$

滑块 B：　　$\sum F_x=0\quad F_{BA}\sin\theta-P\cos\alpha-F_s=0$

$$\sum F_y=0\quad F_N-F_{BA}\cos\theta-P\sin\alpha=0$$

其中 $F_{BA}=F_{AB}$，临界时有 $F_s=f_sF_N$，解得

$$P=\frac{M\cdot(\sin\theta-f_s\cos\theta)}{l\cos\theta\cdot(\cos\alpha+f_s\sin\alpha)}=\frac{M\cdot\sin(\theta-\varphi_m)}{l\cos\theta\cdot\cos(\varphi_m-\alpha)}$$

上式中应用到 $f_s=\tan\varphi_m$。当 $\alpha=\varphi_m$ 时，$P_{min}=\dfrac{M\cdot\sin(\theta-\varphi_m)}{l\cos\theta}$。

(2) 几何法：对滑块 B 进行受力分析，如图 5.5(c)所示，其中 $\boldsymbol{F}_R$ 是支撑面对滑块 B 的全约束反力，作力的多边形，如图 5.5(c)所示，若滑块处于向右滑动的临界状态，此时 $F_R=F_{Rmax}$，$P=P_{min}$。由三角关系有

$$P=\frac{F_{BA}\sin(\theta-\varphi_m)}{\sin(90^\circ-\alpha+\varphi_m)}$$

当 $\alpha=\varphi_m$ 时，上式取最小值，最小值为

$$P_{min}=F_{BA}\sin(\theta-\varphi_m)$$

由于 $F_{BA}=F_{AB}=\dfrac{M}{l\cos\theta}$，故

$$P_{min}=\frac{M\cdot\sin(\theta-\varphi_m)}{l\cos\theta}$$

若力 $\boldsymbol{P}$ 较大时，滑块 B 有向左滑动的趋势，摩擦力 $\boldsymbol{F}_s$ 应向右，分析方法与上述相同，保持平衡时 $\boldsymbol{P}$ 力的最大值为 $P_{max}=\dfrac{M\sin(\theta+\varphi_m)}{l\cos\theta}$(请读者自行分析)。

【例 5-2】 将重量为 P 的物块放置在斜面上，斜面倾角 α 大于接触面的静摩擦角 φ_m，如图 5.6(a)所示，已知静摩擦因数为 f_s(其中 $f_s=\tan\varphi_m$)，若加上一水平力 Q 使物块平衡，求力 Q 值的范围。

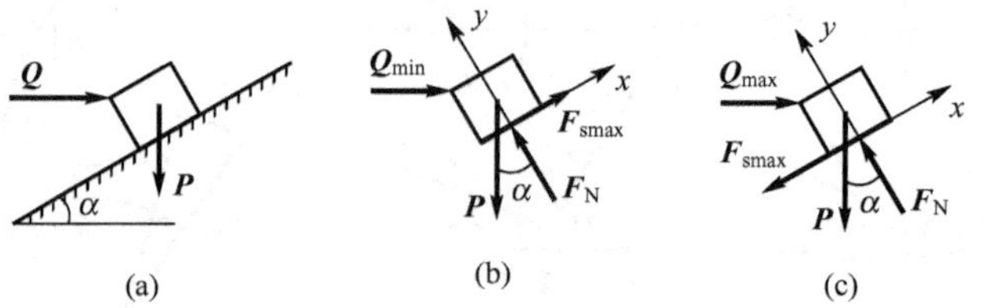

图 5.6 例 5-2 图

解：本题应考虑两种情况：如果 Q 太小，物体将有向下滑动的趋势；如果力 Q 太大，物块将有向上滑动的趋势。

首先求出物体不至于下滑时所需力 Q 的最小值。由于物块处于下滑的临界平衡状态，摩擦力达到最大值，方向沿斜面向上，物块受力分析如图 5.6(b)所示。根据平衡条件可列静力平衡方程：

$$\sum F_x=0 \quad Q_{min}\cos\alpha+F_{smax}-P\sin\alpha=0$$
$$\sum F_y=0 \quad -Q_{min}\sin\alpha+F_N-P\cos\alpha=0$$

临界状态时，最大静滑动摩擦力为 $F_{smax}=f_sF_N$。联立求解，可得物体不至于下滑时所需力 Q 的最小值为

$$Q_{min}=\frac{\sin\alpha-f_s\cos\alpha}{\cos\alpha+f_s\sin\alpha}P=P\tan(\alpha-\varphi_m)$$

再求出使物体不至于上滑时所允许的 Q 的最大值。由于物体处于上滑的临界平衡状态，摩擦力达到最大值，方向沿斜面向下，物块受力分析如图 5.6(c)所示。根据平衡条件可列平衡方程：

$$\sum F_x=0 \quad Q_{max}\cos\alpha-F_{smax}-P\sin\alpha=0$$
$$\sum F_y=0 \quad -Q_{max}\sin\alpha+F_N-P\cos\alpha=0$$

临界状态时，最大静滑动摩擦力为 $F_{smax}=f_sF_N$。联立求解，可得物体不至于上滑时所允许的 Q 的最大值为

$$Q_{max}=\frac{\sin\alpha+f_s\cos\alpha}{\cos\alpha-f_s\sin\alpha}P=P\tan(\alpha+\varphi_m)$$

因此，要维持物体平衡，力 Q 的值必须满足以下条件

$$\frac{\sin\alpha-f_s\cos\alpha}{\cos\alpha+f_s\sin\alpha}P\leqslant Q\leqslant\frac{\sin\alpha+f_s\cos\alpha}{\cos\alpha-f_s\sin\alpha}P$$

讨论：

本题中放置在斜面上的物块具有两种可能滑动趋势，要分别讨论两种情况。首先，分析临界平衡状态时，摩擦力的方向必须与假设的滑动趋势方向相反，而不能随便假定；其次，用平衡条件和临界状态下最大静滑动摩擦力的表达式求解未知量；最后，得到维持平衡时力 Q 的值变化范围。这是应用解析法求解。

本题也可用摩擦角来求解。当 Q 取最小值时，物块有向下滑动的趋势，其受力如图 5.7(a)所示，这时 $\boldsymbol{P}$、$\boldsymbol{Q}_{min}$ 和支撑面的全约束反力 $\boldsymbol{F}_{Rmax}$ 构成三力平衡汇交力系。此时

由于物块处于临界状态，可知支撑面的全约束反力 $\boldsymbol{F}_{Rmax}$ 与斜面法线间的夹角为摩擦角 φ_m。由平衡的几何条件画出力三角形图如图 5.7(a)所示，并由力三角形图可得：$Q_{min}=P\cdot\tan(\alpha-\varphi_m)$；当 $\boldsymbol{Q}$ 取最大值时，物块有向上滑动的趋势，其受力如图 5.7(b)所示，此时 $\boldsymbol{P}$、$\boldsymbol{Q}_{max}$ 和支撑面的全反力 $\boldsymbol{F}_{Rmax}$ 构成三力平衡汇交力系。由平衡的几何条件画出力三角形图，并由力三角形图可得 $Q_{max}=P\cdot\tan(\alpha+\varphi_m)$。将 $\tan(\alpha-\varphi_m)$ 与 $\tan(\alpha+\varphi_m)$ 展开，可得使物块平衡的力 $\boldsymbol{Q}$ 值的范围为 $\dfrac{\sin\alpha-f_s\cos\alpha}{\cos\alpha+f_s\sin\alpha}P\leqslant Q\leqslant\dfrac{\sin\alpha+f_s\cos\alpha}{\cos\alpha-f_s\sin\alpha}P$。计算结果与上述解析法相同。

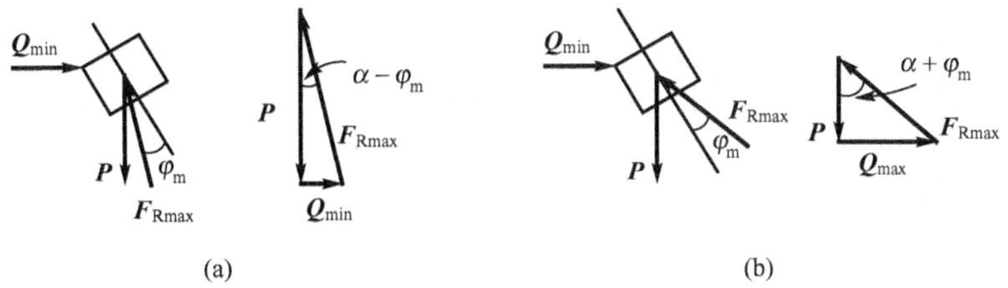

图 5.7 三力平衡汇交力系

值得注意的是，如果已知力 $\boldsymbol{Q}$ 的值在平衡范围 $Q_{min}<Q<Q_{max}$ 之内，虽然物块保持静止，但不处于临界平衡状态，这时摩擦力未达到最大值，其大小不能用 $F_{smax}=f_sF_N$ 来计算，而应将摩擦力作为约束反力，应用静力平衡方程来求解。

【例 5-3】 制动器的构造如图 5.8(a)所示。已知重物重 $W=500\text{N}$，制动轮与制动块间的静摩擦因数 $f_s=0.6$，$R=250\text{mm}$，$r=150\text{mm}$，$a=1000\text{mm}$，$b=300\text{mm}$，$h=100\text{mm}$。求制动鼓轮转动所需的力 $\boldsymbol{F}$ 的大小。

解： 先选取鼓轮为研究对象。鼓轮在重物 $\boldsymbol{W}$ 的作用下有逆时针转动的趋势，由此可判定闸块与鼓轮之间的摩擦力 $\boldsymbol{F}_s$ 向右，其他力如图 5.8(b)所示，它们构成一组平面任意力系。由于不求 O 处的约束反力，故只列出力矩平衡方程

$$\sum M_O(\boldsymbol{F})=0\quad W\cdot r-F_s\cdot R=0$$

再取杆 AB(包括制动块)为研究对象。其受力图如图 5.8(c)所示，它们也构成一组平面任意力系。由于不求 A 处约束反力，故只对 A 点列力矩平衡方程

$$\sum M_A(\boldsymbol{F})=0\quad F'_N\cdot b-F'_s\cdot h-F\cdot a=0$$

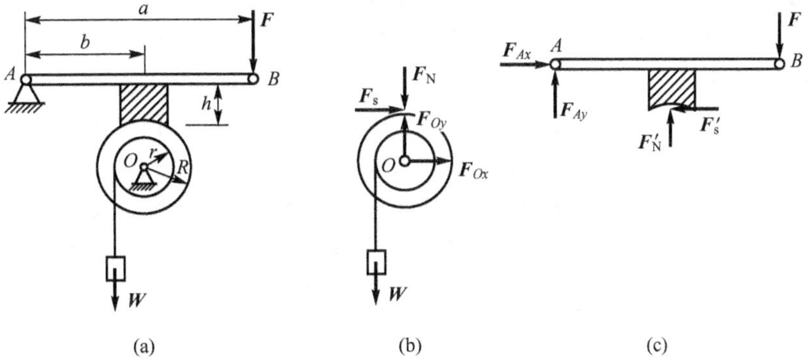

图 5.8 例 5-3 图

注意 $F_N'=F_N$，$F_s'=F_s$，并考虑平衡的临界状态，由静摩擦定律有 $F_s=F_{max}=f_sF_N$，联立求解，可得

$$F=120\text{N}$$

这是制动鼓轮转动所需的力 $\boldsymbol{F}$ 的最小值。

【例 5-4】 均质直杆 AB 如图 5.9(a)所示，重力为 $\boldsymbol{G}$，长为 l，处于水平位置，杆上 D 处有一倾角为 60°的细绳拉住，杆的 A 端与墙面接触压紧。墙面与杆端的摩擦因数 $f_s=0.2$。试验算杆端 A 是否向下滑动？

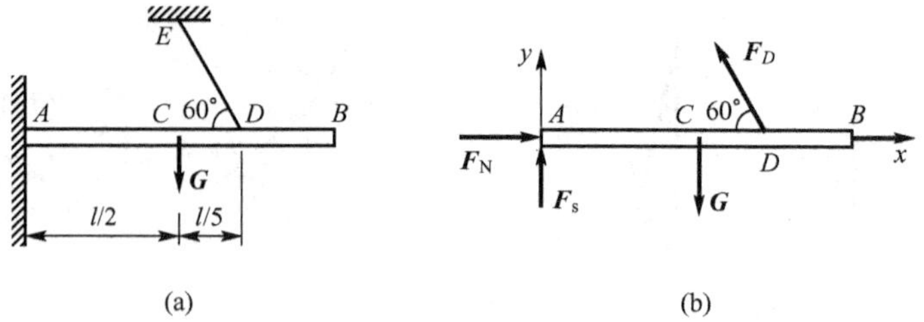

图 5.9 例 5-4 图

解：本题要验算杆端 A 是否向下滑动，要先假设杆 AB 处于静止状态。选杆 AB 为研究对象，对其进行受力分析，如图 5.9(b)所示。由于平衡时杆端 A 相对于墙面并不一定处于滑动的临界状态，此时墙面与杆端 A 接触处的约束反力 $\boldsymbol{F}_N$ 及摩擦力 F_s为两个互不相关、各自独立的未知量。列平衡方程

$$\sum F_x=0 \quad F_N-F_D\cos60°=0$$

$$\sum F_y=0 \quad F_s-G+F_D\sin60°=0$$

$$\sum M_A(\boldsymbol{F})=0 \quad F_D\sin60°\times0.7l-G\times0.5l=0$$

联立求解，可得

$$F_N=0.4124G, \ F_s=0.2857G$$

由于静滑动摩擦力大小取值范围为 $0\leqslant F_s\leqslant F_{smax}$，而 $F_{smax}=F_N\times f_s=0.08248G$，故杆端不可能产生保持静止所需的摩擦力值 $0.2857G$。假设不成立，故 A 端向下滑动。

【例 5-5】 如图 5.10 所示的均质木箱重量 $P=5\text{kN}$，它和地面间的摩擦因数 $f_s=0.4$，图中 $h=2a=2\text{m}$，$\theta=30°$，求：(1)当 B 处的拉力 $F=1\text{kN}$ 时，木箱是否平衡？(2)能保持平衡的最大拉力。

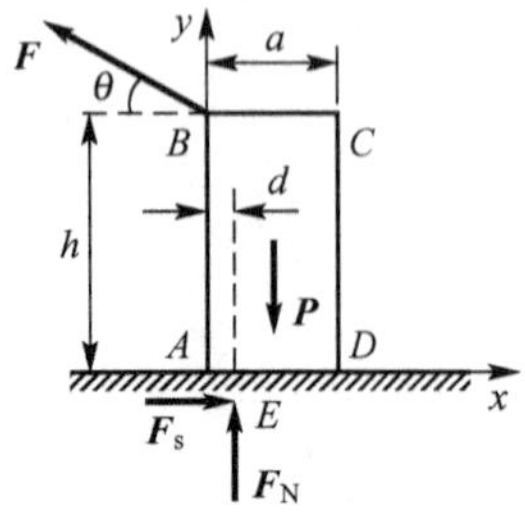

图 5.10 例 5-5 图

解：(1) 木箱在力 $\boldsymbol{F}$ 的作用下有三种可能发生的情况，即木箱处于平衡状态，木箱滑动或翻倒。假设在拉力 $F=1\text{kN}$ 作用下，木箱处于平衡状态。选择木箱为研究对象，其受力分析如图 5.10 所示，此时不妨设地面对木箱法线方向约束反力作用在距离 A 点为 d 的 E 点。列平衡方程

$$\sum F_x=0 \quad F_s-F\cos\theta=0 \tag{a}$$

$$\sum F_y=0 \quad F_N-P+F\sin\theta=0 \tag{b}$$

$$\sum M_A(\boldsymbol{F})=0 \quad F_{\mathrm{N}} \cdot d+F\cos\theta \cdot h-P \cdot \frac{a}{2}=0 \tag{c}$$

其中，$h=2a=2\mathrm{m}$，$\theta=30°$。联立求解，可得

$$F_{\mathrm{s}}=0.866\mathrm{kN}，F_{\mathrm{N}}=4.5\mathrm{kN}，d=0.171\mathrm{m}$$

此时，木箱和地面间的最大摩擦力

$$F_{\mathrm{smax}}=f_{\mathrm{s}} \cdot F_{\mathrm{N}}=1.8\mathrm{kN}$$

可见，$F_{\mathrm{s}}<F_{\mathrm{smax}}$，木箱不会滑动；又 $d>0$，木箱也不至于翻倒。

(2) 为了求保持木箱平衡的最大拉力，可分别求出木箱将滑动时的临界拉力 $\boldsymbol{F}_{滑}$ 和木箱绕 A 点翻倒时的临界拉力 $\boldsymbol{F}_{翻}$。要保证木箱保持平衡，其最大拉力应取 $\boldsymbol{F}_{滑}$ 和 $\boldsymbol{F}_{翻}$ 两个值的较小者。

木箱处于滑动的临界状态下，有

$$F_{\mathrm{s}}=F_{\max}=f_{\mathrm{s}}F_{\mathrm{N}}$$

联合平衡方程(a)、(b)式，有

$$F_{滑}\cos\theta=f_{\mathrm{s}}(P-F_{滑}\sin\theta)$$

解之得到木箱处于滑动的临界状态下的拉力 $\boldsymbol{F}_{滑}$ 大小为

$$F_{滑}=\frac{f_{\mathrm{s}}P}{\cos\theta+f_{\mathrm{s}}\sin\theta}=1.876\mathrm{kN}$$

木箱绕点 A 翻倒时的临界状态下，地面对木箱法线方向约束反力作用点为点 A，即在平衡方程(c)中，令 $d=0$，可得

$$F_{翻}\cos\theta \cdot h-P \cdot \frac{a}{2}=0$$

解之得到木箱绕 A 点翻倒时的临界拉力 $\boldsymbol{F}_{翻}$ 的大小为

$$F_{翻}=\frac{Pa}{2h\cos\theta}=1.443\mathrm{kN}$$

由于 $F_{翻}<F_{滑}$，木箱在力 $\boldsymbol{F}$ 的作用下可能发生翻倒，故木箱能保持平衡最大拉力 $F_{\max}=1.443\mathrm{kN}$。

5.5 滚动摩阻的概念

前面已经介绍了滑动摩擦，对考虑滑动摩擦时物体的平衡问题进行了分析。在人们的日常生活和工程实践中，一物体在另一物体表面上运动除了滑动以外，还经常碰到另一种形式的运动——滚动。例如，人们在搬运笨重设备时，在其下面垫上圆管，圆管相对于地面滚动，这样搬运起来比较省力。在工程实践中，为了提高效率，减轻劳动强度，常利用物体的滚动代替物体的滑动。为什么滚动比滑动省力？滚子在地面上滚动受到什么力的作用呢？这些力有什么特性呢？现以一圆柱体在地面上滚动为例来分析说明。

设一半径为 r 的滚子，静止放置于水平地面上。设滚子的重量为 $\boldsymbol{P}$，在滚子中心作用

一水平力 $\boldsymbol{F}$。当力 $\boldsymbol{F}$ 较小时，滚子可能处于既不滚动，又不滑动的静力平衡状态。对滚子进行受力分析，可知作用于滚子的力除了主动力 $\boldsymbol{P}$ 和 $\boldsymbol{F}$ 之外，还有地面对滚子的约束反力，即法向反力 $\boldsymbol{F}_N$ 和切向反力 $\boldsymbol{F}_s$，其受力图如图 5.11(a)所示。列平衡方程有

$$\sum F_x=0 \quad F-F_s=0$$
$$\sum F_y=0 \quad F_N-P=0$$

解得切向反力和法向反力分别为

$$F_s=F, \ F_N=P$$

法向反力 $\boldsymbol{F}_N$ 和重力 $\boldsymbol{P}$ 相互抵消，但力 $\boldsymbol{F}$ 和力 $\boldsymbol{F}_s$ 刚好形成力偶，该力偶应使滚子向前滚动。但实际上滚子并没有滚动。这说明支撑面对滚子还作用有一个阻碍滚子滚动的力偶，称为滚动摩阻力偶，简称滚动摩阻。

事实上，地面上的滚子和地面的接触不可能是点(或线)接触，地面在滚子重力的作用下必然产生变形而和滚子有一接触面，如图 5.11(b)所示。该接触面的反作用力简化到对称平面上构成一平面任意力系。根据平面任意力系的简化，该力系可简化为一通过点 A 的力 $\boldsymbol{F}_R$ 和一力偶矩 M_f，如图 5.11(c)所示。将力 $\boldsymbol{F}_R$ 分解为法向反力 $\boldsymbol{F}_N$ 和切向反力 $\boldsymbol{F}_s$，得到滚子的受力图如图 5.11(d)所示。$\boldsymbol{M}_f$ 为滚动摩阻。它是由于滚子相对于地面滚动或有滚动趋势时产生的阻碍物体滚动的力偶，其方向与物体滚动或滚动趋势的方向相反。

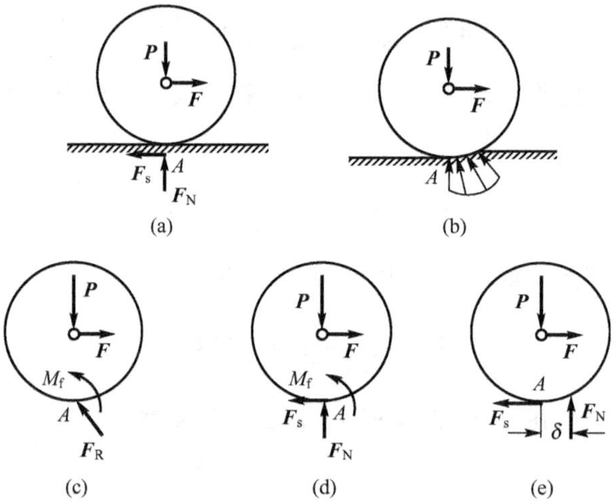

图 5.11　滚动摩阻

与静滑动摩擦力相似，滚动摩阻力偶随主动力 $\boldsymbol{F}$ 的增大而增大，当 $\boldsymbol{F}$ 增大到某一数值时，滚子处于将滚未滚的临界平衡状态。这时滚动摩阻力偶达到最大值，称为最大滚动摩阻力偶，用 M_{fmax} 来表示。

物体平衡时，滚动摩阻力偶矩的大小可在一定的范围内取值，即

$$0 \leqslant M_f \leqslant M_{fmax} \tag{5-6}$$

最大滚动摩阻力偶矩是在极限平衡条件下产生的，其值由滚动摩阻定律确定，即

$$M_{max}=\delta \cdot F_N \tag{5-7}$$

式中，δ 为滚动摩阻系数，其单位为长度单位，一般为 mm 或 cm。滚动摩阻系数只与滚子

和支撑面的硬度和湿度等因素有关，而与滚子的半径无关。滚动摩阻系数 δ 的物理意义为即将滚动时，法向约束反力偏离滚子中心线的最远距离，如图 5.11(e)所示。

小　　结

两个相互接触的物体，发生相对滑动或存在相对滑动趋势时，彼此之间就有阻碍滑动的力存在，此力称为滑动摩擦力，简称摩擦力。摩擦力作用在物体的接触表面处，其方向沿接触面的切线，并和物体相对滑动或相对滑动趋势的方向相反。

静滑动摩擦力是一种约束反力，它随主动力而产生，也随主动力而消失。静滑动摩擦力的大小可在一定的范围内取值，即 $0 \leqslant F_s \leqslant F_{smax}$。具体要确定摩擦力 F_s 的大小，要应用到物体的平衡条件。最大静滑动摩擦力是在极限平衡条件下产生的，它服从静滑动摩擦定律，即 $F_{smax} = f_s F_N$。

动滑动摩擦力服从动滑动摩擦定律，即 $F_d = f F_N$。

全约束反力与法线间的最大夹角 φ_m 称为摩擦角。摩擦角可表示为 $\varphi_m = \arctan f_s$。当物块处于平衡时，全约束反力与法向反力的夹角 φ 也总是小于或等于摩擦角 φ_m，即 $0 \leqslant \varphi \leqslant \varphi_m$。当主动力不断地改变方向时，全约束反力 F_{Rmax} 的作用线将画出一个以接触点为顶点的锥面，该锥面称为摩擦锥。

当主动力的合力与法线之间的夹角 θ 小于摩擦角 φ_m，即主动力的合力作用线在摩擦锥之内，则不论主动力有多大，物体总能依靠摩擦而保持平衡，这种现象称为自锁现象。应用自锁的概念，可用几何法求解考虑摩擦的平衡问题。

滚子相对于地面滚动或有滚动趋势时产生的阻碍物体滚动的力偶，称为滚动摩阻力偶，用 M_f 表示。滚动摩阻力偶的方向与物体滚动或滚动趋势的方向相反。滚子处于临界平衡状态时的滚动摩阻力偶，称为最大滚动摩阻力偶，用 M_{fmax} 表示。其值由滚动摩阻定律确定，即 $M_{max} = \delta \cdot F_N$。式中，$\delta$ 称为滚动摩阻系数，其单位为长度单位，一般为 mm 或 cm。物体平衡时，滚动摩阻力偶矩的大小可在一定的范围内取值，即 $0 \leqslant M_f \leqslant M_{fmax}$。

习　　题

一、是非题(正确的在括号内打“√”，错误的打“×”)

1. 静滑动摩擦力与最大静滑动摩擦力是相等的。（　　）
2. 最大静摩擦力的方向总是与相对滑动趋势的方向相反。（　　）
3. 摩擦定律中的正压力(即法向约束反力)是指接触面处物体的重力。（　　）
4. 当物体静止在支撑面上时，支撑面全约束反力与法线间的偏角不小于摩擦角。（　　）
5. 斜面自锁的条件是斜面的倾角小于斜面间的摩擦角。（　　）

二、填空题

1. 当物体处于平衡状态时，静滑动摩擦力增大是有一定限度的，它只能在________范围内变化，而动摩擦力应该是________。

2. 静滑动摩擦力等于最大静滑动摩擦力时物体的平衡状态，称为________。

3. 对于作用于物体上的主动力，若其合力的作用线在摩擦角以内，则不论这个力有多大，物体一定保持平衡，这种现象称为________。

4. 当摩擦力达到最大值时，支撑面全约束反力与法线间的夹角为________。

5. 重量为$\boldsymbol{G}$的均质细杆AB，与墙面的摩擦因数为$f=0.6$，如图5.12所示，则摩擦力为________。

6. 物块B重$\boldsymbol{P}=2\text{kN}$，物块$A$重$\boldsymbol{Q}=5\text{kN}$，在$B$上作用一水平力$\boldsymbol{F}$，如图5.13所示。当系$A$之绳与水平面夹角$\theta=30°$时，$B$与水平面间的静滑动摩擦因数$f_{s1}=0.2$，物块$A$与$B$之间的静滑动摩擦因数$f_{s2}=0.25$，要将物块$B$拉出时所需水平力$\boldsymbol{F}$的最小值为________。

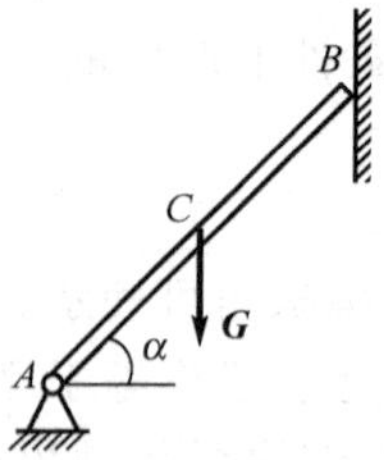

图5.12 题二(5)图

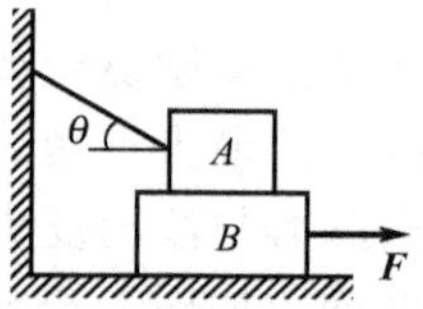

图5.13 题二(6)图

三、选择题

1. 如图5.14所示，重量为$\boldsymbol{P}$的物块静止在倾角为α的斜面上，已知摩擦因数为f_s，F_s为摩擦力，则F_s的表达式为(　　)；临界时，F_s的表达式为(　　)。

A. $F_s=f_sP\cos\alpha$　　B. $F_s=P\sin\alpha$

C. $F_s>f_sP\cos\alpha$　　D. $F_s>P\sin\alpha$

2. 重量为$\boldsymbol{G}$的物块放置在粗糙的水平面上，物块与水平面间的静摩擦因数为f_s，今在物块上作用水平推力$\boldsymbol{P}$后物块仍处于静止状态，如图5.15所示，那么水平面的全约束反力大小为(　　)。

A. $F_R=f_sG$　　B. $F_R=\sqrt{P^2+(f_sG)^2}$

C. $F_R=\sqrt{G^2+P^2}$　　D. $F_R=\sqrt{G^2+(f_sP)^2}$

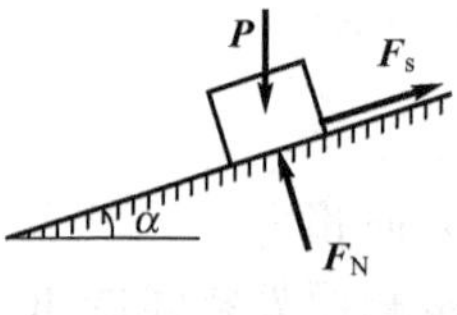

图5.14 题三(1)图

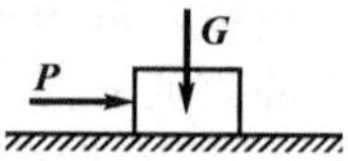

图5.15 题三(2)图

3. 重量为$\boldsymbol{P}$、半径为R的圆轮，放在水平面上，如图5.16所示，轮与地面间的滑动摩擦因数为f_s，滚动摩阻系数为δ，圆轮在水平力$\boldsymbol{F}$的作用下平衡，则接触处的摩擦力F_s和滚动摩阻力偶矩M_f的大小分别为(　　)。

A. $F_s=f_sP$，$M_f=\delta P$　　B. $F_s=f_sP$，$M_f=RF$

C. $F_s=F$，$M_f=RF$　　D. $F_s=F$，$M_f=\delta P$

4. 重量分别为$\boldsymbol{P}_A$和$\boldsymbol{P}_B$的物体重叠地放置在粗糙的水平面上，水平力$\boldsymbol{F}$作用于物体A上，如图5.17所示。设A、B间的摩擦力最大值为$F_{A\max}$，B与水平面间的摩擦力的最大值为$F_{B\max}$，若A、B能各自保持平衡，则各力之间的关系为(　　)。

A. $F>F_{A\max}>F_{B\max}$　　B. $F<F_{A\max}<F_{B\max}$

C. $F_{B\max}<F<F_{A\max}$　　D. $F_{A\max}<F<F_{B\max}$

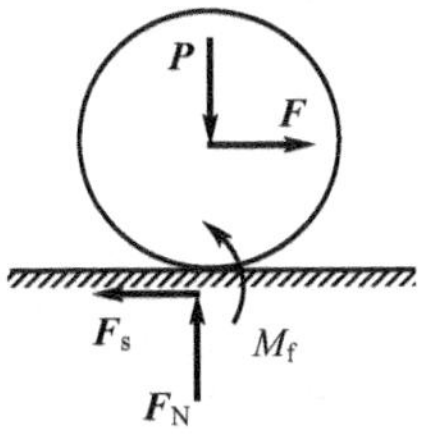

图5.16　题三(3)图

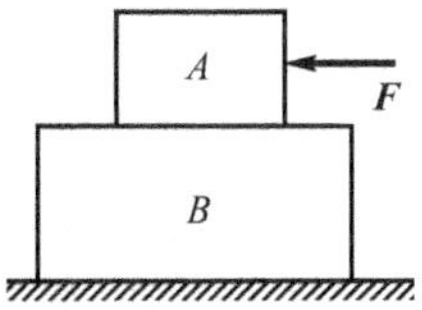

图5.17　题三(4)图

5. 当物体处于临界平衡状态时，静摩擦力F_s的大小(　　)。

A. 与物体的重量成正比

B. 与物体的重力在支撑面的法线方向的大小成正比

C. 与相互接触物体之间的正压力大小成正比

D. 由力系的平衡方程来确定

6. 已知物块A重100kN，物块B重25kN，物块A与地面间的滑动摩擦因数为0.2，滑轮处摩擦不计，如图5.18所示，则物体A与地面间的摩擦力的大小为(　　)。

A. 16kN　　B. 15kN　　C. 20kN　　D. 5kN

7. 如图5.19所示为一方桌的对称平面，水平拉力$\boldsymbol{P}$和桌子重$\boldsymbol{W}$都作用在对称平面内，桌腿A、B与地面之间的静滑动摩擦因数为f_s。若在对称平面内研究桌子所受的滑动摩擦力。以下四种情况中说法正确的是(　　)。

A. 当$P=f_sW$时，滑动摩擦力为$F_{A\max}=F_{B\max}=f_sW/2$

B. 当$P=f_sW$时，滑动摩擦力$F_{A\max}<F_{B\max}>f_sW/2$

C. 当$P<f_sW$时，滑动摩擦力$F_A=F_B=f_sW/2$

D. 当$P>f_sW$时，滑动摩擦力$F_A+F_B=f_sW$

8. 如图5.20所示木梯重量为$\boldsymbol{P}$，B端靠在铅垂墙上，A端放在水平地面上，若地面为绝对光滑，木梯与墙之间有摩擦，其摩擦因数为f_s，梯子与地面的夹角为α。以下四种条件的说法中正确的是(　　)。

A. 当$\alpha<\arctan f_s$时，杆能平衡　　B. 当$\alpha=\arctan f_s$时，杆能平衡

C. 只有当$\alpha<\arctan f_s$时，杆不平衡　　D. 在$0°<\alpha<90°$时，杆都不平衡

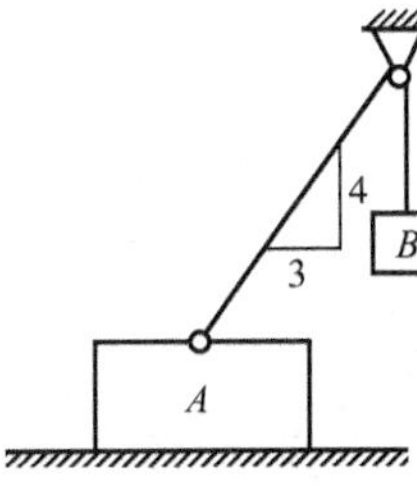

图5.18　题三(6)图

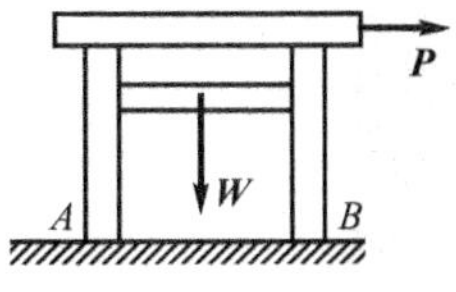

图5.19　题三(7)图

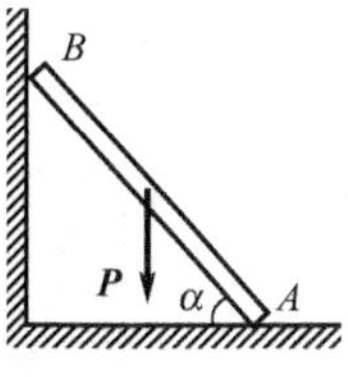

图5.20　题三(8)图

四、计算题

1. 如图 5.21 所示，重量为 $\boldsymbol{G}$ 的物块，放在粗糙的水平面上，接触面之间的摩擦因数为 f_s。试求拉动物块所需力 $\boldsymbol{F}$ 的最小值及此时的角 α。

2. 重量为 $\boldsymbol{P}$ 的物体放在倾角为 α 的斜面上，物体与斜面之间的摩擦角为 φ_m，如图 5.22 所示。如在物块上作用力 $\boldsymbol{F}$，此力与斜面的夹角为 θ。求拉动物块时的 $\boldsymbol{F}$ 值，并问当角 θ 为何值时，此力为最小。

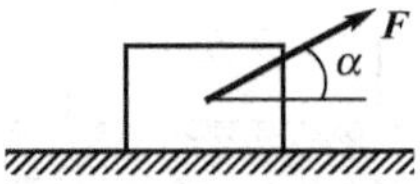

图 5.21　题四(1)图

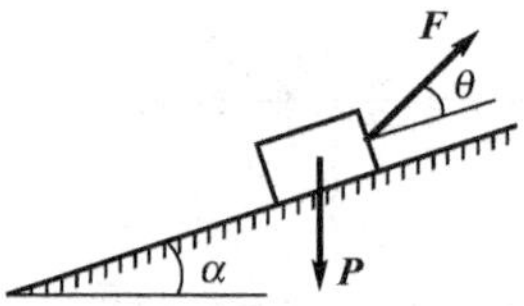

图 5.22　题四(2)图

3. 重力为 500N 的物体 A 置于重力为 400N 的物体 B 上，B 又置于水平面 C 上，如图 5.23 所示。已知 A、B 之间的摩擦因数 $f_{AB}=0.3$，B 与水平面之间的摩擦因数 $f_{BC}=0.2$，今在 A 上作用一与水平面成 $\alpha=30°$ 的力 $\boldsymbol{F}$，问：(1) 当力 $\boldsymbol{F}$ 逐渐加大时，是 A 先滑动呢，还是 AB 一起滑动？(2) 如果 B 物体重力为 200N，情况又如何？

4. 如图 5.24 所示的梯子长 $AB=l$，重 $P=100\text{N}$，靠在光滑的墙上并和水平地面成 75°角。已知梯子和地面之间的静滑动摩擦因数为 $f_s=0.4$，问重 $Q=700\text{N}$ 的人能否爬到梯子顶端而不致使梯子滑倒？并求地面对梯子的摩擦力。假定梯子的重心在其中点 C。

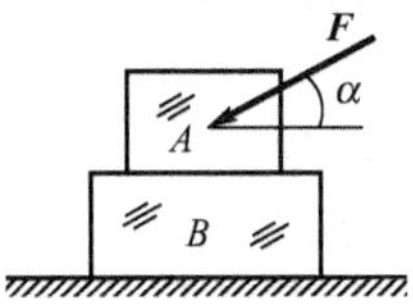

图 5.23　题四(3)图

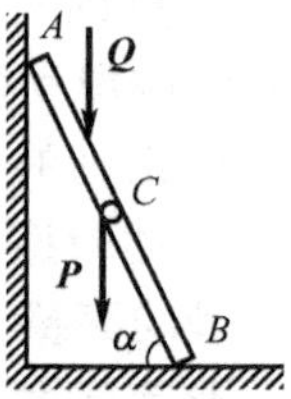

图 5.24　题四(4)图

5. 欲转动一放在 V 形槽中的钢棒料，如图 5.25 所示，需作用力矩 $M=15\text{N}\cdot\text{m}$ 的力偶，已知棒料重 $W=400\text{N}$，直径 $D=25\text{cm}$，试求棒料与槽间的摩擦因数 f。

6. 如图 5.26 所示半圆柱体重力为 $\boldsymbol{P}$，重心 C 到圆心 O 点的距离 $a=\dfrac{4R}{3\pi}$，其中 R 为圆柱体半径。如半圆柱体和水平面间的摩擦因数为 f，求半圆柱体被拉动时所偏过的角度。

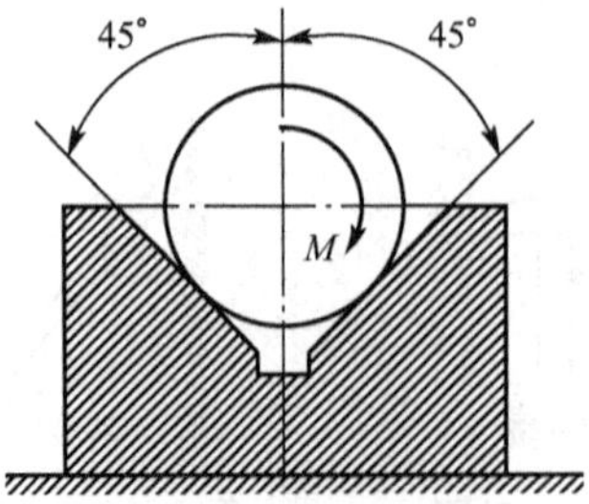

图 5.25　题四(5)图

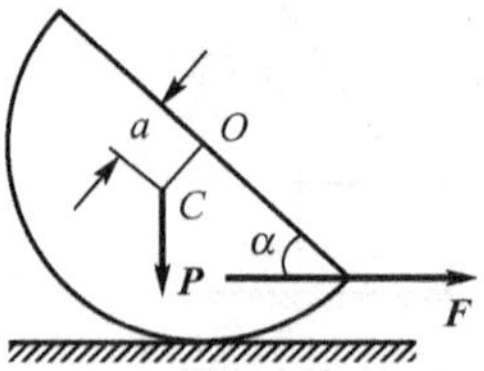

图 5.26　题四(6)图

7. 同一物块在如图 5.27 所示的两种受力情况下，均保持物体不下滑时力 $\boldsymbol{F}_1$ 和 $\boldsymbol{F}_2$ 是否相同？为什么？设物块重为 $\boldsymbol{Q}$，与铅垂面间的摩擦因数为 f_s。

8. 如图 5.28 所示系统中，已知物体 $ABCD$ 重 $\boldsymbol{P}=50\text{kN}$，与斜面间的摩擦因数为 $f=0.4$，斜面倾角 $\alpha=30°$，$AB=CD=10\text{cm}$，$AD=BC=50\text{cm}$，绳索 AE 段水平，试求能使系统平衡时物体 M 重量 $\boldsymbol{Q}$ 的最小值。

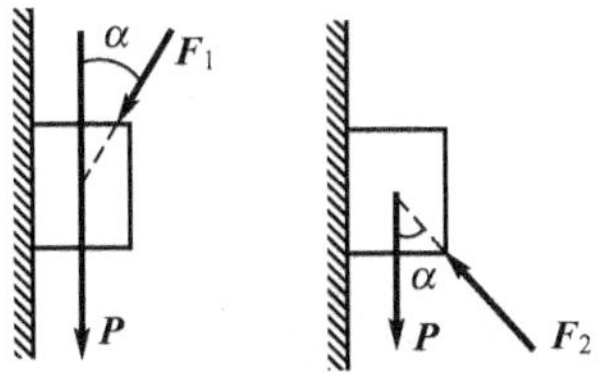

图 5.27 题四(7)图

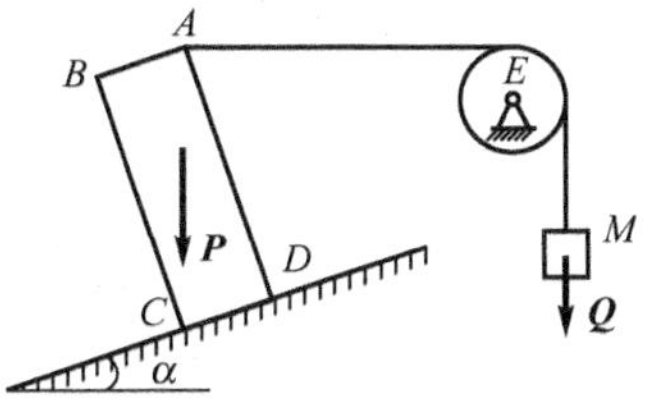

图 5.28 题四(8)图

9. 如图 5.29 所示，圆柱体 A 与方块 B 均重 $\boldsymbol{W}=100\text{N}$，置于与水平面成 30°的斜面上，若所有接触处的滑动摩擦角均为 35°，求保持物体平衡所需要的 $\boldsymbol{P}$ 的最小值。

10. 如图 5.30 所示的均质杆 AB 和 BC 重均为 $\boldsymbol{W}$，长均为 L，A、B 为铰链连接，C 端靠在粗糙的墙上，设静摩擦因数为 $f=0.35$，求系统平衡时 θ 角的范围。

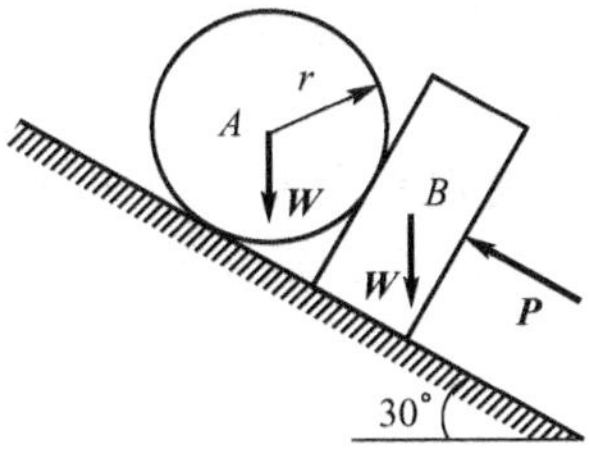

图 5.29 题四(9)图

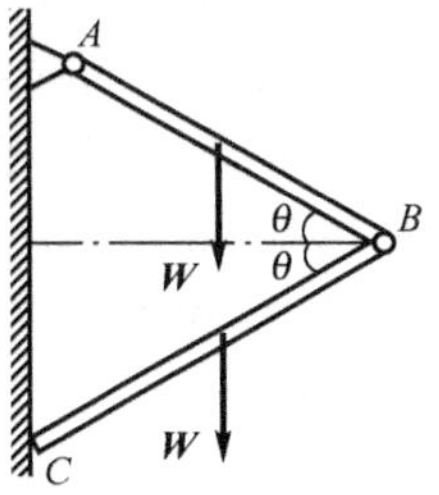

图 5.30 题四(10)图

11. 如图 5.31 所示托架，安装在直径 $d=30\text{cm}$ 的水泥柱子上，托架与柱子之间的静摩擦因数 $f_s=0.25$，且 $h=60\text{cm}$，问作用于托架上的荷载 $\boldsymbol{P}$ 距圆柱中心线应为多远时才不致使托架下滑？托架自重不计。

12. 如图 5.32 所示圆柱 O 重量为 $\boldsymbol{Q}$，半径为 R，夹放在用铰链连接的两板 AC、BC 之间，若圆柱与板之间的摩擦因数为 f_s，试求圆柱平衡时力 $\boldsymbol{P}$ 的大小。设 $AC=L$，$\angle ACB=2\alpha$。

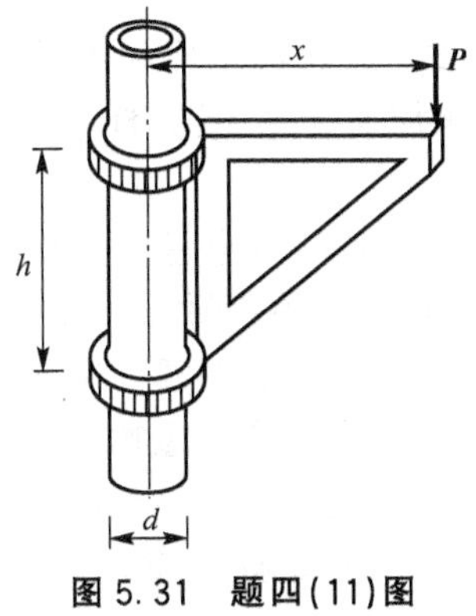

图 5.31 题四(11)图

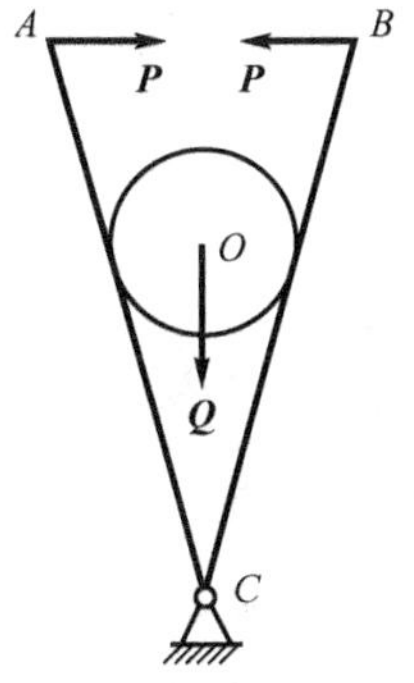

图 5.32 题四(12)图

13. 如图5.33所示，均质杆 AB 重 $W_1=75\text{N}$，木块 C 重 $W_2=200\text{N}$，杆与木块间的静摩擦因数 $f_1=0.5$，木块与水平面间的静摩擦因数 $f_2=0.6$，求拉动木块的水平力 $\boldsymbol{P}$ 的最小值。

14. 如图5.34所示，两无重杆在 B 处用套筒式无重滑块连接，在杆 AD 上作用一力偶 M_A，其力偶矩 $M_A=40\text{N}\cdot\text{m}$，在图示瞬时 $AB=AC$。滑块和杆 AD 间的摩擦因数 $f_s=0.3$，求保持系统平衡时力偶矩 M_C 的范围。

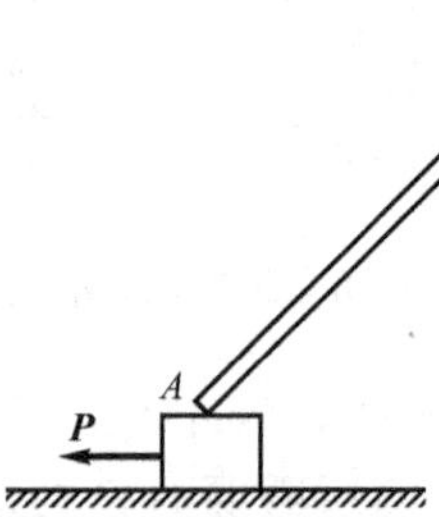

图5.33　题四(13)图

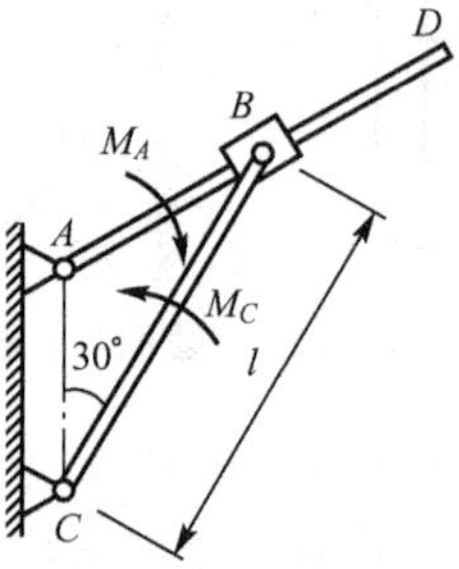

图5.34　题四(14)图

15. 如图5.35所示，砖夹由曲杆 AOB 和 OCD 在点 O 铰接而成。工作时在点 H 加力 $\boldsymbol{P}$，点 H 在 AD 的中心线上。若砖夹与砖块之间的摩擦因数 $f_s=0.5$，不计各杆自重，问距离 b 为多大时才能将砖块夹起？图中长度单位为cm。

16. 楔形夹具如图5.36所示。A 块顶角为 α，受水平向左的力 $\boldsymbol{P}$ 作用，B 块受垂直向下的力 $\boldsymbol{Q}$ 作用。A 块与 B 块之间的静滑动摩擦因数为 f_s，如不计 A、B 的重量，试求能保持平衡的力 $\boldsymbol{P}$ 的范围。

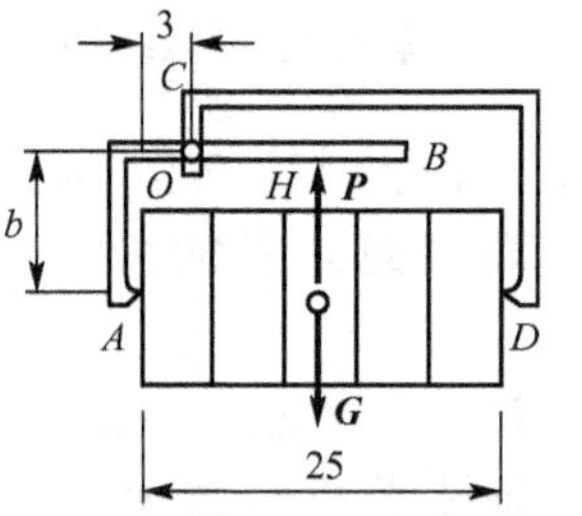

图5.35　题四(15)图

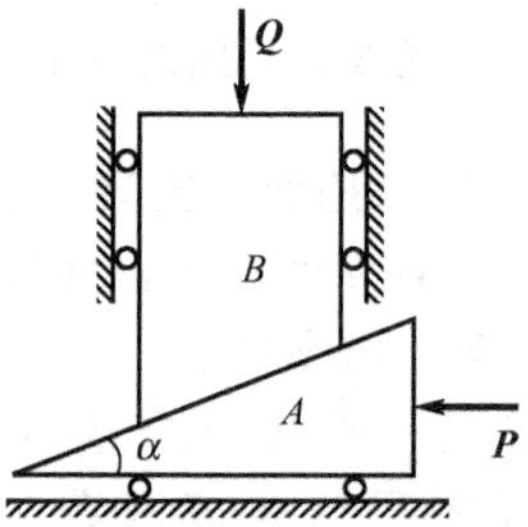

图5.36　题四(16)图

17. 如图5.37所示，均质杆 AB 长 $2b$，重量为 $\boldsymbol{P}$，放在水平面和半径为 r 的固定圆柱上。设各处摩擦因数都是 f_s，试求杆处于平衡时 φ 的最大值。

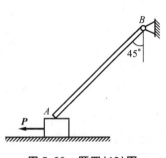

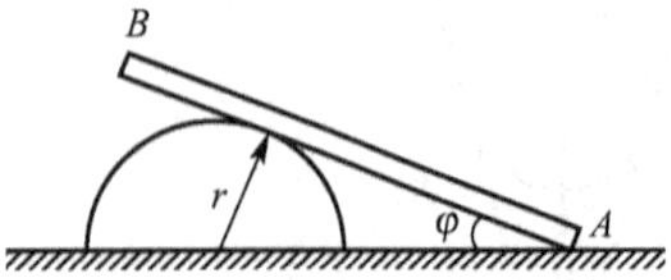

图5.37　题四(17)图

18. 如图5.38所示鼓轮 B 重量为500N，放在墙角里。已知鼓轮与水平地板间的摩擦因数 $f_s=0.25$，而铅直墙壁则假定是绝对光滑的。鼓轮上的绳索下端挂着重物。设半径 $R=200\text{mm}$，$r=100\text{mm}$，求平衡时重物 A 的最大重量。

19. 一个起重用的夹具由 ABC 和 DEF 两个相同的弯杆组成，并由杆 BE 连接，B 和 E 都是铰链，尺寸如图5.39所示。不计夹具自重，试问要能提起重量为 $\boldsymbol{G}$ 的重物，夹具与重物接触面处的摩擦因数 f_s应为多大?

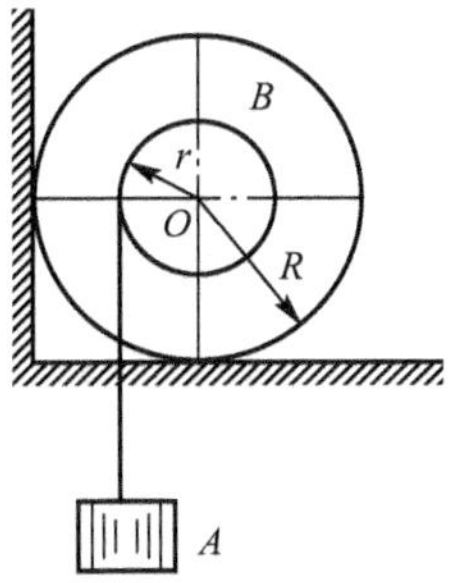

图 5.38 题四(18)图

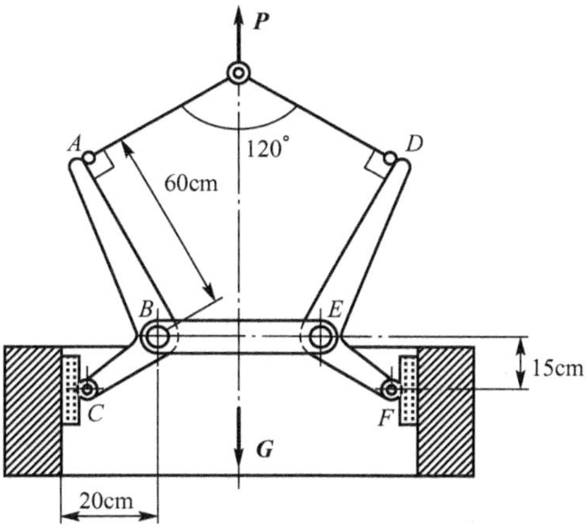

图 5.39 题四(19)图

20. 轧压机由两轮构成，两轮的直径均为 $d=500$mm，轮间的间隙为 $a=5$mm，两轮反向转动，转动方向如图 5.40 所示。已知烧红的铁板与铸铁轮之间的摩擦因数为 $f_s=0.1$，问能轧压的铁板的厚度 b 是多少?

提示：要使机器正常工作，铁板必须被两轮带动，即作用在铁板 A、B 处的法向反力和摩擦力的合力必须水平向右。

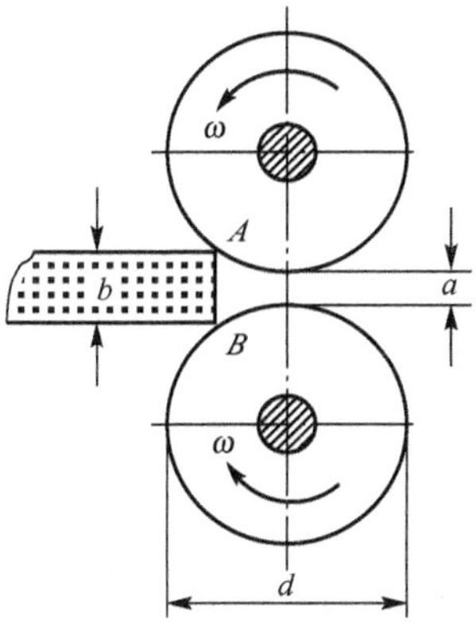

图 5.40 题四(20)图

第二篇

运动学部分

第6章 运动学基础

本章教学要点

知识要点	掌握程度	相关知识
点的简单运动	掌握描述点的运动的三种方法	点的运动方程、速度和加速度
刚体平动	掌握刚体平动的运动特征	刚体平动可简化为刚体内任一点运动
刚体定轴转动	掌握刚体绕定轴转动的运动特征	求解刚体转动方程、角速度、角加速度

导入案例

运动学主要研究点和刚体的运动规律。点是指没有大小和质量、在空间占据一定位置的几何点。例如，要研究天空中飞行的炮弹、太空中飞行的飞船的运动，则炮弹和飞船都可以视为运动的点。刚体是没有质量、不变形、但有一定形状、占据空间一定位置的形体。例如，我们要研究在水平路面上作纯滚动的车轮、曲柄滑块机构的曲柄和连杆的运动，则车轮、曲柄和连杆则可视为运动的刚体。因此，运动学包括点的运动学和刚体运动学两部分。掌握了这两类运动，才可能进一步研究变形体的运动。把点的简单运动和刚体的基本运动两部分结合起来，共同构成整个运动学的基础。下面所示的飞机在天空中飞行，轮船在海洋中航行均可视为点的运动；转动的摩天轮、带轮可视为刚体的定轴转动；机床刀架在床身上运动和四连杆变形履带式机器人中连杆的运动则均可视为刚体的平动。

飞机在天空中飞行

轮船在海洋中航行

转动的摩天轮

带轮传动

机床刀架在床身上平动

四连杆变形履带式机器人

6.1 运动学的基本概念

静力学研究物体在力系作用下的平衡条件。如果作用在物体上的力系不满足平衡条件，物体就不能保持平衡而要改变其原有的运动状态。因此，研究了物体平衡规律以后，需要进一步研究物体运动状态变化的规律。物体的运动规律不仅与物体的受力情况有关，还与物体的惯性和原来的运动状态有关，所以物体的运动规律较之平衡规律复杂得多。考虑这种复杂性和一般学习上的循序渐进性，一般把对物体运动规律的研究分成两部分，即运动学和动力学。运动学只从几何角度来研究物体的运动(如轨迹、速度和加速度等)，而不研究引起物体运动的物理原因(如力、质量等)。至于物体运动与力、惯性等物理因素的关系将在动力学中研究。因此，运动学是研究物体运动的几何性质的学科。

运动学发展的初期，从属于动力学，随着动力学而发展。古代，人们通过对地面物体和天体运动的观察，逐渐形成了物体在空间中位置的变化和时间的概念。中国战国时期在《墨经》中已有关于运动和时间先后的描述。亚里士多德在《物理学》中讨论了落体运动和圆运动，已有了速度的概念。伽利略发现了等加速直线运动中，距离与时间的二次方成正比的规律，建立了加速度的概念，奠定了点的运动学基础。在此基础上，惠更斯在对摆的运动和牛顿在对天体运动的研究中，各自独立地提出了离心力的概念，从而发现了向心加速度与速度的二次方成正比、同半径成反比的规律。

18 世纪后期，由于天文学、造船业和机械业的发展和需要，欧拉用几何方法系统地研究了刚体的定轴转动和刚体的定点运动问题，提出了后人用他的姓氏命名的欧拉角的概念，建立了欧拉运动学方程和刚体有限转动位移定理，并由此得到刚体瞬时转动轴和瞬时角速度矢量的概念，深刻地揭示了这种复杂运动形式的基本运动特征。所以欧拉可称为刚体运动学的奠基人。此后，拉格朗日和汉密尔顿分别引入了广义坐标、广义速度和广义动量，为在多维位形空间和相空间中用几何方法描述多自由度质点系统的运动开辟了新的途径，促进了分析动力学的发展。

19 世纪末以来，为了适应不同生产需要、完成不同动作的各种机器相继出现并被广泛使用，机构学应运而生。机构学的任务是分析机构的运动规律，根据需要实现的运动设计新的机构和进行机构的综合。现代仪器和自动化技术的发展又促进机构学的进一步发展，提出了各种平面和空间机构运动分析和综合的问题，作为机构学的理论基础，运动学已逐渐脱离动力学而成为经典力学中一个独立的分支。

学习运动学的目的，一方面是为以后学习动力学知识打下必要的基础，另一方面又有独立的意义，即为分析机构的运动打好基础。

从研究对象来看，运动学内容一般可分为点的运动学和刚体运动学。点的运动学将研究对象视为点，这里所说的点是指其形状、大小可忽略而只在空间占有确定位置的几何点。例如，分析空中飞行的飞机的运动轨迹，整个飞机运动可简化为点的运动。刚体运动学的研究对象是刚体，即大小形状在整个运动过程中保持不变的几何体。由于刚体可视为无穷多个点的组合，因此，点的运动学既有其单独的应用，又可作为刚体运动学的基础。

从研究的方法来看，要研究一个物体的运动规律，必须选择另一个物体作为参考。这个用作参考的物体称为参考体。如果选用的参考体不同，物体的运动规律也不同。因此，在力学中，描述物体的运动首先要指明参考体。与参考体固连的坐标系称为参考坐标系或参考系。一般工程问题中，都取与地球固连的坐标系为参考系。本书中如不特别说明，参考系总是固连于地球。

6.2 点的运动学

点的运动学主要讨论动点在空间的位置随时间变化的规律，包括点的运动方程、运动轨迹、速度和加速度等。

对点的运动状态的描述通常采用三种方法：矢量法、直角坐标法和自然法。虽然这三种方法的表达形式都可以反映点的运动状态，但它们通常用于不同的场合，对此我们在学习时要特别加以领会。

6.2.1 点的运动矢量表示法

1. 点的运动方程

设动点 M 在空间做曲线运动，在参考坐标系上任取某确定的点 O 为坐标原点，则动点的位置可用原点至动点的矢径 $\boldsymbol{r}$ 表示，如图 6.1 所示。当动点 M 运动时，矢径 $\boldsymbol{r}$ 的大小和方向一般也随时间而改变，并且是时间的单值连续函数，即

$$\boldsymbol{r}=\boldsymbol{r}(t) \tag{6-1}$$

式(6-1)称为用矢量表示的点的运动方程。动点 M 在运动过程中，其矢径 $\boldsymbol{r}$ 的末端在空间描绘出的曲线，称为动点 M 的运动轨迹，又称矢径 $\boldsymbol{r}$ 的矢端曲线。

2. 点的运动速度

点的速度可用矢量表示，设动点在 t 时刻的位置为 M 点，经过 Δt 后，即在 $t+\Delta t$ 时刻的位置为 M'，如图 6.2 所示。动点在 Δt 时间内发生的位移为

$$\Delta\boldsymbol{r}=\boldsymbol{r}(t+\Delta t)-\boldsymbol{r}(t)$$

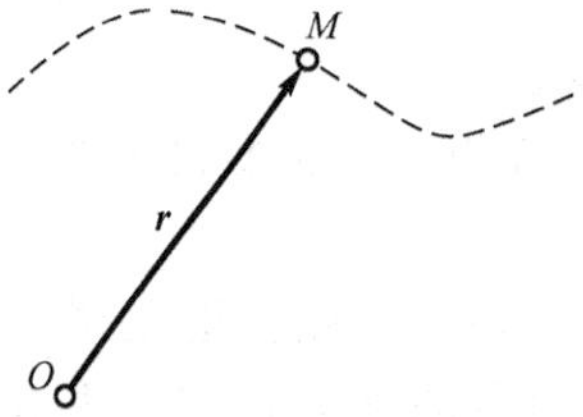

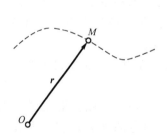

图 6.1 点的运动

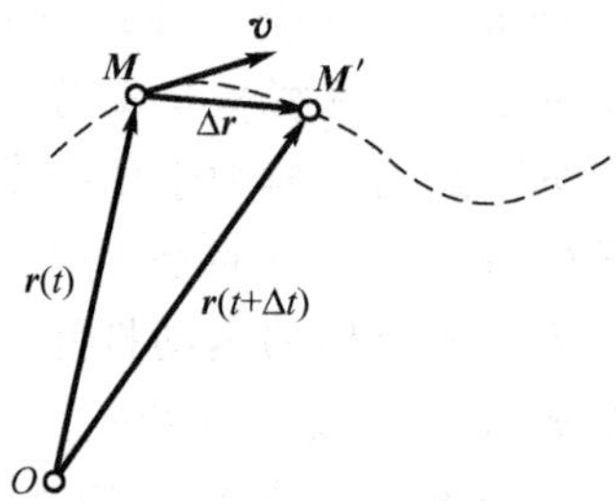

图 6.2 点的运动速度

动点在 Δt 时间内的平均速度可表示为

$$\boldsymbol{v}^*=\frac{\Delta\boldsymbol{r}}{\Delta t}$$

由数学的极限概念可知，动点在 t 时刻的瞬时速度可对上式取极限，即

$$\boldsymbol{v}=\lim_{\Delta t\to 0}\boldsymbol{v}^*=\lim_{\Delta t\to 0}\frac{\Delta\boldsymbol{r}}{\Delta t}=\frac{\mathrm{d}\boldsymbol{r}}{\mathrm{d}t} \tag{6-2}$$

即动点的速度等于它的矢径对时间的一阶导数。它是一个矢量，其方向沿动点的矢端曲线(即动点轨迹)的切线，并与动点运动的方向一致。速度的大小表示动点运动的快慢，而方

向表示动点沿曲线运动的方向。在国际单位制中，速度的单位为 m/s。

3. 点的运动加速度

点的加速度也可以用一个矢量表示，表示速度随时间变化的快慢程度。例如，在空间任取一点 O，把动点在不同瞬时的速度矢量 $\boldsymbol{v}$、$\boldsymbol{v}'$、$\boldsymbol{v}''$……都平行地移到点 O，连接各矢量的端点 N、N'、N''……所得到的曲线称为速度矢端曲线，如图 6.3(a)所示。动点的加速度矢 $\boldsymbol{a}$ 的方向与速度矢端曲线在相应点 N 的切线相平行，如图 6.3(b)所示。

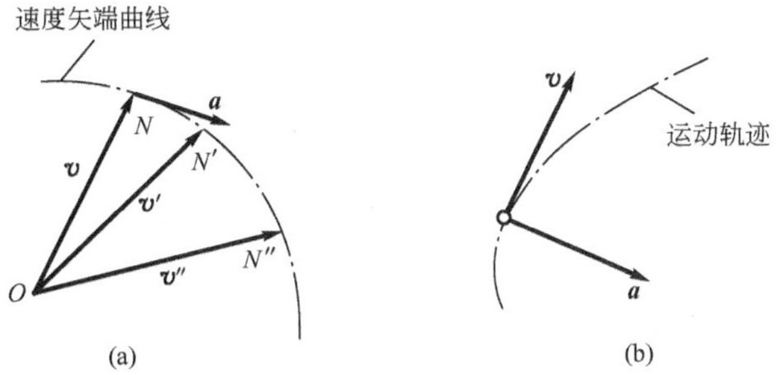

图 6.3 点的运动加速度

设动点在 t 时刻的速度为 $\boldsymbol{v}$，经过 Δt 后，即在 $t+\Delta t$ 时刻的速度为 $\boldsymbol{v}'$。动点在 Δt 时间内速度的改变为 $\Delta\boldsymbol{v}=\boldsymbol{v}'-\boldsymbol{v}$。则在 Δt 时间内的平均加速度 $\boldsymbol{a}^*$ 可表示为

$$\boldsymbol{a}^*=\frac{\Delta\boldsymbol{v}}{\Delta t}$$

同样，由数学的极限概念可知，在 t 时刻动点的加速度可表示为

$$\boldsymbol{a}=\lim_{\Delta t\to 0}\boldsymbol{a}^*=\lim_{\Delta t\to 0}\frac{\Delta\boldsymbol{v}}{\Delta t}=\frac{\mathrm{d}\boldsymbol{v}}{\mathrm{d}t}=\frac{\mathrm{d}^2\boldsymbol{r}}{\mathrm{d}t^2} \tag{6-3}$$

即动点的加速度等于它的速度 $\boldsymbol{v}$ 对时间的一阶导数，也等于矢径 $\boldsymbol{r}$ 对时间的二阶导数。它是一个矢量，其方向沿速度矢端曲线的切线方向，并指向速度矢端运动的方向。在国际单位制中，加速度的单位为 $\mathrm{m/s^2}$。

6.2.2 点的运动直角坐标表示法

1. 点的运动方程

设动点 M 在空间做曲线运动，过固定点 O 作如图 6.4 所示的直角坐标系 $Oxyz$，则动点在 t 时刻的位置 M 不但可用它相对于固定点 O 的矢径 $\boldsymbol{r}$ 来表示，也可用它的三个直角坐标 x、y、z 来表示，如图 6.4 所示。

由于矢径的原点和直角坐标的原点重合，故有

$$\boldsymbol{r}=x\boldsymbol{i}+y\boldsymbol{j}+z\boldsymbol{k} \tag{6-4}$$

式中，$\boldsymbol{i}$，$\boldsymbol{j}$，$\boldsymbol{k}$ 分别为沿三个直角坐标轴 x、y、z 的单位矢量。当点 M 运动时，这些坐标一般可表示为时间 t 的单值连续函数，即

$$x=f_1(t),\ y=f_2(t),\ z=f_3(t) \tag{6-5}$$

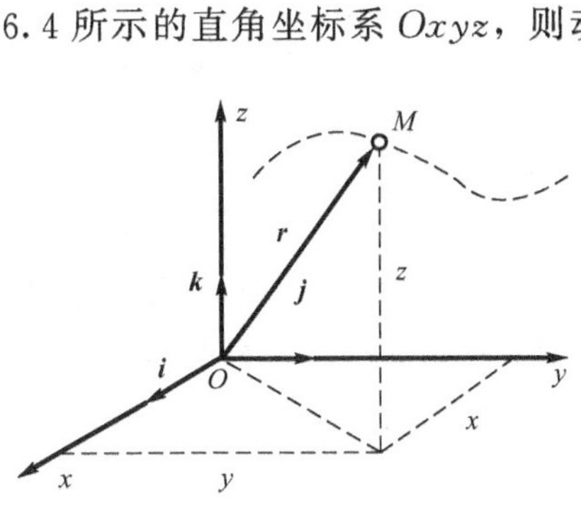

图 6.4 点的运动直角坐标表示法

式(6-5)称为以直角坐标表示点的运动方程。若已知 $f_1(t)$、$f_2(t)$和 $f_3(t)$，则动点每一瞬时在空间的位置可以完全确定。从形式上可以看出，式(6-5)也是动点轨迹的参数方程，动点的轨迹可通过消去时间参数 t 而直接得到。

在工程实际中，经常遇到点在某平面内运动的情形，此时点的轨迹为一平面曲线。取轨迹所在的平面为坐标面 Oxy，此时点的运动方程可简化为

$$x=f_1(t),\quad y=f_2(t) \tag{6-6}$$

从式(6-6)中消去时间 t，可得轨迹方程为

$$f(x,\ y)=0 \tag{6-7}$$

2. 点的运动速度

点的运动速度如可用直角坐标表示。将式(6-4)代入式(6-2)，可得

$$\boldsymbol{v}=\frac{\mathrm{d}\boldsymbol{r}}{\mathrm{d}t}=\frac{\mathrm{d}}{\mathrm{d}t}(x\boldsymbol{i}+y\boldsymbol{j}+z\boldsymbol{k})=\frac{\mathrm{d}x}{\mathrm{d}t}\boldsymbol{i}+\frac{\mathrm{d}y}{\mathrm{d}t}\boldsymbol{j}+\frac{\mathrm{d}z}{\mathrm{d}t}\boldsymbol{k} \tag{6-8}$$

设动点 M 的速度矢在三个坐标轴上的投影分别为 v_x、v_y 和 v_z，即

$$\boldsymbol{v}=v_x\boldsymbol{i}+v_y\boldsymbol{j}+v_z\boldsymbol{k} \tag{6-9}$$

比较式(6-8)和式(6-9)，可得

$$v_x=\frac{\mathrm{d}x}{\mathrm{d}t},\quad v_y=\frac{\mathrm{d}y}{\mathrm{d}t},\quad v_z=\frac{\mathrm{d}z}{\mathrm{d}t} \tag{6-10}$$

这就是动点速度的直角坐标表示。可见，动点的速度在直角坐标轴上的投影等于其相应的直角坐标对时间的一阶导数。由式(6-10)求得 v_x、v_y、v_z后，速度 $\boldsymbol{v}$ 的大小和方向很容易求出。速度的大小为

$$v=\sqrt{v_x^2+v_y^2+v_z^2}=\sqrt{\left(\frac{\mathrm{d}x}{\mathrm{d}t}\right)^2+\left(\frac{\mathrm{d}y}{\mathrm{d}t}\right)^2+\left(\frac{\mathrm{d}z}{\mathrm{d}t}\right)^2} \tag{6-11}$$

其方向可由速度 $\boldsymbol{v}$ 的方向余弦来确定

$$\cos(\boldsymbol{v},\ \boldsymbol{i})=\frac{v_x}{v},\quad \cos(\boldsymbol{v},\ \boldsymbol{j})=\frac{v_y}{v},\quad \cos(\boldsymbol{v},\ \boldsymbol{k})=\frac{v_z}{v} \tag{6-12}$$

3. 点的运动加速度

为求动点的加速度，将式(6-9)对时间求一阶导数得

$$\boldsymbol{a}=\frac{\mathrm{d}\boldsymbol{v}}{\mathrm{d}t}=\frac{\mathrm{d}v_x}{\mathrm{d}t}\boldsymbol{i}+\frac{\mathrm{d}v_y}{\mathrm{d}t}\boldsymbol{j}+\frac{\mathrm{d}v_z}{\mathrm{d}t}\boldsymbol{k}=\frac{\mathrm{d}^2x}{\mathrm{d}t^2}\boldsymbol{i}+\frac{\mathrm{d}^2y}{\mathrm{d}t^2}\boldsymbol{j}+\frac{\mathrm{d}^2z}{\mathrm{d}t^2}\boldsymbol{k} \tag{6-13}$$

加速度矢量也可表示为

$$\boldsymbol{a}=a_x\boldsymbol{i}+a_y\boldsymbol{j}+a_z\boldsymbol{k} \tag{6-14}$$

式中，a_x、a_y、a_z分别为加速度矢在三个直角坐标轴 x、y、z 上的投影。比较式(6-13)、(6-14)，可得

$$a_x=\frac{\mathrm{d}v_x}{\mathrm{d}t}=\frac{\mathrm{d}^2x}{\mathrm{d}t^2},\quad a_y=\frac{\mathrm{d}v_y}{\mathrm{d}t}=\frac{\mathrm{d}^2y}{\mathrm{d}t^2},\quad a_z=\frac{\mathrm{d}v_z}{\mathrm{d}t}=\frac{\mathrm{d}^2z}{\mathrm{d}t^2} \tag{6-15}$$

可见，动点的加速度在直角坐标轴上的投影等于其相应速度投影对时间的一阶导数，也等于其相应的坐标对时间的二阶导数。加速度的大小和方向余弦为

$$\left.\begin{aligned}&a=\sqrt{a_x^2+a_y^2+a_z^2}=\sqrt{\left(\frac{\mathrm{d}^2x}{\mathrm{d}t^2}\right)^2+\left(\frac{\mathrm{d}^2y}{\mathrm{d}t^2}\right)^2+\left(\frac{\mathrm{d}^2z}{\mathrm{d}t^2}\right)^2}\\&\cos(\boldsymbol{a},\ \boldsymbol{i})=\frac{a_x}{a},\quad \cos(\boldsymbol{a},\ \boldsymbol{j})=\frac{a_y}{a},\quad \cos(\boldsymbol{a},\ \boldsymbol{k})=\frac{a_z}{a}\end{aligned}\right\} \tag{6-16}$$

6.2.3 点的运动自然坐标表示法

用点的运动轨迹建立弧坐标及自然轴系，并利用它们来表示点的各种运动量的方法称为点运动的自然坐标法。

1. 弧坐标

设动点 M 的运动轨迹为如图 6.5 所示的曲线，用自然法确定动点的位置比较方便。在动点轨迹上任选一点 O 作为原点，并设点 O 的某一侧为正向，动点 M 在轨迹上的位置由动点到原点的弧长 s 来确定，称 s 为动点 M 在轨迹上的弧坐标，它是一个代数量。当动点 M 运动时，s 随时间而变化，是时间的单值连续函数，即

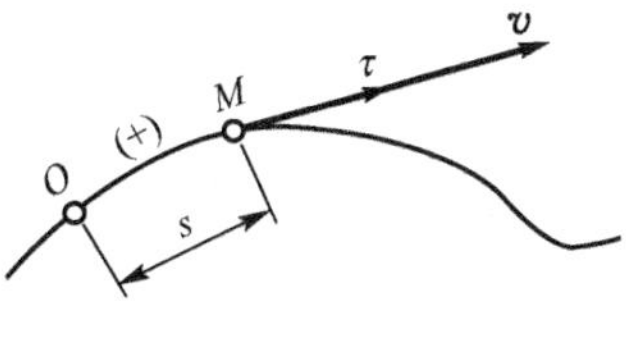

图 6.5 点的运动轨迹

$$s=f(t) \tag{6-17}$$

式(6-17)称为点沿轨迹的运动方程，或称以弧坐标表示的点的运动方程。若已知函数 $f(t)$，可以确定任一瞬时点的弧坐标 s 的值，也就确定了该瞬时动点在轨迹上的位置。

2. 自然轴系

如图 6.6 所示，在点的运动轨迹上取两个极为接近的点 M 和 M'，它们的切线分别为 MT 和 $M'T'$，过点 M 作直线 MT_1 平行于 $M'T'$，则 MT 和 MT_1 确定一个平面。令点 M' 无限趋近于点 M，则此平面趋近于某一极限位置，此极限平面称为曲线在点 M 的密切面。过点 M 并与切线垂直的平面称为法平面，在法平面内过点 M 的所有直线都和切线垂直，都是法线，在密切面内的那条法线称为主法线。它也是法平面和密切面的交线。法平面内过点 M 与主法线垂直的法线称为副法线。若以 $\boldsymbol{\tau}$ 表示切线的单位矢量，其方向与弧坐标的正向一致；$\boldsymbol{n}$ 表示主法线的单位矢量，指向曲线内凹的一侧。以 $\boldsymbol{b}$ 表示副法线的单位矢量，其方向由右手螺旋法则确定，即

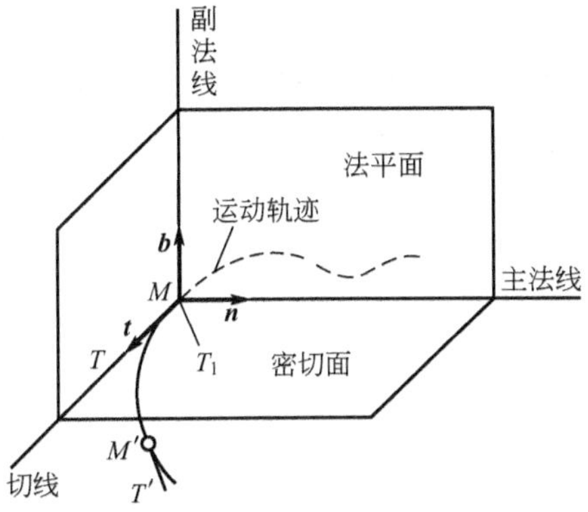

图 6.6 自然轴系

$$\boldsymbol{b}=\boldsymbol{\tau}\times\boldsymbol{n}$$

以点 M 为原点，切线、主法线和副法线为坐标轴组成的正交坐标系称为曲线在点 M 的自然坐标系。很显然，自然坐标系会随动点的位置的改变而改变，$\boldsymbol{\tau}$、$\boldsymbol{n}$、$\boldsymbol{b}$ 的方向也随动点位置的变化而变化。

3. 点的运动速度

点的速度 $\boldsymbol{v}$ 是一个矢量，它的方向沿轨迹的切线，如图 6.7 所示。显然，可将动点的速度矢写成如下的形式

$$\boldsymbol{v}=v\boldsymbol{\tau} \tag{6-18}$$

式中，$\boldsymbol{\tau}$ 为沿轨迹切线的单位矢量，它始终指向弧坐标的正方向。当动点在曲线轨迹上运动时，它的方向随时间而发生变化。v 表示速度的大小，其值等于弧坐标对时间的一阶导数，即

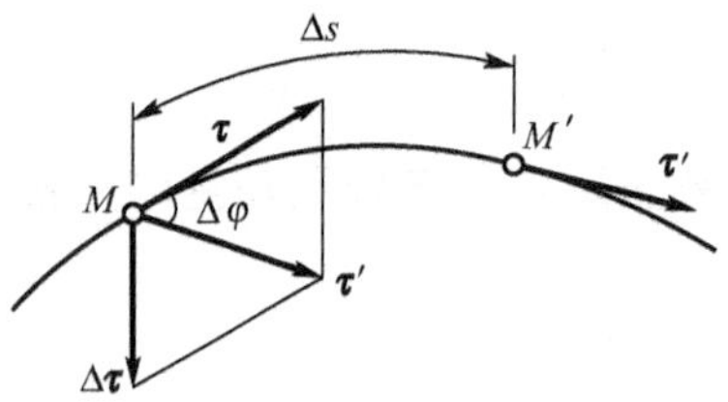

图 6.7 点的运动速度

$$v=\frac{ds}{dt}$$

如果$\frac{ds}{dt}>0$，则速度与 $\boldsymbol{\tau}$ 的正向相同，弧坐标随时间而增大。反之，速度与 $\boldsymbol{\tau}$ 的正向相反。

4. 点的运动加速度

将式(6－18)对时间求一阶导数，得

$$\boldsymbol{a}=\frac{d\boldsymbol{v}}{dt}=\frac{dv}{dt}\boldsymbol{\tau}+v\frac{d\boldsymbol{\tau}}{dt} \tag{6-19}$$

式中，右边两项均是矢量，分别称为切向加速度 $\boldsymbol{a}_\tau$ 和法向加速度 $\boldsymbol{a}_n$。前者表示速度大小变化对加速度的贡献，而后者是速度方向变化对加速度的贡献，即反映速度大小变化的加速度 $\boldsymbol{a}_\tau$ 和方向变化的加速度 $\boldsymbol{a}_n$ 可分别表示为

$$\boldsymbol{a}_\tau=\frac{dv}{dt}\boldsymbol{\tau}=\frac{d^2s}{dt^2}\boldsymbol{\tau} \tag{6-20}$$

$$\boldsymbol{a}_n=v\frac{d\boldsymbol{\tau}}{dt} \tag{6-21}$$

式(6－20)表明切向加速度的大小等于速度的代数值对时间的一阶导数，或弧坐标对时间的二阶导数，它的方向沿动点轨迹的切线。式(6－21)中的$\frac{d\boldsymbol{\tau}}{dt}$的大小和方向我们还须进一步分析。

如图 6.7 所示，设动点在 t 时刻的位置 M 处的切线方向的单位矢量为 $\boldsymbol{\tau}$，经过 Δt 时间后，动点到达 M'，此时切线方向的单位矢量为 $\boldsymbol{\tau}'$，则在 Δt 时间内，单位矢量的改变量为

$$\Delta\boldsymbol{\tau}=\boldsymbol{\tau}'-\boldsymbol{\tau}$$

设动点从 M 到达 M'经过的弧长为 Δs，而切线经 Δs 转过的角度为 $\Delta\varphi$。由曲率(曲率半径的倒数)的定义可知

$$\frac{1}{\rho}=\lim_{\Delta s\to 0}\left|\frac{\Delta\varphi}{\Delta s}\right|=\frac{d\varphi}{ds}$$

而由图 6.7 可知

$$|\Delta\boldsymbol{\tau}|=2|\boldsymbol{\tau}|\sin\frac{\Delta\varphi}{2}$$

当 $\Delta s\to 0$ 时，$\Delta\varphi\to 0$，上式可写为$|\Delta\boldsymbol{\tau}|=\Delta\varphi$，而 $\Delta\boldsymbol{\tau}$ 与 $\boldsymbol{\tau}$ 垂直。此时 $\boldsymbol{\tau}$ 和 $\boldsymbol{\tau}'$组成的平面的极限位置就是点 M 的密切面。所示$\frac{d\boldsymbol{\tau}}{ds}$位于点 M 的密切面内，其方向与切线 $\boldsymbol{\tau}$ 的方向垂直，即沿着动点轨迹在点 M 的主法线方向。注意到 Δs 为正时，点沿切向 $\boldsymbol{\tau}$ 的正方向运动，$\Delta\boldsymbol{\tau}$ 指向轨迹内凹的一侧；Δs 为负时，$\Delta\boldsymbol{\tau}$ 指向轨迹外凸的一侧。以上分析可得

$$\frac{d\boldsymbol{\tau}}{ds}=\lim_{\Delta s\to 0}\frac{\Delta\boldsymbol{\tau}}{\Delta s}=\lim_{\Delta s\to 0}\frac{\Delta\boldsymbol{\tau}}{\Delta\varphi}\frac{\Delta\varphi}{\Delta s}=\frac{1}{\rho}\boldsymbol{n}$$

因而

$$\frac{d\boldsymbol{\tau}}{dt}=\lim_{\Delta t\to 0}\frac{\Delta\boldsymbol{\tau}}{\Delta t}=\lim_{\Delta t\to 0}\frac{\Delta\boldsymbol{\tau}}{\Delta s}\frac{\Delta s}{\Delta t}=\frac{v}{\rho}\boldsymbol{n}$$

这样法向加速度可写为

$$\boldsymbol{a}_n=\frac{v^2}{\rho}\boldsymbol{n} \tag{6-22}$$

由此可见，法向加速度 $\boldsymbol{a}_n$ 的大小等于点的速度平方除以曲率半径，方向与主法线的方向一致，指向轨迹的曲率中心。按以上分析，加速度可以写为

$$\boldsymbol{a}=\boldsymbol{a}_\tau+\boldsymbol{a}_n=\frac{dv}{dt}\boldsymbol{\tau}+\frac{v^2}{\rho}\boldsymbol{n} \tag{6-23}$$

记 $a_\tau=\frac{dv}{dt}$，$a_n=\frac{v^2}{\rho}$，则加速度的大小可写成为

$$a=\sqrt{a_\tau^2+a_n^2}=\sqrt{\left(\frac{dv}{dt}\right)^2+\left(\frac{v^2}{\rho}\right)^2} \tag{6-24}$$

其方向由 $\boldsymbol{a}$ 与主法线方向 $\boldsymbol{n}$ 的夹角 θ 来确定，如图 6.8 所示。它的正切值为

$$\tan\theta=\frac{|a_\tau|}{a_n} \tag{6-25}$$

下面讨论几种特殊情况。

(1) 动点作直线运动，此时，由于 $\rho\to\infty$，因此

$a=a_\tau=\frac{dv}{dt}$，而 $a_n=\frac{v^2}{\rho}=0$

(2) 动点作匀速曲线运动，此时，由于 $v=$常量，故

$a=a_n=\frac{v^2}{\rho}$，而 $a_\tau=\frac{dv}{dt}=0$

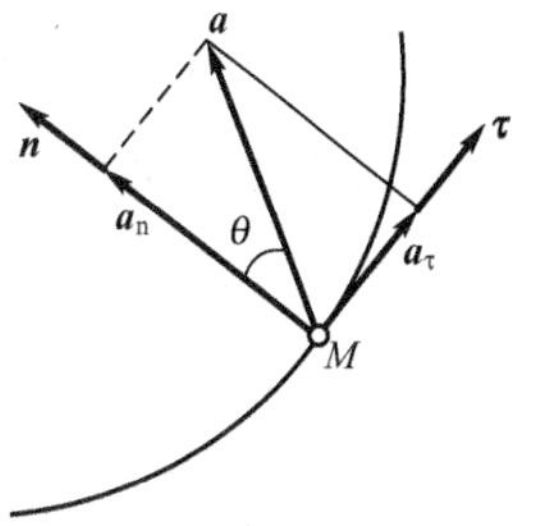

图 6.8 加速度方向的确定

(3) 动点作匀变速曲线运动，此时 $a_\tau=\frac{dv}{dt}=$常量，此时通过积分，有

$$v=v_0+a_\tau t$$

式中，v_0是点的初始速度。对上式再积分一次，有

$$s=s_0+v_0t+\frac{1}{2}a_\tau t^2$$

式中，s_0表示点的初始位移。上面两式和物理学中点作匀变速直线运动的公式完全相似。不过这里的加速度是切向加速度 a_τ，而不是全加速度 a。

【例 6-1】 半径为 r 的圆轮沿水平直线轨道滚动而不滑动，轮心 C 则在与轨道平行的直线上运动。设轮心 C 的速度为一常量 $\boldsymbol{v}_c$，试求轮缘上一点 M 的运动轨迹、速度和加速度。

解： 为了求点 M 的轨迹、速度和加速度，必须建立点的运动方程。以 M 点第一次和轨道接触的瞬时作为时间的起点，并以该接触点作为坐标的原点，建立 Oxy 坐标系，如图 6.9 所示。动点在任意瞬时 t 的位置为 M 点，从图中可以看出，点 M 的坐标为

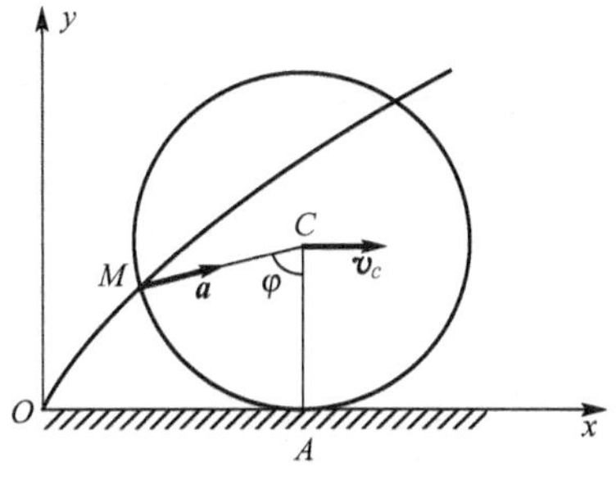

图 6.9 例 6-1 图

$$x=v_ct-r\sin\varphi,\ y=r-r\cos\varphi \tag{a}$$

由于轮子滚而不滑，故有 $r\varphi=v_ct$ 即

$$\varphi=\frac{v_ct}{r} \tag{b}$$

将式(b)代入(a)，可得

$$x=v_c t-r\sin\frac{v_c t}{r},\ y=r-r\cos\frac{v_c t}{r} \tag{c}$$

这就是点的运动方程，也是以时间 t 为参数的点 M 运动轨迹的参数方程。其运动的轨迹为摆线(或称旋轮线)。上面两式分别对时间求导数，可得动点的速度在两个直角坐标上的投影

$$v_x=\dot{x}=v_c-v_c\cos\frac{v_c t}{r},\ v_y=\dot{y}=v_c\sin\frac{v_c t}{r} \tag{d}$$

此时，速度的大小和方向分别可写为

$$v=\sqrt{v_x^2+v_y^2}=v_c\sqrt{\left(1-\cos\frac{v_c t}{r}\right)^2+\sin^2\frac{v_c t}{r}}=v_c\sqrt{2(1-\cos\varphi)}$$

$$\cos(\boldsymbol{v},\boldsymbol{i})=\frac{v_x}{v}=\frac{1-\cos\varphi}{\sqrt{2(1-\cos\varphi)}},\ \cos(\boldsymbol{v},\boldsymbol{j})=\frac{v_y}{v}=\frac{\sin\varphi}{\sqrt{2(1-\cos\varphi)}} \tag{e}$$

式(d)两边再对时间求导数，可得加速度在两个坐标轴上的投影

$$a_x=\dot{v}_x=\frac{v_c^2}{r}\sin\frac{v_c t}{r}=\frac{v_c^2}{r}\sin\varphi,\ a_y=\dot{v}_y=\frac{v_c^2}{r}\cos\frac{v_c t}{r}=\frac{v_c^2}{r}\cos\varphi \tag{f}$$

加速度的大小和方向分别可写为

$$a=\sqrt{a_x^2+a_y^2}=\frac{v_c^2}{r},\ \cos(\boldsymbol{a},\boldsymbol{i})=\frac{a_x}{a}=\sin\varphi=\cos\left(\frac{\pi}{2}-\varphi\right),\ \cos(\boldsymbol{a},\boldsymbol{j})=\frac{a_y}{a}=\cos\varphi \tag{g}$$

可见，动点 M 加速度的方向指向轮心 C。

【例 6-2】 如图 6.10 所示，摇杆滑道机构中的滑块 M 同时在固定的圆弧槽 BC 中和摇杆 OA 的滑道中运动，已知弧 BC 的半径为 R，摇杆 OA 的轴 O 在通过弧 BC 的圆周上，摇杆以匀角速度 ω 绕 O 轴转动，当运动开始时，摇杆在水平位置。试分别用直角坐标法和自然法给出点 M 的运动方程，并求出其速度和加速度。

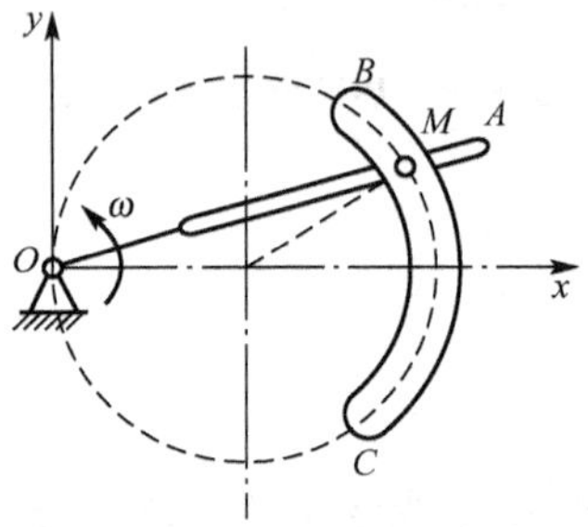

图 6.10 例 6-2 图

解：(1) 直角坐标法：M 点的直角坐标为

$$\begin{cases}x=R+R\cos2\omega t\\ y=R\sin2\omega t\end{cases}$$

求导后可得 M 点速度和加速度为

$$\begin{cases}v_x=\dot{x}=-2R\omega\sin2\omega t\\ v_y=\dot{y}=2R\omega\cos2\omega t\end{cases}$$

$$\begin{cases}a_x=\dot{v}_x=-4R\omega^2\cos2\omega t\\ a_y=\dot{v}_y=-4R\omega^2\sin2\omega t\end{cases}$$

(2) 自然坐标法：取 M 点的初始位置为弧坐标原点，逆时针为正，则 M 点的弧坐标为 $s=R\cdot2\omega t=2R\omega t$。于是 M 点速度和加速度分别为

$$v=\dot{s}=2\omega R$$

$$a_\tau=\frac{\mathrm{d}v}{\mathrm{d}t}=0,\ a_\mathrm{n}=\frac{v^2}{R}=4\omega^2 R$$

【例 6-3】 动点 A 沿如图 6.11 所示的圆周作匀加速圆周运动。已知圆周半径为 R，初速度为零。若点的全加速度与切线间的夹角为 α，并以 β 角表示点走过的圆弧 S 所对应的圆心角，试证明：$\tan\alpha=2\beta$。

证明：设动点 A 自原点 A_0 沿圆弧运动。动点 A 沿圆周作匀加速运动，设加速度为 a_τ，则经过时间 t 后，动点 A 走过的弧长和速度分别可表示为

$$S=\frac{1}{2}a_\tau t^2,\ v=a_\tau t$$

此时动点的法向加速度可表示为

$$a_n=\frac{v^2}{R}=\frac{(a_\tau t)^2}{R}=\frac{2S}{R}a_\tau$$

全加速度的方向用全加速度 $\boldsymbol{a}$ 与切线间的夹角 α 表示，由图可知

$$\tan\alpha=\frac{a_n}{a_\tau}=\frac{2S}{R}=\frac{2R\beta}{R}=2\beta$$

这样原问题的结论成立。

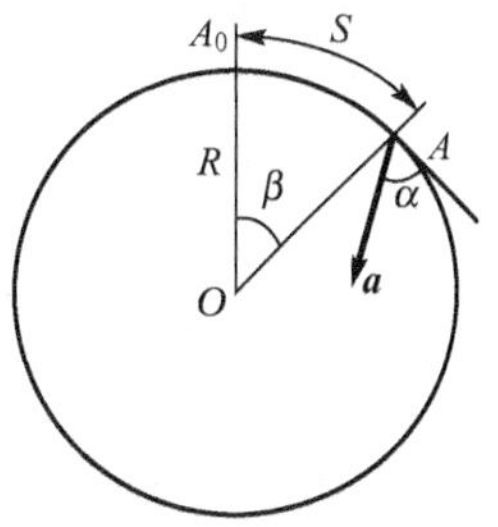

图 6.11 例 6－3 图

【例 6－4】 如图 6.12(a)所示的平面机构中，直杆 OA 以匀角速度 ω 绕 O 点逆时针转动，杆 O_1M 绕 O_1 点转动，两杆的运动通过套筒 M 而联系起来，初始时杆 O_1M 与点 O 成一直线。已知 $OO_1=O_1M=r$，试求套筒 M 的运动方程以及它的速度和加速度。

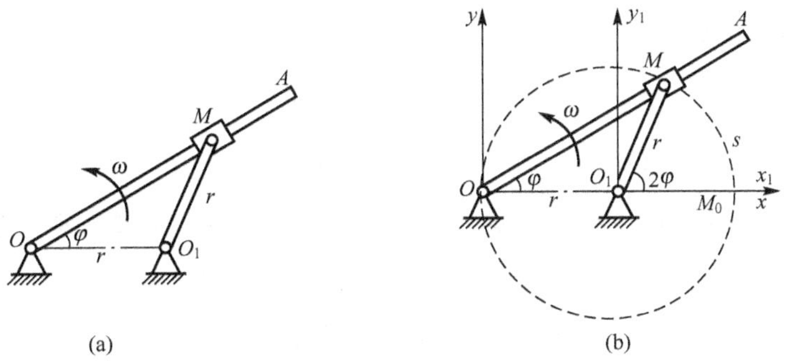

图 6.12 例 6－4 图

解：(1) 首先采用自然法进行计算。由于动点 M 的运动轨迹是以 O_1 为圆心，r 为半径的圆周线，可以首先考虑应用自然坐标法求解。取套筒初始位置 M_0 为弧坐标 s 的原点，以套筒的运动方向为弧坐标 s 的正向，由图 6.12(b)可知

$$s=r\cdot 2\varphi=2r\varphi$$

而 $\varphi=\omega t$，代入上式，可得

$$s=2r\omega t \tag{a}$$

这就是用自然坐标表示的套筒 M 的运动方程。上式对时间求一阶导数，可得套筒 M 的速度

$$v=\frac{ds}{dt}=2r\omega \tag{b}$$

其方向沿圆周上该点处切线方向。套筒 M 的切线和法向加速度分别为

$$a_\tau=\frac{dv}{dt}=0,\ a_n=\frac{v^2}{r}=4r\omega^2$$

故套筒 M 的加速度大小为

$$a=\sqrt{a_\tau^2+a_n^2}=4r\omega^2 \tag{c}$$

其方向指向圆心 O_1。

(2) 采用直角坐标法进行计算。

选取固定直角坐标系 Oxy，如图 6.12(b)所示，则

$$x=r+r\cos2\varphi,\ y=r\sin2\varphi$$

将 $\varphi=\omega t$ 代入上式，即得套筒 M 在直角坐标系中的运动方程

$$x=r+r\cos2\omega t,\ y=r\sin2\omega t \tag{d}$$

式(d)对时间求一阶导数，可得套筒 M 的速度在两个坐标轴上的投影

$$v_x=\frac{\mathrm{d}x}{\mathrm{d}t}=-2r\omega\sin2\omega t,\ v_y=\frac{\mathrm{d}y}{\mathrm{d}t}=2r\omega\cos2\omega t \tag{e}$$

套筒 M 的速度的大小和方向分别可表示为

$$v=\sqrt{v_x^2+v_y^2}=2r\omega$$

$$\cos(\boldsymbol{v},\ \boldsymbol{i})=\frac{v_x}{v}=-\sin2r\omega,\ \cos(\boldsymbol{v},\ \boldsymbol{j})=\frac{v_y}{v}=\cos2r\omega$$

将式(f)对时间求一阶导数，可得套筒 M 的加速度在两个坐标轴上的投影

$$a_x=\frac{\mathrm{d}v_x}{\mathrm{d}t}=-4r\omega^2\cos2\omega t,\ a_y=\frac{\mathrm{d}v_y}{\mathrm{d}t}=-4r\omega^2\sin2\omega t \tag{f}$$

加速度的大小和方向分别为

$$a=\sqrt{a_x^2+a_y^2}=4r\omega^2$$

$$\cos(\boldsymbol{a},\ \boldsymbol{i})=\frac{a_x}{a}=-\cos2\omega t,\ \cos(\boldsymbol{a},\ \boldsymbol{j})=\frac{a_y}{a}=-\sin2\omega t$$

显然，两种方法的结果完全一致，本题用自然坐标法较简便，且物理概念清晰。

6.3 刚体的平动

刚体的平动和定轴转动是两种较为简单的刚体运动形式，由于刚体的任何较复杂的运动都可看做这两种简单运动的合成，所以这两种运动又称刚体的基本运动。

6.3.1 刚体的平动定义

刚体运动时，如果其上任一直线始终保持与原来的位置平行，即该直线的方位在刚体运动的过程中保持不变。具有这种特征的刚体运动称为刚体的平行移动，简称平动。刚体平动的例子很多，如在直线轨道上运动的车厢、内燃机汽缸中活塞的运动、摆式筛砂机筛子的运动、机床工作台的运动等。这些构件的运动都具有上述特征，因而都是平动。

6.3.2 刚体平动的运动特征

设刚体作平动，如图 6.13 所示。在刚体内任选两点 A 和 B，令点 A 的矢径为 $\boldsymbol{r}_A$，点 B 的矢径为 $\boldsymbol{r}_B$。由图可知

$$\boldsymbol{r}_A=\boldsymbol{r}_B+\overrightarrow{BA}$$

由于刚体作平动，在运动过程中矢量 $\overrightarrow{BA}$ 的大小和方向都不改变，所以 $\overrightarrow{BA}$ 为一常矢量。可见，只要把 B 点的轨迹沿 $\overrightarrow{BA}$ 方向平移一段距离 BA，就能得到 A 点的运动轨迹。

可见，刚体作平动时，刚体内任意两点的轨迹完全相同。

上式两边同时对时间求一阶和二阶导数，因为恒矢量$\overrightarrow{BA}$的导数等于零，于是有

$$\frac{\mathrm{d}\boldsymbol{r}_A}{\mathrm{d}t}=\frac{\mathrm{d}}{\mathrm{d}t}(\boldsymbol{r}_B+\overrightarrow{BA})=\frac{\mathrm{d}\boldsymbol{r}_B}{\mathrm{d}t},\quad \frac{\mathrm{d}^2\boldsymbol{r}_A}{\mathrm{d}t^2}=\frac{\mathrm{d}^2}{\mathrm{d}t^2}(\boldsymbol{r}_B+\overrightarrow{BA})=\frac{\mathrm{d}^2\boldsymbol{r}_B}{\mathrm{d}t^2}$$

即

$$\boldsymbol{v}_A=\boldsymbol{v}_B,\quad \boldsymbol{a}_A=\boldsymbol{a}_B$$

式中，$\boldsymbol{v}_A$和$\boldsymbol{v}_B$分别表示点A和点B的速度，$\boldsymbol{a}_A$和$\boldsymbol{a}_B$分别表示点A和点B的加速度。这说明刚体作平动时，刚体内任意两点的速度和加速度相同。由于点A和点B是任意选取的，因此可以得出这样的结论：当刚体作平动时，其上各点的轨迹形状相同，在同一瞬时，各点的速度相同，加速度也相同。因此，在研究刚体平动时，只要知道刚体内任意一点的运动，就能知道刚体内其他任意点的运动。或者说，刚体的平动可归结于6.2节介绍的点的运动学问题。

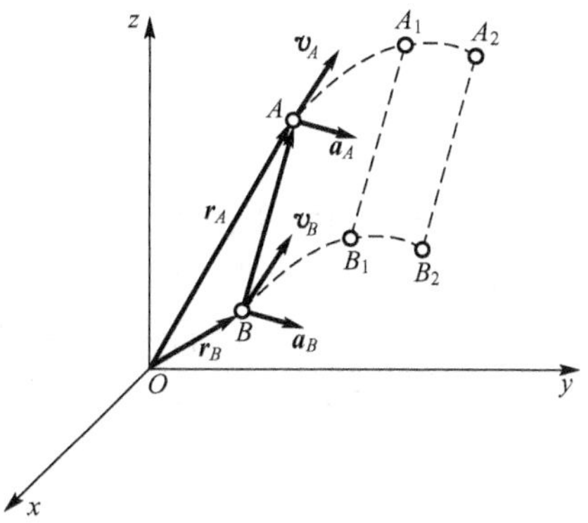

图6.13　刚体平动

【例6-5】 荡木用两条长为l的钢索平行吊起，如图6.14所示。当荡木摆动时，钢索的摆动规律为$\varphi=\varphi_0\cos\frac{\pi}{4}t$，$\varphi_0$为最大摆角。试求当$t=2\mathrm{s}$时，荡木中点$M$的速度和加速度。

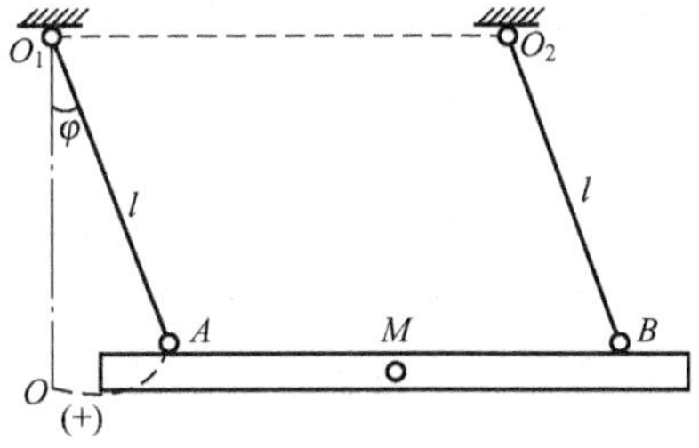

图6.14　例6-5图

解： 荡木在运动的过程中，其上的任一条直线始终和最初的位置平行，故荡木作平动。为求中点M的速度和加速度，只需求出荡木上另一点A(或点B)的速度和加速度即可。已知点A的运动轨迹为以O_1为圆心，以l为半径的圆弧。如以最低点O为弧坐标的原点，规定弧坐标向右为正，则点A的运动方程为

$$s=l\varphi=l\varphi_0\cos\frac{\pi}{4}t$$

将上式对时间求一阶导数，可得A点的速度

$$v=\frac{\mathrm{d}s}{\mathrm{d}t}=-\frac{\pi l\varphi_0}{4}\sin\frac{\pi}{4}t$$

A点的切向加速度和法向加速度可分别写为

$$a_\tau=\frac{\mathrm{d}v}{\mathrm{d}t}=-\frac{\pi^2 l\varphi_0}{16}\cos\frac{\pi}{4}t,\quad a_\mathrm{n}=\frac{v^2}{l}=\frac{\pi^2 l\varphi_0^2}{16}\sin^2\frac{\pi}{4}t$$

当$t=2\mathrm{s}$时，速度和加速度分别为

$$v=-\frac{\pi l\varphi_0}{4}\text{(方向水平向左)}$$

$$a_\tau=-\frac{\pi^2 l\varphi_0}{16}\cos\frac{\pi}{4}t\bigg|_{t=2}=0,\quad a_\mathrm{n}=\frac{\pi^2 l\varphi_0^2}{16}\sin^2\frac{\pi}{4}t\bigg|_{t=2}=\frac{\pi^2 l\varphi_0^2}{16}\text{(方向铅直向上)}$$

6.4 刚体绕定轴的转动

若刚体运动时，刚体内或其扩展部分有一条直线保持不动，这种运动就称为绕定轴的转动，简称刚体的转动。该固定不动的直线称为转轴。在日常生活和工程实际中，绕定轴转动的例子很多，如人们日常生活中门窗、水龙头的旋动，机械工程中齿轮、飞轮、机床主轴、电机转子的运动等。

6.4.1 定轴转动刚体的转动方程、角速度和角加速度

设有一刚体 T 在约束 A 和 B 的作用下绕定轴 z 作转动，z 轴的正向如图 6.15 所示。通过轴线作一固定平面 Q，此外，再选一与刚体固结的平面 P，这个平面和刚体一起转动。由于刚体的各点相对于动平面 P 的位置是一定的，因此，只要知道平面 P 的位置也就知道刚体上各点的位置，即知道整个刚体的位置。而平面 P 在任一瞬时 t 的位置可由它与固定平面 Q 的夹角来确定，这一夹角称为转动刚体的位置角或转角，用 φ 来表示。转角 φ 是一个代数量，其正负号这样来确定：自 z 轴的正向往负向看去，从固定平面 Q 按逆时针方向转动到动平面 P，这样得到的转角 φ 规定为正值，反之，转角 φ 取负值。如图 6.15 中转角 φ 取正值。转角一般用弧度(rad)表示。当刚体转动时，转角 φ 随时间而变化，是时间 t 的单值连续函数，可表示为

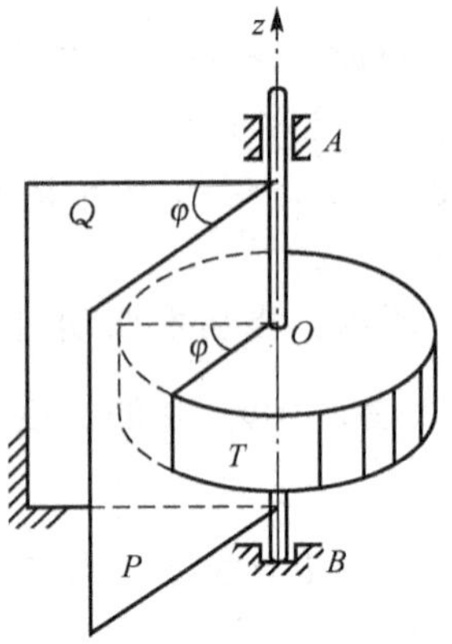

图 6.15　定轴转动刚体

$$\varphi=f(t) \tag{6-26}$$

这一方程称为刚体定轴转动的运动方程。转角 φ 实际上是确定转动刚体位置的坐标，这种只用一个参变量就可以确定其在空间位置的刚体，称它具有一个自由度。自由度是确定物体的位置所需要的独立坐标的数目。

设由瞬时 t 到瞬时 $t+\Delta t$，转角由 φ 增大到 $\varphi+\Delta\varphi$，转角的增量 $\Delta\varphi$ 称为角位移。比值 $\frac{\Delta\varphi}{\Delta t}$ 称为在 Δt 时间内的平均角速度，当 $\Delta t\to 0$ 时，$\frac{\Delta\varphi}{\Delta t}$ 的极限称为刚体在瞬时 t 的角速度，以 ω 表示，即

$$\omega=\lim_{\Delta t\to 0}\frac{\Delta\varphi}{\Delta t}=\frac{\mathrm{d}\varphi}{\mathrm{d}t} \tag{6-27}$$

即角速度等于转角对时间的一阶导数。和转角一样，角速度也是一个代数量，其大小表示刚体转动的快慢程度，正负号代表刚体的转向，当 ω 为正时，转角 φ 的代数值随时间而增大，从 z 轴的正向往负向看，刚体作逆时针方向转动；反之，转角 φ 的代数值随时间而减小，刚体作顺时针方向转动。角速度的单位一般用 rad/s(弧度/秒)表示。

角速度一般也随时间而变化。设由瞬时 t 到瞬时 $t+\Delta t$，角速度由 ω 增大到 $\omega+\Delta\omega$，角速度的增量为 $\Delta\omega$。比值 $\frac{\Delta\omega}{\Delta t}$ 称 a_{e2} 为在 Δt 时间内的平均角加速度，当 $\Delta t\to 0$ 时，$\frac{\Delta\omega}{\Delta t}$ 的极

限称为刚体在瞬时 t 的角加速度，以 ε 表示，即

$$\varepsilon=\lim_{\Delta t\to 0}\frac{\Delta\omega}{\Delta t}=\frac{d\omega}{dt}=\frac{d^2\varphi}{dt^2} \tag{6-28}$$

即刚体转动的瞬时角加速度等于角速度对时间的一阶导数或转角对时间的二阶导数，单位是 rad/s^2(弧度/秒^2)。角加速度也是一个代数量，其大小表示角速度随时间变化的快慢程度，当 ε 为正时，角速度 ω 的代数值随时间增大，反之则减小。如果 ε 和 ω 符号相同，则 ω 的绝对值随时间而增大，刚体作加速转动；反之，刚体作减速转动。

下面讨论两种特殊情况。

(1) 刚体做匀速转动。

如果刚体的角速度不变，即 ω 为常量，这种转动称为匀速转动。仿照点的匀速运动公式，可得刚体匀速转动公式

$$\varphi=\varphi_0+\omega t \tag{6-29}$$

式中，φ_0 为初始即 $t=0$ 时转角 φ 的值。

许多机器的转动部件或零件，在正常工作条件下一般做匀速转动。转动的快慢常用每分钟的转数 n 来表示，其单位为 r/min(转/分)，称为转速。转速 n 和角速度之间的关系可写为

$$\omega=\frac{2\pi n}{60}=\frac{\pi n}{30} \tag{6-30}$$

(2) 刚体做匀变速转动。

如果刚体的角加速度不变，即 $\varepsilon=$ 常量，这种转动称为匀变速转动。仿照点的匀变速运动公式，可得刚体匀变速转动公式

$$\left.\begin{aligned}&\omega=\omega_0+\varepsilon t\\&\varphi=\varphi_0+\omega_0 t+\frac{1}{2}\varepsilon t^2\\&\omega^2-\omega_0^2=2\varepsilon(\varphi-\varphi_0)\end{aligned}\right\} \tag{6-31}$$

由以上分析可知，匀变速转动刚体的角速度、转角和时间的关系与匀变速运动点的速度、位移和时间的关系完全相似。

【例 6-6】 电动机由静止开始匀加速转动，在 $t=20s$ 时其转速 $n=360r/min$，求在此 20s 内转过的圈数。

解：电动机初始静止，即

$$\omega_0=0$$

在 $t=20s$ 时其转动的角速度为

$$\omega=\frac{n\pi}{30}=12\pi rad/s$$

由 $\omega=\omega_0+\varepsilon t$ 可得，电动机转动的角加速度为

$$\varepsilon=\frac{\omega-\omega_0}{t}=0.6\pi rad/s$$

在 20s 内转过的角度为

$$\varphi=\varphi_0+\omega_0 t+\frac{1}{2}\varepsilon t^2=\frac{1}{2}\times 0.6\pi\times 20^2=120\pi$$

故在此 20s 内转过的圈数

$$N=\frac{\varphi}{2\pi}=60 \text{ 圈}$$

6.4.2 定轴转动刚体内各点的速度和加速度

由以上分析可知，转角、角速度和角加速度等都是描述转动刚体整体运动的特征量。当转动刚体整体运动确定后，刚体内各点的运动也就会相应确定。刚体转动的角速度和角加速度被确定后，可以确定刚体内各点的速度和加速度。

当刚体作定轴转动时，刚体内各点都在垂直于转动轴的平面内作圆周运动，圆心就是该平面与转动轴的交点 O。在图 6.16 所示的转动刚体的平面 P 内任取一点 M 来考察。设点 M 到转动轴的距离为 r，则其轨迹是以交点 O 为圆心，r 为半径的一个圆，如图 6.16 所示。取固定平面与该圆的交点 M_0 为弧坐标的原点。由图 6.16 可见，点 M 的弧坐标 s 与转角 φ 的关系为

$$s=r\varphi$$

式中，φ 是时间 t 的函数。因此，上式就是用自然法表示点 M 沿已知轨迹的运动方程。可用自然法求点 M 的速度和加速度。

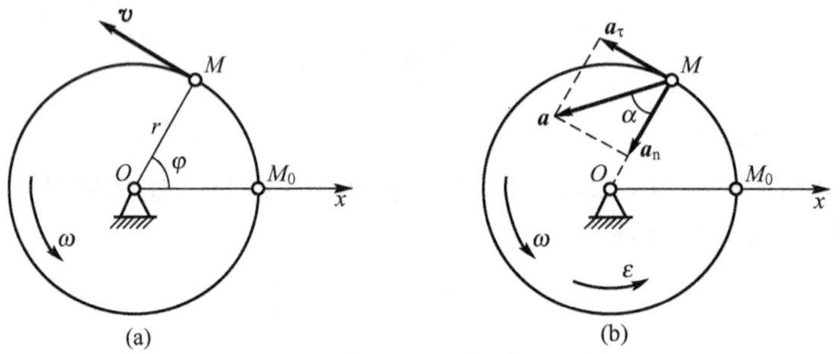

图 6.16 定轴转动刚体内各点的速度和加速度

在任一瞬时，点 M 的速度的大小为

$$v=\frac{ds}{dt}=r\frac{d\varphi}{dt}=r\omega \tag{6-32}$$

即转动刚体内任一点的速度的大小等于刚体的角速度与该点到轴线的垂直距离的乘积，它的方向沿圆周的切线，而指向和角速度 ω 的转向一致。

在任一瞬时，点 M 的切向加速度 a_τ 的大小为

$$a_\tau=\frac{dv}{dt}=r\frac{d\omega}{dt}=r\varepsilon \tag{6-33}$$

即转动刚体内任一点的切向加速度的大小等于刚体的角加速度与该点到轴线的垂直距离的乘积，它的方向沿圆周的切线，指向和角加速度 ε 的转向一致。

点 M 的法向加速度 $\boldsymbol{a}_n$ 的大小为

$$a_n=\frac{v^2}{r}=r\omega^2 \tag{6-34}$$

即转动刚体内任一点的法向加速度的大小等于刚体的角速度的平方与该点到轴线的垂直距离的乘积，它的方向总是沿着 MO 指向 O，即指向转动轴。

点 M 的全加速度 $\boldsymbol{a}$ 的大小和方向分别为

$$a=\sqrt{a_\tau^2+a_n^2}=r\sqrt{\varepsilon^2+\omega^4} \tag{6-35}$$

$$\tan\alpha=\left|\frac{a_\tau}{a_n}\right|=\left|\frac{\varepsilon}{\omega^2}\right| \tag{6-36}$$

这里 α 表示全加速度 $\boldsymbol{a}$ 与半径 MO（即 $\boldsymbol{a}_n$）之间的夹角。由式(6－32)和式(6－35)可知，在每一瞬时，转动刚体内各点的速度和全加速度的大小与各点到转动轴的距离成正比。又由式(6－36)可知，在每一瞬时，刚体内各点的全加速度与其半径方向的夹角都相同。根据上述分析，可用图表示在该截面上的任一条通过轴心的直径上各点的速度和加速度的分布规律，将速度和加速度矢的端点连成直线，此直线通过轴心，如图 6.17 所示。

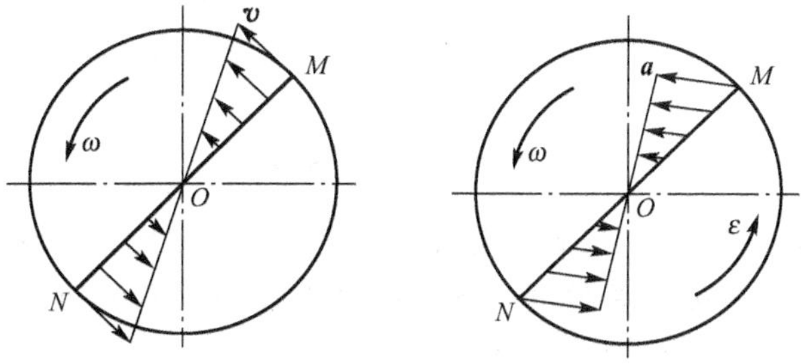

图 6.17　速度和加速度矢的端点连成直线，此直线通过轴心

【例 6－7】　半径 $R=0.2\text{m}$ 的圆轮绕固定轴 O 转动，其运动方程为 $\varphi=4t-t^2$。此轮的轮缘上绕一不可伸长的绳子，并在绳端挂一重物 A，如图 6.18 所示。试求 $t=1\text{s}$ 时，轮缘上任一点 M 以及重物 A 的速度和加速度。

解：由圆轮的运动方程，可以求出在 $t=1\text{s}$ 时圆轮转动的角速度和角加速度，它们分别为

$$\omega=\left.\frac{\mathrm{d}\varphi}{\mathrm{d}t}\right|_{t=1}=(4-2t)\big|_{t=1}=2\text{rad/s},\ \varepsilon=\frac{\mathrm{d}\omega}{\mathrm{d}t}=-2\text{rad/s}^2$$

此时，角速度和角加速度异号，说明圆轮在该瞬时作匀减速转动。由于绳子不可伸长，可知轮缘任一点 M 和重物 A 的速度相同，即

$$v_M=v_A=R\omega=0.4\text{m/s}$$

它们的方向如图 6.18 所示。重物 A 的加速度和点 M 的切向加速度的大小相等，即

$$a_A=a_\tau=R|\varepsilon|=0.4\text{m/s}^2$$

方向如图 6.18 所示。点 M 的切向加速度的大小为

$$a_n=R\omega^2=0.8\text{m/s}^2$$

点 M 的全加速度的大小和方向为

$$a=\sqrt{a_\tau^2+a_n^2}=0.894\text{m/s}^2,\ \alpha=\arctan\frac{|\varepsilon|}{\omega^2}=\arctan 0.5=26°34'$$

这里角 α 表示全加速度 $\boldsymbol{a}$ 和半径（即 $\boldsymbol{a}_n$）之间的夹角，如图 6.18 所示。

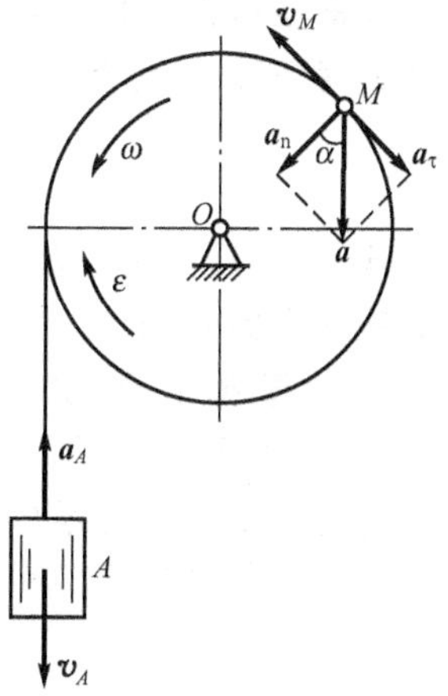

图 6.18　例 6－7 图

【例 6－8】　圆柱齿轮传动是机械工程中常用的轮系传动方式之一，可用来提高或降低转速和改变转动方向。图 6.19(a)、(b)分别表示一对外啮合和内啮合的圆柱齿轮。两齿轮外啮合时，它们的

转向相反，而内啮合时转向相同。设主动轮 A 和从动轮 B 的节圆半径分别为 r_1 和 r_2，齿数分别为 z_1 和 z_2。主动轮 A 的角速度为 ω_1，角加速度为 ε_1，试求从动轮 B 的角速度 ω_2 和角加速度 ε_2。

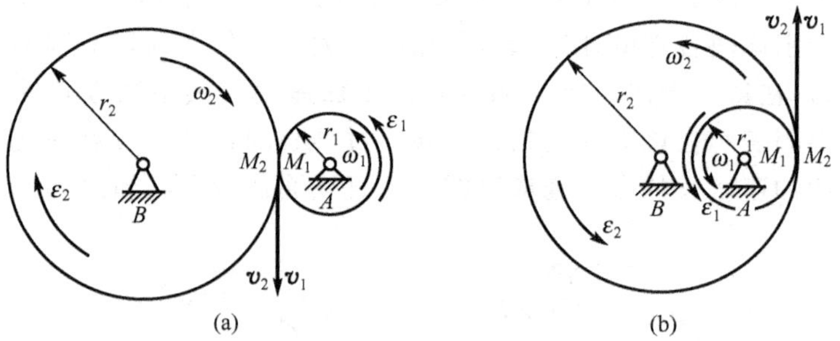

图 6.19 例 6-8 图

解：在齿轮传动中，齿轮互相啮合相当于两轮的节圆相切并作纯滚动，两节圆的切点 M_1 和 M_2 称为啮合点，在每一瞬时可以认为啮合点之间没有相对滑动。因此，啮合点的速度和切向加速度的大小和方向相同，即

$$v_1=v_2，\ a_1^\tau=a_2^\tau$$

而 $v_1=r_1\omega_1$，$v_2=r_2\omega_2$；$a_1^\tau=r_1\varepsilon_1$，$a_2^\tau=r_2\varepsilon_2$。因而有

$$r_1\omega_1=r_2\omega_2，\ r_1\varepsilon_1=r_2\varepsilon_2$$

从而可求得从动轮的角速度 ω_2 和从动轮的角加速度 ε_2，它们分别表示为

$$\omega_2=\frac{r_1}{r_2}\omega_1，\ \varepsilon_2=\frac{r_1}{r_2}\varepsilon_1$$

一对相互啮合的齿轮，它们的齿数和节圆的半径成正比，所以上面的解答也可以写为

$$\omega_2=\frac{r_1}{r_2}\omega_1=\frac{z_1}{z_2}\omega_1，\ \varepsilon_2=\frac{r_1}{r_2}\varepsilon_1=\frac{z_1}{z_2}\varepsilon_1$$

联合上面两式，可得

$$\frac{\omega_1}{\omega_2}=\frac{\varepsilon_1}{\varepsilon_2}=\frac{r_2}{r_1}=\frac{z_2}{z_1}$$

通常在机械工程中，把主动轮与从动轮的角速度之比称为传动比，并用一个带角标的符号 i_{12} 表示，于是有

$$i_{12}=\frac{\omega_1}{\omega_2}=\frac{\varepsilon_1}{\varepsilon_2}=\frac{r_2}{r_1}=\frac{z_2}{z_1} \tag{6-37}$$

式(6-37)中定义的传动比只是主动轮和从动轮角速度大小的比值，而没有考虑两齿轮的转动方向，因此，这个关系不仅适用于圆柱齿轮传动，也适用于锥齿轮转动和没有相对滑动的摩擦轮传动。对于带传动，若带不可伸长，且带与带轮之间不打滑，则式(6-37)也仍然适用。

有时为了区分轮系中各轮转向，对各轮规定统一的转动正向，这时各轮的角速度可取代数值，从而传动比也可取代数值

$$i_{12}=\frac{\omega_1}{\omega_2}=\pm\frac{r_2}{r_1}=\pm\frac{z_2}{z_1}$$

式中，正号表示主动轮与从动轮转向相同(内啮合)，如图 6.19(b)所示；而负号表示主动

轮和从动轮转向相反(外啮合)，如图 6.19(a)所示。

6.4.3 角速度及角加速度的矢量表示，以矢积表示点的速度和加速度

在前面的讲述中，我们把绕定轴转动刚体的角速度和角加速度均视为代数量，然而在研究较为复杂的问题时，把角速度和角加速度用矢量表示比较方便。

角速度矢量这样来表示：设转轴为 z 轴，使矢量 $\boldsymbol{\omega}$ 与 O_1z 共线，其长度表示角速度的大小，箭头的指向表示刚体转动的方向，并按右手螺旋法则确定：右手的四指代表转动的方向，拇指代表角速度矢 $\boldsymbol{\omega}$ 的指向，如图 6.20 所示。显然，角速度矢 $\boldsymbol{\omega}$ 的起点可在转轴上任一点画出，即矢量 $\boldsymbol{\omega}$ 是一滑动矢量。

假设 $\boldsymbol{k}$ 为沿 z 轴正向的单位矢量，如图 6.20 所示，于是刚体绕定轴转动的角速度矢可写成

$$\boldsymbol{\omega}=\omega\boldsymbol{k} \tag{6-38}$$

当角速度的代数值为正时，$\boldsymbol{\omega}$ 的指向与 z 轴正向一致；为负时则相反。

同样，绕定轴转动的角加速度也可以用一个沿轴线的滑移矢量表示。将式(6-38)对时间求一阶导数，并注意到单位矢量 $\boldsymbol{k}$ 是常矢量，则角加速度矢可写成

$$\boldsymbol{\varepsilon}=\frac{d\boldsymbol{\omega}}{dt}=\frac{d\omega}{dt}\boldsymbol{k}=\varepsilon\boldsymbol{k} \tag{6-39}$$

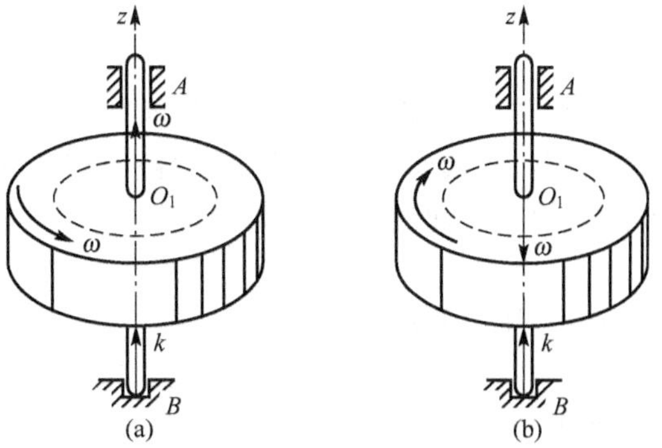

图 6.20 角速度矢

式中，ε 是角加速度的代数值，当角加速度的指向与 z 轴的正向相同时，ε 的值是正的；反之则为负值。

根据上述角速度和角加速度的矢量表示法，刚体内任一点的速度和加速度可用矢积表示。

在转轴上任取一点 O 作矢量 $\boldsymbol{\omega}$，并过点 O 作刚体内 M 点的矢径 $\boldsymbol{r}$，用 θ 表示角速度矢 $\boldsymbol{\omega}$ 和矢径 $\boldsymbol{r}$ 之间的夹角。刚体内任一点 M 的运动轨迹是以 O_1 为圆心，R 为半径的圆。如图 6.21 所示。M 点的速度大小为

$$v=R\omega=r\omega\sin\theta$$

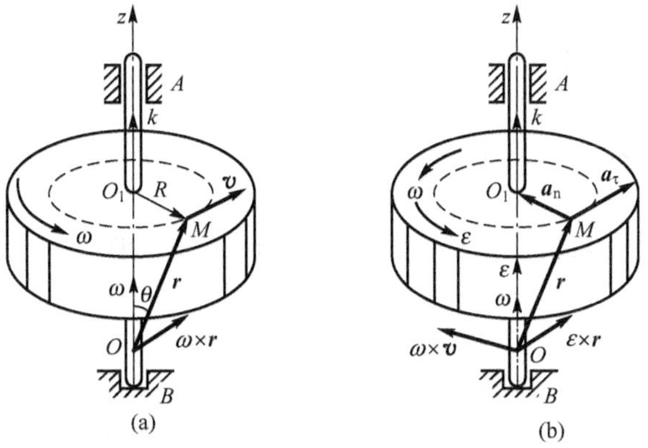

图 6.21 速度方向垂直于角速度矢 $\boldsymbol{\omega}$ 和矢径 $\boldsymbol{r}$ 所组成的平面

方向垂直于角速度矢 $\boldsymbol{\omega}$ 和矢径 $\boldsymbol{r}$ 所组成的平面(即图 6.21 中$\triangle OMO_1$ 平面)，并与 $\boldsymbol{\omega}$ 的转向一致。根据矢积的定义，$\boldsymbol{\omega}\times\boldsymbol{r}$ 的大小等于 $r\omega\sin\theta$，正好与点 M 的速度大小相等，其方向也与点 M 的速度的方向相同，所以有

$$\boldsymbol{v}=\boldsymbol{\omega}\times\boldsymbol{r} \tag{6-40}$$

即绕定轴转动刚体内任一点的速度等于刚体的角速度矢与该点矢径的矢积。式(6-40)两边同时对时间求一阶导数，并利用式(6-3)和(6-40)，可得

$$\boldsymbol{a}=\frac{\mathrm{d}\boldsymbol{v}}{\mathrm{d}t}=\frac{\mathrm{d}(\boldsymbol{\omega}\times\boldsymbol{r})}{\mathrm{d}t}=\frac{\mathrm{d}\boldsymbol{\omega}}{\mathrm{d}t}\times\boldsymbol{r}+\boldsymbol{\omega}\times\frac{\mathrm{d}\boldsymbol{r}}{\mathrm{d}t}=\boldsymbol{\varepsilon}\times\boldsymbol{r}+\boldsymbol{\omega}\times\boldsymbol{v} \tag{6-41}$$

式(6-41)第一项的大小为

$$|\boldsymbol{\varepsilon}\times\boldsymbol{r}|=\varepsilon r\sin\theta=\varepsilon R$$

这个结果恰好等于点 M 的切向加速度的大小。而矢积 $\boldsymbol{\varepsilon}\times\boldsymbol{r}$ 的方向垂直于 $\boldsymbol{\varepsilon}$ 和 $\boldsymbol{r}$ 所构成的平面，指向也恰好和点 M 的切向加速度的方向一致，因而式(6-41)中第一项 $\boldsymbol{\varepsilon}\times\boldsymbol{r}$ 等于点 M 的切向加速度 $\boldsymbol{a}_\tau$，即

$$\boldsymbol{a}_\tau=\boldsymbol{\varepsilon}\times\boldsymbol{r} \tag{6-42}$$

式(6-41)第二项的大小为

$$|\boldsymbol{\omega}\times\boldsymbol{v}|=\omega v=R\omega^2$$

即矢积 $\boldsymbol{\omega}\times\boldsymbol{v}$ 的大小与点 M 的法向加速度的大小相同，其方向也恰好和点 M 的法向加速度的方向一致。因此式(6-41)中第二项 $\boldsymbol{\omega}\times\boldsymbol{v}$ 等于点 M 的法向加速度 $\boldsymbol{a}_\mathrm{n}$，即

$$\boldsymbol{a}_\mathrm{n}=\boldsymbol{\omega}\times\boldsymbol{v} \tag{6-43}$$

因而可以得到结论：转动刚体内任一点的切向加速度等于刚体的角加速度矢与该点矢径的矢积，法向加速度等于刚体的角速度矢与该点速度矢的矢积。

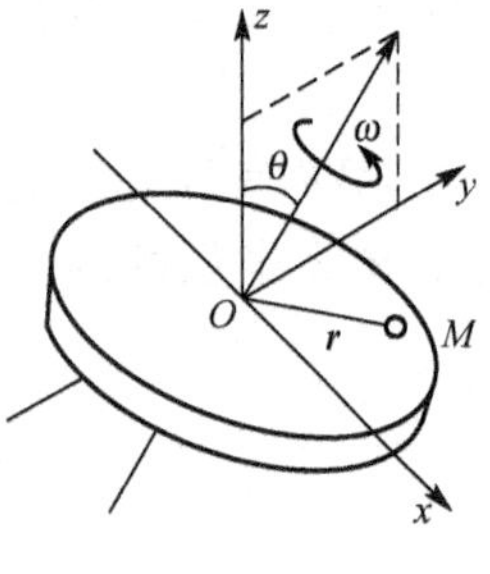

图 6.22　例 6-9 图

【例 6-9】 如图 6.22 所示，圆盘以恒定的角速度 $\omega=50\mathrm{rad/s}$ 绕垂直于盘面的中心轴转动，该轴在 yz 面内，倾斜角 $\theta=\arctan\dfrac{3}{4}$。动点 M 的矢径在图示的瞬时为 $\boldsymbol{r}=0.15\boldsymbol{i}+0.16\boldsymbol{j}-0.1\boldsymbol{k}$。试用矢量法求动点 M 的速度和加速度。

解： 由转轴所在的方位可将圆盘转动的角速度矢写为

$$\boldsymbol{\omega}=50\left(\frac{3}{5}\boldsymbol{j}+\frac{4}{5}\boldsymbol{k}\right)=30\boldsymbol{j}+40\boldsymbol{k}$$

动点 M 的速度为

$$\boldsymbol{v}_M=\boldsymbol{\omega}\times\boldsymbol{r}=\begin{vmatrix}\boldsymbol{i}&\boldsymbol{j}&\boldsymbol{k}\\0&30&40\\0.15&0.16&-0.1\end{vmatrix}=-9.4\boldsymbol{i}+6\boldsymbol{j}-4.5\boldsymbol{k}$$

由于圆盘角速度为常数，所以动点 M 的切向加速度为零，即

$$a_M^\tau=0$$

动点 M 的法向加速度为

$$\boldsymbol{a}_M^\mathrm{n}=\boldsymbol{\omega}\times\boldsymbol{v}_M=\begin{vmatrix}\boldsymbol{i}&\boldsymbol{j}&\boldsymbol{k}\\0&30&40\\-9.4&6&-4.5\end{vmatrix}=-375\boldsymbol{i}-376\boldsymbol{j}+282\boldsymbol{k}$$

小　　结

1. 研究点的运动的基本方法及特点

(1) 矢量法。在矢量法中可用一个式子同时表示运动参数的大小和方向，因此表达简明直接，常用于理论推导。

(2) 直角坐标法。直角坐标法是一般常用的计算方法，在点的运动轨迹未知的情况下，可以写出其运动方程，并求得其速度和加速度。因此，当点的运动轨迹未知时，常选用此方法。

(3) 自然法。自然法的特点是结合轨迹来确定点沿轨迹运动的规律，当点沿曲线运动时，用这种方法较简便，当轨迹已知时，常用此方法。

矢量法、直角坐标法和自然法表示的运动方程、速度和加速度见表 6－1。

表 6－1　矢量法、直角坐标法和自然法表示的运动方程、速度和加速度

	运动方程	速度	加速度	说明
矢量法	$r=r(t)$	$\boldsymbol{v}=\dfrac{\mathrm{d}\boldsymbol{r}}{\mathrm{d}t}$	$\boldsymbol{a}=\dfrac{\mathrm{d}\boldsymbol{v}}{\mathrm{d}t}=\dfrac{\mathrm{d}^2\boldsymbol{r}}{\mathrm{d}t^2}$	适用于理论分析和公式推导
直角坐标法	$\begin{cases}x=x(t)\\y=y(t)\\z=z(t)\end{cases}$	$\begin{cases}v_x=\dfrac{\mathrm{d}x}{\mathrm{d}t}\\v_y=\dfrac{\mathrm{d}y}{\mathrm{d}t}\\v_z=\dfrac{\mathrm{d}z}{\mathrm{d}t}\end{cases}$	$\begin{cases}a_x=\dfrac{\mathrm{d}v_x}{\mathrm{d}t}=\dfrac{\mathrm{d}^2x}{\mathrm{d}t^2}\\a_y=\dfrac{\mathrm{d}v_y}{\mathrm{d}t}=\dfrac{\mathrm{d}^2y}{\mathrm{d}t^2}\\a_z=\dfrac{\mathrm{d}v_z}{\mathrm{d}t}=\dfrac{\mathrm{d}^2z}{\mathrm{d}t^2}\end{cases}$	适用于一般情况，无论轨迹知道与否
自然坐标法	$s=s(t)$	$v=\dfrac{\mathrm{d}s}{\mathrm{d}t}$	$\begin{cases}a_\tau=\dfrac{\mathrm{d}v}{\mathrm{d}t}=\dfrac{\mathrm{d}^2s}{\mathrm{d}t^2}\\a_\mathrm{n}=\dfrac{v^2}{\rho}\end{cases}$	适用于轨迹已知情况

2. 刚体的平动

(1) 刚体平动的定义。刚体运动时，如果其上任一直线始终保持与原来的位置平行，即该直线的方位在刚体运动的过程中保持不变。具有这种特征的刚体运动称为刚体的平行移动，简称平动。

(2) 刚体平动的运动特征。刚体平动时，其上各点的形状相同并彼此平行；在每一瞬时，刚体上各点的速度相等，各点的加速度也相等。因此，刚体的平动可以简化为一个点的运动来研究。

3. 刚体的定轴转动

(1) 刚体定轴转动的定义。刚体运动时，若其上(或其延展部分)有一条直线始终保持不动，这种运动称为刚体的定轴转动。

(2) 刚体定轴转动的运动特征。刚体定轴转动时，其上各点均在垂直于转轴的平面内绕转轴作圆周运动。

(3) 刚体的转动规律。转动方程 $\varphi=f(t)$，角速度 $\omega=\dfrac{\mathrm{d}\varphi}{\mathrm{d}t}$，角加速度 $\varepsilon=\dfrac{\mathrm{d}\omega}{\mathrm{d}t}$。

(4) 转动刚体上各点的速度和加速度。速度 $v=r\omega$，切向加速度 $a_\tau=\dfrac{\mathrm{d}v}{\mathrm{d}t}=r\varepsilon$，法向加速度 $a_n=\dfrac{v^2}{r}=r\omega^2$。全加速度大小和方向为 $a=\sqrt{a_\tau^2+a_n^2}=\sqrt{(r\varepsilon)^2+(r\omega^2)^2}=r\sqrt{\varepsilon^2+\omega^4}$，$\tan\theta=\left|\dfrac{a_\tau}{a_n}\right|=\left|\dfrac{\varepsilon}{\omega^2}\right|$。

习　　题

一、是非题(正确的在括号内打“√”，错误的打“×”)

1. 动点速度的大小等于其弧坐标对时间的一阶导数，方向一定沿轨迹的切线方向。( )

2. 动点加速度的大小等于其速度大小对时间的一阶导数，方向沿轨迹的切线方向。( )

3. 在实际问题中，只存在加速度为零而速度不为零的情况，不存在加速度不为零而速度为零的情况。( )

4. 两个刚体作平动，某瞬时它们具有相同的加速度，则它们的运动轨迹和速度也一定相同。( )

5. 定轴转动刚体的角加速度为正值时，刚体一定越转越快。( )

6. 两个半径不等的摩擦轮外接触传动，如果不出现打滑现象，两接触点此瞬时的速度相等，切向加速度也相等。( )

二、填空题

1. 描述点的运动的三种基本方法是________、________和________。

2. 点作圆周运动，加速度由切向加速度和法向加速度组成，其中切向加速度反映了________的变化率，方向是________；法向加速度反映了________的变化率，方向是________。

3. 质点运动时，如果$\dfrac{\mathrm{d}s}{\mathrm{d}t}$和$\dfrac{\mathrm{d}^2 s}{\mathrm{d}t^2}$同号，则质点作________运动，反之则作________运动。

4. 刚体运动的两种基本形式为________。

5. 刚体平动的运动特征是________。

6. 定轴转动刚体上点的速度可以用矢积表示，它的表达式为________；刚体上点的加速度可以用矢积表示，它的表达式为________。

7. 刚体绕定轴转动时，在任一瞬时各点具有相同的________和________，且各点轨迹均为________。

8. 定轴转动刚体内点的速度分布规律为________。

9. 半径均为 R 的圆盘绕垂直于盘面的 O 轴作定轴转动，其边缘上一点 M 的加速度如图 6.23 所示，则图 6.23(a)所示情况下圆盘的角速度 $\omega=$________；角加速度 $\varepsilon=$________。图 6.23(b)所示情况下 $\omega=$________；$\varepsilon=$________。

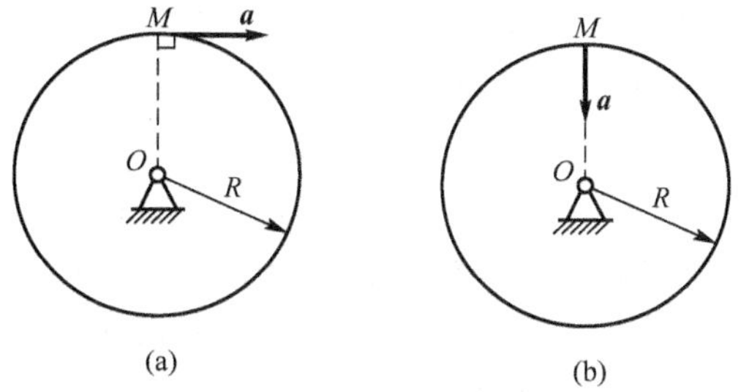

图 6.23　题二(9)图

三、选择题

1. 一点做曲线运动，开始时速度 $v_0=12\text{m/s}$，某瞬时切向加速度 $a_\tau=4\text{m/s}^2$，则$t=2\text{s}$时该点的速度大小为(　　)。

A. 4m/s　　　B. 20m/s　　　C. 8m/s　　　D. 无法确定

2. 图 6.24 的四图中，表示的情况可能发生的图是(　　)。

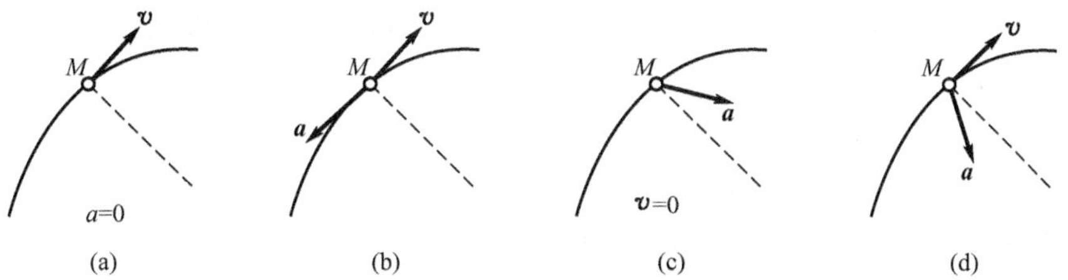

图 6.24　题三(2)图

3. 某瞬时，刚体上任意两点 A、B 的速度分别为$\boldsymbol{v}_A$、$\boldsymbol{v}_B$，则下述结论正确的是(　　)。

A. 当$\boldsymbol{v}_A=\boldsymbol{v}_B$时，刚体必作平动

B. 当刚体平动时，必有$|\boldsymbol{v}_A|=|\boldsymbol{v}_B|$，但$\boldsymbol{v}_A$与$\boldsymbol{v}_B$的方向可能不同

C. 当刚体平动时，必有$\boldsymbol{v}_A=\boldsymbol{v}_B$

D. 当刚体平动时，$\boldsymbol{v}_A$与$\boldsymbol{v}_B$的方向必然相同，但可能有$|\boldsymbol{v}_A|\neq|\boldsymbol{v}_B|$

4. 圆盘绕 O 轴转动，其边缘上一点 M 的加速度为$\boldsymbol{a}$，但方向不同，如图 6.25 所示(a)、(b)、(c)三种情况。下列四组答案中正确的是(　　)。

A. $\varepsilon_1=0$，$\omega_2=0$　　　B. $\varepsilon_1=0$，$\omega_3=0$

C. $\varepsilon_3=0$，$\omega_1=0$　　　D. $\varepsilon_2=0$，$\omega_1=0$

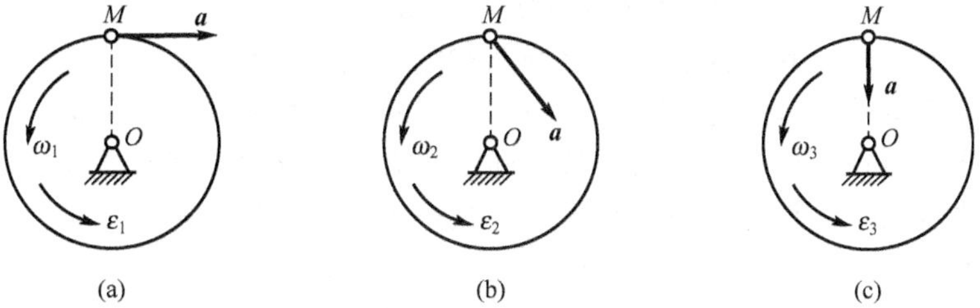

图 6.25　题三(4)图

5. 如图6.26所示的荡木机构中，$O_1O_2=CD$，$O_1C=O_2D=1\text{m}$，在图示位置时O_1C、O_2D的角速度为$\omega=1\text{rad/s}$，角加速度为$\varepsilon=2\text{rad/s}^2$，则荡木中点$M$的加速度为(　　)。

A. $a_M=1\text{m/s}^2$　　B. $a_M=2\text{m/s}^2$

C. $a_M=\sqrt{2}\,\text{m/s}^2$　　D. $a_M=\sqrt{5}\,\text{m/s}^2$

6. 如图6.27所示为某刚体作定轴转动的俯视图，但不知道转动中心，已知在某瞬时有$v_M=0.2\text{m/s}$，$a_M=0.3\sqrt{2}\,\text{m/s}^2$，$\alpha=45°$。求出转动中心到$M$间的距离$x$以及此瞬时刚体转动的角速度$\omega$和角加速度$\varepsilon$，下列四组结果中(　　)是正确的。

A. $x=15/2\text{cm}$，$\omega=\frac{3}{2}\text{rad/s}$，$\varepsilon=\frac{9}{4}\text{rad/s}^2$

B. $x=40/3\text{cm}$，$\omega=\frac{3}{2}\text{rad/s}$，$\varepsilon=\frac{5}{4}\text{rad/s}^2$

C. $x=40/3\text{cm}$，$\omega=\frac{3}{2}\text{rad/s}$，$\varepsilon=\frac{9}{4}\text{rad/s}^2$

D. $x=25/2\text{cm}$，$\omega=\frac{3}{2}\text{rad/s}$，$\varepsilon=\frac{5}{4}\text{rad/s}^2$

7. 图6.28所示的平面机构中，$O_1A=O_2B=L$，$O_1O_2=AB$，则$ABCD$刚性平板上点M的运动轨迹为(　　)。

A. 以O_1为圆心，O_1M为半径的圆

B. 一条平行于AB的直线

C. 以O_4为圆心，O_4M为半径的圆($O_4M=L$)

D. 以O_3为圆心，O_3M为半径的圆(O_3M平行于O_1A)

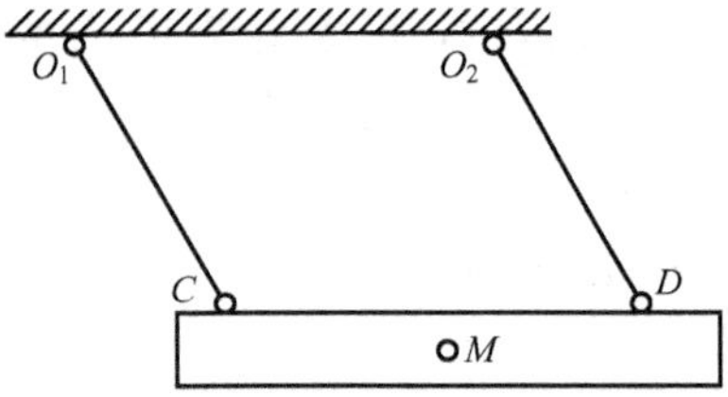

图6.26　题三(5)图

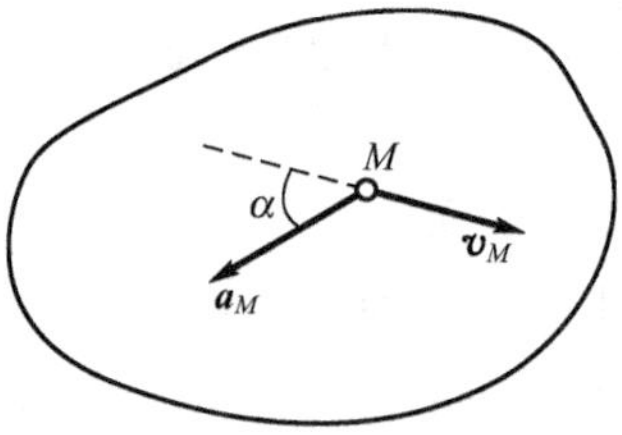

图6.27　题三(6)图

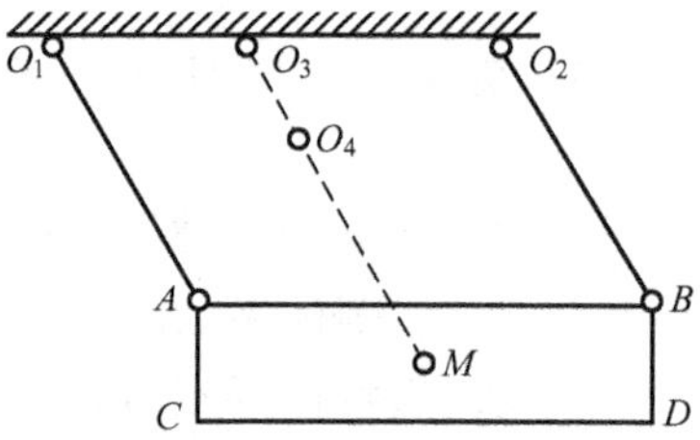

图6.28　题三(7)图

8. 动点作匀加速曲线运动，则(　　)是正确的。

A. $a_\tau=0$，$a_n=0$　　B. $a_\tau\neq0$，$a_n=0$

C. $a_\tau=0$，$a_n\neq0$　　D. $a_\tau\neq0$，$a_n\neq0$

9. 满足下述(　　)条件的刚体运动一定是平动。

A. 刚体运动时，其上某直线始终与其初始位置保持平行

B. 刚体运动时，其上有不在同一条直线上的三点始终作直线运动

C. 刚体运动时，其上所有点到某一固定平面的距离始终保持不变

D. 刚体运动时，其上任一直线始终与其初始的位置保持平行

10. 刚体平动时，其上任一点的轨迹可能是(　　)。

A. 平面任意曲线　　B. 空间任意曲线

C. 空间固定曲线　　D. 任一直线

11. 如图6.29所示的运动刚体中，只有(　　)中的刚体ABC作平动。

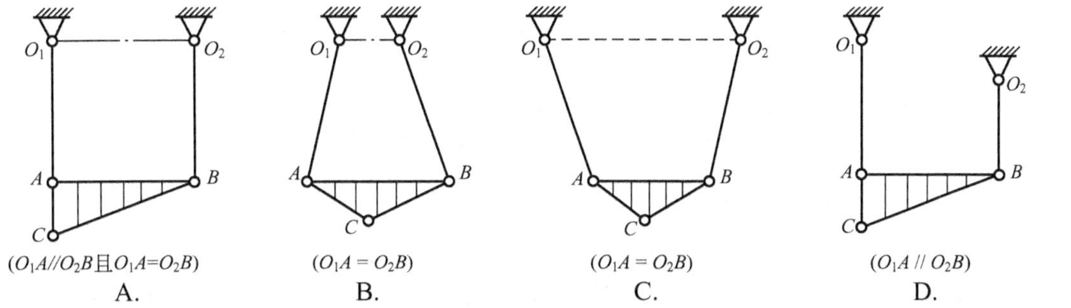

图6.29　题三(11)图

12. 刚体绕定轴转动时，下述说法正确的是(　　)。

A. 当转角$\varphi>0$时，此时角速度ω必为正

B. 当角速度$\omega>0$时，此时角加速度ε必为正

C. 当角加速度$\varepsilon>0$时为加速转动，反之，$\varepsilon<0$时为减速转动

D. 当角加速度ε与角速度ω同号时为加速转动，反之，为减速转动

13. 刚体绕定轴转动，$\boldsymbol{r}$为点的矢径，$\boldsymbol{\omega}$为角速度矢，$\boldsymbol{\varepsilon}$为角加速度矢。下面用矢量法表示点的速度和加速度的公式中，正确的一组是(　　)

A. $\boldsymbol{v}=\boldsymbol{\omega}\times\boldsymbol{r}$，$\boldsymbol{a}_\tau=\boldsymbol{\varepsilon}\times\boldsymbol{r}$，$\boldsymbol{a}_n=\boldsymbol{\omega}\times\boldsymbol{v}$

B. $\boldsymbol{v}=\boldsymbol{r}\times\boldsymbol{\omega}$，$\boldsymbol{a}_\tau=\boldsymbol{\varepsilon}\times\boldsymbol{r}$，$\boldsymbol{a}_n=\boldsymbol{\omega}\times\boldsymbol{v}$

C. $\boldsymbol{v}=\boldsymbol{r}\times\boldsymbol{\omega}$，$\boldsymbol{a}_\tau=\boldsymbol{r}\times\boldsymbol{\varepsilon}$，$\boldsymbol{a}_n=\boldsymbol{v}\times\boldsymbol{\omega}$

D. $\boldsymbol{v}=\boldsymbol{r}\times\boldsymbol{\omega}$，$\boldsymbol{a}_\tau=\boldsymbol{r}\times\boldsymbol{\varepsilon}$，$\boldsymbol{a}_n=\boldsymbol{v}\times\boldsymbol{\omega}$

14. 绳子的一端绕在定滑轮上，另一端与物块B相连，如图6.30所示，若物块B的运动方程为$x=kt^2$，其中k为常数，轮子半径为R，则轮缘上点A的加速度大小为(　　)。

A. $2k$　　　　B. $\sqrt{4k^2t^2/R}$

C. $\dfrac{k\sqrt{4R^2+16k^2t^4}}{R}$　　　　D. $2k+4k^2t^2/R$

15. 滑轮上绕一细绳，绳与轮间无相对滑动，绳端系一物块A，如图6.31所示。A物块与滑轮边缘上点B的速度和加速度间的关系为(　　)。

A. $\boldsymbol{v}_A=\boldsymbol{v}_B$，$\boldsymbol{a}_A=\boldsymbol{a}_B$　　　　B. $\boldsymbol{v}_A\neq\boldsymbol{v}_B$，$\boldsymbol{a}_A\neq\boldsymbol{a}_B$

C. $\boldsymbol{v}_A=\boldsymbol{v}_B$，$\boldsymbol{a}_A=\boldsymbol{a}_B$　　　　D. $\boldsymbol{v}_A=\boldsymbol{v}_B$，$\boldsymbol{a}_A=\boldsymbol{a}_B^\tau$

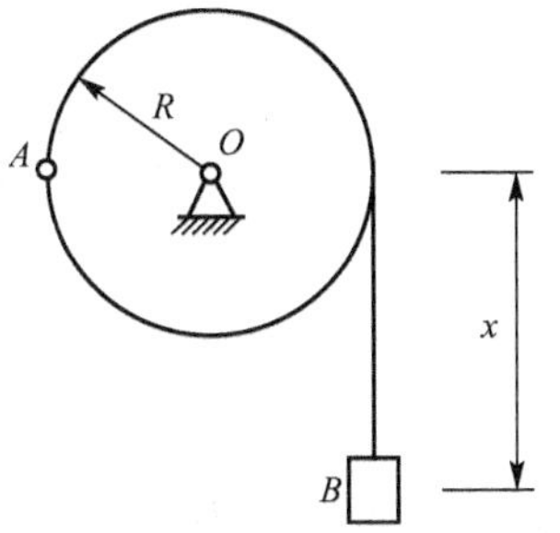

图6.30　题三(14)图

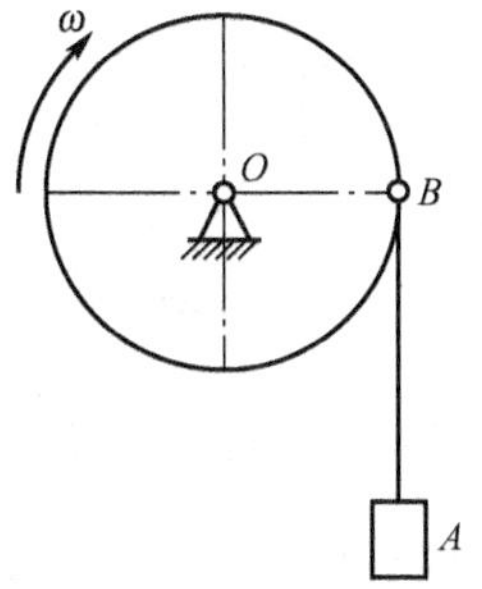

图6.31　题三(15)图

四、计算题

1. 点 M 的运动方程为 $x=l(\cos kt+\sin kt)$，$y=l(\cos kt-\sin kt)$，式中长度 l 和角频率 k 都是常数，试求点 M 的速度和加速度的大小。

2. 点 M 按 $s=R\sin\omega t$ 的规律沿半径为 R 的圆周运动，设 A 为弧坐标原点，其正向如图 6.32 所示。试求下列各瞬时点 M 的位置、速度和加速度。

(1) $t=0$；　(2) $t=\frac{\pi}{3\omega}$；　(3) $t=\frac{\pi}{2\omega}$。

3. 在半径为 R 的铁圈上套一小环，另一直杆 AB 穿入小环 M，并绕铁圈上的 A 轴逆时针转动 $\varphi=\omega t$ (ω=常数)，铁圈固定不动，如图 6.33 所示。试分别用直角坐标法和自然法写出小环 M 的运动方程，并求其速度和加速度。

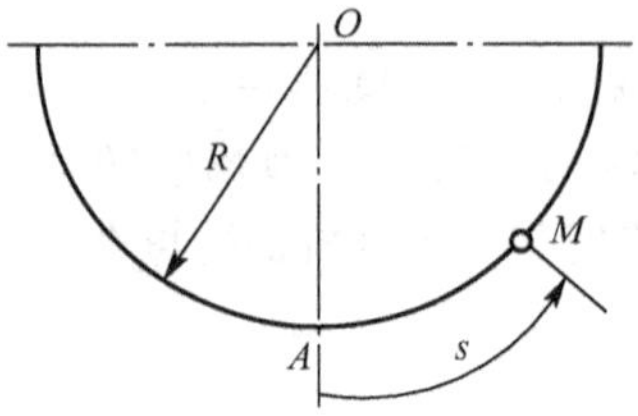

图 6.32　题四(2)图

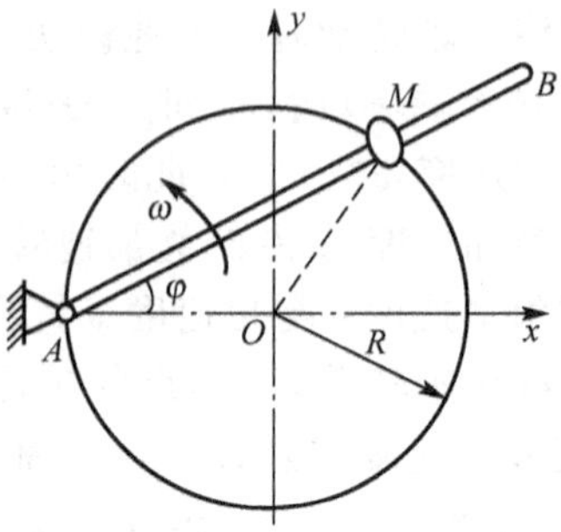

图 6.33　题四(3)图

4. 椭圆规尺 BC 长为 $2l$，曲柄 OA 长为 l，A 为 BC 的中点，M 为 BC 上一点且 $MA=b$，如图 6.34 所示。曲柄 OA 以等角速度 ω 绕 O 轴转动，当运动开始时，曲柄 OA 在铅垂位置。求点 M 的运动方程和轨迹。

5. 如图 6.35 所示，AB 长为 l，以等角速度 ω 绕点 B 转动，其转动方程 $\varphi=\omega t$。而与杆连接的滑块 B 按规律 $s=a+b\sin\omega t$ 沿水平作谐振动，其中 a 和 b 均为常数，求 A 点的轨迹。

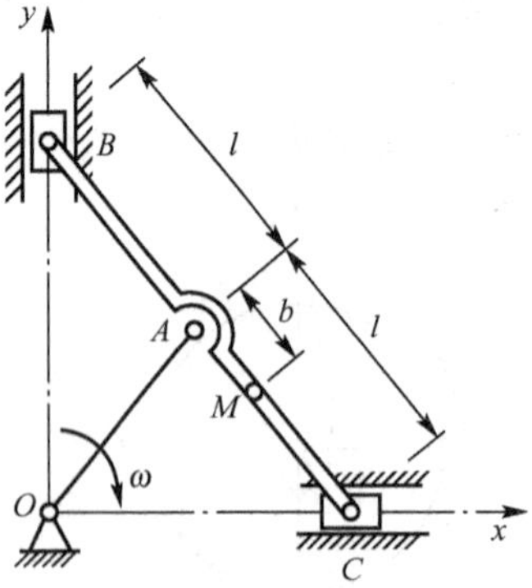

图 6.34　题四(4)图

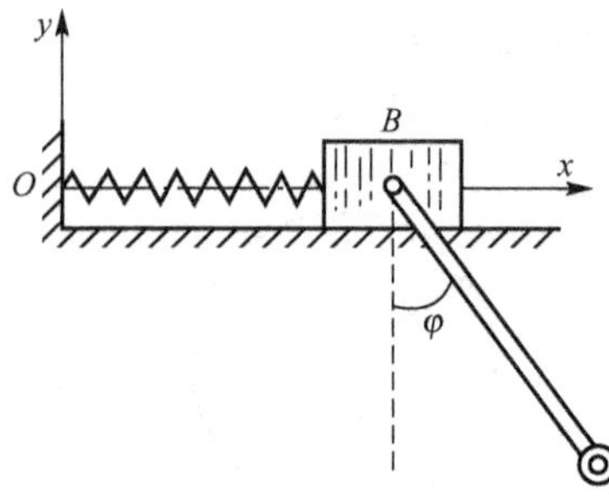

图 6.35　题四(5)图

6. 曲柄滑块机构如图 6.36 所示，曲柄 OA 长为 r，连杆 AB 长为 l，滑道与曲柄轴的高度相差 h。已知曲柄的运动规律为 $\varphi=\omega t$，ω 是常量，试求滑块 B 的运动方程。

7. 如图 6.37 所示，滑块 C 由绕过定滑轮 A 的绳索牵引而沿铅直导轨上升，滑块中心到导轨的水平距离 $AO=b$。设将绳索的自由端以匀速度 $\boldsymbol{v}$ 拉动，试求重物 C 的速度和加速度分别与距离 $OC=x$ 间的关系式(不计滑轮尺寸)。

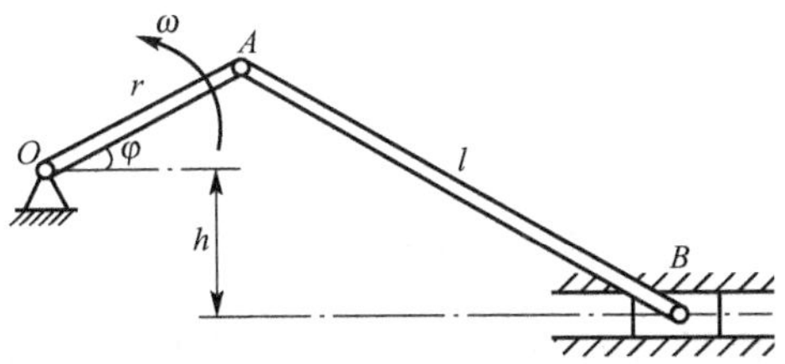

图 6.36 题四(6)图

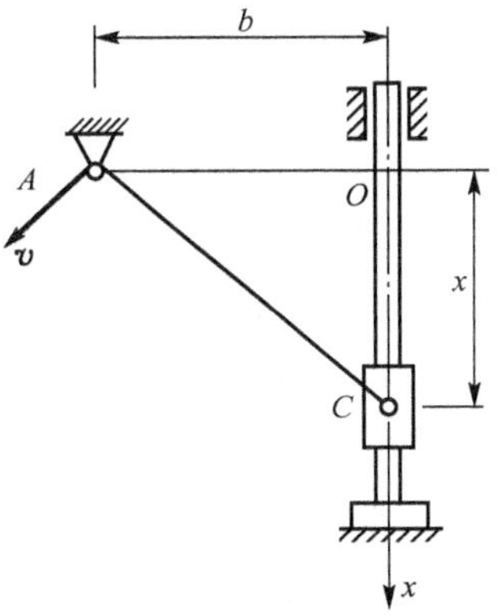

图 6.37 题四(7)图

8. 机构如图 6.38 所示，曲杆 CB 以匀角速度 ω 绕 C 轴转动，其转动方程为 $\varphi=\omega t$，通过滑块 B 带动摇杆 OA 绕轴 O 转动。已知 $OC=h$，$CB=r$，求摇杆的转动方程。

9. 摇筛机构如图 6.39 所示，已知 $O_1A=O_2B=40\text{cm}$，$O_1O_2=AB$，杆 O_1A 按 $\varphi=\dfrac{1}{2}\sin\dfrac{\pi}{4}t\text{rad}$ 规律摆动。求当 $t=0\text{s}$ 和 $t=2\text{s}$ 时，筛面中点 M 的速度和加速度。

10. 如图 6.40 所示的摇杆机构，初始时摇杆的转角 $\varphi=0$，摇杆的长 $OC=a$，距离 $OB=l$。滑杆 AB 以等速 $\boldsymbol{v}$ 向上运动，试建立摇杆上点 C 的运动方程，并求此点在 $\varphi=\dfrac{\pi}{4}$ 时的速度。

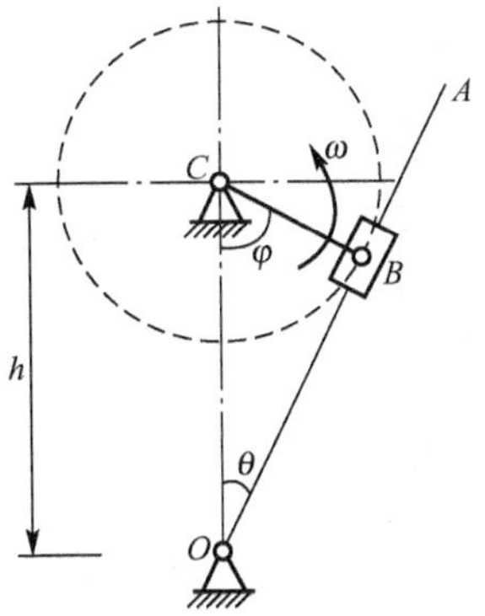

图 6.38 题四(8)图

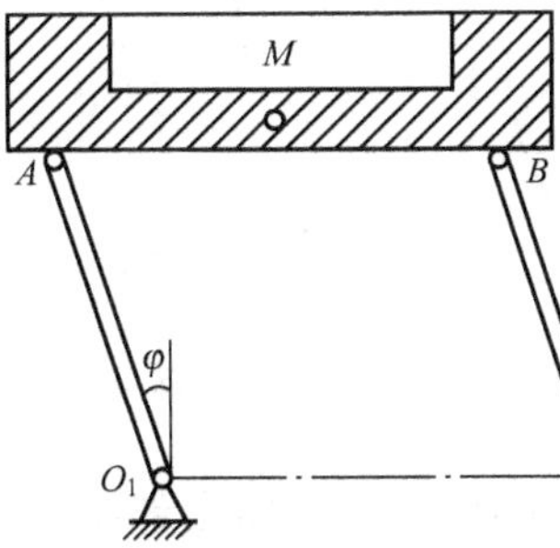

图 6.39 题四(9)图

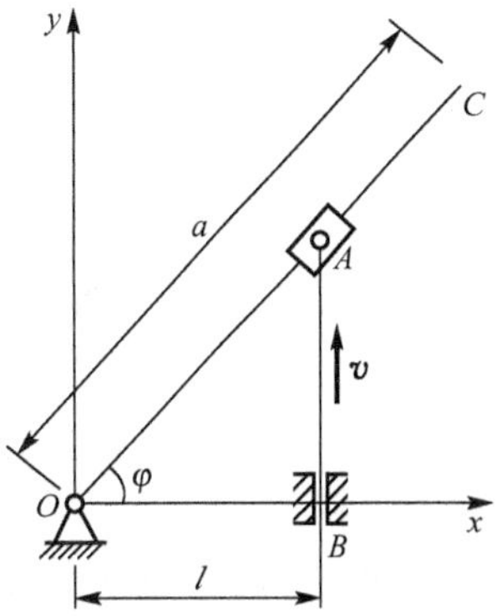

图 6.40 题四(10)图

11. 如图 6.41 所示，偏心凸轮半径为 R，绕 O 轴转动，转角 $\varphi=\omega t$(ω 为常量)，偏心距 $OC=e$，凸轮带动顶杆 AB 沿铅直线作往复运动，试求顶杆的运动方程和速度。

12. 如图 6.42 所示为曲柄滑杆机构，滑杆上有一圆弧形滑道，其半径 $R=0.1\text{m}$，圆心 O_1 在导杆 BC 上。曲柄长 $OA=0.1\text{m}$，以等角速度 $\omega=4\text{rad/s}$ 绕 O 轴转动。求导杆 BC

的运动规律及当曲柄与水平线间的夹角 $\varphi=45^\circ$ 时，导杆 BC 的运动速度和加速度。

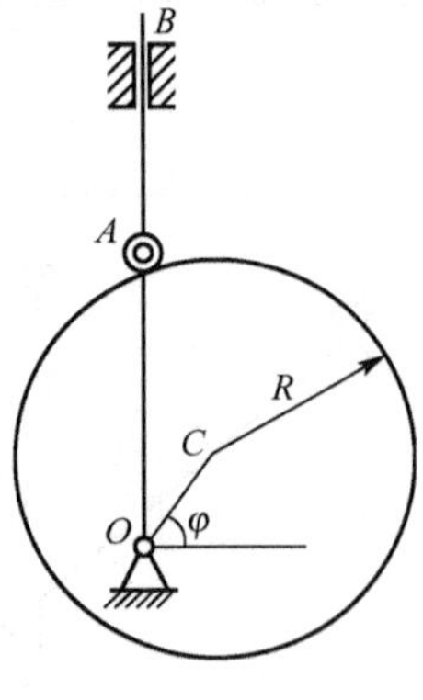

图 6.41　题四(11)图

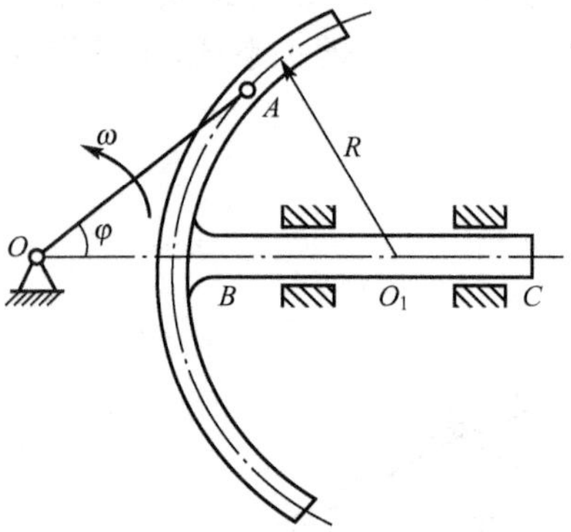

图 6.42　题四(12)图

13. 如图 6.43 所示，滑块以等速 $\boldsymbol{v}_0$ 沿水平方向向右移动，通过滑块销钉 B 带动摇杆 OA 绕 O 轴转动。开始时，销钉在 B_0 处，且 $OB_0=b$。求摇杆 OA 的转动方程及其角速度随时间的变化规律。

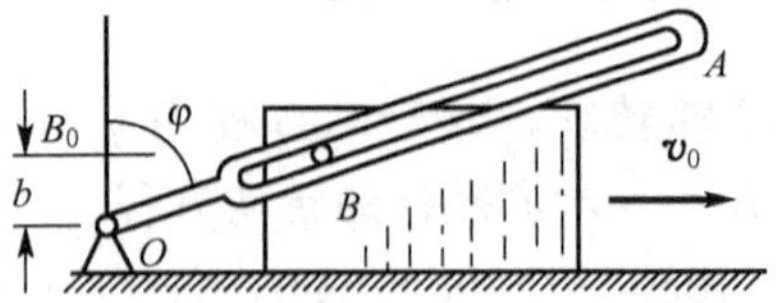

图 6.43　题四(13)图

14. 汽轮机叶片轮由静止开始作等加速转动。轮上点 M 离轴心为 0.4m，在某瞬时其全加速度的大小为 40m/s^2，方向与点 M 和轴心连线夹角 $\alpha=30^\circ$，如图 6.44 所示。试求叶轮的转动方程，以及当 $t=6\text{s}$ 时，点 M 的速度和法向加速度。

15. 如图 6.45 所示圆盘绕定轴 O 转动，某瞬时点 A 速度大小为 0.8m/s，$OA=R=0.1\text{m}$，同时另一点 B 的全加速度为 $\boldsymbol{a}_B$，与 OB 线成 θ 角，且 $\tan\theta=0.6$，求此时圆盘角速度及角加速度。

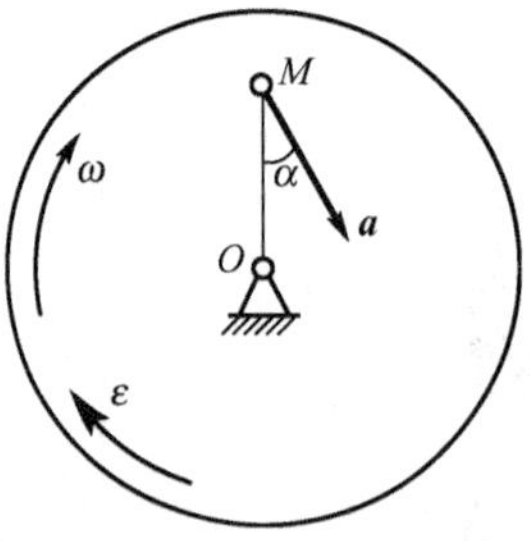

图 6.44　题四(14)图

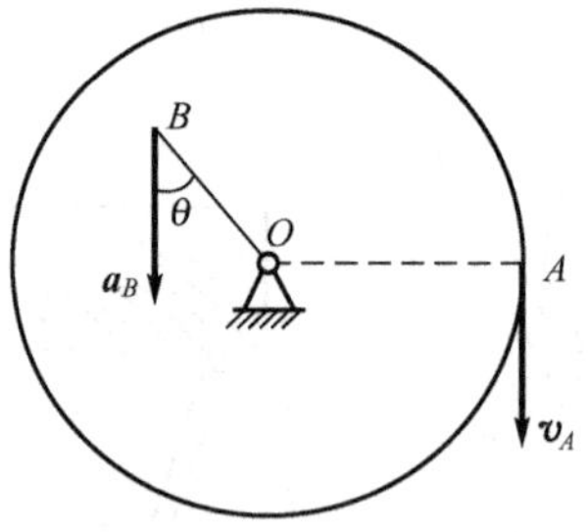

图 6.45　题四(15)图

16. 边长为 $100\sqrt{2}\text{mm}$ 的正方形刚体 $ABCD$ 作定轴转动，转轴垂直于板面。点 A 的速度和加速度大小分别为 $v_A=100\text{mm/s}$，$a_A=100\sqrt{2}\text{mm/s}^2$，方向如图 6.46 所示。试确定转轴 O 的位置，并求该刚体转动的角速度和角加速度。

17. 如图 6.47 所示的半径为 r 的定滑轮作定轴转动，通过绳子带动杆 AB 绕点 A 转动。某瞬时角速度和角加速度分别为 ω 和 ε，求该瞬时杆 AB 上点 C 的速度和加速度。已知 $AC=CD=DB=r$。

18. 如图 6.48 所示的卷扬机，鼓轮半径 $r=0.2\text{m}$，绕过点 O 的水平轴转动。已知鼓

轮的转动方程为 $\varphi=\frac{1}{8}t^3$ rad，其中 t 的单位为 s，求 $t=4$s 时轮缘上一点 M 的速度和加速度。

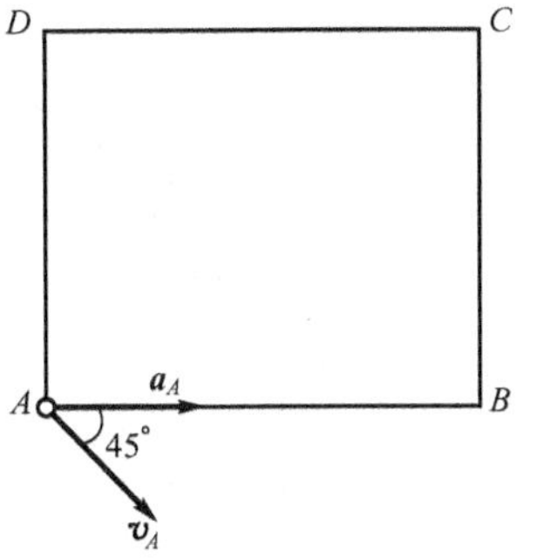

图 6.46　题四(16)图

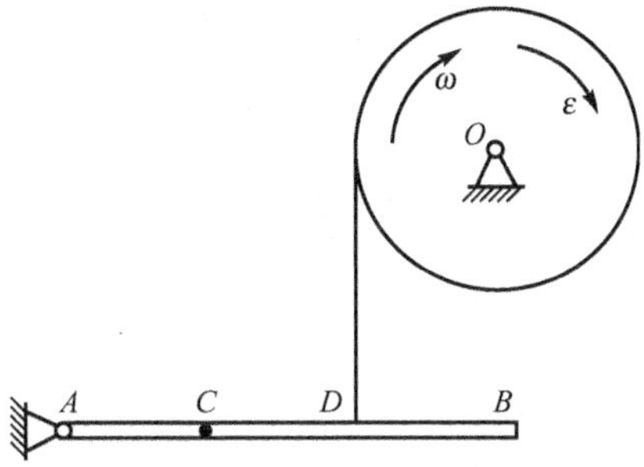

图 6.47　题四(17)图

19. 如图 6.49 所示，齿轮 A 以转速 $n=30$(r/min)旋转，带动另一齿轮 B，刚接于齿轮 B 的鼓轮 D 也随同转动并带动物体 C 上升。半径 $r_1=0.3$m，$r_2=0.5$m，$r_3=0.2$m，求物体 C 上升的速度。

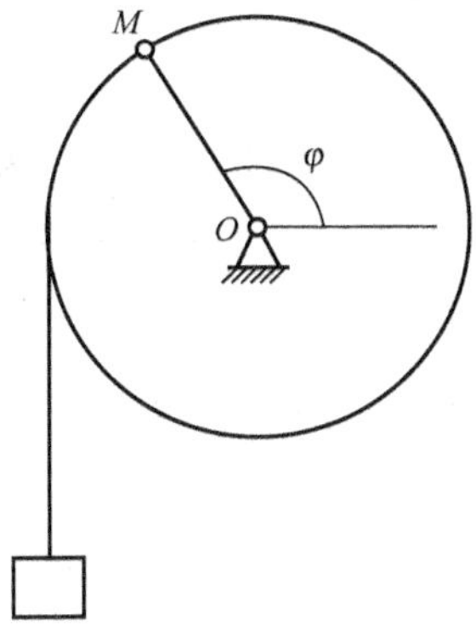

图 6.48　题四(18)图

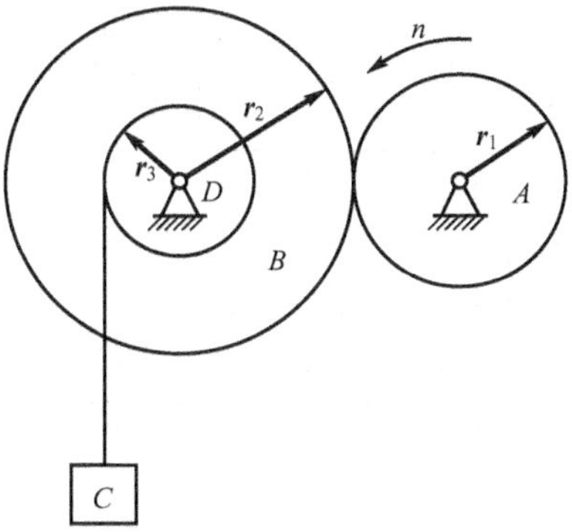

图 6.49　题四(19)图

20. 图 6.50 所示为一摩擦传动机构，主动轴Ⅰ和从动轴Ⅱ的轮盘分别用 A 和 B 表示，它们的半径分别为 $r=50$mm 和 $R=150$mm，两轮接触点按图示方向以速度 $\boldsymbol{v}$ 移动。已知主动轴Ⅰ的转速为 $n=600$r/min，接触点到转轴Ⅱ的中心的距离 d 按规律 $d=(100-5t)$mm (式中 t 以 s 为单位)而变化。试分析(1) 以距离 d 表示轴Ⅱ的角加速度；(2) 当 $d=r$ 时，轮 B 边缘上一点的全加速度。

21. 在如图 6.51 所示的仪表结构中，齿轮 1、2、3 和 4 的齿数分别为 $z_1=6$，$z_2=24$，$z_3=8$，$z_4=32$；齿轮 5 的半径为 5cm，若齿条 B 移动 1cm，求指针 A 所转过的角度 φ。

22. 车床的传动装置如图 6.52 所示。已知各齿轮的齿数分别为 $z_1=40$，$z_2=84$，$z_3=28$，$z_4=80$。带动刀具的丝杠的螺距为 $h_2=12$mm。求车刀切削工作的螺距 h_1。

23. 在图 6.53 所示的机构中，齿轮Ⅰ紧固在杆 AB 上，$AB=O_1O_2$，齿轮Ⅰ和半径为 r_2 的齿轮Ⅱ啮合，齿轮Ⅱ可绕 O_2 轴转动且和曲柄 O_2B 没有联系。设 $O_1A=O_2B=$ Ⅰ，$\varphi=$

$b\sin\omega t$，试确定 $t=\frac{\pi}{2\omega}s$ 时，齿轮Ⅱ的角速度和角加速度。

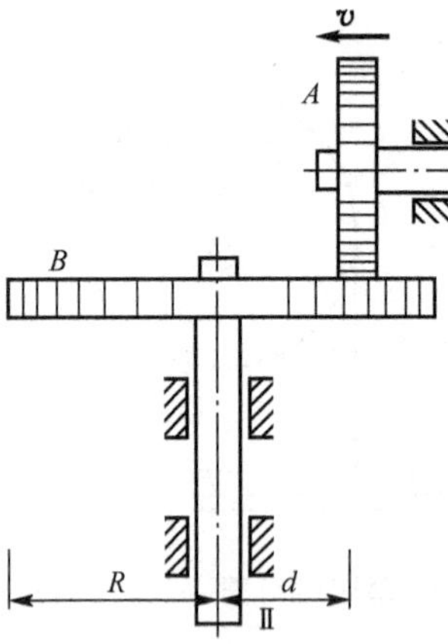

图 6.50　题四(20)图

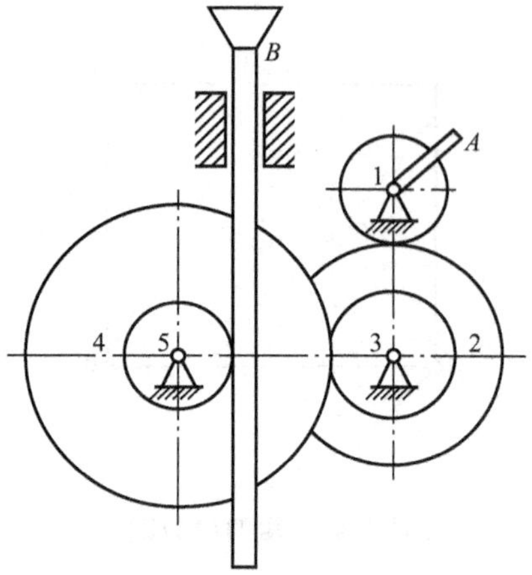

图 6.51　题四(21)图

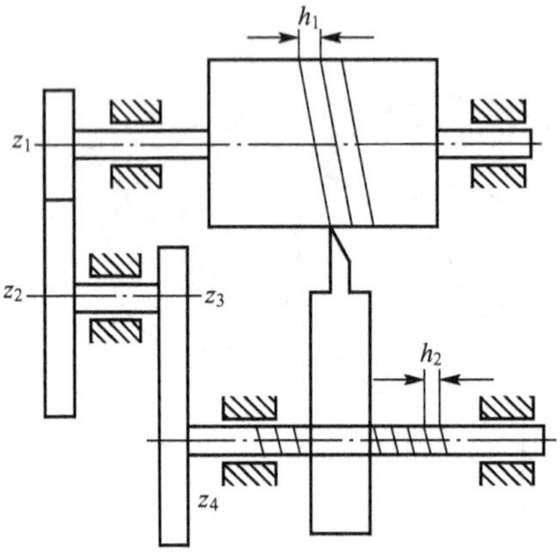

图 6.52　题四(22)图

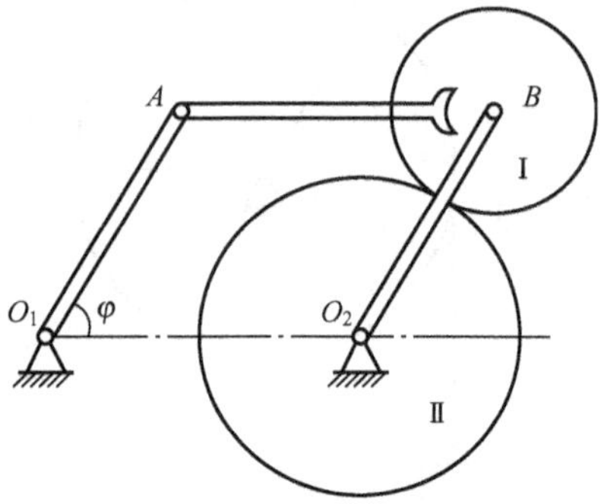

图 6.53　题四(23)图

24. 两轮Ⅰ、Ⅱ半径分别为 $r_1=100\text{mm}$，$r_2=150\text{mm}$，平板 AB 放置在两轮上，如图 6.54 所示。已知轮Ⅰ在某瞬时的角速度 $\omega_1=2\text{rad/s}$，角加速度 $\varepsilon_1=0.5\text{rad/s}^2$，以逆时针方向转边。求此时平板移动的速度和加速度以及轮Ⅱ边缘上一点 C 的速度和加速度(设两轮与板接触处均无滑动)。

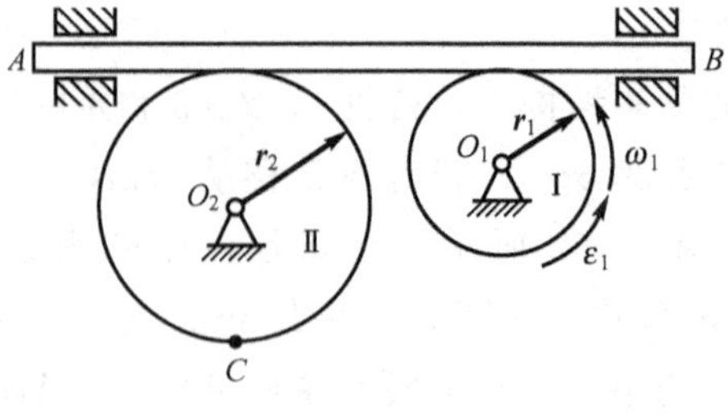

图 6.54　题四(24)图

25. 如图 6.55 所示的半径都是 $2r$ 的一对平行曲柄 O_1A 和 O_2B 以匀角速度 ω_0 分别绕 O_1 和 O_2 轴转动，固连于连杆 AB 的中间齿轮 Ⅰ 带动同样大小的定轴齿轮 Ⅱ 绕 O 轴转动。两齿轮的半径均为 r，试求齿轮 Ⅰ 和轮 Ⅱ 节圆上任一点加速度的大小。

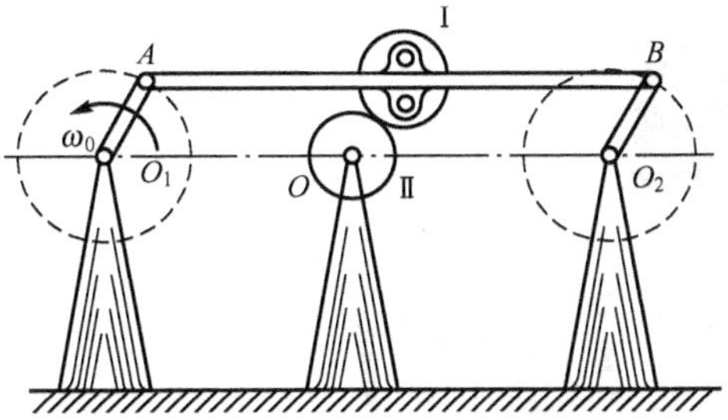

图 6.55　题四(25)图

第7章 点的合成运动

本章教学要点

知识要点	掌握程度	相关知识
基本概念	动点、动系和定系的概念	绝对运动、相对运动和牵连运动的概念
掌握点的速度合成定理	正确画出动点的速度合成图	应用速度合成图计算未知的速度
掌握点加速度合成定理	正确画出动点的加速度合成图	应用加速度合成图计算未知的加速度

导入案例

第6章研究点和刚体的运动，一般都是以地面为参考体的。然而，在实际问题中，还常常要在相对于地面有运动关系的参考体上观察和研究物体的运动。例如，从行驶的汽车上研究在天空中飞行的飞机的运动，坐在行驶的火车内观看垂直落下的雨点的运动等。事实证明，在不同的参考系(参考体)上观察物体(动点)的运动规律不同。这是因为事物都是相互联系着的，本章将研究动点相对于不同参考体运动之间的关系。下面所示的牛头刨床机构各构件之间的运动、飞机螺旋桨上一点的运动、天车起吊物体的运动、凸轮机构中凸轮和顶杆的运动、曲柄摇杆机构中曲柄摇杆之间的运动，以及滑块导杆机构中滑块导杆的运动均要应用到点的合成运动的知识。对于工程中的其他类似问题，我们要学会思考，分析解决工程中各种机构各构件之间的运动关系。

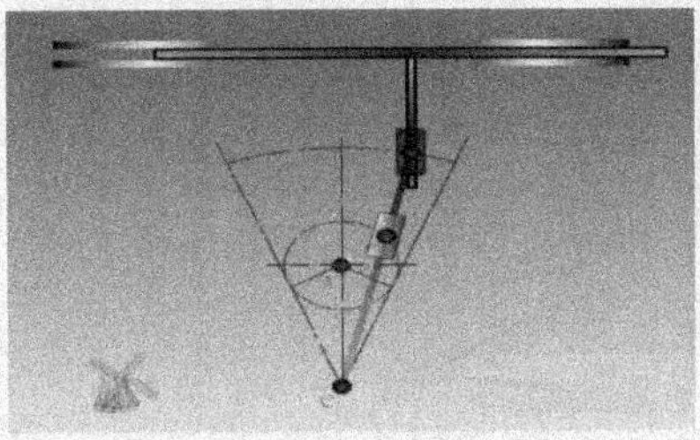

牛头刨床机构运动简图

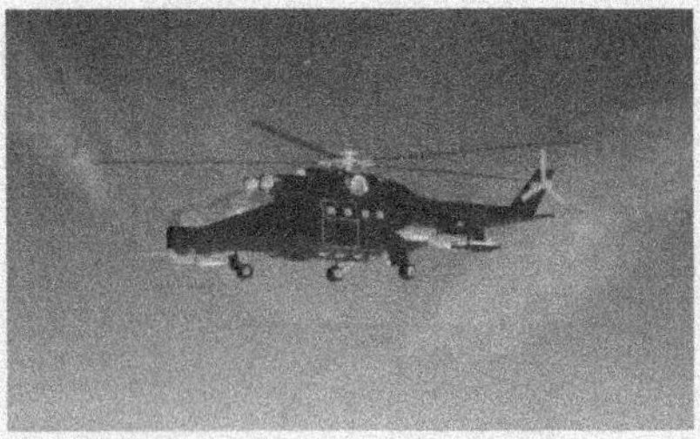

飞机螺旋桨上点的运动分析

天车

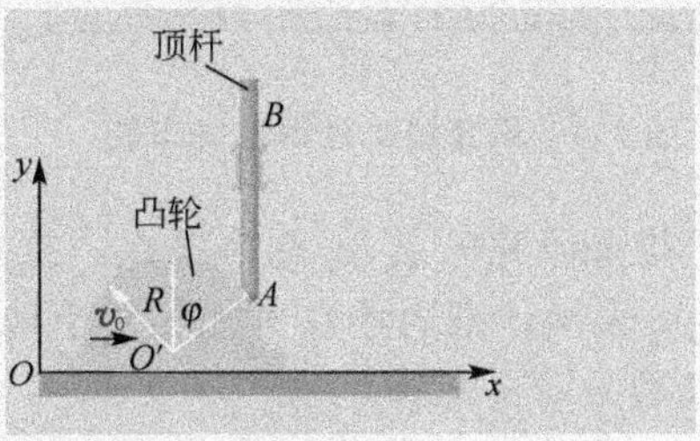

仿形机床中靠模凸轮机构

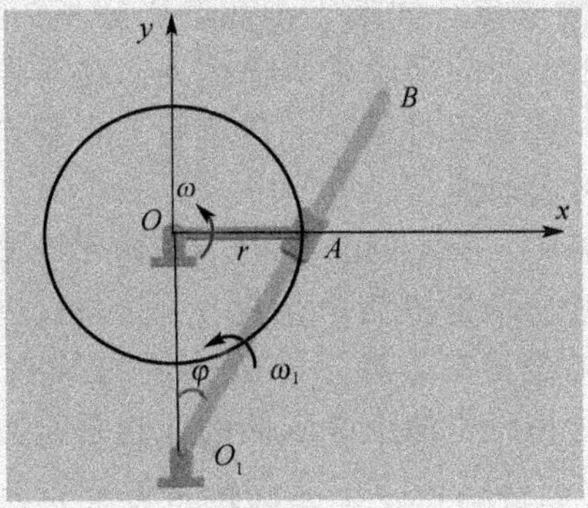

曲柄摇杆机构

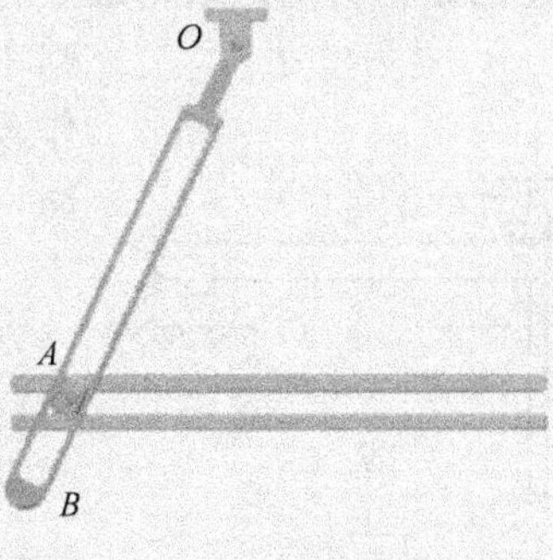

滑块导杆机构

7.1 点的合成运动的基本概念

分析点在不同的参考坐标系中运动规律的联系与差别就是本章中合成运动的主要目的和任务，这可以从了解在两种不同参考坐标系中的运动概念开始。

7.1.1 绝对运动、相对运动和牵连运动

以沿直线轨道滚动的车轮为例，如图 7.1 所示，其轮缘上点 M 的运动，对于地面上的观察者来说，点的轨迹是摆线，但是对于车上的观察者来说，车轮轮缘上点的轨迹是一个圆。

再以一个正在升空的直升机螺旋桨上的一点的运动为例，螺旋桨上的一点相对于地面的运动轨迹是螺旋线，而相对于直升机机身的运动轨迹是圆，如图 7.2 所示。

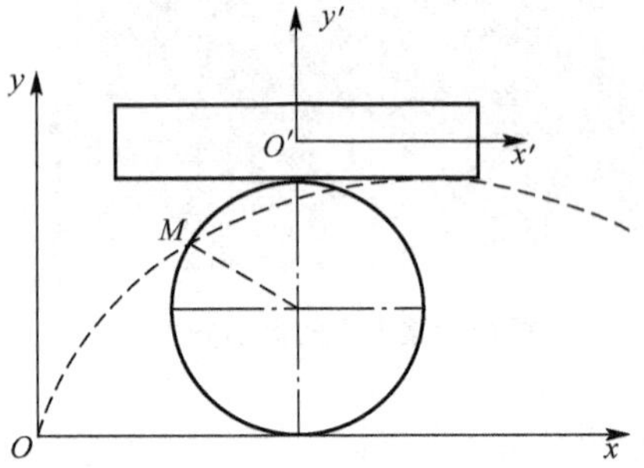

图 7.1　沿直线轨道滚动的车轮

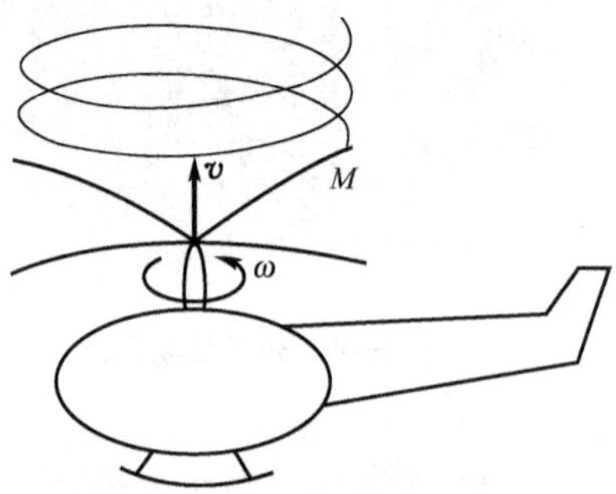

图 7.2　正在升空的直升机螺旋桨

通常，把要研究的点 M 称为动点；把固连在地球上的坐标系称为定参考系，简称定系，以 $Oxyz$ 表示；把固连在其他相对于地球运动的参考体上的坐标系称为动参考系，简称动系，以 $O'x'y'z'$表示。

一个动点在定系和动系中有着不同的运动，把动点相对于定系的运动定义为绝对运动；动点相对于动系的运动定义为相对运动；而把动系相对于定系的运动定义为牵连运动。仍以滚动的车轮为例，取轮缘上的一点 M 为动点，固连于车厢的坐标系为动参考系，则车厢相对于地面的平动是牵连运动；在车厢上看到点作圆周运动，这是相对运动；在地面上看到点沿摆线运动，这是绝对运动。

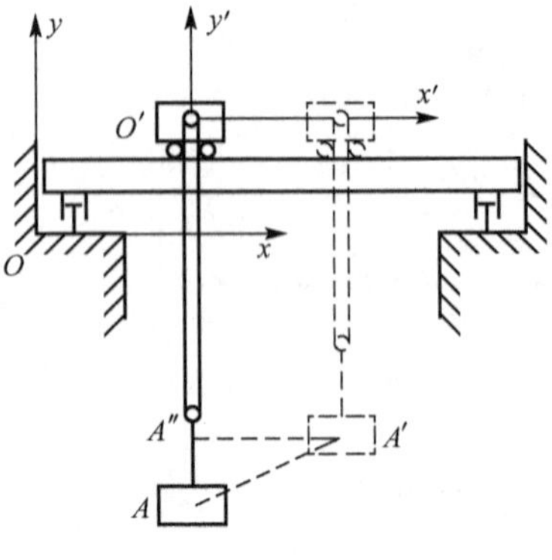

图 7.3　卷扬机小车起吊一重物

例如，图 7.3 所示的卷扬机小车起吊一重物 A 时，一方面重物通过卷扬机而产生向上的运动；另一方面，卷扬机小车又在天车上移动，重物由初始的 A 点到达 A'点，则重物相对于地面或墙体的运动是绝对运动，其位移为$\overrightarrow{AA'}$；而重物相对于卷扬机小车的运动是相对运动，其位移为$\overrightarrow{AA''}$；而卷扬机小车相对于地面的运动是牵连运动，其位移为$\overrightarrow{A''A'}$。又如，一个旅客在运动的车

厢内行走，地面上的人看到该乘客的运动是绝对运动，坐在车厢内的人看到该乘客的运动是相对运动，而地面上的人看到车厢内不动的人的运动是牵连运动。

由以上两例可见，牵连运动的存在使物体的绝对运动和相对运动发生差异。显然，如果没有牵连运动，则物体的相对运动将等同于它的绝对运动；而如果没有相对运动，则物体固连在动系上将随动系一起运动，物体的牵连运动将等同于它的绝对运动。由此可见，物体的绝对运动可以看做相对运动和牵连运动合成的结果。

7.1.2 三种速度及加速度的概念

有了合成运动中几种运动的定义，自然就引出了几种运动的轨迹、速度和加速度的概念。动点在绝对运动中的轨迹、速度、加速度就是绝对轨迹、绝对速度(用$\boldsymbol{v}_a$表示)、绝对加速度(用$\boldsymbol{a}_a$表示)；动点在相对运动中的轨迹、速度、加速度就是相对轨迹、相对速度(用$\boldsymbol{v}_r$表示)、相对加速度(用$\boldsymbol{a}_r$表示)。

由于牵连运动是一种刚体的运动，刚体上各个点的速度、加速度不完全相同，不能随便用刚体上任意一点的速度、加速度作为牵连速度和牵连加速度。动点的牵连速度和牵连加速度是指某瞬时动系上与动点相重合的那个点(称为牵连点)相对于定系的速度和加速度，分别用$\boldsymbol{v}_e$和$\boldsymbol{a}_e$表示。

对于牵连点的问题需要强调的是，牵连点是动系中的点，也相当于动参考体(或其延伸体)上的点，动参考体作什么形式的刚体运动，牵连点也就随着作相应的点运动。同时由于动点位置是在不断变动的，所以牵连点的位置也会时刻跟着变动。

如图7.4所示的机构中，杆MC通过套在杆AB上的滑块而在水平方向作平动。把滑块M作为动点，动系放在杆AB上，则点M的绝对运动为水平方向直线运动，相对运动为x'方向直线运动，要分析牵连运动，可以把滑块和杆MC去掉，只看杆AB，可以假想原来放滑块M的位置M'即为牵连点，由于杆AB绕点A转动，牵连点M'的运动也是绕点A转动，容易确定牵连速度大小$\boldsymbol{v}_e=\overrightarrow{MA}\cdot\omega$，方向垂直于$AB$杆。

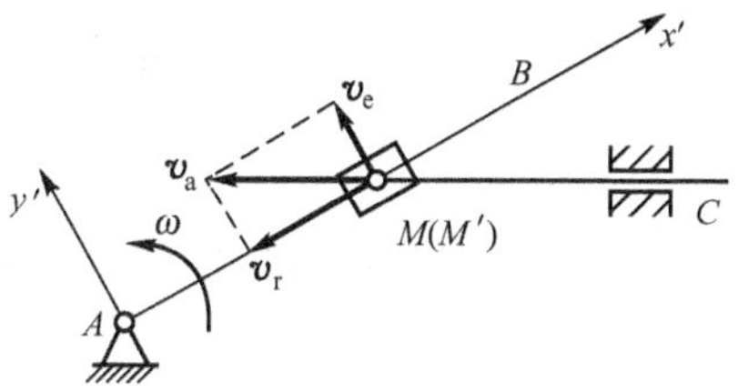

图7.4 杆 MC 通过套在杆 AB 上的滑块而水平运动

7.1.3 合成运动的解析关系

由于动点的绝对运动和相对运动可以用定坐标系和动坐标系描述，根据两个坐标之间的变换关系，可以简单讨论一下绝对运动与相对运动的运动方程之间的解析关系。

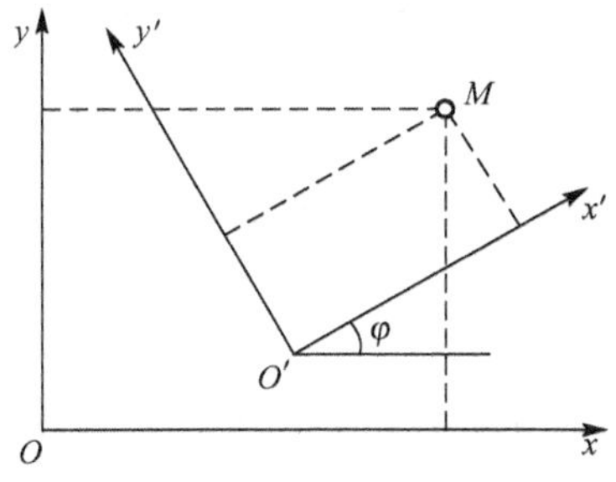

图7.5 动系与定系之间的关系

以平面问题为例，定系用Oxy表示，动系用$O'x'y'$表示，如图7.5所示。如果动点M的绝对运动方程为$x=x(t)$，$y=y(t)$；相对运动方程$x'=x'(t)$，$y'=y'(t)$；而动系相对于定系的运动可以用如下三个方程完全描述：

$$x_{O'}=x_{O'}(t),\ y_{O'}=y_{O'}(t),\ \varphi=\varphi(t)$$

由图7.5可得动系与定系之间的关系为

$$\left.\begin{aligned}x&=x_{O'}+x'\cos\varphi-y'\sin\varphi\\y&=y_{O'}+x'\sin\varphi+y'\cos\varphi\end{aligned}\right\}\tag{7-1}$$

在点的绝对运动方程中消去时间 t 就得到点的绝对运动轨迹，在相对运动方程中消去时间 t 就得到点的相对运动轨迹。

【例 7-1】 用车刀切削工件的直径端面，车刀刀尖 M 沿水平轴 x 作往复运动，如图 7.6 所示。设 Oxy 为定坐标系，刀尖的运动方程为 $x=b\sin\omega t$，工件以等角速度 ω 逆时针方向转动。求车刀在圆端面上切出的痕迹。

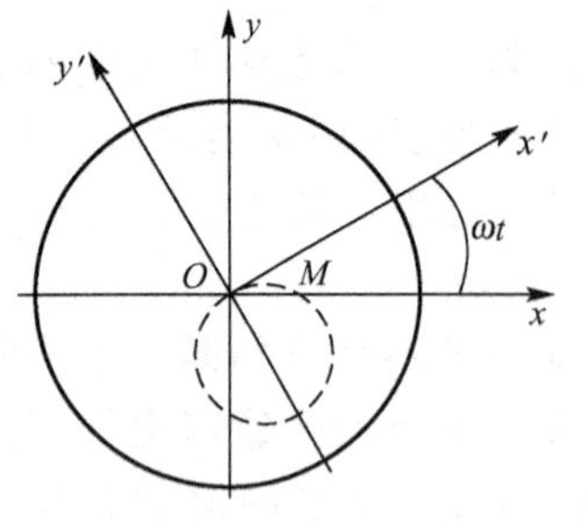

图 7.6 例 7-1 图

解：根据题意，可设刀尖 M 为动点，动坐标固定在工件上，则动点 M 在动坐标 $O'x'y'$ 和定坐标 Oxy 中的坐标关系为

$$x'=x\cos\omega t,\quad y'=-x\sin\omega t$$

将点 M 的绝对运动方程代入上式中，可得

$$x'=b\sin\omega t\cos\omega t=\frac{b}{2}\sin 2\omega t,\quad y'=-b\sin^2\omega t$$

上式就是车刀相对于工件的运动方程，从中消去时间 t，得刀尖的相对轨迹方程

$$(x')^2+\left(y'+\frac{b}{2}\right)^2=\frac{b^2}{4}$$

即切出的痕迹为一个圆。

7.2 点的速度合成定理

下面研究点的相对速度、牵连速度和绝对速度三者之间的关系。仍然以平面问题为例进行分析。

在图 7.7 中，相对运动轨迹为曲线 $\overset{\frown}{M_1M'}$，牵连运动轨迹为曲线 $\overset{\frown}{MM_1}$，绝对运动轨迹为曲线 $\overset{\frown}{MM'}$。三种运动可分别表示如下。

牵连运动：在 $t\to t+\Delta t$ 过程中，$M\to M_1$。

相对运动：在 $t\to t+\Delta t$ 过程中，$M_1\to M'$。

绝对运动：在 $t\to t+\Delta t$ 过程中，$M\to M'$。

由于 $\overrightarrow{MM'}=\overrightarrow{MM_1}+\overrightarrow{M_1M'}$，故有

$$\lim_{\Delta t\to 0}\frac{\overrightarrow{MM'}}{\Delta t}=\lim_{\Delta t\to 0}\frac{\overrightarrow{MM_1}}{\Delta t}+\lim_{\Delta t\to 0}\frac{\overrightarrow{M_1M'}}{\Delta t}$$

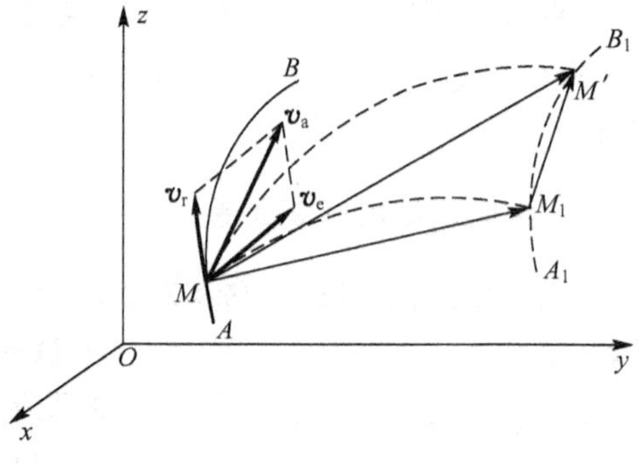

图 7.7 速度合成定理

这样可得到三种运动速度有如下的关系：

$$\boldsymbol{v}_a=\boldsymbol{v}_e+\boldsymbol{v}_r\tag{7-2}$$

式(7-2)为点的合成运动的速度合成定理，即动点的绝对速度矢量等于其相对速度与牵连速度的矢量之和。

速度合成定理是一个矢量等式，实际计算时可以采用速度矢量图计算，即动点的绝对

速度可以由牵连速度与相对速度所构成的平行四边形的对角线来确定。这个平行四边形称为速度平行四边形。这样的矢量等式与静力学中力的平衡方程一样，也可以进行矢量投影计算，从而可以列出两个标量等式，投影的方向不一定是垂直的 x 轴或 y 轴，可以是任意两个方向。对于每一个矢量都有大小和方向两个因素，速度合成定理的矢量等式中一共有六个因素，所以只要知道了其中四个因素，就可以用两个标量等式求出其余两个。

下面用几个实例说明速度合成定理的应用。

【例 7-2】 如图 7.8 所示是半径为 R 的半圆形凸轮，以等速度 $\boldsymbol{v}_0$ 沿水平轨道向左运动，它推动杆 AB 沿铅垂导轨上下滑动，在图示位置时，$\varphi=60°$，求该瞬时顶杆 AB 的速度。

解：选择顶杆 AB 上的点 A 为动点，凸轮为动系，由

$$\boldsymbol{v}_a=\boldsymbol{v}_e+\boldsymbol{v}_r$$

画出动点 A 的速度合成图如图 7.8 所示。其中 $\boldsymbol{v}_a$ 为绝对速度，方向铅垂向上，$\boldsymbol{v}_e$ 为牵连速度，方向水平向左，而 $\boldsymbol{v}_r$ 为相对速度，其方向为半圆形凸轮在点 A 处的切线。由于凸轮作平动，$\boldsymbol{v}_e=\boldsymbol{v}_0$，由图可知

$$v_a=v_e\cot\varphi=v_0\cot\varphi=\frac{\sqrt{3}}{3}v_0$$

上式即为顶杆 AB 的速度大小，方向铅直向上。

【例 7-3】 如图 7.9 所示为刨床的摆动导杆机构。已知曲柄 OM 长为 20cm，以转速 $n=30\text{r/min}$ 作逆时针转动。曲柄转动轴与导杆转轴之间的距离 $OA=30\text{cm}$，当曲柄与 OA 相垂直且在右侧时，求导杆 AB 的角速度 ω_{AB}。

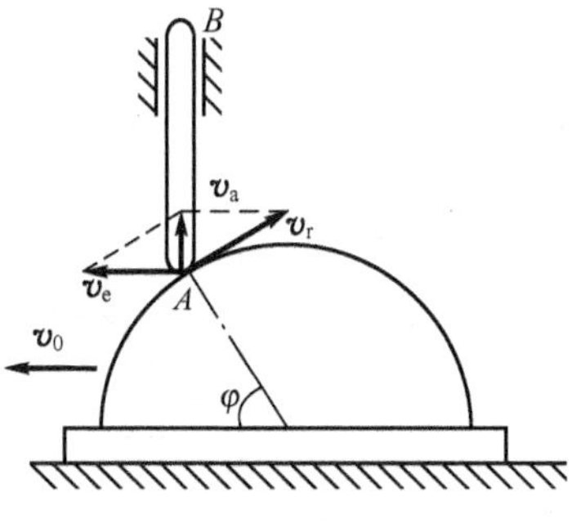

图 7.8 例 7-2 图

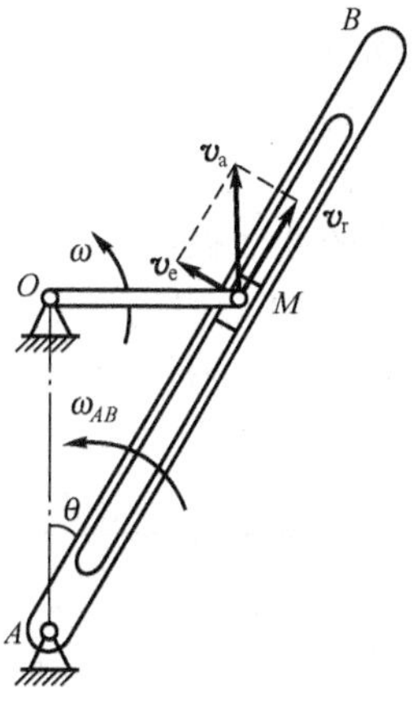

图 7.9 例 7-3 图

解：选择滑块 M 为动点，导杆 AB 为动系。由 $\boldsymbol{v}_a=\boldsymbol{v}_e+\boldsymbol{v}_r$ 画出动点 M 的速度合成图如图 7.9 所示。其中 $\boldsymbol{v}_a$ 为绝对速度，方向铅垂向上；$\boldsymbol{v}_e$ 为牵连速度，方向垂直于导杆 AB，而 $\boldsymbol{v}_r$ 为相对速度，其方向沿 AB 导杆内导槽的方向。由图可知

$$v_e=v_a\sin\theta=OM\cdot\omega\sin\theta$$

导杆 AB 的转动角速度 ω_{AB} 为

$$\omega_{AB}=\frac{v_e}{AM}=\frac{OM\cdot\omega\sin\theta}{OM/\sin\theta}=\omega\sin^2\theta=\frac{2\pi\times30}{60}\times\frac{400}{1300}=\frac{4\pi}{13}=0.967\text{rad/s}$$

【例 7-4】 如图 7-10 所示的机构中，已知杆 OA 绕 O 以匀角速度 $\omega_0=2\text{rad/s}$ 逆时

针方向转动，杆 BC 通过套筒 B 套于杆 OA 上，杆 OA 转动时带动杆 BC 上下运动，已知 $OC=0.5\text{m}$，试求图示位置 $\theta=30°$ 时杆 BC 的运动速度。

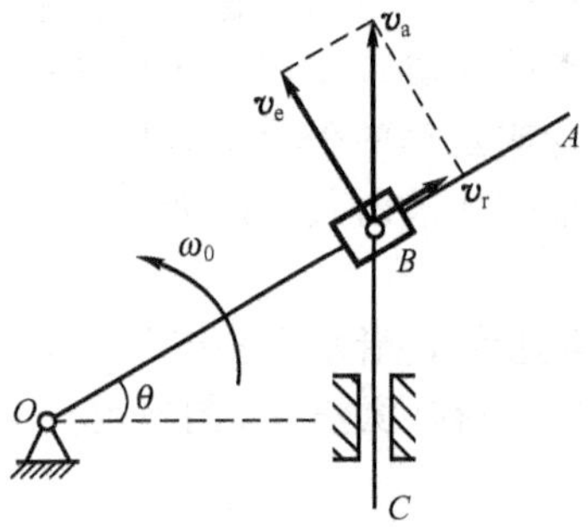

图 7.10 例 7-4 图

解： 选套筒 B 为动点，杆 OA 为动系。由 $\boldsymbol{v}_a=\boldsymbol{v}_e+\boldsymbol{v}_r$ 画出动点 B 的速度合成图如图 7.10 所示。其中 $\boldsymbol{v}_a$ 为绝对速度，方向铅垂向上；$\boldsymbol{v}_e$ 为牵连速度，方向垂直于杆 OA，而 $\boldsymbol{v}_r$ 为相对速度，其方向沿杆 OA 的方向。由图可知

$$v_a=\frac{v_e}{\cos\theta}=\frac{OB\cdot\omega_0}{\cos\theta}=\frac{4}{3}\text{m/s}$$

这就是杆 BC 的运动速度的大小，方向垂直向上。

总结以上几个实例的解题步骤如下。

(1) 选取动点、动参考系和定参考系。所选的参考系应能将动点的运动分解成为相对运动和牵连运动。因此动点和动参考系不能选在同一个物体上；一般应使相对轨迹已知。

(2) 分析三种运动与三种速度。

(3) 应用速度合成定理，画出速度矢量图。

(4) 由速度平行四边形或三角形的几何关系求出未知数。

7.3 牵连运动为平动时点的加速度合成定理

在点的合成运动中，加速度之间的关系比较复杂，因此，先分析当牵连运动为平动时点的加速度合成定理。

如图 7.11 所示，设动坐标系 $O'x'y'z'$ 相对于定坐标系 $Oxyz$ 作平动，同时动点 M 又沿着动参考系中的曲线做相对运动。

如动点 M 相对于动参考系的相对坐标为 x'、y'、z'，而 $\boldsymbol{i}'$、$\boldsymbol{j}'$、$\boldsymbol{k}'$ 为动坐标轴的单位矢量，则点 M 的相对速度和相对加速度为

$$\boldsymbol{v}_r=\frac{\mathrm{d}x'}{\mathrm{d}t}\boldsymbol{i}'+\frac{\mathrm{d}y'}{\mathrm{d}t}\boldsymbol{j}'+\frac{\mathrm{d}z'}{\mathrm{d}t}\boldsymbol{k}' \tag{7-3}$$

$$\boldsymbol{a}_r=\frac{\mathrm{d}^2x'}{\mathrm{d}t^2}\boldsymbol{i}'+\frac{\mathrm{d}^2y'}{\mathrm{d}t^2}\boldsymbol{j}'+\frac{\mathrm{d}^2z'}{\mathrm{d}t^2}\boldsymbol{k}' \tag{7-4}$$

将式(7-2)两端同时对时间求一次导数，得

$$\frac{\mathrm{d}\boldsymbol{v}_a}{\mathrm{d}t}=\frac{\mathrm{d}\boldsymbol{v}_e}{\mathrm{d}t}+\frac{\mathrm{d}\boldsymbol{v}_r}{\mathrm{d}t} \tag{7-5}$$

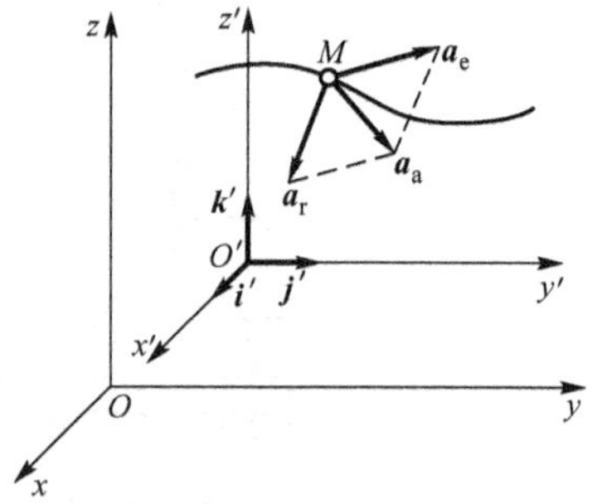

图 7.11 当牵连运动为平动时加速度合成定理

式(7-5)左端为动点相对于定参考系的绝对加速度，即

$$\boldsymbol{a}_a=\frac{\mathrm{d}\boldsymbol{v}_a}{\mathrm{d}t} \tag{7-6}$$

由于动参考系为平动，动参考系上各点的速度或加速度在任一瞬时都是相同的，因而动参考系原点 O' 的速度 $\boldsymbol{v}_{O'}$ 和加速度 $\boldsymbol{a}_{O'}$，就等于牵连速度 $\boldsymbol{v}_e$ 和牵连加速度 $\boldsymbol{a}_e$，有

$$\frac{\mathrm{d}\boldsymbol{v}_e}{\mathrm{d}t}=\frac{\mathrm{d}\boldsymbol{v}_{O'}}{\mathrm{d}t}=\boldsymbol{a}_{O'}=\boldsymbol{a}_e$$

即

$$\boldsymbol{a}_e=\frac{d\boldsymbol{v}_e}{dt} \tag{7-7}$$

将式(7－3)两端同时对时间求一次导数，注意到动参考系平动时 $\boldsymbol{i}'$、$\boldsymbol{j}'$、$\boldsymbol{k}'$ 的大小和方向都不改变，为恒矢量，因而有

$$\frac{d\boldsymbol{v}_r}{dt}=\frac{d^2x'}{dt^2}\boldsymbol{i}'+\frac{d^2y'}{dt^2}\boldsymbol{j}'+\frac{d^2z'}{dt^2}\boldsymbol{k}'=\boldsymbol{a}_r \tag{7-8}$$

将式(7－6)、(7－7)、(7－8)代入式(7－5)，得

$$\boldsymbol{a}_a=\boldsymbol{a}_e+\boldsymbol{a}_r \tag{7-9}$$

式(7－9)表示牵连运动为平动时点的加速度合成定理：当牵连运动为平动时，动点在某瞬时的绝对加速度等于该瞬时它的牵连加速度与相对加速度的矢量和。它与速度合成定理具有完全相同的形式。

【例7－5】 如图7.12所示为曲柄导杆机构，已知曲柄长 $OA=r$，某瞬时它和铅直线间的夹角为 φ，曲柄转动的角速度为 ω，转动的角加速度为 ε，求此瞬时导杆的加速度。

解： 选择滑块 A 为动点，导杆 BCD 为动系。进行加速度分析，由于绝对运动是以 O 为圆心，OA 为半径的圆周运动，绝对加速度包括法向加速度 $\boldsymbol{a}_a^n$ 和切向加速度 $\boldsymbol{a}_a^\tau$，牵连运动是导杆 BCD 相对于定系的平动，假设导杆 BCD 相对于定系的加速度为 $\boldsymbol{a}_e$，由于平动刚体各点的加速度相同，动点 A 的牵连加速度为 $\boldsymbol{a}_e$，方向假设向上。相对运动是滑块 A 相对于动系的运动，由于滑块 A 只能在导杆内滑动，故相对加速度沿导槽方向，不妨假设水平向右，由 $\boldsymbol{a}_a^n+\boldsymbol{a}_a^\tau=\boldsymbol{a}_e+\boldsymbol{a}_r$ 作点 A 的加速度合成图，如图7.12所示。

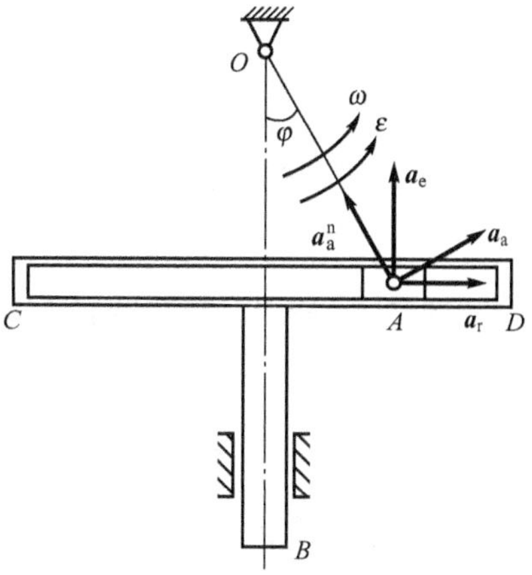

图7.12 例7－5图

只需求牵连加速度 $\boldsymbol{a}_e$ 而无须求相对加速度 $\boldsymbol{a}_r$，只需列 $\boldsymbol{a}_e$ 方向的投影方程，有

$$a_a^n\cos\varphi+a_a^\tau\sin\varphi=a_e$$

式中，$a_a^n=r\omega^2$，$a_a^\tau=r\varepsilon$。解得导杆的加速度为

$$a_e=a_a^n\cos\varphi+a_a^\tau\sin\varphi=r\omega^2\cos\varphi+r\varepsilon\sin\varphi$$

【例7－6】 如图7－13(a)所示为曲柄导杆机构。已知 $O_1A=O_2B=10\text{cm}$，又 $O_1O_2=AB$，曲柄 O_1A 以角速度 $\omega=2\text{rad/s}$ 做匀速转动。在图示瞬时，$\varphi=60°$，求该瞬时杆 CD 的速度和加速度。

解： 选滑块 C 为动点，杆 AB 为动系。由 $\boldsymbol{v}_a=\boldsymbol{v}_e+\boldsymbol{v}_r$ 作点 C 的速度合成图，如图7.13(a)所示。动系 AB 作平动，其速度等于点 A（或点 B)的速度，即

由速度合成图，可知杆 CD 的速度为

$$v_a=v_e\cos\varphi=O_1A\cdot\omega\cos\varphi=0.1\text{m/s}$$

由于动系 AB 作平动，由 $\boldsymbol{a}_a=\boldsymbol{a}_e^n+\boldsymbol{a}_r$ 作点 C 的加速度合成图如图7.13(b)所示。曲柄做匀速转动，牵连加速度只有法向加速度，即

$$a_e^n=O_1A\cdot\omega^2$$

由加速度合成图可知，杆 CD 的加速度为

$$a_a = a_e^n \sin\varphi = O_1A \cdot \omega^2 \sin\varphi = 0.346\text{m/s}^2$$

$$v_e = O_1A \cdot \omega$$

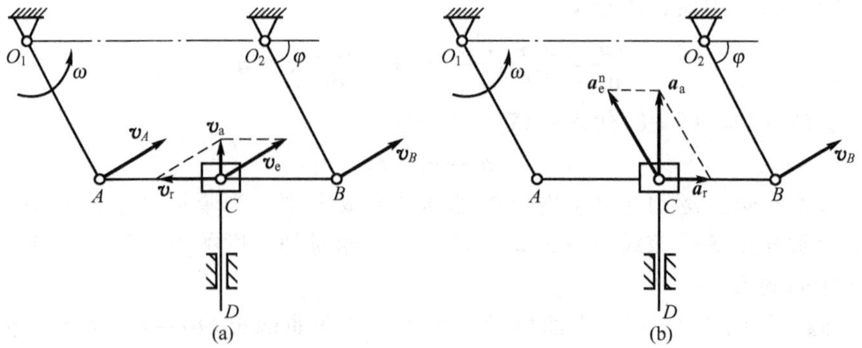

图 7.13　例 7-6 图

7.4　牵连运动为转动时点的加速度合成定理

如图 7.14 所示，设动系的角速度为 ω_e，角加速度为 ε_e，相对于定系 $Oxyz$ 的轴 z 转动，动点 M 相对于动系 $O'x'y'z'$ 运动。将动系的原点 O' 取在 Oz 轴上，动点 M 的相对运动轨迹为 AB。相对矢径 $\boldsymbol{r}'$，相对运动速度 $\boldsymbol{v}_r$ 和相对运动加速度 $\boldsymbol{a}_r$ 可分别表示为

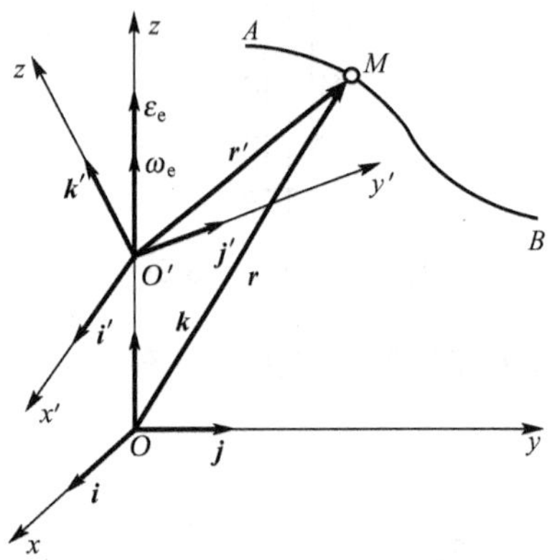

图 7.14　当牵连运动为定轴转动时加速度合成定理

$$\boldsymbol{r}' = x'\boldsymbol{i}' + y'\boldsymbol{j}' + z'\boldsymbol{k}'$$

$$\boldsymbol{v}_r = \frac{dx'}{dt}\boldsymbol{i}' + \frac{dy'}{dt}\boldsymbol{j}' + \frac{dz'}{dt}\boldsymbol{k}'$$

$$\boldsymbol{a}_r = \frac{d^2x'}{dt^2}\boldsymbol{i}' + \frac{d^2y'}{dt^2}\boldsymbol{j}' + \frac{d^2z'}{dt^2}\boldsymbol{k}'$$

动点 M 的牵连速度和牵连加速度可表示为

$$\boldsymbol{v}_e = \boldsymbol{\omega}_e \times \boldsymbol{r}$$

$$\boldsymbol{a}_e = \boldsymbol{\varepsilon}_e \times \boldsymbol{r} + \boldsymbol{\omega}_e \times \boldsymbol{v}_e$$

而　$$\boldsymbol{v}_a = \boldsymbol{v}_e + \boldsymbol{v}_r = \omega_e \times \boldsymbol{r} + \frac{dx'}{dt}\boldsymbol{i}' + \frac{dy'}{dt}\boldsymbol{j}' + \frac{dz'}{dt}\boldsymbol{k}'$$

故　$$\boldsymbol{a}_a = \frac{d\boldsymbol{v}_a}{dt} = \frac{d}{dt}(\omega_e \times \boldsymbol{r}) + \frac{d^2x'}{dt^2}\boldsymbol{i}' + \frac{d^2y'}{dt^2}\boldsymbol{j}' + \frac{d^2z'}{dt^2}\boldsymbol{k}' + \frac{dx'}{dt}\frac{d\boldsymbol{i}'}{dt} + \frac{dy'}{dt}\frac{d\boldsymbol{j}'}{dt} + \frac{dz'}{dt}\frac{d\boldsymbol{k}'}{dt}$$

$$= \boldsymbol{\varepsilon}_e \times \boldsymbol{r} + \boldsymbol{\omega}_e \times \frac{d\boldsymbol{r}}{dt} + \frac{d^2x'}{dt^2}\boldsymbol{i}' + \frac{d^2y'}{dt^2}\boldsymbol{j}' + \frac{d^2z'}{dt^2}\boldsymbol{k}' + \frac{dx'}{dt}\frac{d\boldsymbol{i}'}{dt} + \frac{dy'}{dt}\frac{d\boldsymbol{j}'}{dt} + \frac{dz'}{dt}\frac{d\boldsymbol{k}'}{dt}$$

$$= \boldsymbol{\varepsilon}_e \times \boldsymbol{r} + \boldsymbol{\omega}_e \times (\boldsymbol{v}_e + \boldsymbol{v}_r) + \frac{d^2x'}{dt^2}\boldsymbol{i}' + \frac{d^2y'}{dt^2}\boldsymbol{j}' + \frac{d^2z'}{dt^2}\boldsymbol{k}' + \frac{dx'}{dt}\frac{d\boldsymbol{i}'}{dt} + \frac{dy'}{dt}\frac{d\boldsymbol{j}'}{dt} + \frac{dz'}{dt}\frac{d\boldsymbol{k}'}{dt}$$

$$= \boldsymbol{a}_e + \boldsymbol{a}_r + \boldsymbol{\omega}_e \times \boldsymbol{v}_r + \frac{dx'}{dt}\frac{d\boldsymbol{i}'}{dt} + \frac{d\boldsymbol{y}'}{dt}\frac{d\boldsymbol{j}'}{dt} + \frac{dz'}{dt}\frac{d\boldsymbol{k}'}{dt}$$

单位矢量对时间的导数，经过一个较复杂的数学推导过程(有兴趣的读者可参阅哈尔滨工业大学理论力学教研室编的《理论力学》第6版第177页)，可得

$$\frac{\mathrm{d}\boldsymbol{i}'}{\mathrm{d}t}=\boldsymbol{\omega}_{\mathrm{e}}\times\boldsymbol{i}',\quad \frac{\mathrm{d}\boldsymbol{j}'}{\mathrm{d}t}=\boldsymbol{\omega}_{\mathrm{e}}\times\boldsymbol{j}',\quad \frac{\mathrm{d}\boldsymbol{k}'}{\mathrm{d}t}=\boldsymbol{\omega}_{\mathrm{e}}\times\boldsymbol{k}'$$

这样有

$$\frac{\mathrm{d}x'}{\mathrm{d}t}\frac{\mathrm{d}\boldsymbol{i}'}{\mathrm{d}t}+\frac{\mathrm{d}y'}{\mathrm{d}t}\frac{\mathrm{d}\boldsymbol{j}'}{\mathrm{d}t}+\frac{\mathrm{d}z'}{\mathrm{d}t}\frac{\mathrm{d}\boldsymbol{k}'}{\mathrm{d}t}=\boldsymbol{\omega}_{\mathrm{e}}\times\boldsymbol{v}_{\mathrm{r}}$$

故可得

$$\boldsymbol{a}_{\mathrm{a}}=\boldsymbol{a}_{\mathrm{e}}+\boldsymbol{a}_{\mathrm{r}}+\boldsymbol{a}_{\mathrm{k}}$$

其中，$\boldsymbol{a}_{\mathrm{k}}=2\boldsymbol{\omega}_{\mathrm{e}}\times\boldsymbol{v}_{\mathrm{r}}$称为科里奥利加速度，简称科氏加速度，其大小为$a_{\mathrm{k}}=2\omega_{\mathrm{e}}v_{\mathrm{r}}\sin\theta$，方向为垂直于由$\boldsymbol{\omega}_{\mathrm{e}}$和$\boldsymbol{v}_{\mathrm{r}}$组成的平面，且符合右手螺旋法则。

这就是牵连运动为转动时的加速度合成定理，它表示当动系为定轴转动时，动点在某瞬时的绝对加速度等于该瞬时它的相对加速度与牵连加速度及科氏加速度的矢量和。上式虽然是在定轴转动的条件下推导出来的，但可以证明动系作任意运动时均成立，即它是点的合成运动的加速度普遍合成定理。当动系作平动时转动角速度为零，因而科氏加速度为零，这就回到了7.3节加速度合成定理的特殊形式。

科氏加速度是由法国人科里奥利在1832年发现的。自然现象中有很多地方存在科氏加速度。例如，地球绕地轴转动，地球上的物体相对于地球运动，这是牵连运动为转动的合成运动。在北半球由北向南行驶的火车有向东的科氏加速度，而由南向北行驶的火车有向西的科氏加速度，因而火车均是靠左行驶；又如北半球的河水向北流动时，河水的科氏加速度向西，因而河水必受到右河岸向左的作用力，所以北半球的江河右岸都受到较明显的冲刷。

加速度合成定理的一般形式仍是矢量等式，应用时一般可以确定所有加速度的方向。例如，圆周运动的加速度分为法向和切向两部分。矢量等式同样可以列出在两个方向上的标量等式，从而求出两个未知量。

【例7-7】 点M在OA上按规律$x=2+3t^2\,\mathrm{cm}$运动，同时杆OA绕轴O以等角速度$\omega=2\mathrm{rad/s}$转动，如图7.15(a)所示。求当$t=1\mathrm{s}$时，点M的绝对加速度。

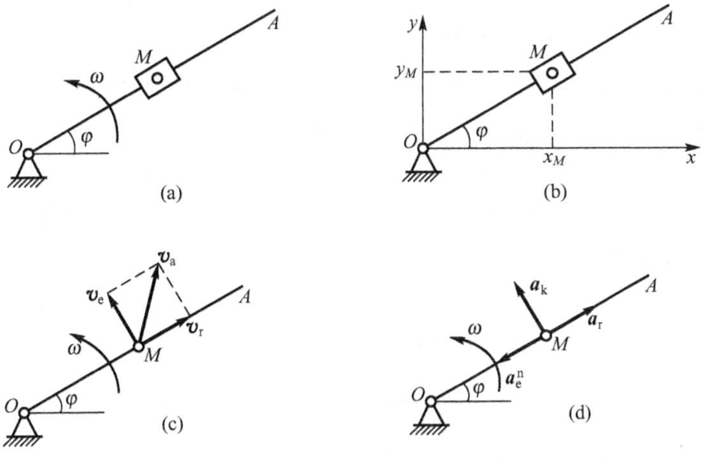

图7.15 例7-7图

解：本题既可按点的运动学求解，也可按点的合成运动求解。

(1) 按点的运动学求解。

取直角坐标系 Oxy，如图 7.15(b)所示，于是可写出任一瞬时 M 点的运动方程：

$$\begin{cases} x_M = OM \cdot \cos\varphi = (2+3t^2) \cdot \cos 2t \\ y_M = OM \cdot \sin\varphi = (2+3t^2) \cdot \sin 2t \end{cases}$$

求二次导数可得加速度：

$$\begin{cases} a_x = \ddot{x}_M = -24t\sin 2t - 2(1+6t^2)\cos 2t \\ a_y = \ddot{y}_M = 24t\cos 2t - 2(1+6t^2)\sin 2t \end{cases}$$

当 $t=1\text{s}$ 时有 $\begin{cases} a_x = -24\sin 2 - 14\cos 2 \\ a_y = 24\cos 2 - 14\sin 2 \end{cases}$，故 M 的绝对加速度为

$$a_M = \sqrt{a_x^2 + a_y^2} = \sqrt{24^2 + 14^2} = 27.78\text{cm/s}^2$$

(2) 按点的合成运动求解。

动点为 M，动系固连于 OA 杆上。因为动系作定轴转动，所以根据 $\boldsymbol{v}_\text{a} = \boldsymbol{v}_\text{e} + \boldsymbol{v}_\text{r}$ 和 $\boldsymbol{a}_\text{a} = \boldsymbol{a}_\text{e} + \boldsymbol{a}_\text{r} + \boldsymbol{a}_\text{k}$ 分别作出点 M 的速度合成图和加速度合成图，如图 7.15(c)、(d)所示。由加速度图可知

$$a_\text{a} = \sqrt{(a_\text{r} - a_\text{e}^\text{n})^2 + a_\text{k}^2}$$

其中，$a_\text{r} = \dfrac{\text{d}^2 x}{\text{d}t^2} = 6\text{cm/s}^2$，$a_\text{e}^\text{n} = \omega^2 x = 20\text{cm/s}^2$，$a_\text{k} = 2\omega v_\text{r} = 24\text{cm/s}^2$，代入后可得动点 M 的绝对加速度为

$$a_\text{a} = \sqrt{(6-20)^2 + 24^2} = 27.78\text{cm/s}^2$$

注意：画速度合成图的目的是计算相对速度的大小和确定相对速度的方向，以便在画动点 M 的加速度合成图时，可方便地计算科氏加速度的大小和确定科氏加速度的方向。本题中第(1)种解法概念清楚，条理明白；第(2)种解法用到了科氏加速度的概念，应注意其大小的计算和方向的确定，第(2)种解法运算较为简便。

【例 7-8】 一牛头刨床机构如图 7.16(a)所示。已知 $O_1A = 20\text{cm}$，$O_2B = \dfrac{130\sqrt{3}}{3}\text{cm}$，杆 O_1A 的角速度 $\omega_1 = 2\text{rad/s}$，求图示位置时滑枕 CD 的速度和加速度。

解：先研究动点 A，动系固连于 O_2B 上。由 $\boldsymbol{v}_\text{a1} = \boldsymbol{v}_\text{e1} + \boldsymbol{v}_\text{r1}$ 和 $\boldsymbol{a}_\text{a1} = \boldsymbol{a}_\text{e1}^\text{n} + \boldsymbol{a}_\text{e1}^\tau + \boldsymbol{a}_\text{r1} + \boldsymbol{a}_\text{k1}$ 作点 A 的速度和加速度合成图，如图 7.16(b)、图 7.16(c)所示。设杆 O_2B 的角速度为 ω，角加速度为 ε，由图知点 A 的绝对速度 $v_\text{a1} = \omega_1 \cdot O_1A = 40\text{cm/s}$，根据速度合成图可得动点 A 的相对速度和牵连速度分别为

$$v_\text{r1} = v_\text{a1}\cos 30° = 20\sqrt{3}\,\text{cm/s}, \quad v_\text{e1} = v_\text{a1}\sin 30° = 20\text{cm/s}$$

由于牵连速度可表示为 $v_\text{e1} = \omega \cdot O_2A$，故杆 O_2B 的角速度 ω 为

$$\omega = \frac{v_\text{e1}}{O_2A} = 0.5\text{rad/s}$$

根据 A 点的加速度合成图，向 x、y 轴投影得

$$-a_\text{a1} = -a_\text{e1}^\text{n}\sin 30° - a_\text{e1}^\tau\cos 30° + a_\text{r1}\sin 30° - a_\text{k1}\cos 30°$$

$$0 = -a_\text{e1}^\text{n}\cos 30° + a_\text{e1}^\tau\sin 30° + a_\text{r1}\cos 30° + a_\text{k1}\sin 30°$$

式中，$a_{a1}=\omega_1^2 \cdot O_1A=80\text{cm/s}^2$，$a_{e1}^n=\omega^2 \cdot O_2A=10\text{cm/s}^2$，

$$a_{e1}^\tau=\varepsilon \cdot O_2A=40\varepsilon\text{cm/s}^2，a_{k1}=2\omega \cdot v_{r1}=20\sqrt{3}\text{cm/s}^2$$

代入解得杆 O_2B 的角加速度 ε 为

$$\varepsilon=\frac{\sqrt{3}}{2}\text{rad/s}^2$$

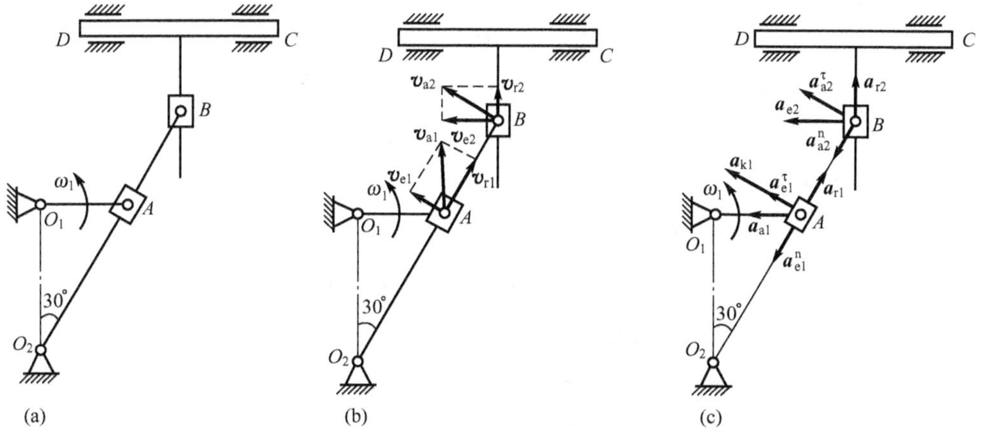

图 7.16　例 7-8 图

再研究动点 B，动系固连于滑枕上。由 $\boldsymbol{v}_{a2}=\boldsymbol{v}_{e2}+\boldsymbol{v}_{r2}$ 和 $\boldsymbol{a}_{a2}^n+\boldsymbol{a}_{a2}^\tau=\boldsymbol{a}_{e2}+\boldsymbol{a}_{r2}$ 作 B 点的速度和加速度合成图如图 7.16(b)、(c)所示。B 点绝对速度为

$$v_{a2}=\omega \cdot O_2B=\frac{65}{3}\sqrt{3}\text{cm/s}$$

故滑枕 CD 的速度为

$$v_{CD}=v_{e2}=v_{a2}\cos30°=32.5\text{cm/s}$$

根据 B 点的加速度合成图，向 x 轴投影得

$$-a_{a2}^\tau\cos30°-a_{a2}^n\sin30°=-a_{e2}$$

式中，$a_{a2}^\tau=\varepsilon \cdot O_2B=65\text{cm/s}^2$，$a_{a2}^n=\omega^2 \cdot O_2B=18.8\text{cm/s}^2$，代入方程中得

$$a_{CD}=a_{e2}=65.7\text{cm/s}^2$$

讨论：

(1) 本题必须应用二次速度合成定理和加速度合成定理才能求出 CD 的速度和加速度。

(2) 首先分析动点 A，这是因为动点 A 与曲柄 O_1A 铰链连接无相对运动关系，而相对摇杆 O_2B 有运动关系，故动系应建立在 O_2B 上。又由于动系作定轴转动，故分析动点加速度时必须考虑科氏加速度。

(3) 然后分析动点 B，这时动点 B 与摇杆 O_2B 是铰链连接，无相对运动关系，而相对滑枕 CD 有运动关系，故动系应固连在 CD 上。又由于动系作平动，故分析动点加速度时不必考虑科氏加速度。

【例 7-9】 如图 7.17(a)所示，直角曲杆 OBC 绕 O 轴转动，使套在其上的小环 M 沿固定直杆 OA 滑动。已知 $OB=0.1\text{m}$，OB 与 BC 垂直，曲杆的角速度为 $\omega=0.5\text{rad/s}$，角加速度为零，图示瞬时 $\varphi=60°$。求该瞬时小环 M 的速度和加速度。

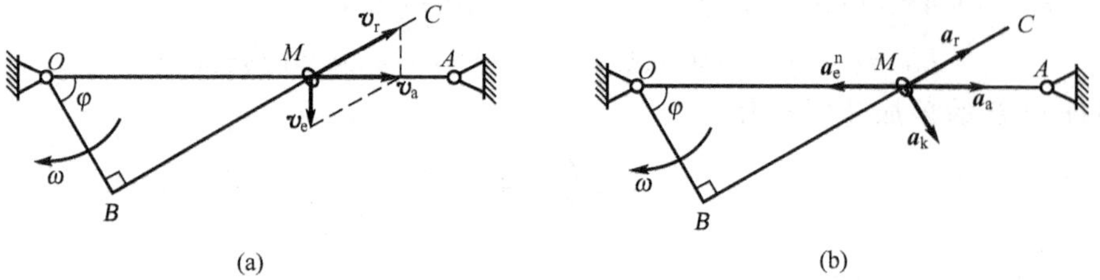

图 7.17 例 7-9 图

解：选择小环 M 为动点，曲杆 OBC 为动系。由 $\boldsymbol{v}_a=\boldsymbol{v}_e+\boldsymbol{v}_r$，$\boldsymbol{a}_a=\boldsymbol{a}_e^n+\boldsymbol{a}_r+\boldsymbol{a}_k$ 作 M 点速度合成图和加速度合成图如图 7.17(a)、(b)所示。由速度合成图可知动点 M 的绝对速度和相对速度分别表示为

$$v_a=v_e\tan\varphi=OM\cdot\omega\tan\varphi=0.2\times0.5\times\tan60^\circ=0.173\text{m/s}$$

$$v_r=v_e/\cos\varphi=OM\cdot\omega/\cos\varphi=0.2\times0.5/\cos60^\circ=0.2\text{m/s}$$

由加速度合成图，列 $\boldsymbol{a}_k$ 方向的投影方程，可得

$$a_a\cos\varphi=-a_e^n\cos\varphi+a_k$$

其中，$a_e^n=OM\cdot\omega^2=0.2\times0.5^2=0.05\text{m/s}^2$，$a_k=2\omega\cdot v_r=2\times0.5\times0.2=0.2\text{m/s}^2$，代入后可解得小环 M 的加速度

$$a_a=0.35\text{m/s}^2$$

【例 7-10】 图 7.18(a)所示的半径为 r 的两圆相交，圆 O_1 固定，圆 O 绕其圆周上的一点 A 以匀角速度 ω 转动，求当 A、O、O_1 三点位于同一直线时，两圆交点 M 的速度和加速度。

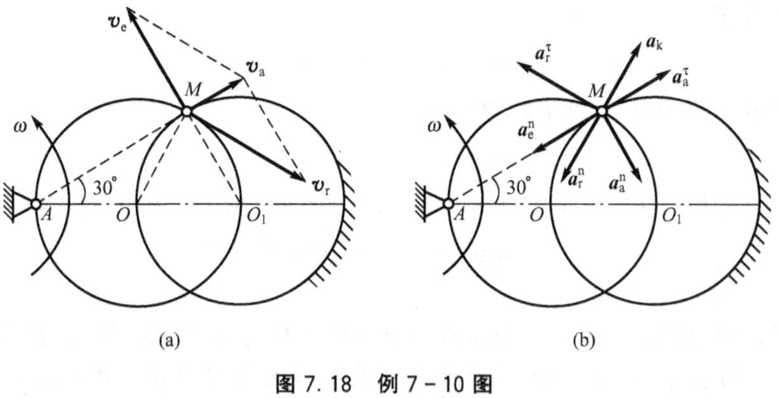

图 7.18 例 7-10 图

解：选择两圆交点 M 为动点，圆 O 为动系。由 $\boldsymbol{v}_a=\boldsymbol{v}_e+\boldsymbol{v}_r$，$\boldsymbol{a}_a^n+\boldsymbol{a}_a^\tau=\boldsymbol{a}_e^n+\boldsymbol{a}_r^n+\boldsymbol{a}_r^\tau+\boldsymbol{a}_k$ 作 M 点速度合成图和加速度合成图，如图 7.18(a)、(b)所示。

由速度合成图，交点 M 的绝对速度和相对速度分别为

$$v_a=v_e\tan30^\circ=\sqrt{3}r\cdot\omega\tan30^\circ=r\omega$$

$$v_r=2v_a=2\text{r}\omega$$

由加速度合成图，列 $\boldsymbol{a}_k$ 方向的投影方程有

$$-a_a^n\cos60^\circ+a_a^\tau\cos30^\circ=a_k-a_r^n-a_e^n\cos30^\circ$$

式中，

$$a_{\mathrm{a}}^{\mathrm{n}}=\frac{v_{\mathrm{a}}^{2}}{r}=r\omega^{2}，a_{\mathrm{k}}=2\omega_{\mathrm{e}}\cdot v_{\mathrm{r}}=2\omega\cdot 2r\omega=4r\omega^{2}，a_{\mathrm{r}}^{\mathrm{n}}=\frac{v_{\mathrm{r}}^{2}}{r}=4r\omega^{2}，a_{\mathrm{e}}^{\mathrm{n}}=\sqrt{3}r\omega^{2}$$

代入上式，可得交点 M 的切向绝对加速度为

$$a_{\mathrm{a}}^{\tau}=-\frac{2\sqrt{3}}{3}r\omega^{2}$$

通过以上几个实例计算，可以总结出求解点的加速度合成定理的解题步骤。

(1) 动点与动系的选取基本与速度合成定理相同，即要便于分析几种运动，能判断出绝大多数加速度的方向。

(2) 正确画出加速度矢量图是求解问题的关键。而动点的绝对运动和相对运动都可能是曲线运动，它们的加速度可以分为切向和法向两个矢量，尤其以作定轴转动的圆周运动为常见。

(3) 如果动系存在转动角速度，必须牢记加速度合成定理中科氏加速度这一项：$\boldsymbol{a}_{\mathrm{k}}=2\boldsymbol{\omega}_{\mathrm{e}}\times\boldsymbol{v}_{\mathrm{r}}$，其中必须用到相对速度，所以分析加速度之前需要对速度进行分析。

(4) 加速度分析一般只需求一个未知数，所以可以把加速度矢量等式在某一个方向投影。选取的投影方向垂直于未知的加速度，从而可以在方程中只有一个待求的未知量，不用求的未知量不出现在标量等式中，使计算简单。

(5) 加速度合成定理中项数多，不再是简单的平行四边形；列标量等式时需要注意矢量方向与正负号的关系，左边只有绝对加速度，其余的项都在右边。计算结果出现负号表示实际指向或转向与假设的相反。

小　结

物体作复杂运动时，相对于不同参考系的运动性质是不同的。在此着重研究动点相对于不同参考系的运动，并分析动点相对于不同参考系运动之间的关系，以及某一瞬时动点的速度和加速度合成的规律。研究点的合成运动的主要问题是如何由已知动点的相对运动与牵连运动求绝对运动；或者如何将已知动点的绝对运动分解为点的相对运动与牵连运动。

(1) 点的合成运动的基本概念。正确理解研究对象(动点)、两种坐标(定坐标系和动坐标系)、三种运动(绝对运动、相对运动、牵连运动)及其速度和加速度等基本概念。

(2) 速度合成定理。每一瞬时，动点的绝对速度等于其牵连速度与相对速度的矢量和，即

$$\boldsymbol{v}_{\mathrm{a}}=\boldsymbol{v}_{\mathrm{e}}+\boldsymbol{v}_{\mathrm{r}}$$

这个定理对任何形式的牵连运动都适用。

(3) 牵连运动为平移时的加速度合成定理。当牵连运动为平移时，动点的绝对加速度等于其牵连加速度与相对加速度的矢量和，即

$$\boldsymbol{a}_{\mathrm{a}}=\boldsymbol{a}_{\mathrm{e}}+\boldsymbol{a}_{\mathrm{r}}$$

(4) 牵连运动为转动时的加速度合成定理。当牵连运动为转动时，动点的绝对加速度等于其牵连加速度、相对加速度和科氏加速度的矢量和，即

$$\boldsymbol{a}_{\mathrm{a}}=\boldsymbol{a}_{\mathrm{e}}+\boldsymbol{a}_{\mathrm{r}}+\boldsymbol{a}_{\mathrm{k}}$$

科氏加速度是当牵连运动为转动时，牵连运动与相对运动相互影响而出现的一项附加

的加速度。

$$\boldsymbol{a}_{\mathrm{k}}=2\boldsymbol{\omega}_{\mathrm{e}}\times\boldsymbol{v}_{\mathrm{r}}$$

当动参考系作平动，或$\boldsymbol{v}_{\mathrm{r}}=0$，或$\boldsymbol{\omega}_{\mathrm{e}}//\boldsymbol{v}_{\mathrm{r}}$时，科氏加速度等于零。

需强调指出的是：牵连速度、牵连加速度指的是某瞬时动参考系上与动点重合的点的速度和加速度。在解决具体问题时，要正确选取动点、动系，分析三种运动，正确画出速度矢量图及加速度矢量图。动系是建立在刚体上的。选择动系的原则有两条：一是动点相对于动系有相对运动关系，二是相对运动简单明了。求速度通常采用几何法求解；而求加速度通常采用解析法。

习　　题

一、是非题(正确的在括号内打“√”，错误的打“×”)

1. 点的速度和加速度合成定理建立了两个不同物体上两点之间的速度和加速度之间的关系。（　　）

2. 根据速度合成定理，动点的绝对速度一定大于其相对速度。（　　）

3. 应用速度合成定理，在选取动点和动系时，若动点是某刚体上的一点，则动系不可以固结在这个刚体上。（　　）

4. 从地球上观察到的太阳轨迹与同时在月球上观察到的轨迹相同。（　　）

5. 在合成运动中，当牵连运动为转动时，科氏加速度一定不为零。（　　）

6. 科氏加速度是由于牵连运动改变了相对速度的方向而产生的加速度。（　　）

7. 在图7.19中，动点M以常速度v_{r}相对圆盘在圆盘直径上运动，圆盘以匀角速度ω绕定轴O转动，则无论动点运动到圆盘上的什么位置，其科氏加速度都相等。（　　）

二、填空题

1. 已知$\boldsymbol{v}_{\mathrm{r}}=2\boldsymbol{i}+3\boldsymbol{j}+4\boldsymbol{k}$，$\omega_{\mathrm{e}}=6\boldsymbol{i}-3\boldsymbol{k}$，则$\boldsymbol{a}_{\mathrm{k}}=$________$\boldsymbol{i}+$________$\boldsymbol{j}+$________$\boldsymbol{k}$。

2. 在图7.20中，两个机构的斜杆绕O_2的角速度均为ω_2，O_1O_2的距离为l，斜杆与竖直方向的夹角为θ，则图7.20(a)中直杆的角速度$\omega_1=$________，图7.20(b)中直杆的角速度$\omega_1=$________。

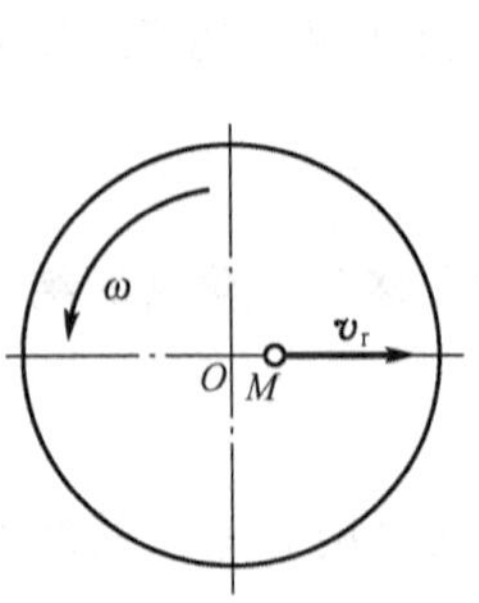

图7.19　题一(7)图

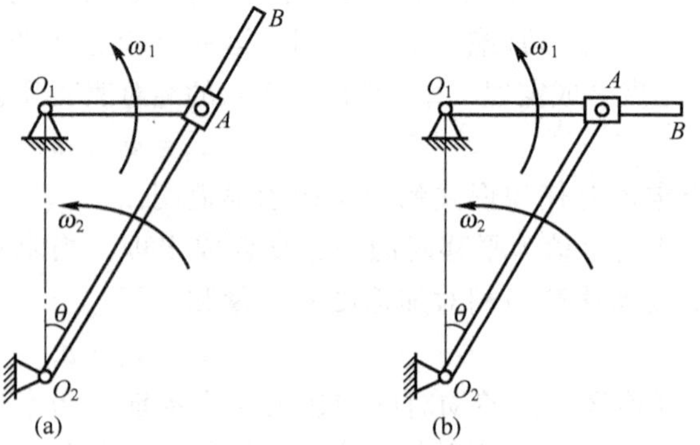

图7.20　题二(2)图

3. 科氏加速度为零的条件有________、________和________。

4. 绝对运动和相对运动是指________的运动，而牵连运动是指________的运动。牵连点是指________，相应的牵连速度和加速度是指________的速度和加速度。

5. 如图 7.21 所示的系统，以 $Ax'y'$ 为动参考系，Ax' 总在水平轴上运动，$AB=l$，则点 B 的相对轨迹是________，若 $\varphi=kt$（k 为常量），点 B 的相对速度为________，相对加速度为________。

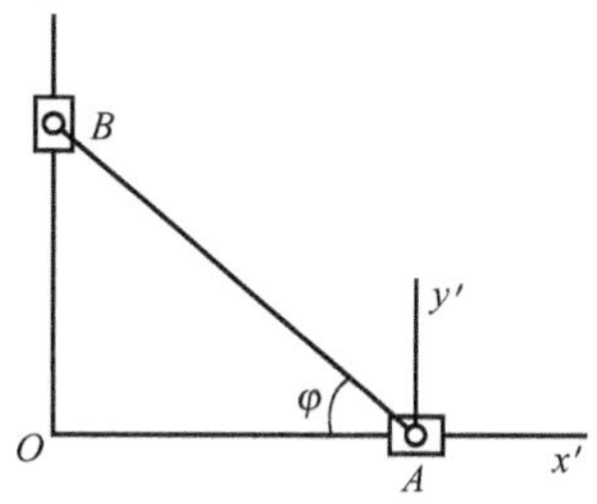

图 7.21 题二(5)图

6. 当点的绝对运动轨迹和相对运动轨迹都是曲线时，牵连运动是直线平动时的加速度合成定理的表达式是________；牵连运动是曲线平动时的加速度合成定理的表达式是________；牵连运动是转动时的加速度合成定理的表达式是________。

三、选择题

1. 点的速度合成定理 $\boldsymbol{v}_a=\boldsymbol{v}_e+\boldsymbol{v}_r$ 适用的条件是(　　)。

A. 牵连运动只能是平动　　B. 牵连运动只能是转动

C. 各种牵连运动都适用　　D. 牵连运动为 0

2. 如图 7.22 所示，半径为 R 的圆轮以匀角速度 ω 作纯滚动，带动杆 AB 作定轴转动，D 是轮与杆的接触点。若取轮心 C 为动点，杆 BA 为动坐标，则动点的牵连速度为(　　)。

A. $v_e=BD\cdot\omega_{AB}$，方向垂直于 AB　B. $v_e=R\cdot\omega$，方向垂直于 EB

C. $v_e=BC\cdot\omega_{AB}$，方向垂直于 BC　D. $v_e=R\cdot\omega$，方向平行于 BA

3. 在如图 7.23 所示的平面机构中，$OO_1=2r$，$OA=r$，杆 OA 以匀角速度 ω_0 转动。若取滑块 A 为动点，O_1B 为动坐标，则当 $\varphi=$(　　)时，动点的牵连法向加速度为零。

A. 0°　　B. 30°　　C. 60°　　D. 90°

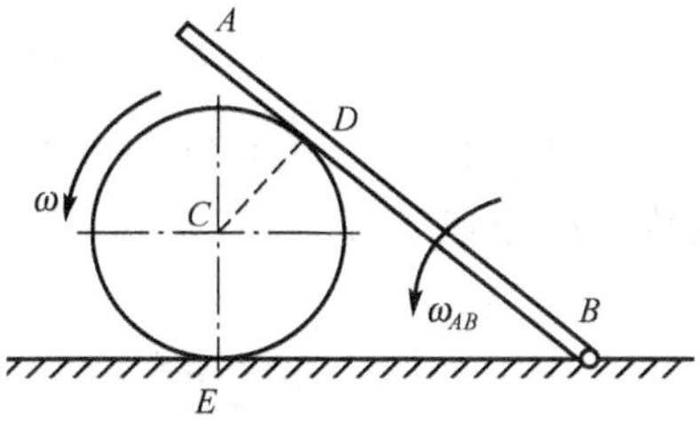

图 7.22 题三(2)图

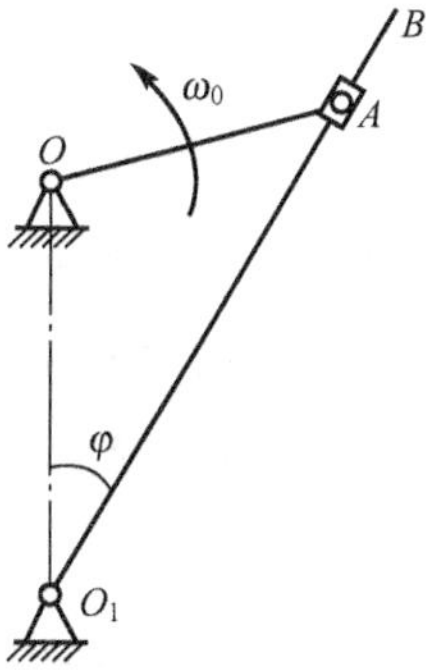

图 7.23 题三(3)图

4. 图 7.24 中直角弯管 OAB 在平面内以匀角速度 ω 绕点 O 转动，动点 M 以相对速度 $\boldsymbol{v}_r$ 沿弯管运动，图示瞬时 $OA=AM=b$，则动点的牵连加速度大小 $a_e=$(　　)，科氏加速度大小 $a_k=$(　　)。

A. $b\omega^2$　　B. $\sqrt{2}b\omega^2$　　C. $2\omega v_r$　　D. $4\omega v_r$

5. 如图 7.25 所示，小车以速度 $\boldsymbol{v}$ 沿直线运动，车上一轮以角速度 ω 转动，若以轮缘上一点 M 为动点，车厢为动坐标，则 M 点的科氏加速度的大小为(　　)。

A. $2\omega v$　　B. $2\omega v\cos\alpha$　　C. 0　　D. ωv

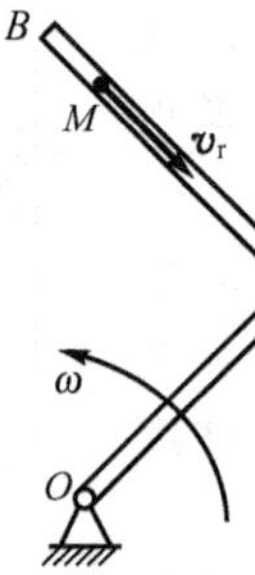

图 7.24　题三(4)图

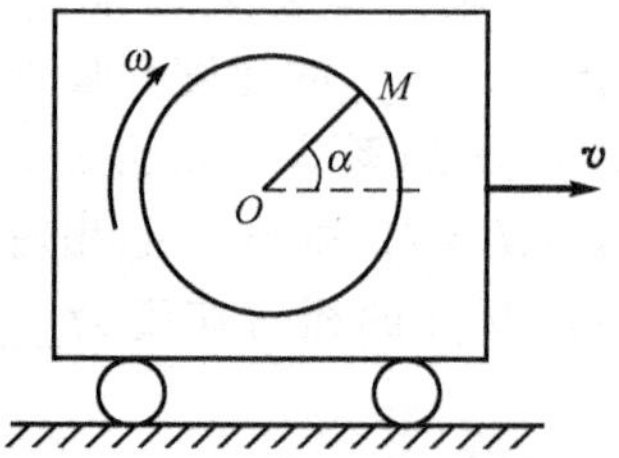

图 7.25　题三(5)图

6. 在点的合成运动中，$\boldsymbol{r}$ 为动点的绝对矢径，则在任一瞬时下述说法正确的是(　　)。

A. 若 $r\neq0$，$v_e=0$，则必有 $a_k=0$

B. 若 $r\neq0$，$a_e=0$，则必有 $a_k=0$

C. 若 $\omega_e\neq0$，$v_r=0$，则必有 $a_k=0$

D. 若 $\omega_e\neq0$，$v_r\neq0$，则必有 $a_k\neq0$

四、计算题

1. 如图 7.26 所示，记录笔 M 固定沿 y 轴运动，运动方程为 $y=a\cos(kt+\varphi)$，xy 平面内的记录纸以等速度 $\boldsymbol{v}$ 沿 x 轴负向运动，求记录笔 M 在记录纸上所画出的墨迹形状。

2. 如图 7.27 所示，半径为 R 的大圆环，在自身平面中以等角速度 ω 绕 A 轴转动，并带动一小环 M 沿固定的直杆 A 滑动，试求图示位置小环 M 的速度。

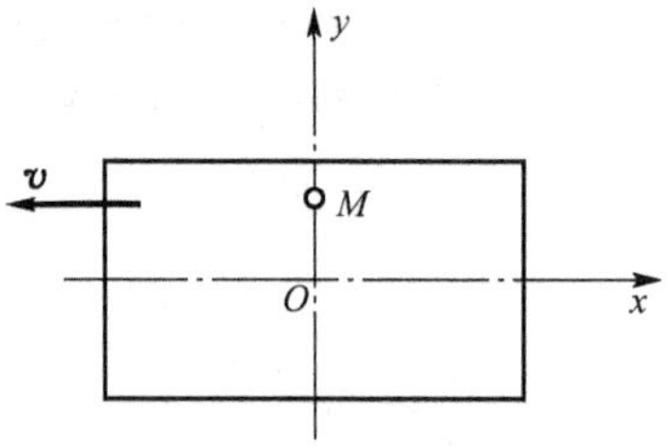

图 7.26　题四(1)图

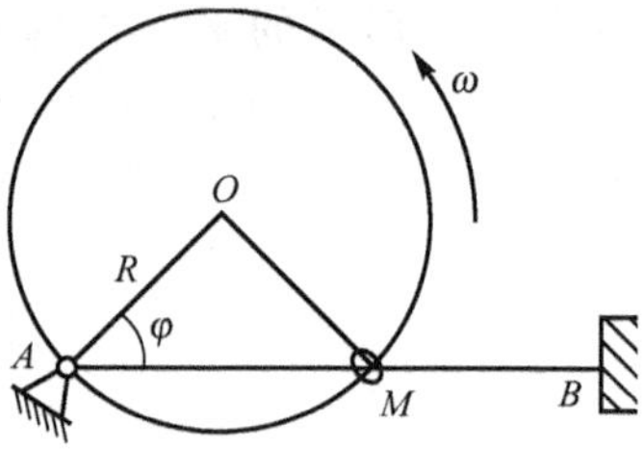

图 7.27　题四(2)图

3. 如图 7.28 所示的两种滑道摇杆机构，已知两平行轴距离 $O_1O_2=20\text{cm}$，在某瞬时 $\theta=20°$，$\varphi=30°$，$\omega_1=6\text{rad/s}$，分别求两种机构中的角速度 ω_2。

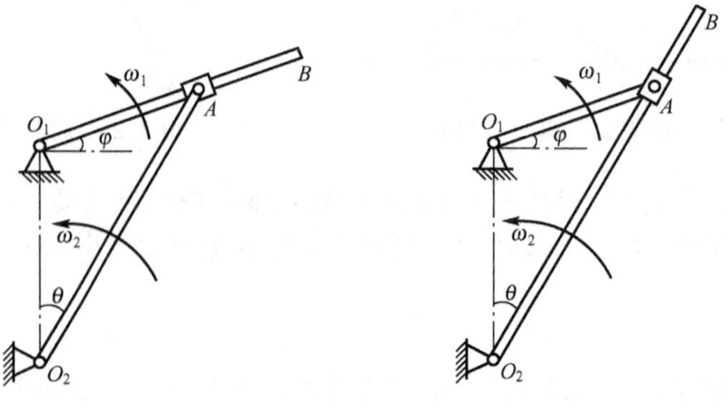

(a)　　(b)

图 7.28　题四(3)图

4. 如图7.29所示的机构，推杆AB以速度$\boldsymbol{v}$向右运动，借套筒B使OC绕O点转动。已知$\varphi=60°$，$OC=l$，试求当机构在图示位置时，(1)杆OC的角速度和杆OC端点C的速度大小；(2)动点B的科氏加速度。

5. 如图7.30所示的曲柄滑道机构中，曲柄长$OA=10\text{cm}$，以匀角速$\omega=20\text{rad/s}$绕O轴转动，通过滑块A使杆BCE($BC\perp DE$)作往复运动。求当曲柄与水平线的交角φ分别为$0°$、$30°$、$90°$时杆BCE的速度和加速度。

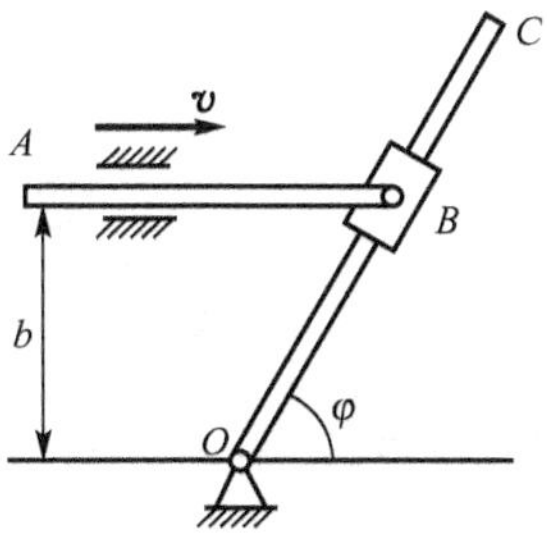

图7.29 题四(4)图

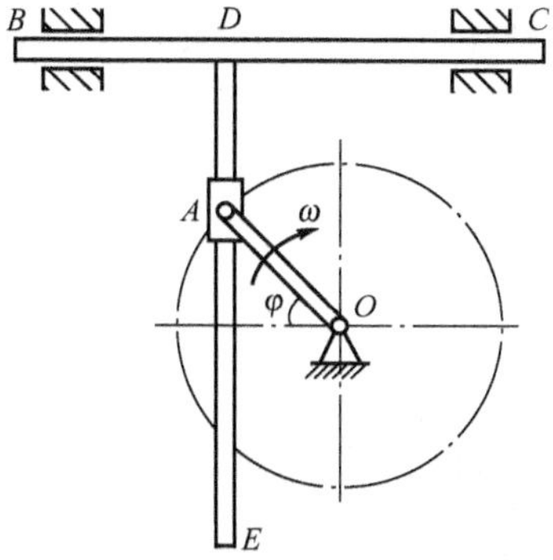

图7.30 题四(5)图

6. 如图7.31所示，具有圆弧形滑道的曲柄滑道机构，用来使滑道BC获得间隙的往复运动。已知曲柄以$n=120\text{r/min}$转速匀速转动，已知$OA=r=100\text{mm}$；求当$\varphi=30°$时滑道BC的速度和加速度。

7. 如图7.32所示的铰接四边形机构中，$O_1A=O_2B=100\text{mm}$，$O_1O_2=AB$，且杆O_1A以匀角速度$\omega=2\text{rad/s}$绕O轴转动。杆AB上有一个套筒C，此套筒与杆CD相铰接，机构中的各部件都在同一铅垂面内。求当$\varphi=60°$时杆CD的速度和加速度。

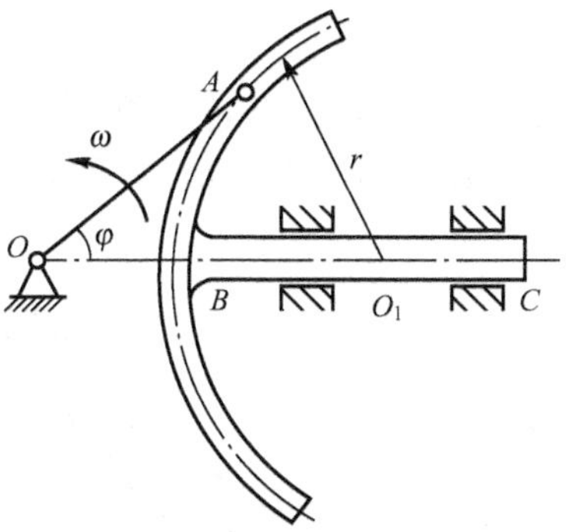

图7.31 题四(6)图

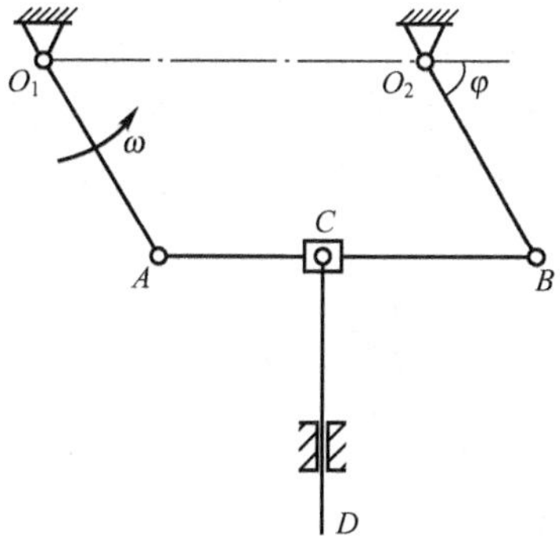

图7.32 题四(7)图

8. 平板H在图7.33所示平面内可绕垂直于图面的O轴转动，其转动角速度为ω，角加速度为ε。平板上刻有半径为r的圆槽，今有一小球M在槽内以速度$\boldsymbol{v}$相对平板作匀速运动，求小球M的绝对加速度。

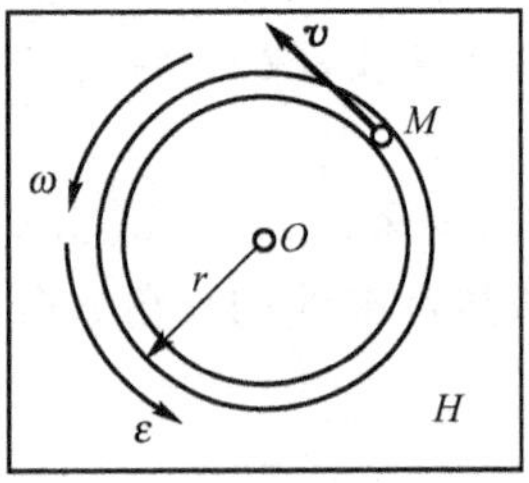

图 7.33　题四(8)图

9. 凸轮推杆机构如图 7.34 所示。已知偏心圆轮的偏心距 $OC=e$，半径 $r=\sqrt{3}e$，若凸轮以匀角速度 ω 绕轴 O 作逆时针转动，且推杆 AB 的延长线通过轴 O，求当 OC 与 CA 垂直时杆 AB 的速度。

10. 半圆形凸轮如图 7.35 所示，沿倾角为 $\beta=30°$ 的斜面运动，带动杆 OA 绕 O 轴摆动，已知 $R=10\text{cm}$，$OA=20\text{cm}$，在图示位置时，OA 与水平夹角 $\theta=30°$，$\varphi=60°$，凸轮速度 $v_A=60\text{cm/s}$，加速度的大小为 0，试求该瞬时杆 OA 的角速度和角加速度。

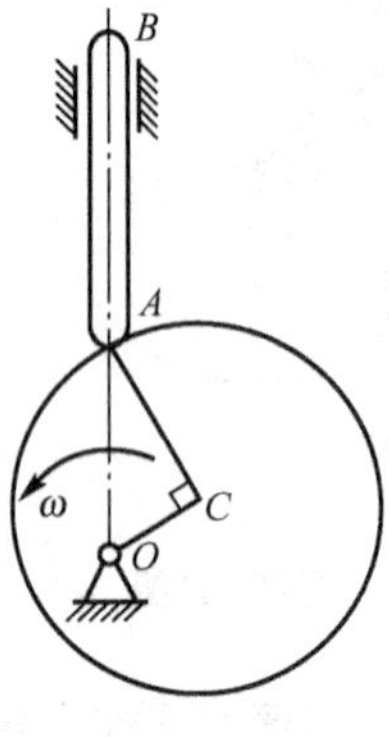

图 7.34　题四(9)图

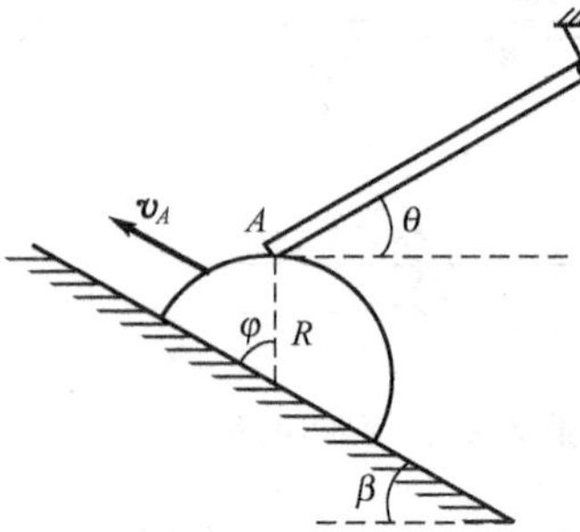

图 7.35　题四(10)图

11. 如图 7.36 所示，曲柄 OA 长 0.4cm，以等角速度 $\omega=0.5\text{rad/s}$ 绕 O 轴逆时针转向转动，水平板 B 与滑杆 C 相连，由曲柄的 A 端推动水平板 B，而使滑杆 C 沿铅直方向上升。求当曲柄与水平线的夹角 $\theta=30°$时，滑杆 C 的速度和加速度。

12. 如图 7.37 所示，直角曲杆 OBC 绕 O 轴转动，使套在其上的小环 M 沿固定直杆 OA 滑动。已知 $OB=0.1\text{m}$，OB 与 BC 垂直，曲杆的角速度 $\omega=0.5\text{rad/s}$，角加速度为零，求当 $\varphi=60°$时，小环 M 的速度和加速度。

13. 如图 7.38 所示，设摇杆滑道机构的曲柄长 $OA=r$，以转速 n 绕 O 轴转动。已知图示位置时，$O_1A=AB=2r$，并且$\angle OAO_1=\alpha$，$\angle O_1BC=\beta$，试求 BC 杆的速度。

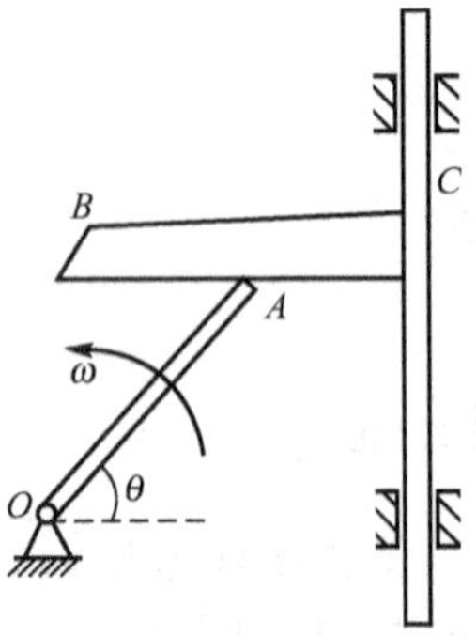

图 7.36　题四(11)图

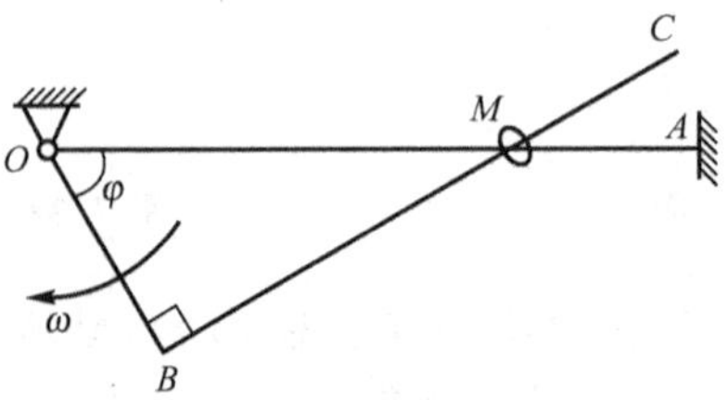

图 7.37　题四(12)图

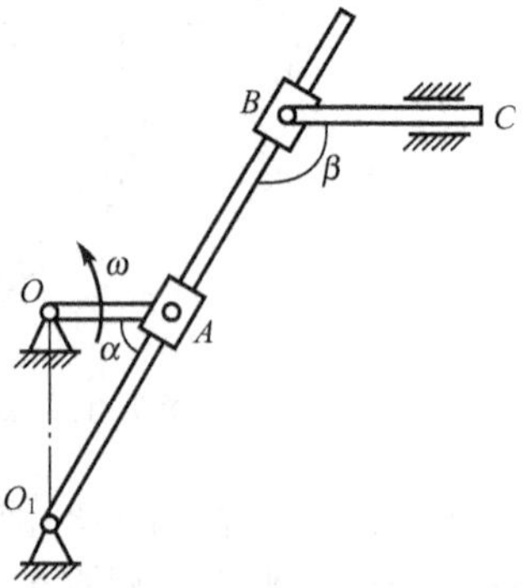

图 7.38　题四(13)图

14. 如图 7.39 所示，弯成直角的曲杆 OAB 以 ω = 常数，绕 O 点逆时针转动。在曲柄的 AB 段装有滑筒 C，滑筒又与铅直杆 DC 铰接于点 C，点 O 于 DC 位于同一铅垂线上，设曲柄的 OA 段长为 r，求当 $\varphi=30°$时，杆 DC 的速度和加速度。

15. 如图 7.40 所示，大圆环的半径 $R=200\text{mm}$，在其自身平面内以匀角速度 $\omega=1\text{rad/s}$ 绕轴 O 以顺时针方向转动，小圆环 A 套在固定立柱 BD 及大圆环上。当$\angle AOO_1=60°$时，半径 OO_1 与立柱 BD 平行，求此瞬时小圆环 A 的绝对速度和绝对加速度。

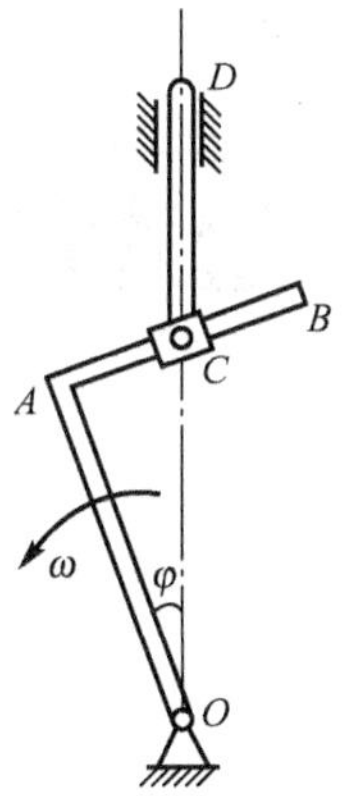

图 7.39 题四(14)图

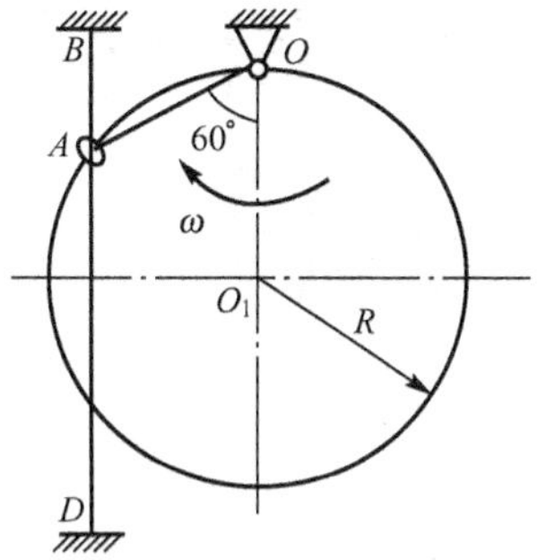

图 7.40 题四(15)图

第 8 章

刚体平面运动概述和运动分解

本章教学要点

知识要点	掌握程度	相关知识
刚体平面运动分解	掌握平面运动分解的物理意义	点的合成运动
求平面图形上各点的速度	掌握求各点速度的三种方法	点的速度合成定理
求平面图形上各点的加速度	掌握用基点法求加速度的方法	点的加速度合成定理

导入案例

刚体的平面运动是工程中，特别是平面机构中常见的一种运动。刚体的平面运动是一种较为复杂的运动形式。下图所示的在水平轨道上作纯滚动的车轮的运动、发动机中曲柄连杆机构中连杆的运动、飞机起落架中连杆的运动、公共汽车车门启闭机构中连杆的运动、曲柄摇杆机构中摇杆的运动、双曲柄机构中连杆的运动等都是平面运动。本章根据平面运动的概念，首先可将刚体的平面运动简化为一个平面图形在自身所在的固定平面内的运动；其次根据平面图形的位置可由平面图形内任一直线的位置来确定的原则，得到刚体平面运动方程；最后通过运动分解的方法把平面运动分解为两种基本运动——平动和转动，并应用点的合成运动的概念对平面运动刚体上各点进行速度和加速度分析。

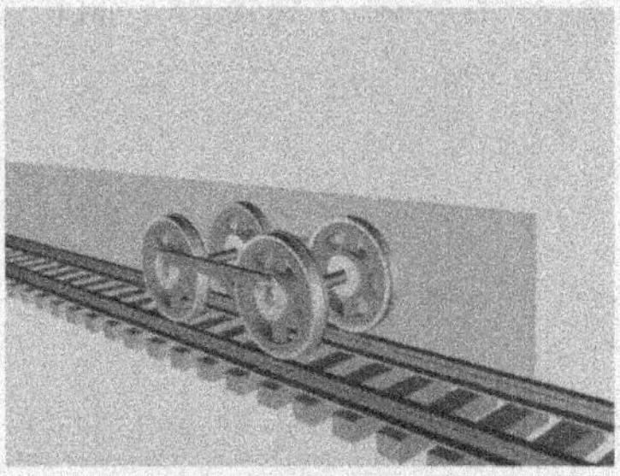

沿直线轨道滚动的车轮

曲柄连杆机构

飞机起落架

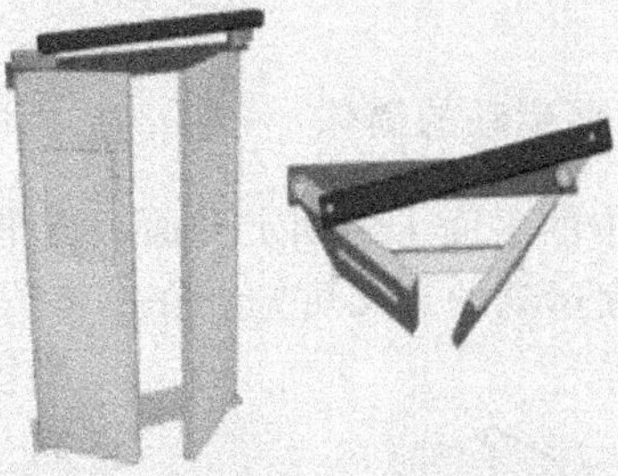

公共汽车车门启闭机构

曲柄摇杆机构

双曲柄机构

8.1 平面运动概述

前面讨论了刚体的平动和定轴转动，它们是较常见的、简单的刚体运动。在此基础上，将进一步研究刚体比较复杂的一种运动——刚体的平面运动。刚体的平面运动是工程机械中较为常见的一种刚体运动，它可看做平动和转动的合成。

8.1.1 刚体平面运动的特征

刚体的平面运动是一种比平动和定轴转动更为复杂的运动，如图 8.1 所示的行星轮 O_1 绕固定轮 O 的滚动，图 8.2 所示的曲柄连杆机构中连杆 AB 的运动等，这些刚体的运动既不是平动，又不是定轴转动，但它们的运动有一个共同特征，即刚体在运动过程中，其上任一点与某一固定平面的距离始终保持不变。这种运动称为刚体的平面运动。

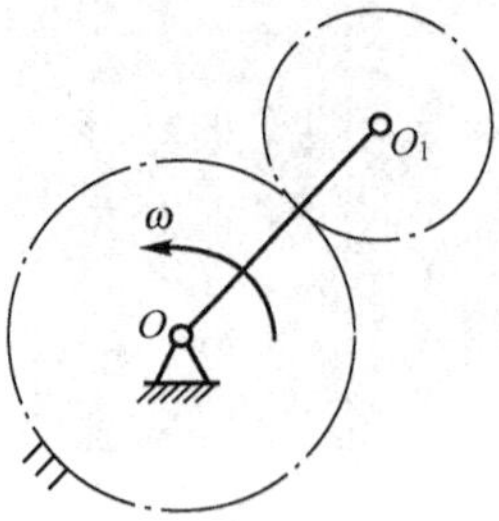

图 8.1 行星轮滚动

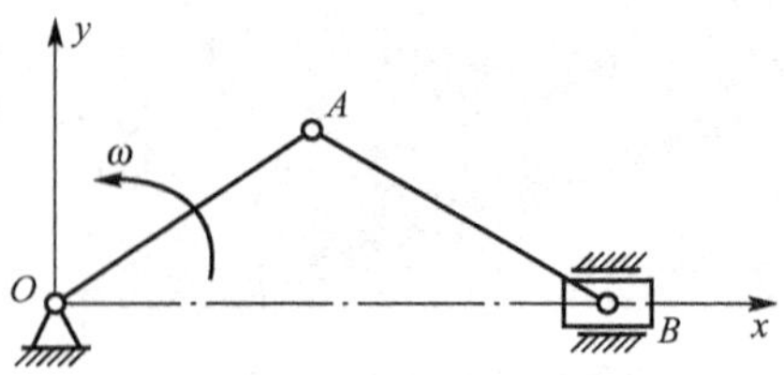

图 8.2 曲柄连杆机构

8.1.2 刚体平面运动的简化

设图 8.3 中的平面Ⅰ为固定平面，作平面Ⅱ平行于平面Ⅰ，且与刚体相交成一平面图形 S。根据平面运动的定义可知，在刚体运动过程中，此平面图形必在平面Ⅱ内运动。在刚体内任取一条垂直于平面图形 S 的直线 A_1A_2，它与平面图形 S 的交点为 A。显然，刚体运动时，直线 A_1A_2 始终垂直于平面Ⅱ，即 A_1A_2 作平动。直线 A_1A_2 上各点的运动轨迹、速度和加速度完全相同，点 A 的运动代表了 A_1A_2 上所有各点的运动。同理，通过平面图形 S 的其他点也可作垂直于平面图形的直线，直线与平面图形交点的运动代表了该直线上所有各点的运动。过平面图形 S 作无数条垂线，这无数条垂线与平面图形有无数个交点，这无数个交点的运动代表了无数条直线的运动。这样，平面图形 S 内各点的运动即代表整个刚体的运动。于是，刚体的平面运动，可简化为平面图形在其自身平面内的运动。

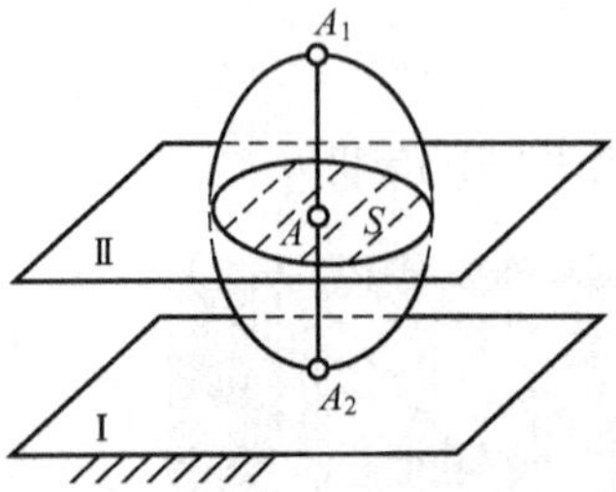

图 8.3 刚体平面运动

8.1.3 刚体平面运动方程

图 8.4 所示为一平面图形在其自身平面 Oxy 平面上的运动。要确定平面图形(刚体)

的位置，只需确定其中任一直线 $O'M$ 的位置。而要确定此直线在平面 Oxy 的位置，只需确定点 O'的位置和夹角 φ 即可。显然，当平面图形在自身平面内运动时，点 O'的位置和夹角 φ 随时间而变化，是时间 t 的单值连续函数，即

$$\begin{cases} x_{O'}=f_1(t) \\ y_{O'}=f_2(t) \\ \varphi=f_3(t) \end{cases} \tag{8-1}$$

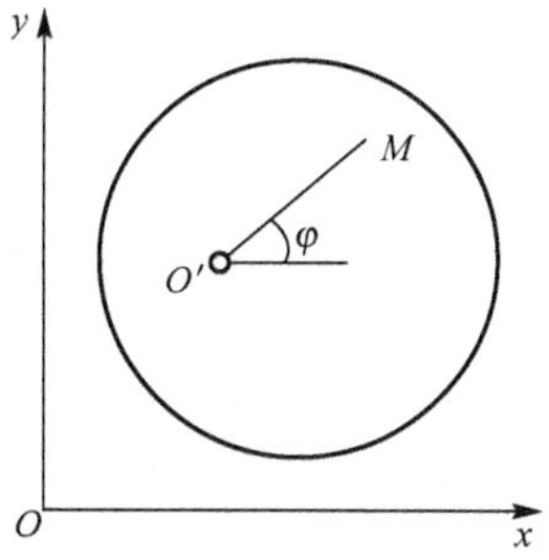

图 8.4 刚体平面运动

式(8－1)称为刚体平面运动方程。可以确定任一瞬时平面图形的位置，从而确定平面图形的运动规律。

如果图形中点 O'固定不动，则平面图形的运动是绕基点 O'作定轴转动；如果线段 $O'M$ 的方位不变，则平面图形作平动。由此可见，刚体的平面运动可以看做随基点 O'的平动和绕基点 O'的转动的合成。

8.1.4 平面运动的分解

设有平面图形 S 在其自身平面内作平面运动，在图形 S 内任取两点 A 和 B，则连线 AB 的位置可代表平面图形的位置。设平面图形 S 在 Δt 时间内从位置Ⅰ运动到位置Ⅱ，其内的直线由位置 AB 移到 $A'B'$。可将直线 AB 位置的变化分成两步来完成。首先，直线 AB 随着点 A 的运动轨迹平行移动到位置 $A'B''$，然后再绕点 A'转动到 $A'B'$，其转过的角度为 $\Delta\varphi$。直线 AB 位置的变化也可以选用点 B 作为基点来分析，即先使直线 AB 随着点 B 的运动轨迹平行移到 $A''B'$，然后再绕点 B'转到位置 $A'B'$，其转过的角度仍为 $\Delta\varphi$。从上面的分析可知，平面运动可以分解为随基点的平动和绕基点的转动。

如果在某基点(如图 8.5 所示的点 A)上建立一平动的坐标系 $Ax'y'$，即动坐标系的坐标轴永远保持原来的方位，则在动坐标系中观察到的运动是 $A'B''$转到 $A'B'$。因此，从复合运动的观点来看，刚体的平面运动可分解为牵连运动为平动(动系为平动)和相对运动为转动的合成运动。由图 8.5 可知，选不同的基点 A 和 B，则平动的位移 AA'和 BB'显然不同，因而平动的速度和加速度也不相同；但对于绕不同基点转过的角位移的大小和转向总是相同的，于是，转动的角速度和角加速度也相同。由此可知，平面运动中平动部分与基点位置的选择有关，而转动部分却与基点位置的选择无关。这里的角速度和角加速度是相对于各基点处的平动参考系而言的。平面图形对于各平动参考系(包括固定参考系)，其转动运动都是一样的，角速度、角加速度都是相同的，无须标明绕哪一点转动或选哪一点为基点。

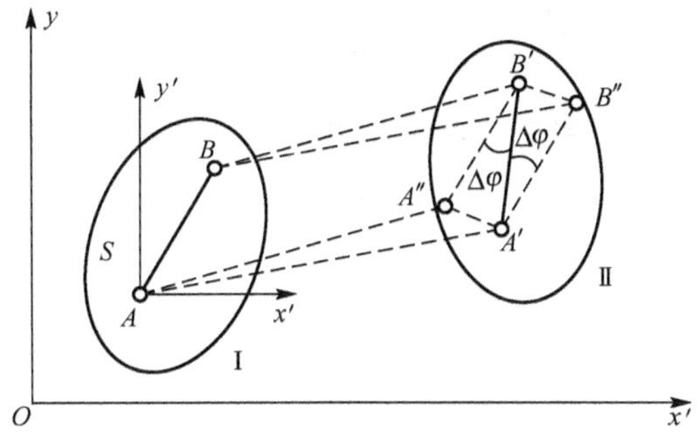

图 8.5 平面运动的分解

8.2 用基点法求平面图形内各点的速度

8.2.1 用基点法求平面图形内一点的速度

若已知某瞬时平面图形上点 O'的速度 $\boldsymbol{v}_{O'}$和转动的角速度 ω，如图 8.6 所示。现求平面图形上任一点 M 的速度 $\boldsymbol{v}_M$。由 8.1 节可知，平面图形的运动可以看做随基点 O'的平动(牵连运动)和绕基点 O'的转动(相对运动)的合成。因此，可用点的速度合成定理求点 M 的速度，即

$$\boldsymbol{v}_M = \boldsymbol{v}_{O'} + \boldsymbol{v}_{MO'} \qquad (8-2)$$

即刚体在平面运动时，平面图形内任一点 M 的速度 $\boldsymbol{v}_M$ 等于基点 O'的速度 $\boldsymbol{v}_{O'}$ 与该点 M 绕基点转动的速度 $\boldsymbol{v}_{MO'}$ 的矢量和。式(8-2)中的三种速度，每种速度都有大小和方向两个量，一共有六个量，只要知道其中任意四个量，可以求出另外两个量。

【例 8-1】 如图 8.7 所示，杆 AB 长为 l，其 A 端沿水平轨道运动，B 端沿铅直轨道运动。在图示瞬时，杆 AB 与铅直线成夹角 φ，A 端具有向右的速度 $\boldsymbol{v}_A$，求此瞬时 B 端的速度及杆 AB 的角速度。

解： 杆 AB 作平面运动，以 A 为基点分析点 B 的速度，画出点 B 的速度合成图，如图 8.7 所示。

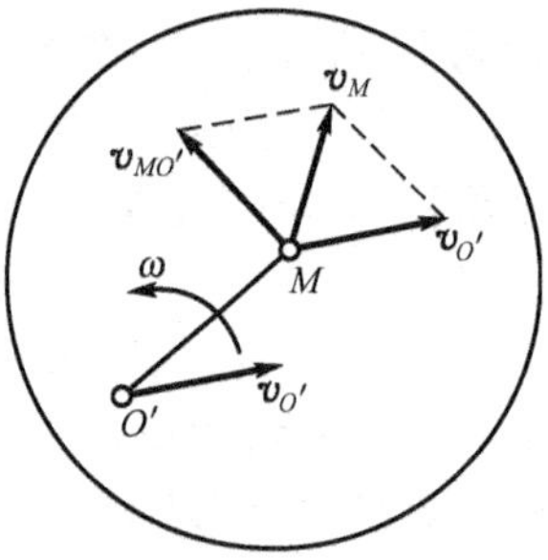

图 8.6 用基点法求平面图形内一点的速度

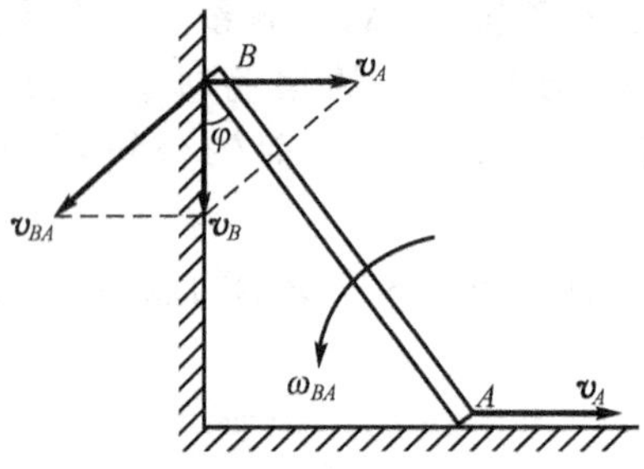

图 8.7 例 8-1 图

由速度合成图可知

$$v_B = v_A \cdot \tan\varphi$$

$$v_{BA} = v_A / \cos\varphi$$

故杆 AB 的角速度为

$$\omega_{BA} = \frac{v_{BA}}{BA} = \frac{v_A}{l\cos\varphi}$$

【例 8-2】 如图 8.8 所示的行星轮系中，已知大齿轮Ⅰ固定，半径为 r_1；行星齿轮Ⅱ沿轮Ⅰ只滚动而不滑动，半径为 r_2，系杆 OA 的角速度为 ω_0。试求轮Ⅱ的角速度 ω_{II} 及其上 B、C 两点的速度。

解： 轮Ⅱ作平面运动，其上 A 点的速度大小为

$$v_A = \omega_0 \cdot OA = \omega_0 \cdot (r_1 + r_2)$$

以 A 为基点，分别分析三点 B、C、D 的速度，分别画出速度合成图，由于轮Ⅱ上 D 点不滑动，故 $\boldsymbol{v}_D=0$，而

$$\boldsymbol{v}_D=\boldsymbol{v}_A+\boldsymbol{v}_{DA}$$

故由点 D 的速度合成图，可知

$$v_{DA}=v_A=\omega_0\cdot(r_1+r_2)$$

$$\omega_{\text{Ⅱ}}=\frac{v_{DA}}{r_2}=\frac{\omega_0\cdot(r_1+r_2)}{r_2}$$

由 $\boldsymbol{v}_B=\boldsymbol{v}_A+\boldsymbol{v}_{BA}$，可知

$$v_B=\sqrt{v_A^2+v_{BA}^2}=\sqrt{[\omega_0(r_1+r_2)]^2+\left[\frac{\omega_0(r_1+r_2)}{r_2}\cdot r_2\right]^2}$$

$$=\sqrt{2}\omega_0(r_1+r_2)$$

由 $\boldsymbol{v}_C=\boldsymbol{v}_A+\boldsymbol{v}_{CA}$，可知

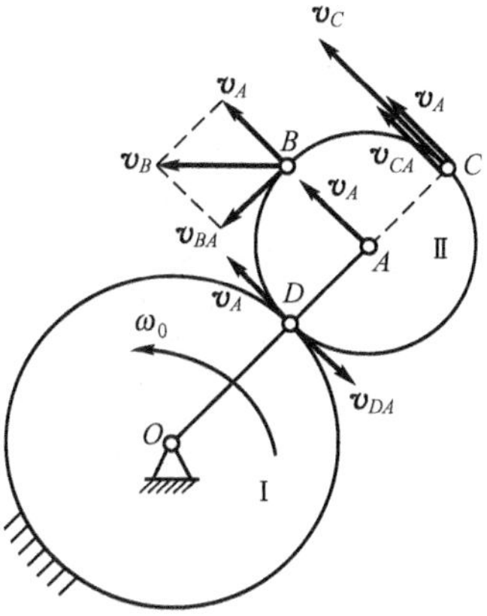

图 8.8 例 8-2 图

$$v_C=v_A+v_{CA}=\omega_0(r_1+r_2)+\frac{\omega_0(r_1+r_2)}{r_2}\cdot r_2=2\omega_0(r_1+r_2)$$

8.2.2 速度投影定理

速度投影定理：刚体上任意两点 M 和 O' 的速度在此两点连线上的投影彼此相等，即

$$[\boldsymbol{v}_M]_{O'M}=[\boldsymbol{v}_{O'}]_{O'M} \tag{8-3}$$

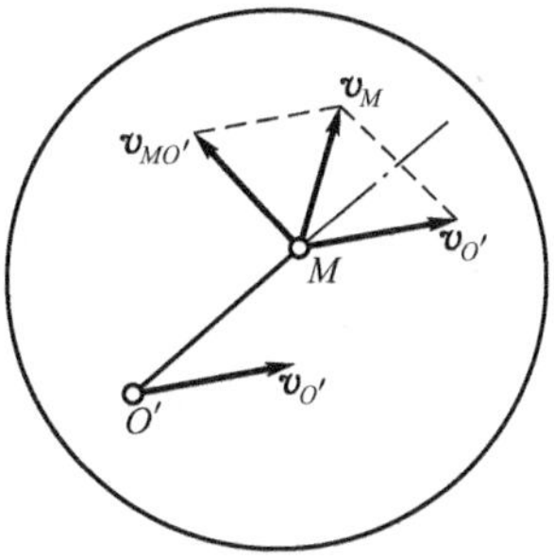

图 8.9 速度投影定理

证明：如图 8.9 所示，以 O' 为基点分析动点 M 的速度，由速度合成定理，可得

$$\boldsymbol{v}_M=\boldsymbol{v}_{O'}+\boldsymbol{v}_{MO'}$$

将上式投影到直线 $O'M$ 上，有

$$[\boldsymbol{v}_M]_{O'M}=[\boldsymbol{v}_{O'}]_{O'M}+[\boldsymbol{v}_{MO'}]_{O'M}$$

由于 $\boldsymbol{v}_{O'M}\perp O'M$，可知 $[\boldsymbol{v}_{MO'}]_{O'M}=0$，代入上式，可得

$$[\boldsymbol{v}_M]_{O'M}=[\boldsymbol{v}_{O'}]_{O'M}$$

这个定理不但适用于刚体的平面运动，而且适用于刚体的任何运动，它反映了刚体上任意两点间距离保持不变的特征。

8.3 用瞬心法求平面图形内各点的速度

8.3.1 平面图形上速度瞬心

在某瞬时，平面图形内速度等于零的点称为速度瞬心。下面应用基点法求平面图形上的速度瞬心。如图 8.10 所示的刚体作平面运动，假设其内一点 A 的速度为 $\boldsymbol{v}_A$，刚体平面运动的角速度大小为 ω，转动方向为逆时针。过点 A 作 $\boldsymbol{v}_A$ 的垂线 AC。以 A 为基点分析点 C 的速度，由速度合成定理有

$$\boldsymbol{v}_C=\boldsymbol{v}_A+\boldsymbol{v}_{CA} \tag{8-4}$$

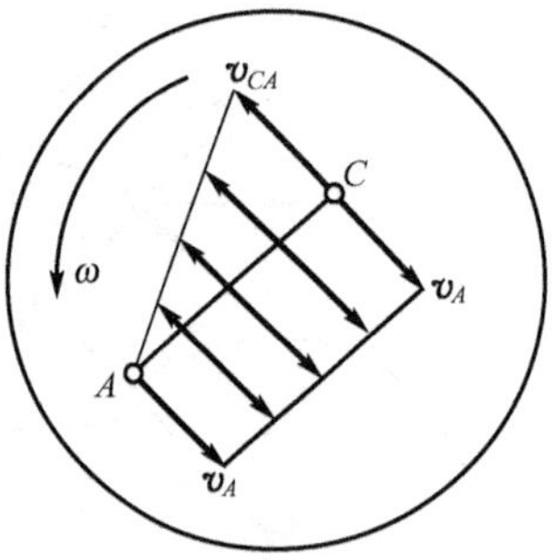

图 8.10 刚体作平面运动

当 $v_{CA}=\omega\cdot AC=v_A$，即 $AC=\dfrac{v_A}{\omega}$时，点 C 的速度大小等于零。所以点 C 为图示平面图形的速度瞬心。

一般情况，在每一瞬时，平面图形上都唯一地存在一个速度为零的点。

如果取速度瞬心 C 为基点，由式(8－2)可知，此瞬时图形上任一点的速度就等于该点随图形绕点 C 转动的速度。如图 8.11(a)所示，点 A、B、D 的速度大小为

$$v_A=AC\cdot\omega,\ v_B=BC\cdot\omega,\ v_D=DC\cdot\omega$$

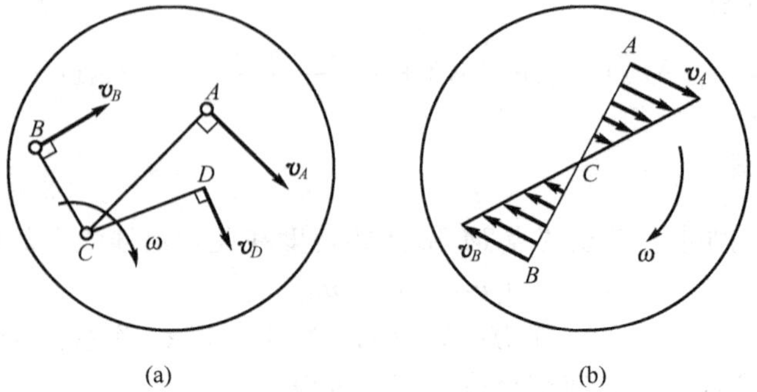

图 8.11 刚体作平面运动速度瞬心

由此可见，图形内各点速度的大小与该点到速度瞬心的距离成正比，任一点速度的方向垂直于该点与速度瞬心的连线，指向与图形的转动方向一致。这样某瞬时平面图形上各点速度的分布情况与图形绕定轴转动时各点速度的分布情况相似，如图 8.11(b)所示。于是，平面图形的运动可以看做绕速度瞬心的瞬时转动。

应该注意，速度瞬心可以在平面图形内，也可以在图形以外，且它的位置是随时间变化的。在不同的瞬时，平面图形具有不同的速度瞬心。

利用速度瞬心求解平面图形上点的速度的方法，称为速度瞬心法。此方法在求平面图形上任一点的速度时非常方便。应用此法的关键在于如何确定速度瞬心的位置。下面讨论几种按不同的已知运动条件，确定速度瞬心位置的方法。

8.3.2 平面图形上速度瞬心的求法

图 8.12 给出了各种条件下速度瞬心的求法。图 8.12(a)中点 A 和 B 的速度分别为 $\boldsymbol{v}_A$ 和 $\boldsymbol{v}_B$，分别过点 A 和 B 作 $\boldsymbol{v}_A$ 和 $\boldsymbol{v}_B$ 的垂线，其交点 P 为刚体的速度瞬心。图 8.12(b)中 A 和 B 的速度分别为 $\boldsymbol{v}_A$、$\boldsymbol{v}_B$，其中速度 $\boldsymbol{v}_A$ 和 $\boldsymbol{v}_B$ 垂直于直线 AB，$\boldsymbol{v}_A$ 和 $\boldsymbol{v}_B$ 速度矢端连线与 AB 的交点 P 为刚体的速度瞬心。图 8.12(c)中点 A 和 B 的速度分别为 $\boldsymbol{v}_A$、$\boldsymbol{v}_B$，其中速度 $\boldsymbol{v}_A$ 和 $\boldsymbol{v}_B$ 垂直于直线 AB，$\boldsymbol{v}_A$ 和 $\boldsymbol{v}_B$ 速度矢端连线与 AB 的延长线的交点 P 为刚体的速度瞬心。图 8.12(d)中圆盘在地面上作纯滚动，由于轮与地面无相对滑动，故轮与地面的接触点 P 即为轮的速度瞬心。

在某瞬时，如果平面图形内各点的速度相等，称此时刚体作瞬时平移。如图 8.13(a)

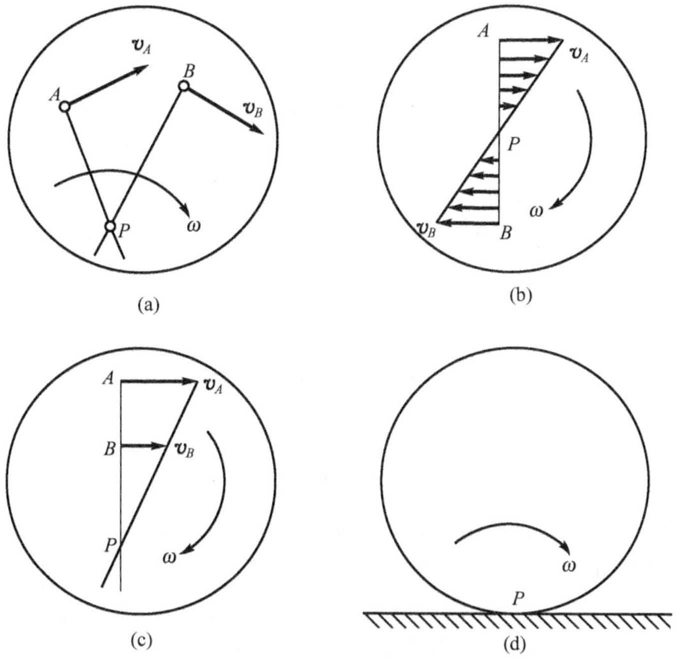

图 8.12　平面图形上速度瞬心的求法

所示的刚体的平面运动，此瞬时 A、B 两点的速度分别为 $\boldsymbol{v}_A$、$\boldsymbol{v}_B$，分别过点 A 和 B 作 $\boldsymbol{v}_A$ 和 $\boldsymbol{v}_B$ 的垂线，其交点在无穷远处，此瞬时刚体作瞬时平动。又如图 8.13(b)所示的刚体的平面运动，此瞬时两点 A、B 的速度分别为 $\boldsymbol{v}_A$ 和 $\boldsymbol{v}_B$，速度矢端连线与 AB 延长线的交点也在无穷远处，此瞬时刚体也作瞬时平动。必须注意，作瞬时平动的刚体，在其平面图形上没有速度瞬心，此瞬时刚体内各点的速度相等，但加速度不相等。

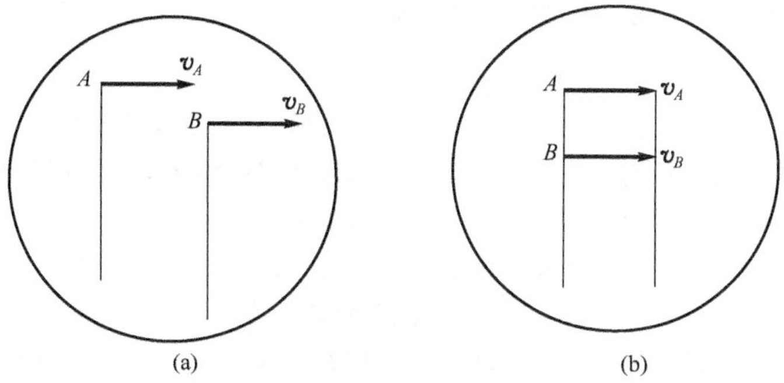

图 8.13　刚体作瞬时平动

【例 8-3】 曲柄滑块机构如图 8.14 所示，已知 $AB=l$，$OA=r$，杆 OA 转动的角速度为 ω，杆 OA 与水平线间的夹角为 φ，杆 AB 与水平线间的夹角为 ψ。求杆 AB 转动的角速度和滑块 B 的速度。

解： 连杆 AB 作平面运动，分别过两点 A、B 作 $\boldsymbol{v}_A$ 和 $\boldsymbol{v}_B$ 的垂线，两垂线的交点 P 为杆 AB 的速度瞬心。由于 A 点的速度可表示为

$$v_A = OA \cdot \omega = PA \cdot \omega_{AB}$$

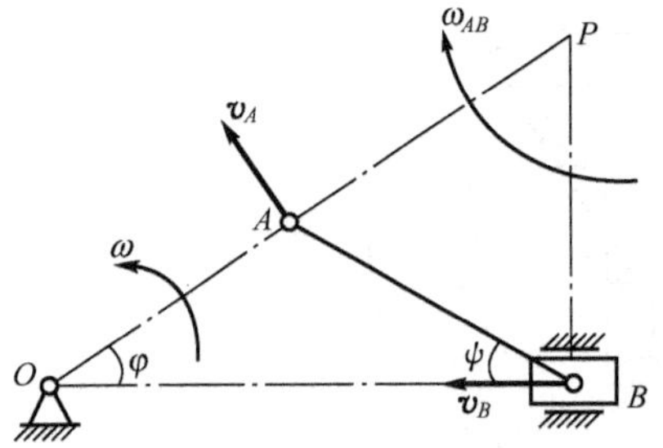

图 8.14　例 8-3 图

可得作平面运动的杆 AB 的角速度

$$\omega_{AB}=\frac{OA\cdot\omega}{PA}=\frac{r\omega}{PA}$$

这样，滑块 B 的速度可表示为

$$v_B=PB\cdot\omega_{AB}$$

而由正弦定理，可知

$$\frac{AB}{\sin(90°-\varphi)}=\frac{PA}{\sin(90°-\psi)}=\frac{PB}{\sin(\varphi+\psi)}$$

即

$$PA=\frac{\cos\psi}{\cos\varphi}l,\ PB=\frac{\sin(\varphi+\psi)}{\cos\varphi}l$$

代入可得

$$\omega_{AB}=\frac{r\omega}{PA}=\frac{r\omega\cos\varphi}{l\cos\psi},\ v_B=PB\cdot\omega_{AB}=\frac{r\omega\sin(\varphi+\psi)}{\cos\psi}$$

【例 8-4】 图 8.15 所示的圆轮转动的角速度为 $\omega=2\pi\text{rad/s}$，试用速度瞬心法求圆轮中心 O 和轮缘上两点 A、B 的速度。

解：圆轮作平面运动，轮与地面的接触点 P 为轮的速度瞬心。因此，三点 O、A、B 的速度可分别表示为

$$v_O=PO\cdot\omega=2\pi\times0.75=4.71\text{m/s}$$

$$v_B=PB\cdot\omega=2\pi\times\sqrt{2}\times0.75=6.66\text{m/s}$$

$$v_A=PA\cdot\omega=2\pi\times1.5=9.42\text{m/s}$$

其方向分别垂直于三点 O、A、B 和点 P 的连线，并且与轮子转动的方向一致，方向如图 8.15 所示。

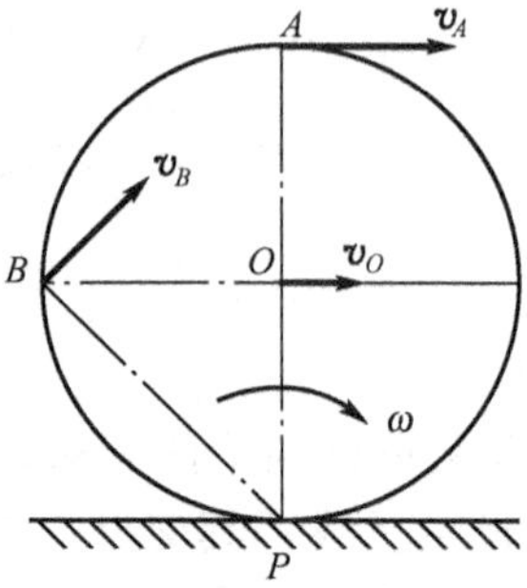

图 8.15　例 8-4 图

8.4　用基点法求平面图形内各点的加速度

求平面图形内一点的加速度没有类似于速度投影定理的加速度投影定理，找加速度瞬心又比较困难，故一般采用基点法求加速度。如图 8.16 所示，用一平面图形表示一刚体作平面运动。设某瞬时，平面图形内某一点 O 的加速度为 $\boldsymbol{a}_O$，平面图形的角速度为 ω，角加速度为 ε，求平面图形内任一点 M 的加速度 $\boldsymbol{a}_M$。由刚体平面运动的分解可知，刚体上任一点 M 的加速度等于基点 O 的加速度 $\boldsymbol{a}_O$ 和 M 点相对于基点转动的加速度 $\boldsymbol{a}_{MO}$ 的矢量和，而 M 点相对于基点的运动往往是曲线运动，因而有切向加速度 $\boldsymbol{a}_{MO}^{\tau}=MO\cdot\varepsilon$ 和法向加速度 $\boldsymbol{a}_{MO}^{n}=MO\cdot\omega^2$。故平面运动时刚体内任一点 M 的加速度可表示为

$$\boldsymbol{a}_M=\boldsymbol{a}_O+\boldsymbol{a}_{MO}=\boldsymbol{a}_O+\boldsymbol{a}_{MO}^{\tau}+\boldsymbol{a}_{MO}^{n} \tag{8-5}$$

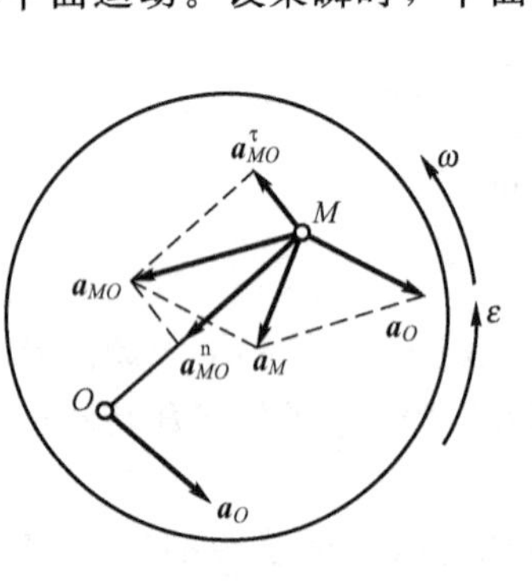

图 8.16　用基点法求平面图形内一点的加速度

具体计算时，往往需将矢量式(8-5)向恰当选取的两坐标轴投影，然后求解。

【例 8-5】 如图 8.17(a)所示杆 AB 长为 l，其 A 端沿水平轨道运动，B 端沿铅直轨道运动。在图示瞬时，杆 AB

与铅直线夹角为 φ，A 端具有向右的速度 $\boldsymbol{v}_A$ 和向右的加速度 $\boldsymbol{a}_A$，求此瞬时 B 端的速度和角速度及杆 AB 的角速度和角加速度。

解：杆 AB 作平面运动，以 A 为基点分析点 B 的速度和加速度。先进行速度分析和计算，以 A 为基点分析点 B 的速度。由 $\boldsymbol{v}_B=\boldsymbol{v}_A+\boldsymbol{v}_{BA}$ 作点 B 的速度合成图，如图 8.17(b)所示，由图可知

$$v_B=v_A\cdot\tan\varphi,\quad v_{BA}=v_A/\cos\varphi$$

故杆 AB 的角速度为

$$\omega_{BA}=\frac{v_{BA}}{BA}=\frac{v_A}{l\cos\varphi}$$

杆 AB 转动的角速度的方向如图 8.17(b)所示。

然后再进行加速度的分析和计算，以 A 为基点分析点 B 的加速度。由 $\boldsymbol{a}_B=\boldsymbol{a}_A+\boldsymbol{a}_{BA}^{\tau}+\boldsymbol{a}_{BA}^{n}$ 作点 B 的加速度合成图，如图 8.17(c)所示。列 $\boldsymbol{a}_{BA}^{n}$ 方向的投影方程

$$a_B\cos\varphi=a_A\cos(90°-\varphi)+a_{BA}^{n}$$

这里 $a_{BA}^{n}=l\omega_{AB}^2=\dfrac{v_A^2}{l\cos^2\varphi}$，解得

$$a_B=a_A\tan\varphi+\frac{v_A^2}{l\cos^3\varphi}$$

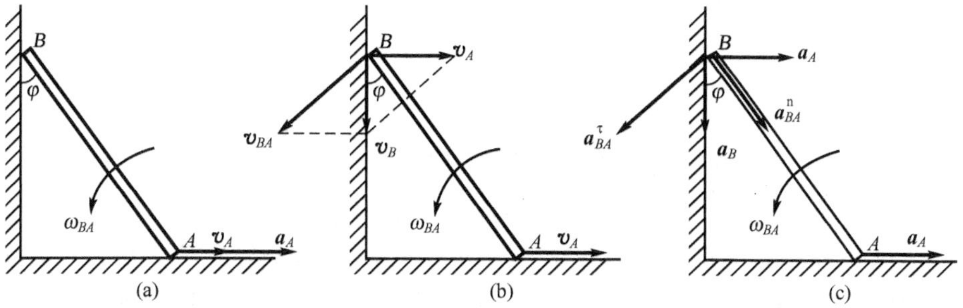

图 8.17 例 8-5 图

列 $\boldsymbol{a}_{BA}^{\tau}$ 方向的投影方程如下：

$$a_B\sin\varphi=-a_A\cos\varphi+a_{BA}^{\tau}$$

解得

$$a_{BA}^{\tau}=a_B\sin\varphi+a_A\cos\varphi=\frac{a_A}{\cos\varphi}+\frac{v_A^2\sin\varphi}{l\cos^3\varphi}$$

所以，AB 杆的角加速度为

$$\varepsilon_{AB}=\frac{a_{BA}^{\tau}}{l}=\frac{a_A}{l\cos\varphi}+\frac{v_A^2\sin\varphi}{l^2\cos^3\varphi}$$

【例 8-6】 如图 8.18(a)所示的半径为 R 的轮子在水平面上作纯滚动，已知轮心 O 的速度与加速度分别为 $\boldsymbol{v}_O$ 和 $\boldsymbol{a}_O$，求轮子转动的角速度和角加速度，并求轮与水平面接触点 C 的加速度。

解：轮子在水平面上作纯滚动，轮子和水平面的接触点 C 为其速度瞬心。根据轮心 O 的速度和加速度，轮子的角速度和角加速度可分别表示为

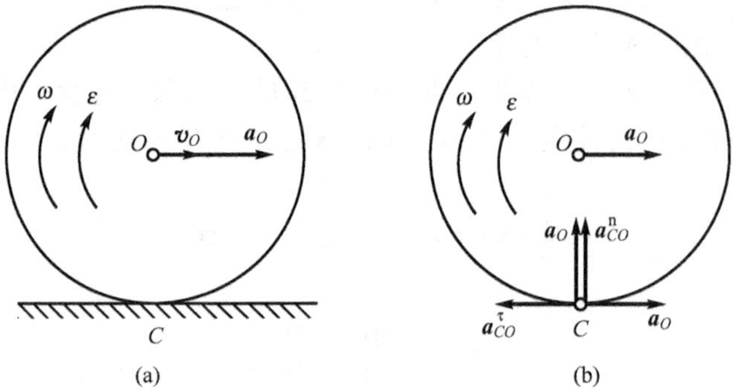

图 8.18 例 8-6 图

$$\omega=\frac{v_O}{R}$$

$$\varepsilon=\frac{d\omega}{dt}=\frac{d}{dt}\left(\frac{v_O}{R}\right)=\frac{1}{R}\frac{dv_O}{dt}=\frac{a_O}{R}$$

以轮心 O 为基点，分析点 C 的加速度，由加速度合成定理 $\boldsymbol{a}_C=\boldsymbol{a}_O+\boldsymbol{a}_{CO}^n+\boldsymbol{a}_{CO}^\tau$，画点 C 的加速度合成图，如图 8.18(b)所示，其中 $a_{CO}^n=R\omega^2=R\cdot\left(\frac{v_O}{R}\right)^2=\frac{v_O^2}{R}$，$a_{CO}^\tau=R\varepsilon=a_O$，由图可知

$$a_C=a_{CO}^n=\frac{v_O^2}{R}$$

其方向垂直向上。由此可知，速度瞬心 C 的加速度不等于零。

【例 8-7】 如图 8.19(a)所示为一平面铰链机构。已知 $OA=\sqrt{3}r$，角速度为 ω_0。$CD=2r$，角速度为 ω_0，转向如图所示。在图示位置时杆 OA 与杆 AB 垂直，杆 BC 与杆 AB 的夹角为 120°，且 $CD/\!/AB$，$AB=BC=r$，试求图示瞬时点 B 的速度和加速度以及杆 AB、杆 BC 的角速度和角加速度。

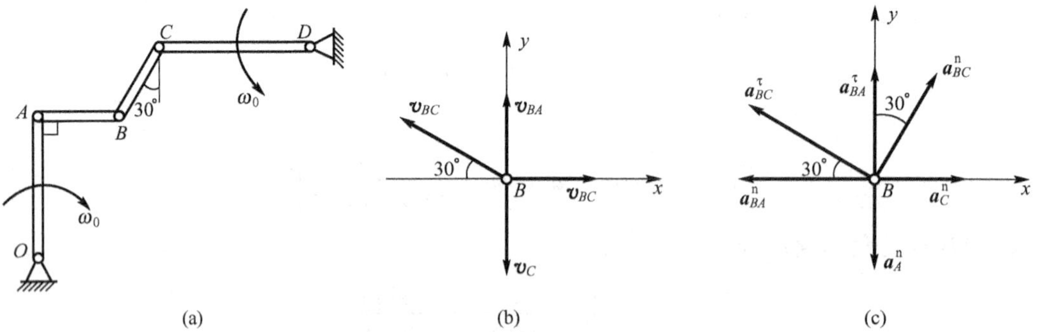

图 8.19 例 8-7 图

解： 本机构中杆 AB 和杆 BC 均作平面运动，欲求点 B 的速度和加速度，必须进行两次速度合成和加速度合成。分别取杆 AB 的点 A 和杆 BC 的点 C 为基点。根据 $\boldsymbol{v}_B=\boldsymbol{v}_A+\boldsymbol{v}_{BA}=\boldsymbol{v}_C+\boldsymbol{v}_{BC}$ 和 $\boldsymbol{a}_B=\boldsymbol{a}_A+\boldsymbol{a}_{BA}=\boldsymbol{a}_C+\boldsymbol{a}_{BC}$ 作出点 B 的速度合成图和加速度合成图，如图 8.19(b)、(c)所示。由速度合成图可知

$$\begin{cases} v_{Bx}=v_A=-v_{BC}\cdot\cos30^\circ \\ v_{By}=v_{BA}=v_{BC}\sin30^\circ-v_C \end{cases}$$

其中，$v_A=\sqrt{3}\omega_0\cdot r$，$v_C=2\omega_0\cdot r$，$v_{BA}=\omega_{AB}\cdot r$，$v_{BC}=\omega_{BC}\cdot r$

解得：$v_{Bx}=\sqrt{3}\omega_0 r$，$v_{By}=-3\omega_0 r$，$\omega_{AB}=-3\omega_0$，$\omega_{BC}=-2\omega_0$

再由加速度合成图 8.19(c)可知：

$$\begin{cases} a_{Bx}=-a_{BA}^{n}=a_C^{n}+a_{BC}^{n}\sin30^\circ-a_{BC}^{\tau}\cos30^\circ \\ a_{By}=a_{BA}^{\tau}-a_A^{n}=a_{BC}^{n}\cos30^\circ+a_{BC}^{\tau}\sin30^\circ \end{cases}$$

其中，$a_A^n=\sqrt{3}\omega_0^2\cdot r$，$a_C^n=2\omega_0^2\cdot r$，$a_{BA}^n=\omega_{AB}^2\cdot r=9\omega_0^2\cdot r$，$a_{BA}^\tau=\varepsilon_{AB}\cdot r$，

$a_{BC}^n=\omega_{BC}^2\cdot r=4\omega_0^2\cdot r$，$a_{BC}^\tau=\varepsilon_{BC}\cdot r$。

解得：$a_{Bx}=-9\omega_0^2 r$，$a_{By}=\dfrac{19\sqrt{3}}{3}\omega_0^2 r$，$\varepsilon_{AB}=\dfrac{22\sqrt{3}}{3}\omega_0^2$，$\varepsilon_{BC}=\dfrac{26\sqrt{3}}{3}\omega_0^2 r$。

8.5 运动学综合应用举例

在复杂的机构中，可能同时包括点的合成运动和刚体平面运动的综合问题，应注意分别分析、综合应用有关理论。有时同一问题可用不同的方法分析，则应经过分析、比较，选用较简便的方法求解。解题时首先要看懂题意，明确已知条件和待求量，然后进行运动分析，最后进行速度和加速度的分析和计算。下面通过几个例题来说明运动学的综合应用。

【例 8-8】 如图 8.20 所示的圆轮在水平地面上作纯滚动，圆轮的半径 $r=0.5$m，杆 O_1A 与轮相切，套筒在圆轮的边缘用铰链和圆轮相连。已知圆轮的中心点 O 的速度 $v_0=20$m/s，加速度 $a_0=10\text{m/s}^2$，求此瞬时杆 O_1A 的角速度和角加速度。

解： 本题是包括平面运动和点的合成运动的综合应用题，应分别采用相应的方法求解。

首先进行速度的分析和计算。由于圆轮在水平地面上作纯滚动，圆轮与地面的接触点 C 为其速度瞬心，点 B 的速度 $v_a=\omega_0\cdot CB=20\sqrt{3}$m/s，方向垂直于 BC。选择点 B 为动点，O_1A 为动系，由 $\boldsymbol{v}_a=\boldsymbol{v}_e+\boldsymbol{v}_r$ 作点 B 的速度合成图，如图 8.20(a)所示。由图可知

$$v_e=v_a\cos60^\circ=10\sqrt{3}\text{m/s},\quad v_r=v_a\sin60^\circ=30\text{m/s}$$

杆 O_1A 的角速度为

$$\omega_{O_1A}=\frac{v_e}{O_1B}=\frac{v_e}{\sqrt{3}r}=20\text{rad/s}$$

然后再进行加速度的分析和计算。首先用基点法求轮缘点 B 的加速度。取 O 为基点，分析点 B 的加速度。由 $\boldsymbol{a}_B=\boldsymbol{a}_O+\boldsymbol{a}_{BO}^n+\boldsymbol{a}_{BO}^\tau$ 作 B 点的加速度图，如图 8.20(b)所示。再以套筒 B 点为动点，以 O_1A 为动系分析套筒 B 的加速度。由于动系作定轴转动，由 $\boldsymbol{a}_a=\boldsymbol{a}_e^n+\boldsymbol{a}_e^\tau+\boldsymbol{a}_r+\boldsymbol{a}_k$ 作 B 点的加速度合成图，如图 8.20(c)所示。

由于套筒 B 在圆轮的边缘用铰链与圆轮相连，故有

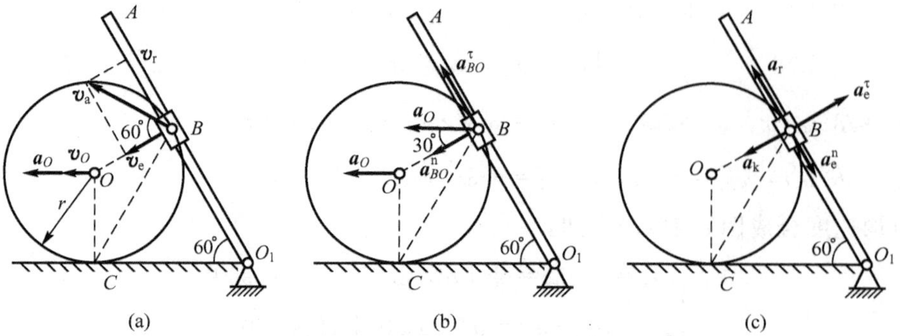

图 8.20　例 8-8 图

$$\boldsymbol{a}_O+\boldsymbol{a}_{BO}^{n}+\boldsymbol{a}_{BO}^{\tau}=\boldsymbol{a}_{e}^{n}+\boldsymbol{a}_{e}^{\tau}+\boldsymbol{a}_{r}+\boldsymbol{a}_{k}$$

将上式表示的矢量方程向 $\boldsymbol{a}_e^{\tau}$ 方向投影，得

$$-a_O\cos30°-a_{BO}^{n}=a_e^{\tau}-a_k$$

其中，$a_{BO}^{n}=\omega^2\cdot OB=800\text{m/s}^2$，$a_k=2\omega_e\cdot v_r=1200\text{m/s}^2$，代入上式，可得

$$a_e^{\tau}=a_k-a_O\cos30°-a_{BO}^{n}=391\text{m/s}^2$$

杆 O_1A 的角加速度为

$$\varepsilon_{O_1A}=\frac{a_e^{\tau}}{O_1B}=452\text{rad/s}^2$$

【例 8-9】　轻型杠杆式推钢机，曲柄 OA 借连杆 AB 带动摇杆 O_1B 绕 O_1 轴摆动，杆 EC 以铰链与滑块 C 相连，滑块 C 可沿杆 O_1B 滑动，如图 8.21(a)所示。摇杆摆动时带动杆 EC 推动钢材。已知 $OA=a$，$AB=a$，$O_1B=\frac{2b}{3}$，$BC=\frac{4b}{3}$，$\omega_{OA}=0.5\text{rad/s}$，且知 $a=0.2\text{m}$，$b=1\text{m}$。求图示瞬时：(1)滑块 C 的绝对速度和相对于摇杆 O_1B 的速度；(2) 滑块 C 的绝对加速度和相对于摆杆 O_1B 的加速度。

解：(1) 速度分析。先分析杆 AB，杆 AB 作平面运动，以 A 为基点，则点 B 速度分析如图 8.21(a)所示，由图可知：$v_B=\frac{v_A}{\sin60°}=\frac{\omega_{OA}\cdot OA}{\sin60°}=\frac{\sqrt{3}}{15}\text{m/s}$，$v_{BA}=v_A\cdot\tan30°=\frac{\sqrt{3}}{30}\text{m/s}$。由于 $v_B=\omega_{O_1B}\cdot O_1B$，$v_{BA}=\omega_{AB}\cdot AB$，故有

$$\omega_{O_1B}=\frac{v_B}{O_1B}=\frac{\sqrt{3}}{10}\text{rad/s},\quad \omega_{AB}=\frac{v_{BA}}{AB}=\frac{\sqrt{3}}{6}\text{rad/s}$$

再分析点 C，以滑块 C 为动点，动系固连于杆 O_1B 上，动系作定轴转动，由 $\boldsymbol{v}_{Ca}=\boldsymbol{v}_{Ce}+\boldsymbol{v}_{Cr}$ 作点 C 的速度合成图，如图 8.21(a)所示。于是有

$$v_C=v_{Ca}=\frac{v_{Ce}}{\sin60°}=0.4\text{m/s},\quad v_{Cr}=v_{Ca}\cdot\cos60°=0.2\text{m/s}$$

(2) 加速度分析。先分析杆 AB，杆 AB 作平面运动，以 A 为基点，分析点 B 的加速度。由 $\boldsymbol{a}_B^{n}+\boldsymbol{a}_B^{\tau}=\boldsymbol{a}_A^{n}+\boldsymbol{a}_{BA}^{n}+\boldsymbol{a}_{BA}^{\tau}$ 作点 B 的加速度图，如图 8.21(b)所示。列 $\boldsymbol{a}_{BA}^{n}$ 方向的投影方程，有

$$-a_B^{\tau}\cos30°-a_B^{n}\sin30°=a_{BA}^{n}$$

式中，$a_B^{\tau}=\varepsilon_{O_1B}\cdot O_1B=\frac{2}{3}b\cdot\varepsilon_{O_1B}$，$a_B^{n}=\omega_{O_1B}^2\cdot O_1B=0.02\text{m/s}$，$a_{BA}^{n}=\omega_{AB}^2\cdot AB=\frac{\sqrt{3}}{180}\text{m/s}^2$，

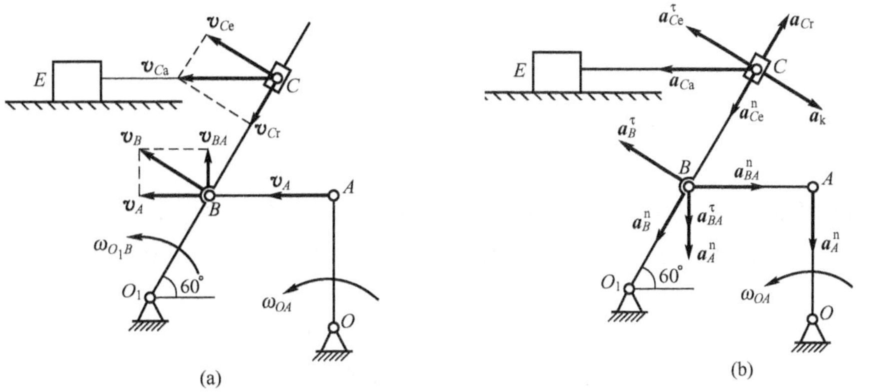

图 8.21　例 8-9 图

代入上式，可得摇杆 O_1B 的角加速度为

$$\varepsilon_{O_1B}=-0.034\text{rad/s}^2。$$

然后再以滑块 C 点为动点，摇杆 O_1B 为动系，由 $\boldsymbol{a}_{Ca}=\boldsymbol{a}_{Ce}+\boldsymbol{a}_{Cr}+\boldsymbol{a}_k$ 作点 C 的加速度合成图，如图 8.21(b)所示。列 $\boldsymbol{a}_{Ce}^{\tau}$ 方向的投影方程，有

$$a_{Ca}\cdot\cos30°=a_{Ce}^{\tau}-a_k$$

式中，$a_{Ce}^{\tau}=\varepsilon_{O_1B}\cdot O_1C=-0.068\text{m/s}^2$，$a_k=2\omega_{O_1B}\cdot v_{Cr}=0.0693\text{m/s}^2$，代入上式，可得滑块 C 的绝对加速度为

$$a_{Ca}=\frac{2}{\sqrt{3}}(a_{Ce}^{\tau}-a_k)=-0.1585\text{m/s}^2$$

列 $\boldsymbol{a}_{Ce}^{n}$ 方向的投影方程，有

$$a_{Ca}\sin30°=a_{Ce}^{n}-a_{Cr}$$

式中，$a_{Ce}^{n}=\omega_{O_1B}^2\cdot O_1C=0.06\text{m/s}^2$，$a_{Ca}=-0.1585\text{m/s}^2$，代入上式，可得滑块 C 相对于摆杆 O_1B 的加速度为

$$a_{Cr}=-\frac{1}{2}a_{Ca}+a_{Ce}^{n}=0.139\text{m/s}^2$$

【例 8-10】 在如图 8.22(a)所示的机构中，曲柄 $OA=r$，以匀角速度 ω_0 沿逆时针方向转动，通过滑块 A 带动摇杆 BC 绕定轴 B 摆动，连杆 CD 带动导杆 EF 水平往复运动。已知 $BC=4r$，$CD=1.5r$，$OB=\sqrt{3}r$。求图示瞬时，即 $OA\perp OB$，$\beta=20°$时，导杆 EF 的速度和加速度。

解：本题同时包括点的复合运动和刚体平面运动，应分别应用相应的方法求解。

(1) 速度分析。首先选滑块 A 为动点，摇杆 BC 为动系，则牵连运动随摇杆绕定轴 C 转动，滑块 A 的相对运动是沿导槽的直线运动，绝对运动是绕定轴 O 的圆周运动。由 $\boldsymbol{v}_a=\boldsymbol{v}_e+\boldsymbol{v}_r$ 作滑块 A 的速度合成图，如图 8.22(a)所示。由图可知动点的牵连速度

$$v_e=v_a\sin\varphi=\frac{1}{2}r\omega_0$$

动点的相对速度

$$v_r=v_a\cos\varphi=\frac{\sqrt{3}}{2}r\omega_0$$

摇杆 BC 的角速度

$$\omega_{BC}=\frac{v_e}{AB}=\frac{1}{2}r\omega_0\times\frac{1}{2r}=\frac{1}{4}\omega_0(\text{逆时针转向})$$

点 C 的速度

$$v_C=BC\cdot\omega_{BC}=4r\times\frac{1}{4}\omega_0=r\omega_0$$

然后对作平面运动的连杆 CD 进行运动分析，选动点 C 为基点，对动点 D 进行速度分析。由 $\boldsymbol{v}_D=\boldsymbol{v}_C+\boldsymbol{v}_{DC}$ 作 D 点的速度合成图，如图 8.22(a)所示。由图可知

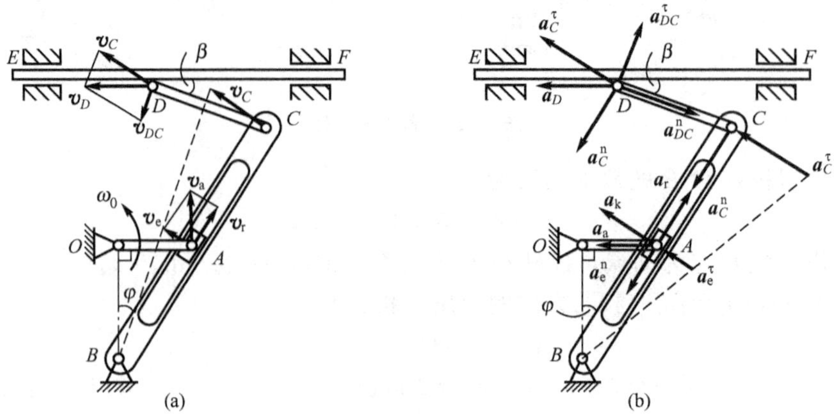

图 8.22　例 8-10 图

$$\frac{v_C}{\sin(90^\circ-\beta)}=\frac{v_{DC}}{\sin\varphi}=\frac{v_D}{\sin(90^\circ+\beta-\varphi)}$$

式中，$v_C=r\omega_0$，解得

$$v_D=\frac{\cos(\varphi-\beta)}{\sin(90^\circ-\beta)}v_C=\frac{\cos10^\circ}{\cos20^\circ}r\omega_0=1.05r\omega_0(\text{方向水平向左})$$

$$v_{DC}=\frac{\sin\varphi}{\sin(90^\circ-\beta)}v_C=\frac{\sin30^\circ}{\cos20^\circ}r\omega_0=0.532r\omega_0$$

连杆 CD 的角速度为

$$\omega_{CD}=\frac{v_{DC}}{CD}=\frac{0.532r\omega_0}{1.5r}=0.355\omega_0(\text{方向为逆时针方向})$$

(2) 加速度分析。首先选滑块 A 为动点，摇杆 BC 为动系，由 $\boldsymbol{a}_a=\boldsymbol{a}_e^n+\boldsymbol{a}_e^\tau+\boldsymbol{a}_r+\boldsymbol{a}_k$ 作滑块 A 的加速度合成图，如图 8.22(b)所示。列 $\boldsymbol{a}_k$ 方向的投影方程

$$a_a\cos\varphi=a_e^\tau+a_k$$

式中，$a_a=r\omega_0^2$，$a_k=2\omega_{BC}v_r=\frac{\sqrt{3}}{4}r\omega_0^2$，代入上式

$$a_e^\tau=a_a\cos\varphi-a_k=\frac{\sqrt{3}}{4}r\omega_0^2$$

摇杆 BC 的角加速度为

$$\varepsilon_{BC}=\frac{a_e^\tau}{AB}=\frac{\sqrt{3}}{8}\omega_0^2\text{（方向为逆时针转向）}$$

然后对作平面运动的连杆 CD 进行运动分析，选动点 C 为基点，对动点 D 进行速度分析。由 $\boldsymbol{a}_D=\boldsymbol{a}_C^n+\boldsymbol{a}_C^\tau+\boldsymbol{a}_{DC}^n+\boldsymbol{a}_{DC}^\tau$ 作点 D 的加速度合成图，如图 8.22(b)所示。列 $\boldsymbol{a}_{DC}^n$ 方向的投影，得

$$-a_D\cos\beta=-a_C^\tau\cos(\varphi-\beta)-a_C^n\sin(\varphi-\beta)+a_{DC}^n$$

式中，$a_C^\tau=\varepsilon_{BC}\cdot BC=\frac{\sqrt{3}}{2}r\omega_0^2$，$a_C^n=\omega_{BC}^2\cdot BC=\frac{1}{4}r\omega_0^2$，$a_{DC}^n=\omega_{CD}^2\cdot CD=0.189r\omega_0^2$，代入上式，得

$$a_D=0.754r\omega_0^2\text{（方向水平向左）}$$

导杆 EF 的速度和加速度等于点 D 的速度和加速度。

小　结

刚体在运动的过程中，其上任一点到某一固定平面的距离保持不变，这种运动称为刚体的平面运动。刚体的平面运动可简化为平面图形在其自身平面内的运动，平行于固定平面所截出的任何平面图形都可代表此刚体的运动。

平面图形的运动可分解为随基点的平动和绕基点的转动。平动为牵连运动，它与基点的选择有关；转动为相对运动，它与基点的选择无关。平面图形绕其平面内任何点转动的角速度和角加速度都相同，可以直接称为平面图形的角速度和角加速度，而无须指明它们是对哪个基点而言。

求平面图形内一点的速度可用三种方法，即基点法、速度瞬心法和投影法。基点法一般选取速度已知的点作为基点，根据速度合成定理 $\boldsymbol{v}_M=\boldsymbol{v}_O+\boldsymbol{v}_{MO}$ 作平行四边形，注意 $\boldsymbol{v}_M$ 必须是速度平行四边形的对角线；应用速度投影定理时，所分析的两点必须在同一刚体上，等式两边同时投影；用瞬心法时必须正确地找出刚体的速度瞬心位置。应当注意不同瞬时刚体有不同的速度瞬心，但在任一瞬时，一个刚体唯一地存在一个速度瞬心，它的位置应根据已知条件来确定，不能任意选取。若某瞬时速度瞬心在无穷远，则说明此时刚体的角速度等于零，刚体作瞬时平动。务必注意瞬时平动与刚体平动是两个不同的概念，瞬时平动时刚体的角速度为零，因而各点的速度相同，但角加速度不为零，因而各点的加速度不相同，而刚体平动时不论何时，各点都具有完全相同的速度和加速度。

求平面图形内一点的加速度一般只能用基点法。基点法一般选取加速度已知的点作为基点，根据加速度合成定理 $\boldsymbol{a}_M=\boldsymbol{a}_O+\boldsymbol{a}_{MO}^n+\boldsymbol{a}_{MO}^\tau$ 作点 M 的加速度合成图，然后列投影方程。列投影方程时尽量避开不要求的未知量，列此未知量垂直方向的投影方程。

如果只求解刚体上某个点速度，应选用速度投影定理或速度瞬心法；如果要求角速度，则选用速度瞬心法较直观简单。

习　题

一、是非题(正确的在括号内打“√”，错误的打“×”)

1. 平面图形的角速度与图形绕基点转动的角速度始终相等。　（　）

2. 刚体平面运动可视为随同基点的平动和绕基点转动的合成运动。 ( )

3. 平面图形上如已知某瞬时两点的速度为零，则此平面图形的瞬时角速度和瞬时角加速度一定为零。 ( )

4. 在某一瞬时平面图形上各点的速度大小都相等，方向都相同，则此平面图形一定作平动，因此各点的加速度也相等。 ( )

5. 车轮沿直线轨道滚而不滑，某瞬时车轮与轨道的接触点为车轮的速度瞬心，其速度为零，故速度瞬心的加速度也为零。 ( )

6. 当 $\omega=0$ 时，平面图形上两点的加速度在此两点连线上的投影相等。 ( )

7. 平面图形在其平面内运动，某瞬时其上有两点的加速度矢相同，其上各点速度在该瞬时一定相等。 ( )

二、填空题

1. 刚体在运动过程中，其上任一点到某一固定平面的距离保持不变，这种运动称为刚体的________。刚体的平面运动可简化为平面图形在________内的运动。

2. 平面图形的运动可分解为随基点的________和绕基点的________。平动为________运动，它与基点的选择________；转动为________运动，它与基点的选择________。

3. 通常把平面运动的角速度和角加速度直接称为________的角速度和角加速度，而无须指明它们是对哪个基点而言。

4. 平面图形上各点的加速度的方向都指向同一点，则此瞬时平面图形的________等于零。

5. 相对某固定平面作平面运动的刚体上与此固定平面垂直的直线都作________。

三、选择题

1. 正方平面图形在其自身平面内作平面运动。已知四点 A、B、C、D 的速度大小相等，方向如图 8.23(a)、(b)所示，下列结论正确的是( )。

A. (a)、(b)的运动都是可能的　　B. (a)、(b)的运动都是不可能的

C. 只有(a)的运动是可能的　　D. 只有 (b)的运动是可能的

2. 如图 8.24 所示圆盘在水平面上无滑动地滚动，角速度 ω 为常数，轮心点 A 的加速度为( )，轮边点 B 的加速度为( )，轮与地面接触点 C 的加速度为( )。

A. 0　　B. $\omega^2 r$　　C. $2\omega^2 r$　　D. $4\omega^2 r$

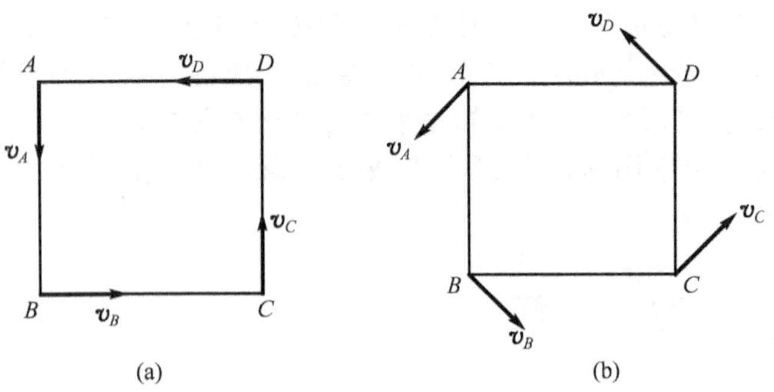

图 8.23　题三(1)图

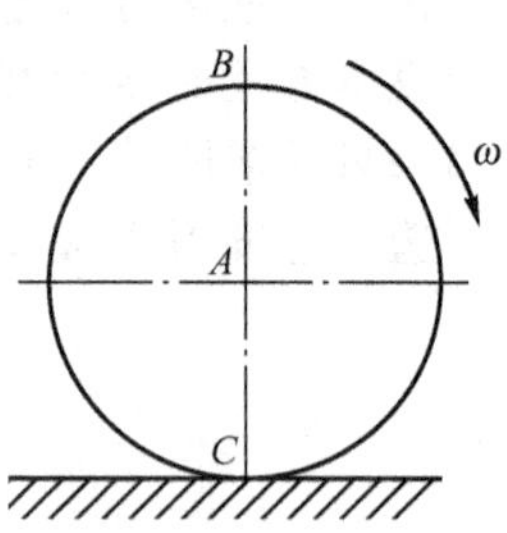

图 8.24　题三(2)图

3. 如图 8.25 所示，在作加速运动的动点是( )。

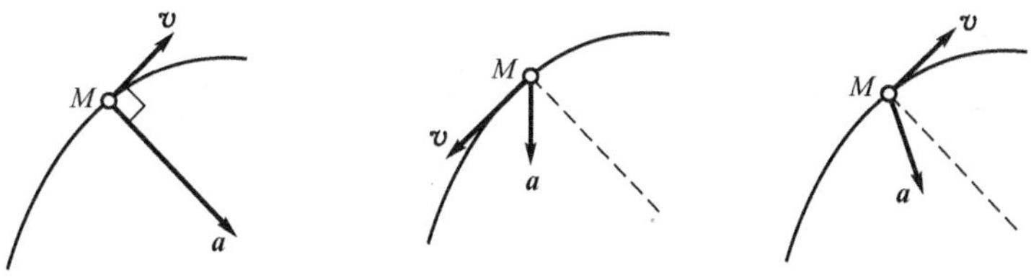

A.　　　B.　　　C.

图 8.25　题三(3)图

4. 如图 8.26 所示平面图形上两点 A、B 的加速度大小相等、方向相同，但不共线。则此瞬时平面图形的角速度和角加速度(　　)。

A. $\omega=0$，$\varepsilon\neq0$　　B. $\omega\neq0$，$\varepsilon=0$

C. $\omega\neq0$，$\varepsilon\neq0$　　D. $\omega=0$，$\varepsilon=0$

5. 杆 AB 作平面运动，图示瞬时两点 A、B 速度 $\boldsymbol{v}_A$、$\boldsymbol{v}_B$ 的大小、方向均为已知，C、D 两点分别是 $\boldsymbol{v}_A$、$\boldsymbol{v}_B$ 的矢端，如图 8.27 所示，则杆 AB 上(除 A、B 两点外)各点的速度矢的端点是否都在直线 CD 上？(　　)

A. 全部都在直线 CD 上　　B. 只有部分在直线 CD 上

C. 全部都不在直线 CD 上　　D. 无法确定

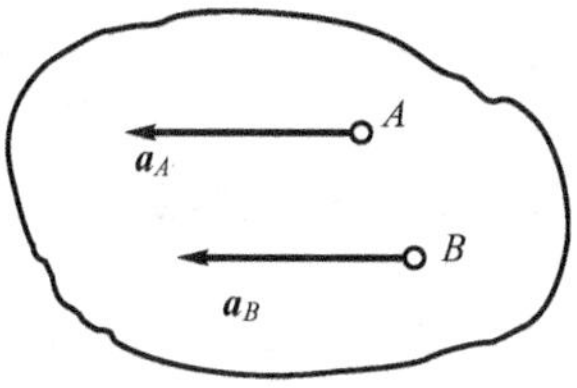

图 8.26　题三(4)图

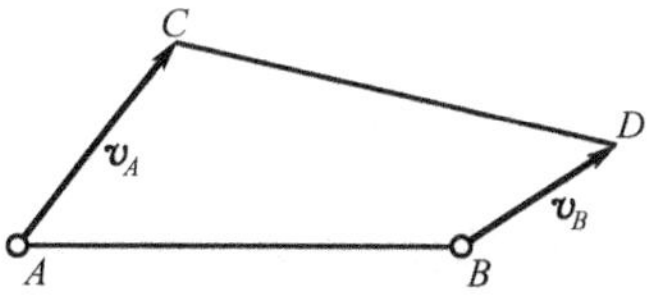

图 8.27　题三(5)图

6. 四连杆机构中已知基点 A 的加速度 $\boldsymbol{a}_A$、杆 AB 的角速度 ω 和角加速度 ε，欲求点 B 的加速度，画出加速度矢量图，如图 8.28 所示。将用基点法求加速度的公式投影于 x、y 轴，则(　　)是正确的。

A. $-a_{BA}^{n}+a_B\cos\theta=0$，$a_{BA}^{\tau}-a_A-a_B\sin\theta=0$

B. $-a_{BA}^{n}=a_B\cos\theta$，$a_{BA}^{\tau}-a_A-a_B\sin\theta=0$

C. $-a_{BA}^{n}=a_B\cos\theta$，$a_{BA}^{\tau}-a_A=-a_B\sin\theta$

D. $-a_{BA}^{n}+a_B\cos\theta=0$，$a_{BA}^{\tau}-a_A=a_B\sin\theta$

7. 如图 8.29 所示机构中作平面运动的构件在图示位置的速度瞬心是(　　)。

A. 点 O　　B. 点 A　　C. 点 B　　D. 无穷远点

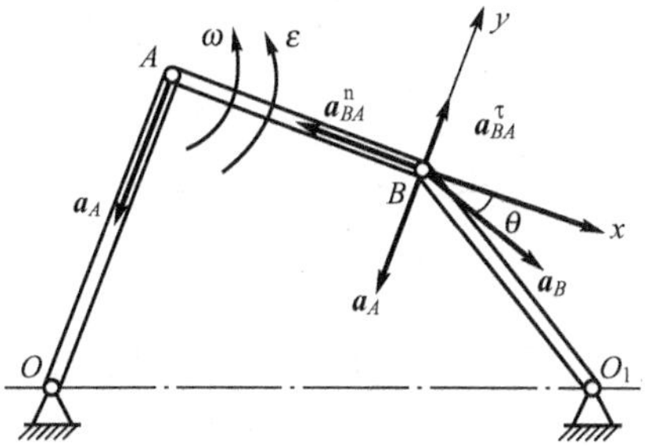

图 8.28　题三(6)图

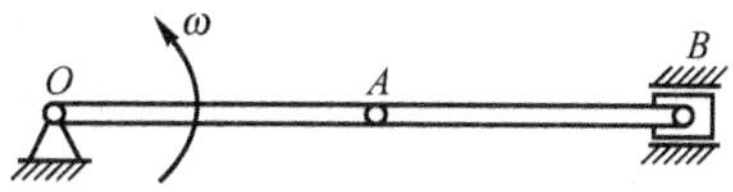

图 8.29　题三(7)图

8. 一刚体作瞬时平动，此瞬时该刚体上各点(　　)。

A. 速度和加速度均相同　　　　B. 速度相同而加速度可能不相同

C. 速度和加速度都不相同　　　D. 速度不同而加速度可能相同

四、计算题

1. 如图 8.30 所示的两齿条以速度 $\boldsymbol{v}_1$ 和 $\boldsymbol{v}_2$ 同方向运动。在两齿条间夹一齿轮，其半径为 r，求齿轮的角速度及其中心 O 的速度。

2. 曲柄 $OA=17\text{cm}$，绕定轴 O 转动的角速度 $\omega_{OA}=1\text{rad/s}$，已知 $AB=12\text{cm}$，$BD=44\text{cm}$，$BC=15\text{cm}$，滑块 C、D 分别沿着铅垂与水平滑道运动，如图 8.31 所示瞬时 OA 铅垂，求滑块 C 与 D 的速度。

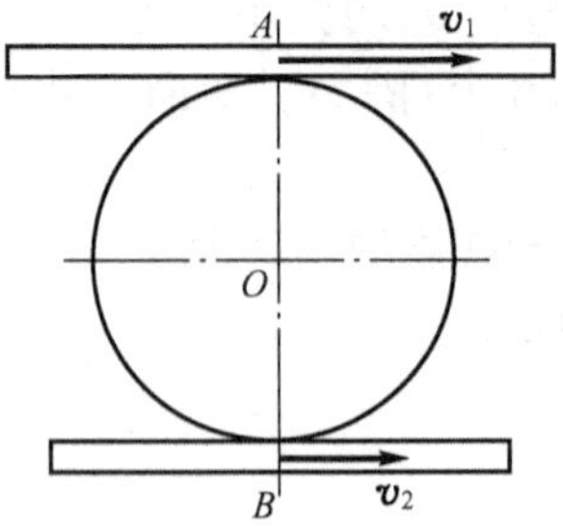

图 8.30　题四(1)图

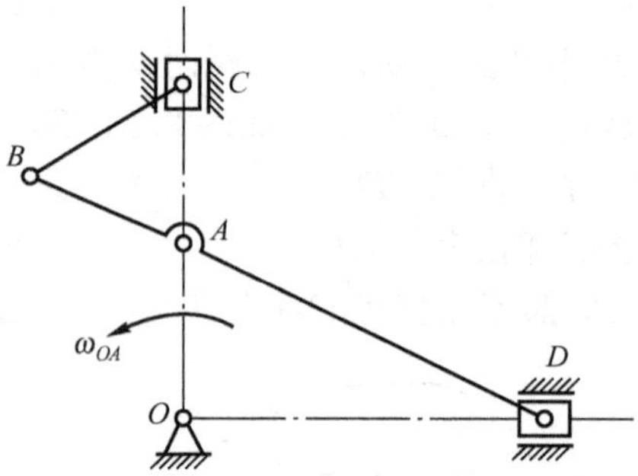

图 8.31　题四(2)图

3. 曲柄 OA 绕定轴 O 转动的角速度 $\omega_{OA}=2.5\text{rad/s}$，$OA=28\text{cm}$，$AB=75\text{cm}$，$BC=15\text{cm}$，$r=10\text{cm}$，轮子沿水平面滚动而不滑动。求图 8.32 所示瞬时轮子上点 C 的速度。

4. 在瓦特行星传动机构中，平衡杆 O_1A 绕 O_1 轴转动，并借连杆 AB 带动曲柄 OB，而曲柄 OB 活动地装置在 O 轴上，如图 8.33 所示。在 O 轴上装有齿轮Ⅰ，齿轮Ⅱ的轴安装在连杆 AB 的另一端。已知 $r_1=r_2=30\sqrt{3}\,\text{cm}$，$O_1A=75\text{cm}$，$AB=150\text{cm}$，杆 O_1A 的角速度 $\omega_{O1}=6\text{rad/s}$。求当 $\alpha=60°$、$\beta=90°$时，OB 和齿轮Ⅰ的角速度。

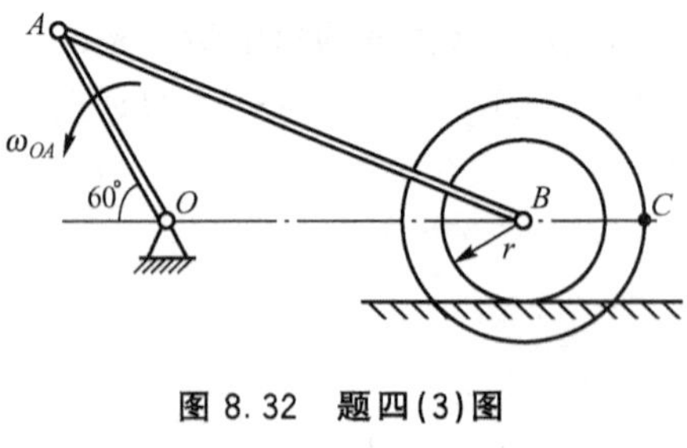

图 8.32　题四(3)图

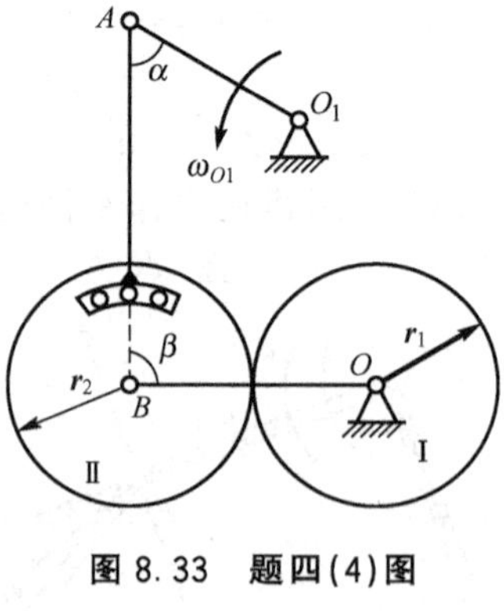

图 8.33　题四(4)图

5. 图 8.34 所示曲柄 OA 以角速度 $\omega=6\text{rad/s}$ 转动，带动平板 ABC 和摇杆 BD，已知 $OA=100\text{mm}$，$AC=150\text{mm}$，$BC=450\text{mm}$，$BD=400\text{mm}$，$\angle ACB=90°$。设某瞬时 $OA\perp AC$，$OA\perp BD$，求此时点 A、B、C 的速度以及平板 ABC 和摇杆 BD 的角速度。

6. 轮子 O 以匀角速度 $\omega_0 = 2\text{rad/s}$ 转动，在图 8.35 所示瞬时，OA 铅垂，BC 水平。求此瞬时杆 AB 与杆 BC 的角速度和角加速度。

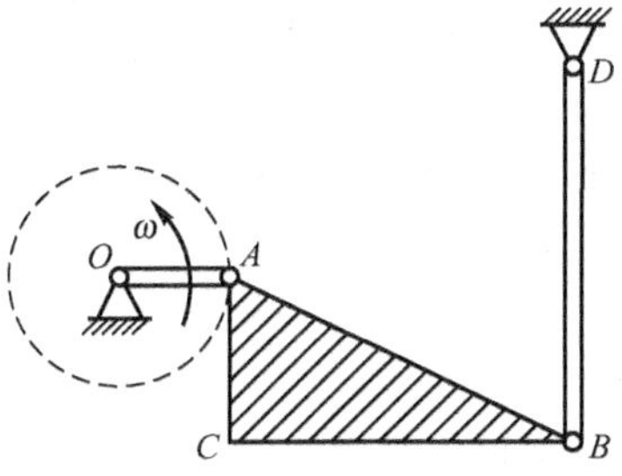

图 8.34　题四(5)图

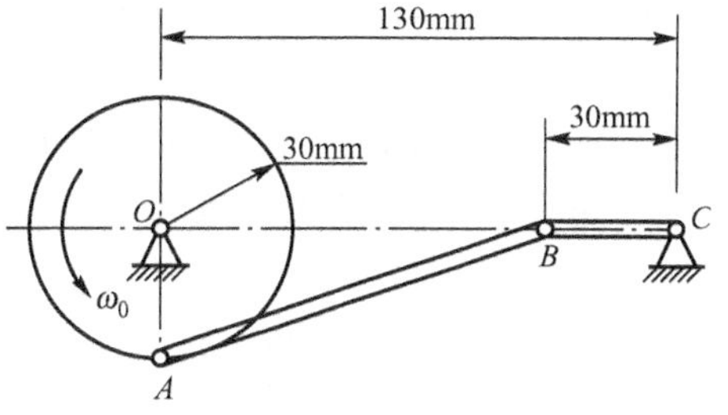

图 8.35　题四(6)图

7. 半径为 r 的圆柱形滚子沿半径为 R 的圆弧槽纯滚动。在图 8.36 所示瞬时，滚子中心 C 的速度为 $\boldsymbol{v}_C$，切向加速度为 $\boldsymbol{a}_C^\tau$。求这时接触点 A 和同一直径上最高点 B 的加速度。

8. 图 8.37 所示机构中，曲柄 OA 以等角速度 ω_0 绕 O 轴转动，且 $OA = O_1B = r$，在图示位置时 $\angle AOO_1 = 90°$，$\angle BAO = \angle BO_1O = 45°$，求此时点 B 的加速度和 O_1B 杆的角加速度。

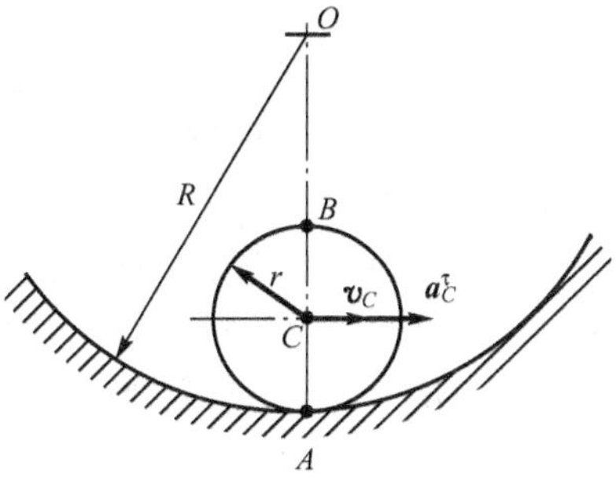

图 8.36　题四(7)图

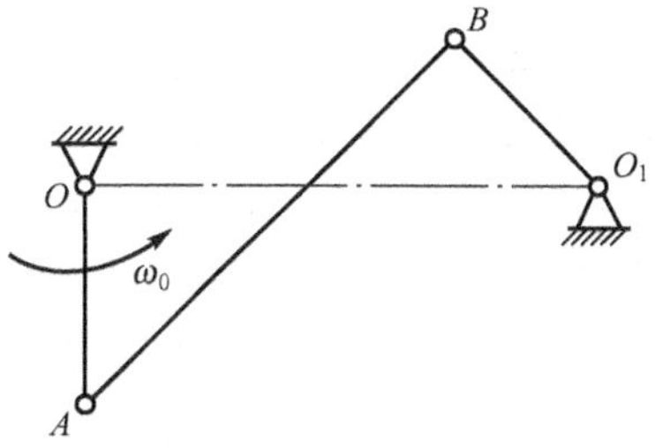

图 8.37　题四(8)图

9. 在图 8.38 所示机构中，曲柄 $OA = r$，绕 O 轴以等角速度 ω_0 转动，$AB = 6r$，$BC = 3\sqrt{3}r$。求图示位置滑块 C 的速度和加速度。

10. 平面机构的曲柄 OA 长为 $2l$，以匀角速度 ω_0 绕 O 轴转动。在图 8.39 所示位置时，$AB = BO$，并且 $OA \perp AD$。求此时套筒 D 相对于杆 BC 的速度。

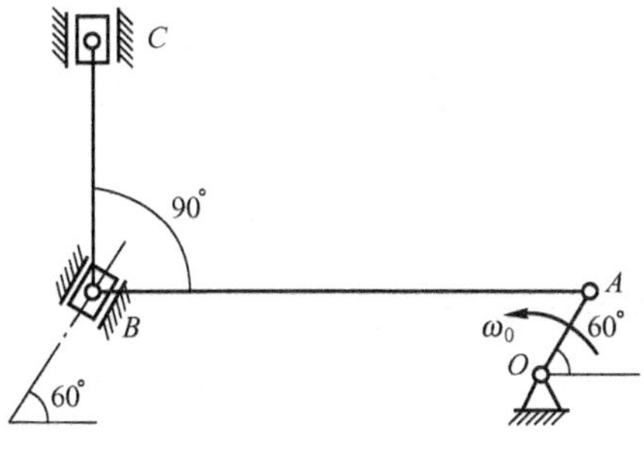

图 8.38　题四(9)图

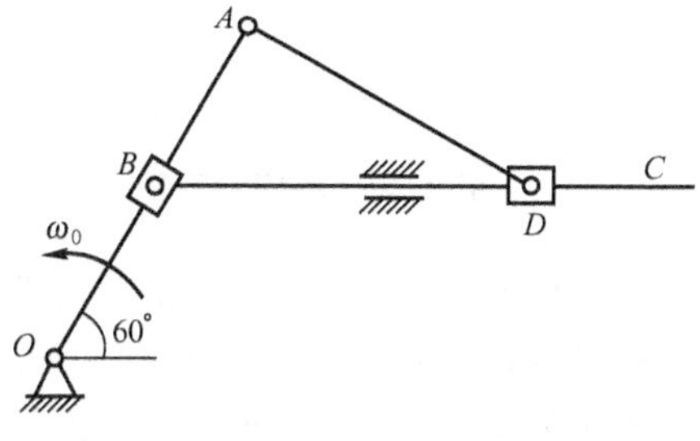

图 8.39　题四(10)图

11. 图 8.40 所示曲柄连杆机构带动摇杆 O_1C 绕 O_1 轴摆动。在连杆 ABD 上装有两个滑块，滑块 B 在水平槽内滑动，而滑块 D 则在摇杆 O_1C 的槽内滑动。已知曲柄长 $OA=50\text{mm}$，绕 O 轴转动的匀角速度 $\omega=10\text{rad/s}$，在图示位置时，曲柄与水平线间成 $90°$角，$\angle OAB=60°$，摇杆与水平线间成 $60°$角，$O_1D=70\text{mm}$。求摇杆的角速度与角加速度。

12. 图 8.41 所示机构中滑块 A 的速度为常值，$v_A=0.2\text{m/s}$，$AB=0.4\text{m}$。试求当 $AC=CB$，$\theta=30°$时，杆 CD 的速度与加速度。

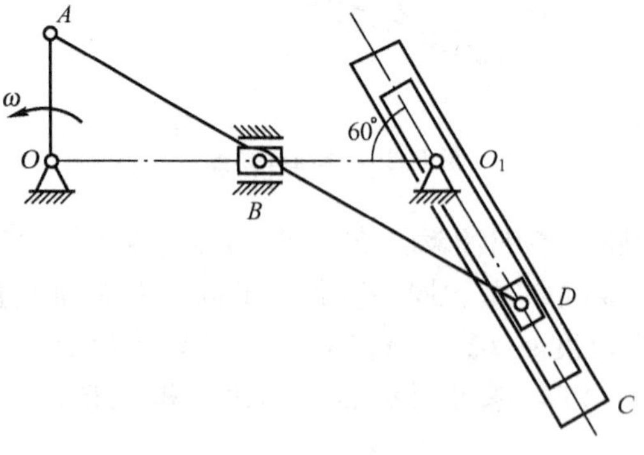

图 8.40　题四(11)图

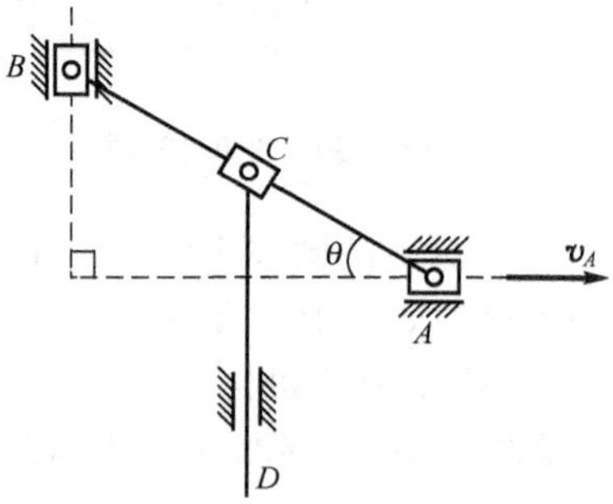

图 8.41　题四(12)图

13. 如图 8.42 所示的机构中，曲柄 $OA=20\text{cm}$，摇杆 $O_1B=100\text{cm}$，连杆 $AB=120\text{cm}$，曲柄 OA 以等角加速度 $\varepsilon=5\text{rad/s}^2$转动。试求当曲柄 OA 和摇杆 O_1B 为铅直位置，并且曲柄 OA 的角速度 $\omega=10\text{rad/s}$ 时，点 B 和点 C 的加速度。

14. 平面机构中，杆 AB 以不变的速度 $\boldsymbol{v}$ 沿水平方向运动，套筒 B 与杆 AB 的端点铰接，并套在绕 O 轴转动的杆 OC 上，滑块 B 可沿杆 OC 滑动。已知 AB 和 OE 两平行线间的垂直距离为 b，求图 8.43 所示位置($\gamma=60°$，$\beta=30°$，$OD=BD$)时杆 OC 的角速度和角加速度、滑块 E 的速度和加速度。

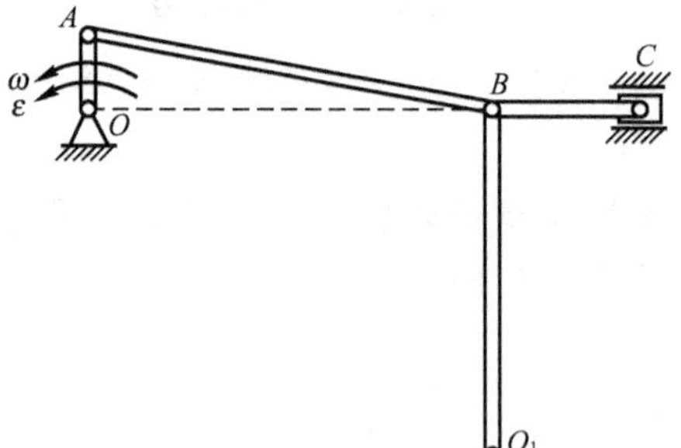

图 8.42　题四(13)图

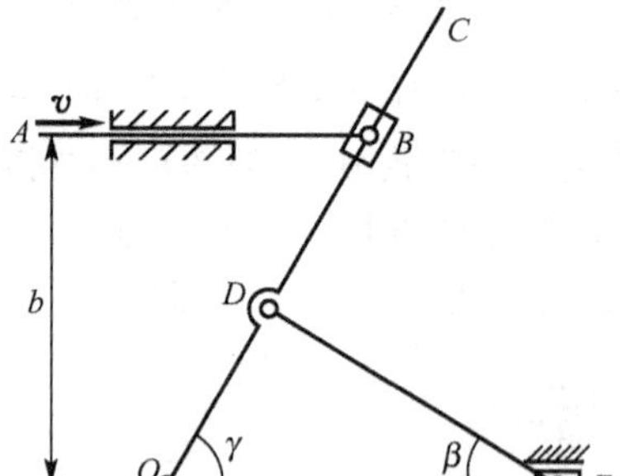

图 8.43　题四(14)图

15. 如图 8.44 所示，电动机带动飞轮以匀角速度顺时针转动，角速度 $\omega=2\pi\text{rad/s}$，并通过连杆 AB 带动可沿水平导轨运动的电锯条。已知 $AB=450\text{mm}$，求当 OA 位于铅垂位置时，锯条的加速度 a_B 和连杆的角加速度。

16. 在牛头刨床的滑道摇杆机构中，曲柄 OA 以匀角速度 ω_0 作逆时针转动，如

图 8.45所示。设轴 O 和 O_1 到滑块 C 的导轨的距离分别是 b 和 $2b$，$OA=R$，$O_1B=r$，$BC=4\sqrt{3}b/3$，试求当曲柄 OA 和摇杆 O_1B 处于水平位置时，滑块 C 的速度和摇杆 O_1B 的角速度。

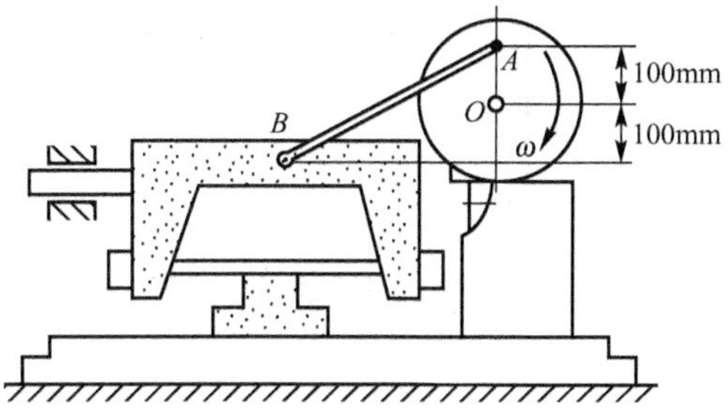

图 8.44 题四(15)图

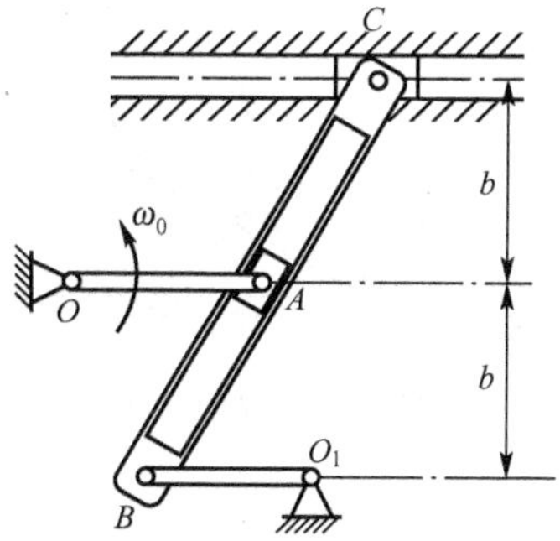

图 8.45 题四(16)图

17. 如图 8.46 所示半径为 R 的卷筒沿水平面滚动而不滑动，卷筒上固连有半径为 r 的同轴鼓轮，缠在鼓轮上的绳子由下边水平伸出，绕过定滑轮并于下端悬有重物 M，设在已知瞬时重物具有向下的速度 $\boldsymbol{v}$ 和加速度 $\boldsymbol{a}$，试求该瞬时卷筒铅直径两端点 C 和 B 的加速度的大小。

18. 如图 8.47 所示曲柄连杆机构中，曲柄 OA 绕 O 轴转动，角速度为 ω_0，角加速度为 ε_0，在某瞬时曲柄与水平面成 60°角，而连杆 AB 与曲柄 OA 垂直。滑块 B 在圆形槽内滑动，此时半径 O_1B 与连杆 AB 间成 30°角。若 $OA=a$，$AB=2\sqrt{3}a$，$O_1B=2a$，求在该瞬时，滑块 B 的切向加速度和法向加速度。

19. OA 杆以匀速度 ω_0 绕 O 轴转动，圆轮可沿水平直线作无滑动的滚动。已知 $OA=R=10\text{cm}$，$AB=20\text{cm}$，试求如图 8.48 所示位置圆轮的角速度和圆心的加速度。

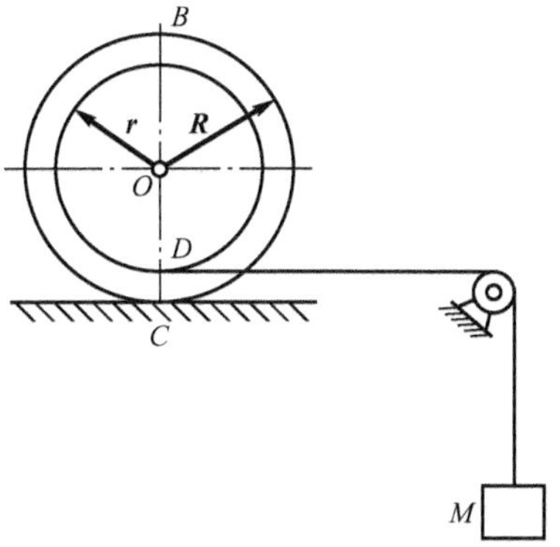

图 8.46 题四(17)图

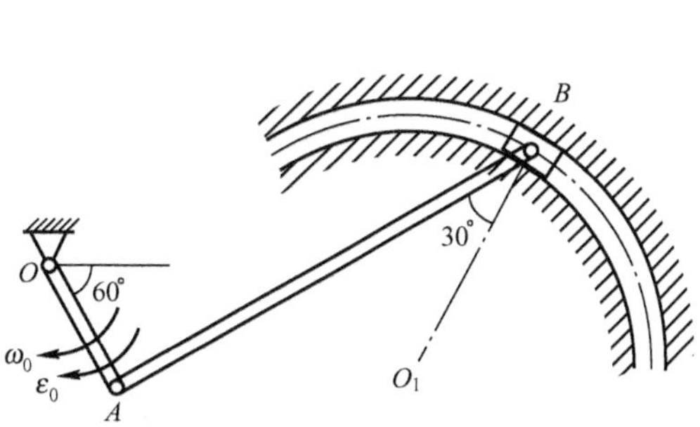

图 8.47 题四(18)图

20. 曲柄 OA 以恒定的角速度 $\omega_0=2\text{rad/s}$ 绕轴 O 转动，并借助连杆 AB 驱动半径为 r 的轮子在半径为 R 的圆弧槽中作无滑动的滚动。设 $OA=AB=R=2r=1\text{m}$，求如图 8.49 所示瞬时点 B 和 C 的速度和加速度。

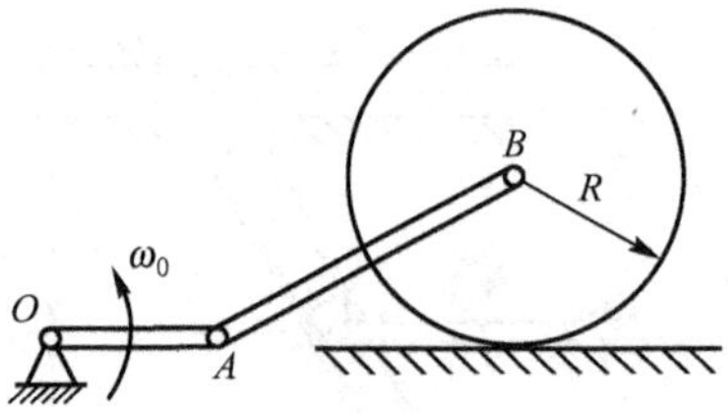

图 8.48 题四(19)图

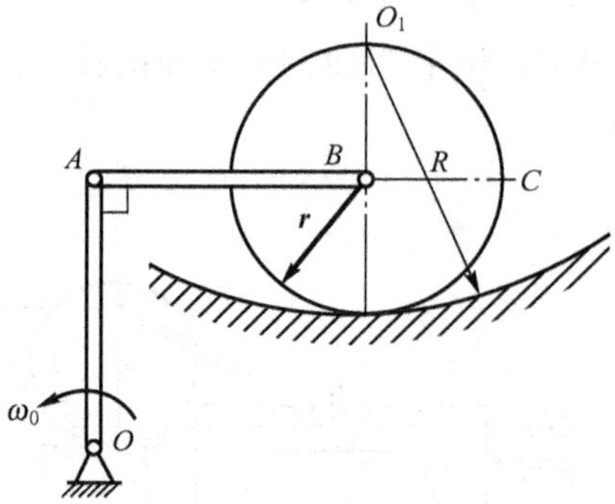

图 8.49 题四(20)图

第三篇

运动力学部分

第9章

质点动力学基本方程

本章教学要点

知识要点	掌握程度	相关知识
动力学基本定律	掌握质点动力学微分方程	牛顿第二定律
质点动力学基本问题	掌握两类基本问题的求解方法	微分和积分

导入案例

动力学研究物体的运动与作用于物体上的力之间的关系。动力学的科学基础以及整个动力学的奠定时期在17世纪。17世纪初期，意大利物理学家和天文学家伽利略创立了惯性定律，首次提出了加速度的概念，并把力学建立在科学实验的基础上。他用实验揭示了物质的惯性原理，用物体在光滑斜面上的加速下滑实验，揭示了等加速运动规律，并认识到地面附近的重力加速度值不因物体的质量而异，它近似一个常量，进而研究了抛射运动和质点运动的普遍规律。伽利略的研究开创了为后人所普遍使用的、从实验出发又用实验验证理论结果的治学方法。

17世纪，英国科学家牛顿和德国数学家莱布尼茨建立的微积分学，使动力学研究进入了一个崭新的时代。牛顿推广了力的概念，引入了质量的概念，总结出了机械运动的三定律，奠定了经典力学的基础。他在1687年出版的巨著《自然哲学的数学原理》中，明确地提出了惯性定律、质点运动定律、作用和反作用定律、力的独立作用定律。他在寻找落体运动和天体运动的原因时，发现了万有引力定律，并根据它导出了开普勒定律，验证了月球绕地球转动的向心加速度同重力加速度的关系，说明了地球上的潮汐现象，建立了十分严格而完善的力学定律体系。

动力学以牛顿第二定律为核心，这个定律指出了力、加速度、质量三者间的关系。牛顿首先引入了质量的概念，而把它和物体的重力区分开来，说明物体的重力只是地球对物体的引力。作用和反作用定律建立以后，人们开展了质点动力学的研究。

17世纪荷兰科学家惠更斯通过对摆的观察，得到了地球重力加速度，建立了摆的运动方程。惠更斯又在研究锥摆时确立了离心力的概念；此外，他还提出了转动惯量的概念。

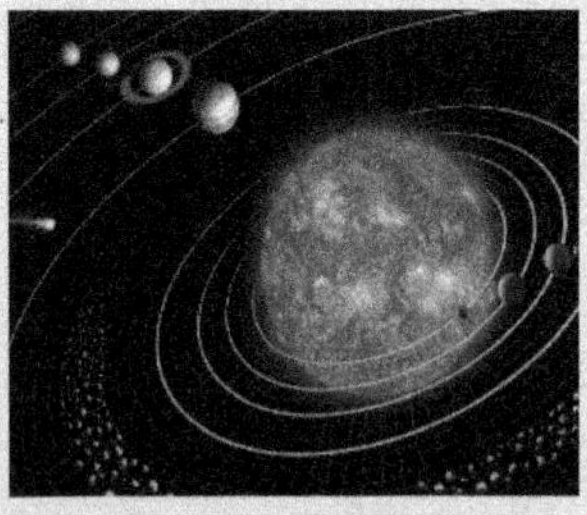

太阳系行星

高速铁路

高层建筑

神六发射

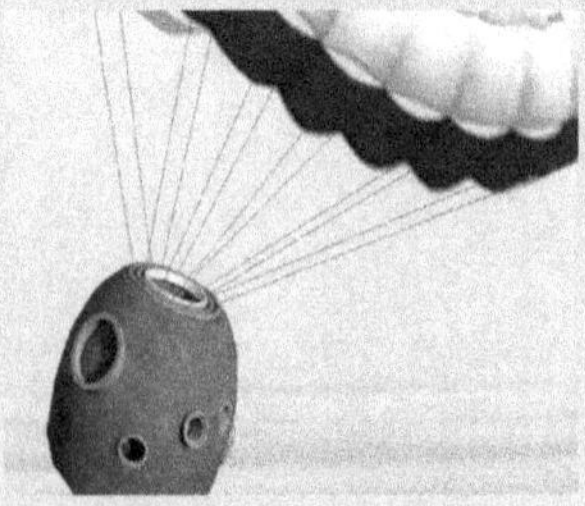

神六降落伞

机器人足球比赛

以牛顿和莱布尼茨所发明的微积分为工具，瑞士数学家L. 欧拉系统地研究了质点动力学问题，并奠定了刚体力学的基础。18世纪，欧拉把牛顿第二定律推广到刚体，应用三个欧拉角来表示刚体绕定点的角位移，又定义转动惯量，并导出了刚体定点转动的运动微分方程。这样就完整地建立了描述具有六个自由度的刚体普遍运动方程，从而奠定了刚体力学的基础。

对动力学的研究使人们掌握了物体的运动规律，并能够为人类更好的服务。例如，牛顿发现了万有引力定律，解释了开普勒定律，为近代星际航行，发射飞行器考察月球、火星、金星等开辟了道路。动力学的形成和发展是与生产的发展密切联系的。特别是现代工业和科学技术迅速发展的今天，对动力学提出了更复杂的课题。例如，高速运转机械的动力计算、高层结构受风载及地震的影响、宇宙飞行及火箭推进技术，以及机器人的动态特性等，都需要应用动力学的理论。

9.1 动力学的任务

动力学研究作用于物体上的力和物体运动状态变化之间的关系。在静力学中，研究了物体的受力分析、力系的简化与平衡，以及力系的平衡条件，而没有涉及物体受不平衡力系作用后物体的运动。在运动学中，一般只是从几何方面研究物体的运动，如运动的轨迹、速度和加速度，而未涉及引起物体运动的物理因素，如物体的质量和作用于物体的力等。下面我们要研究的动力学，则要综合应用静力学中的受力分析和运动学中的运动分析，建立作用于物体的力和物体的运动状态变化之间的关系。

在动力学中经常用到的两种力学模型是质点和质点系。所谓质点是指具有一定质量而几何形状和尺寸大小可以忽略不计的物体。例如，在研究人造地球卫星的轨道时，卫星的形状和大小对所研究的问题没有什么影响，可以忽略不计。因此，可将卫星抽象为一个质量集中在重心的质点。刚体平动时，因刚体内各点的运动情况完全相同，也可以不考虑这个刚体的形状和大小，而将它抽象为一个质点来研究。如果物体的形状和大小在所研究的问题中不可忽略，则物体应抽象为质点系。所谓质点系是指由许多(可能有无限个)相互联系着的质点所组成的系统。在实际问题中，并不是所有的物体都可以抽象为单个的质点，当不能抽象为单个质点时，可把它看做由许多质点组成的质点系。刚体可以看做由无数个质点组成的，并且其内任意两质点间的距离都保持不变的质点系，故称为不变质点系。

动力学的内容极为丰富，并且随着科学技术的发展在不断发展。动力学在工程技术中的应用也极为广泛，如各种机器、机构等的设计，航空航天技术等，都要用到动力学的知识。

动力学可分为质点动力学和质点系动力学，前者是后者的基础。

9.2 动力学的基本定律

质点动力学的基础是三个基本定律，这些定律是牛顿在总结前人，特别是伽利略研究成果的基础上提出来的，称为牛顿三定律。

第一定律(惯性定律)：质点如不受力作用，则保持其运动状态不变，即保持静止或做匀速直线运动。不受力作用(包括受平衡力系作用)的质点，其运动状态保持不变的性质称为惯性，匀速直线运动称为惯性运动。第一定律明确指出了物体运动状态发生变化的原因，提出了惯性的概念。

第二定律(力与加速度之间的关系的定律)：质点因受力作用而产生加速度，其大小与作用于质点的力的大小成正比而与质量成反比，或者质点的质量与加速度的乘积，等于作用于质点的力的大小，加速度的方向与力的方向相同，即

$$m\boldsymbol{a}=\boldsymbol{F} \tag{9-1}$$

第二定律建立了质点的质量、作用于质点的力和质点运动加速度三者之间的关系，并由此可直接导出质点的运动微分方程，它是解决动力学问题最根本的依据。式(9－1)表明，质点的质量越大，其运动状态越不容易发生改变，也就是质点的惯性越大。因此，质量是物体惯性的度量。

当质点同时受到几个力的作用时，式(9－1)中的 $\boldsymbol{F}$ 应为此汇交力系的合力，此时，第二定律可表示为

$$m\boldsymbol{a}=\sum\boldsymbol{F} \tag{9-2}$$

在国际单位制(SI)中，长度、质量和时间的单位是基本单位，分别取为 m(米)、kg(千克)和 s(秒)；力的单位是导出单位。质量为 1kg 的质点，获得 $1\mathrm{m/s^2}$ 的加速度时，作用于该质点的力为 1N(牛顿)，即

$$1\mathrm{N}=1\mathrm{kg}\times1\mathrm{m/s^2}$$

在精密仪器工业中，也用厘米克秒制(CGS)。在厘米克秒制中，长度、质量和时间的单位分别是 cm(厘米)、g(克)和 s(秒)，此时，力的单位是 dyn(达因)，即

$$1\mathrm{dyn}=1\mathrm{g}\times1\mathrm{cm/s^2}$$

牛顿和达因的换算单位是

$$1\mathrm{N}=10^5\,\mathrm{dyn}$$

第三定律(作用与反作用定律)：两个物体间的作用力与反作用力总是大小相等、方向相反、沿着同一直线，且同时分别作用在两个物体上。第三定律说明了力的产生是由于两个物体相互作用而引起的。

应特别指出的是，这个定律不仅适用于静止(平衡)状态的物体，而且同样适用于运动状态的物体。这个定律对于研究质点系动力学问题具有特别重要的意义，它给出了质点系中各质点间相互作用力的关系，使我们有可能将质点动力学理论应用到质点系的动力学问题。

必须指出，以上提到的牛顿三定律只在一定范围内适用。三个定律适用的参考系称为惯性参考系。在一般的工程问题中，把固结于地面或固结于相对于地面做匀速直线运动的物体上的坐标系作为惯性参考系。以牛顿三定律为基础的力学称为古典力学。在古典力学范畴内，认为质量是不变的量，空间和时间是“绝对的”，与物体的运动无关。对于一般工程中的机械运动问题，应用古典力学都可以得到足够精确的解答。只是当物体的速度接近于光速，或所研究的现象涉及物体的微观世界时，古典力学才不再适用，而需要应用相对论力学或量子力学来研究。

9.3 质点运动微分方程

9.3.1 质点运动微分方程的三种表示法

设质点 M 的质量为 m，在诸力 $\boldsymbol{F}_1$，$\boldsymbol{F}_2$，…，$\boldsymbol{F}_n$ 的作用下沿曲线运动，如图 9.1 所示。质点动力学基本方程为

$$m\boldsymbol{a}=\sum \boldsymbol{F}$$

由于 $\boldsymbol{a}=\dfrac{\mathrm{d}^2\boldsymbol{r}}{\mathrm{d}t^2}$，上式可写为

$$m\frac{\mathrm{d}^2\boldsymbol{r}}{\mathrm{d}t^2}=\sum \boldsymbol{F} \tag{9-3}$$

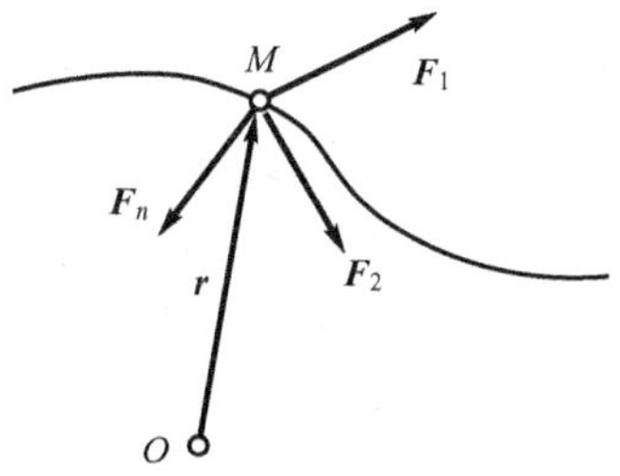

图 9.1 质点在多力作用下的运动

式(9－3)称为质点运动微分方程的矢量式。将式(9－3)投影到直角坐标轴上，有

$$\begin{cases} m\dfrac{\mathrm{d}^2x}{\mathrm{d}t^2}=\sum F_x \\ m\dfrac{\mathrm{d}^2y}{\mathrm{d}t^2}=\sum F_y \\ m\dfrac{\mathrm{d}^2z}{\mathrm{d}t^2}=\sum F_z \end{cases} \tag{9-4}$$

式(9－4)为直角坐标形式的质点运动微分方程。

式中，x、y、z 为质点 M 的坐标，$\sum F_x$、$\sum F_y$、$\sum F_z$ 为作用于质点的各力在 x、y、z 轴上的投影的代数和。

将式(9－3)投影到自然坐标轴上，有

$$\begin{cases} m\dfrac{\mathrm{d}^2s}{\mathrm{d}t^2}=\sum F_\tau \\ m\dfrac{v^2}{\rho}=\sum F_\mathrm{n} \\ 0=\sum F_\mathrm{b} \end{cases} \tag{9-5}$$

式(9－5)为自然坐标形式的质点运动微分方程。

式中，s 为质点沿已知轨迹的弧坐标；ρ 为运动轨迹在该点处的曲率半径；v 为质点的运动速度的大小，$\sum F_\tau$、$\sum F_\mathrm{n}$、$\sum F_\mathrm{b}$ 为作用于质点的各力在切线、法线及副法线上的投影的代数和。

9.3.2 质点动力学的两类基本问题

1. 第一类问题

已知质点的运动，求作用于质点上的力。求解这类问题一般说来是比较简单的，因为这类问题实际上是一个求导数的运算。

求解这类动力学问题的步骤可大致归纳如下。

(1) 选取研究对象，画受力图。

(2) 分析运动，根据给定的条件，分析某瞬时的运动情况。

(3) 根据研究对象的运动情况，列质点的运动微分方程。

(4) 求解未知量。

2. 第二类问题

已知作用于质点上的力，求质点的运动。求解这类问题一般来说比较复杂。一方面这类问题实际上是一个求积分的运算，积分时出现的积分常数必须由质点运动的初始条件(质点的初位置和初速度)来确定；另一方面作用于质点的力可能是常力，也可能是随时间、位置或速度变化的力，求解时还要根据质点受力的不同情况，进行循环求导$\left(如\dfrac{\mathrm{d}\dot{x}}{\mathrm{d}t}=\dfrac{\mathrm{d}\dot{x}}{\mathrm{d}x}\dfrac{\mathrm{d}x}{\mathrm{d}t}=\dot{x}\dfrac{\mathrm{d}\dot{x}}{\mathrm{d}x}\right)$，便于分离变量进行积分。这也增加了第二类问题的求解难度。求解第二类问题时，求解的步骤和第一类问题求解的步骤基本相同。

【例 9-1】 质量为 m 的质点 M 在坐标平面 Oxy 内运动，已知其运动方程为 $x=a\cos\omega t$，$y=b\sin\omega t$，其中 a、b 和 ω 均为常数，求质点 M 所受到的力。

解： 本题已知质点的运动方程，求作用于质点的力。应用直角坐标形式的质点运动微分方程，可得质点所受的力在 x、y 轴上的投影的代数和分别为

$$\sum F_x=m\frac{\mathrm{d}^2x}{\mathrm{d}t^2}=-ma\omega^2\cos\omega t=-m\omega^2x$$

$$\sum F_y=m\frac{\mathrm{d}^2y}{\mathrm{d}t^2}=-mb\omega^2\sin\omega t=-m\omega^2y$$

【例 9-2】 质量为 1kg 的重物 M，系于长度为 $l=0.3\mathrm{m}$ 的线上，线的另一端固定于天花板上的 D 点，重物在水平面内作匀速圆周运动而使悬线成为一圆锥面的母线，且悬线与铅直线间的夹角恒为 60°，如图 9.2 所示，试求重物的速度和线上的张力。

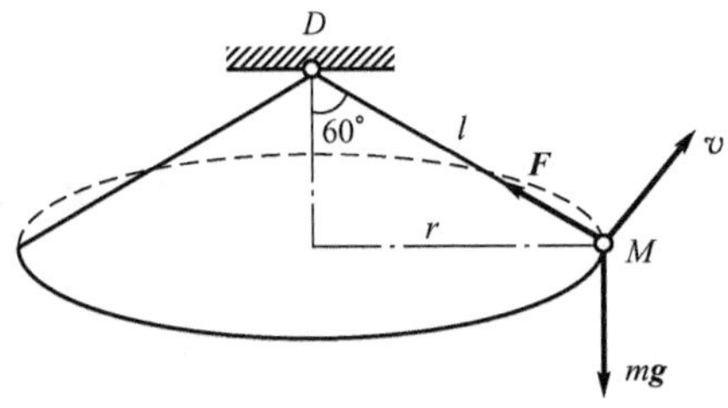

图 9.2 例 9-2 图

解： 选择重物 M 为研究对象，受力分析如图 9.2 所示。M 的运动轨迹为圆周，选用自然坐标形式的质点运动微分方程

$$m\frac{\mathrm{d}v}{\mathrm{d}t}=\sum F_\tau=0 \tag{a}$$

$$m\frac{v^2}{r}=\sum F_n=F\sin60^\circ \tag{b}$$

$$0=F\cos60^\circ-mg \tag{c}$$

由式(a)可知，$v=$常数，由式(c)可知 $F=2mg=19.6\mathrm{N}$。将 F 的值代入式(b)，可得

$$v=\sqrt{\frac{Fr\sin60^\circ}{m}}=2.1\mathrm{m/s}$$

【例 9-3】 如图 9.3 所示的单摆，摆长为 l，摆锤的质量为 m，初始时将摆锤拉到最大偏角 φ_0，然后无初速度释放，试求单摆的运动方程。

解： 选择摆锤为研究对象，分析受力如图 9.3 所示。摆锤的运动轨迹为圆周，选用自然坐标形式的质点运动微分方程。

将 $a_\tau=\dfrac{\mathrm{d}v}{\mathrm{d}t}$，$\sum F_\tau=-mg\sin\varphi$，代入上式，可得

$$m\frac{\mathrm{d}v}{\mathrm{d}t}=-mg\sin\varphi$$

而 $v=\frac{\mathrm{d}s}{\mathrm{d}t}=\frac{\mathrm{d}}{\mathrm{d}t}(l\varphi)=l\dot{\varphi}$，代入上式，可得

$$ml\ddot{\varphi}=-mg\sin\varphi$$

由于 φ 较小，$\sin\varphi\approx\varphi$，上面的运动微分方程可写为

$$\ddot{\varphi}+\frac{g}{l}\varphi=0$$

引入 $k=\sqrt{\frac{g}{l}}$，则上式可写为 $\ddot{\varphi}+k^2\varphi=0$，它的通解为

$$\varphi=A\cos(kt+\beta)$$

由初始条件有 $\varphi|_{t=0}=\varphi_0$，$v|_{t=0}=(l\dot{\varphi})|_{t=0}=0$，可得

$$A\cos\beta=\varphi_0$$
$$-Ak\sin\beta=0$$

解得：$\beta=0$，$A=\varphi_0$，这样单摆的运动方程可表示为

$$\varphi=\varphi_0\cos kt$$

这是一个周期函数，周期为 $T=\frac{2\pi}{k}=2\pi\sqrt{\frac{l}{g}}$。

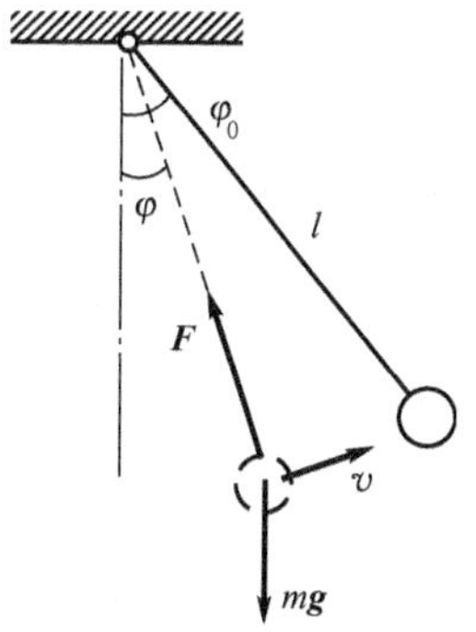

图 9.3　例 9-3 图

【例 9-4】 试求脱离地球引力场的宇宙飞船所需的最小初速度。

解：取地球中心 O 为坐标原点，坐标轴 x 垂直向上。不妨设地球的半径为 R，地球的质量为 M，飞船的质量为 m。取飞船 A 为研究对象，受力分析如图 9.4 所示。$\boldsymbol{F}$ 是地球对飞船的引力，可表示为

$$F=f\frac{M\cdot m}{x^2}$$

在地球的表面，$\boldsymbol{F}$ 为飞船的重力，即有

$$mg=f\frac{M\cdot m}{R^2}$$

可得

$$fM=gR^2$$

这样，引力可表示为

$$F=\frac{R^2}{x^2}mg$$

飞船的运动微分方程可表示为

$$m\frac{\mathrm{d}^2x}{\mathrm{d}t^2}=-\frac{mgR^2}{x^2}$$

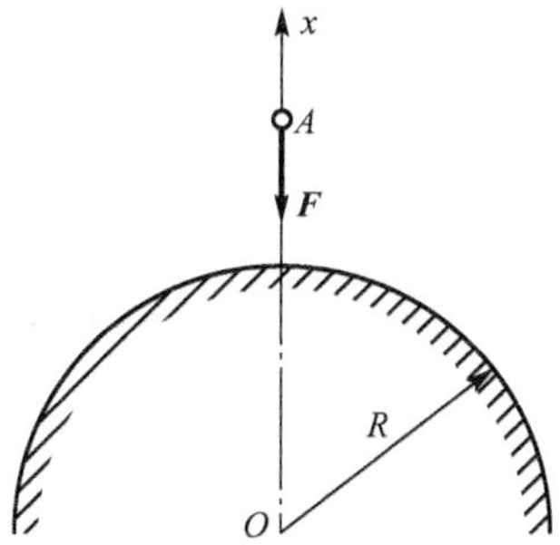

图 9.4　例 9-4 图

将上式改写为

$$\frac{\mathrm{d}v}{\mathrm{d}t}=-\frac{gR^2}{x^2}$$

而 $\frac{\mathrm{d}v}{\mathrm{d}t}=\frac{\mathrm{d}v}{\mathrm{d}x}\frac{\mathrm{d}x}{\mathrm{d}t}=v\frac{\mathrm{d}v}{\mathrm{d}x}$，代入上式，可得

$$v\frac{\mathrm{d}v}{\mathrm{d}x}=-\frac{gR^2}{x^2}$$

即

$$v\mathrm{d}v=-\frac{gR^2}{x^2}\mathrm{d}x$$

两边同时积分，可得

$$\int_{v_0}^{v} v\mathrm{d}v=\int_{R}^{x}-\frac{gR^2}{x^2}\mathrm{d}x$$

即

$$v_0^2-v^2=2gR^2\left(\frac{1}{R}-\frac{1}{x}\right)$$

欲使飞船脱离地球引力范围，则当 $x\to\infty$ 时，$v\geqslant 0$。取 $v=0$，$R=6370\mathrm{km}$，$g=9.8\mathrm{m/s^2}$，可得

$$v_0=\sqrt{2gR}=11.2\mathrm{kg/s}$$

这就是宇宙飞船脱离地球引力范围所需的最小初速度，称为第二宇宙速度。

【例 9-5】 如图 9.5(a)所示质量为 m 的小球 C，用两根长均为 L 的细长杆支持，球和杆一起以匀角速度 ω 绕铅垂轴 AB 转动，设 $AB=2a$，不计各杆自重，求两杆所受的力。

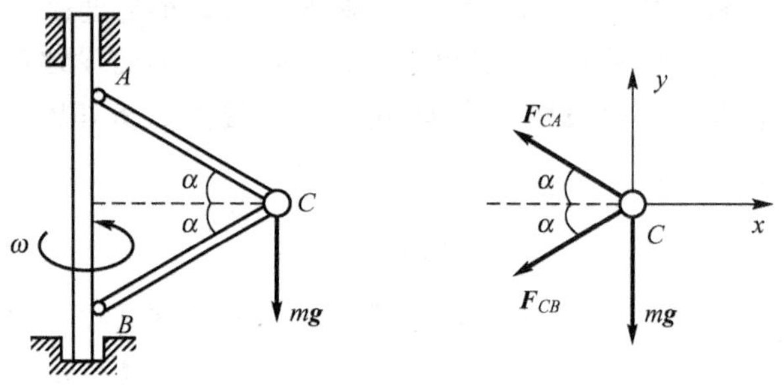

图 9.5 例 9-5 图

解： 取小球 C 为研究对象，因为 AC、BC 均为二力杆，假设均受拉力，则小球 C 的受力图如图 9.5(b)所示。列直角坐标形式的质点运动微分方程

$$\begin{cases}-F_{CA}\cos\alpha-F_{CB}\cos\alpha=-m\omega^2 R\\ F_{CA}\sin\alpha-F_{CB}\sin\alpha-mg=0\end{cases}$$

式中，$R=\sqrt{L^2-a^2}$，$\sin\alpha=\dfrac{a}{L}$，$\cos\alpha=\dfrac{R}{L}$，代入上式，可得

$$F_{CA}=\frac{mL}{2a}(\omega^2 a+g)$$

$$F_{CB}=\frac{mL}{2a}(\omega^2 a-g)$$

【例 9-6】 滑翔机受到大小为 $R=kmv$，方向与速度方向相反的空气阻力作用，k 为

比例系数，m 为滑翔机的质量，v 为滑翔机的飞行速度大小。在 $t=0$ 时，$v=v_0$，试求滑翔机由 $t=0$ 瞬时到任意时刻所飞过的距离(假设滑翔机是沿水平直线方向飞行的)。

解：以滑翔机初始滑行的位置为坐标原点，滑翔机水平飞行直线为 x 轴，由题意列出滑翔机运动微分方程

$$m\ddot{x}=-kmv$$

即

$$m\frac{\mathrm{d}v}{\mathrm{d}t}=-kmv$$

上式也可写成

$$\frac{\mathrm{d}v}{v}=-k\cdot\mathrm{d}t$$

两边积分，可得

$$\ln\frac{v}{v_0}=-k\cdot t$$

即

$$v=v_0\mathrm{e}^{-kt}$$

又因为 $v=\frac{\mathrm{d}x}{\mathrm{d}t}$，所以有

$$\mathrm{d}x=v\cdot\mathrm{d}t=v_0\mathrm{e}^{-kt}\cdot\mathrm{d}t$$

两边再积分一次，可得滑翔机由 $t=0$ 瞬时到任意时刻所飞过的距离

$$x=\frac{v_0}{k}(1-\mathrm{e}^{-kt})$$

通过以上几个例子，可以将求解质点动力学问题的一般解题步骤归纳如下。

(1) 确定研究对象，并将其抽象为质点。

(2) 对研究对象进行受力分析和运动分析，并画出其受力图。

(3) 根据问题的特点，选取适当的坐标系，建立质点的运动微分方程。

(4) 解方程，求出未知量。

小　　结

动力学的任务是研究作用于物体上的力和物体运动状态变化之间的关系。

牛顿三定律适用于惯性参考系，牛顿第一定律和第二定律阐明了质点的力与质点运动状态变化的关系，牛顿第三定律阐明两物体相互作用力的关系。牛顿三定律是质点动力学的基础，三个定律适用的参考系称为惯性参考系。

质点动力学的基本方程 $m\boldsymbol{a}=\sum\boldsymbol{F}$，应用时取投影形式。质点动力学基本定律是研究动力学的理论基础，必须牢牢掌握。

质点动力学可分为两类基本问题。

第一类问题：已知质点的运动，求作用于质点上的力。求解这类问题一般说来是比较

简单的，因为这类问题实际上是一个求导数的运算。

第二类问题：已知作用于质点上的力，求质点的运动。这类问题实际上是一个求积分的运算，积分时出现的积分常数必须由质点运动的初始条件(质点的初位置和初速度)来确定。

习　　题

一、是非题(正确的在括号内打“√”，错误的打“×”)

1. 凡是适合于牛顿三定律的坐标系称为惯性参考系。（　　）
2. 一质点仅受重力作用在空间运动时，一定是直线运动。（　　）
3. 两个质量相同的物体，若所受的力完全相同，则其运动规律也相同。（　　）
4. 质点的运动不仅与其所受的力有关，而且还和运动的初始条件有关。（　　）
5. 凡运动的质点一定受力的作用。（　　）
6. 质点的运动方向与作用于质点上的合力方向相同。（　　）

二、填空题

1. 质点是指________可以忽略不计，但具有一定________的物体。
2. 质点动力学的基本方程是________，写成自然坐标投影形式为________。
3. 质点保持其原有运动状态不变的属性称为________。
4. 质量为 m 的质点沿直线运动，其运动规律为 $x=b\ln\left(1+\frac{v_0 t}{b}\right)$，其中 v_0 为初速度，b 为常数，则作用于质点上力的大小 $F=$________。
5. 飞机以匀速 $\boldsymbol{v}$ 在铅直平面内沿半径为 r 的大圆弧飞行。飞行员体重为 $\boldsymbol{P}$，则飞行员对座椅的最大压力为________。

三、选择题

1. 如图 9.6 所示，质量为 m 的物块 A 放在升降机上，当升降机以加速度 $\boldsymbol{a}$ 向上运动时，物块对地板的压力等于(　　)。

A. mg　　B. $m(g+a)$　　C. $m(g-a)$　　D. 0

2. 如图 9.7 所示一质量弹簧系统，已知物块的质量为 m，弹簧的刚度系数为 c，静伸长量为 δ_s，原长为 l_0，若以弹簧未伸长的下端为坐标原点，则物块的运动微分方程可写成(　　)。

A. $\ddot{x}+\frac{c}{m}x=0$　　B. $\ddot{x}+\frac{c}{m}(x-\delta_s)=0$

C. $\ddot{x}+\frac{c}{m}(x-\delta_s)=g$　　D. $\ddot{x}+\frac{c}{m}(x+\delta_s)=0$

3. 在介质中上抛一质量为 m 的小球，已知小球所受阻力 $R=-kv$，坐标选择如图 9.8 所示，试写出上升段与下降段小球的运动微分方程，上升段(　　)，下降段(　　)。

A. $m\ddot{x}=-mg-k\dot{x}$　　B. $m\ddot{x}=-mg+k\dot{x}$

C. $-m\ddot{x}=-mg-k\dot{x}$　　D. $-m\ddot{x}=-mg+k\dot{x}$

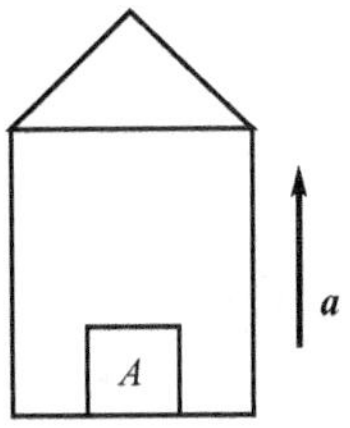

图 9.6 题三(1)图

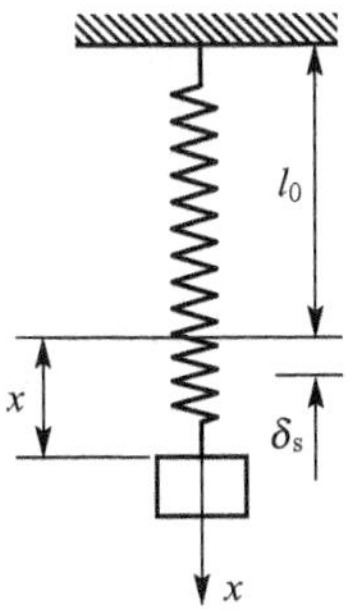

图 9.7 题三(2)图

图 9.8 题三(3)图

四、计算题

1. 质量为 m 的物体放在匀速转动的水平转台上，它与转轴的距离为 r，如图 9.9 所示。设物体与转台表面的摩擦因数为 f，求当物体不致因转台旋转而滑出时，水平台的最大转速。

2. 如图 9.10 所示离心浇注装置中，电动机带动支撑轮 A、B 作同向转动，管模放在两轮上靠摩擦传动而旋转。铁水浇入后，将均匀地紧贴管模的内壁而自动成型，从而可得到质量密实的管形铸件。如已知管模内径 $D=400\text{mm}$，求管模的最低转速 n。

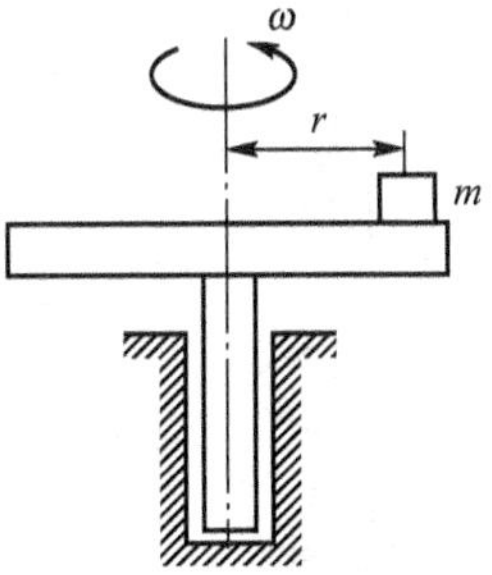

图 9.9 题四(1)图

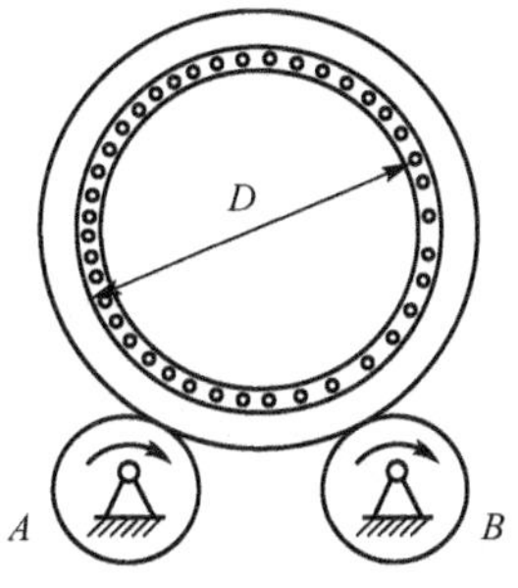

图 9.10 题四(2)图

3. 物体自地球表面以速度 v_0 被铅直上抛。试求该物体返回地面时的速度 v_1。假定空气阻力 $R=-mkv^2$，其中 k 是比例常数，按数值等于单位质量在单位速度时所受的阻力。m 是物体质量，v 是物体的速度，重力加速度认为不变。

4. 静止中心 O 以引力 $F=k^2mr$ 吸引质量是 m 的质点 M，其中 k 是比例常数，$\boldsymbol{r}=\overrightarrow{OM}$ 是点 M 的矢径。运动开始时 $OM_0=b$，初速度为 v_0 并与 $\overrightarrow{OM_0}$ 的夹角为 α，如图 9.11 所示。求质点 M 的运动方程。

5. 如图 9.12 所示，胶带运输机卸料时，物料以初速度 $\boldsymbol{v}_0$ 脱离胶带，设 $\boldsymbol{v}_0$ 与水平线的夹角为 α。求物体脱离胶带后，在重力作用下的运动方程。

6. 滑翔机受空气阻力 $R=-kmv$ 作用，其中 k 为比例系数，m 为滑翔机质量，v 为滑翔机的速度。在 $t=0$ 时，有 $v=v_0$，试求滑翔机由瞬时 $t=0$ 到任意时刻 t 所飞过的距离（假设滑翔机是沿水平直线飞行的）。

7. 一物体质量 $m=10\text{kg}$，在变力 $F=100(1-t)$ 作用下运动。设物体初速度 $v_0=0.2\text{m/s}$，开始时力的方向与速度方向相同。问经过多少时间后物体速度为零，此前走了多少路程？

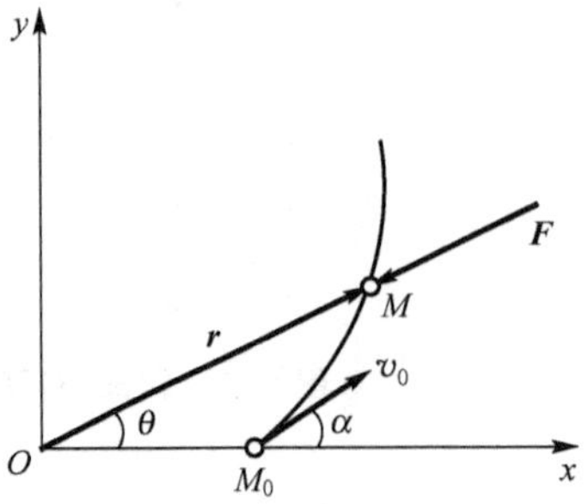

图 9.11 题四(4)图

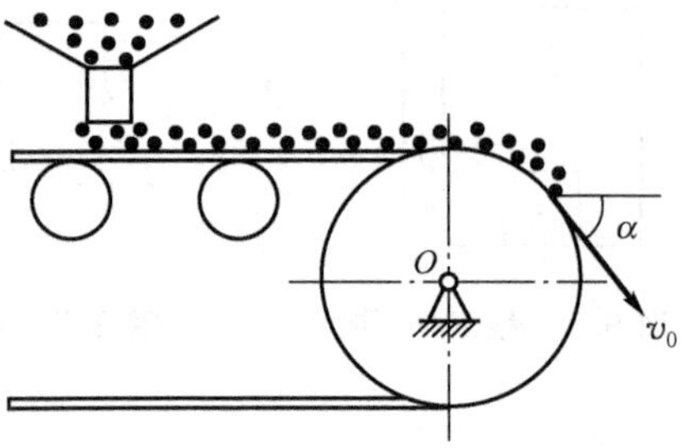

图 9.12 题四(5)图

8. 质量为2kg 的滑块 M 在力 $\boldsymbol{F}$ 作用下沿杆 AB 运动，杆 AB 在铅直平面内绕 A 转动，如图 9.13 所示。已知 $s=4t$，$\varphi=5t$(s 的单位为 m，φ 的单位为 rad，t 的单位为 s)，滑块与杆 AB 的摩擦因数为 $f=0.1$。试求 $t=2\text{s}$ 时力的大小。

9. 质量为 m 的小球 C，用两根长为 L 的细长杆支持，如图 9.14 所示。球和杆一起以匀角速度 ω 绕铅垂轴 AB 转动，设 $AB=2a$，不计杆自重，求各杆所受的力。

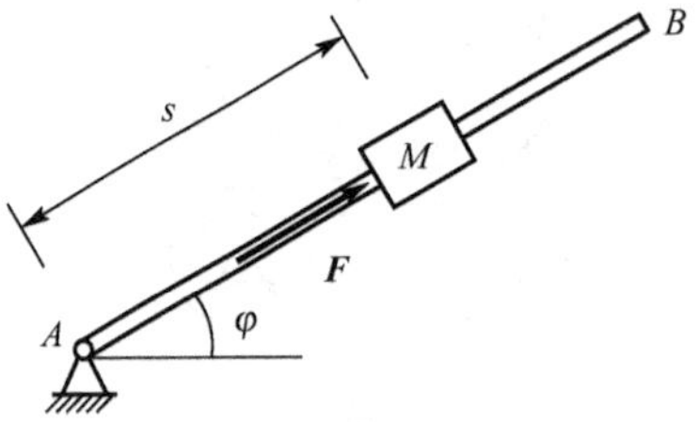

图 9.13 题四(8)图

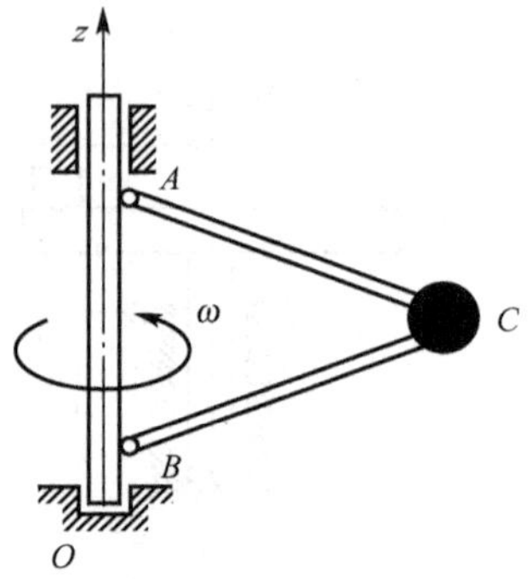

图 9.14 题四(9)图

10. 如图 9.15 所示，电机 A 重量为 0.6kN，通过连接弹簧放在重量为 5kN 的基础上，弹簧的重量不计。电机沿铅垂线以规律 $y=B\cos\dfrac{2\pi}{T}t$ 作简谐运动。式中，振幅 $B=0.1\text{cm}$，周期 $T=0.1\text{s}$，试求支撑面 CD 所受压力的最大值和最小值。

11. 如图 9.16 所示，在三棱体 ABC 的粗糙斜面上放有重为 $\boldsymbol{W}$ 的物体 M，三棱体以匀加速度 $\boldsymbol{a}$ 沿水平方向运动。为使物件 M 在三棱体上处于相对静止状态，试求加速度的最大值，以及这时 M 对三棱体的压力。假设摩擦因数为 f，并且 $f<\tan\alpha$。

12. 质量为 m 的质点受到已知力作用沿直线运动，该力按规律 $F=F_0\cos\omega t$ 变化，其中 F_0、ω 为常数。当开始运动时，质点已具有初速度 $\dot{x}_0=v_0$，试求质点的运动规律。

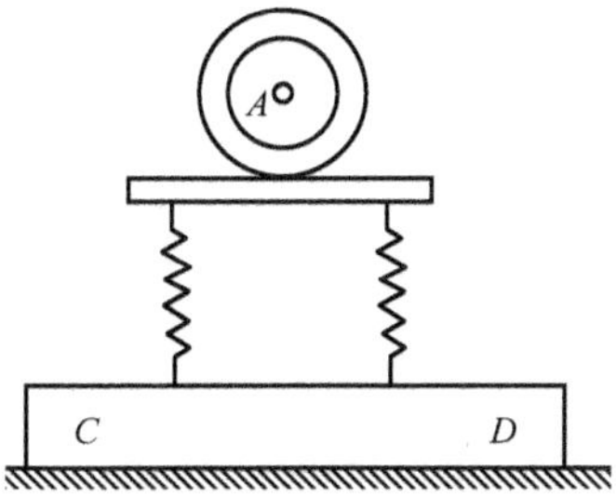

图 9.15 题四(10)图

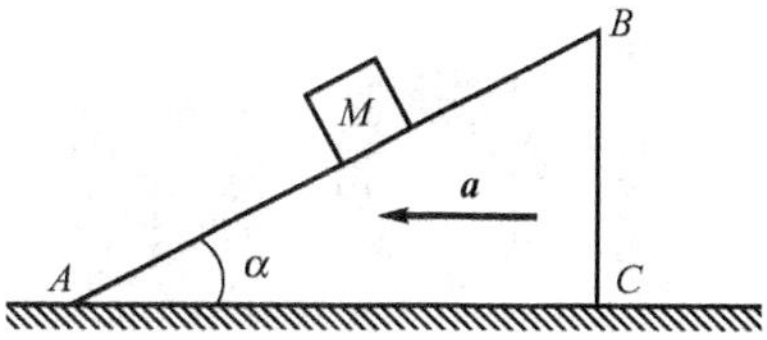

图 9.16 题四(11)图

第10章
动量定理

本章教学要点

知识要点	掌握程度	相关知识
基本概念	掌握动量和冲量的基本概念	质点和质点系的动量
质点(系)动量定理	运用质点(系)动量定理求解动力学问题	动量守恒定理
质心运动定理	运用质点质心运动定理求解动力学问题	质心运动守恒定理

导入案例

动量定理是动力学普遍定理之一，它给出质点系的动量和质点系所受机械作用的冲量之间的关系。动量定理在人们的日常生活和工程实践中有相当广泛的应用。例如，用榔头敲击铁钉，比起用一根质量相同的木头敲击更容易使铁钉进入木板。人们常在船的四周绑些废旧的轮胎，这样船靠岸时可减少船与岸之间的碰撞力。跳高运动所用的海绵垫可使运动员落地时不受损伤。台球开球后向四处散开、烟花爆炸后在空中向四周绽放，绚丽无比，其实它们都遵循二维和三维空间中动量守恒定律。在机械行业的锻压加工中，也是利用锻锤的冲量而使锻件变形。通过本章的学习，我们不仅可以掌握动量定理的基础知识，还能自觉地利用动量定理来分析处理日常生活和工程实际中的一些问题。

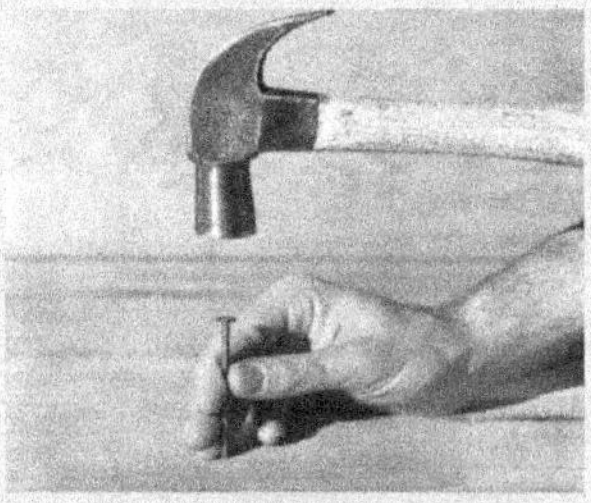
敲击铁钉

护船轮胎

海绵垫

分散开来的台球

美丽的烟花

锻压加工

10.1 动量与冲量

第 9 章介绍了质点动力学基本方程，通过建立质点运动微分方程，可以求解质点动力学两类基本问题。若已知作用于质点上的力，则只需对其运动微分方程进行积分，应用初始条件后就可得到质点的运动方程，这样也就给出了质点运动的完整描述。在实际问题中，我们经常要研究由有限个或无限个相互联系的质点组成的质点系。对质点系的动力学问题，原则上可对每个质点建立其运动微分方程，得到一个微分方程组，然后应用质点间的约束条件和运动初始条件，可得到质点系中每个质点的运动方程。但是，出于两个方面的原因，我们在求解质点系动力学问题时一般不采用上述方法。一个原因是求解微分方程组在数学上存在相当的困难，即使是使用电子计算机，往往也只能求出这类问题的近似数值解。另一方面，实际问题往往只要求了解整个质点系的某些运动量，而无须对每个质点的运动情况进行分析，因此，对于许多质点系的动力学问题，经常应用动力学普遍定理来求解。动力学普遍定理包括动量定理、动量矩定理和动能定理，它们从不同的侧面揭示了质点和质点系总体的机械运动量与其受力之间的关系，可用以求解质点或质点系的动力学问题。

10.1.1 动量

大家都熟知，从枪口发出的子弹质量虽小，但由于其速度很大，以至可以穿透钢板；万吨巨轮靠近码头时虽然速度很小，但由于质量很大，所以巨轮靠近码头时要特别当心，否则可能发生将码头或轮船撞毁的事故；而秋天飘落的叶子，由于质量和速度都很小，落到人头上都无妨。这几个事例说明，动量这个机械运动量和该物体的质量成正比，也和该物体的运动速度成正比。用物体的质量与物体速度的乘积来度量物体的机械运动量，称为动量。动量是度量物体机械运动强度的物理量。

1. 质点的动量

质点的质量 m 与速度 $\boldsymbol{v}$ 的乘积称为质点的动量 $\boldsymbol{p}$，即

$$\boldsymbol{p}=m\boldsymbol{v} \tag{10-1}$$

动量是矢量，它与速度 $\boldsymbol{v}$ 的方向相同。写成分量形式为

$$p_x=mv_x,\quad p_y=mv_y,\quad p_z=mv_z \tag{10-2}$$

动量的量纲为

$$[动量]=[质量]\cdot[速度]=\mathrm{MLT^{-1}}$$

在国际单位制中，动量的单位是千克·米/秒(kg·m/s)。

2. 质点系的动量

设有 n 个质点组成的质点系，第 i 个质点的动量为 $m_i\boldsymbol{v}_i$，则质点系的动量可表示为

$$\boldsymbol{P}=\sum m_i\boldsymbol{v}_i \tag{10-3}$$

即质点系的动量 $\boldsymbol{P}$ 等于质点系中各质点动量的矢量和。式(10-3)写成分量形式为

$$P_x=\sum m_iv_{ix},\quad P_y=\sum m_iv_{iy},\quad P_z=\sum m_iv_{iz} \tag{10-4}$$

式中，P_x、P_y、P_z分别表示质点系的动量 $\boldsymbol{P}$ 在轴 x、y、z 轴上的投影。

从质点系动量的定义式(10-3)、式(10-4)可以看出，直接利用该式计算质点系的动量往往很不方便，特别是当质点系中所含的质点的个数很多时，更是如此。为此可以推导一种质点系动量的简捷计算公式。

令 $m=\sum m_i$为质点系的总质量；与重心坐标相似，定义质点系的质量中心(简称质心)C 的矢径为

$$\boldsymbol{r}_C=\frac{\sum m_i\boldsymbol{r}_i}{m} \tag{10-5}$$

即

$$m\boldsymbol{r}_C=\sum m_i\boldsymbol{r}_i$$

式(10-5)两端同时对时间求导，可得

$$\boldsymbol{P}=\sum m_i\boldsymbol{v}_i=m\frac{\mathrm{d}\boldsymbol{r}_C}{\mathrm{d}t}=m\boldsymbol{v}_C \tag{10-6}$$

可见，质点系的动量等于质点系的总质量与质心速度的乘积。式(10－6)可写成分量形式

$$P_x = mv_{Cx}, \quad P_y = mv_{Cy}, \quad P_z = mv_{Cz} \tag{10-7}$$

刚体是由无限多个质点组成的不变质点系，质心是刚体内某一确定的点。对于质量均匀分布的规则刚体，质心也就是其几何中心。下面应用式(10－6)计算图 10.1 所示几种运动刚体的动量。图 10.1(a)所示的长为 l、质量为 m 的均质细长杆 OA 绕端点 O 作定轴转动，角速度为 ω。由于质心 C 的速度 $v_C = \frac{l}{2}\omega$，则细长杆的动量为 $P = m\frac{l}{2}\omega$，方向与 $\boldsymbol{v}_C$ 方向相同；又如图 10.1(b)所示的在水平地面上作纯滚动的均质滚轮，滚轮半径为 r，质量为 m，角速度为 ω。由于质心 C 的速度 $v_C = r\omega$，故滚轮的动量为 $P = mr\omega$，方向与 $\boldsymbol{v}_C$ 方向相同；而如图 10.1(c)所示的绕轮心转动的均质轮，则不论轮子转动的角速度有多大，也不论轮子的质量多大，由于其质心不动，其动量总是等于零。

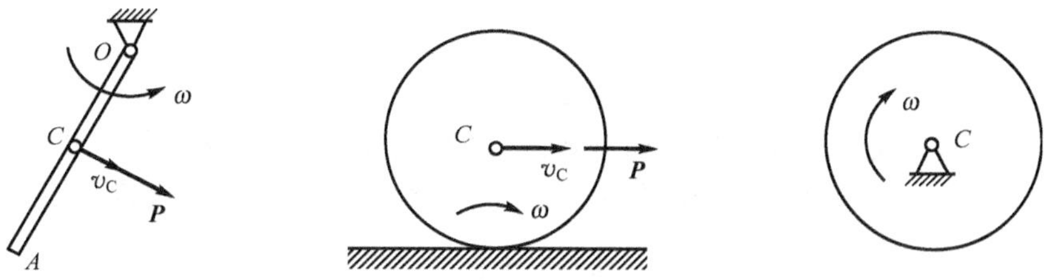

(a) (b) (c)

图 10.1 质点系的动量

10.1.2 力的冲量

在实际生活中，人们可体验以下这个事实：力作用于物体时，必须经过一段时间，才能显著改变受力物体的运动状态。例如，人们沿铁道推车厢，当推力大于阻力时，经过一段时间，可使车厢得到一定的速度；如改用机车牵引车厢，那么只需一段较短的时间便能达到人推车厢的速度。可见，物体在力的作用下引起的运动状态的改变，不仅与力的大小、方向有关，而且与力作用的时间有关。把力与其作用时间的乘积称为冲量，用来度量力在作用时间内的累积效应。

力 $\boldsymbol{F}$ 在微小的时间间隔 $\mathrm{d}t$ 内累积的冲量 $\boldsymbol{F} \cdot \mathrm{d}t$ 称为元冲量，用 $\mathrm{d}\boldsymbol{I}$ 表示，即

$$\mathrm{d}\boldsymbol{I} = \boldsymbol{F} \cdot \mathrm{d}t \tag{10-8}$$

对式(10－8)积分，可得力 $\boldsymbol{F}$ 在时间间隔 $0 \sim t$ 内累积的冲量为

$$\boldsymbol{I} = \int_0^t \mathrm{d}\boldsymbol{I} = \int_0^t \boldsymbol{F} \cdot \mathrm{d}t \tag{10-9}$$

当 $\boldsymbol{F}$＝常矢量时，式(10－9)可表示为

$$\boldsymbol{I} = \boldsymbol{F} \cdot t \tag{10-10}$$

冲量是矢量，当作用力是常矢量时，其方向与力的方向相同。式(10－10)可写成分量形式

$$I_x = F_x \cdot t, \quad I_y = F_y \cdot t, \quad I_z = F_z \cdot t \tag{10-11}$$

冲量的量纲为

$$[\text{冲量}] = [\text{力}] \cdot [\text{时间}] = \mathrm{MLT}^{-1}$$

可见，冲量的量纲和动量的量纲相同，在国际单位制中，冲量的单位是牛顿·秒(N·s)。

10.2 质点和质点系的动量定理

10.2.1 质点的动量定理

设质点的质量为 m，速度为 $\boldsymbol{v}$，作用于质点的力为 $\boldsymbol{F}$。由牛顿第二定律有

$$m\frac{\mathrm{d}\boldsymbol{v}}{\mathrm{d}t}=\boldsymbol{F}$$

即

$$\frac{\mathrm{d}}{\mathrm{d}t}(m\boldsymbol{v})=\boldsymbol{F}$$

上式也可以写为

$$\mathrm{d}(m\boldsymbol{v})=\boldsymbol{F}\cdot\mathrm{d}t \tag{10-12}$$

式(10-12)称为质点动量定理的微分形式，即质点的动量的增量等于作用于质点上力的元冲量。对式(10-12)进行积分，积分上、下限时间取0到 t，速度取 $\boldsymbol{v}_0$ 到 $\boldsymbol{v}$，可得

$$\int_{v_0}^{v}\mathrm{d}(m\boldsymbol{v})=\int_0^t\boldsymbol{F}\cdot\mathrm{d}t$$

$$m\boldsymbol{v}-m\boldsymbol{v}_0=\int_0^t\boldsymbol{F}\cdot\mathrm{d}t=\boldsymbol{I} \tag{10-13}$$

式(10-13)称为质点动量定理的积分形式，即在某一时间间隔内，质点的动量的变化等于作用于质点上的力在此时间间段内的冲量。

10.2.2 质点系的动量定理

设有 n 个质点组成的质点系，第 i 个质点的质量为 m_i，速度为 $\boldsymbol{v}_i$。外界物体对该质点的作用力为 $\boldsymbol{F}_i^{\mathrm{e}}$，质点系内其他质点对该质点的作用力为 $\boldsymbol{F}_i^{\mathrm{i}}$，则有质点的动量定理

$$\mathrm{d}(m_i\boldsymbol{v}_i)=(\boldsymbol{F}_i^{\mathrm{e}}+\boldsymbol{F}_i^{\mathrm{i}})\cdot\mathrm{d}t=\boldsymbol{F}_i^{\mathrm{e}}\cdot\mathrm{d}t+\boldsymbol{F}_i^{\mathrm{i}}\cdot\mathrm{d}t$$

对由 n 个质点组成的质点系，则以上的方程共有 n 个。将 n 个方程两端分别相加，即

$$\sum\mathrm{d}(m_i\boldsymbol{v}_i)=\sum\boldsymbol{F}_i^{\mathrm{e}}\cdot\mathrm{d}t+\sum\boldsymbol{F}_i^{\mathrm{i}}\cdot\mathrm{d}t$$

交换等式左边求和符号和微分符号的顺序，并考虑到内力总是成对出现，可相互抵消，则得

$$\mathrm{d}\boldsymbol{P}=\sum\boldsymbol{F}_i^{\mathrm{e}}\cdot\mathrm{d}t=\sum\mathrm{d}\boldsymbol{I}_i^{\mathrm{e}} \tag{10-14}$$

式(10-14)称为质点系动量定理的微分形式，即质点系动量的增量等于作用于质点系的外力元冲量的矢量和。式(10-14)也可写为

$$\frac{\mathrm{d}}{\mathrm{d}t}\boldsymbol{P}=\sum\boldsymbol{F}_i^{\mathrm{e}} \tag{10-15}$$

即质点系的动量对时间的一阶导数等于作用于质点系外力的矢量和。将式(10-15)写成直角坐标投影形式为

$$\frac{\mathrm{d}P_x}{\mathrm{d}t}=\sum F_x^{\mathrm{e}},\quad \frac{\mathrm{d}P_y}{\mathrm{d}t}=\sum F_y^{\mathrm{e}},\quad \frac{\mathrm{d}P_z}{\mathrm{d}t}=\sum F_z^{\mathrm{e}} \tag{10-16}$$

对式(10－13)积分，积分上、下限时间取 0 到 t，动量取 $\boldsymbol{P}_0$ 到 $\boldsymbol{P}$，得

$$\int_{\boldsymbol{P}_0}^{\boldsymbol{P}} \mathrm{d}\boldsymbol{P} = \sum\int_0^t \boldsymbol{F}_i^{\mathrm{e}} \cdot \mathrm{d}t = \sum \boldsymbol{I}_i^{\mathrm{e}}$$

即

$$\boldsymbol{P}-\boldsymbol{P}_0=\sum \boldsymbol{I}_i^{\mathrm{e}} \tag{10-17}$$

式(10－17)称为质点系动量定理的积分形式，即在某一时间间隔内，质点系动量的改变等于在这段时间内作用于质点系的外力冲量的矢量和，写成投影形式为

$$\begin{cases} P_x-P_{0x}=\sum I_x^{\mathrm{e}} \\ P_y-P_{0y}=\sum I_y^{\mathrm{e}} \\ P_z-P_{0z}=\sum I_z^{\mathrm{e}} \end{cases} \tag{10-18}$$

10.2.3 质点系动量守恒定律

如果外力主矢 $\boldsymbol{F}_{\mathrm{R}}^{\mathrm{e}}=\sum \boldsymbol{F}_i^{\mathrm{e}}=0$，则由式(10－15)有

$$\boldsymbol{P}=\boldsymbol{P}_0=\text{恒矢量}$$

如果外力主矢在某轴(如 x 轴)上的投影 $F_{\mathrm{R}}^{\mathrm{e}}=\sum F_x^{\mathrm{e}}=0$，则由式(10－16)有

$$P_x=P_{0x}=\text{常量}$$

由此可知，若作用于质点系的所有外力矢量和等于零，则质点系的动量保持不变；若作用于质点系所有外力在某一轴上的投影代数和等于零，则质点系的动量在该轴上的投影保持不变。这就是质点系动量守恒定律。

作用于质点系上的内力虽然不能改变整个质点系的动量，但能改变质点系内各部分的动量。如果仅受内力作用的质点系内有某个部分的速度改变了，则必然引起另一部分的速度相应发生改变。质点系动量守恒定律的现象很多，现举几个例子说明如下。

(1) 在静水上有一只不动的小船，人和船组成一个质点系。当人从船头向船尾走去的同时，船身一定向船头方向移动。这是因为，当水的阻力很小可忽略不计时，在水平方向只有人与船相互作用的内力，没有外力，因此质点系的动量在水平方向保持不变。当人有向后的动量时，船必然获得向前的动量，以保持总动量恒等于零。

(2) 炮弹和火炮(包括炮车和炮筒)看成一个质点系，在炮弹发射前，动量等于零。发射时弹药爆炸所产生的气体压力是内力，它不能改变整个质点系的动量。爆炸所产生的气体压力使弹丸获得一个向前的动量，同时使火炮沿相反方向获得同样大小向后的动量。火炮的后退现象称为反座。

(3) 把喷气推进的火箭与燃气作为一个质点系，火箭与燃气之间的相互作用力是内力，它不能改变整个质点系的动量，发动机的燃气以高速向后喷出的同时，必使火箭获得相应的前进速度。

这些例子均可以用质点系的动量守恒定律来加以解析。在人们的日常生活和工程实际中，还有许多质点系动量守恒的例子。

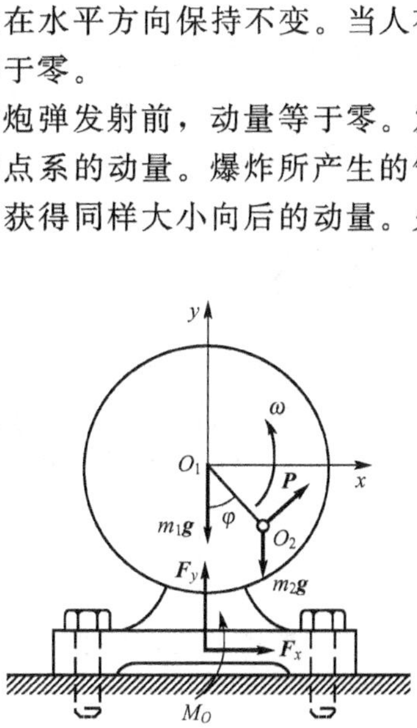

图 10.2 例 10－1 图

【例 10－1】 电动机的外壳固定在水平基础上，定子质量为 m_1，转子质量为 m_2，如图 10.2 所示。设定子的质心位于转轴的中心 O_1，但由于制造误差，转子的质心

O_2到O_1的距离为e。已知转子匀速转动，角速度为ω。设初始时O_1O_2位于铅垂位置，求基础的支座反力。

解：以电动机外壳和转子组成的质点系为研究对象，受力分析如图10.2所示。图中$m_1\boldsymbol{g}$和$m_2\boldsymbol{g}$分别为定子和转子的重力。$\boldsymbol{F}_x$、$\boldsymbol{F}_y$和M_O为基础对系统的约束反力。由于机壳不动，只有转子转动，所以系统的动量大小为

$$p=m_2e\omega$$

方向如图所示。由于初始时O_1O_2位于铅垂位置，有$\varphi=\omega t$，由动量定理的投影式(10-15)，得

$$\frac{\mathrm{d}P_x}{\mathrm{d}t}=F_x$$

$$\frac{\mathrm{d}P_y}{\mathrm{d}t}=F_y-m_1g-m_2g$$

而

$$P_x=p\cos\varphi=m_2e\omega\cos\omega t,\quad P_y=p\sin\varphi=m_2e\omega\sin\omega t$$

代入上式，可得基础的约束反力

$$F_x=-m_2e\omega^2\sin\omega t$$

$$F_y=m_1g+m_2g+m_2e\omega^2\cos\omega t$$

当电动机不转时，即$\omega=0$，由上式可知$F_x=0$，$F_y=m_1g+m_2g$，称为静约束反力。静约束反力只有向上的反力m_1g+m_2g。电动机转动时的约束反力称为动约束反力。动约束反力与静约束反力的差值是由于系统而产生的，可称为附加的动反力。此例中，由于转子偏心而引起的x方向的附加动反力$-m_2e\omega^2\sin\omega t$和$y$方向的附加动反力$m_2e\omega^2\cos\omega t$都是协变量，将会引起电机和基础的振动。

基础动反力的最大和最小值分别是

$$F_{x\max}=m_2e\omega^2,\quad F_{x\min}=-m_2e\omega^2$$

$$F_{y\max}=m_1g+m_2g+m_2e\omega^2,\quad F_{y\min}=m_1g+m_2g-m_2e\omega^2$$

【例10-2】 图10.3表示水流流经变截面弯管的示意图。设流量(每秒流过的体积)$q_V=$常量，流体的密度$\rho=$常量，流体在截面aa、bb处的平均流速分别是v_a和v_b，求流体流动对管道壁的附加动压力。

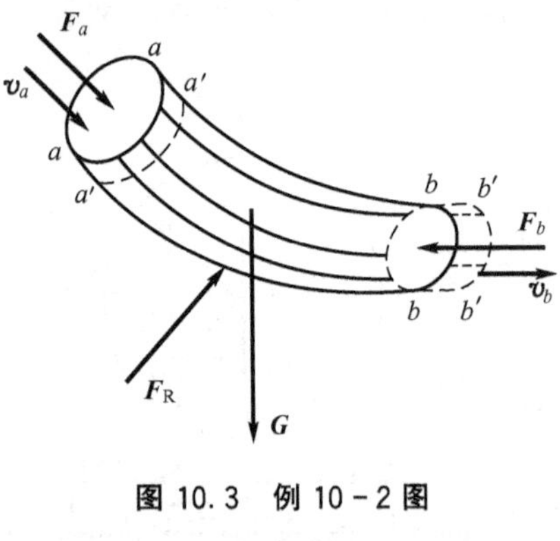

图10.3 例10-2图

解：取两个截面aa和bb之间的管内流体作为研究对象。受力分析如图10.3所示。它们包括流体的重力、管壁的反力和在两端截面aa和bb处受到相邻流体的压力。先求这段流体的动量在时间$\mathrm{d}t$内的微小改变量。

假设经过一个无限小的时间间隔$\mathrm{d}t$，原处于两个截面aa和bb之间的流体流动到两个截面$a'a'$和$b'b'$之间。由于是定常流动，公共容积$a'a'bb$内的流体动量保持不变。因而，经过时间$\mathrm{d}t$后，原处于截面aa和bb之间的流体动量的改变等于流体在$bbb'b'$时的动量与它在$aaa'a'$时的动量之差。这两个容积都等于$q_V\mathrm{d}t$，其质量均为$\mathrm{d}m=q_V\rho\mathrm{d}t$，因而，原处于两个截面$aa$和$bb$之间的流体在时间

dt 内的微小改变量为

$$\mathrm{d}\boldsymbol{P}=\rho q_V \mathrm{d}t \cdot \boldsymbol{v}_b-\rho q_V \mathrm{d}t \cdot \boldsymbol{v}_a$$

即

$$\frac{\mathrm{d}\boldsymbol{P}}{\mathrm{d}t}=\rho q_V \boldsymbol{v}_b-\rho q_V \boldsymbol{v}_a$$

应用质点系的动量定理，有$\frac{\mathrm{d}\boldsymbol{P}}{\mathrm{d}t}=\boldsymbol{F}_a+\boldsymbol{F}_b+\boldsymbol{F}_{\mathrm{R}}+\boldsymbol{G}$，代入上式，可得

$$\rho q_V \boldsymbol{v}_b-\rho q_V \boldsymbol{v}_a=\boldsymbol{F}_a+\boldsymbol{F}_b+\boldsymbol{F}_{\mathrm{R}}+\boldsymbol{G}$$

若将管壁对于流体的反力 $\boldsymbol{F}_{\mathrm{R}}$分为两部分：$\boldsymbol{F}'_{\mathrm{R}}$为与外力 $\boldsymbol{G}$、$\boldsymbol{F}_{\mathrm{a}}$和 $\boldsymbol{F}_{\mathrm{b}}$相平衡的管壁静反力，$\boldsymbol{F}''_{\mathrm{R}}$为由于流体的动量发生变化而产生的附加动反力，即 $\boldsymbol{F}'_{\mathrm{R}}$由下式计算：

$$\boldsymbol{F}'_{\mathrm{R}}+\boldsymbol{P}+\boldsymbol{F}_a+\boldsymbol{F}_b=0$$

而附加动反力由下式确定：

$$\boldsymbol{F}''_{\mathrm{R}}=\rho q_V \boldsymbol{v}_b-\rho q_V \boldsymbol{v}_a$$

由作用与反作用定律，流体对管壁的附加动压力 $\boldsymbol{F}''_{\mathrm{N}}$大小等于此附加动反力，但方向相反，即

$$\boldsymbol{F}''_{\mathrm{N}}=\rho q_V \boldsymbol{v}_a-\rho q_V \boldsymbol{v}_b$$

管内流体流动时给予管壁的附加动压力，等于单位时间内流入该管的动量与流出该管的动量之差。由上述结论可知，流量以及进出口截面处速度的矢量差越大，管壁所受的附加动压力越大。设计高速管道时，应考虑附加动压力的影响。与此同时，还要注意有静压力存在。

注意：上面推导的公式均用矢量表示，在实际应用时应取投影形式。例如，图 10.4 所示为一水平的等截面直角形弯管，当流体被迫改变流动方向时，对管壁施加有附加的动反力。

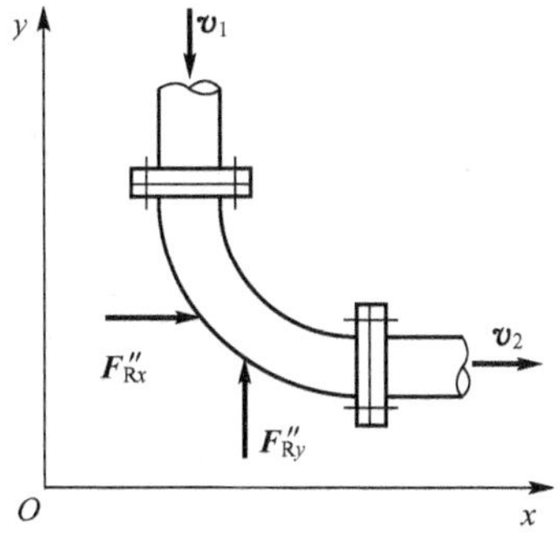

图 10.4 等截面直角形弯管

设进口截面的截面面积为 S_1，出口截面的截面面积为 S_2。进口平均流速为 $\boldsymbol{v}_1$，出口平均流速为 $\boldsymbol{v}_2$，流体的密度为 ρ。应用上面分析的结论，可知流体对管壁施加附加的动压力，它的大小等于管壁对流体作用的附加动反力，即

$$F''_{\mathrm{R}x}=q_V\rho(v_2-0)=\rho S_2 v_2^2$$

$$F''_{\mathrm{R}y}=q_V\rho(0+v_1)=\rho S_1 v_1^2$$

由此可见，当流速很高或管子截面面积很大时，附加动压力很大，在管子的弯头处要安装支座。

【例 10-3】 如图 10.5 所示均质滑轮半径分别为 r_1 和 r_2，两轮固连在一起并安装在同一转轴 O 上，两轮共重为 $\boldsymbol{Q}$，重物 M_1、M_2 的重量分别为 $\boldsymbol{P}_1$、$\boldsymbol{P}_2$。已知 M_1 向下运动的加速度为 $\boldsymbol{a}_1$，求滑轮对转轴的压力。

解： 以整体为研究对象，受力分析如图 10.5 所示。图中表示系统分别受到重力 $\boldsymbol{P}_1$、$\boldsymbol{P}_2$、$\boldsymbol{Q}$ 以及约束反力 $\boldsymbol{F}_{\mathrm{RO}}$的作用，用动量定理，可得

$$\frac{\mathrm{d}P_y}{\mathrm{d}t}=\sum F_y^{\mathrm{e}}$$

而 $$P_y=\frac{P_2}{g}v_2-\frac{P_1}{g}v_1=\left(\frac{P_2 r_2-P_1 r_1}{r_1 \cdot g}\right)\cdot v_1,$$

$$\sum F_y^{\mathrm{e}}=F_{\mathrm{RO}}-P_1-P_2-Q$$

代入上式，可得

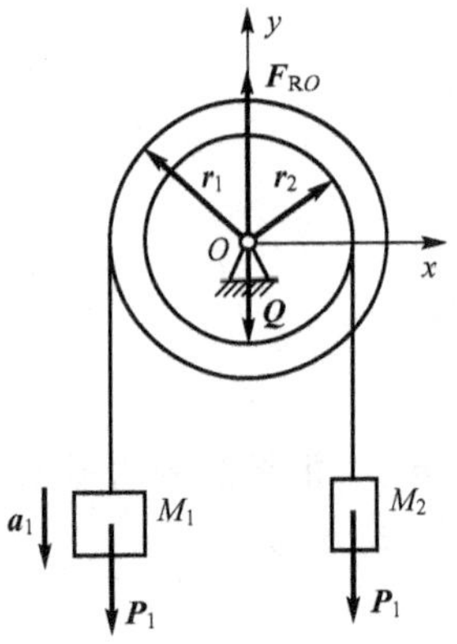

图 10.5 例 10-30 图

$$F_{RO}=P_1+P_2+Q+\left(\frac{P_2r_2-P_1r_1}{r_1\cdot g}\right)a_1$$

上式利用了$\frac{dv_1}{dt}=a_1$的结论。

【例 10-4】 火炮(包括炮车和炮筒)的质量为m，炮弹的质量为m_1，炮弹相对于火炮的发射速度为$\boldsymbol{v}_r$，炮筒对水平面的仰角为α，如图10.6(a)所示。设火炮放在光滑水平面上，且炮筒与炮车固连，试求火炮的后座速度和炮弹的发射速度。

解： 取火炮和炮弹组成的系统为研究对象。受力分析如图10.6(a)所示。作用于系统的外力有重力$m\boldsymbol{g}$和$m_1\boldsymbol{g}$，水平地面给火炮的约束反力$\boldsymbol{F}_A$和$\boldsymbol{F}_B$。而火药(其质量不计)的爆炸力是内力，受力图中不必画出。

进行运动学分析，选炮弹为动点，火炮为动系，由$\boldsymbol{v}_a=\boldsymbol{v}_e+\boldsymbol{v}_r$作炮弹$C$的速度合成图，如图10.6(b)所示。这里$\boldsymbol{v}_e$是火炮反座的速度，$\boldsymbol{v}_a$是炮弹发射的速度，与炮筒的夹角为$\beta$。由图可知

$$\frac{v_a}{\sin\alpha}=\frac{v_e}{\sin\beta}=\frac{v_r}{\sin(180°-\alpha-\beta)}$$

即

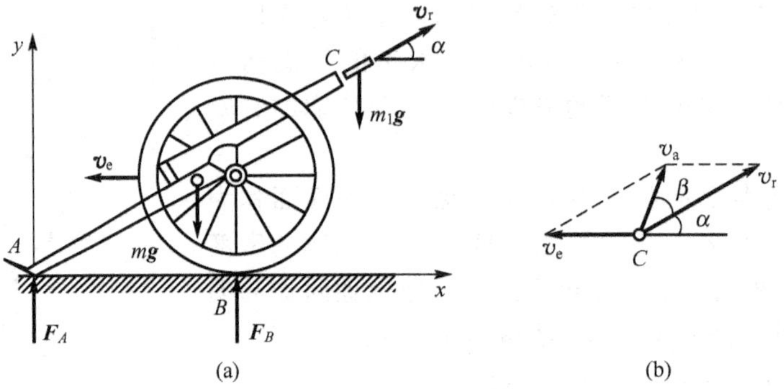

图 10.6 例 10-4 图

$$v_a=\frac{v_r}{\sin(\alpha+\beta)}\sin\alpha \tag{a}$$

$$v_e=\frac{v_r}{\sin(\alpha+\beta)}\sin\beta \tag{b}$$

进行动力学分析，由于系统所受外力在水平轴x上的投影都是零，即有$\sum F_x^e=0$。根据质点系动量守恒定理，可知系统的动量在轴x上的投影守恒。考虑到初始瞬时系统处于静止，即$\boldsymbol{P}_{0x}=0$，于是有

$$P_x=m_1v_a\cos(\alpha+\beta)-mv_e=0 \tag{c}$$

联立求解方程(a)、(b)、(c)，可得

$$\sin\beta=\frac{\sin\alpha\cos\alpha}{\sqrt{\sin^2\alpha+2\frac{m}{m_1}\sin^2\alpha+\frac{m^2}{m_1^2}}}$$

$$\cos\beta=\frac{\sin^2\alpha+\frac{m}{m_1}}{\sqrt{\sin^2\alpha+2\frac{m}{m_1}\sin^2\alpha+\frac{m^2}{m_1^2}}}$$

$$v_e=\frac{m_1}{m+m_1}v_r\cos\alpha$$

$$v_a=v_r\sqrt{1-\frac{(2m+m_1)m_1}{(m+m_1)^2}\cos^2\alpha}$$

炮弹与水平面的仰角为 $\alpha+\beta$，而 $\tan\beta=\dfrac{\sin\alpha\cos\alpha}{\sin^2\alpha+\frac{m}{m_1}}$，可得 $\tan(\alpha+\beta)=\left(1+\frac{m_1}{m}\right)\tan\alpha$，表示炮弹离开炮口时速度已不同于炮筒的方向。

动量定理建立了质点或质点系的动量与作用于质点或质点系的力之间的关系。应用动量定理解题步骤大致如下。

(1) 选取研究对象，分析研究对象上的外力(包括主动力和约束反力)。

(2) 如果外力主矢等于零或外力在某轴上的投影代数和等于零，则应用质点系动量守恒定理求解。若初始时动量在该轴上的投影等于零，则以后任意时刻质点系的动量在该轴上的投影也等于零，通过质点系动量守恒定理求出所要求的某质点的速度。

(3) 如果外力主矢不等于零，先计算质点系的动量在坐标轴上的投影，然后应用动量定理求未知力(一般为约束反力)。计算动量的速度必须是绝对速度，并要注意动量和力在坐标轴上的投影的正负号。

10.3 质心运动定理

10.3.1 质点系的质心运动定理

质心运动定理建立了质点系质心的加速度与作用在质点系上的外力之间的关系。下面来推导这种关系。

质点系的动量定理可写为

$$\frac{d}{dt}\boldsymbol{P}=\sum\boldsymbol{F}_i^e$$

而质点系的动量等于质点系的总质量与质心速度的乘积，即

$$\boldsymbol{P}=m\boldsymbol{v}_C$$

将质点系的动量表达式代入质点系的动量定理，可得

$$m\boldsymbol{a}_C=\sum\boldsymbol{F}_i^e \tag{10-19}$$

这就是质心运动定理，即质点系的质量与质心加速度的乘积等于作用于质点系上所有外力的矢量和(或称外力主矢)。质心运动定理实质上是质点系动量定理的另一种形式。

形式上，质心运动定理与质点的动力学基本方程 $m\boldsymbol{a}=\sum\boldsymbol{F}$ 完全相似，因此，质心运动定理也可以用另一种方式来表述：质点系质心的运动可以看做一个质点的运动，设想此质点集中了整个质点系的质量，并在其上作用有质点系的所有外力。式(10-19)为矢量方

程，实际在应用时应写成投影形式

$$ma_{Cx}=\sum F_x^e,\ ma_{Cy}=\sum F_y^e,\ ma_{Cz}=\sum F_z^e \tag{10-20}$$

由质心运动定理可知，质点系的内力不影响质心的运动，只有外力才能改变质心的运动。这一性质可解析日常生活和工程中的许多现象，现举几个例子说明如下。

人在水平地面上行走时，全靠地面给鞋底的摩擦力，该摩擦力是作用于人体的外力，可使其质心获得水平方向的加速度。如果人在冰面上行走，由于冰面给鞋底的摩擦力较小，所以人要在冰上加速行走比较困难。假设地面绝对光滑，人只能静止或做匀速直线运动。

当汽车起动时，作为内力的发动机中燃气压力并不能使汽车的质心产生加速度而使汽车前进。那么汽车依靠什么外力起动呢？原来，当发动机运转时，发动机中的气体压力推动汽缸内的活塞，经过一套机构转动主动轮(图 10.7 中的后轮)，迫使主动轮相对于车身转动。这时主动轮上与地面的接触点 A 有向后滑动的趋势，于是地面在该点处对车轮产生向前的摩擦力 $\boldsymbol{F}_A$。该摩擦力正是汽车起动和加速前进的外力。车轮的前轮一般是从动轮，它是被车身通过轮轴推动着向前滚动的，当汽车向前运动时，被动轮受到小量的向后摩擦力 $\boldsymbol{F}_B$。该摩擦力是汽车前进的阻力。如果地面光滑，$\boldsymbol{F}_A$克服不了汽车前进的阻力 $\boldsymbol{F}_B$，那么后轮将在原处转动，汽车不能前进。

工程上，常用定向爆破的施工法来搬山造田和平整土地，这时也会用到质心运动定理。例如，要把 A 处的土石方抛掷到 B 处，如图 10.8 所示，可采用定向爆破技术。这时可把被炸掉的土石方 A 看做一个质点系，其质心的运动与一个抛射质点的运动一样，这个质点的质量等于质点系的全部质量，作用在这个质点上的力是质点系中各质点重力的总和。

根据质心运动定理，考虑地形、地层结构、炸药性能以及爆破技术等因素，可合理选取质心的初速度 $\boldsymbol{v}_C$的大小和方向，使大部分土石方抛掷到 B 处。

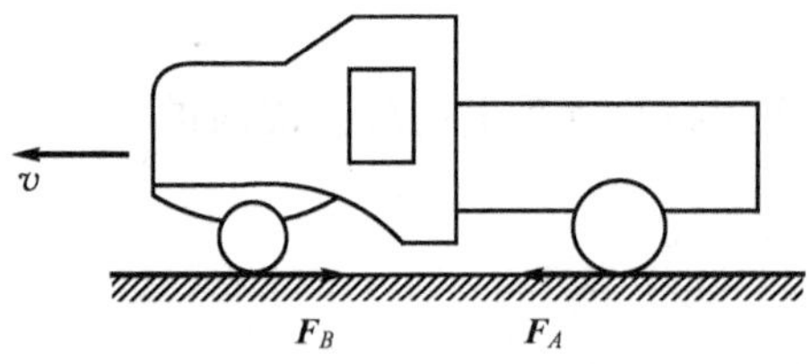

图 10.7 汽车运动时的摩擦力

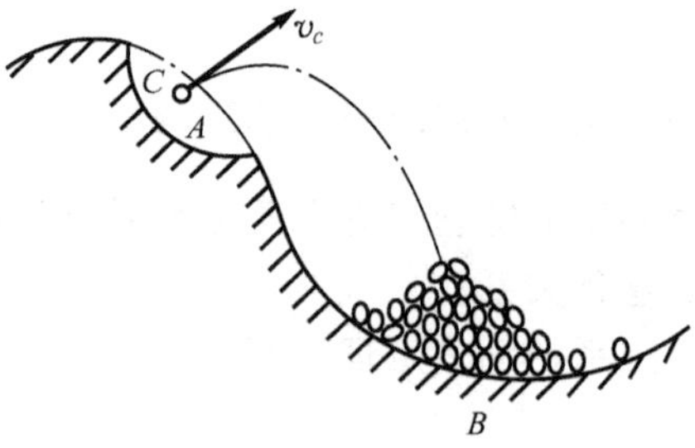

图 10.8 定向爆破的施工法

10.3.2 质心运动守恒定律

由质心运动定量可知，如果$\sum \boldsymbol{F}_i^e=0$，则 $m\boldsymbol{v}_C=$常矢量，即若作用于质点系上外力的矢量和(即外力系的主矢)为零，则质点系的质心做匀速直线运动；若开始静止，则质心位置始终保持不变。如果$\sum \boldsymbol{F}_x^e=0$，则 $mv_{Cx}=$常量，即如果作用于质点系的外力在某轴上的投影的代数和等于零，则质心速度在该轴上的投影保持不变，若开始时速度投影等于零，则质心在该轴上的坐标保持不变。这个结论称为质心运动守恒定律。

【例 10-5】 如图 10.9 所示滑块 A 质量为m，可在水平光滑槽中运动，具有刚性系数

为 k 的弹簧一端与滑块相连接，另一端固定。杆 AB 长为 L，质量不计，A 端与滑块 A 铰接，B 端装有质量为 m_1 的小球，在铅直平面内可绕点 A 转动。设在力矩作用下，转动角速度 ω 为常数，初始时 $\varphi=0$，弹簧恰为原长，求滑块 A 的运动规律。

解：取整体为研究对象，受力如图 10.9 所示，建立水平向右的坐标轴 Ox，点 O 取在运动初始时滑块 A 的质心上，质点系的质心坐标为

$$x_C=\frac{mx+m_1(x+l\sin\omega t)}{m+m_1}=x+\frac{m_1 l\sin\omega t}{m+m_1}$$

根据质心运动定理：$(m+m_1)\ddot{x}_C=-kx$，得

$$\ddot{x}+\frac{k\cdot x}{m+m_1}=\frac{m_1 l\omega^2}{m+m_1}\sin\omega t$$

解此微分方程，并注意到初始条件 $t=0$ 时，$x=0$，$\dot{x}=0$

故可得 A 的稳态解的运动规律：$x=\dfrac{m_1 l\omega^2}{k-(m+m_1)\omega^2}\sin\omega t$

【例 10-6】 均质杆 OA 长为 $2l$，重量为 $\boldsymbol{P}$，可绕水平固定轴 O 在铅垂面内转动，如图 10.10 所示。设图示位置杆的角速度和角加速度为 ω 和 ε，杆与水平直线的夹角为 φ。试求此时轴 O 处的约束反力。

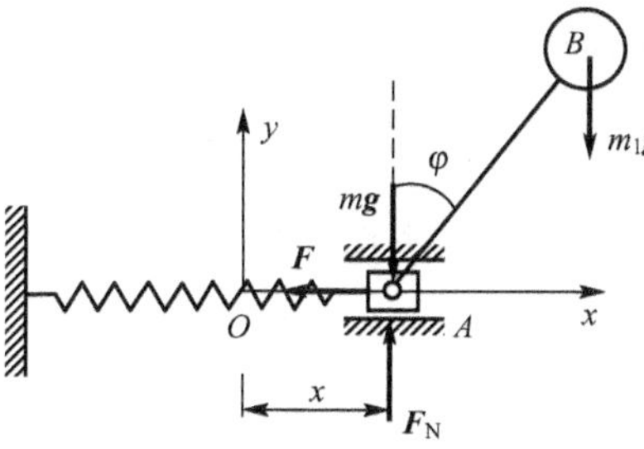

图 10.9 例 10-5 图

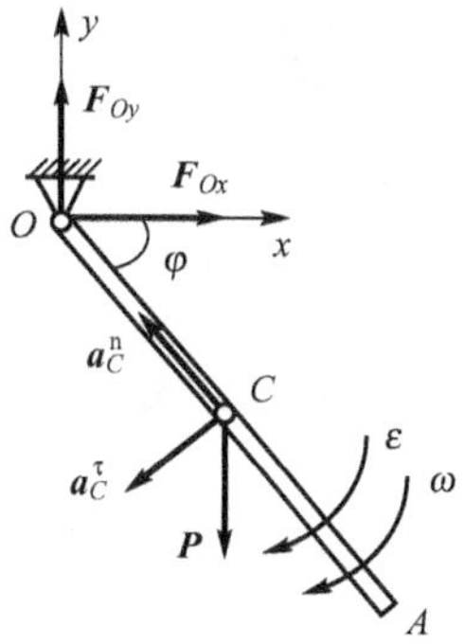

图 10.10 例 10-6 图

解：本题已知作定轴转动杆的角速度和角加速度，即已知杆质心 C 的加速度，求杆所受的约束反力。可以应用质心运动定理求解。

取杆为研究对象，受力分析如图 10.10 所示，包括重力 $\boldsymbol{P}$、约束反力 $\boldsymbol{F}_{Ox}$ 和 $\boldsymbol{F}_{Oy}$。取坐标系如图 10.10 所示，由质心运动定理，有

$$\frac{P}{g}a_{Cx}=\sum F_x^e$$

$$\frac{P}{g}a_{Cy}=\sum F_y^e$$

由于杆作定轴转动，其角速度和角加速度为 ω 和 ε，则质心的加速度可表示为

$$a_{Cx}=-a_C^\tau\sin\varphi-a_C^n\cos\varphi=-l\varepsilon\sin\varphi-l\omega^2\cos\varphi$$

$$a_{Cy}=-a_C^\tau\cos\varphi+a_C^n\sin\varphi=-l\varepsilon\cos\varphi+l\omega^2\sin\varphi$$

代入上式，可得

$$\frac{P}{g}(-l\varepsilon\sin\varphi-l\omega^2\cos\varphi)=F_{Ox}$$

$$\frac{P}{g}(-l\varepsilon\cos\varphi+l\omega^2\sin\varphi)=F_{Oy}-P$$

解得

$$F_{Ox}=-\frac{P}{g}l(\varepsilon\sin\varphi+\omega^2\cos\varphi)$$

$$F_{Oy}=P-\frac{P}{g}l(\varepsilon\cos\varphi-\omega^2\sin\varphi)$$

【例 10-7】 如图 10.11 所示的小船，船长为 l，质量为 m，船上有质量为 m_1 的人。设初始时小船和人静止，人站立在船的最左端，后来沿甲板向右行走，如不计水的阻力，求当人走到船的最右端时，船向左移动的距离为多少？

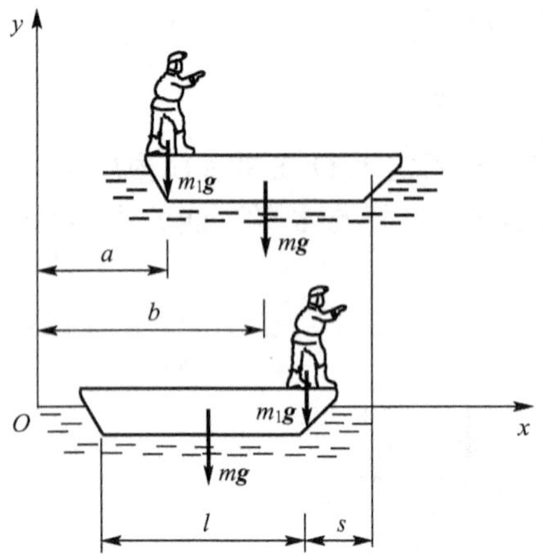

图 10.11 例 10-7 图

解：取人和船组成的系统为研究对象，由于不计水的阻力，故外力在水平轴上的投影等于零。由于初始时系统静止，因此质心在 x 轴上的坐标保持不变。取坐标轴如图 10.11 所示。设人在走动前，人和船的质心 x 坐标分别为 a 和 b，则系统质心的坐标为

$$x_{C1}=\frac{m_1a+mb}{m_1+m}$$

当人走到船的右端时，设船移动的距离为 s，则系统质心的坐标为

$$x_{C2}=\frac{m_1(a+l-s)+m(b-s)}{m_1+m}$$

由于在 x 轴上的坐标保持不变，即

$$x_{C1}=x_{C2}$$

将 x_{C1}、x_{C2} 的表达式代入上式，可得

$$\frac{m_1a+mb}{m_1+m}=\frac{m_1(a+l-s)+m(b-s)}{m_1+m}$$

解得

$$s=\frac{m_1l}{m_1+m}$$

应用质心运动定理解题的步骤如下。

(1) 选取研究对象，分析受力(画出质点系所受全部外力，包括主动力和约束反力)。

(2) 如果外力主矢等于零，或外力在某轴上的投影为零，则应用质心运动守恒定理求解。若初始静止，则质心的坐标保持不变。分别计算两个时刻质心的坐标(用各质点的坐标表示)，令其相等，即可求出所要求的某质点的位移。

(3) 如果外力主矢不等于零，若已知质心的运动规律，先求出质心的加速度，然后应用质心运动定理求未知力(一般为约束反力)；若已知作用于质点系的外力，先计算质心坐标，然后应用质心运动定理求某质点的运动规律。

小　结

动量、冲量都是矢量，运算时必须同时考虑其大小和方向，特别要注意将其投影到某

轴上时所取的正负号。在应用质点系动量定理时，总是把作用力分为外力和内力，因质点系之间的内力总是成对出现，它不能改变质点系的总动量，故只需考虑外力，而不考虑内力。

质点系的动量守恒定律是质点系动量定理的特殊情形，应用十分方便，但必须要注意动量守恒定律成立的条件。

质心运动定理建立了作用于物体的外力与质心运动状态之间的关系，特别适合于求解已知质心运动求外力，或已知外力求质心运动规律的问题。对于那些不受外力或外力在某轴上的投影为零的质点系动力学问题，则适宜用质心运动守恒定律来求解。

习　　题

一、是非题(正确的在括号内打“√”，错误的打“×”)

1. 内力虽不能改变质点系的动量，但可以改变质点系中各质点的动量。　(　　)
2. 内力虽不影响质点系质心的运动，但质点系内各质点的运动却与内力有关。　(　　)
3. 质点系的动量守恒时，质点系内各质点的动量不一定保持不变。　(　　)
4. 若质点系所受的外力的主矢等于零，则其质心坐标保持不变。　(　　)
5. 若质点系所受的外力的主矢等于零，则其质心运动的速度保持不变。　(　　)

二、填空题

1. 质点的质量与其在某瞬时的速度乘积，称为质点在该瞬时的________。
2. 力与作用时间的乘积，称为力的________。
3. 质点系的质量与质心速度的乘积称为________。
4. 质点系的动量随时间的变化规律只与系统所受的________有关，而与系统的________无关。
5. 质点系动量守恒的条件是________，质点系在 x 轴方向动量守恒的条件是________。
6. 若质点系所受外力的矢量和等于零，则质点系的________和________保持不变。

三、选择题

1. 如图10.12所示的均质圆盘质量为 m，半径为 R，初始角速度为 ω_0，不计阻力，若不再施加主动力，则轮子以后的运动状态是(　　)运动。

A. 减速　　B. 加速

C. 匀速　　D. 不能确定

2. 如图10.13所示的均质圆盘质量为 m，半径为 R，可绕 O 轴转动，某瞬时圆盘的角速度为 ω，则此时圆盘的动量大小是(　　)。

A. $P=0$　　B. $P=m\omega R$　　C. $P=2m\omega R$　　D. $P=m\omega R/2$

3. 均质等腰直角三角板，开始时直立于光滑的水平面上，如图10.14所示。让其无初速度倒下，问其重心的运动轨迹是(　　)。

A. 椭圆　　B. 水平直线　　C. 铅垂直线　　D. 抛物线

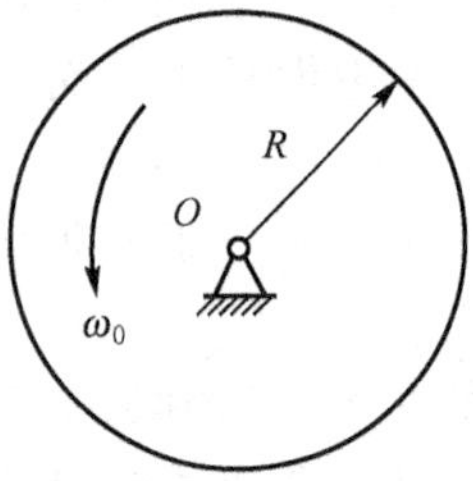

图 10.12　题三(1)图

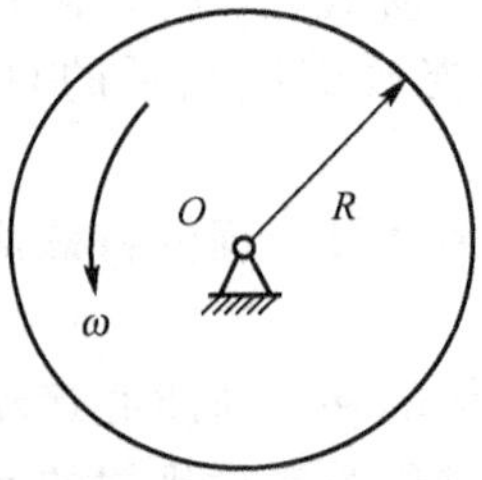

图 10.13　题三(2)图

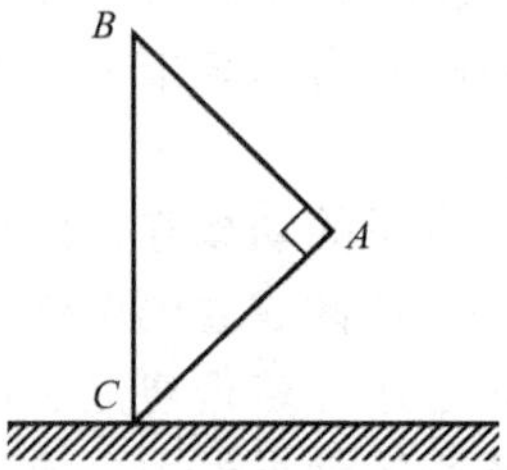

图 10.14　题三(3)图

4. 质点系的质心位置保持不变的必要与充分条件是(　　)。

A. 作用于质点系的所有主动力的矢量和恒为零

B. 作用于质点系的所有外力的矢量和恒为零

C. 作用于质点系的所有主动力的矢量和恒为零，且质心初速度为零

D. 作用于质点系的所有外力的矢量和恒为零，且质心初速度为零

四、计算题

1. 计算如图 10.15 所示的下列各刚体的动量。

① 质量为 m、长为 L 的细长杆，绕垂直于图面的 O 轴以角速度 ω 转动。

② 质量为 m、半径为 R 的均质圆盘，绕过边缘上一点且垂直于图面的 O 轴以角速度 ω 转动。

③ 非均质圆盘质量为 m，质心距转轴 $OC=e$，绕垂直于图面的 O 轴以角速度 ω 转动。

④ 质量为 m、半径为 R 的均质圆盘，沿水平面滚动而不滑动，质心的速度为 $\boldsymbol{v}_C$。

2. 如图 10.16 所示的带输送机沿水平方向输送煤炭，其输送量为 72000kg/h，带的速度 $v=1.5\text{m/s}$，求在匀速传动中，带作用于煤炭上的水平推力。

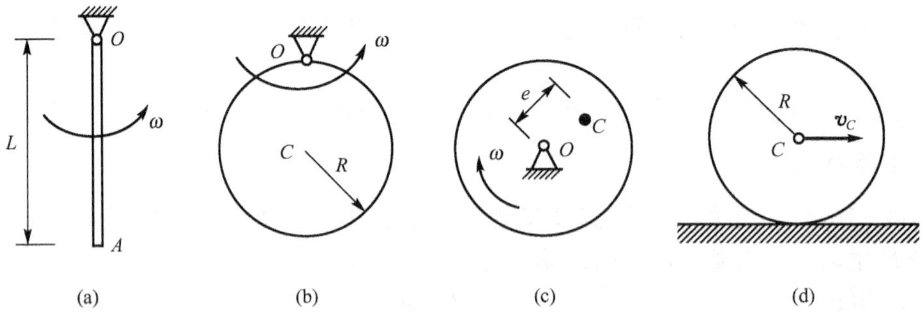

图 10.15　题四(1)图

3. 如图 10.17 所示的重物 A、B 的重量分别为 $\boldsymbol{P}_1$、$\boldsymbol{P}_2$，不计滑轮和绳索的重量，A 物下降加速度为 $\boldsymbol{a}_1$，求支点 O 的反力。

4. 人站在车上，车以速度 $\boldsymbol{v}_1$ 前进。设人的质量为 m_1，车的质量为 m_2，如果人以相对于车的速度 $\boldsymbol{v}_r$ 向后跳下，求此时车前进的速度。

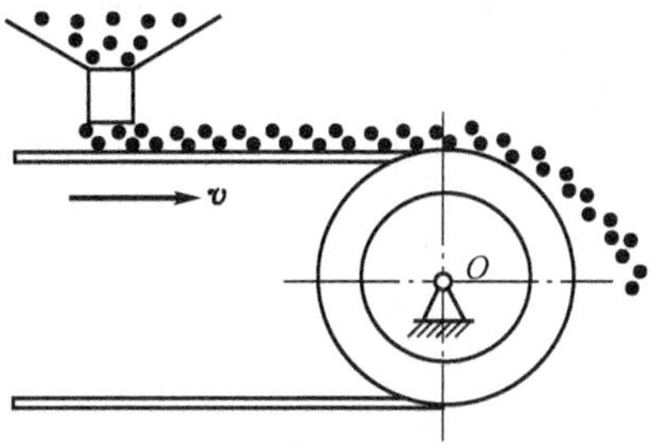

图 10.16 题四(2)图

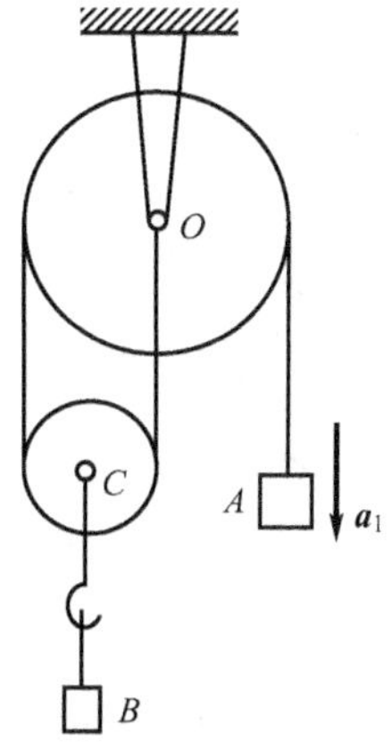

图 10.17 题四(3)图

5. 物体沿倾角为 α 的斜面下滑，它与斜面间的动滑动摩擦因数为 f'，且 $\tan\alpha > f'$，如物体下滑的初速度为 $\boldsymbol{v}_0$，求物体速度增加一倍时所经过的时间。

6. 如图 10.18 所示的椭圆规尺 AB 的质量为 $2m_1$，曲柄 OC 的质量为 m_1，而滑块 A 和 B 的质量均为 m_2。已知 $OC=AC=CB=l$，曲柄和尺的质心分别在其中点上，曲柄绕 O 轴转动的角速度 ω 为常量。求当曲柄水平向右时质点系的动量。

7. 如图 10.19 所示质量为 m 的滑块 A，可以在水平光滑的槽中运动，刚度系数为 k 的弹簧一端与滑块相连接，另一端固定。杆 AB 长为 l，质量忽略不计，A 端与滑块 A 铰接，B 端装有质量为 m_1 的小球，在铅直平面内可绕点 A 旋转。设在力偶 M 的作用下转动角速度 ω 为常数，求滑块 A 的运动微分方程。

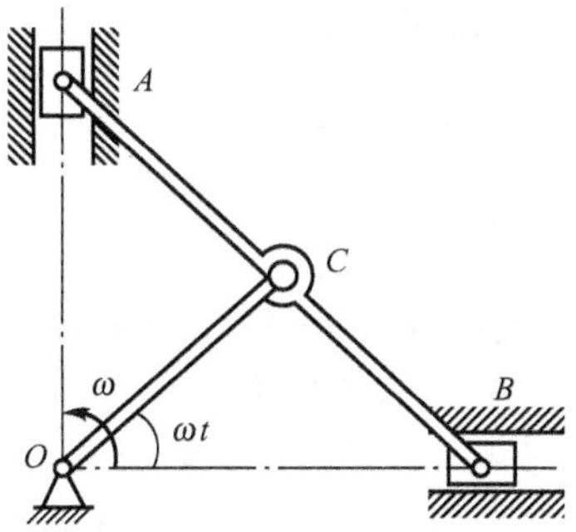

图 10.18 题四(6)图

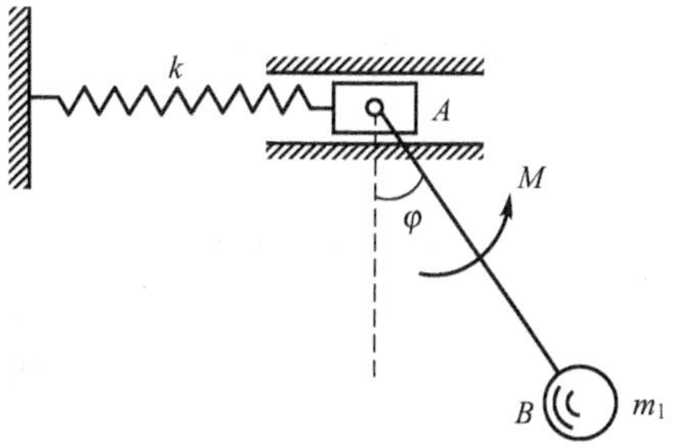

图 10.19 题四(7)图

8. 如图 10.20 所示的质量为 m、半径为 $2R$ 的薄壁圆筒置于光滑的水平面上，在其光滑内壁放一质量为 m、半径 R 的均质圆盘。初始时两者静止，且质心在同一水平线上。如将圆盘无初速度释放，当圆盘最后停止在圆筒的底部时，求圆筒的位移。

9. 在图 10.21 所示曲柄滑块机构中，曲柄 OA 以匀角速度 ω 绕 O 轴转动。当开始时，曲柄 OA 水平向右。已知曲柄重 $\boldsymbol{P}_1$，滑块 A 重量为 $\boldsymbol{P}_2$，滑杆重量为 $\boldsymbol{P}_3$，曲柄的重心在 OA 的中点，且 $OA=L$，滑杆的重心在点 C，且 $BC=L/2$。试求：(1)机构质量中心的运动方程；(2)作用在点 O 的最大水平力。

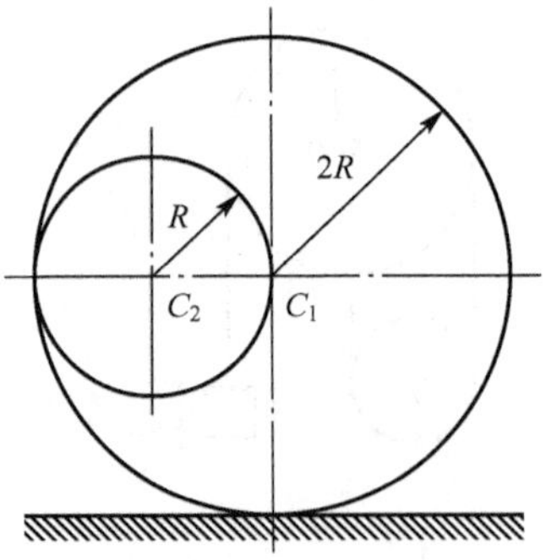

图 10.20　题四(8)图

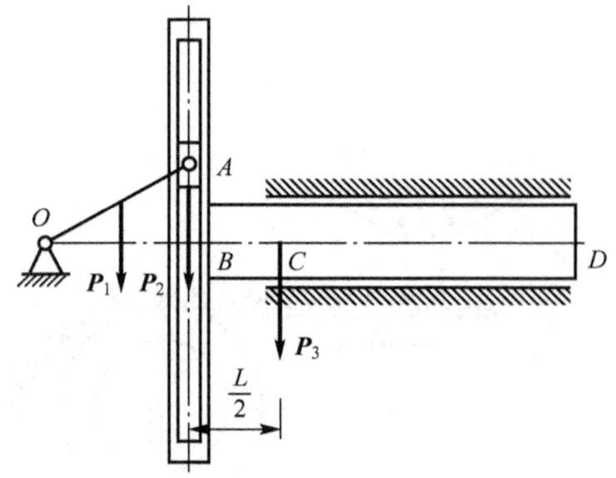

图 10.21　题四(9)图

10. 如图 10.22 所示，长为 l 的均质杆 AB 直立在光滑的水平面上。求它从铅直位置无初速度地倒下时，端点 A 相对图示坐标系的轨迹方程。

11. 如图 10.23 所示，重量为 $\boldsymbol{P}$ 的电机放在光滑的水平面地基上，长为 $2l$；重量为 $\boldsymbol{G}$ 的均质杆的一端与电机轴垂直地固结，另一端则焊上一重量为 $\boldsymbol{W}$ 的重物。设电机转动的角速度为 ω，求：(1)电机的水平运动方程；(2)如果电机外壳用螺栓固定在基础上，则作用于螺栓的最大水平力为多少？

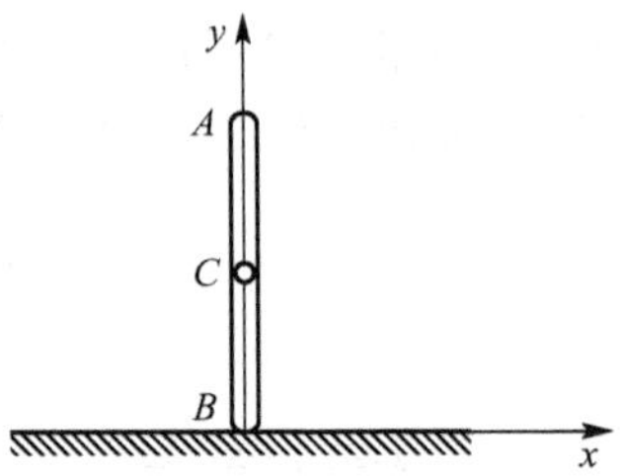

图 10.22　题四(10)图

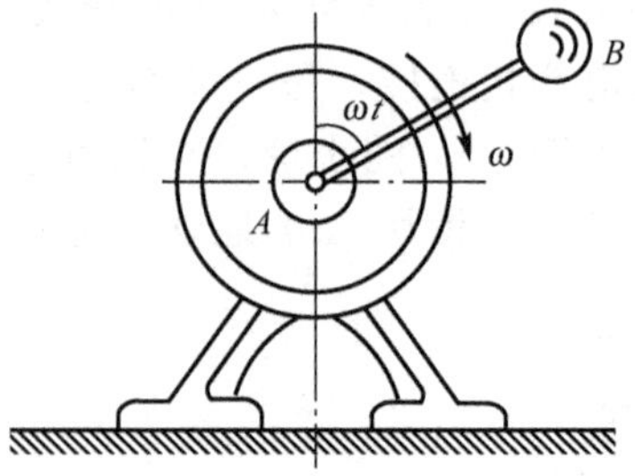

图 10.23　题四(11)图

12. 如图 10.24 所示的物体 A 和 B 的质量分别是 m_1 和 m_2，用跨过滑轮 C 的不可伸长的绳索相连，这两个物体可沿直角三棱柱的光滑斜面滑动，而三棱柱的底面 DE 则放在光滑水平面上。设三棱柱的质量为 m，且 $m=4m_1=16m_2$，初瞬时系统处于静止状态。试求物体 A 降落高度 $h=10\text{cm}$ 时，三棱柱沿水平面的位移(绳索和滑轮的质量不计)。

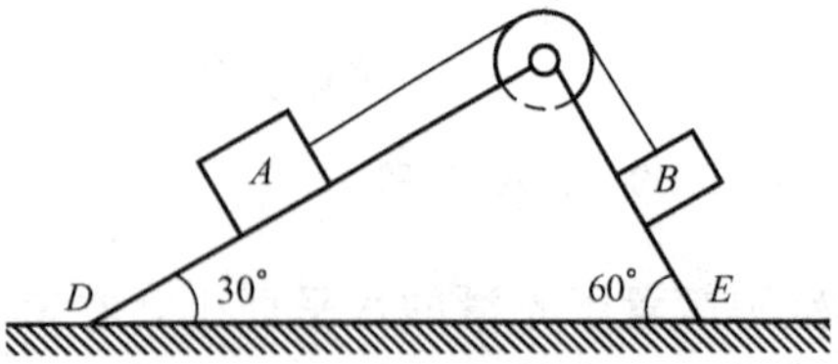

图 10.24　题四(12)图

13. 如图 10.25 所示的机构中，鼓轮 A 质量为 m_1，转轴 O 为其质心。重物 B 的质量为 m_2，重物 C 的质量为 m_3。斜面光滑，倾角为 θ。已知 B 物体的加速度为 $\boldsymbol{a}$，求轴承 O 处的约束反力。

14. 如图 10.26 所示质量为 m_1 的平台 AB 放在水平面上，平台与水平面间的动摩擦因

数为 f。质量为 m_2 的小车 D 由绞车拖动，相对于平台的运动规律为 $s=\frac{1}{2}bt^2$，其中 b 为已知常数。不计绞车的质量，求平台的加速度。

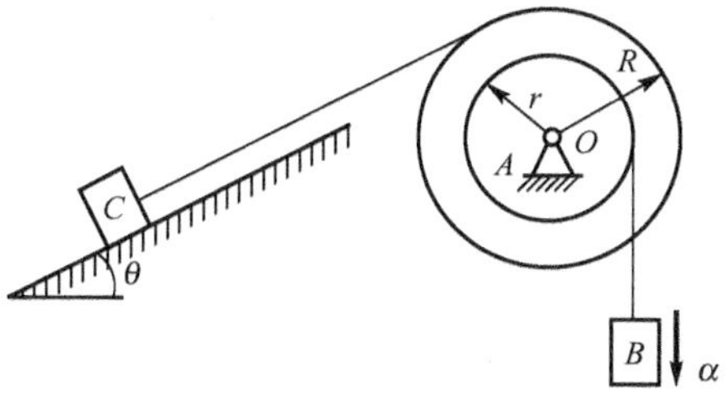

图 10.25　题四(13)图

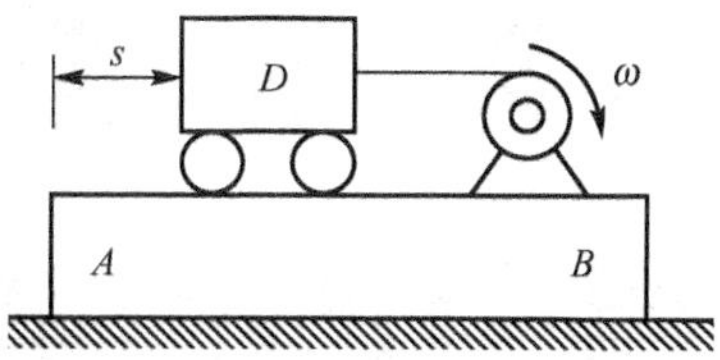

图 10.26　题四(14)图

15. 如图 10.27 所示，用相同材料做成的均质杆 AC 和 BC 用铰链在点 C 连接。已知 $AC=25\text{cm}$，$BC=40\text{cm}$。处于铅直面内的各杆从 $CC_1=24\text{cm}$ 处静止释放。当 A、B、C 运动到位于同一直线上时，求杆端 A、B 各自沿光滑水平面的位移 s_A 和 s_B。

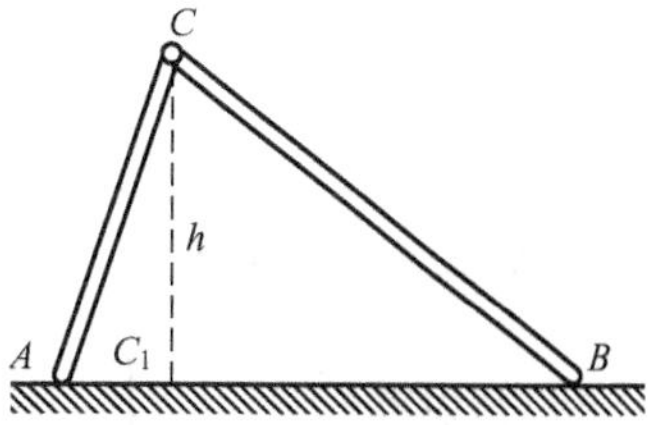

图 10.27　题四(15)图

16. 匀质曲柄 OA 重 $\boldsymbol{G}_1$，长为 r，初始时曲柄在 OA_0 位置。曲柄受力偶作用以角速度 ω 转动，转角 $\varphi=\omega t$，并带动总重 $\boldsymbol{G}_2$ 的滑槽、连杆和活塞 B 作水平往复运动，如图 10.28 所示。已知机构在铅直面内，在活塞上作用着水平常力 $\boldsymbol{F}$。试求作用在曲柄轴 O 上的最大水平分力(不计滑块的质量和各处的摩擦)。

17. 质量为 m、半径为 R 的匀质半圆形板，C 点为半圆板的质心$\left(OC=\frac{4R}{3\pi}\right)$。受力偶 M 作用，在铅垂面内绕 O 轴转动，转动的角速度与角加速度分别为 ω 和 ε，如图 10.29 所示。当 OC 与水平线成任意角 φ 时，求该瞬时轴 O 的约束反力。

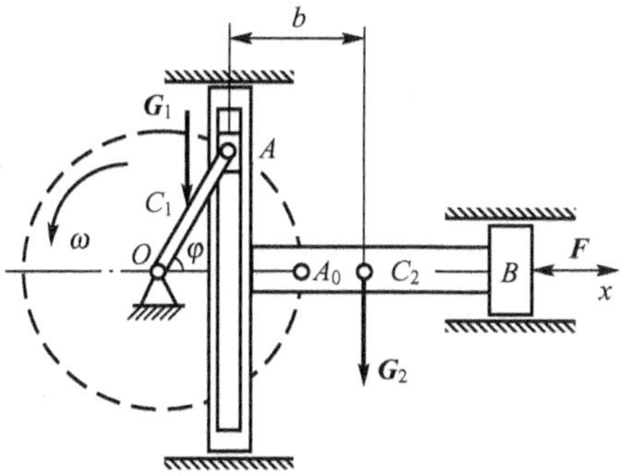

图 10.28　题四(16)图

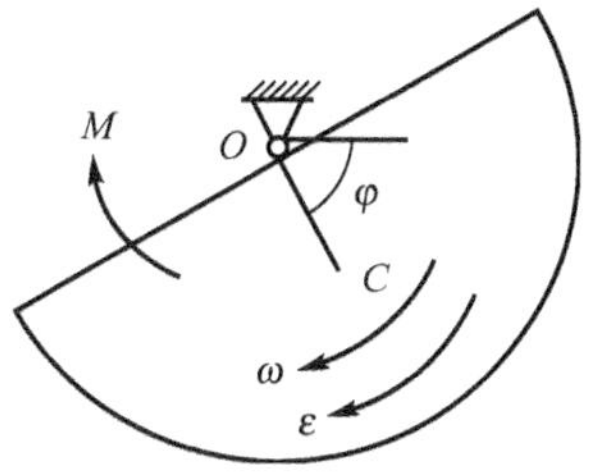

图 10.29　题四(17)图

第11章

动量矩定理

本章教学要点

知识要点	掌握程度	相关知识
基本概念	质点(或质点系)的动量矩	质点系对于固定点和质心的动量矩
动量矩定理	能应用该定理求解动力学问题	刚体定轴转动微分方程
刚体平面运动微分方程	能应用该方程求解动力学问题	刚体平面运动的分解

导入案例

动量矩定理是动力学普遍定理之一，它给出质点系的动量矩与质点系受机械作用的冲量矩之间的关系。动量矩定理有微分形式和积分形式两种形式。质点系的动量矩定理是讨论刚体转动的基础，而质点系对质心的动量矩定理是讨论刚体相对于质心的转动的基础。因为刚体的一般运动可分解为随质心的平动和绕质心的转动，刚体绕质心转动可由质点系相对于质心的动量矩定理来解决。动量矩定理在人们的日常生活和工程实践中有相当广泛的应用。例如，直升机尾旋翼的转速和桨叶角的变化控制直升机的左转弯、右转弯和直飞；风力发电机利用风力带动风车叶片旋转，再透过增速机将旋转的速度提升，来促使发电机发电；潜水艇尾装有螺旋桨和方向舵，保证潜艇航行和变换航向；切割机锯片的高速旋转可进行切割加工；水车由于水的冲力而使轮子旋转等都是利用了动量矩定理。通过本章的学习，我们不仅可以掌握动量矩定理的基础知识，而且能自觉地利用动量矩定理和动量矩守恒定律来分析处理日常生活和工程实际中的一些问题。

直升机

风力发电

潜水艇

切割机

水车

角动量守恒转台

11.1 质点和质点系的动量矩

在第 10 章中介绍了动量的概念，它虽是物体机械运动强度的一种度量，但是用以度量转动物体的机械运动强度时就会遇到困难。例如，圆盘绕通过质心的固定轴转动时，无论圆盘质量多大、转动多快，因其质心固定在转轴上，它的速度始终为零，据此，圆盘的动量将恒等于零。实际上圆盘在转动过程中，除转轴上各质点外，其余的质点均在作圆周运动，圆盘应具有机械运动强度。为了度量质点或质点系绕某固定轴转动时的机械运动强度，可引进一个新的物理量——动量矩。

11.1.1 质点的动量矩

设有质点 M，其质量为 m，速度为 $\boldsymbol{v}$，动量为 $m\boldsymbol{v}$，点 M 的矢径为 $\boldsymbol{r}$，如图 11.1 所示。把质点 M 的动量 $m\boldsymbol{v}$ 对 O 点的矩，即

$$\boldsymbol{L}_O=\boldsymbol{M}_O(m\boldsymbol{v})=\boldsymbol{r}\times m\boldsymbol{v} \tag{11-1}$$

定义为质点的动量对于 点 O 的动量矩。由式(11－1)可以看出，质点的动量对于点 O 的动量矩是矢量。

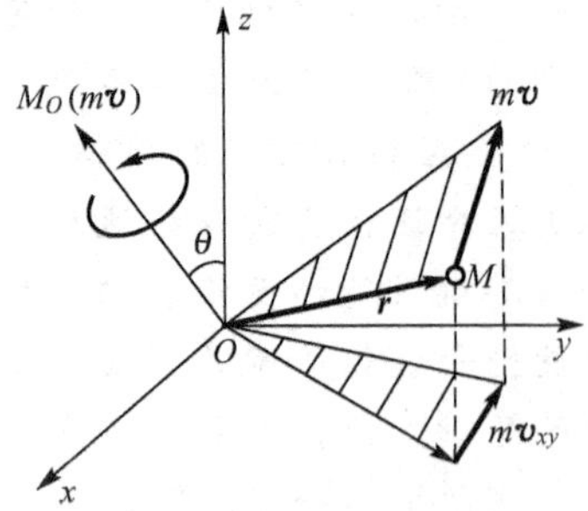

图 11.1 质点的动量矩

质点动量 $m\boldsymbol{v}$ 在 Oxy 平面上的投影 $m\boldsymbol{v}_{xy}$ 对于点 O 的动量矩，定义为质点的动量对 z 轴的矩，即

$$L_z=M_z(m\boldsymbol{v})=M_O(m\boldsymbol{v}_{xy}) \tag{11-2}$$

由式(11－2)可以看出，质点的动量对于 z 轴的动量矩是代数量。由投影关系可知

$$M_z(m\boldsymbol{v})=[M_O(m\boldsymbol{v})]_z \tag{11-3}$$

即质点的动量对于某点 O 的动量矩矢在通过该点的 z 轴上的投影等于该点的动量对于该轴的动量矩。动量矩的单位为 $\mathrm{kg\cdot m^2/s}$。

11.1.2 质点系的动量矩

质点系对点 O 的动量矩等于各质点对同一点 O 的动量矩的矢量和，或称为质点系动量对点 O 的主矩，即

$$\boldsymbol{L}_O=\sum_{i=1}^{n}\boldsymbol{M}_O(m_i\boldsymbol{v}_i) \tag{11-4}$$

质点系对某轴 z 的动量矩等于各质点对同一轴的动量矩的代数和，即

$$L_z=\sum_{i=1}^{n}M_z(m_i\boldsymbol{v}_i) \tag{11-5}$$

11.1.3 刚体绕定轴转动时对转轴的动量矩

工程中，常需计算作定轴转动的刚体对固定轴的动量矩。设刚体以匀角速度 ω 绕定轴 z 转动，如图 11.2 所示，应用质点系对 z 轴的动量矩公式，刚体绕定轴转动时对转轴的动量矩可表示为

$$\begin{aligned}L_z&=\sum_{i=1}^{n}M_z(m_i\boldsymbol{v}_i)=\sum_{i=1}^{n}m_iv_ir_i\\&=\sum_{i=1}^{n}m_i(\omega r_i)r_i=\omega\sum_{i=1}^{n}m_ir_i^2\end{aligned} \tag{11-6}$$

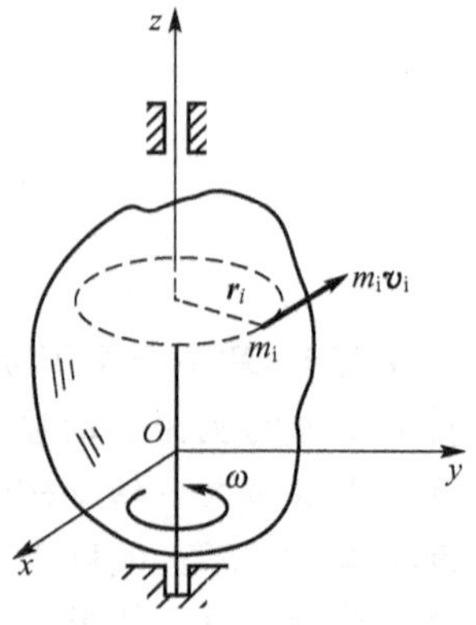

图 11.2 质点系的动量矩

令 $\sum_{i=1}^{n}m_ir_i^2=J_z$，称为刚体对 z 轴的转动惯量，它表明了刚体绕定轴 z 转动时的惯性大小。从转动惯量的公式可见，影响其大小的因素有两个，一是它的质量大小，另一个因素具体反映在刚体的形状及其与转轴的相对位置。转动惯量的单位为 $\mathrm{kg\cdot m^2}$。式(11－6)可写为

$$L_z = J_z \cdot \omega \tag{11-7}$$

结论：绕定轴转动的刚体对其转轴的动量矩等于刚体对转轴的转动惯量与转动角速度的乘积。

11.1.4 常见物体的转动惯量

若刚体的质量是连续分布的，则转动惯量公式又可改写成如下形式

$$J_z = \int_0^m r^2 \mathrm{d}m \tag{11-8}$$

利用式(11－8)就可将几种常见的形状规则、质量均匀刚体的转动惯量计算出来。

(1) 对于长为 l、质量为 m 的均质直杆，如图 11.3 所示，均质直杆对过端点 O 的 z 轴的转动惯量为

$$J_z = \int_0^l x^2 \cdot \frac{m}{l}\mathrm{d}x = \frac{1}{3}ml^2$$

如图 11.4 所示，均质直杆对过中点 O 的 z 轴的转动惯量为

$$J_z = \int_{-\frac{l}{2}}^{\frac{l}{2}} x^2 \cdot \frac{m}{l}\mathrm{d}x = \frac{1}{12}ml^2$$

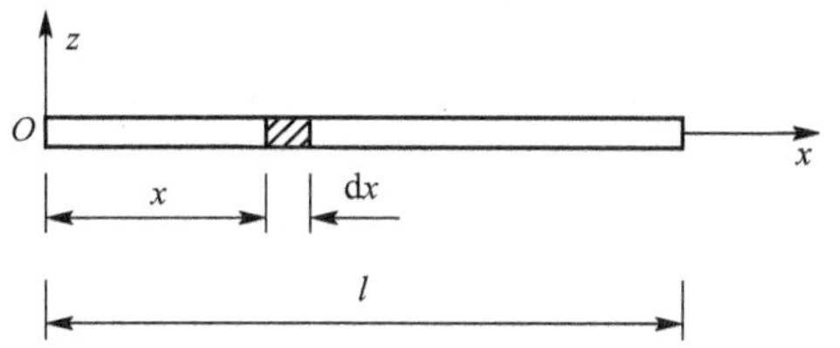

图 11.3 均质直杆对过端点 O 的 z 轴的转动惯量

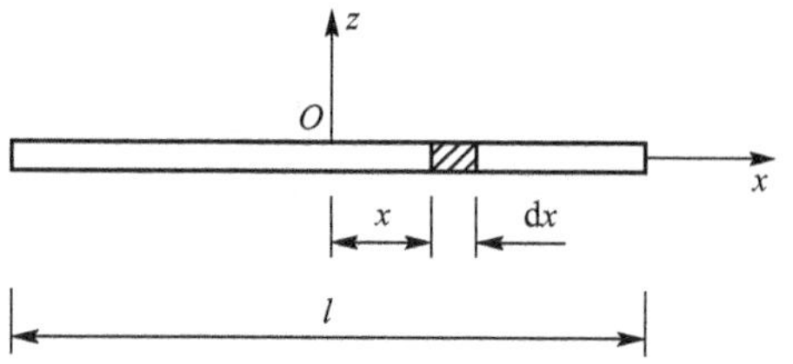

图 11.4 均质直杆对过中点 O 的 z 轴的转动惯量

(2) 对于半径为 r、质量为 m 的均质薄圆环，如图 11.5 所示，均质薄圆环对中心轴的转动惯量为

$$J_O = \sum_{i=1}^{n} m_i r^2 = mr^2$$

(3) 对于半径为 R、质量为 m 的均质圆板，如图 11.6 所示，均质圆板对中心轴的转动惯量为

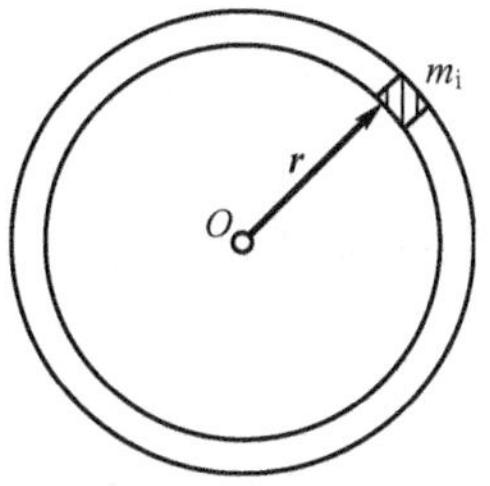

图 11.5 均质薄圆环对中心轴的转动惯量

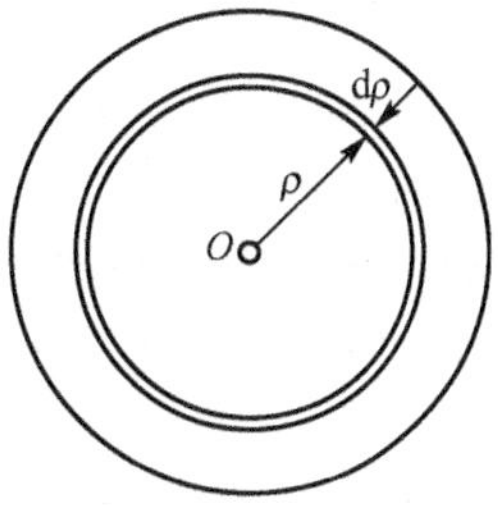

图 11.6 均质圆板对中心轴的转动惯量

$$J_O = \int_0^R \frac{2\pi\rho\mathrm{d}\rho}{\pi R^2} \cdot m\rho^2$$

$$= \frac{2m}{R^2}\int_0^R \rho^3 \, d\rho$$

$$= \frac{1}{2}mR^2$$

11.1.5 回转半径

在工程实际中有时也把转动惯量写成刚体的总质量 M 与当量长度 ρ_z 的平方的乘积形式，即

$$J_z = M\rho_z^2 \tag{11-9}$$

式(11－9)中，ρ_z称为刚体对于 z 轴的回转半径，又称惯性半径。于是

$$\rho_z = \sqrt{\frac{J_z}{M}} \tag{11-10}$$

工程中几种常用简单形状均质物体的转动惯量的计算可查表 11－1。

表 11－1　简单形状均质物体的转动惯量

物体形状	转动惯量	回转半径	物体形状	转动惯量	回转半径
细长杆 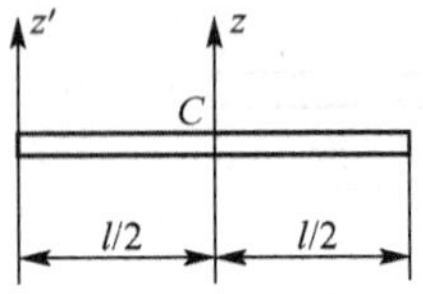	$J_z = \frac{1}{12}ml^2$ $J_{z'} = \frac{1}{3}ml^2$	$\rho_z = \frac{\sqrt{3}}{6}l$ $\rho_{z'} = \frac{\sqrt{3}}{3}l$	薄圆板 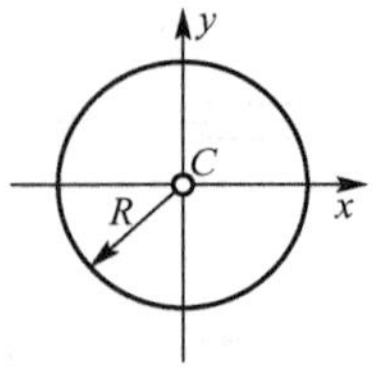	$J_z = \frac{1}{2}mR^2$ $J_x = J_y = \frac{1}{4}mR^2$	$\rho_z = \frac{\sqrt{2}}{2}R$ $\rho_x = \rho_y = \frac{1}{2}R$
细圆环 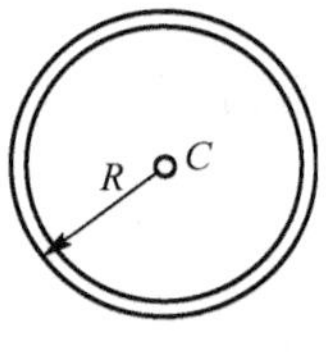	$J_z = mR^2$	$\rho_z = R$	圆柱体 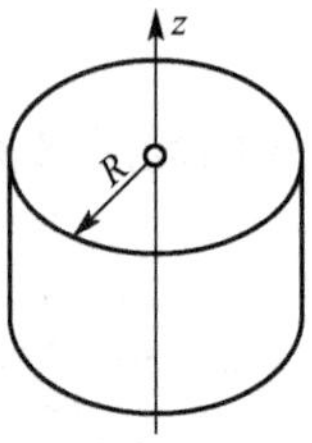	$J_z = \frac{1}{2}mR^2$	$\rho_z = \frac{\sqrt{2}}{2}R$

11.1.6 平行移轴公式

表 11－1 仅给出了刚体对通过质心轴的转动惯量。在工程实际中，有时需要确定刚体对不通过质心轴的转动惯量，这就需要利用如下转动惯量的平行移轴定理，即刚体对于任一轴 z'的转动惯量，等于刚体对与此轴平行的质心轴的转动惯量 J_z，加上刚体的质量与 z'轴到质心轴 z 的距离 d 平方的乘积，即

$$J_{z_1} = J_{z_C} + md^2 \tag{11-11}$$

【例 11－1】 钟摆简化如图 11.7 所示。已知均质细杆和均质圆盘的质量分别为 m_1 和 m_2，杆长为 l，圆盘直径为 d。求钟摆对于通过悬挂点 O 的水平轴的转动惯量。

解： 钟摆对于水平轴 O 的转动惯量

$$J_O = J_{O杆} + J_{O盘}$$

式中，

$$J_{O杆}=\frac{1}{3}m_1 l^2$$

设 J_C 为圆盘对于中心 C 的转动惯量，则

$$J_{O盘}=J_C+m_2\left(l+\frac{d}{2}\right)^2=\frac{1}{2}m_2\left(\frac{d}{2}\right)^2+m_2\left(l+\frac{d}{2}\right)^2=m_2\left(\frac{3}{8}d^2+l^2+ld\right)$$

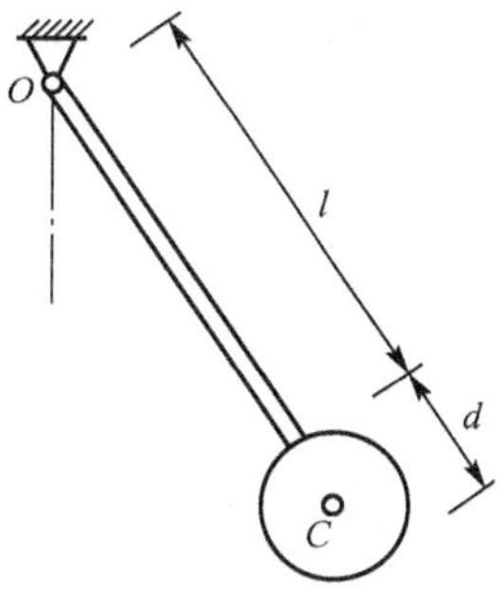

图 11.7　例 11-1 图

所以得

$$J_O=\frac{1}{3}m_1 l^2+m_2\left(\frac{3}{8}d^2+l^2+ld\right)$$

11.2　质点和质点系的动量矩定理

11.2.1　质点的动量矩定理

如图 11.8 所示的质点 M，其动量为 $m\boldsymbol{v}$，则质点 M 对点 O 的动量矩用矢积可表示为

$$\boldsymbol{M}_O(m\boldsymbol{v})=\boldsymbol{r}\times m\boldsymbol{v}$$

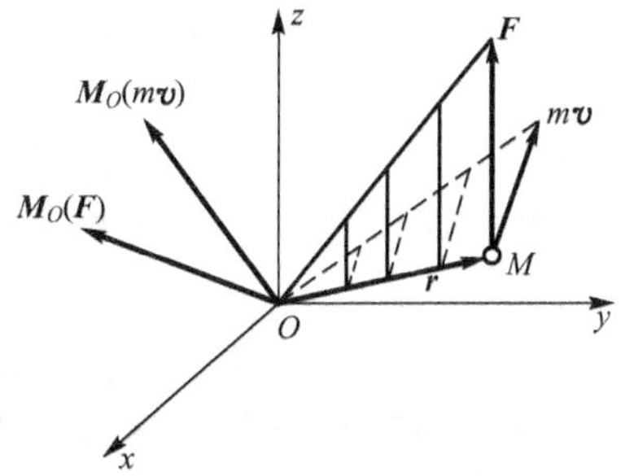

图 11.8　质点的动量矩定理

上式两边分别对时间求导数，可得

$$\frac{\mathrm{d}}{\mathrm{d}t}\boldsymbol{M}_O(m\boldsymbol{v})=\frac{\mathrm{d}\boldsymbol{r}}{\mathrm{d}t}\times m\boldsymbol{v}+\boldsymbol{r}\times\frac{\mathrm{d}}{\mathrm{d}t}(m\boldsymbol{v})=\boldsymbol{v}\times m\boldsymbol{v}+\boldsymbol{r}\times\boldsymbol{F}$$

因为 $\boldsymbol{v}\times m\boldsymbol{v}=0$，$\boldsymbol{r}\times\boldsymbol{F}=\boldsymbol{M}_O(\boldsymbol{F})$

这样可得

$$\frac{\mathrm{d}}{\mathrm{d}t}\boldsymbol{M}_O(m\boldsymbol{v})=\boldsymbol{r}\times\boldsymbol{F}=\boldsymbol{M}_O(\boldsymbol{F})\qquad(11-12)$$

式(11-12)称为质点动量矩定理，即质点对某定点的动量矩对时间的一阶导数等于作用于质点的力对同一点的矩。

11.2.2　质点系的动量矩定理

设有 n 个质点组成的质点系，每个质点的力分成内力 $\boldsymbol{F}_i^{\mathrm{i}}$ 和外力 $\boldsymbol{F}_i^{\mathrm{e}}$，根据质点的动量矩定理有

$$\frac{\mathrm{d}}{\mathrm{d}t}\boldsymbol{M}_O(m_i\boldsymbol{v}_i)=\boldsymbol{M}_O(\boldsymbol{F}_i^{\mathrm{i}})+\boldsymbol{M}_O(\boldsymbol{F}_i^{\mathrm{e}})$$

对于 n 个质点组成的质点系，共有 n 个这样的方程，将这 n 个方程相加，可得

$$\sum_{i=1}^{n}\frac{\mathrm{d}}{\mathrm{d}t}\boldsymbol{M}_O(m_i\boldsymbol{v}_i)=\sum_{i=1}^{n}\boldsymbol{M}_O(\boldsymbol{F}_i^{\mathrm{i}})+\sum_{i=1}^{n}\boldsymbol{M}_O(\boldsymbol{F}_i^{\mathrm{e}})$$

由于内力总是成对出现，故 $\sum_{i=1}^{n}\boldsymbol{M}_O(\boldsymbol{F}_i^{\mathrm{i}})=0$，上式可写为

$$\sum_{i=1}^{n}\frac{\mathrm{d}}{\mathrm{d}t}\boldsymbol{M}_O(m_i\boldsymbol{v}_i)=\sum_{i=1}^{n}\boldsymbol{M}_O(\boldsymbol{F}_i^{\mathrm{e}})$$

即

$$\frac{\mathrm{d}}{\mathrm{d}t}\boldsymbol{L}_O=\sum_{i=1}^{n}\boldsymbol{M}_O(\boldsymbol{F}_i^{\mathrm{e}}) \tag{11-13}$$

式(11－13)就是质点系的动量矩定理，可表述为：质点系对于某定点 O 的动量矩对时间的导数，等于作用于质点系的所有外力对于同一点的矩的矢量和(外力对点 O 的主矩)。

式(11－13)写成投影形式为

$$\begin{aligned}\frac{\mathrm{d}}{\mathrm{d}t}L_x&=\sum_{i=1}^{n}M_x(\boldsymbol{F}_i^{\mathrm{e}})\\ \frac{\mathrm{d}}{\mathrm{d}t}L_y&=\sum_{i=1}^{n}M_y(\boldsymbol{F}_i^{\mathrm{e}})\\ \frac{\mathrm{d}}{\mathrm{d}t}L_z&=\sum_{i=1}^{n}M_z(\boldsymbol{F}_i^{\mathrm{e}})\end{aligned} \tag{11-14}$$

11.2.3 动量矩守恒定律

若作用于质点系上外力对某点之矩的矢量和(即外力偶系的主矩)为零，则质点系的总动量矩保持不变，即如果 $\sum_{i=1}^{n}\boldsymbol{M}_O(\boldsymbol{F}_i^{\mathrm{e}})=0$，则 $\boldsymbol{L}_O=$ 常矢量。若作用在质点系上的外力对某固定轴之矩的代数和等于零，如 $\sum m_z(\boldsymbol{F}_i^{\mathrm{e}})=0$ 时，$L_z=$常数。这个结论称为动量矩守恒定律。

【例 11－2】 如图 11.9 所示的提升装置中，已知滚筒质量为 m_1，直径为 d，它对转轴的转动惯量为 J，作用在滚筒上的主动转矩为 M，被提升重物的质量为 m_2。求重物上升的加速度。

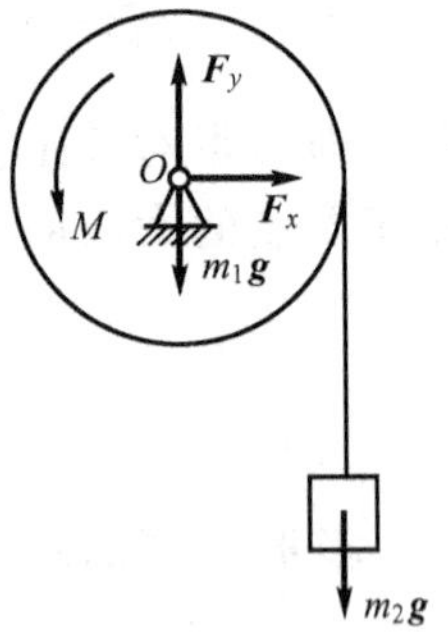

图 11.9 例 11－2 图

解：取滚筒和重物组成的质点系为研究对象。作用在质点系上的外力有重物的重量 $m_2\boldsymbol{g}$，滚筒重量 $m_1\boldsymbol{g}$，轴承 O 处的约束反力为 $\boldsymbol{F}_x$、$\boldsymbol{F}_y$，作用在滚筒上的主动转矩为 M。设某瞬时滚筒转动的角速度为 ω，则重物上升的速度为 $v=\frac{d}{2}\omega$。整个系统对转轴 O 的动量矩为

$$L_O=J\omega+m_2v\frac{d}{2}=J\omega+m_2\omega\frac{d^2}{4}$$

由质点系的动量矩定理，有

$$\frac{\mathrm{d}}{\mathrm{d}t}L_O=\frac{\mathrm{d}}{\mathrm{d}t}(J\omega+m_2\omega\frac{d^2}{4})=M-m_2g\frac{d}{2}$$

即 $\left(J+m_2\frac{d^2}{4}\right)\frac{\mathrm{d}\omega}{\mathrm{d}t}=M-m_2g\frac{d}{2}$，于是滚筒角加速度为

$$\varepsilon=\frac{4M-2m_2gd}{4J+m_2d^2}$$

重物上升的加速度等于滚筒边缘上任意一点的切向加速度，可表示为

$$a=\frac{d}{2}\varepsilon=\frac{2Md-m_2gd^2}{4J+m_2d^2}$$

【例 11－3】 均质滑轮半径分别为 r_1 和 r_2，两轮固连在一起并安装在同一转轴 O 上，两轮共重为 $m\boldsymbol{g}$，对轮心 O 的转动惯量为 J_O，如图 11.10 所示。重物 A、B 的质量分别为 m_1、m_2。求重物 A 向下运动的加速度。

解：取整体为研究对象，其受力分析和运动分析如图 11.10 所示。应用质点系的动量矩定理，有

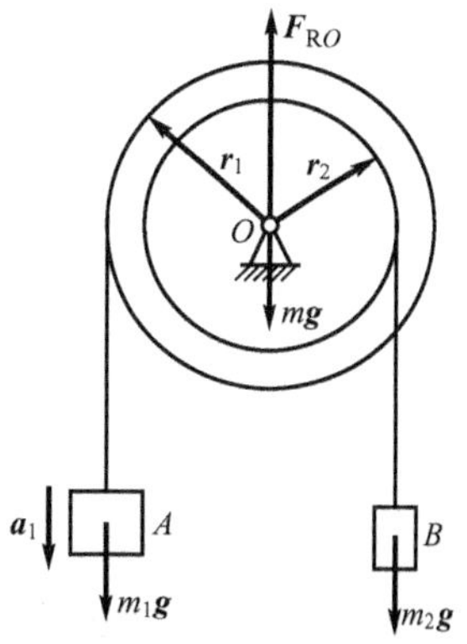

图 11.10　例 11－3 图

$$\frac{\mathrm{d}}{\mathrm{d}t}L_O=\sum M_O(\boldsymbol{F}^e)$$

而质点系对点 O 的动量矩为

$$\begin{aligned}L_O&=J_O\omega+m_1v_1r_1+m_2v_2r_2\\&=\frac{v_1}{r_1}(J_O+m_1r_1^2+m_2r_2^2)\end{aligned}$$

质点系所有外力对 O 点的矩的代数和为

$$\sum M_O(\boldsymbol{F}^e)=m_1gr_1-m_2gr_2$$

代入上式，并应用 $\frac{\mathrm{d}v_1}{\mathrm{d}t}=a_1$，可得

$$(J_O+m_1r_1^2+m_2r_2^2)\frac{a_1}{r_1}=m_1gr_1-m_2gr_2$$

这样，重物 A 向下运动的加速度为

$$a_1=\frac{(m_1r_1-m_2r_2)r_1g}{J_O+m_1r_1^2+m_2r_2^2}$$

【例 11－4】 如图 11.11 所示的调速器中，长为 $2a$ 的水平杆 AB 与铅垂轴固连，并绕 z 轴转动。其两端用铰链与长为 l 的细杆 AC、BD 相连，杆 AC、BD 位于铅垂位置。当机构以角速度 ω_0 绕铅垂轴转动时，线被拉断。此后，杆 AC、BD 各与铅垂线成 θ 角。若不计各杆重量，且此时转轴不受外力矩作用，求此系统的角速度 ω。

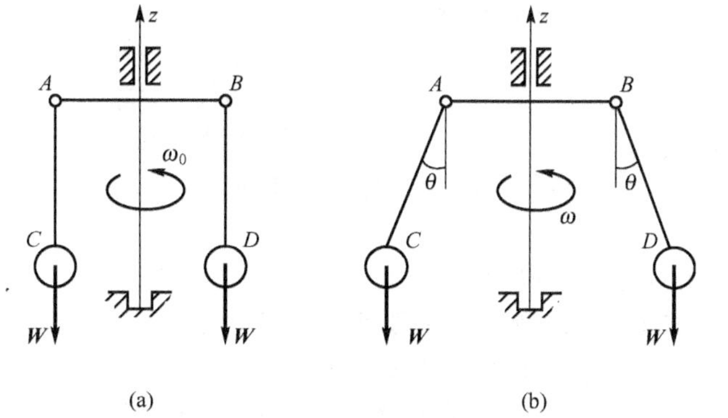

图 11.11　例 11－4 图

解：将整个调速器视为研究对象。其所受外力有小球的重量及轴承处的约束反力，这些力对转轴之矩均为零。由质点系的动量矩守恒定律知，绳拉断前后系统对 z 轴的动量矩

不变。绳拉断前系统对 z 轴的动量矩为

$$L_z=2\left(\frac{W}{g}\omega_0 a\right)a=2\frac{W}{g}a^2\omega_0$$

绳拉断后系统对 z 轴的动量矩为

$$L_z'=2\frac{W}{g}(a+l\sin\theta)^2\omega$$

由动量矩守恒定律 $L_z=L_z'$，得

$$2\frac{W}{g}a^2\omega_0=2\frac{W}{g}(a+l\sin\theta)^2\omega$$

于是解得绳拉断后系统的角速度为

$$\omega=\frac{a^2\omega_0}{(a+l\sin\theta)^2}$$

11.3 刚体绕定轴转动的微分方程

设定轴转动刚体上作用有主动力 $\boldsymbol{F}_1$，$\boldsymbol{F}_2$，…，$\boldsymbol{F}_n$和轴承的约束反力 $\boldsymbol{F}_{N1}$和 $\boldsymbol{F}_{N2}$，如图 11.12 所示。刚体对 z 轴的转动惯量为 J_z，角速度为 ω，式(11－7)已给出刚体绕固定轴 z 转动时刚体的动量矩为

$$L_z=J_z\omega$$

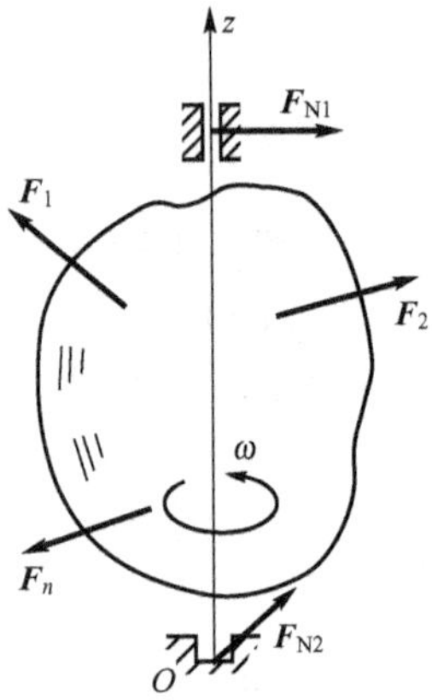

图 11.12　刚体绕定轴转动

如果不计轴承中摩擦，轴承约束反力对 z 轴的力矩等于零。根据质点系对 z 轴的动量矩定理，有

$$\frac{\mathrm{d}}{\mathrm{d}t}(J_z\cdot\omega)=\sum_{i=1}^{n}M_z(\boldsymbol{F}_i)$$

即

$$J_z\cdot\varepsilon=\sum_{i=1}^{n}M_z(\boldsymbol{F}_i)$$

上式也可以写为

$$J_z\cdot\frac{\mathrm{d}^2\varphi}{\mathrm{d}t^2}=\sum_{i=1}^{n}M_z(\boldsymbol{F}_i)\tag{11-15}$$

式(11－15)称为刚体绕定轴的转动微分方程，即刚体对定轴的转动惯量与角加速度的乘积，等于作用于刚体上的主动力对该轴的矩的代数和。

【例 11－5】 均质直杆 AB 和 OD，长度都是 l，质量均为 m，垂直地固接成丁字形，且 D 为 AB 的中点，如图 11.13 所示。此丁字杆可绕过点 O 的固定轴转动，开始时 OD 段静止于水平位置。求杆转过 φ 角时的角速度和角加速度。

解： 选丁字杆为研究对象，进行受力分析。丁字杆受到重力 $2mg$ 作用，其作用点为丁字杆的质心 C，在 O 点受到固定铰链的约束反力 $\boldsymbol{F}_{Ox}$、$\boldsymbol{F}_{Oy}$的作用。当杆 OD 与水平直线的夹角为 φ 时，丁字杆转动的角速度为 ω，如图 11.13 所示。

应用刚体定轴转动微分方程，有

$$J_O\cdot\varepsilon=\sum M_O(\boldsymbol{F}_i)$$

式中，J_O为丁字杆对O轴的转动惯量，由平行移轴定理，有

$$J_O=\frac{1}{3}ml^2+\frac{1}{12}ml^2+ml^2=\frac{17}{12}ml^2$$

通过计算，可知质心C到转轴O的距离为$OC=\frac{3}{4}l$。

故有

$$\sum M_O(\boldsymbol{F})=2mg\times\frac{3}{4}l\cos\varphi=\frac{3}{2}mgl\cos\varphi$$

将以上两式代入刚体定轴转动微分方程得

$$\frac{17}{12}ml^2\cdot\varepsilon=\frac{3}{2}mgl\cos\varphi$$

杆转过φ角时的角加速度为

$$\varepsilon=\ddot{\varphi}=\frac{18g}{17l}\cos\varphi$$

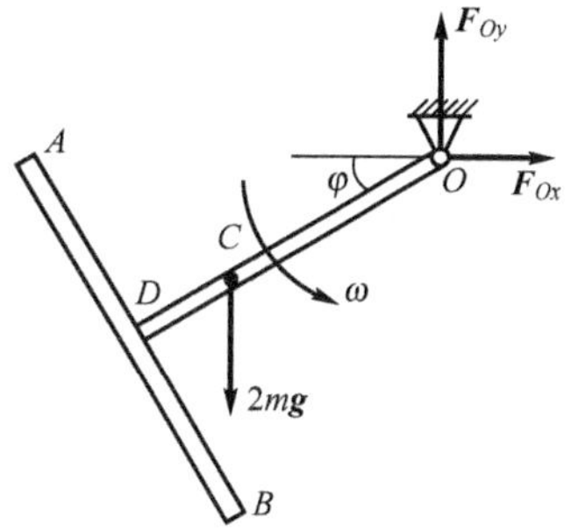

图 11.13 例 11-5 图

由于$\ddot{\varphi}=\frac{d\dot{\varphi}}{d\varphi}\frac{d\varphi}{dt}=\dot{\varphi}\frac{d\dot{\varphi}}{d\varphi}$，代入上式，可得

$$\dot{\varphi}\,d\dot{\varphi}=\frac{18g}{17l}\cos\varphi d\varphi$$

两边积分，并利用初始条件，可得

$$\int_0^{\varphi}\dot{\varphi}d\dot{\varphi}=\int_0^{\varphi}\frac{18g}{17l}\cos\varphi d\varphi$$

杆转过φ角时的角速度ω为

$$\omega=\dot{\varphi}=6\sqrt{\frac{g\sin\varphi}{17l}}$$

11.4 质点系相对于质心的动量矩定理

在推导和应用动量矩定理时，曾强调对之取矩的点或轴必须是固定的。如果质点系(如作平面运动的刚体)的运动可分解为随质心的平动和相对于质心的转动，前者可用动量定理或质心运动定理描述，后者能否用动量矩定理来描述呢?

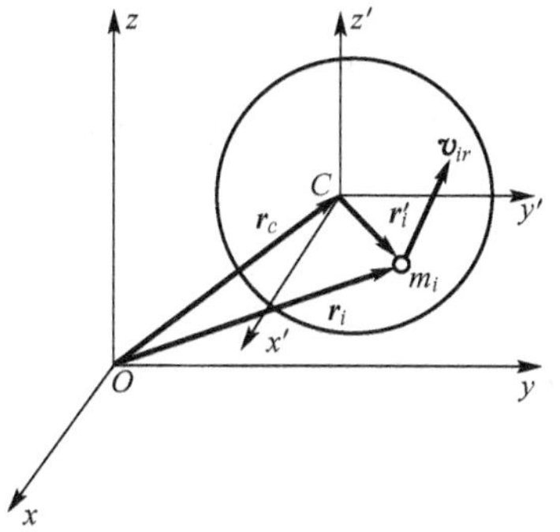

图 11.14 质点系相对于质心的动量矩定理

以质心C为原点，取一平动坐标系$Cx'y'z'$，如图 11.14 所示。在此平动坐标系中，质点m_i相对矢径为r_i'，相对速度为v_{ir}。质点系对于质心C的动量矩为

$$\boldsymbol{L}_C=\sum\boldsymbol{M}_C(m_i\boldsymbol{v}_i)=\sum\boldsymbol{r}_i'\times m_i\boldsymbol{v}_i$$

根据点的速度合成定理，有

$$\boldsymbol{v}_i=\boldsymbol{v}_C+\boldsymbol{v}_{ir}$$

质点系对于C点的动量矩可表示为

$$\boldsymbol{L}_C=\sum\boldsymbol{r}_i'\times m_i(\boldsymbol{v}_C+\boldsymbol{v}_{ir})=\sum m_i\boldsymbol{r}_i'\times\boldsymbol{v}_C+\sum\boldsymbol{r}_i'\times m_i\boldsymbol{v}_{ir}$$

由质心坐标公式，有

$$\sum m_i\boldsymbol{r}_i'=m\boldsymbol{r}_C'$$

式中，m 是质点系的总质量，$\boldsymbol{r}_C'$是质心 C 在动坐标系中的矢径，而质心是动坐标系的原点，即 $\boldsymbol{r}_C'=0$，也就是说$\sum m_i\boldsymbol{r}_i'=0$。故质点系对于质心 C 点的动量矩为

$$\boldsymbol{L}_C=\sum \boldsymbol{r}_i'\times m_i\boldsymbol{v}_{ir}$$

任一质点 m_i相对于 O 点的矢径分别为$\boldsymbol{r}_i$，绝对速度为 $\boldsymbol{v}_i$，则质点系对于 O 点的动量矩为

$$\boldsymbol{L}_O=\sum \boldsymbol{M}_O(m_i\boldsymbol{v}_i)=\sum \boldsymbol{r}_i\times m_i\boldsymbol{v}_i$$

由图可知

$$\boldsymbol{r}_i=\boldsymbol{r}_C+\boldsymbol{r}_i'$$

于是

$$\begin{aligned}L_O&=\sum \boldsymbol{r}_i\times m_i\boldsymbol{v}_i=\sum(\boldsymbol{r}_C+\boldsymbol{r}_i')\times m_i\boldsymbol{v}_i\\&=\sum \boldsymbol{r}_C\times m_i\boldsymbol{v}_i+\sum \boldsymbol{r}_i'\times m_i\boldsymbol{v}_i\end{aligned}$$

又根据质点系动量定理计算公式有

$$\sum m_i\boldsymbol{v}_i=m\boldsymbol{v}_C$$

式中，$\boldsymbol{v}_C$为其质心 C 的速度。这样，质点系对于点 O 的动量矩可表示为

$$\boldsymbol{L}_O=\boldsymbol{r}_C\times m\boldsymbol{v}_C+\boldsymbol{L}_C \tag{11-16}$$

式(10－16)表明，质点系对任一点 O 的动量矩等于集中于系统质心的动量 $m\boldsymbol{v}_C$对于点 O 的动量矩再加上此系统对于质心 C 的动量矩 $\boldsymbol{L}_C$(为矢量和)。

由质点系对定点的动量矩定理$\frac{\mathrm{d}}{\mathrm{d}t}\boldsymbol{L}_O=\sum \boldsymbol{M}_O(\boldsymbol{F}_i^{\mathrm{e}})$，可得

$$\frac{\mathrm{d}}{\mathrm{d}t}(\boldsymbol{r}_C\times m\boldsymbol{v}_C)+\frac{\mathrm{d}}{\mathrm{d}t}\boldsymbol{L}_C=\sum \boldsymbol{r}_i\times \boldsymbol{F}_i^{\mathrm{e}}$$

即

$$\frac{\mathrm{d}\boldsymbol{r}_C}{\mathrm{d}t}\times m\boldsymbol{v}_C+\boldsymbol{r}_C\times\frac{\mathrm{d}}{\mathrm{d}t}(m\boldsymbol{v}_C)+\frac{\mathrm{d}}{\mathrm{d}t}\boldsymbol{L}_C=\sum(\boldsymbol{r}_C+\boldsymbol{r}_i')\times \boldsymbol{F}_i^{\mathrm{e}}$$

注意到$\frac{\mathrm{d}\boldsymbol{r}_C}{\mathrm{d}t}=\boldsymbol{v}_C$，$\frac{\mathrm{d}\boldsymbol{v}_C}{\mathrm{d}t}=\boldsymbol{a}_C$，$\boldsymbol{v}_C\times\boldsymbol{v}_C=0$，$m\boldsymbol{a}_C=\sum \boldsymbol{F}_i^{\mathrm{e}}$，上式可写为

$$\frac{\mathrm{d}}{\mathrm{d}t}\boldsymbol{L}_C=\sum \boldsymbol{r}_i'\times \boldsymbol{F}_i^{\mathrm{e}}$$

上式右端是外力对于质心的主矩，于是得

$$\frac{\mathrm{d}}{\mathrm{d}t}\boldsymbol{L}_C=\boldsymbol{M}_C(\boldsymbol{F}_i^{\mathrm{e}}) \tag{11-17}$$

即质点系相对于质心的动量矩对时间的导数，等于作用于质点系的外力对于质心的主矩。这个结论称为质点系对于质心的动量矩定理。该定理在形式上与质点系对于固定点的动量矩定理完全相同。

11.5　刚体平面运动微分方程

由于质点系(或刚体)的平面运动可分解为随质心的平动与相对质心的转动，刚体平面运动微分方程只需分别建立以上两种运动的运动微分方程。如图 11.15 所示的刚体作平面运动，其在平面坐标系内的位置可以其内的一条直线 CA 来确定。要确定直线 CA 的位置，

只需确定点 C 的坐标及该直线的方位。点 C 坐标随时间的变化规律可应用质心运动定理来求解；直线 CA 的方位角 φ 随时间的变化规律可应用质点系相对于质心的动量矩定理来求解。这样，结合质心运动定理和质点系相对于质心的动量矩定理，刚体平面运动微分方程可写为

$$\begin{cases} m\boldsymbol{a}_C=\sum \boldsymbol{F} \\ \dfrac{\mathrm{d}}{\mathrm{d}t}(J_C\omega)=\sum M_C(\boldsymbol{F}) \end{cases} \tag{11-18}$$

写成投影形式为

$$\begin{cases} m\ddot{x}_C=\sum F_x \\ m\ddot{y}_C=\sum F_y \\ J_C\ddot{\varphi}=\sum M_C(F) \end{cases} \tag{11-19}$$

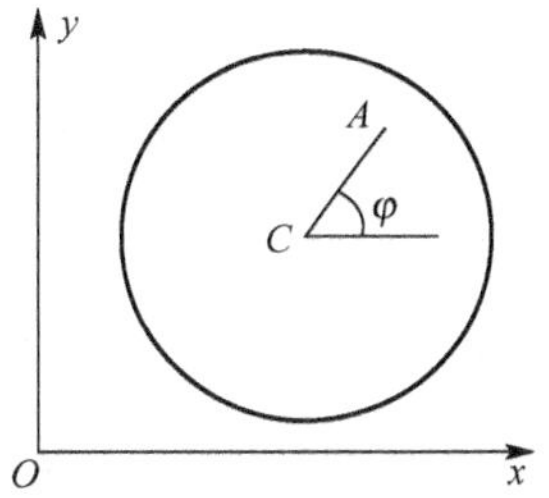

图 11.15 刚体作平面运动

式中，J_C为刚体对通过质心 C 且与运动平面垂直的轴的转动惯量；ω 为其角速度。

【例 11-6】 试证明质点系对于某定点 O 的动量矩等于总质量集中于质心时的动量矩，加上各质点的动量对于质心矩的矢量和。即$\sum \boldsymbol{M}_O(m_i\boldsymbol{v}_i)=\boldsymbol{M}_O(m\boldsymbol{v}_C)+\sum \boldsymbol{M}_C(m_i\boldsymbol{v}_i)$

证明： 设质点 M_i的质量为m_i，该质点的速度为 $\boldsymbol{v}_i$。质点 M_i 的矢径为$\boldsymbol{r}_i$，质点 M_i相对质心C 的矢径为 $\boldsymbol{r}'_i$，质心 C 矢径为 $\boldsymbol{r}_C$，质心 C 的速度为 $\boldsymbol{v}_C$。原点 O 为定点，如图 11.16 所示。故有

$$\begin{aligned} \sum \boldsymbol{M}_O(m_i\boldsymbol{v}_i) &= \sum \boldsymbol{r}_i\times m_i\boldsymbol{v}_i=\sum(\boldsymbol{r}_C+\boldsymbol{r}'_i)\times m_i\boldsymbol{v}_i \\ &=\sum \boldsymbol{r}_C\times m_i\boldsymbol{v}_i+\sum \boldsymbol{r}'_i\times m_i\boldsymbol{v}_i \\ &=\boldsymbol{r}_C\times\sum m_i\boldsymbol{v}_i+\sum \boldsymbol{M}_C(m_i\boldsymbol{v}_i) \\ &=\boldsymbol{r}_C\times m\boldsymbol{v}_C+\sum \boldsymbol{M}_C(m_i\boldsymbol{v}_i) \\ &=\boldsymbol{M}_O(m\boldsymbol{v}_C)+\sum \boldsymbol{M}_C(m_i\boldsymbol{v}_i) \end{aligned}$$

【例 11-7】 半径为 r、质量为 m 的均质圆轮沿水平直线作纯滚动，如图 11.17 所示。设圆轮的惯性半径为 ρ_C，作用在圆轮上的力偶矩为 M。求轮心的加速度。如果圆轮对地面的静摩擦因数为 f_s，力偶矩 M 必须符合什么条件才能不致使圆轮滑动？

解： 取圆轮为研究对象。作用在圆轮上的外力有重物的重量 mg、地面对圆轮的正压力 $\boldsymbol{F}_N$、滑动摩擦力 $\boldsymbol{F}$，以及作用在圆轮上的力偶矩 M，如图 11.17 所示。根据刚体平面运动的微分方程可列出如下三个方程

$$ma_{Cx}=F$$
$$ma_{Cy}=F_N-mg$$
$$m\rho_C^2\cdot\varepsilon=M-F\cdot r$$

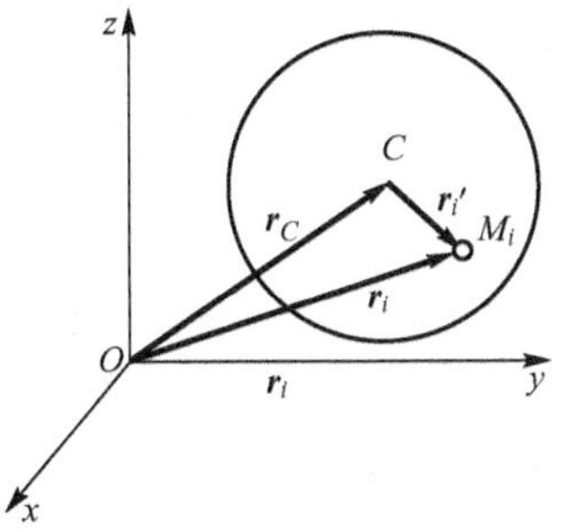

图 11.16 例 11-6 图

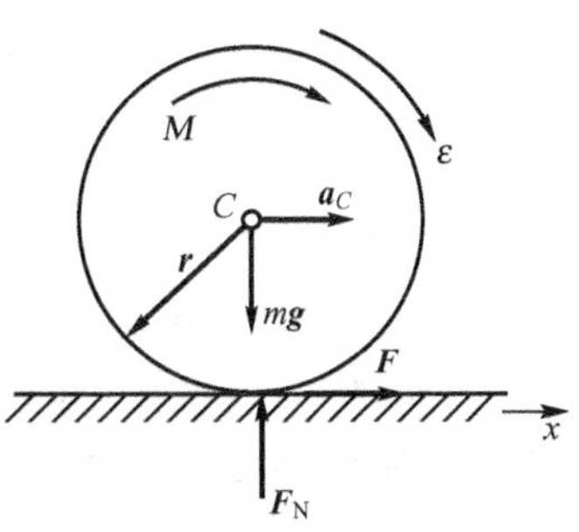

图 11.17 例 11-7 图

因为 $a_{Cx}=a_C$，$a_{Cy}=0$，根据圆轮滚而不滑的条件，有 $a_C=r\varepsilon$。联立求解得

$$F=ma_C,\ F_N=mg$$

$$a_C=\frac{Mr}{m(\rho_C^2+r^2)},$$

$$M=\frac{F(\rho_C^2+r^2)}{r}$$

欲使圆轮滚而不滑，必须有 $F\leqslant f_sF_N=f_smg$。于是圆轮滚而不滑的条件为

$$M\leqslant f_smg\frac{\rho_C^2+r^2}{r}$$

【例 11-8】 如图 11.18 所示，质量为 m 的有偏心的轮子在水平面上作平面运动。轮子轴心为 A，质心为 C，$AC=e$，轮子半径为 R，对轴心 A 的转动惯量为 J_A。C、A、B 在同一铅直线上。问：(1)轮子只滚不滑时，若 $\boldsymbol{v}_A$ 为已知，则轮子的动量和对点 B 的动量矩各为多少？(2)轮子又滚又滑时，若 $\boldsymbol{v}_A$、ω 均已知，则轮子的动量和对点 B 的动量矩又各为多少？

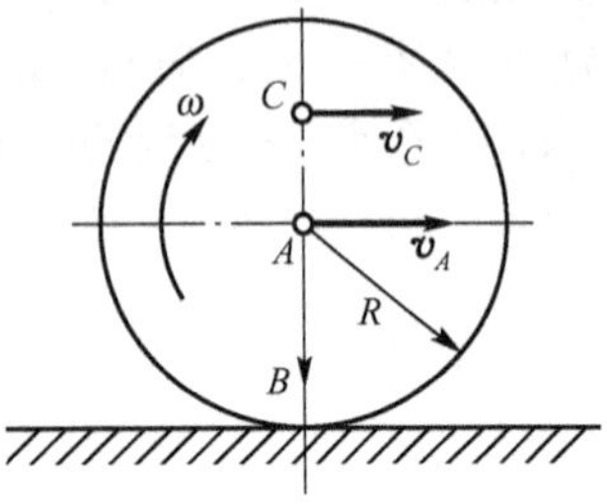

图 11.18 例 11-8 图

解：当轮子只滚不滑时，点 B 速度应为零，轮子角速度为 $\omega=\frac{v_A}{R}$，质心 C 的速度为

$$v_C=\omega\cdot BC=(R+e)\frac{v_A}{R}$$

故轮子的动量为

$$P=mv_C=m(R+e)\frac{v_A}{R}$$

轮子对 B 点的动量矩为

$$L_B=J_B\omega$$

由于 $J_B=J_C+m(R+e)^2$，$J_A=J_C+me^2$，有

$$J_B=J_A+m(R+e)^2-me^2$$

代入动量矩公式中，可得轮子对点 B 的动量矩

$$L_B=[J_A+m(R+e)^2-me^2]\frac{v_A}{R}$$

轮子又滚又滑时，取 A 为基点，由 $\boldsymbol{v}_C=\boldsymbol{v}_A+\boldsymbol{v}_{CA}$ 可求得 C 的速度大小为 $v_C=v_A+\omega\cdot e$，故轮子的动量为

$$P=mv_C=m(v_A+\omega\cdot e)$$

由于 $L_B=M_B(m\boldsymbol{v}_C)+\sum M_C(m_i\boldsymbol{v}_i)$，故轮子对 B 点的动量矩为

$$\begin{aligned}L_B&=mv_C\cdot BC+J_C\omega=m(v_A+\omega\cdot e)(R+e)+(J_A-me^2)\omega\\&=mv_A(R+e)+(J_A+meR)\omega\end{aligned}$$

【例 11-9】 均质圆柱体 A 和 B 的重量均为 $\boldsymbol{P}$，半径均为 r，一绳缠在绕固定轴 O 转动的圆柱体 A 上，绳的另一端绕在圆柱体 B 上，如图 11.19 所示。不计摩擦及绳子自重。求：(1)圆柱体 B 下降时质心的加速度；(2)若在圆柱体 A 上作用一逆时针转向的转矩 M，试问在什么条件下圆柱体 B 的质心将上升？

解：分别取轮 A 和 B 为研究对象，受力如图 11.20 所示。轮 A 作定轴转动，轮 B 作

平面运动。对轮 A 应用刚体定轴转动微分方程，有

$$J_A\varepsilon_A = F_T \cdot r \tag{a}$$

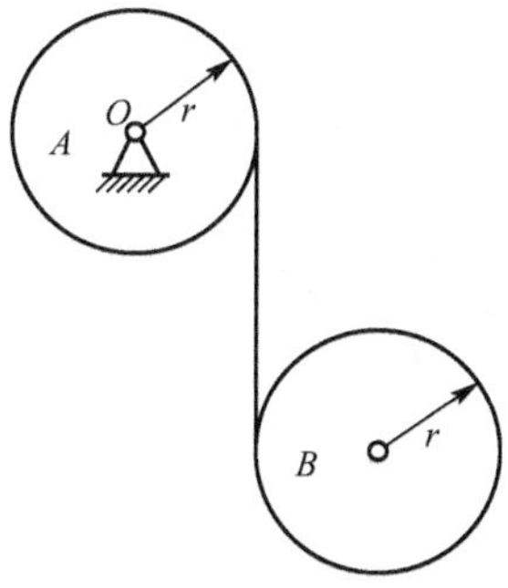

图 11.19 例 11-9 图

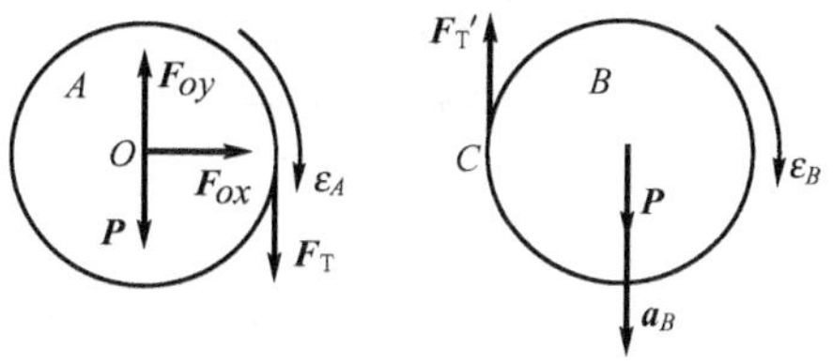

图 11.20 受力分析图(一)

对轮 B 应用平面运动微分方程，有

$$P - F_T' = \frac{P}{g}a_B \tag{b}$$

$$J_B\varepsilon_B = F_T' \cdot r \tag{c}$$

式中，$F_T' = F_T$，$J_A = J_B = \dfrac{Pr^2}{2g}$。由轮 B 的运动学分析可知，$a_B = a_C + a_{BC} = (\varepsilon_A + \varepsilon_B) \cdot r$，代入后求解可得到圆柱体 B 下降时质心的加速度 $a_B = \dfrac{4}{5}g$。

若在 A 轮上作用一逆时针转矩 M，分别取轮 A 和 B 为研究对象，受力如图 11.21 所示。同上面的分析相似，分别列两轮的动力学微分方程。

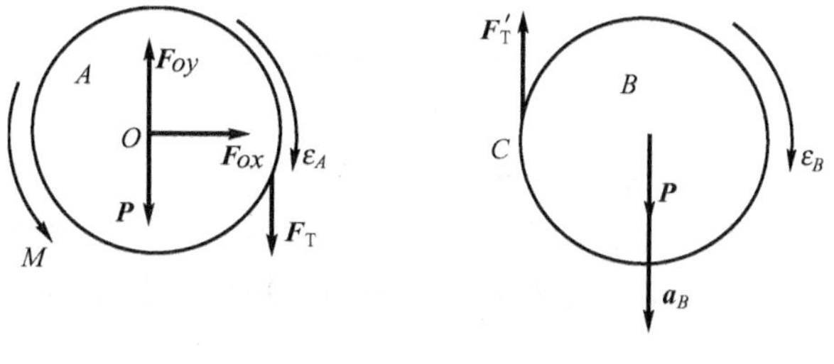

图 11.21 受力分析图(二)

对于 A 轮有

$$J_A\varepsilon_A = F_T \cdot r - M \tag{d}$$

B 轮动力学方程仍为式(b)和式(c)。式中，$F_T' = F_T$，$J_A = J_B = \dfrac{Pr^2}{2g}$，$a_B = (\varepsilon_A + \varepsilon_B) \cdot r$，代入后求解可得到圆柱体 B 下降时质心的加速度

$$a_B = \frac{2\mathrm{Pr} - M}{3\mathrm{Pr}} \cdot g$$

当 $a_B \leqslant 0$ 时，即 $M \geqslant 2Pr$ 时，圆柱体 B 的质心将上升。

【例 11-10】 一均质滚子质量为 m，半径为 r，放在粗糙的水平地面上，如图 11.22(a) 所示。在滚子的鼓轮上绕以绳子，其上作用有常力 $\boldsymbol{T}$，方向与水平线成 α 角。鼓轮的半径为

a，滚子对轴 C 的回转半径为 ρ，作只滚不滑的运动，试求滚子 C 的加速度。

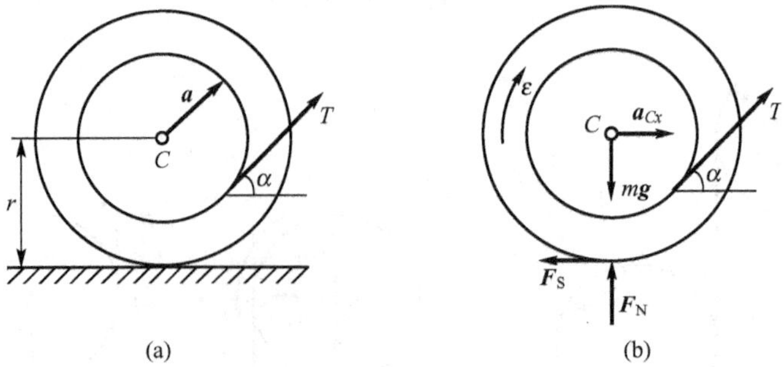

图 11.22　例 11-10 图

解： 滚子作平面运动。可应用平面运动微分方程进行求解。选滚子为研究对象，受力分析如图 11.22(b)所示。其上作用有重力 $m\boldsymbol{g}$、常力 $\boldsymbol{T}$、地面的约束反力 $\boldsymbol{F}_N$和 $\boldsymbol{F}_S$。应用平面运动微分方程，可得

$$m \cdot a_{Cx} = T\cos\alpha - F_S$$

$$m\rho^2 \cdot \varepsilon = F_S \cdot r - T \cdot a$$

轮子只滚不滑，其角速度和轮心的加速度的关系为

$$\varepsilon = \frac{a_{Cx}}{r}$$

联立求解以上方程，可得滚子 C 的加速度

$$a_{Cx} = \frac{Tr(r\cos\alpha - a)}{m(r^2 + \rho^2)}$$

小　　结

质点的动量对于某点(或某轴)的矩称为质点对于该点(或该轴)的动量矩。质点动量对某点的动量矩是矢量，对于某轴的动量矩是代数量。质点系对于某点的动量矩等于各质点的动量对于该点动量矩的矢量和，而对于某轴的动量矩等于各质点的动量对于该轴动量矩的代数和。

质点系对于某点的动量矩在通过该点的轴上的投影等于质点系对于该轴的动量矩。要理解并能推导质点系对于任一点的动量矩和质点系对于质心的动量矩的关系。

质点系的动量矩定理建立了作用于质点系的外力对于某点的主矩与质点系对于该点动量矩的关系。在具体应用时要用到其投影形式。因质点系动量矩的改变与内力无关，故在应用质点系的动量矩定理时，只需考虑外力，而不考虑内力。质点系的动量矩守恒定律是质点系动量矩定理的特殊情形，它反映了当机械运动为转动时相互传递的规律，应用十分方便，但必须要注意动量矩守恒定律成立的条件。

刚体定轴转动微分方程可以理解为质点系动量矩定理的一个具体应用。要能理解转动惯量的概念并能计算常见物体的转动惯量。

刚体平面运动可分解为刚体随基点的平动和绕基点的转动，列刚体平面运动微分方程时应注意这里的基点必须是质心，否则其动力学方程的形式相当复杂。

习　题

一、是非题(正确的在括号内打“√”，错误的打“×”)

1. 质点系对某固定点(或固定轴)的动量矩，等于质点系的动量对该点(或轴)的矩。　(　)

2. 质点系所受外力对某点(或轴)之矩恒为零，则质点系对该点(或轴)的动量矩不变。　(　)

3. 质点系动量矩的变化与外力有关，与内力无关。　(　)

4. 质点系对某点动量矩守恒，则对过该点的任意轴也守恒。　(　)

5. 定轴转动刚体对转轴的动量矩，等于刚体对该轴的转动惯量与角加速度之积。　(　)

6. 在对所有平行于质心轴的转动惯量中，以对质心轴的转动惯量为最大。　(　)

7. 质点系对某点的动量矩定理 $\frac{\mathrm{d}\boldsymbol{L}_O}{\mathrm{d}t}=\sum_{i=1}^{n}\boldsymbol{M}_O(\boldsymbol{F}_i^{\mathrm{e}})$ 中的点“O”是固定点或质点系的质心。　(　)

8. 如图 11.23 所示，固结在转盘上的均质杆 AB，对转轴的转动惯量为 $J_0=J_A+mr^2=\frac{1}{3}ml^2+mr^2$，式中，$m$ 为 AB 杆的质量。　(　)

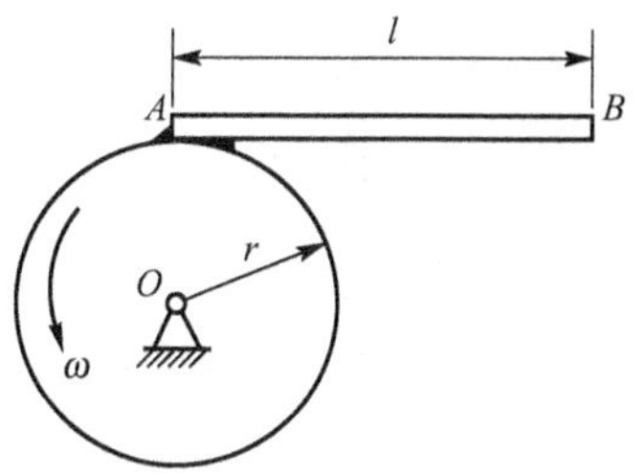

图 11.23　题一(8)图

9. 当选质点系速度瞬心 P 为矩心时，动量矩定理一定有 $\frac{\mathrm{d}}{\mathrm{d}t}\boldsymbol{L}_P=\sum_{i=1}^{n}\boldsymbol{M}_P(\boldsymbol{F}_i^{\mathrm{e}})$ 的形式，而不需附加任何条件。　(　)

10. 平面运动刚体所受外力对质心的主矩等于零，则刚体只能作平动；若所受外力的主矢等于零，刚体只能作绕质心的转动。　(　)

二、填空题

1. 绕定轴转动的刚体对转轴的动量矩等于刚体对转轴的转动惯量与________的乘积。

2. 质量为 m 的刚体绕 z 轴转动的回旋半径为 ρ，则刚体对 z 轴的转动惯量为________。

3. 质点系的质量与质心速度的乘积称为________。

4. 质点系的动量对某点的矩随时间的变化规律只与系统所受的________对该点的矩有关，而与系统的________无关。

5. 质点系对某点动量矩守恒的条件是________，质点系的动量对 x 轴的动量矩守恒的条件是________。

6. 质点 M 的质量为 m，在 Oxy 平面内运动，如图 11.24 所示。其运动方程为 $x=a\cos kt$，$y=b\sin kt$，其中 a、b、k 为常数，则质点对原点 O 的动量矩为________。

7. 如图 11.25 所示，在铅垂平面内，均质杆 OA 可绕点 O 自由转动，均质圆盘可绕点 A 自由转动，杆 OA 由水平位置无初速度地释放。已知杆长为 l，质量为 m，圆盘半径

为 R，质量为 M。当杆转动的角速度为 ω 时，杆 OA 对点 O 的动量矩 $L_O=$________；圆盘对点 O 的动量矩 $L_O=$________；圆盘对点 A 的动量矩 $L_A=$________。

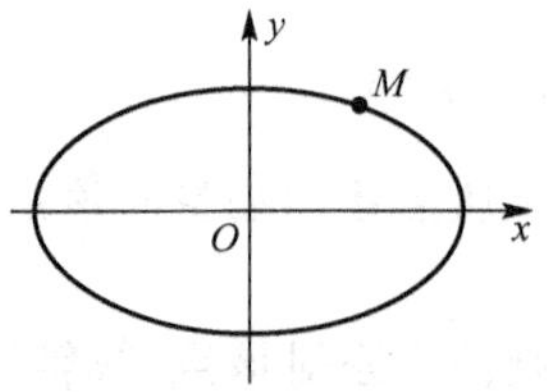

图 11.24　题二(6)图

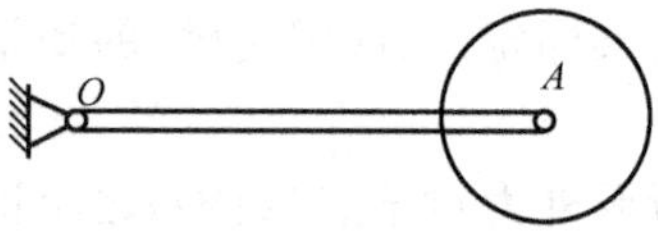

图 11.25　题二(7)图

8. 均质 T 形杆，$OA=BA=AC=l$，总质量为 m，绕 O 轴转动的角速度为 ω，如图 11.26 所示，则它对 O 轴的动量矩 $L_O=$________。

9. 半径为 R、质量为 m 的均质圆盘，在其上挖去一个半径为 $r=R/2$ 的圆孔，如图 11.27 所示，则圆盘对圆心 O 的转动惯量 $J_O=$________。

10. 半径同为 R、重量同为 $\boldsymbol{G}$ 的两个均质定滑轮，一个轮上通过绳索悬一重量为 $\boldsymbol{Q}$ 的重物，另一轮上用一等于 $\boldsymbol{Q}$ 的力拉绳索，如图 11.28 所示，则图 11.28(a)轮的角加速度 $\varepsilon_1=$________；图 11.28(b)轮的角加速度 $\varepsilon_2=$________。

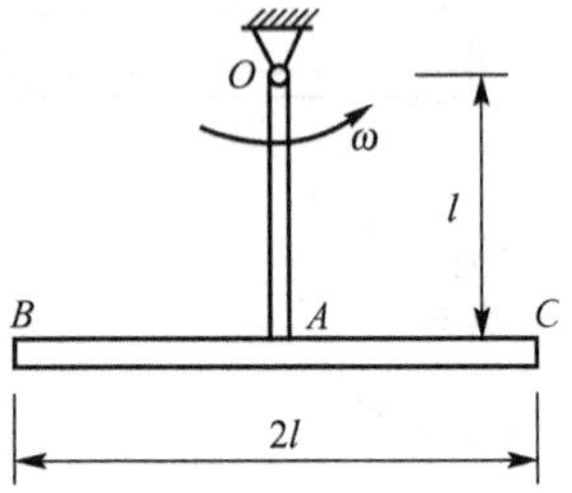

图 11.26　题二(8)图

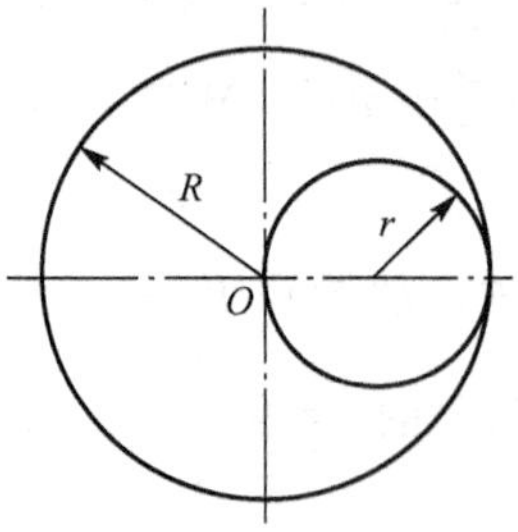

图 11.27　题二(9)图

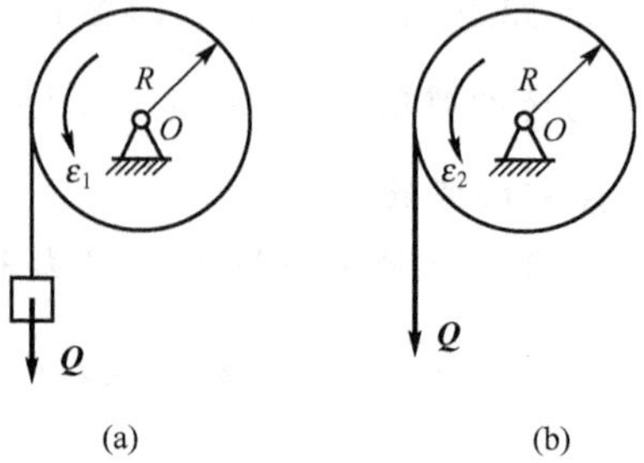

图 11.28　题二(10)图

三、选择题

1. 均质杆 AB 的质量为 m，两端用张紧的绳子系住，绕轴 O 转动，如图 11.29 所示，则杆 AB 对 O 轴的动量矩为(　　)。

A. $\frac{5}{6}ml^2\omega$　　B. $\frac{13}{12}ml^2\omega$　　C. $\frac{4}{3}ml^2\omega$　　D. $\frac{1}{12}ml^2\omega$

2. 均质圆环绕 z 轴转动，在环中的 A 点处放一小球，如图 11.30 所示。在微扰动下，小球离开 A 点运动。不计摩擦力，则此系统运动过程中(　　)。

A. ω 不变，系统对 z 轴的动量矩守恒

B. ω 改变，系统对 z 轴的动量矩守恒

C. ω 不变，系统对 z 轴的动量矩不守恒

D. ω 改变，系统对 z 轴的动量矩不守恒

3. 跨过滑轮的轮绳，一端系一重物，另一端有一与重物重量相等的猴子，从静止开始以速度 $\boldsymbol{v}$ 向上爬，如图 11.31 所示。若不计绳子和滑轮的质量及摩擦，则重物的速度(　　)。

A. 等于 v，方向向下　　　　B. 等于 v，方向向上

C. 不等于 v　　　　D. 重物不动

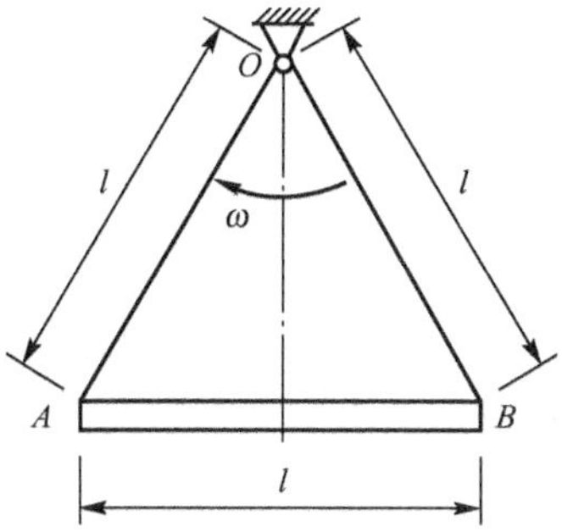

图 11.29　题三(1)图

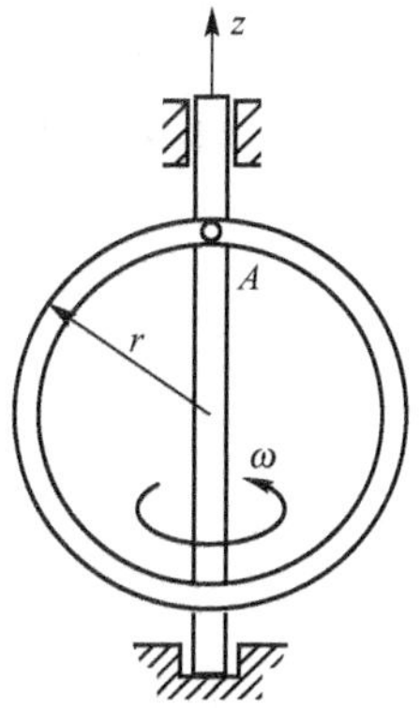

图 11.30　题三(2)图

4. 在图 11.32 中，摆杆 OA 的重量为 $\boldsymbol{G}$，对 O 轴转动惯量为 J，弹簧的刚性系数为 k，杆在铅垂位置时弹簧无变形，则杆微摆动微分方程为(　　)(设 $\sin\theta=\theta$)。

A. $J\ddot{\theta}=-ka^2\theta-Gb\theta$　　　　B. $J\ddot{\theta}=ka^2\theta+Gb\theta$

C. $-J\ddot{\theta}=-ka^2\theta-Gb\theta$　　　　D. $-J\ddot{\theta}=ka^2\theta-Gb\theta$

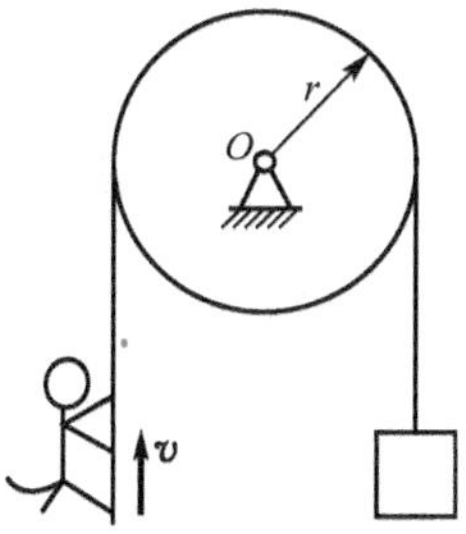

图 11.31　题三(3)图

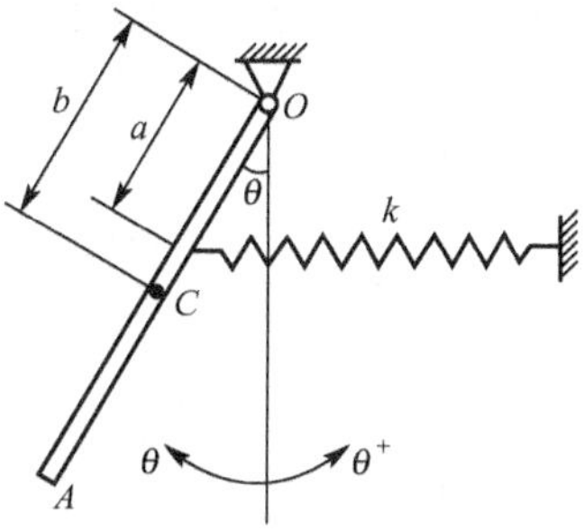

图 11.32　题三(4)图

5. 在图 11.33 中，一半径为 R、质量为 m 的圆轮，在下列情况下沿水平面作纯滚动：(1)轮上作用一顺时针的力偶矩为 M 的力偶；(2)轮心作用一大小等于 M/R 的水平向右的力 $\boldsymbol{F}$。若不计滚动摩擦，两种情况下(　　)。

A. 轮心加速度相等，滑动摩擦力大小相等

B. 轮心加速度不相等，滑动摩擦力大小相等

C. 轮心加速度相等，滑动摩擦力大小不相等

D. 轮心加速度不相等，滑动摩擦力大小不相等

6. 如图 11.34 所示组合体由均质细长杆和均质圆盘组成，均质细长杆质量为 M_1，长为 L，均质圆盘质量为 M_2，半径为 R，则刚体对 O 轴的转动惯量为(　　)。

A. $J_O=\dfrac{M_1}{3}L^2+\dfrac{1}{2}M_2R^2+M_2(R+L)^2$

B. $J_O=\frac{M_1}{12}L^2+\frac{1}{2}M_2R^2+M_2(R+L)^2$

C. $J_O=\frac{M_1}{3}L^2+\frac{1}{2}M_2R^2+M_2L^2$

D. $J_O=\frac{M_1}{3}L^2+\frac{1}{2}M_2R^2+M_2R^2$

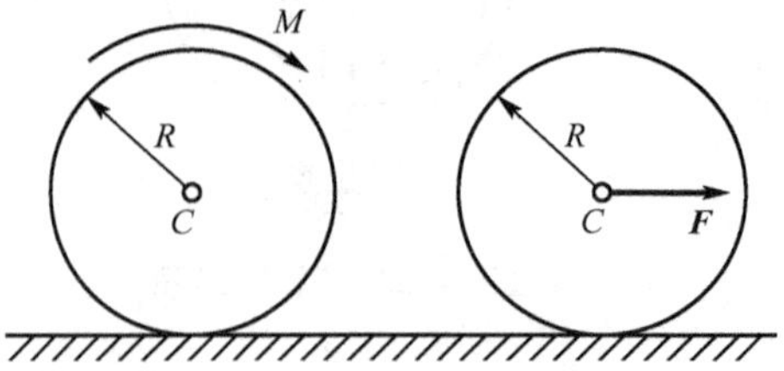

图 11.33 题三(5)图

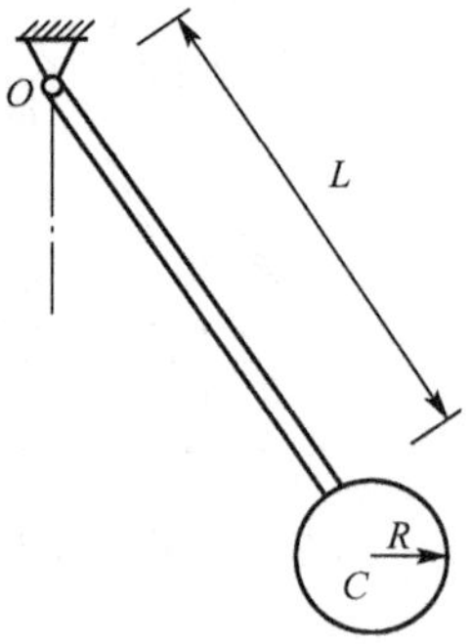

图 11.34 题三(6)图

四、计算题

1. 各均质物体的质量均为 m，物体的尺寸及绕固定轴转动的角速度方向如图 11.35 所示。试求各物体对通过点 O 并与图面垂直的轴的动量矩。

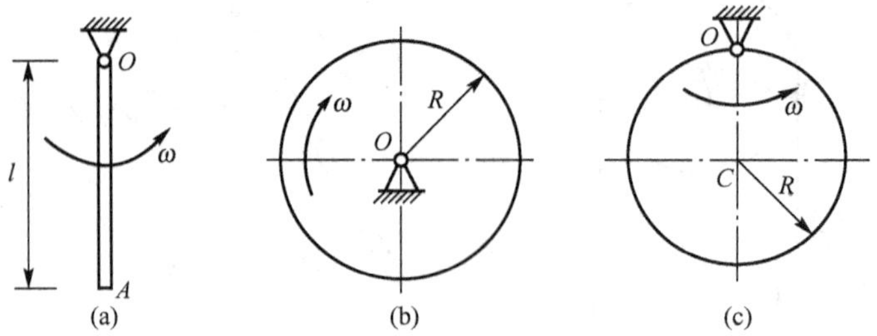

图 11.35 题四(1)图

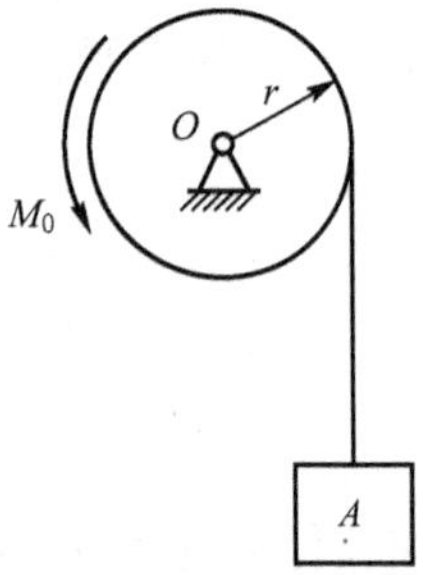

图 11.36 题四(2)图

2. 如图 11.36 所示，鼓轮的质量 $m_1=1800\text{kg}$，半径 $r=0.25\text{m}$，对转轴 O 的转动惯量 $I_O=85.3\text{kg}\cdot\text{m}^2$。现在鼓轮上作用力偶矩 $M_0=7.43\text{kN}\cdot\text{m}$ 来提升质量 $m_2=2700\text{kg}$ 的物体 A。试求物体 A 上升的加速度，绳索的拉力以及轴承 O 的反力。绳索的质量和轴承的摩擦都忽略不计。

3. 半径为 R、质量为 m 的均质圆盘与长为 l、质量为 M 的均质杆铰接，如图 11.37 所示。杆以角速度 ω 绕轴 O 转动，圆盘以相对角速度 ω_r 绕点 A 转动，(1) $\omega_r=\omega$；(2) $\omega_r=-\omega$，试求系统对转轴 O 的动量矩。

4. 两小球 C、D 质量均为 m，用长为 $2l$ 的均质杆连接，杆的质量为 M，杆的中点固定在轴 AB 上，CD 与轴 AB 的夹角为 θ，如图 11.38 所示。轴以角速度 ω 转动，试求系统

对转轴 AB 的动量矩。

5. 小球 M 系于线 MOA 的一端，此线穿过一铅垂管道，如图 11.39 所示。小球 M 绕轴沿半径 $MC=R$ 作水平运动，转速 $n_1=120\text{r/min}$。今将线 OA 慢慢拉下，则小球 M 在半径 $M'C'=\dfrac{R}{2}$ 的水平圆上运动，试求该瞬时小球的转速。

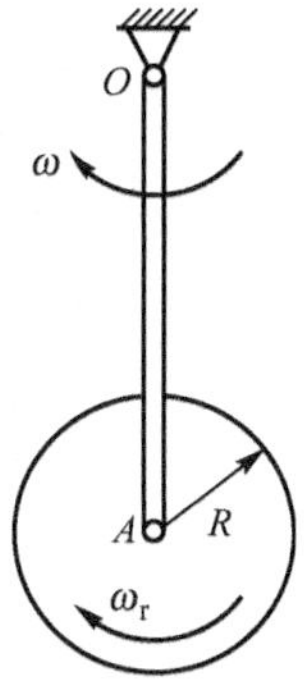

图 11.37　题四(3)图

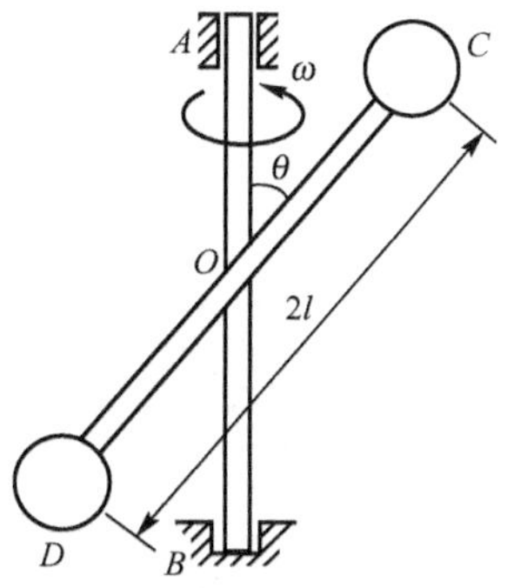

图 11.38　题四(4)图

6. 一直角曲架 ADB 能绕其铅垂边 AD 旋转，如图 11.40 所示。在水平边上有一质量为 m 的物体 C，开始时系统以角速度 ω_0 绕轴 AD 转动，物体 C 距 D 点为 a，设曲架对 AD 轴的转动惯量为 J_z，求曲架转动的角速度 ω 与距离 $DC=r$ 之间的关系。

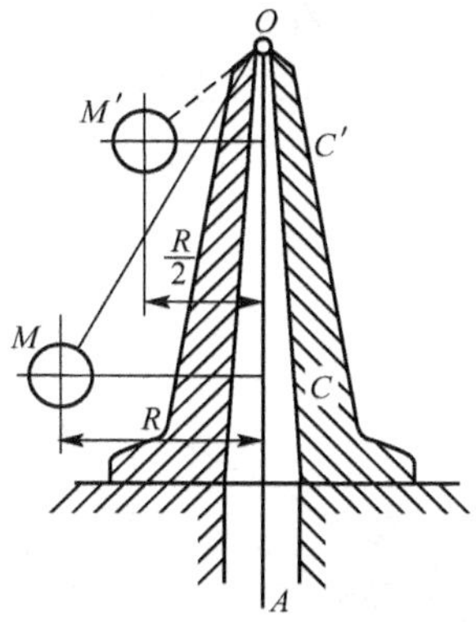

图 11.39　题四(5)图

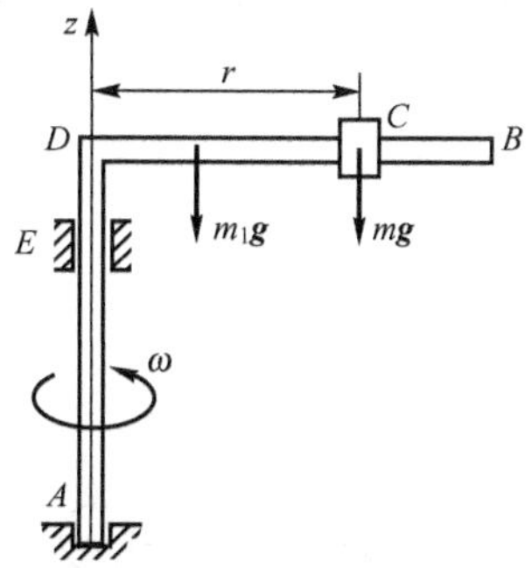

图 11.40　题四(6)图

7. 电动机制动用的闸轮重为 $\boldsymbol{P}$(可视为均质圆环)，以角速度 ω_0 绕轴转动，如图 11.41 所示。已知闸块与闸轮间的滑动摩擦因数为 f，闸轮的半径为 r，它对 O 轴的转动惯量为 $J_O=mr^2$，制动时间为 t_0，设轴承中的摩擦不计，求闸块给闸轮的正压力 $\boldsymbol{F}_N$。

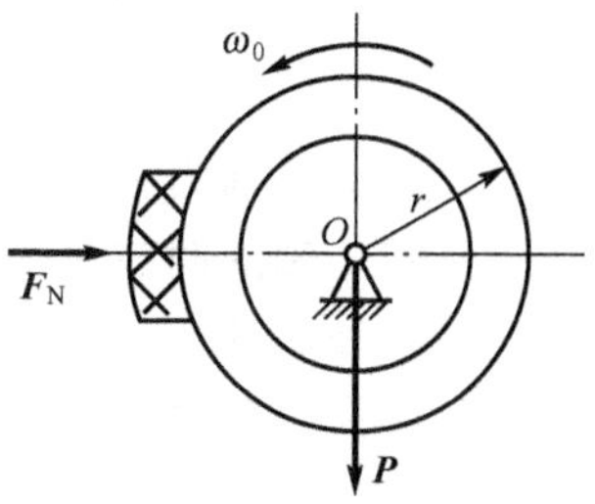

图 11.41　题四(7)图

8. 如图 11.42 所示两轮的半径为 R_1、R_2，质量分别为 m_1、m_2。两轮用胶带连接，各绕两平行的固定轴转动，若在第一轮上作用主动力矩 M，在第二轮上作用阻力矩 M'。视圆轮为均质圆盘，胶带与轮间无滑动，胶带质量不计，试求第一轮的角加速度。

9. 如图11.43所示绞车，提升一重量为 $\boldsymbol{P}$ 的重物，在其主动轴上作用一不变的力矩 M。已知主动轴和从动轴的转动惯量分别为 J_1、J_2，传动比 $i=\frac{z_2}{z_1}$，吊索缠绕在从动轮上，从动轮半径为 R，轴承的摩擦力不计，试求重物的加速度。

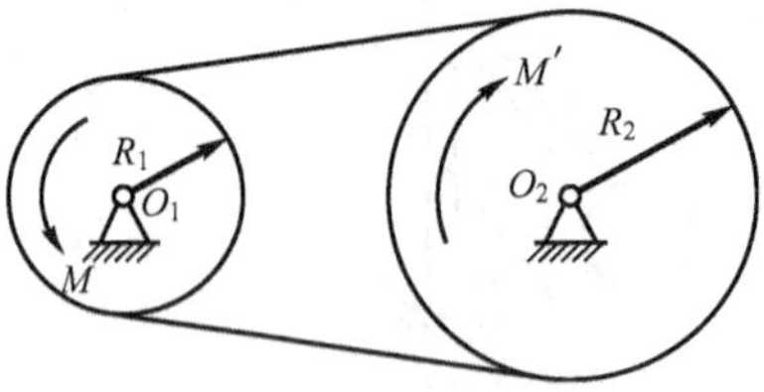

图 11.42　题四(8)图

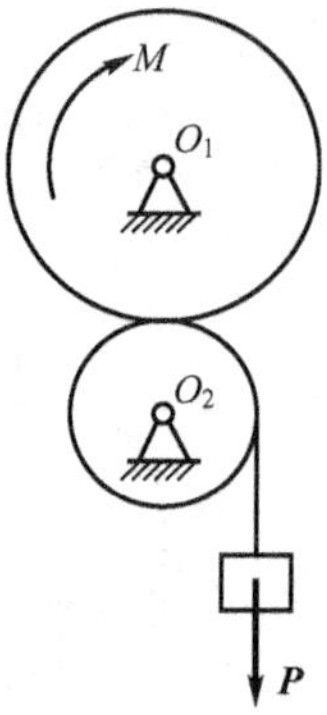

图 11.43　题四(9)图

10. 如图11.44所示均质杆 AB 长为 l，重为 $\boldsymbol{P}_1$，B 端固结一重为 $\boldsymbol{P}_2$ 的小球(球的半径不计)，杆的 D 端与铅垂悬挂的弹簧相连以使杆保持水平位置。已知弹簧的刚度系数为 k，给小球以微小的初位移 δ_0，然后自由释放，试求杆 AB 的运动规律。

11. 运送矿石的卷扬机鼓轮半径为 R、重为 $\boldsymbol{W}$，在铅直平面内绕水平轴 O 转动，如图11.45所示。已知对 O 轴的转动惯量为 J_O，车与矿石的总重量为 $\boldsymbol{W}_1$，作用于鼓轮上的力矩为 M，轨道的倾角为 α。不计绳重及各处摩擦，求小车上升的加速度及绳子的拉力。

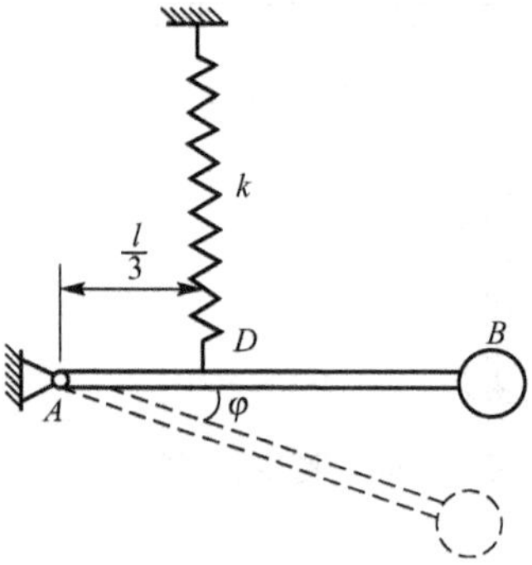

图 11.44　题四(10)图

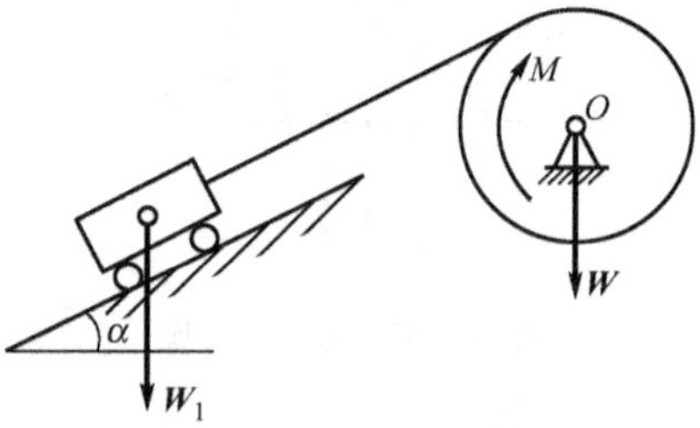

图 11.45　题四(11)图

12. 质量分别为 m_1、m_2 的两重物，分别挂在两条绳子上，绳又分别缠绕在半径为 r_1、r_2 并装在同一轴的两鼓轮上，如图11.46所示。已知两鼓轮对 O 轴的转动惯量为 J_O，系统在重力作用下发生运动，求鼓轮的角加速度。

13. 重物 A 质量为 m_1，系在绳子上，绳子跨过不计质量的固定滑轮 D，并绕在鼓轮 B 上，如图11.47所示。由于重物下降带动了轮 C，使它沿水平轨道滚动而不滑动。设鼓轮半径为 r，轮 C 的半径为 R，两者固连在一起，总质量为 m_2，对于其水平轴 O 的回转半径为 ρ。求重物 A 下降的加速度以及轮 C 与地面接触点处的静摩擦力。

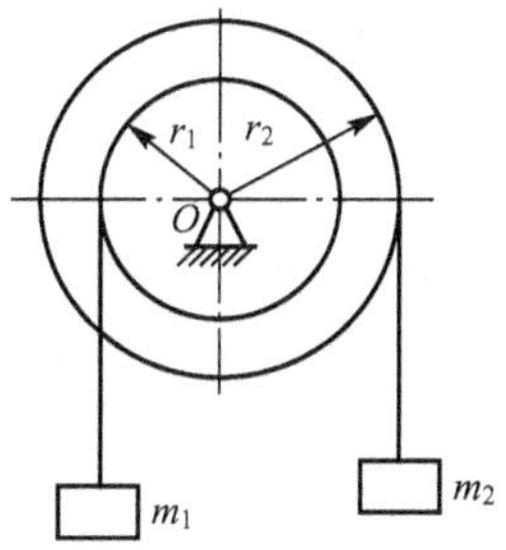

图 11.46 题四(12)图

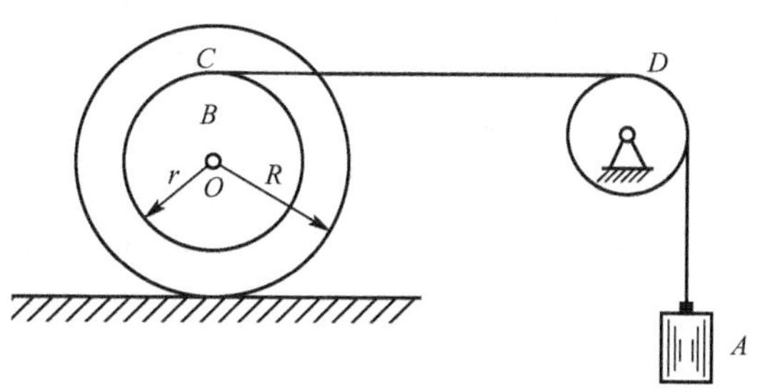

图 11.47 题四(13)图

14. 均质圆柱体 A 的质量为 m，在外圆上绕以细绳，绳的一端 B 固定不动，如图 11.48 所示。当 BC 铅垂时圆柱下降，其初速度为零。求当圆柱体的轴心降落了高度 h 时轴心的速度和绳子的张力。

15. 均质实心圆柱体 A 和薄铁环 B 的质量均为 m，半径均为 r，两者用杆 AB 铰接，无滑动地沿斜面滚下，斜面与水平面的夹角为 θ，如图 11.49 所示。如不计杆的质量，求杆 AB 的加速度和杆的内力。

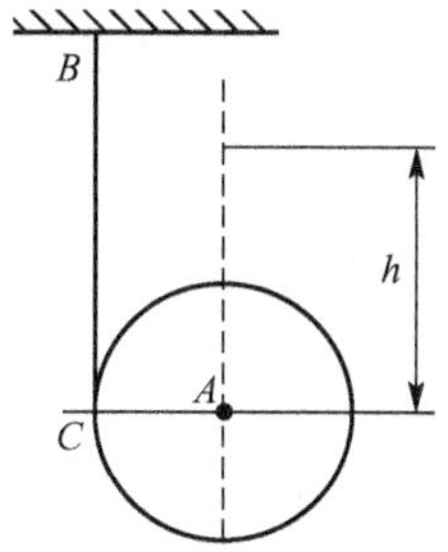

图 11.48 题四(14)图

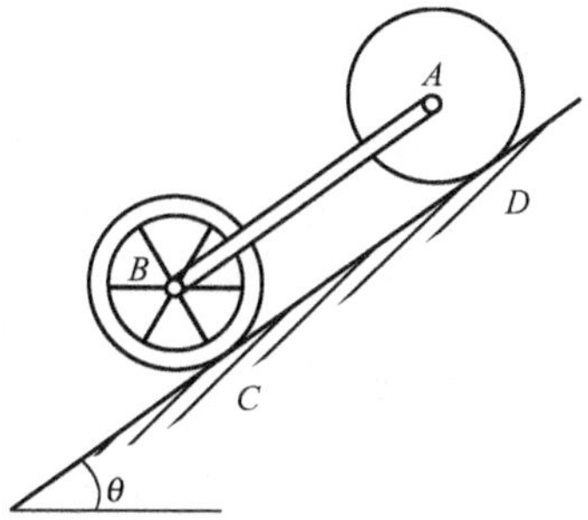

图 11.49 题四(15)图

16. 如图 11.50 所示，均质圆柱重量为 $\boldsymbol{Q}$，半径为 R，放在倾角为 60°的斜面上，一绳绕在圆柱体上，其一端固定在 A 点，此绳与 A 点相连部分与斜面平行。若圆柱体与斜面间滑动摩擦因数 $f=\dfrac{1}{3}$，试求质心 C 沿斜面落下的加速度。

17. 如图 11.51 所示板的质量为 m_1，受水平力 $\boldsymbol{F}$ 作用，沿水平面运动，板与平面间的动摩擦因数为 f。在板上放一质量为 m_2 的均质实心圆柱体，此圆柱体在板上只滚不滑动，试求板的加速度。

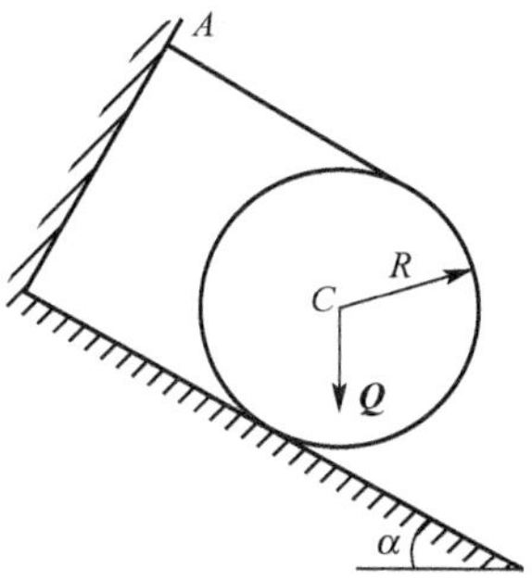

图 11.50 题四(16)图

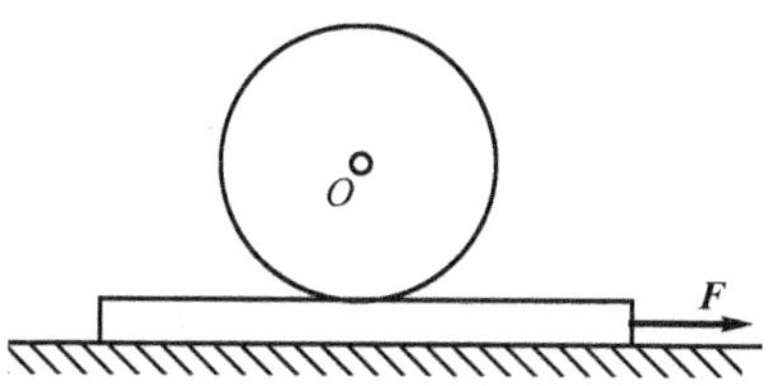

图 11.51 题四(17)图

18. 如图 11.52 所示结构中，重物 A、B 的质量分别为 m_1 和 m_2，B 物体与水平面间的摩擦因数为 f，鼓轮 O 的质量为 M，半径为 R 和 r，对 O 轴的回转半径分别为 ρ，求 A 下降的加速度以及绳子两端的拉力。

19. 如图 11.53 所示均质杆 AB 长为 L，重为 $\boldsymbol{Q}$，杆上的 D 点靠在光滑支撑上，杆与铅垂线的夹角为 α，由静止将杆释放。求此时杆对支撑的压力以及杆重心 C 的加速度(设 $CD=a$)。

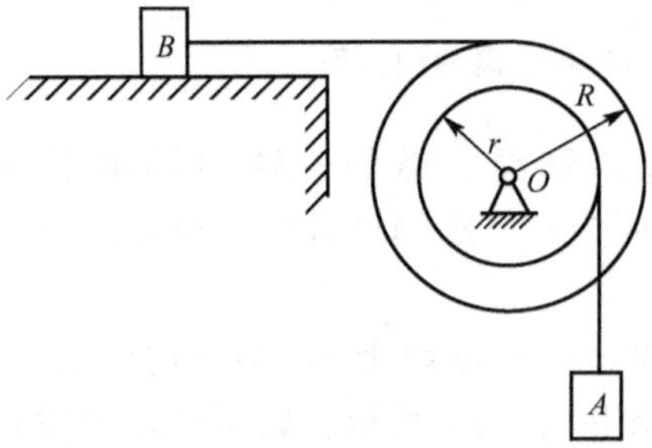

图 11.52 题四(18)图

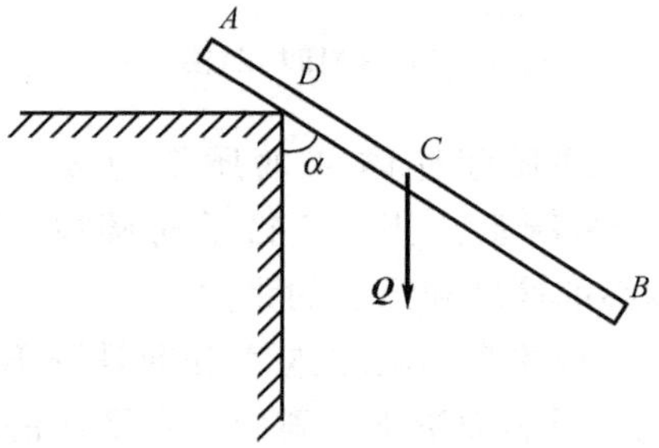

图 11.53 题四(19)图

20. 如图 11.54 所示，曲柄 OA 以匀角速度 $\omega_0=4.5\text{rad/s}$ 绕 O 轴沿顺时针转向在铅垂面内转动。求当 OA 处于水平位置时，细长杆 AB 端部 B 轮所受的反力。设杆 AB 的质量为 10kg，长为 1m，各处摩擦力及 OA 杆质量不计。

21. 如图 11.55 所示，设均质杆 O_1A 和 O_2B 以及 DAB 杆长均为 L，重均为 $\boldsymbol{P}$，在 A、B 处以铰链连接，O_1、O_2 处于同一水平线上，且 $O_1O_2=AB=\frac{3}{4}l$，如图 11.55 所示，初始时 O_1A 与铅垂线的夹角为 30°，由静止释放，试求此瞬时铰链 O_1、O_2 的约束反力。

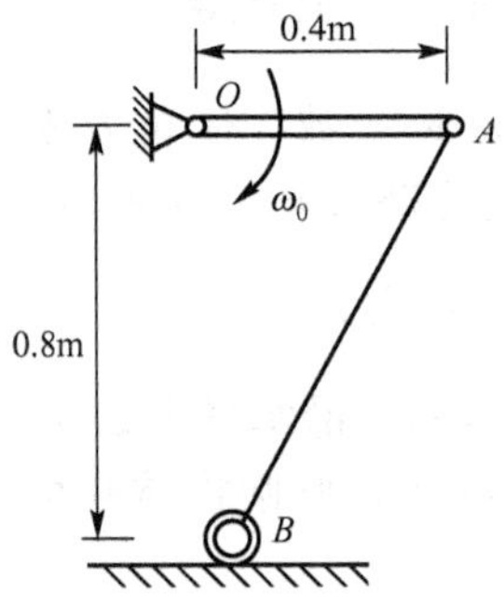

图 11.54 题四(20)图

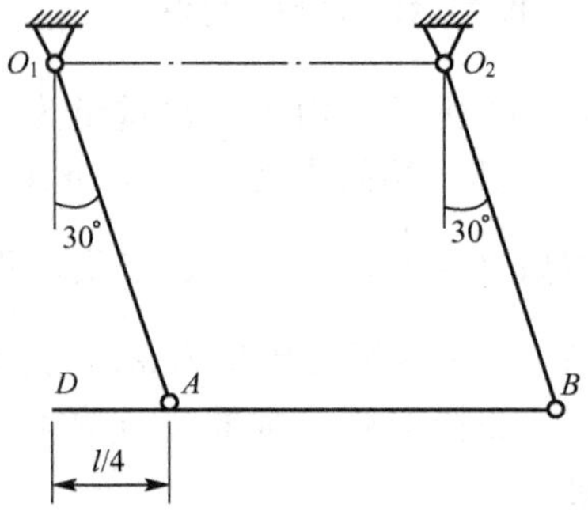

图 11.55 题四(21)图

第12章 动能定理

本章教学要点

知识要点	掌握程度	相关知识
基本概念	了解功、动能和位能的基本概念	刚体动能计算，常见力功的计算
动能定理	能够应用动能定理求解动力学问题	机械能守恒定律
动力学综合举例	能够综合应用三大定理求解动力学问题	应用动量、动量矩定理和动能定理综合解决复杂的动力学问题

导入案例

动力学的能量方法始于1669年惠更斯在研究碰撞问题时得到活力(动能的两倍)守恒。1686年，莱布尼茨建立动能定理的雏形，导出活力——动能的早期原型(动能的两倍)变化与力按距离作用的关系。1807年，托马斯·杨首先使用了“能量”一词。动能定理的现代形式是在19世纪20年代由科里奥利明确引入功的概念后才建立的。1842年，迈尔(1814—1878)提出能量守恒与转化的基本思想。

能量守恒与转化定律是国际性的发展。早在1644年，笛卡儿在《哲学原理》一书中，就从机械碰撞中动量的不变方面，提出了宇宙运动的总量是恒定的思想。尽管当时还只限于哲学论述，没有自然科学的充分证明，但毕竟是第一个明确的运动不灭原理。19世纪，不同国家的学者迈尔、焦耳、克罗夫、柯尔丁、赫尔姆霍茨等，通过不同的途径，发现、证明了能量守恒定律，使运动不灭原理获得了自然科学的表述。

1842年，德国医生迈尔发表的《论无机界的力》一文，在科学史上首先论述了能量守恒原理，并第一次提出了热功当量的概念。1845年迈尔在《生物界的运动和物质新陈代谢的联系》一文中，论述了机械能、热能、化学能、电磁能、光和辐射能的转化，把能量守恒与转化看做支配宇宙的普遍规律。不过他只是从生物体的能量变化方面，对“无不生有，有不变无”的哲学思想做了展开，因此受到科学界的歧视而未能被承认。

与迈尔同时，英国实验物理学家焦耳，立足于提高蒸汽机热效率的工程传统，1833—1878年，前后做了40年实验，致力于精确测定热功当量来证明能量守恒原理。1843年8月，他在英国科学促进协会上宣读论文《论磁电的热效应和机械值》，提出了“自然界的力量是不能毁灭的，哪里消灭了机械功，总能得到相当的热。”这个见解在当时并未引起人们的重视。1845—1850年间，焦耳反复进行了科学史上有名的搅拌实验，精确测定了机械功直接转化为热的当量为428.9千克·米/千卡(1千克·米≈0.00234千米，1千卡≈4185.9焦耳)。1849年6月，他写了一篇总结性论文《论热的机械当量》，交给英国皇家学会。至此，焦耳的观点才被大多数人接受。

蹦床运动

射箭比赛

举重运动

美丽的喷泉

水电站

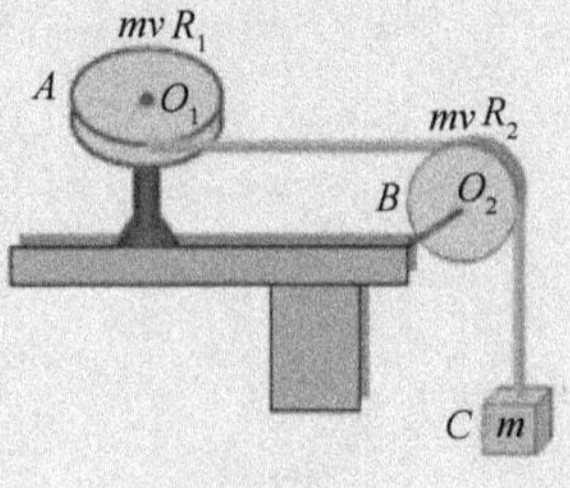

定滑轮机构

德国物理学家赫尔姆霍茨从永动机不可能思想着眼，对能量守恒的数学表述和普遍性做出了重要贡献。他根据能量守恒定律，论证了宇宙总能量守恒的原理。他从 $v=\sqrt{2gh}$ 推导出 $mgh=\frac{1}{2}mv^2$，并建议用 $\frac{1}{2}mv^2$ 作为运动的量度，这是一个划时代的发现。他建立了能量守恒定律的数学表达式，即热力学第一定律。他在 1847 年所写的《论力的守恒》一书是论述能量守恒原理较早的著作之一。

动能和位能的相互转化现象在体育运动及实际应用中非常普遍，学过本章之后，你会了解蹦床、射箭、举重等体育运动包含着功和能的相互转换问题，我们看到的美丽的喷泉、水电站、电动机等是否可以应用动能定理理解呢？同学们学过本章之后，应该对生活和工程中的许多问题会有更深的理解。

12.1 力的功

动量、动量矩和动能都是机械运动的量度，每一种量度适用于一定的范围。不同于动量定理和动量矩定理，动能定理是从能量的角度描述质点(或质点系)运动与受力之间的关系，即质点(或质点系)动能的改变与力的功之间的关系。

力对位移的积累效应用力的功来度量。功是衡量力学性能的一项重要指标。作用于质点上的力在一段路程中的功，是力沿此路程的积累效应的度量，其大小等于力和其作用点位移的标量积。

12.1.1 常力的功

设质点 M 在常力 $\boldsymbol{F}$ 作用下沿直线从点 M_1 运动到点 M_2 有一位移 $\boldsymbol{S}$，如图 12.1 所示，则力 $\boldsymbol{F}$ 所做的功为

$$W=Fs\cos\alpha \tag{12-1}$$

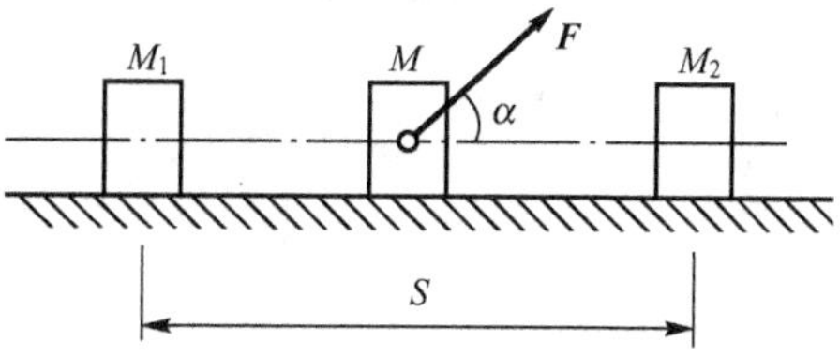

图 12.1 常力的功

式中，α 为力 $\boldsymbol{F}$ 与力的作用点的位移 $\boldsymbol{s}$ 之间的夹角。式(12-1)可写成

$$W=\boldsymbol{F}\cdot\boldsymbol{s} \tag{12-2}$$

当 $\alpha<90°$ 时，$W>0$，力做正功；当 $\alpha>90°$ 时，$W<0$，力做负功；当 $\alpha=90°$ 时，$W=0$，力不做功或做功为零。功是代数量，功的单位是 J(焦耳)，1J=1N·m。

12.1.2 变力的功

设有质点 M 在变力 $\boldsymbol{F}$ 的作用下沿曲线运动，如图 12.2 所示。由于 $\boldsymbol{F}$ 是变力，因而把 M_1M_2 分成无数微小的位移，于是力在微小位移 $\mathrm{d}\boldsymbol{r}$ 中所做的功称为力的元功，即

$$\delta W=\boldsymbol{F}\cdot\mathrm{d}\boldsymbol{r} \tag{12-3}$$

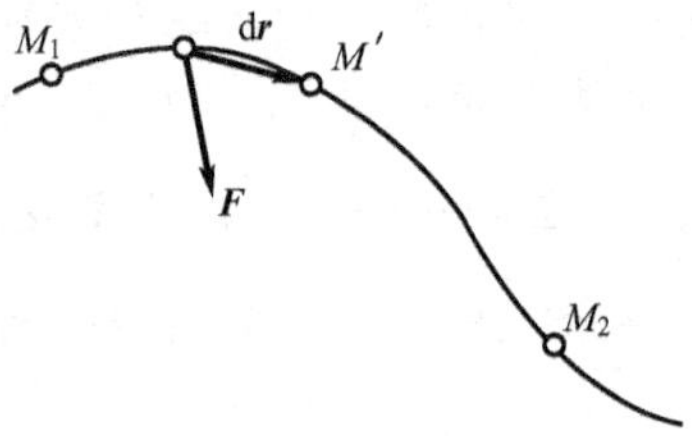

图 12.2 变力的功

作用于物体的力使物体从点 M_1 移动到点 M_2，在此位移过程中做的功为

$$W_{12} = \int_{M_1}^{M_2} \delta W = \int_{M_1}^{M_2} \boldsymbol{F} \cdot \mathrm{d}\boldsymbol{r}$$

由于 $\boldsymbol{F}=F_x\boldsymbol{i}+F_y\boldsymbol{j}+F_z\boldsymbol{k}$，$\mathrm{d}\boldsymbol{r}=\mathrm{d}x\boldsymbol{i}+\mathrm{d}y\boldsymbol{j}+\mathrm{d}z\boldsymbol{k}$，故有

$$W_{12} = \int_{M_1}^{M_2} (F_x\mathrm{d}x + F_y\mathrm{d}y + F_z\mathrm{d}z) \tag{12-4}$$

12.1.3 常见力的功

1. 重力的功

设质点 M 的重力为 $m\boldsymbol{g}$，沿曲线由 M_1 运动到 M_2，如图 12.3 所示。因为重力在三个坐标轴上的投影分别为 $F_x=F_y=0$，$F_z=-mg$，故由式(12-4)得重力的功为

$$W_{12} = \int_{M_1}^{M_2} -mg\,\mathrm{d}z = -mg(z_2 - z_1) = mg(z_1 - z_2) = mgh \tag{12-5}$$

式中，h 为质点始点位置 M_1 与终点位置 M_2 的高度差。

重力的功等于质点的重量与质点始末位置高度差的乘积，与质点运动的路径无关。若质点下降，重力的功为正；若质点上升，重力的功为负。

对于质点系，重力的功等于各质点的重力功的和，即

$$\sum W_{12} = \sum m_i g(z_{i1} - z_{i2})$$

而 $mz_{C1}=\sum m_i z_{i1}$，$mz_{C2}=\sum m_i z_{i2}$，故

$$\sum W_{12} = mg(z_{C1} - z_{C2}) \tag{12-6}$$

2. 弹力的功

设有一根刚度系数为 k、自由长为 l_0 的弹簧，一端固定于点 O，另一端与物体相连接，如图 12.4 所示。求物体由 M_1 移动到 M_2 的过程中，弹力 $\boldsymbol{F}$ 所做的功。

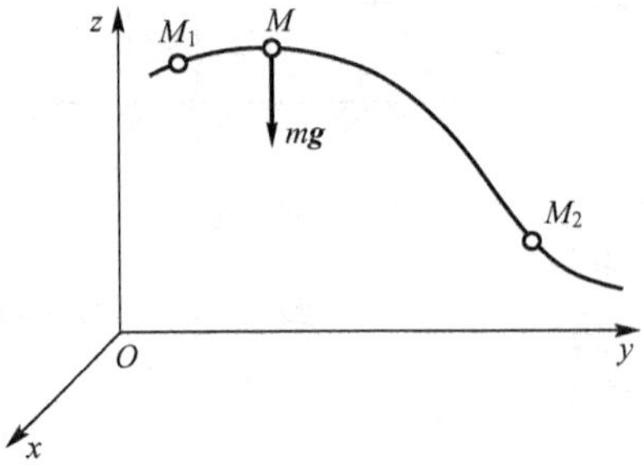

图 12.3 重力的功

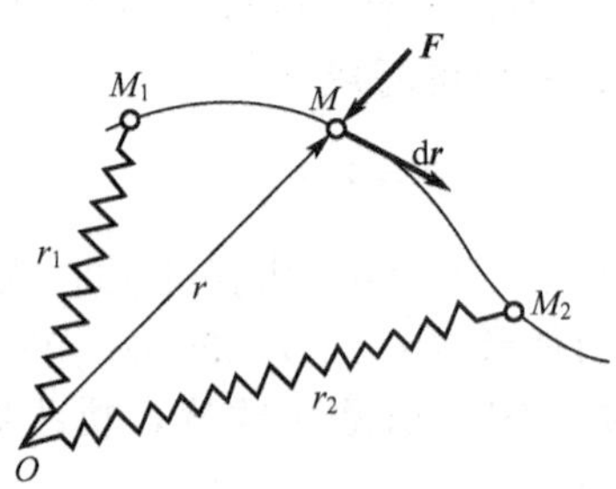

图 12.4 弹力的功

弹性力为

$$\boldsymbol{F} = -k(r - l_0)\frac{\boldsymbol{r}}{r}$$

弹性力的元功为

$$\delta W = \boldsymbol{F} \cdot \mathrm{d}\boldsymbol{r} = -k(r-l_0)\frac{\boldsymbol{r}}{r} \cdot \mathrm{d}\boldsymbol{r}$$

由于 $\boldsymbol{r} \cdot \mathrm{d}\boldsymbol{r} = \frac{1}{2}\mathrm{d}(\boldsymbol{r} \cdot \boldsymbol{r}) = \frac{1}{2}\mathrm{d}r^2 = r\mathrm{d}r = r d(r-l_0)$

代入上式，可得

$$\delta W = -k(r-l_0)\mathrm{d}(r-l_0)$$

$$W_{12} = \int_{M_1}^{M_2} \delta W = \int_{r_1}^{r_2} -k(r-l_0)\mathrm{d}(r-l_0) = \frac{k}{2}[(r_1-l_0)^2 - (r_2-l_0)^2]$$

引入 $\delta_1 = r_1 - l_0$，$\delta_2 = r_2 - l_0$ 分别为两位置 M_1 和 M_2 弹簧的变形，则

$$W_{12} = \frac{k}{2}(\delta_1^2 - \delta_2^2) \tag{12-7}$$

3．定轴转动刚体上作用力的功

设定轴转动刚体上一点处作用有一个力 $\boldsymbol{F}$，如图 12.5 所示。刚体转过 $\mathrm{d}\varphi$，作用于定轴转动刚体上力的元功可表示为

$$\delta W = F\cos\theta \cdot \mathrm{d}s = F\cos\theta \cdot R\mathrm{d}\varphi$$

而 $M_z(\boldsymbol{F}) = FR\cos\theta$，故元功又可表示为

$$\delta W = M_z \mathrm{d}\varphi$$

刚体由初始位置 φ_1 转到 φ_2 时，作用于定轴转动刚体上力所做的功可表示为

$$W_{12} = \int_{M_1}^{M_2} \delta W = \int_{\varphi_1}^{\varphi_2} M_z \mathrm{d}\varphi$$

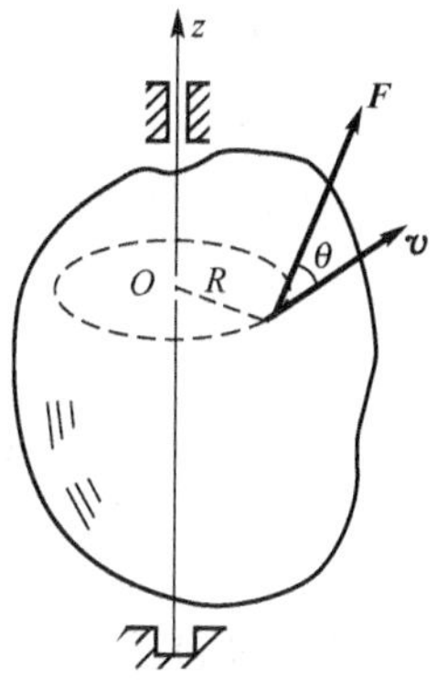

图 12.5　定轴转动刚体上作用力的功

当 M_z 为常数时，上式可表示为

$$W_{12} = M_z(\varphi_2 - \varphi_1) \tag{12-8}$$

如果作用在转动刚体上的是常力偶，而力偶的作用面与转轴垂直时，功的计算仍按式(12-8)计算。

【例 12-1】 质量为 $m=10\mathrm{kg}$ 的物体，放在倾角为 $\alpha=30°$ 的斜面上，用刚度系数为 $k=100\mathrm{N/m}$ 的弹簧系住，如图 12.6 所示。斜面与物体间的动摩擦因数 $f=0.2$，试求物体由弹簧原长位置 M_0 沿斜面运动到 M_1 时，作用于物体上的各力在路程 $s=0.5\mathrm{m}$ 上的功及合力的功。

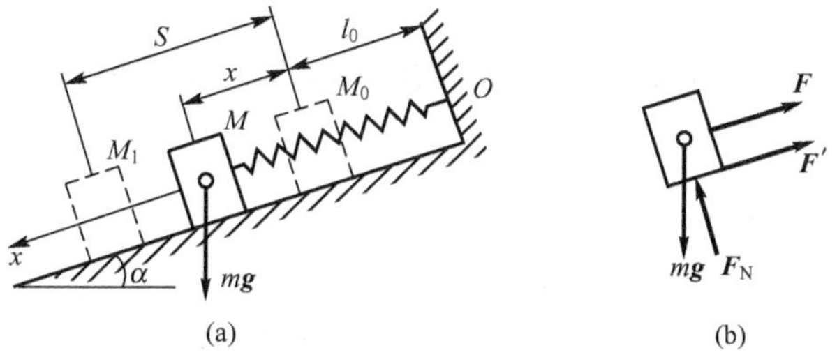

图 12.6　例 12-1 图

解： 取物体 M 为研究对象，作用于 M 上的有重力 $m\boldsymbol{g}$、斜面的法向反力 $\boldsymbol{F}_\mathrm{N}$、摩擦力 $\boldsymbol{F}'$ 以及弹簧力 $\boldsymbol{F}$，各力所做的功及合力的功为

$$W_G = mgs\sin 30° = 10 \times 9.8 \times 0.5 \times 0.5 = 24.5(\mathrm{J})$$

$$W_{F_N} = 0$$

$$W_{F'} = -F's = -fmgs\cos 30° = -0.2 \times 10 \times 9.8 \times 0.5 \times 0.866 = -8.5(\mathrm{J})$$

$$W_F = \frac{1}{2}k(\delta_1^2 - \delta_2^2) = \frac{100}{2}(0 - 0.5^2) = -12.5(\mathrm{J})$$

$$W = \sum W_i = 24.5 + 0 - 8.5 - 12.5 = 3.5(\mathrm{J})$$

12.2 质点和质点系的动能

12.2.1 质点的动能

设质量为 m 的质点，某瞬时的速度大小为 v，则质点质量与其速度平方乘积的一半，称为质点在该瞬时的动能，以 T 表示，即

$$T = \frac{1}{2}mv^2 \tag{12-9}$$

由式(12-9)可知，动能是一个永为正值的标量，其单位是 J(焦耳)，与功的单位相同。

12.2.2 质点系的动能

质点系内各质点动能的总和为质点系的动能，记作

$$T = \sum \frac{1}{2}m_i v_i^2 \tag{12-10}$$

刚体是由无数质点组成的质点系。刚体作不同的运动时，各质点的速度分布不同，刚体的动能应按照刚体的运动形式来计算。

1. 刚体平动的动能

刚体平动时，其内各质点的瞬时速度都相同，由式(12-10)可得

$$T = \sum \frac{1}{2}m_i v_i^2 = \frac{1}{2}v_C^2 \sum m_i = \frac{1}{2}mv_C^2 \tag{12-11}$$

式中，$m = \sum m_i$，为刚体的质量，即作平动刚体的动能等于刚体的质量与其质心速度平方乘积的一半。

2. 定轴转动刚体的动能

刚体绕固定轴转动，某瞬时的角速度为 ω，如图 12.7 所示。刚体内任一点的质量为 m_i，离转轴的距离为 r_i，速度大小为 $v_i = \omega r_i$，由式(12-10)可得

$$T = \sum \frac{1}{2}m_i v_i^2 = \frac{1}{2}\sum m_i (r_i\omega)^2 = \frac{1}{2}\omega^2 \sum m_i {r_i}^2$$

即

$$T=\frac{1}{2}J_z\omega^2 \tag{12-12}$$

式中，$J_z=\sum m_i r_i^2$，为刚体对 z 轴的转动惯量，即作定轴转动刚体的动能等于刚体对转轴的转动惯量与其角速度平方乘积的一半。

3. 平面运动刚体的动能

刚体作平面运动，其质量为 m，某瞬时的速度瞬心为 P，质心为 C，角速度为 ω，如图 12.8 所示。此时可视刚体绕瞬心轴转动，由式(12－12)得

$$T=\frac{1}{2}J_P\omega^2$$

式中，J_P是刚体对于瞬时轴的转动惯量。如点 C 为刚体的质心，根据转动惯量的平行移轴定理，有

$$T=\frac{1}{2}J_P\omega^2=\frac{1}{2}J_C\omega^2+\frac{1}{2}mv_C^2 \tag{12-13}$$

式中，J_C为刚体对于质心的转动惯量，v_C为质心的速度，即作平面运动刚体的动能，等于随质心平动的动能与绕质心转动的动能的和。

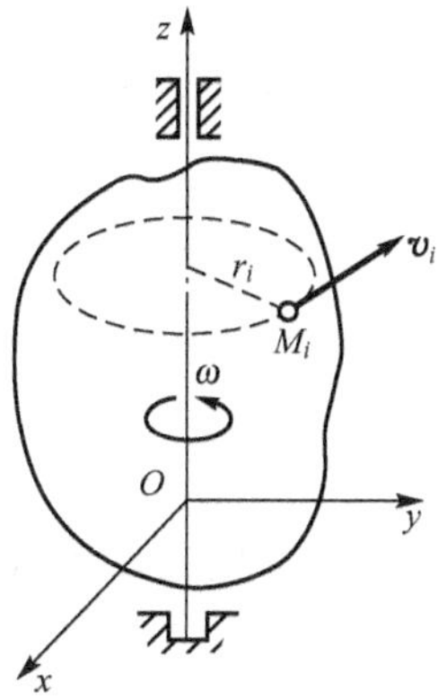

图 12.7　定轴转动刚体的动能

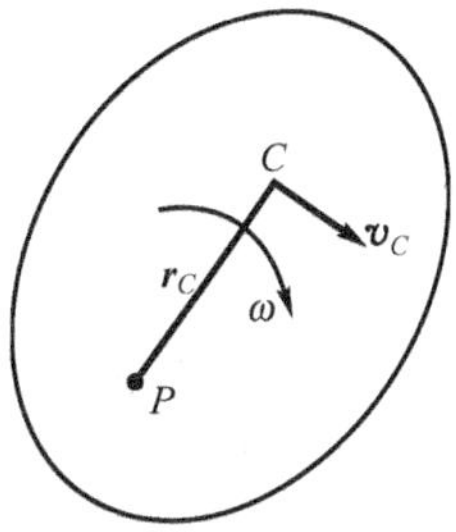

图 12.8　平面运动刚体的动能

【例 12－2】 滚子 A 的质量为 m，沿倾角为 α 的斜面作纯滚动，滚子借绳子跨过滑轮 B 连接质量为 m_1 的物体，如图 12.9 所示。滚子与滑轮质量相等，半径相同，皆为均质圆盘，此瞬时物体的速度为 $\boldsymbol{v}$，绳不可伸长，质量不计，求系统的动能。

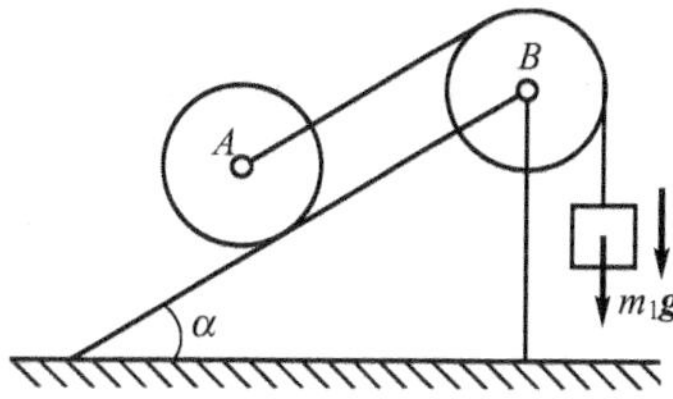

图 12.9　例 12－2 图

解： 取系统为研究对象，其中重物作平动，滑轮作定轴转动，滚子作平面运动，系统的动能为

$$T=\frac{1}{2}m_1v^2+\frac{1}{2}J_B\omega^2+\frac{1}{2}mv_A^2+\frac{1}{2}J_A\omega^2$$

根据运动学关系，有 $v_A=v=r\omega$，$J_A=J_B=\frac{1}{2}mr^2$，代入上式得

$$T=\frac{1}{2}m_1v^2+\frac{1}{2}\times\frac{1}{2}mr^2\times\frac{v^2}{r^2}+\frac{1}{2}mv^2+\frac{1}{2}\times\frac{1}{2}mr^2\times\frac{v^2}{r^2}=\left(\frac{1}{2}m_1+m\right)v^2$$

12.3 质点和质点系的动能定理

12.3.1 质点的动能定理

牛顿第二定律可表示为

$$m\frac{\mathrm{d}\boldsymbol{v}}{\mathrm{d}t}=\boldsymbol{F}$$

上式两边同时点乘 d$\boldsymbol{r}$，可得

$$m\frac{\mathrm{d}\boldsymbol{v}}{\mathrm{d}t}\cdot \mathrm{d}\boldsymbol{r}=\boldsymbol{F}\cdot \mathrm{d}\boldsymbol{r}$$

即

$$m\boldsymbol{v}\cdot \mathrm{d}\boldsymbol{v}=\boldsymbol{F}\cdot \mathrm{d}\boldsymbol{r}$$

上式也可表示为

$$\mathrm{d}\left(\frac{1}{2}mv^2\right)=\delta W \tag{12-14}$$

式(12-14)称为质点动能定理的微分形式，即质点动能的增量等于作用于质点的力的元功。两边同时积分，可得

$$\int_{v_1}^{v_2}\mathrm{d}\left(\frac{1}{2}mv^2\right)=\int_{M_1}^{M_2}\delta W$$

即

$$\frac{1}{2}mv_2^2-\frac{1}{2}mv_1^2=W_{12} \tag{12-15}$$

式(12-15)称为质点动能定理的积分形式，即质点由初始位置运动到终止位置质点动能的改变等于作用于质点的力在这段位移上所做的功。

12.3.2 质点系的动能定理

对于由 n 个质点组成的质点系，对第 i 个质点，有动能定理

$$\mathrm{d}\left(\frac{1}{2}m_iv_i^2\right)=\delta W_i$$

将以上 n 个方程两边相加，可得

$$\sum_{i=1}^{n}\mathrm{d}\left(\frac{1}{2}m_iv_i^2\right)=\sum_{i=1}^{n}\delta W_i$$

即

$$\mathrm{d}T=\sum_{i=1}^{n}\delta W_i \tag{12-16}$$

式(12-16)称为质点系的动能定理的微分形式，即质点系的动能的增量，等于作用于质点系全部力所做的元功的和。两边同时积分，可得

$$\int_{T_1}^{T_2}\mathrm{d}T=\int\sum_{i=1}^{n}\delta W_i$$

即

$$T_2 - T_1 = \sum_{i=1}^{n} W_i \qquad (12-17)$$

式(12－17)称为质点系动能定理的积分形式，即质点系在某一运动过程中，动能的改变量等于作用于质点系的全部力在这段过程中所做功的和。

12.3.3 理想约束及内力的功

1. 理想约束

约束反力做功等于零的约束称为理想约束。光滑面约束、光滑铰链、固定端约束及不可伸长的绳索约束都是理想约束。在理想约束条件下，质点系动能的改变只与主动力做功有关，式(12－16)和式(12－17)中只需计算主动力所做的功。

2. 内力的功

作用于质点系的力既有外力，又有内力，一般情况下，内力做功的和不为零。如汽车发动机的汽缸内气体对活塞和汽缸的作用力都是内力，内力功的和不等于零，内力的功使汽车的动能增加。但在少数情况下，内力所做功的和等于零。例如，刚体内两质点相互作用的力是内力，两力大小相等、方向相反。因为刚体上任意两点的距离保持不变，沿这两点连线的位移必定相等，其中一力做正功，另一力做负功，这一对力所做的功的和等于零。所以，刚体所有内力做功之和等于零。

【例 12－3】 在铰车的鼓轮上作用一个常力偶，其矩为 M，鼓轮半径为 r，重量为 $\boldsymbol{P}$，如图 12.10 所示。绕在鼓轮上的钢绳的一端 A 系一重为 $\boldsymbol{Q}$ 的重物，沿着与水平倾角为 α 的斜面上升。试求铰车的鼓轮转过 φ 角时重物上升的速度与加速度。重物与斜面间的滑动摩擦因数为 f，钢绳重量不计，鼓轮可视为均质圆柱体，系统初始静止。

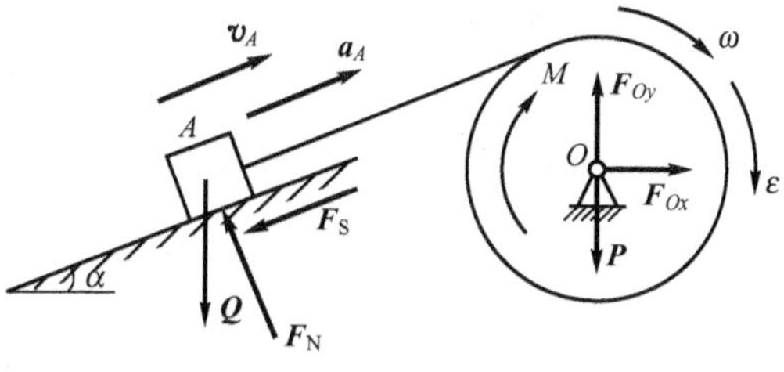

图 12.10 例 12－3 图

解：选择重物 A 和鼓轮组成的系统为研究对象，分析受力和运动如图 12.10 所示。系统受到常力偶 M，重力 $\boldsymbol{P}$ 和 $\boldsymbol{Q}$，固定铰链 O 处约束反力 $\boldsymbol{F}_{Ox}$、$\boldsymbol{F}_{Oy}$，斜面的约束反力 $\boldsymbol{F}_N$，$\boldsymbol{F}_S$的作用。系统在这些力的作用下使鼓轮转动，设鼓轮转过 φ 角时其角速度为 ω，角加速度为 ε，重物 A 上升的速度为 $\boldsymbol{v}_A$，加速度为 $\boldsymbol{a}_A$。应用质点系的动能定理有

$$T_2 - T_1 = \sum W_i \qquad \text{(a)}$$

由于系统初始静止，故有

$$T_1 = 0$$

铰车的鼓轮转过 φ 角时，系统的动能为

$$T_2 = \frac{1}{2}J_O\omega^2 + \frac{1}{2}\frac{Q}{g}v_A^2 = \frac{1}{2}\cdot\frac{1}{2}\frac{P}{g}r^2\omega^2 + \frac{1}{2}\frac{Q}{g}v_A^2 = \left(\frac{1}{4}\frac{P}{g} + \frac{1}{2}\frac{Q}{g}\right)v_A^2$$

铰车的鼓轮转过 φ 角时，系统所受全部力做功为

$$\begin{aligned}\sum W_i &= M\varphi - Q\sin\alpha\cdot r\varphi - fQ\cos\alpha\cdot r\varphi \\ &= (M - Qr\sin\alpha - fQr\cos\alpha)\varphi\end{aligned}$$

代入式(a)，有

$$\left(\frac{1}{4}\frac{P}{g}+\frac{1}{2}\frac{Q}{g}\right)v_A^2=(M-Qr\sin\alpha-fQr\cos\alpha)\varphi \tag{b}$$

即可求得重物上升的速度 v_A

$$v_A=2\sqrt{\frac{[M-Qr(\sin\alpha+f\cos\alpha)]g\varphi}{P+2Q}}$$

对式(b)两边求导数，可得

$$2\left(\frac{1}{4}\frac{P}{g}+\frac{1}{2}\frac{Q}{g}\right)v_A\cdot a_A=(M-Qr\sin\alpha-fQr\cos\alpha)\cdot\frac{v_A}{r}$$

即可求出重物上升的加速度 a_A。

$$a_A=\frac{2(M-Qr\sin\alpha-fqr\cos\alpha)g}{(P+2Q)r}$$

【例 12-4】 鼓轮在常力偶 M 的作用下将圆柱沿斜坡上拉，已知鼓轮的半径为 R_1，质量为 m_1，质量分布在轮缘上；圆柱的半径为 R_2，质量为 m_2，质量均匀分布。设斜坡的倾角为 θ，圆柱只滚不滑。系统从静止开始运动，求圆柱中心 C 经过路程 s 时的速度。

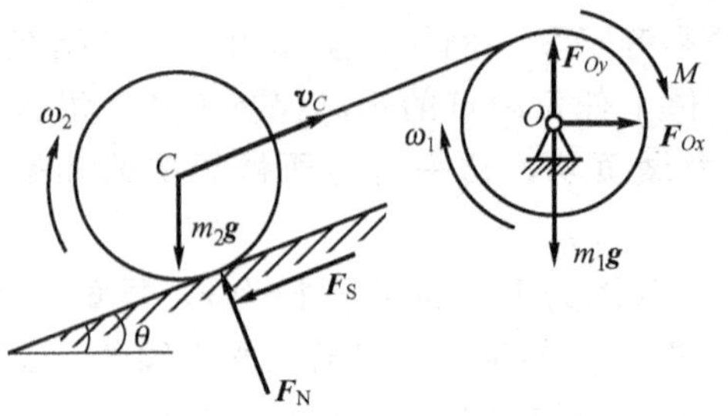

图 12.11 例 12-4 图

解：选择圆柱 C 和鼓轮组成的系统为研究对象，分析受力和运动如图 12.11 所示。系统受到常力偶 M，重力 $m_1\boldsymbol{g}$ 和 $m_2\boldsymbol{g}$，固定铰链 O 处约束反力 $\boldsymbol{F}_{Ox}$、$\boldsymbol{F}_{Oy}$，斜面的约束反力 $\boldsymbol{F}_N$、$\boldsymbol{F}_S$ 的作用。系统在这些力的作用下使鼓轮转动，设圆柱中心 C 经过路程 s 时鼓轮角速度为 ω_1，圆柱的角速度为 ω_2，其质心 C 上升的速度为 $\boldsymbol{v}_C$。应用质点系的动能定理有

$$T_2-T_1=\sum W_i \tag{a}$$

由于系统初始静止，故有

$$T_1=0$$

圆柱中心 C 经过路程 s 时系统的动能为

$$\begin{aligned}T_2&=\frac{1}{2}J_O\omega_1^2+\frac{1}{2}J_C\omega_2^2+\frac{1}{2}m_2v_C^2\\&=\frac{1}{2}m_1R_1^2\omega_1^2+\frac{1}{2}\cdot\frac{1}{2}m_2R_2^2\omega_2^2+\frac{1}{2}m_2v_C^2\\&=\frac{1}{2}m_1R_1^2\left(\frac{v_C}{R_1}\right)^2+\frac{1}{4}m_2R_2^2\left(\frac{v_C}{R_2}\right)^2+\frac{1}{2}m_2v_C^2\\&=\frac{1}{2}m_1v_C^2+\frac{1}{4}m_2v_C^2+\frac{1}{2}m_2v_C^2=\frac{1}{4}(2m_1+3m_2)v_C^2\end{aligned}$$

圆柱中心 C 经过路程 s 时，系统所受全部力做功为

$$\sum W_i=M\frac{s}{R_1}-m_2g\sin\theta\cdot s=\left(\frac{M}{R_1}-m_2g\sin\theta\right)\cdot s$$

代入式(a)，有

$$\frac{1}{4}(2m_1+3m_2)v_C^2=\frac{(M-m_2gR_1\sin\theta)s}{R_1}$$

即可求得圆柱中心 C 上升的速度 v_C

$$v_C=2\sqrt{\frac{(M-m_2gR_1\sin\theta)s}{(2m_1+3m_2)R_1}}$$

【例 12-5】 曲柄连杆机构如图 12.12(a)所示。已知曲柄 $OA=r$，连杆 $AB=4r$，C 为连杆的质心，在曲柄上作用一不变转矩 M。曲柄和连杆皆为均质杆，质量分别为 m_1、m_2。曲柄开始时静止且在水平向右位置。不计滑块的质量和各处的摩擦力，求曲柄转过一周时的角速度。

解：取曲柄连杆机构为研究对象，初瞬时系统静止，$T_1=0$，当曲柄转过一周后，连杆的速度瞬心在 B 点，其速度分布如图 12.12(b)所示，系统的动能为

$$T_2=\frac{1}{2}J_O\omega_1{}^2+\frac{1}{2}m_2v_C^2+\frac{1}{2}J_C\omega_2^2=\frac{1}{2}\times\frac{1}{3}m_1r^2\omega_1^2+\frac{1}{2}m_2v_C^2+\frac{1}{2}\times\frac{1}{12}m_2\times(4r)^2\omega_2^2 \quad \text{(a)}$$

连杆 AB 作平面运动，在图 12.12(b)所示瞬时 B 点为其速度瞬心，故有

$$v_C=\frac{1}{2}v_A=\frac{1}{2}r\omega_1,\quad \omega_2=\frac{v_A}{4r}=\frac{r\omega_1}{4r}=\frac{\omega_1}{4}$$

代入式(a)，可得曲柄转过一周时系统的动能

$$T_2=\frac{1}{6}(m_1+m_2)r^2\omega_1^2$$

曲柄转过一周，重力的功为零，转矩的功为 $2\pi M$，由质点系的动能定理 $T_2-T_1=\sum W_i$，有

$$\frac{1}{6}(m_1+m_2)r^2\omega_1^2-0=2\pi M$$

解得曲柄转过一周时的角速度 ω_1

$$\omega_1=\frac{2}{r}\sqrt{\frac{3\pi M}{m_1+m_2}}$$

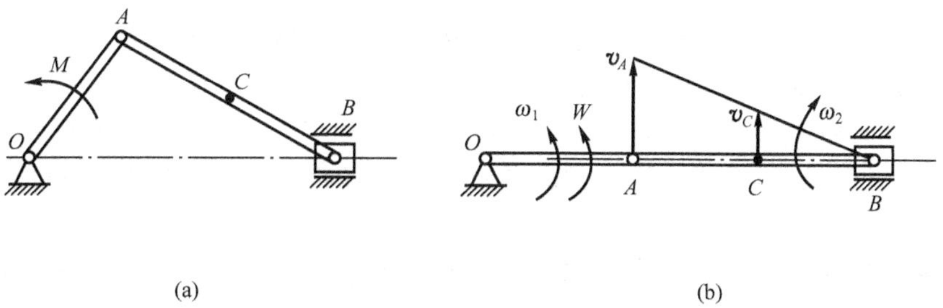

图 12.12 例 12-5 图

【例 12-6】 质量为 m_1、m_2的两重物，分别挂在两条绳子上，绳子又分别绕在半径为 r_1、r_2 并装在同一轴的两鼓轮上。已知两鼓轮对于转轴的转动惯量为 J_O，系统在重力作用下产生运动，求鼓轮的角加速度。

解：取整体为研究对象，受力分析如图 12.13 所示。首先利用动量矩定理求鼓轮的角加速度。设某瞬时 A 物块的速度为 $\boldsymbol{v}_1$，B 物块的速度为 $\boldsymbol{v}_2$，鼓轮的角速度为 ω，角加速度为 ε。此时系统对 O 点的动量矩为

$$L_O=m_1v_1r_1+m_2v_2r_2+J_O\omega=(m_1r_1^2+m_2r_2^2+J_O)\omega$$

系统所受全部外力对 O 点的矩为

$$\sum m_O(\boldsymbol{F}^e)=m_1gr_1-m_2gr_2$$

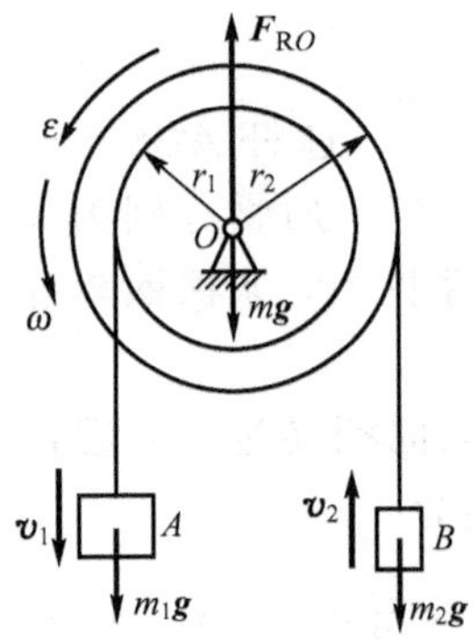

图 12.13 例 2-6 图

代入质点系的动量矩定理$\frac{dL_O}{dt}=\sum m_O(\boldsymbol{F}^e)$，得鼓轮的角加速度

$$\varepsilon=\frac{m_1r_1-m_2r_2}{m_1r_1^2+m_2r_2^2+J_O}g$$

本题也可采用动能定理求解未知量。研究整体，假设鼓轮绕转轴转过 φ 角度时，A 物块的速度为 v_1，B 物块的速度为 v_2，鼓轮的角速度为 ω，角加速度为 ε。由于系统初始静止，故初始时系统的动能为

$$T_1=0$$

鼓轮绕转轴转过 φ 角度时，系统的动能为

$$T_2=\frac{1}{2}m_1v_1^2+\frac{1}{2}m_2v_2^2+\frac{1}{2}J_O\omega^2=\frac{1}{2}(m_1r_1^2+m_2r_2^2+J_O)\omega^2$$

鼓轮绕转轴转过 φ 角度时，只有两重力 $m_1\boldsymbol{g}$ 和 $m_2\boldsymbol{g}$ 做功，它们做功的和为

$$\sum W_i=m_1gs_1-m_2gs_2=(m_1r_1-m_2r_2)\cdot g\varphi$$

由质点系的动能定理 $T_2-T_1=\sum W_i$，可得

$$\frac{1}{2}(m_1r_1^2+m_1r_2^2+J_O)\omega^2=(m_1r_1-m_2r_2)\cdot g\varphi$$

两边同时对时间求导，并注意到 $\dot{\varphi}=\omega$，$\dot{\omega}=\varepsilon$，可得鼓轮的角加速度

$$\varepsilon=\frac{m_1r_1-m_2r_2}{m_1r_1^2+m_2r_2^2+J_O}\cdot g$$

解答结果和应用动量矩定理所求得的结果完全相同。通过本例的分析可见，对某些动力学问题，有时可用不同的方法来求解。最后选用哪种方法，要结合具体的问题而定，最好选择一种较为简便的方法，这样可简化计算过程。

应用动能定理的解题步骤一般如下。

(1) 根据题意，恰当选取研究对象。由于在理想约束情况下约束反力不做功，应用动能定理时往往取整个系统为研究对象。

(2) 对研究对象进行受力分析和运动分析，以便为计算力的功和动能打好基础。

(3) 计算动能。根据系统的运动情况分析系统的动能，注意动能计算中用到的速度是绝对速度。

(4) 计算力的功。分析哪些力不做功，哪些力做功，并计算做了多少功。除注意力做功的正负值外，还应注意内力的功。

(5) 应用动能定理求解所需要的未知量。如要计算加速度(包括角加速度)，一般在应用动能定理后，在方程两端同时对时间求导而求得。

12.4 功率、功率方程及机械效率

12.4.1 功率

工程中不仅要计算功，而且要知道在一定时间内做了多少功。力在单位时间内做的功称为功率。它是衡量力学性能的一项重要指标。

设作用于质点上的力为 $\boldsymbol{F}$，在 $\mathrm{d}t$ 时间内力 $\boldsymbol{F}$ 的元功为 δW，质点速度为 $\boldsymbol{v}$，则功率 P 可表示为

$$P=\frac{\delta W}{\mathrm{d}t}=\boldsymbol{F}\cdot\frac{\mathrm{d}\boldsymbol{r}}{\mathrm{d}t}=\boldsymbol{F}\cdot\boldsymbol{v}=F_{\tau}v \tag{12-18}$$

式(12-18)表明：作用于质点上力的功率，等于力在速度方向上的投影与速度的乘积。功率的单位是 W(瓦特)，1W=1(J/s)。

如果功是用力矩(或力偶矩)计算的，由元功表达式 $\delta W=M\mathrm{d}\varphi$ 的关系式有

$$P=\frac{\delta W}{\mathrm{d}t}=M\frac{\mathrm{d}\varphi}{\mathrm{d}t}=M\omega \tag{12-19}$$

式(12-19)表明：作用于定轴转动刚体上力(或力偶)的功率，等于力对轴的矩(或力偶矩)与刚体转动角速度的乘积。

12.4.2 功率方程

取质点系动能定理的微分形式，两端除以 $\mathrm{d}t$，得

$$\frac{\mathrm{d}T}{\mathrm{d}t}=\sum_{i=1}^{n}P_i=P_{输入}-P_{有用}-P_{无用} \tag{12-20}$$

式(12-20)称为功率方程，即质点系的动能对时间的一阶导数，等于作用于质点系的所有力的功率的代数和。式中，$P_{输入}$称为输入功率；$P_{有用}$为有用功率，即机器工作时输出的功率；$P_{无用}$为无用功率，即由于摩擦和碰撞损耗的功率。上式也可改写为

$$P_{输入}=P_{有用}+\frac{\mathrm{d}T}{\mathrm{d}t}+P_{无用}$$

12.4.3 机械效率

在工程中，把有效功率与输入功率的比值称为机器的机械效率，用 η 表示，即

$$\eta=\frac{P_{有效}}{P_{输入}}\times100\% \tag{12-21}$$

式中，有效功率 $P_{有效}=P_{有用}+\frac{\mathrm{d}T}{\mathrm{d}t}$。可见，机械效率 η 表明机器对输入功率的有效利用程度，它是评定机器质量好坏的指标之一，一般情况下 $\eta<1$。

12.5 势力场、位能及机械能守恒定律

12.5.1 势力场

若质点在空间所受力的大小和方向完全由质点在空间的位置决定，则此空间称为力场，质点所受的力称为场力。质点在力场中运动，作用于质点上的场力要做功。若场力所做的功只与质点运动的初始和终止位置有关，而与质点所经过的路程无关，则此力场称为势力场或保守力场，质点所受的力称为有势力或保守力。

12.5.2 位能

在势力场中，物体从位置 M 运动到任选的位置 M_0，有势力所做的功称为物体在点 M

相对于点 M_0 的位能，用 V 表示，即

$$V=\int_M^{M_0}\boldsymbol{F}\cdot\mathrm{d}\boldsymbol{r}=\int_M^{M_0}(F_x\mathrm{d}x+F_y\mathrm{d}y+F_z\mathrm{d}z) \tag{12-22}$$

点 M_0 的位能

$$V=\int_{M_0}^{M_0}\boldsymbol{F}\cdot\mathrm{d}\boldsymbol{r}=0$$

称为零位能，M_0 称为零位能点。几种常见的位能如下。

1. 重力位能

在重力场中，设坐标轴如图 12.14 所示。重力在各坐标轴上的投影为 $P_x=0$，$P_y=0$，$P_z=-mg$。取 M_0 为零位能点，则点 M 的位能为

$$V=\int_z^{z_0}(-mg)\mathrm{d}z=mg(z-z_0) \tag{12-23}$$

2. 弹性力位能

设弹簧的一端固定，另一端与物体连接，如图 12.15 所示。弹簧的刚度系数为 k，取 M_0 为零位能点，则点 M 的位能为

$$V=\int_\delta^{\delta_0}(-kx)\mathrm{d}x=\frac{k}{2}(\delta^2-\delta_0^2) \tag{12-24}$$

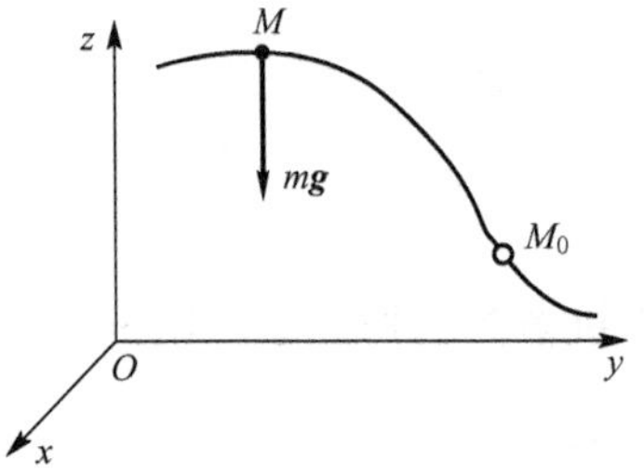

图 12.14　重力位能

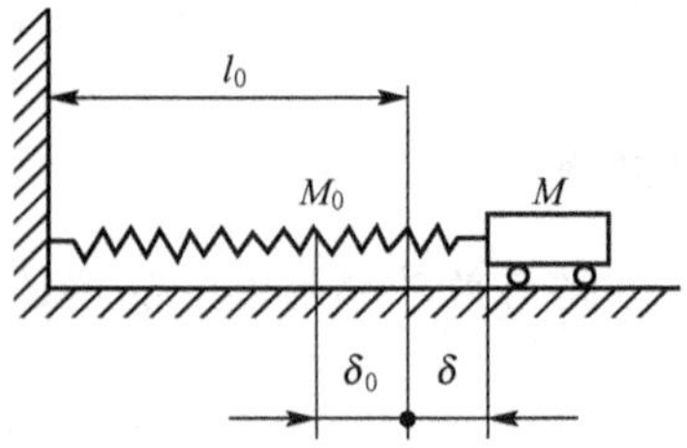

图 12.15　弹性力位能

若以自然位置为零位能点，即 $\delta_0=0$，则 $V=\frac{1}{2}k\delta^2$。

12.5.3　机械能守恒定律

质点系在某瞬时的动能和位能的代数和称为机械能。设质点系在运动过程中的初始和终止瞬时的动能分别为 T_1、T_2，所受力在这过程中所做的功为 W_{12}，根据动能定理有

$$T_2-T_1=W_{12}$$

如系统运动中，只有有势力做功，而有势力的功可用位能计算，即

$$W_{12}=V_1-V_2$$

故

$$T_2-T_1=W_{12}=V_1-V_2$$

移项后得

$$T_1+V_1=T_2+V_2 \tag{12-25}$$

式(12-15)就是机械能守恒定律的数学表达式，即质点系仅在有势力作用下运动，其

机械能保持不变。

【例 12-7】 重量为 $\boldsymbol{W}$、半径为 R 的均质圆柱形滚子可沿与水平成倾角 α 的斜面作无滑动的滚动，如图 12.16 所示。在滚子中心 C 连接一刚度系数为 k 的弹簧，设初始时滚子处于静止状态，此时弹簧无变形。试求滚子中心 C 沿斜面经过路程 s 时的速度。

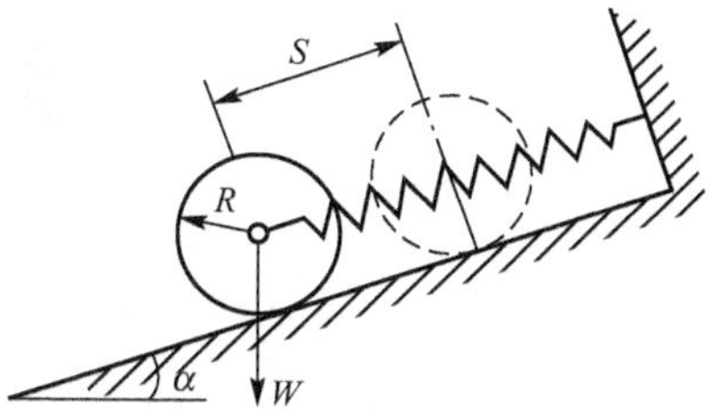

图 12.16 例 12-7 图

解：取滚子为研究对象。作用于滚子上做功的力有重力和弹簧力，它们都是有势力，因而属于机械能守恒问题。因为初始和终止瞬时的动能分别为

$$T_1=0,\ T_2=\frac{1}{2}\frac{W}{g}v^2+\frac{1}{2}J_C\omega^2=\frac{3W}{4g}v^2$$

选定滚子静止时的位置为重力和弹簧位能的零位能位置，于是初始和终止的位能为

$$V_1=0,\ V_2=\frac{1}{2}ks^2+(-Ws\sin\alpha)$$

所以根据机械能守恒定律 $T_1+V_1=T_2+V_2$，有

$$0=\frac{3W}{4g}v^2+\frac{1}{2}ks^2+(-Ws\sin\alpha)$$

解得滚子中心 C 沿斜面经过路程 s 时的速度大小为

$$v=\sqrt{\frac{2gs(2W\sin\alpha-ks)}{3W}}$$

12.6 动力学普遍定理的综合应用

质点和质点系动力学普遍定理包括动量定理、动量矩定理和动能定理。这些定理可分为两类：动量定理、动量矩定理属于一类，动能定理属于另一类。两者都用于研究机械运动，但各有各的特点。动量定理(质心运动定理)主要用于已知运动求约束反力；动量矩定理和动能定理主要用于已知作用力求运动。若遇到已知主动力而欲求系统的运动及约束反力，则需要综合应用这些定理。一般常用方法如下。

(1) 动量定理(质心运动定理)和动能定理联合应用。先用动能定理求系统的运动，后用动量定理(质心运动定理)求系统的约束反力。

(2) 动量定理(质心运动定理)和动量矩定理联合应用。先用动量矩定理求系统的运动，后用动量定理(质心运动定理)求系统的约束反力。

【例 12-8】 如图 12.17(a)所示为高炉上料卷扬机，卷筒绕 O_1 轴转动，转动惯量为 J，半径为 R，在其上作用一力偶矩 M。已知料斗重量为 $\boldsymbol{P}$，运动时受到阻力作用，阻力系数为 f。滑轮和钢绳的质量以及轴承摩擦均不计，系统初始静止。求：(1)当料斗走过距离 s 时的速度和加速度；(2)钢绳的拉力；(3)轴承 O_1 的动反力。

解：(1) 根据动能定理求料斗走过距离 s 时的速度和加速度。取整体为研究对象，受力分析如图 12.17(a)所示。由于系统初始状态为静止，故系统的动能为

$$T_1=0$$

设当料斗经过 s 距离时的速度为 $\boldsymbol{v}$，此时系统的动能为

$$T_2=\frac{1}{2}J\omega_{O_1}^2+\frac{1}{2}\frac{P}{g}v^2$$

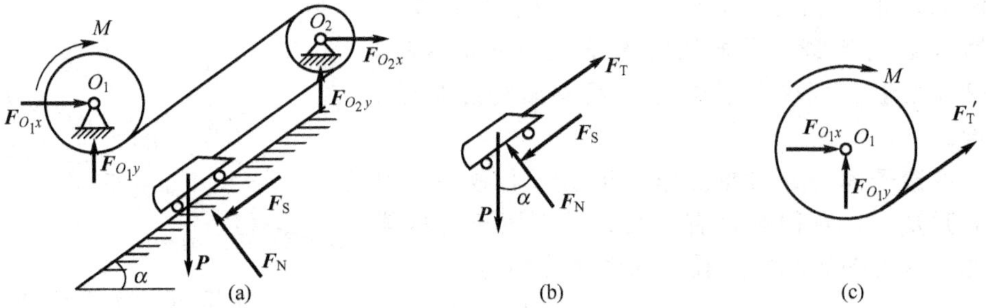

图 12.17　例 12-8 图

系统在运动过程中只有力偶 M、重力 $\boldsymbol{P}$ 及阻力 $\boldsymbol{F}_S$ 做功，料斗走过距离 s 时各力的总功为

$$\sum W_i=M\cdot\varphi-P\cdot s\cdot\sin\alpha-F_s\cdot s=M\cdot\varphi-P\cdot s\cdot\sin\alpha-f\cdot P\cdot\cos\alpha\cdot s$$

由运动学定理可知：$\varphi=\frac{s}{R}$、$\omega_{O_1}=\frac{v}{R}$，代入质点系的动能定理 $T_2-T_1=\sum W_i$，有

$$\frac{1}{2}\left(\frac{J}{R^2}+\frac{P}{g}\right)v^2=\left(\frac{M}{R}-P\sin\alpha-fP\cos\alpha\right)\cdot s \tag{a}$$

解得料斗走过距离 s 时的速度为

$$v=\sqrt{\frac{2Rg(M-PR\sin\alpha-fPR\cos\alpha)s}{PR^2+Jg}}$$

式(a)两边对时间 t 求导、并注意到 $v=\dot{s}$，可得料斗走过距离 s 时的加速度为

$$a=\frac{(M-PR\sin\alpha-fPR\cos\alpha)}{PR^2+Jg}gR$$

(2) 根据质点运动微分方程求钢绳的拉力。取料斗为研究对象，受力分析如图 12.17 (b) 所示。列料斗的运动微分方程

$$\frac{P}{g}a=F_T-P\sin\alpha-F_S$$

$$0=F_N-P\cos\alpha$$

并且有 $F_S=fF_N$，联立求解可得钢绳的拉力

$$F_T=\frac{P}{g}a+P\sin\alpha+F_S=\frac{MR+gJ(\sin\alpha+f\cos\alpha)}{PR^2+gJ}P$$

(3) 根据质心运动定理求轴承 O_1 的动反力。取卷筒为研究对象，受力分析如图 12.17 (c) 所示。列质心运动方程

$$ma_{cx}=\sum F_x:\ F_{O_1x}+F_T'\cos\alpha=0$$

$$ma_{cy}=\sum F_y:\ F_{O_1y}+F_T'\sin\alpha=0$$

其中，$F_T'=F_T$，解得轴承 O_1 的动反力

$$F_{O_1x}=-\frac{MR+gJ(\sin\alpha+f\cos\alpha)}{PR^2+Jg}P\cos\alpha$$

$$F_{O_1y}=-\frac{MR+gJ(\sin\alpha+f\cos\alpha)}{PR^2+Jg}P\sin\alpha$$

讨论：

（1）本题是物体系统问题，既要求速度和加速度，又要求约束反力，且题目中涉及路程 s，因此先考虑用动能定理求出速度和加速度。用动能定理求解时，动能的计算与刚体运动形式有关，本题中卷筒 O_1 作定轴转动，料斗作平动。同时还必须正确找出运动学之间的关系。

（2）本题中钢绳的拉力是内力，因此需拆开分析，由于动能定理中不涉及理想约束的约束反力，因此不能使用动能定理求轴承 O_1 的动反力和钢绳的拉力。本题采用了质点运动微分方程和质心运动定理来分别求动反力和钢绳拉力。由于卷筒作定轴转动，故质心 O_1 的加速度等于零。本题求钢绳拉力时，也可以卷筒为研究对象，利用刚体定轴转动微分方程求解，即由 $M-T'R=J\varepsilon$（其中 $\varepsilon=\frac{a}{R}$）求解。

（3）轴承 O_1 的反力包括动反力和静反力，题目只要求动反力，所以由卷筒重力引起的静反力可不考虑。

【例 12-9】 提升机构的鼓轮半径为 r，重为 $\boldsymbol{P}_1$，可绕轴心转动，转动惯量为 J_O。若在轮上加一常力偶矩 M，使鼓轮上卷绕的绳子吊起一重为 $\boldsymbol{P}_2$ 的物体，如图 12.18 所示。物体自静止开始上升，略去绳重和各处摩擦。求重物上升时的加速度 $\boldsymbol{a}$，轴承 O 的约束反力以及当鼓轮转过 φ 角度时重物的速度。

解： 先利用动能定理求重物的速度和加速度。研究整体，受力分析如图 12.18 所示。假设当鼓轮绕转轴转过 φ 角度时鼓轮转动的角速度为 ω，角加速度为 ε。由于系统初始静止，故有

$$T_1=0$$

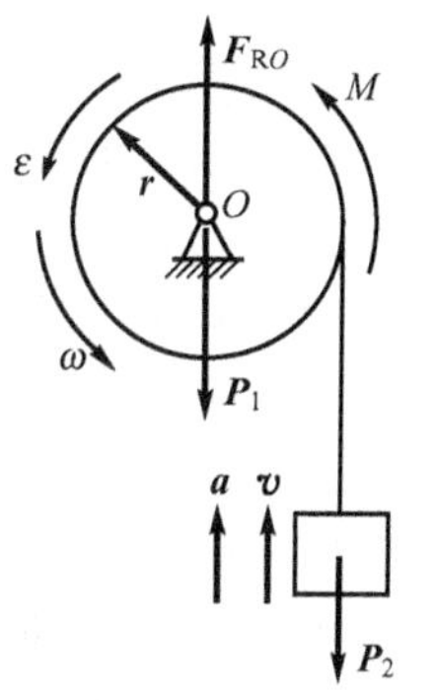

图 12.18 例 12-9 图

当鼓轮绕转轴转过 φ 角度时系统的动能为

$$T_2=\frac{1}{2}J_O\omega^2+\frac{P_2}{2g}v^2=\frac{1}{2}\left(J_O+\frac{P_2}{g}r^2\right)\omega^2$$

式中利用了公式 $v=r\omega$，在鼓轮由静止绕转轴转过 φ 角度的过程中，系统所受的全部力做的功为

$$\sum W_i=M\varphi-P_2r\varphi=(M-P_2r)\cdot\varphi$$

代入质点系的动能定理 $T_2-T_1=\sum W_i$，可得

$$\frac{1}{2}\left(J_O+\frac{P_2}{g}r^2\right)\omega^2=(M-P_2r)\cdot\varphi \tag{a}$$

解得鼓轮转动的角速度 ω

$$\omega=\sqrt{\frac{2(M-P_2\cdot r)\cdot\varphi}{J_Og+P_2r^2}g}$$

故当鼓轮转过 φ 角度时重物上升的速度

$$v=\omega\cdot r=r\sqrt{\frac{2(M-P_2\cdot r)\cdot\varphi}{J_Og+P_2r^2}g}$$

对式(a)两边同时求导，并利用 $\dot{\varphi}=\omega$，$\dot{\omega}=\varepsilon$，可得鼓轮转动的角加速度

$$\varepsilon=\frac{M-P_2 r}{J_O g+P_2 r^2}g$$

故重物上升时的加速度

$$a=\varepsilon\cdot r=\frac{M-P_2\cdot r}{J_O g+P_2 r^2}\cdot gr$$

然后再利用动量定理求支座反力。研究整体，受力分析如图 12.18 所示。由质点系的动量定理，有

$$\frac{\mathrm{d}p_y}{\mathrm{d}t}=\sum F_y^e$$

式中，p_y为质点系的动量在 y 轴上的投影，即 $p_y=\frac{P_2}{g}v$，而$\sum F_y^e=F_{RO}-P_1-P_2$，代入上式，可得轴承 O 的约束反力

$$F_{RO}=P_1+P_2+\frac{P_2}{g}a=P_1+P_2+\frac{M-P_2 r}{J_O g+P_2 r^2}\cdot P_2 r$$

小　　结

动能定理描述了质点或质点系的动能和作用于质点(质点系)的力所做功的关系。本章的重点是掌握动能和功的概念；掌握刚体作平动、定轴转动、平面运动的动能的计算；掌握常见的力(如重力、弹性力、作用在作定轴转动刚体上的力或力偶)做功的计算。

动能定理是一个标量方程，只能求解一个未知量，且主要用于求解速度、加速度等运动量问题。动能的改变不仅与外力有关，而且与内力有关，因此不管是内力还是外力，只要是做功的力都必须列入方程中。对于理想约束，因为约束反力做功为零，所以在应用动能定理时，只需计算主动力的功。动能定理直接建立了主动力与速度之间的关系，这给计算带来许多方便。

动力学普遍定理解题的一般步骤如下。

(1) 根据题意，确定研究对象，并选取适当的定理。

根据各个定理的特点灵活使用各定理：动量定理(质心运动定理)主要用于已知运动求约束反力。动量矩定理、动能定理主要用于已知主动力求运动。若遇到已知主动力求系统的运动以及约束反力时，则需要综合应用各定理。一般的方法是先利用动量矩或动能定理求运动，后利用动量定理(质心运动定理)求约束反力。

另外还应知道，对于复杂的系统问题应优先考虑用动能定理求系统的运动。因为方程中只考虑主动力做功，所以不必将系统拆开，而是研究整体。在一般情况下，不须要对系统进行受力分析，这是由于动能定理中不出现未知的约束反力。

(2) 受力分析，画受力图。动力学绘制受力图的方法与静力学完全相同。根据受力情况，判定系统是否满足守恒条件。

(3) 运动分析。应在图中画出质点或质心的速度、加速度的方向，并计算出相应定理中所需的有关运动量。

(4) 根据动力学普遍定理列出动力学方程，计算未知量。

习　　题

一、是非题(正确的在括号内打“√”，错误的打“×”)

1. 圆轮纯滚动时，与地面接触点的法向约束力和滑动摩擦力均不做功。　（　　）
2. 理想约束的约束反力做功之和恒等于零。　（　　）
3. 由于质点系中的内力成对出现，所以内力的功的代数和恒等于零。　（　　）
4. 弹簧从原长压缩 10cm 和拉长 10cm，弹簧力做功相等。　（　　）
5. 质点系动能的变化与作用在质点系上的外力有关，与内力无关。　（　　）
6. 三个质量相同的质点，从距地相同的高度上，以相同的初速度，一个向上抛出，一个水平抛出，一个向下抛出，则三质点落地时的速度相等。　（　　）
7. 动能定理的方程是矢量式。　（　　）
8. 弹簧由其自然位置拉长 10cm，再拉长 10cm，在这两个过程中弹力做功相等。　（　　）

二、填空题

1. 当质点在铅垂平面内恰好转过一周时，其重力所做的功为________。
2. 在________条件下，约束反力所做的功的代数和为零。
3. 如图 12.19 所示，质量为 m_1 的均质杆 OA 一端铰接在质量为 m_2 的均质圆轮的轮心，另一端放在水平面上，圆轮在地面上作纯滚动，若轮心的速度为 v_o，则系统的动能 $T=$________。
4. 圆轮的一端连接弹簧，其刚度系数为 k，另一端连接一重量为 $\boldsymbol{P}$ 的重物，如图 12.20 所示。初始时弹簧为自然长，当重物下降为 h 时，系统的总功 $W=$________。

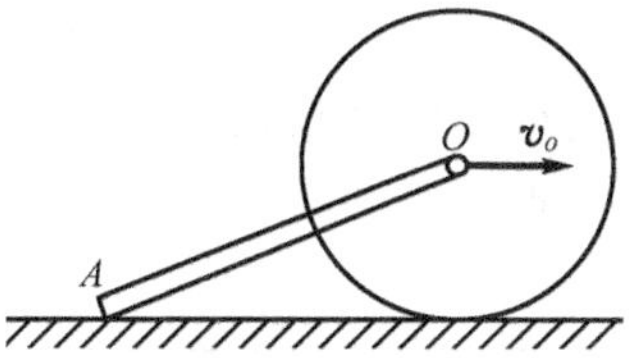

图 12.19　题二(3)图

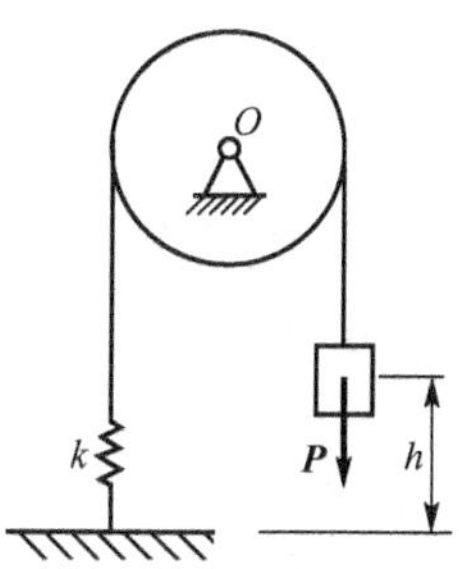

图 12.20　题二(4)图

5. 如图 12.21 所示的曲柄连杆机构，滑块 A 与滑道 BC 之间的摩擦力是系统的内力，设已知摩擦力为 $\boldsymbol{F}$ 且等于常数，则曲柄转一周摩擦力的功为________。
6. 平行四边形机构如图 12.22 所示，$O_1A=O_2B=r$，$O_1A//O_2B$，曲柄 O_1A 以角速度 ω 转动。设各杆都是均质杆，质量均为 m，则系统的动能 $T=$________。
7. 均质杆 AB，长为 l，质量为 m，A 端靠在墙上，B 端以等速度 $\boldsymbol{v}$ 沿地面运动，如图 12.23 所示。在图示瞬时，杆的动能为________。

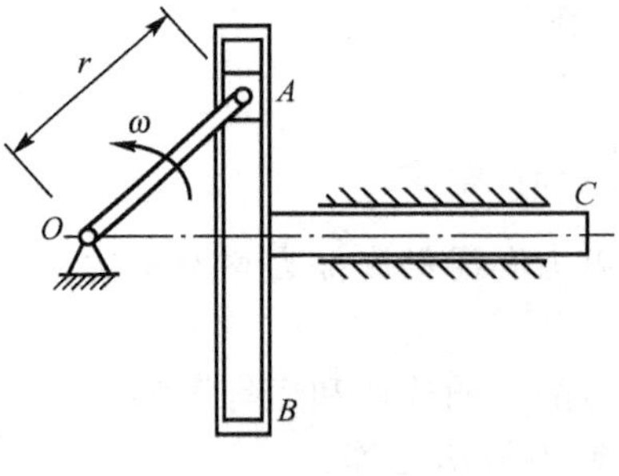

图 12.21　题二(5)图

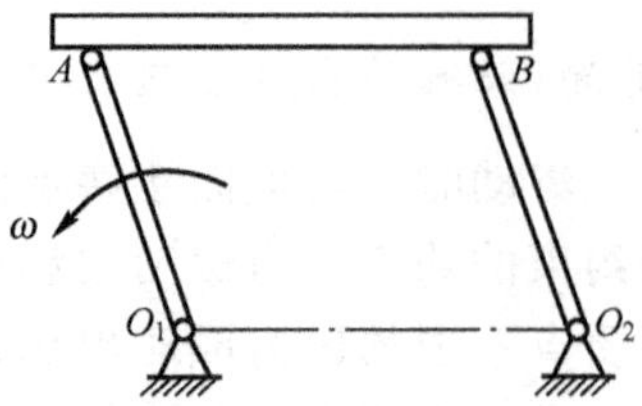

图 12.22　题二(6)图

8. 在图 12.24 中，均质摆杆 OA，质量为 $m_1=5\text{kg}$，长 $l=1.2\text{m}$；物块 B 的质量为 $m_2=15\text{kg}$，由杆 OA 通过套筒带动在水平面内运动。设图示瞬时，杆 OA 的角速度 $\omega=1\text{rad/s}$，$h=0.9\text{m}$，则杆 OA 的动能为________，滑块 B 的动能为________。

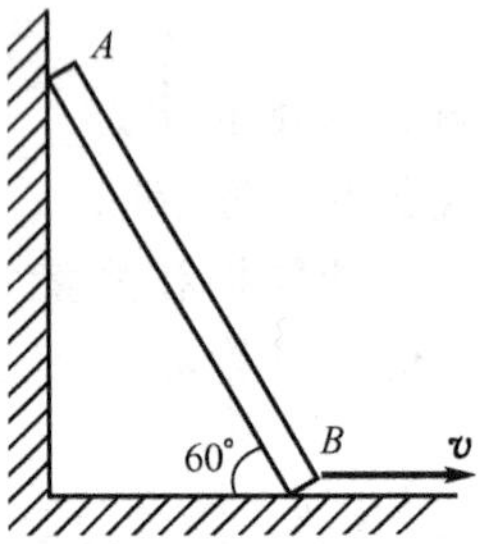

图 12.23　题二(7)图

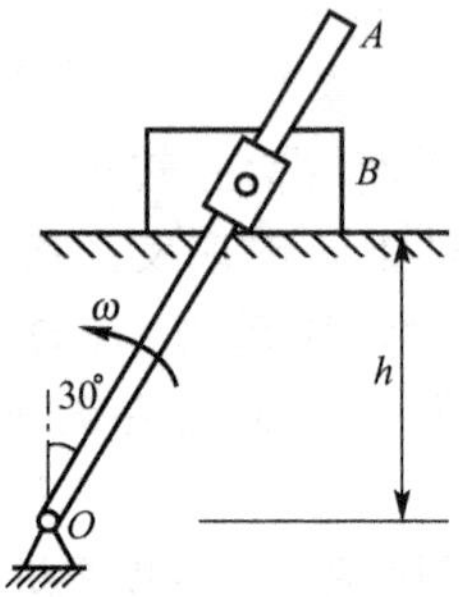

图 12.24　题二(8)图

三、选择题

1. 若质点的动能保持不变，则(　　)。

A. 其动量必守恒　　B. 质点必作直线运动

C. 质点必做匀速运动　　D. 质点必作变速运动

2. 汽车靠发动机的内力做功，(　　)。

A. 汽车肯定向前运动　　B. 汽车肯定不能向前运动

C. 汽车动能肯定不变　　D. 汽车动能肯定变

3. 如图 12.25 所示，半径为 R、质量为 m_1 的均质滑轮上，作用一常力矩 M，吊升一质量为 m_2 的重物，则重物上升高度 h 的过程中，力矩 M 的功 $W=$(　　)。

A. $M\dfrac{h}{R}$　　B. m_2gh　　C. $M\dfrac{h}{R}-m_2gh$　　D. 0

4. 均质圆盘质量为 m，半径为 R，在水平面上作纯滚动，设某瞬时其质心速度为 v_0，则此时圆盘的动能是(　　)。

A. $\dfrac{1}{2}mv_0^2$　　B. $\dfrac{3}{4}mv_0^2$　　C. $\dfrac{3}{2}mv_0^2$　　D. mv_0^2

5. 如图 12.26 所示，三棱柱 B 沿三棱柱 A 的斜面运动，三棱柱 A 沿光滑水平面向左运动。已知 A 的质量为 m_1，B 的质量为 m_2；某瞬时 A 的速度为 $\boldsymbol{v}_1$，B 沿斜面的速度为 $\boldsymbol{v}_2$。则此时三棱柱 B 的动能 $T=($　　$)$。

A. $\frac{1}{2}m_2v_2{}^2$　　B. $\frac{1}{2}m_2(v_1-v_2)^2$

C. $\frac{1}{2}m_2(v_1{}^2-v_2{}^2)$　　D. $\frac{1}{2}m_2[(v_1-v_2\cos\theta)^2+v_2{}^2\sin^2\theta]$

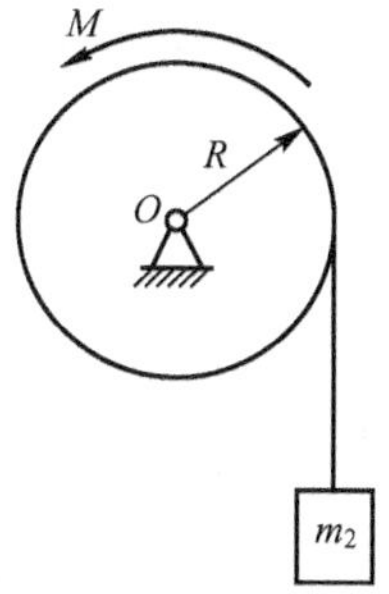

图 12.25　题三(3)图

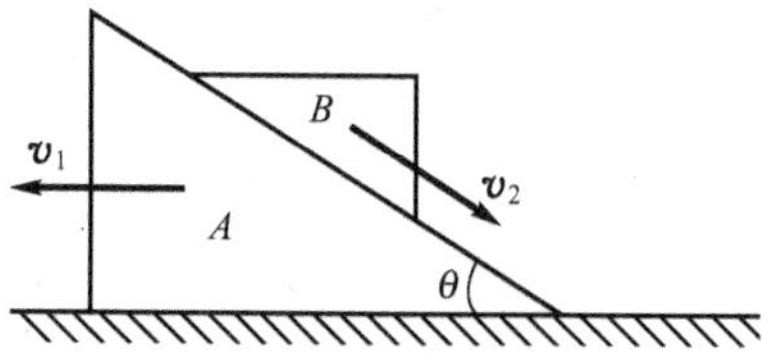

图 12.26　题三(5)图

6. 如图 12.27 所示，两均质轮质量为 m，半径均为 R，用绕在两轮上的绳系在一起。设某瞬时两轮的角速度分别为 ω_1 和 ω_2，则系统的动能 $T=($　　$)$。

A. $\frac{1}{2}\left(\frac{1}{2}mR^2\right)\omega_1^2+\frac{1}{2}m(R\omega_2)^2$

B. $\frac{1}{2}\left(\frac{1}{2}mR^2\right)\omega_1^2+\frac{1}{2}\left(\frac{1}{2}mR^2\right)\omega_2^2$

C. $\frac{1}{2}\left(\frac{1}{2}mR^2\right)\omega_1^2+\frac{1}{2}m(R\omega_2)^2+\frac{1}{2}\left(\frac{1}{2}mR^2\right)\omega_2^2$

D. $\frac{1}{2}\left(\frac{1}{2}mR^2\right)\omega_1^2+\frac{1}{2}m(R\omega_1+R\omega_2)^2+\frac{1}{2}\left(\frac{1}{2}mR^2\right)\omega_2^2$

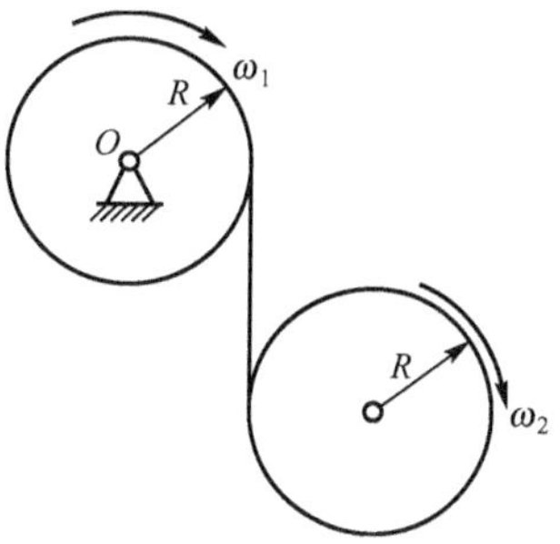

图 12.27　题三(6)图

四、计算题

1. 摆锤质量为 m，摆长为 r_0，如图 12.28 所示。求摆锤由点 A 至最低位置点 B，以及由 A 点经过最低位置点 B 到点 C 的过程中摆锤重力所做的功。

2. 重量为 2000N 的刚体在已知力 $F=500$N 的作用下沿水平面滑动，力 $\boldsymbol{F}$ 与水平面夹角 $\alpha=30°$。如接触面间的动摩擦因数 $f=0.2$，求刚体滑动距离 $s=30$m 时，作用于刚体各力所做的功及合力所做的总功。

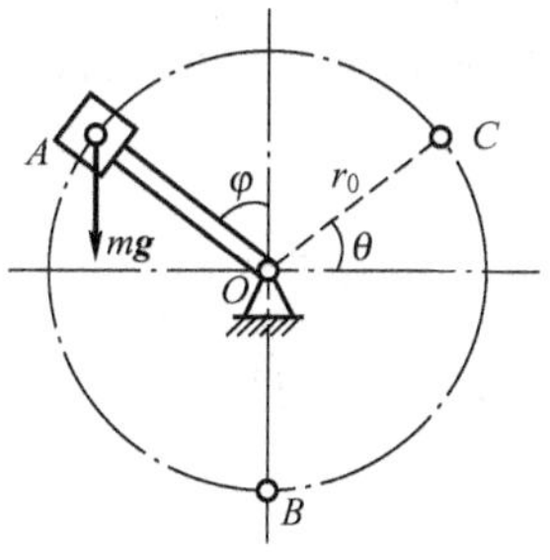

图 12.28　题四(1)图

3. 弹簧原长为 l_0，刚度系数为 $k=1960$N/m，一端固定，另一端与质点 M 相连，如图 12.29 所示。试分别计算下列各种情况时弹簧力所做的功。(1) 质点由 M_1 至 M_2；(2) 质点由 M_2 至 M_3；(3) 质点由 M_3 至 M_1。

4. 计算各物体的动能。已知物体均为均质，其质量为 m，几何尺寸如图 12.30 所示。

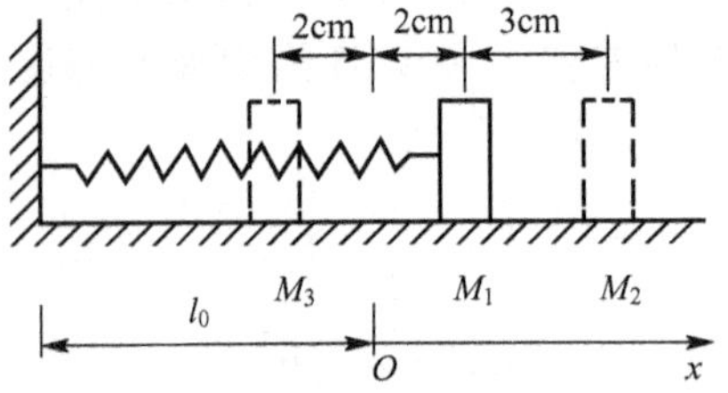

图 12.29　题四(3)图

5. 如图 12.31 所示，与弹簧相连的滑块 M 可沿固定的光滑圆环滑动，圆环和弹簧都在同一铅直平面内。已知滑块的重量 $W=100\mathrm{N}$，弹簧原长为 $l=15\mathrm{cm}$，弹簧刚度系数 $k=400\mathrm{N/m}$。求滑块 M 从位置 A 运动到位置 B 的过程中，其上各力所做的功及合力的总功。

6. 长为 l、质量为 m 的均质杆 OA 固定于球铰链 O 处，并以等角速度 ω 绕铅直线转动，如图 12.32 所示。若杆 OA 与铅直线的夹角为 θ，试求杆的动能。

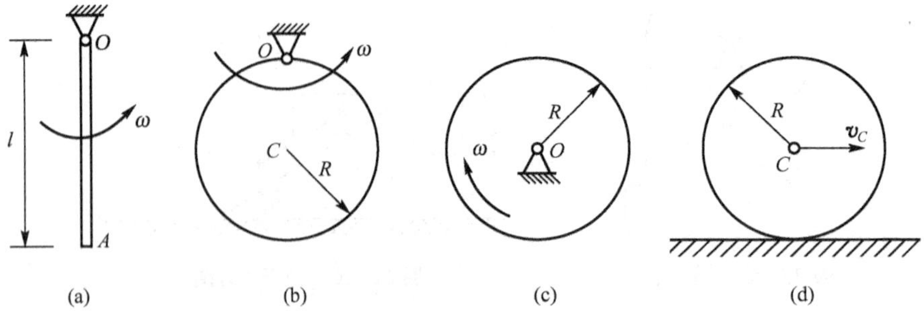

图 12.30　题四(4)图

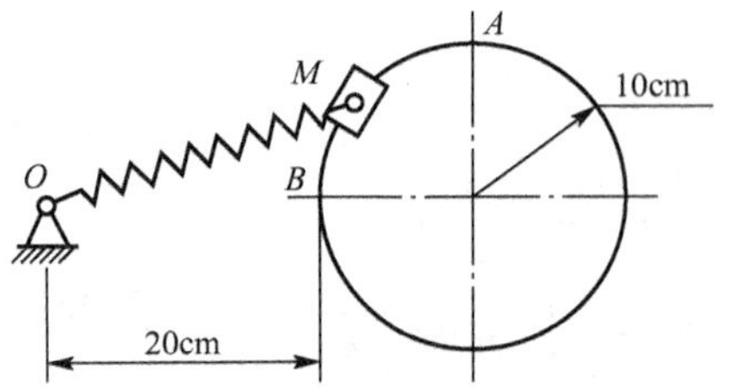

图 12.31　题四(5)图

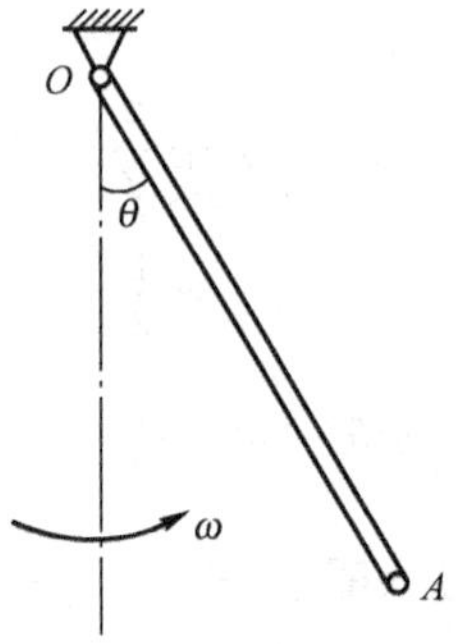

图 12.32　题四(6)图

7. 摩擦阻力等于正压力与滑动摩擦因数的乘积。为测定动摩擦因数，把料车置于斜坡顶 A 处，让其无初速度地下滑，料车最后停止在 C 处，如图 12.33 所示。已知 h、s_1、s_2，试求料车运行时的动摩擦因数 f。

8. 如图 12.34 所示，一不变力偶矩 M 作用在绞车的均质鼓轮上，轮的半径为 r，质量为 m_1。绕在鼓轮上绳索的另一端系一质量为 m_2 的重物，此重物沿倾角为 α 的斜面上升。设初始系统静止，斜面与重物间的摩擦因数为 f。试求绞车转过 φ 后的角速度。

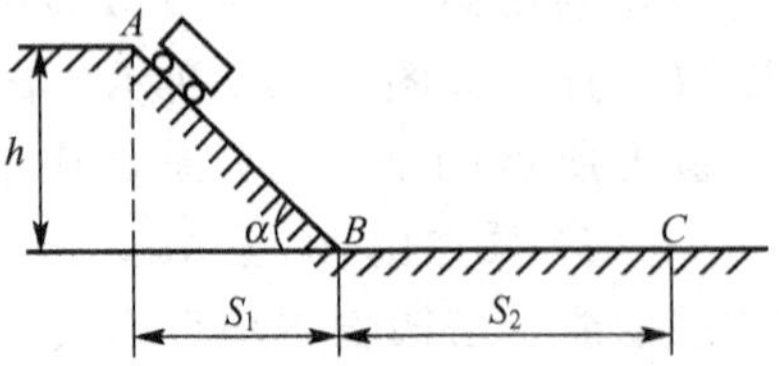

图 12.33　题四(7)图

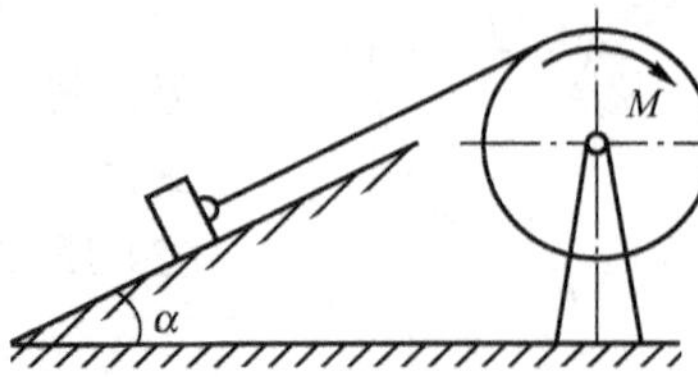

图 12.34　题四(8)图

9. 两均质杆 AC 和 BC 各重为 $\boldsymbol{P}$，长为 l，在点 C 由铰链相连，放在光滑的水平面上，如图 12.35 所示。由于 A 和 B 端的滑动，杆系在铅垂平面内落下。设点 C 初始时的高度为 h，开始时杆系静止，试求铰链 C 落地时的速度大小。

10. 两均质杆 AB 和 BO 用铰链 B 相连，杆的 A 端放在光滑的水平面上，杆的 O 端为固定铰支座，如图 12.36 所示。已知两杆的质量均为 m，长均为 l，在杆 AB 上作用一不变的力偶矩 M，杆系从图示位置由静止开始运动。试求当杆的 A 端碰到铰支座 O 时，杆 A 端的速度。

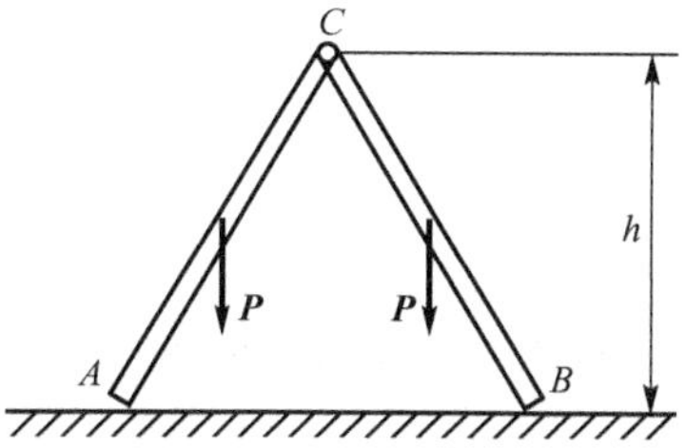

图 12.35　题四(9)图

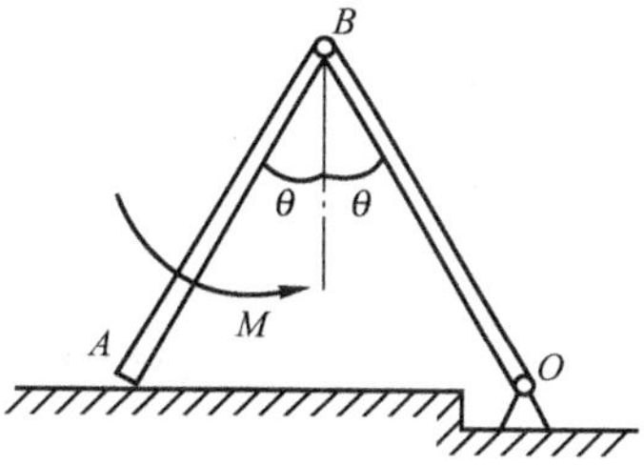

图 12.36　题四(10)图

11. 如图 12.37 所示曲柄连杆机构位于水平面内。曲柄重为 $\boldsymbol{W}_1$，长为 r，连杆重为 $\boldsymbol{W}_2$，长为 l，滑块重为 $\boldsymbol{W}_3$，曲柄及连杆均可视为均质细长杆。今在曲柄上作用一不变转矩 M，当 $\angle AOB=90°$ 时，A 点的速度为 $\boldsymbol{v}$，求当曲柄转至水平向右位置时 A 点的速度。

12. 带式输送机如图 12.38 所示，物体 A 重量为 $\boldsymbol{W}_1$，带轮 B、C 的重量均为 $\boldsymbol{W}$，半径为 R，视为均质圆盘，轮 B 由电动机驱动，其上受不变转矩 M 作用。系统由静止开始运动，不计传送带的质量，求重物 A 沿斜面上升距离为 s 时的速度和加速度。

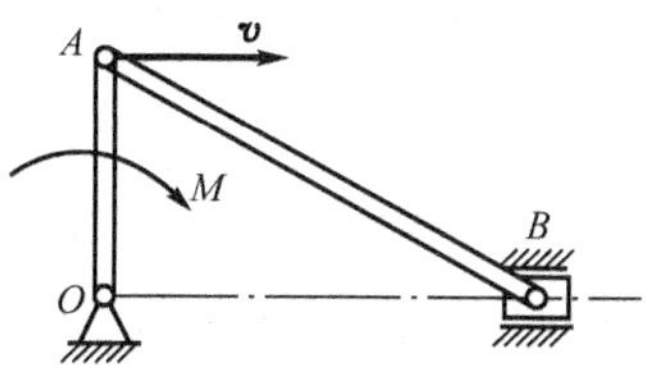

图 12.37　题四(11)图

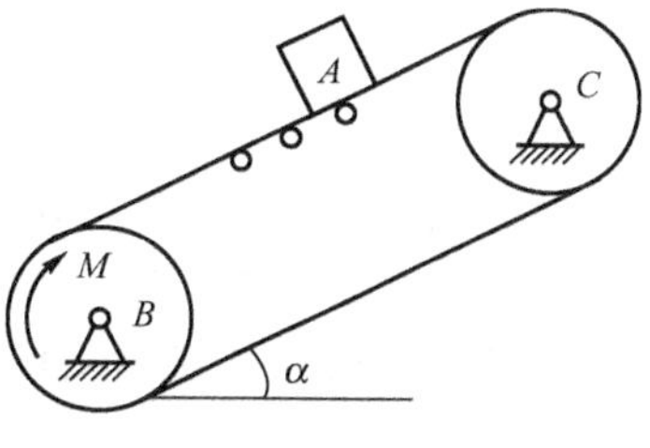

图 12.38　题四(12)图

13. 如图 12.39 所示两个相同的均质滑轮，半径均为 R，重量均为 $\boldsymbol{W}$，用绳缠绕连接。如动滑轮由静止落下，带动定滑轮转动，求动滑轮质心 C 的速度 $\boldsymbol{v}_C$ 与下落距离 h 的关系，并求点 C 的加速度 $\boldsymbol{a}_C$。

14. 均质杆 AB 的质量为 $m=4\text{kg}$，其两端悬挂在两条平行等长的绳子上，如图 12.40 所示。杆 AB 处于水平位置，设其中一绳突然断了，试求此瞬时另一绳的张力。

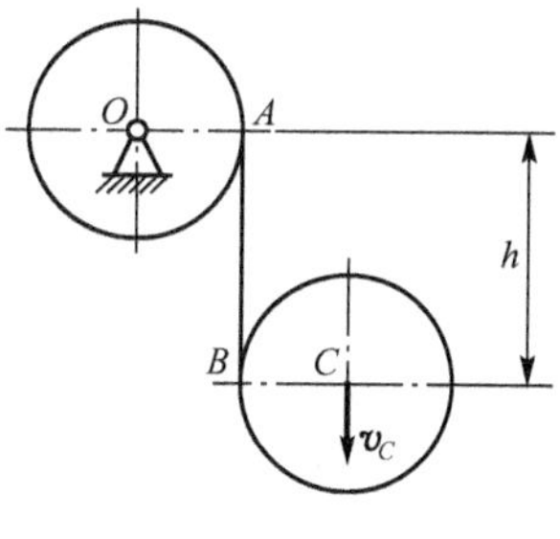

图 12.39　题四(13)图

15. 均质杆 OA 可绕水平轴 O 转动，另一端铰接一圆盘，圆盘可绕铰 A 在铅垂平面内自由旋转，如图 12.41 所示。已知杆 OA 长为 l，质量为 m_1，圆盘的半径为 R，质量为 m_2。摩擦不计，初始时杆 OA 水平，且杆和圆盘静止。试求杆 OA 与水平线成 θ 角时，杆的角速度和角加速度。

16. 如图 12.42 所示，半径为 r_1，质量为 m_1 的圆轮Ⅰ沿水平面作纯滚动，在此轮上绕一不可伸长的绳子，绳的一端绕过滑轮Ⅱ后悬挂一质量为 m_3 的物体 M，定滑轮Ⅱ的半径为 r_2，质量为 m_2，圆轮Ⅰ和滑轮Ⅱ可视为均质圆盘。系统开始处于静止状态。求重物下降 h 高度时圆轮Ⅰ质心的速度，并求绳的拉力。

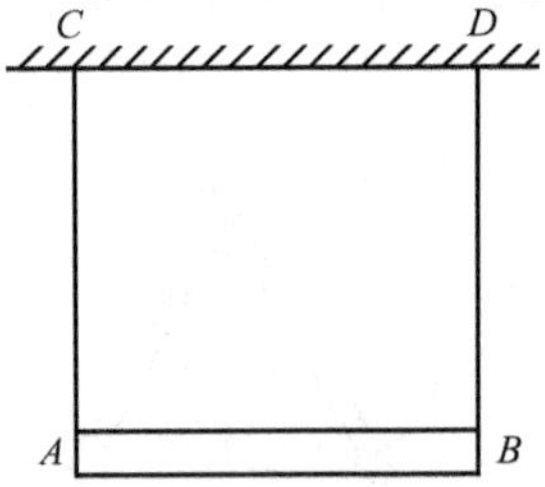

图 12.40 题四(14)图

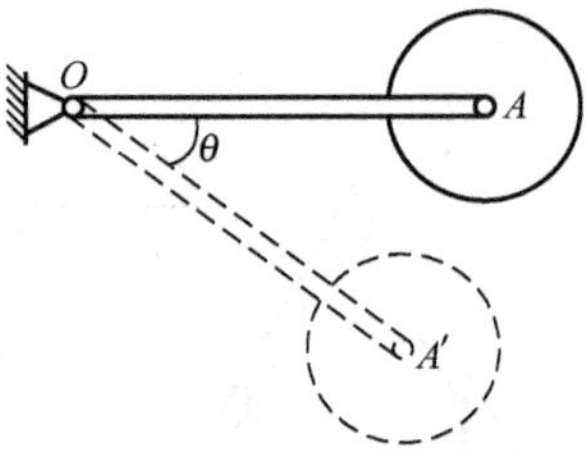

图 12.41 题四(15)图

17. 如图 12.43 所示的机构中，滚轮和鼓轮均为均质体，质量分别为 m_1、m_2，半径均为 R，斜面倾角为 α，如不计绳子的质量和滚动摩擦，滚轮 C 在斜面上作纯滚动。今在鼓轮上作用一力偶矩 M。试求：(1)鼓轮的角加速度；(2)轴承 O 的约束反力。

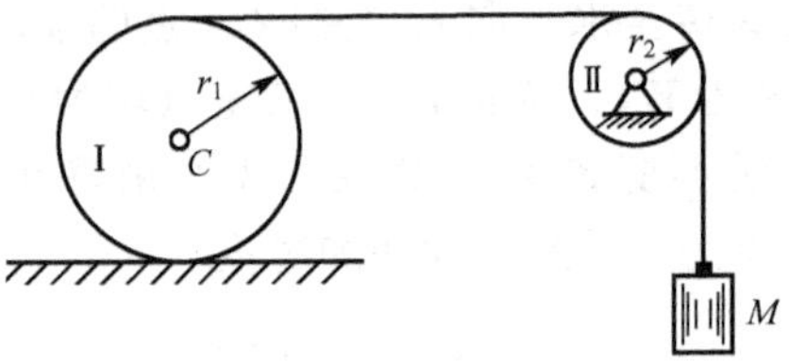

图 12.42 题四(16)图

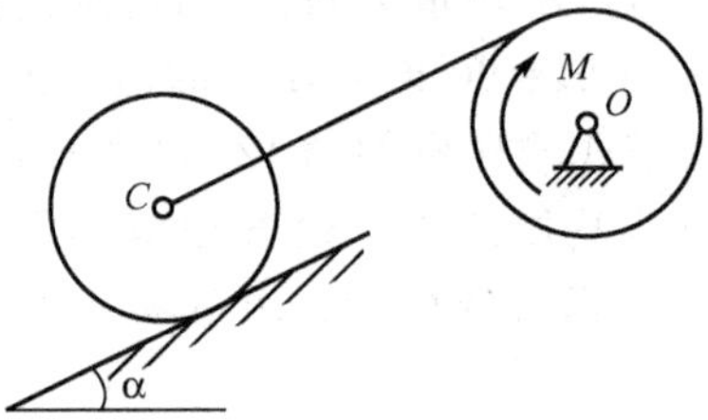

图 12.43 题四(17)图

18. 如图 12.44 所示的系统中，物块及两均质轮的质量为 m，轮半径为 R。轮 C 上缘缠绕一刚度系数为 k 的无重弹簧，轮 C 在地面上作无滑动地滚动。初始时，弹簧无伸长，此时在轮 O 上挂一重物，试求当重物由静止下落为 h 时的速度和加速度，以及轮 C 与地面间的摩擦力。

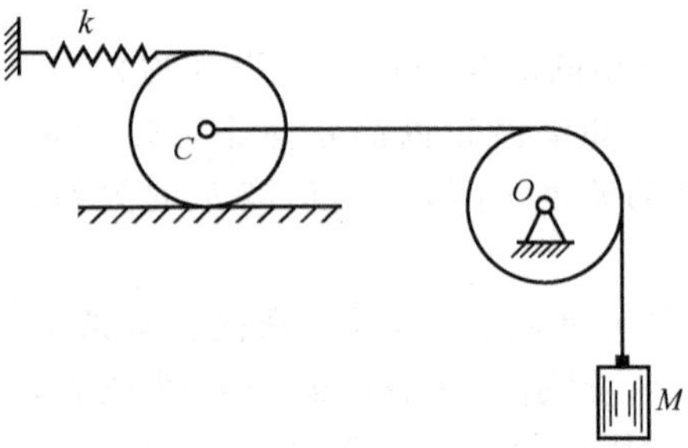

图 12.44 题四(18)图

第13章
达朗贝尔原理

本章教学要点

知识要点	掌握程度	相关知识
惯性力系的简化	掌握各种惯性力系的简化方法	刚体平动、转动和平面运动
达朗贝尔原理	掌握达朗贝尔原理的应用方法	质点系的动力学问题

导入案例

1743年，达朗贝尔(1717—1783)考虑受约束质点的运动，首先区分了外力和内力，而内力可以互相抵消，因此有效力静态地等于外力，该结论称为达朗贝尔原理。该原理将约束归结为力的作用而提供了解决受约束质点系动力学问题的一般方法，并在《动力学原理》中阐述了达朗贝尔原理。

小时候，吃过棉花糖的同学可能还记得：制作棉花糖的装置(如图所示的棉花糖机)中间是一个能旋转的金属容器，金属容器的外侧面有很多小孔，容器底部没有孔；容器的下部放置一个煤油喷灯。先点燃喷灯加热容器，然后用脚踏装置使侧壁带有小孔的容器旋转，当旋转的容器被加热到适当温度时从容器上部的一个开口加入白砂糖，白砂糖被下部喷灯加热熔融后变成液态，液态的糖在离心力的作用下被甩出容器侧壁上的小孔，经过空气冷凝变成白色丝状物，用棒搅取出来就成千丝万缕的棉花糖了。

也许有的同学坐过过山车或旋转飞机，或者看过速滑运动员在弯道时采取深蹲、向弯道内侧倾斜、用左手触摸冰面等滑跑姿势，这些惊心动魄的游戏都给我们留下很深的印象。地球和月球之间有万有引力，为什么月球不会掉下来呢？如果你仔细观察，会发现高速公路或铁路的转弯处是向内倾斜的，这些是什么原因呢？你也可以根据本章的知识，自己设计洗衣机的脱水筒。当你晨练时，(如进行弯道跑或者在速度滑冰中进行弯道滑行等)，你一定会懂得如何保护好自己避免受到伤害。

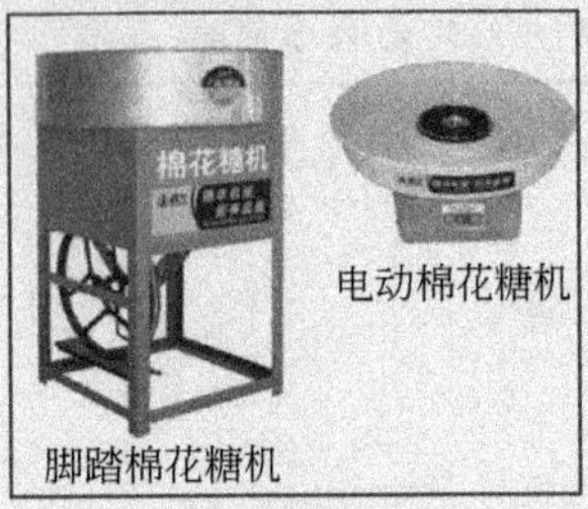

棉花糖机

过山车

旋转飞机

速度滑冰

弯道上的火车

洗衣机的脱水桶

13.1　惯性力与质点的达朗贝尔原理

前面介绍了解决动力学问题的两种方法，即质点运动微分方程的方法和以牛顿定律为基础的动力学普遍定理方法，能有效地解决某些质点或质点系(刚体)的动力学问题。但随着社会科技水平的提高，各种不同的机器和机械设备在工程实际中得到越来越多的使用。在这些机器设备的设计、制造和使用中出现了大量的非自由质点系的动力学问题。对于这类问题，人们引入惯性力的概念，假想在质点或质点系(刚体)上加上惯性力，则可应用静力学写平衡方程的方法求解动力学问题。这种方法称为达朗贝尔原理(又称为动静法)，它提供了求解动力学问题的一种普遍方法。

13.1.1 惯性力的概念

在达朗贝尔原理中涉及惯性力，所以可先讨论惯性力的概念。下面举两个实例来说明。

例如，一工人在水平光滑直线轨道上推质量为 m 的小车，如图 13.1(a)所示，设手作用于小车上的水平力为 $\boldsymbol{F}$，小车将获得水平加速度 $\boldsymbol{a}$，如图 13.1(b)所示。由牛顿第二定律可知 $\boldsymbol{F}=m\boldsymbol{a}$。同时，由于小车具有惯性，这个惯性力促使小车保持其原来的运动状态而给手一个反作用力 $\boldsymbol{F}'$，由作用和反作用定律，可知

$$\boldsymbol{F}'=-\boldsymbol{F}=-m\boldsymbol{a}$$

即小车的惯性力大小等于小车的质量与加速度的乘积，方向和加速度的方向相反。

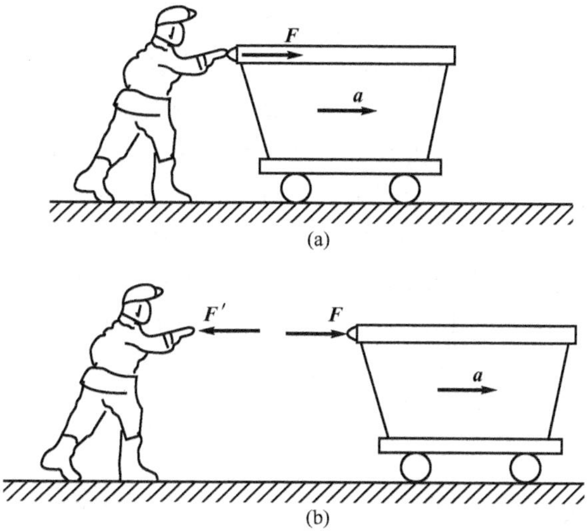

图 13.1 惯性力(一)

又如，质量为 m 的小球在光滑的水平面内通过绳子绕中心轴 O 作匀速圆周运动，圆周的半径为 R，小球的速度为 $\boldsymbol{v}$，加速度为 $\boldsymbol{a}_n$，如图 13.2(a)所示。小球在水平面内只受绳子的拉力 $\boldsymbol{F}$(向心力)的作用，两者之间的关系由牛顿第二定律可写为 $\boldsymbol{F}=m\boldsymbol{a}_n$。由于小球的惯性，小球将给予绳子一个反作用力 $\boldsymbol{F}'$，如图 13.2(b)所示。由作用和反作用定律，可知

$$\boldsymbol{F}'=-\boldsymbol{F}=-m\boldsymbol{a}_n$$

即小球的惯性力大小等于小球的质量与加速度的乘积，方向和加速度的方向相反。

从以上两个例子可见，质点受力改变运动状态时，由于质点的惯性，质点将给予施力物体一个反作用力，这个反作用力称为质点的惯性力。质点惯性力的大小等于质点的质量

与其加速度的乘积，方向与质点加速度的方向相反。

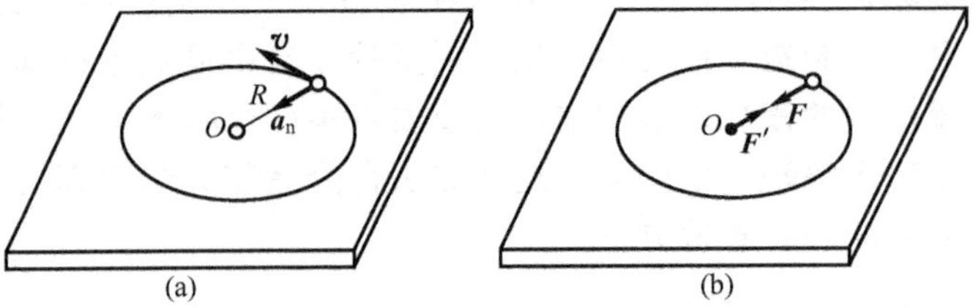

图 13.2 惯性力(二)

13.1.2 质点的达朗贝尔原理

设一质点的质量为 m，在主动力 $\boldsymbol{F}$ 和约束外力 $\boldsymbol{F}_N$ 的共同作用下，产生的加速度为 $\boldsymbol{a}$，如图 13.3 所示。根据牛顿第二定律，有

$$\boldsymbol{F}+\boldsymbol{F}_N=m\boldsymbol{a}$$

上式又可写为

$$\boldsymbol{F}+\boldsymbol{F}_N+(-m\boldsymbol{a})=0$$

式中，$-m\boldsymbol{a}$ 为质点的惯性力，用 F_I 来表示，于是上式可写为

$$\boldsymbol{F}+\boldsymbol{F}_N+\boldsymbol{F}_I=0 \tag{13-1}$$

式(13-1)表明，质点运动的任一瞬时，作用于质点上的主动力、约束反力以及假想加在质点上的惯性力，在形式上组成一平衡力系，这就是质点的达朗贝尔原理。

应该着重指出，质点真实的受力只有主动力和约束反力，惯性力只是假想地加在质点上，上面提到的“平衡”力系只是形式上的一种平衡力系，质点也并非处于平衡状态。这样做的目的只是将动力学问题化为静力学问题求解，为动力学问题提供另一条求解的途径。同时，达朗贝尔原理与第 14 章的虚位移原理构成了分析力学的基础。

【例 13-1】 一圆锥摆如图 13.4 所示。质量为 m 的小球系于长为 l 的绳上，绳的另一端系在固定点 O 处。当小球在水平面内以速度 $\boldsymbol{v}$ 作匀速圆周运动时，绳子与铅垂线成 θ 角。用达朗贝尔原理求速度大小 v 与 θ 角之间的关系。

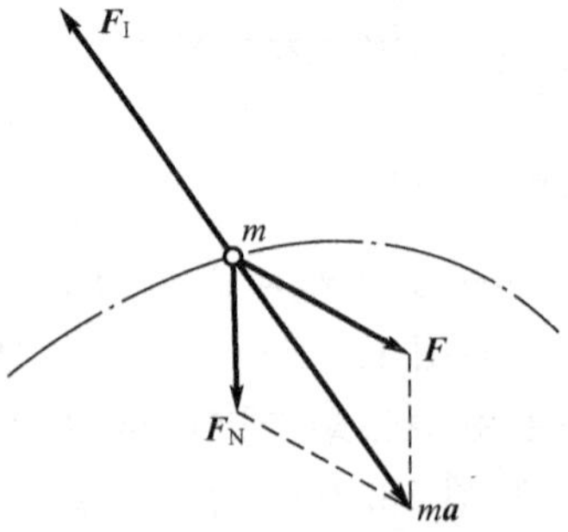

图 13.3 质点的达朗贝尔原理

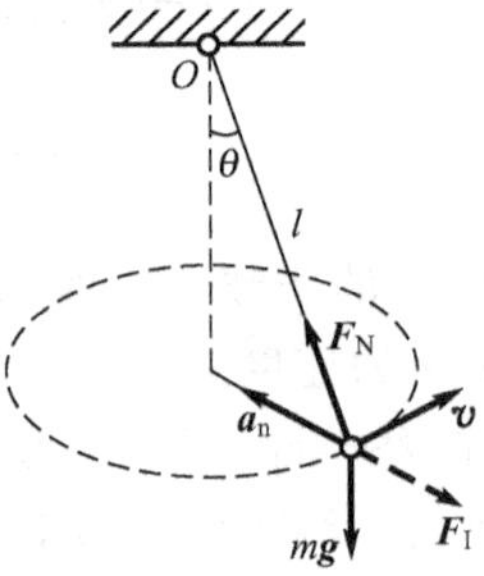

图 13.4 例 13-1 图

解：将小球视为质点，小球在主动力 $m\boldsymbol{g}$ 和约束反力 F_N 的作用下作匀速圆周运动。由质点的运动情况可知质点只有法向加速度 $\boldsymbol{a}_n$，在质点上假想地加上一个惯性力 $\boldsymbol{F}_I$，由达朗贝尔原理可知，质点在这三个力作用下在每一瞬时都处于平衡状态，故有

$$F_N\sin\theta - F_I = 0,\quad F_N\cos\theta - mg = 0$$

由上面两式消去 F_N，可得

$$F_I = mg\tan\theta$$

而 $F_I = ma_n = m\dfrac{v^2}{l\sin\theta}$，即有

$$v^2 = gl\tan\theta\sin\theta$$

即

$$v = \sqrt{gl\tan\theta\sin\theta}$$

【例 13-2】 如图 13.5 所示的列车在水平轨道上行驶，车厢内悬挂一单摆，摆锤的质量为 m。当车厢向右作匀加速运动时，单摆向左偏转的角度为 φ，求车厢的加速度。

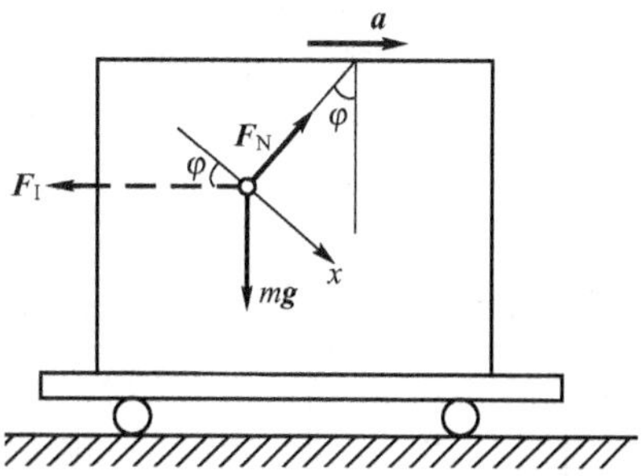

图 13.5 例 13-2 图

解：选摆锤为研究对象，它受到重力 $m\boldsymbol{g}$ 和绳子拉力 $\boldsymbol{F}_N$ 的作用。假想地增加一个惯性力 $\boldsymbol{F}_I$，由达朗贝尔原理可知，摆锤在这些力的作用下处于平衡状态。列 x 方向的平衡方程，即

$$mg\sin\varphi - F_I\cos\varphi = 0$$

而 $F_I = ma$，代入上式，可解得

$$a = g\tan\varphi$$

φ 随着加速度 $\boldsymbol{a}$ 的变化而变化，当 $\boldsymbol{a}$ 固定时，φ 也固定不变。因此，只要测得偏转角 φ，就能知道列车的加速度 $\boldsymbol{a}$。这就是摆式加速计的原理。

13.2 质点系的达朗贝尔原理

设有 n 个质点组成的质点系，其中任一个质点 i 的质量为 m_i，加速度为 $\boldsymbol{a}_i$，此质点上除了作用有真实的主动力 $\boldsymbol{F}_i$ 和约束反力 $\boldsymbol{F}_{Ni}$ 外，还假想地在这个质点上增加它的惯性力 $\boldsymbol{F}_{Ii}$，由质点的达朗贝尔原理，有

$$\boldsymbol{F}_i + \boldsymbol{F}_{Ni} + \boldsymbol{F}_{Ii} = 0 \quad (i=1, 2, \cdots, n) \tag{13-2}$$

式(13-2)表明，质点系运动的每一瞬时，作用于系内每个质点的主动力、约束反力和该质点的惯性力组成一个平衡力系。这就是质点系的达朗贝尔原理。

如果把真实作用于第 i 个质点上的所有力分成外力 $\boldsymbol{F}_i^e$ 和内力 $\boldsymbol{F}_i^i$，则式(13-2)可改写为

$$\boldsymbol{F}_i^e + \boldsymbol{F}_i^i + \boldsymbol{F}_{Ii} = 0 \quad (i=1, 2, \cdots, n) \tag{13-3}$$

这表明，质点系中每个质点上作用真实的外力、内力和虚假的惯性力在形式上组成一个平衡力系。

必须指出，对于由 n 个质点组成的质点系，由于每一个质点处于平衡状态，整个质点系也就处于平衡状态。对于整个质点系的平衡，由静力学中的平衡条件可知，空间任意力系平衡的充分必要条件是力系的主矢和对于任一点的主矩等于零，即

$$\sum\boldsymbol{F}_i^e + \sum\boldsymbol{F}_i^i + \sum\boldsymbol{F}_{Ii} = 0$$

$$\sum \boldsymbol{M}_O(\boldsymbol{F}_i^{\mathrm{e}})+\sum \boldsymbol{M}_O(\boldsymbol{F}_i^{\mathrm{i}})+\sum \boldsymbol{M}_O(\boldsymbol{F}_{\mathrm{I}i})=0$$

由于质点系的内力总是成对出现的，且等值反向、共线，因此有$\sum \boldsymbol{F}_i^{\mathrm{i}}=0$，$\sum \boldsymbol{M}_O(\boldsymbol{F}_i^{\mathrm{i}})=0$，这样，上面两式可简化为

$$\begin{cases}\sum \boldsymbol{F}_i^{\mathrm{e}}+\sum \boldsymbol{F}_{\mathrm{I}i}=0\\ \sum \boldsymbol{M}_O(\boldsymbol{F}_i^{\mathrm{e}})+\sum \boldsymbol{M}_O(\boldsymbol{F}_{\mathrm{I}i})=0\end{cases} \tag{13-4}$$

式(13-4)表明，作用于质点系上的所有外力与虚加在每一个质点上的惯性力在形式上组成平衡力系，这就是质点系达朗贝尔原理的又一表述形式。

在静力学中，称$\sum \boldsymbol{F}_i$为力系的主矢，$\sum \boldsymbol{M}_O(\boldsymbol{F}_i)$为力系对点$O$的主矩。现在称$\sum \boldsymbol{F}_{\mathrm{I}i}$为惯性力系的主矢，$\sum \boldsymbol{M}_O(\boldsymbol{F}_{\mathrm{I}i})$为惯性力系对点$O$的主矩。将静力学中空间任意力系的平衡方程和式(13-4)比较，式(13-4)中分别多出了惯性主矢$\sum \boldsymbol{F}_{\mathrm{I}i}$和主矩$\sum \boldsymbol{M}_O(\boldsymbol{F}_{\mathrm{I}i})$。由质点系的达朗贝尔原理可知，质点系所受的全部真实力加上全部虚假惯性力后，在形式上构成一个平衡力系。因而可用静力学所述的求解平衡问题的方法，求解动力学问题。

【例 13-3】 如图 13.6 所示的定滑轮半径为r，质量为m_3，均匀分布在轮缘上，可绕水平轴O转动。跨过滑轮的无重绳的两端挂有质量分别为m_1和m_2的两重物($m_1>m_2$)，绳和轮之间不打滑，轴承摩擦忽略不计，求重物的加速度。

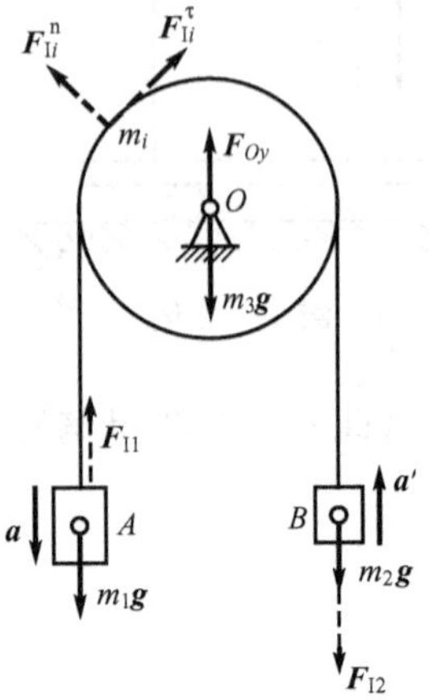

图 13.6 例 13-3 图

解： 以滑轮和两重物组成的质点系为研究对象。作用在该系统上的外力有重力$m_1\boldsymbol{g}$、$m_2\boldsymbol{g}$、$m_3\boldsymbol{g}$和轴承的约束反力$\boldsymbol{F}_{Oy}$。

因为$m_1>m_2$，则两重物加速度的方向和惯性力的方向如图 13.6 所示。其中，$\boldsymbol{a}'=-\boldsymbol{a}$，惯性力分别为

$$\boldsymbol{F}_{\mathrm{I}1}=-m_1\boldsymbol{a}，\boldsymbol{F}_{\mathrm{I}2}=-m_2\boldsymbol{a}'=m_2\boldsymbol{a}$$

滑轮可视为由许多质点组成的质点系。记轮缘上任一点i的质量为m_i，由该点加速度的大小和方向可确定该质点的惯性力的大小为

$$F_{\mathrm{I}i}^{\mathrm{n}}=m_i\frac{v^2}{r}，F_{\mathrm{I}i}^{\tau}=m_ir\varepsilon=m_ia$$

方向如图 13.6 所示。由质点系的达朗贝尔原理可知，质点系在所有这些力的作用下处于平衡状态。由

$\sum M_O(\boldsymbol{F}_i)=0$，有

$$(m_1g-F_{\mathrm{I}1}-m_2g-F_{\mathrm{I}2})r-\sum F_{\mathrm{I}i}^{\tau}r=0$$

即$(m_1g-m_1a-m_2g-m_2a)r-\sum m_iar=0$，而$\sum m_iar=(\sum m_i)ar=m_3ar$，代入上式，整理后得

$$a=\frac{m_1-m_2}{m_1+m_2+m_3}g$$

13.3 刚体惯性力系的简化

应用动静法求解质点系动力学问题时，需在质点系实际所受的力系上虚加各质点的惯性力，以便构成假想的平衡力系。所有质点的惯性力也构成一个力系，称为惯性力系。由

于刚体是由无数个质点组成的质点系，要对每一个质点添加惯性力，然后列平衡方程来计算，一般来说是相当困难的。若利用静力学中力系简化理论，可将原惯性力系向一点简化，得到主矢和主矩，并用它们来表示原来整个较为复杂的惯性力系的作用效果，将给解题带来很大方便。所以我们用动静法来分析刚体动力学问题之前，先要来分析刚体惯性力系的简化问题。

对于作任意运动的质点系，把实际所受的力系和虚加惯性力系向任意点O简化，所得的主矢和主矩分别记为$\boldsymbol{F}_{\mathrm{R}}$、$\boldsymbol{M}_O$、$\boldsymbol{F}_{\mathrm{IR}}$、$\boldsymbol{M}_{\mathrm{IO}}$，由力系的平衡条件可得

$$\boldsymbol{F}_{\mathrm{R}}+\boldsymbol{F}_{\mathrm{IR}}=0;\quad \boldsymbol{M}_O+\boldsymbol{M}_{\mathrm{IO}}=0$$

由质心运动定理$\boldsymbol{F}_{\mathrm{R}}=m\boldsymbol{a}_C$，代入上式得

$$\boldsymbol{F}_{\mathrm{IR}}=-m\boldsymbol{a}_C \tag{13-5}$$

即质点系惯性力系的主矢恒等于质点系总质量与质心加速度的乘积，方向与质心加速度的方向相反。

由静力学中任意力系的简化理论可知，一个任意力系的主矢的大小和方向和简化中心的位置无关，但主矩一般与简化中心的位置有关。至于惯性力系的主矩，一般说来也与简化中心的位置有关。下面对刚体平移、定轴转动、平面运动时惯性力系简化的主矩进行讨论。

13.3.1 刚体作平动

刚体作平动时，每一瞬时刚体内任一质点i的加速度$\boldsymbol{a}_i$与质心C的加速度$\boldsymbol{a}_C$相同，即$\boldsymbol{a}_i=\boldsymbol{a}_C$，刚体的惯性力系构成一组相互平行的力系，如图13.7所示。任选一点O为简化中心，主矩用$\boldsymbol{M}_{\mathrm{IO}}$表示，有

$$\begin{aligned}\boldsymbol{M}_{\mathrm{IO}}&=\sum\boldsymbol{r}_i\times\boldsymbol{F}_{\mathrm{I}i}=\sum\boldsymbol{r}_i\times(-m_i\boldsymbol{a}_i)\\&=-(\sum m_i\boldsymbol{r}_i)\times\boldsymbol{a}_C=-m\boldsymbol{r}_C\times\boldsymbol{a}_C=-\boldsymbol{r}_C\times\boldsymbol{F}_{\mathrm{IR}}\end{aligned} \tag{13-6}$$

式(13-6)中，$\boldsymbol{r}_C$为质心C到简化中心O的矢径。式(13-6)也表明，如果取质心C为力系的简化中心，即$r_C=0$，则惯性力系的主矩恒等于零。因而，刚体平动时惯性力系可以简化为作用在质心上的一个合力$\boldsymbol{F}_{\mathrm{IR}}$，其大小和方向由式(13-5)给出。

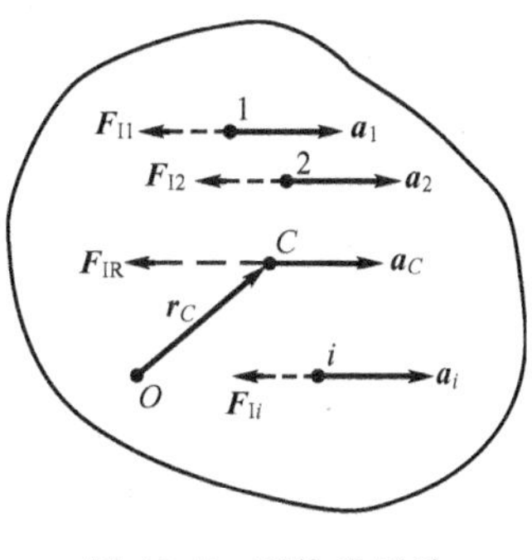

图13.7 刚体作平动

13.3.2 刚体作定轴转动

刚体绕定轴z转动，转动的角速度和角加速度分别为ω和ε。在刚体内任取一质点M_i，其质量为m_i，其到转动轴的距离为r_i，根据刚体转动的角速度和角加速度可以确定质点M_i的切向惯性力$\boldsymbol{F}_{\mathrm{I}i}^{\tau}$和法向惯性力$\boldsymbol{F}_{\mathrm{I}i}^{\mathrm{n}}$，它们的方向如图13.8(a)所示，大小分别为

$$F_{\mathrm{I}i}^{\tau}=m_ia_i^{\tau}=m_ir_i\varepsilon\quad F_{\mathrm{I}i}^{\mathrm{n}}=m_ia_i^{\mathrm{n}}=m_ir_i\omega^2$$

在转轴上任选一点O为简化中心，建立如图13.8(a)所示的坐标系$Oxyz$，质点M_i的坐标为(x_i，y_i，z_i)。由前面的分析已经知道，力对任意点O的矩矢在通过该点的某轴上的投影，等于力对该轴的矩，所以只要知道惯性力对三个坐标轴的矩$M_{\mathrm{I}x}$、$M_{\mathrm{I}y}$和$M_{\mathrm{I}z}$，惯性力对点O的矩矢即可确定。下面分别计算惯性力对x、y、z轴的矩。由图13.8(b)，很容易求得惯性力对x轴的矩

$$\begin{aligned}M_{\mathrm{I}x}&=\sum M_x(F_{\mathrm{I}i})=\sum M_x(F_{\mathrm{I}i}^{\tau})+\sum M_x(F_{\mathrm{I}i}^{\mathrm{n}})\\&=\sum m_ir_i\varepsilon\cos\theta_i\cdot z_i-\sum m_ir_i\omega^2\sin\theta_i\cdot z_i\end{aligned}$$

其中

$$\cos\theta_i=\frac{x_i}{r_i},\ \sin\theta_i=\frac{y_i}{r_i}$$

$$M_{Ix}=\varepsilon\sum m_i x_i z_i-\omega^2\sum m_i y_i z_i$$

即

$$J_{yz}=\sum m_i y_i z_i,\ J_{xz}=\sum m_i x_i z_i$$

J_{yz}、J_{xz}是刚体对于z轴的两个惯性积，它们取决于刚体质量对于坐标的分布情况。于是，惯性力系对于x轴的矩为

$$M_{Ix}=\varepsilon J_{xz}-\omega^2 J_{yz} \tag{13-7}$$

同理，可得惯性力系对于y轴的矩

$$M_{Iy}=\varepsilon J_{yz}+\omega^2 J_{xz} \tag{13-8}$$

惯性力系对于z轴的矩为

$$M_{Iz}=-\varepsilon J_z \tag{13-9}$$

式中，J_z为刚体对转轴z的转动惯量。

可见，当刚体绕定轴转动时，惯性力系向转轴上一点O简化的主矩为

$$\boldsymbol{M}_{IO}=M_{Ix}\boldsymbol{i}+M_{Iy}\boldsymbol{j}+M_{Iz}\boldsymbol{k} \tag{13-10}$$

式中，M_{Ix}、M_{Iy}、M_{Iz}为表达式，如式(13-7)～式(13-9)所示。如果刚体有质量对称平面且该平面与转轴z垂直，简化中心O取为此平面与z轴的交点，则

$$J_{yz}=\sum m_i y_i z_i=0,\ J_{xz}=\sum m_i x_i z_i=0$$

则$M_{Ix}=M_{Iy}=0$，此时惯性力对点O的主矩为

$$M_{IO}=M_{Iz}=-\varepsilon J_z$$

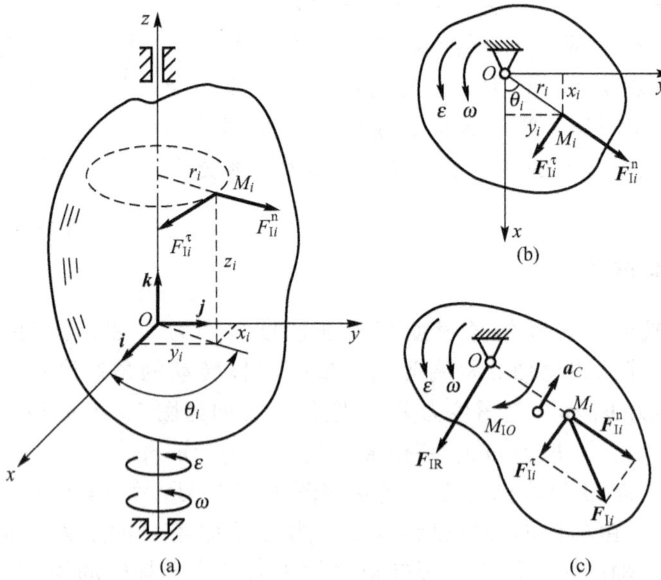

图 13.8 刚体作定轴转动惯性力系的简化

通过以上分析，可以得到这样的结论：当刚体有质量对称面且绕垂直于该对称平面的轴作定轴转动时，惯性力系向转轴与对称平面的交点O简化，最后就得到一个力$\boldsymbol{F}_{IR}$和矩

为 M_{IO} 的力偶。这个力等于刚体质量与质心加速度的乘积，方向与质心加速度的方向相反。这个力偶的矩等于刚体对转轴的转动惯量与角加速度的乘积，转向与角加速度相反，如图 13.8(c)所示。

如不取点 O 而取质心 C 为简化中心，如图 13.9 所示，将惯性力系向质心 C 简化，就得到作用于质心 C 的惯性力 $\boldsymbol{F}_{IR}$ 和对称平面内的惯性矩 $M_{IC}=-J_C\varepsilon$，其中 J_C 是刚体对于通过质心而与转动轴 z 平行的轴的转动惯量。如果固定轴通过质心 C，则惯性力系向质心 C 简化后的主矢 $F_{IR}=0$，只需增加一个惯性力偶，力偶矩 $M_{IC}=-J_C\varepsilon$。

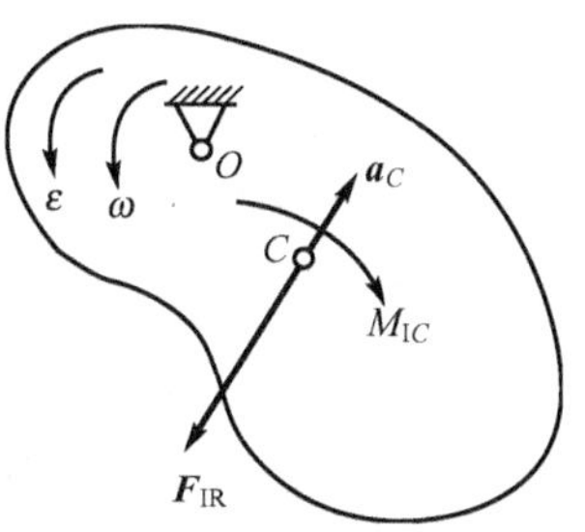

图 13.9 刚体定轴转动惯性力向质心的简化

13.3.3 刚体作平面运动

只讨论刚体有质量对称平面，且平行于此平面运动的情形。取质量对称平面内的平面图形，如图 13.10 所示。由运动学可知，平面运动可分解为随质心的平动和绕质心的转动。设质心 C 的加速度为 $\boldsymbol{a}_C$，转动的角加速度为 ε，则

$$F_{IR}=-ma_C$$
$$M_{IC}=-J_C\varepsilon$$

式中，J_C 是刚体对于质心 C 且垂直于质量对称平面的轴的转动惯量。

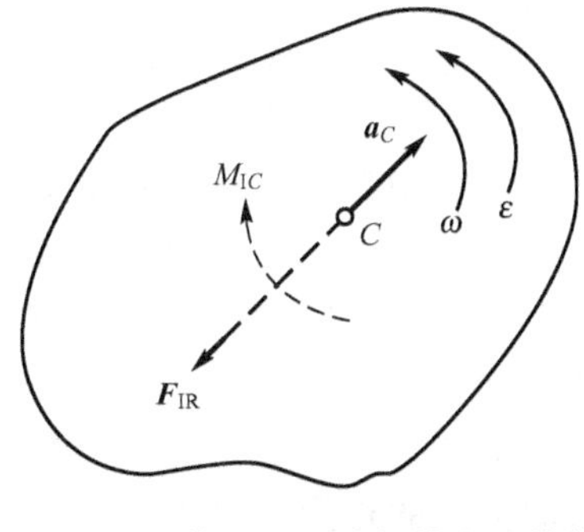

图 13.10 刚体平面运动惯性力系的简化

由以上讨论可知，有质量对称平面的刚体，当平行于此平面运动时，刚体的惯性力系简化为在此平面内的一个力和一个力偶。这个力通过质心 C，大小等于刚体的质量与质心加速度的乘积，其方向与质心加速度的方向相反。这个力偶的矩等于刚体对通过质心且垂直于质量对称面的轴的转动惯量与角加速度的乘积，转向与角加速度相反。

由以上分析可知，刚体的运动形式不同，惯性力系简化结果也不同。因此，应用达朗贝尔原理求解刚体动力学问题时，应首先分析刚体的运动形式，在简化中心上正确地加上惯性力和惯性力偶，然后再写出平衡方程求解。

【例 13-4】 涡轮机的转轮具有对称面，并有偏心距 $e=0.5\text{mm}$。已知转轮重量为 $W=20\text{kN}$，并以 $n=6000\text{r/min}$ 速度匀速转动。设 $AB=h=1\text{m}$，$BD=\dfrac{h}{2}=0.5\text{m}$，转动轴垂直于对称面，如图 13.11 所示。试求当质心 C 处于转轮的转动中心 D 的正右方时，即当 CD 平行于 y 轴时，止推轴承 A 及环轴承 B 处的反力。

解： 转轮做匀速转动时，因为没有角加速度，质心 C 只有向心加速度，而无切向加速度。刚体惯性力系向质心 C 简化后得到惯性力系的主矢 $\boldsymbol{F}_{IR}$，而主矩 $M_{IC}=0$，如图 13.11 所示。选整体为研究对象，进行受力分析。根据达朗贝尔原理，整体在 A、B 所受的约束反力和重力以及惯性力 $\boldsymbol{F}_{IR}$ 的作用下处于平衡状态，而

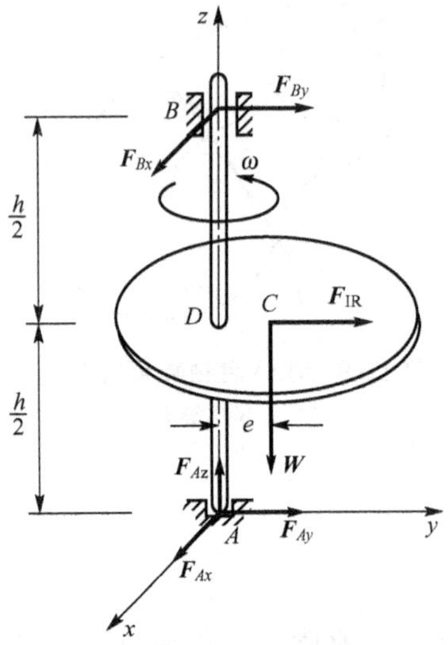

图 13.11　例 13-4 图

$$F_{IR}=\frac{W}{g}e\omega^2$$

列平衡方程

$$\sum F_x=0 \quad F_{Ax}+F_{Bx}=0$$
$$\sum F_y=0 \quad F_{Ay}+F_{By}+F_{IR}=0$$
$$\sum F_z=0 \quad F_{Az}-W=0$$
$$\sum M_x(\boldsymbol{F})=0 \quad -F_{By}\cdot h-F_{IR}\cdot \frac{h}{2}-W\cdot e=0$$
$$\sum M_y(\boldsymbol{F})=0 \quad F_{Bx}\cdot h=0$$

由上述五个方程解得轴承的约束反力为

$$F_{Ax}=F_{Bx}=0$$
$$F_{By}=-We\left(\frac{1}{h}+\frac{\omega^2}{2g}\right),\ F_{Ay}=We\left(\frac{1}{h}-\frac{\omega^2}{2g}\right)$$

将 $\omega=6000\text{r/min}=2\pi\times100\text{rad/s}$ 及其他数据代入，解得

$$F_{Ay}=-20\text{kN},\quad F_{By}=-20\text{kN},\quad F_{Az}=20\text{kN}$$

在 F_{Ay} 及 F_{By} 的表达式中，$\frac{We}{2g}\omega^2$ 是由于转动引起的，称为动反力。计算数值时，$\frac{1}{h}$ 这一项因远比 $\frac{\omega^2}{2g}$ 小而被略去了，所以 F_{Ay} 及 F_{By} 几乎完全等于偏心转轮的转动而产生的动反力。

从计算结果可以看出，虽然只有 0.5mm 的偏心距，转速也不是太高，而动反力却达到轮重的 10 倍。而且从上面的分析可知，转速越高，偏心距越大，轴承的动约束反力越大，这势必使轴承磨损加快，甚至引起轴承的破坏。再次，注意到质心位置是随时间改变的，惯性力系的主矢 $\boldsymbol{F}_{IR}$ 随时间而发生周期性的变化，使轴承动约束反力的大小和方向也随时间发生周期性的变化，这势必引起机器的振动和噪声，同样加速轴承的磨损和破坏。所以对于高速旋转的物体而引起的动反力必须予以足够的重视，尽量减小或消除偏心距。为了消除轴承上的附加动反力，必须也只需转轴通过刚体的质心 C，通过质心的惯性主轴称为中心惯性主轴。要使定轴转动刚体的轴承不受附加动反力的作用，只需转动轴是刚体的中心惯性主轴。

【例 13-5】 均质滚子质量 $m=20\text{kg}$，被水平绳拉着在水平面上作纯滚动。绳子跨过滑轮 B 而在另一端系有质量 $m_1=10\text{kg}$ 的重物 A，如图 13.12(a)所示。求滚子中心 O 的加速度。滑轮和绳的质量都忽略不计。

解： 设滚子的角加速度为 ε，方向为顺时针转向。分别取滚子和重物为研究对象，滚子和重物承受的真实的力并加上惯性力如图 13.12(b)和图 13.12(c)所示。其中 $F_I=ma_O=mr\varepsilon$，$M_{IO}=\frac{1}{2}mr^2\varepsilon$，$F_{I1}=m_1a_A=2m_1r\varepsilon$，按照达朗贝尔原理列平衡方程。

滚子 O 的平衡方程有

$$\sum M_C(\boldsymbol{F})=0 \quad -F_T\cdot 2r+F_I\cdot r+M_{IO}=0 \tag{a}$$

重物 A 的平衡方程有

$$\sum F_y=0 \quad F'_T+F_{I1}-m_1g=0 \tag{b}$$

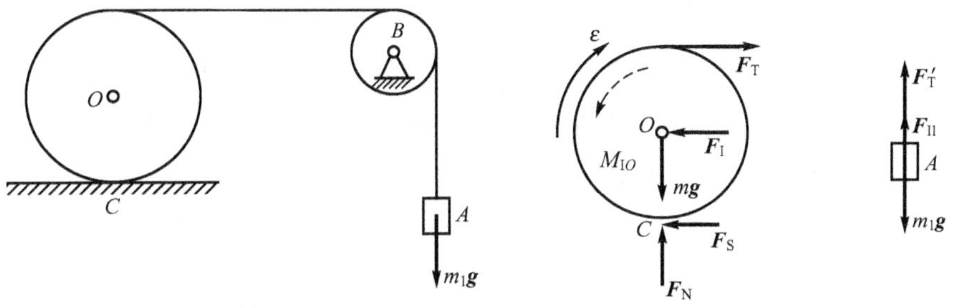

(a) (b) (c)

图 13.12 例 13-5 图

其中，$F_T=F'_T$，将惯性力的表达式代入式(a)、(b)，并联立求解，可得

$$\varepsilon=\frac{4m_1}{3m+8m_1}\frac{g}{r}$$

这样，滚子中心 O 的加速度为

$$a=r\varepsilon=\frac{4m_1}{3m+8m_1}g=2.8\text{m/s}^2$$

【例 13-6】 均质圆盘 O，质量 $m=20\text{kg}$，半径 $r=0.45\text{m}$，有一长 $l=1.2\text{m}$，质量为 $m_1=10\text{kg}$ 的均质直杆 AB 铰接在圆盘边缘的 A 点，如图 13.13(a)所示。设圆盘上有一力偶矩 $M=20\text{N}\cdot\text{m}$ 的力偶作用。求在开始运动($\omega=0$)时：(1)圆盘和杆的角加速度；(2)轴承 O 点的约束反力。

解：设圆盘和杆的角加速度分别为 ε_1 和 ε_2。取杆为研究对象，杆承受的真实的力并加上惯性力，如图 13.13(c)所示，其中 $F_{IC}=m_1a_C=m_1\left(r\varepsilon_1+\frac{l}{2}\varepsilon_2\right)$，$M_{IC}=\frac{1}{12}m_1l^2\varepsilon_2$。按照达朗贝尔原理列平衡方程

$$\sum M_A(\boldsymbol{F})=0 \quad -F_{IC}\times\frac{l}{2}-M_{IC}=0 \tag{a}$$

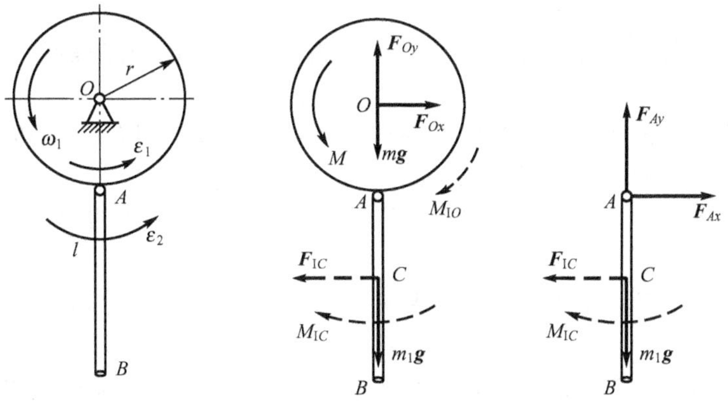

(a) (b) (c)

图 13.13 例 13-6 图

取整体为研究对象，承受真实的力并加上惯性力，如图 13.13(b)所示，其中 $M_{IO}=\frac{1}{2}$

$mr^2\varepsilon_1$。按照达朗贝尔原理列平衡方程有

$$\sum M_O(\boldsymbol{F})=0 \quad -F_{IC}\times\left(r+\frac{l}{2}\right)-M_{IC}-M_{IO}+M=0 \tag{b}$$

将以上惯性力表达式及各量的数值代入后，联立求解式(a)、式(b)，得

$$\varepsilon_1\approx 7.9\text{rad/s}^2，\varepsilon_2\approx -4.44\text{rad/s}^2$$

由$\sum F_x=0$，即$F_{Ox}-F_{IC}=0$，解得轴承O水平方向的约束反力

$$F_{Ox}=F_{IC}=m_1\left(r\varepsilon_1+\frac{l}{2}\varepsilon_2\right)=8.91\text{N}$$

由$\sum F_y=0$，即$F_{Oy}-mg-m_1g=0$，解得轴承O垂直方向的约束反力

$$F_{Oy}=mg+m_1g=294\text{N}$$

小　　结

本章通过在运动的物体上假想地增加物体的惯性力，而将动力学问题变成静力学问题，然后应用静力学列平衡方程来解决动力学问题。达朗贝尔原理又称动静法。该原理是求解非自由质点和质点系动力学问题的普遍方法，在求动约束反力和构件的动载荷等问题中得到广泛应用。

本章要求掌握惯性力的概念，理解质点和质点系的达朗贝尔原理，重点是将刚体作为一个质点系，其惯性力的简化要依据刚体作平动、定轴转动和平面运动三种情况而有不同的处理方法。

动静法极大地简化了对动力学问题的分析处理，因此在工程上有着十分广泛的应用。

习　　题

一、是非题(正确的在括号内打“√”，错误的打“×”)

1. 凡是运动的质点都具有惯性力。（　）
2. 一质点系用动静法所列出的平衡方程，相当于质心运动定理和动量矩定理的联合应用。（　）
3. 不论刚体作何种运动，其惯性力系向一点简化的主矢都等于刚体的质量与其质心加速度的乘积，方向与质心加速度的方向相反。（　）
4. 只有转轴通过质心，则定轴转动刚体的轴承上才一定不受附加动反力的作用。（　）
5. 应用动静法，对静止的质点都不需要增加惯性力，而对运动的质点都需要增加惯性力。（　）
6. 作瞬时平动的刚体，在该瞬时其惯性力系向质心简化的主矩必为零。（　）
7. 平面运动刚体上的惯性力系如果有合力，则必作用在刚体的质心上。（　）

二、填空题

1. 质点惯性力的大小等于质点的________和________的乘积。
2. 把动力学问题在形式上变为静力学问题的求解方法，称为________。

3. 两根长度均为 l，质量均为 m 的均质细杆 AB、BC，在 B 处铰接在一起。杆 AB 可绕中心 O 转动，如图 13.14 所示。当三点 A、B、C 在同一水平直线上，由此位置在重力作用下开始运动时，杆 AB 的角加速度比杆 BC 的角加速度________。

4. 均质细杆 AB 的质量为 m，长为 L，置于水平位置，如图 13.15 所示。若在绳 BC 突然剪断，瞬时角加速度为 ε，则杆上各点惯性力的合力大小为________，方向为________，作用点的位置在杆的________处。

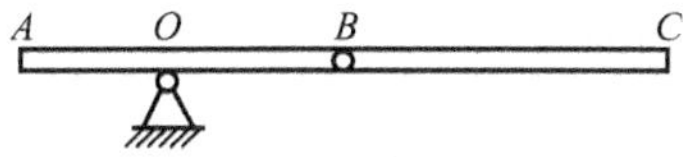

图 13.14 题二(3)图

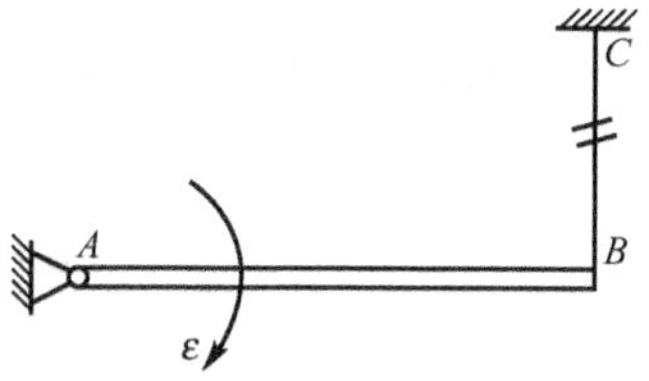

图 13.15 题二(4)图

5. 如图 13.16 所示的质量 $m=1\text{kg}$，长 $L=1\text{m}$ 的均质细杆 OA 在铅直面内绕其一端 O 转动，其转动规律为 $\varphi=t-2t^2$，t 以秒计，φ 以 rad 计，则 $t=1\text{s}$ 时，该杆的惯性力系向点 O 简化的主矢的大小为________，主矩的大小为________。

6. 如图 13.17 所示均质圆盘的质量为 m，半径为 r，在水平直线轨道上作纯滚动。若圆盘中心 C 的加速度为 $\boldsymbol{a}_C$，则圆盘的惯性力向盘质心 C 简化的主矢的大小为________，主矩的大小为________。

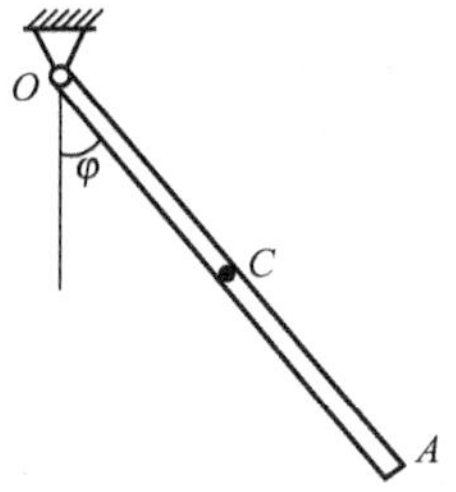

图 13.16 题二(5)图

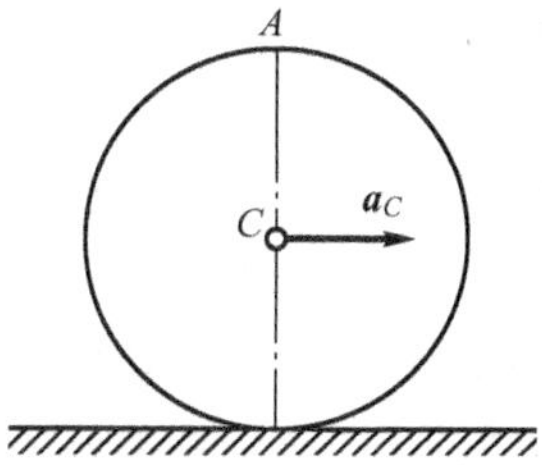

图 13.17 题二(6)图

三、选择题

1. 如图 13.18 所示四种情况，惯性力系的简化只有(　　)图正确。

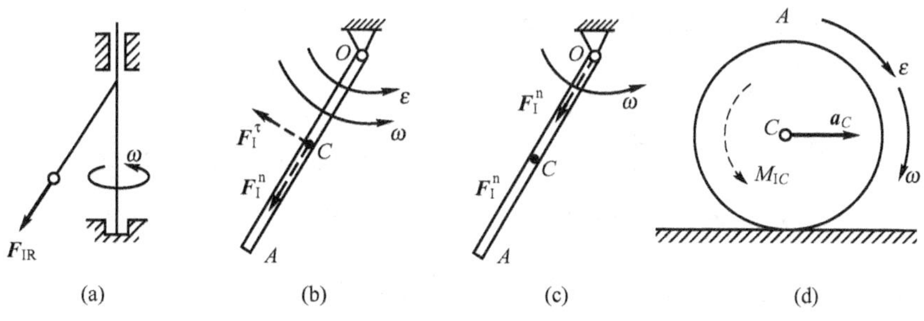

图 13.18 题三(1)图

2. 四个具有相同质量的小球，分别按图 13.19(a)、(b)、(c)、(d)运动，其中惯性力为 $\boldsymbol{F}_{IR}=-mg\boldsymbol{j}$ 的图是(　　)，其中 $\boldsymbol{j}$ 表示 y 轴的单位矢量。

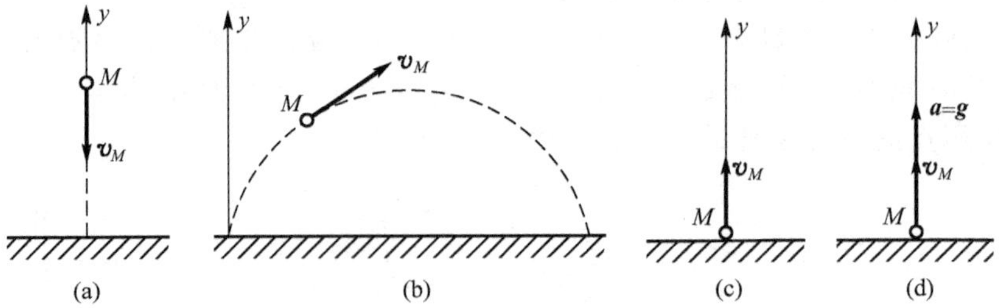

图 13.19　题三(2)图

3. 已知曲柄 $OA \mathrel{\underline{\underline{/\!/}}} O_1B$，$OA=r$，转动角速度和角加速度分别为 ω 和 ε，如图 13.20 所示。$ABCD$ 为一弯杆，质量为 m 的滑块 E 可沿杆 CD 运动，则在图示 $O_2E/\!/AB$ 瞬时，此滑块 E 的惯性力大小 F_{IR} 应为(　　)。

A. $F_{IR}=\dfrac{1}{8}mr(3\varepsilon+\sqrt{3}\omega^2)$　　B. $F_{IR}=\dfrac{\sqrt{3}}{3}mr\omega^2$

C. $F_{IR}=\dfrac{1}{2}mr(\sqrt{3}\varepsilon+\omega^2)$　　D. $F_{IR}=0$

4. 重量为 $\boldsymbol{Q}$ 的均质圆轮受到大小相等、方向相反、不共线的两个水平力 $\boldsymbol{F}_1$ 和 $\boldsymbol{F}_2$ 作用，如图 13.21 所示。若地面光滑，则圆轮质心作(　　)。

A. 匀加速直线运动　　B. 匀速直线运动

C. 匀速曲线运动　　D. 匀加速曲线运动

5. 定轴转动刚体在下述情况下，其转轴是中心惯性主轴的情况是(　　)。

A. 惯性力系向转轴上一点简化，只有主矩

B. 惯性力系向刚体上但不在转轴上某一点简化，只有主矢

C. 惯性力系向转轴上某一点简化，只有主矢

D. 惯性力系向刚体上不在转轴上的某一点简化，只有主矩，且主矩与转轴平行

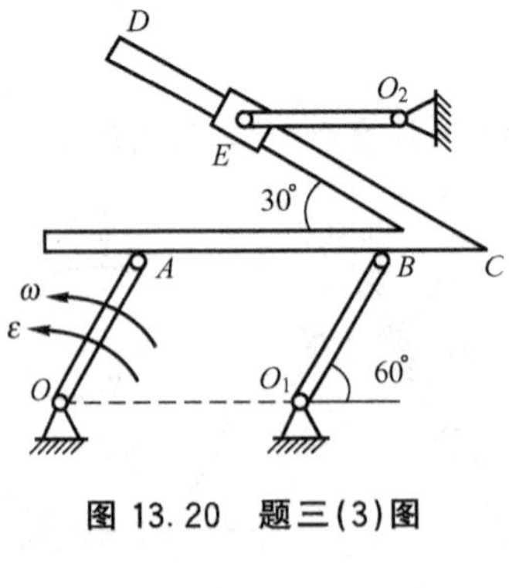

图 13.20　题三(3)图

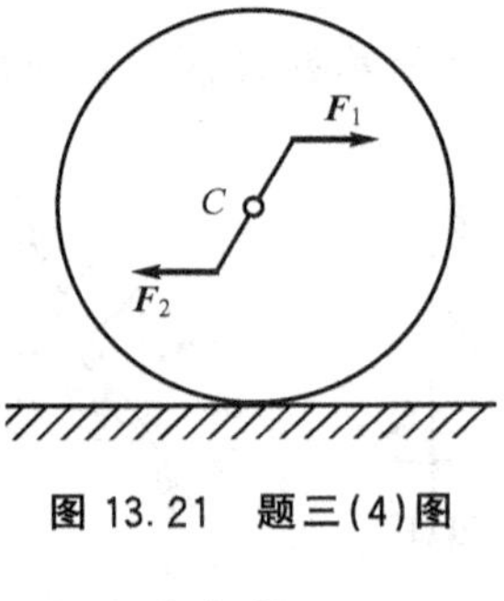

图 13.21　题三(4)图

6. 刚体作定轴转动时，附加动约束力为零的必要与充分条件是(　　)。

A. 刚体质心位于转动轴上

B. 刚体有质量对称面，转动轴与对称面垂直

C. 转动轴是中心惯性主轴

D. 刚体有质量对称面，转动轴与对称面成一个适当的角度

7. 长度为 l 的无重杆 OA 与质量为 m、长为 $2l$ 的均质杆 AB 在 A 端垂直固接，可绕轴 O 转动，如图 13.22 所示。假设在图示瞬时，角速度 $\omega=0$，角加速度为 ε，则此瞬时 AB 杆惯性力系简化的主矢 F_{IR} 的大小和主矩 M_{IO} 的大小分别为(　　)。

A. $F_{IR}=ml\varepsilon$(作用于点 O)，$M_{IO}=\frac{1}{3}ml^2\varepsilon$

B. $F_{IR}=\sqrt{2}ml\varepsilon$(作用于点 A)，$M_{IO}=\frac{4}{3}ml^2\varepsilon$

C. $F_{IR}=\sqrt{2}ml\varepsilon$(作用于点 O)，$M_{IO}=\frac{7}{3}ml^2\varepsilon$

D. $F_{IR}=\sqrt{3}ml\varepsilon$(作用于点 C)，$M_{IO}=\frac{7}{3}ml^2\varepsilon$

8. 如图 13.23 所示，用小车运送货箱。已知货箱宽 $b=1\text{m}$，高 $h=2\text{m}$，可视为均质长方体。货箱与小车间的静摩擦因数 $f_s=0.35$，为了安全运送，则小车的最大加速度应为(　　)。

A. 0.35g　　B. 0.2g　　C. 0.5g　　D. 0.4g

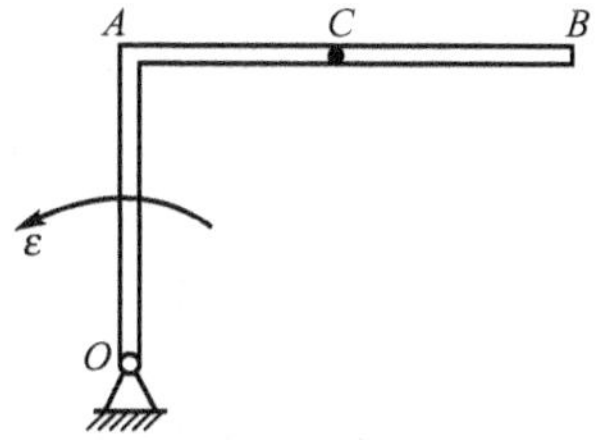

图 13.22　题三(7)图

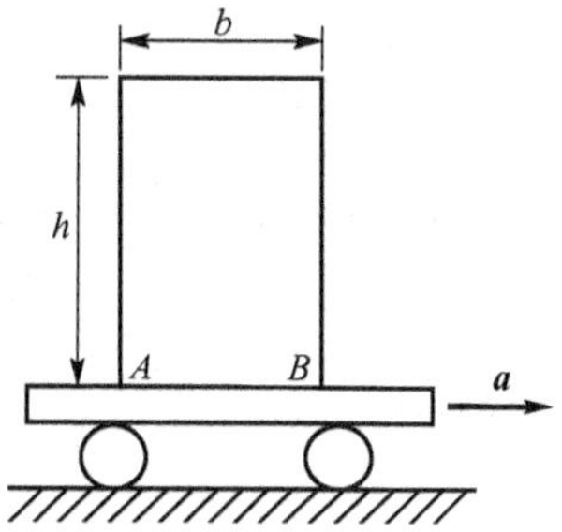

图 13.23　题三(8)图

9. 均质圆盘作定轴转动，图 13.24 (a)、(c)的转动角速度为常数($\omega=C$)，而图 13.24 (b)、(d)的角速度不为常数($\omega\neq C$)，则惯性力系简化的结果为平衡力系的是(　　)。

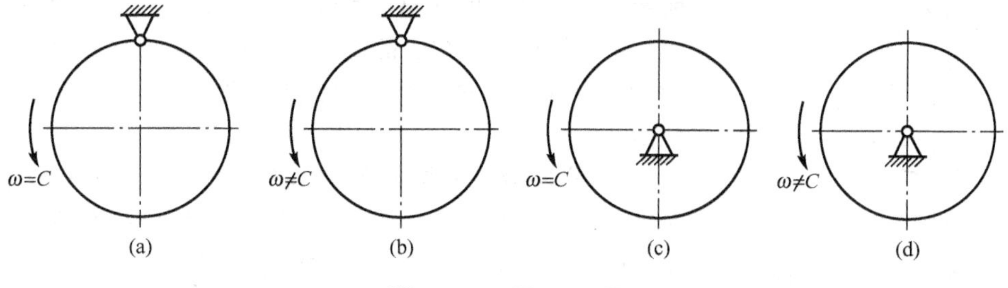

图 13.24　题三(9)图

四、计算题

1. 均质圆盘半径为 r，重量为 $\boldsymbol{P}$，从静止开始沿斜面作纯滚动，如图 13.25 所示。不计滚动摩擦力，求轮心的加速度(已知斜面倾角为 α)。

2. 如图 13.26 所示，滑轮重量为 $\boldsymbol{W}$，可视为均质圆盘。轮上绕以细绳，绳的一端固定在 A 点，求滑轮下降时轮心 C 的加速度和绳子的拉力。

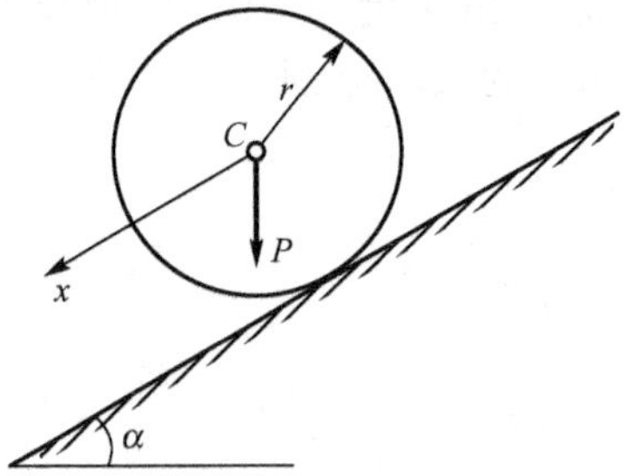

图 13.25　题四(1)图

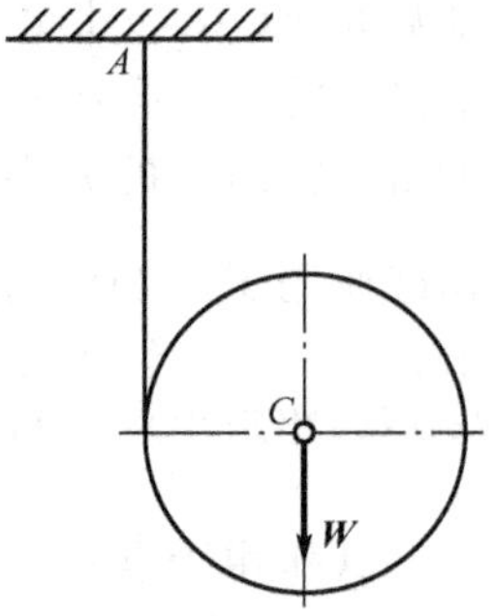

图 13.26　题四(2)图

3. 如图 13.27 所示为一半径为 R、重为 $\boldsymbol{Q}$ 的均质圆轮，其轮心 C 处系一细绳绕过滑轮 O，绳的另一端系一重量为 $\boldsymbol{P}$ 的重物，轮子在水平面上作纯滚动，不计滑轮的质量。试求：(1) 轮心 C 的加速度；(2) 轮子与地面间的摩擦力。

4. 均质圆柱重量为 $\boldsymbol{P}$，半径为 R，在常力 $\boldsymbol{F}$ 作用下沿水平面作纯滚动，如图 13.28 所示。求轮心的加速度以及地面的约束反力。

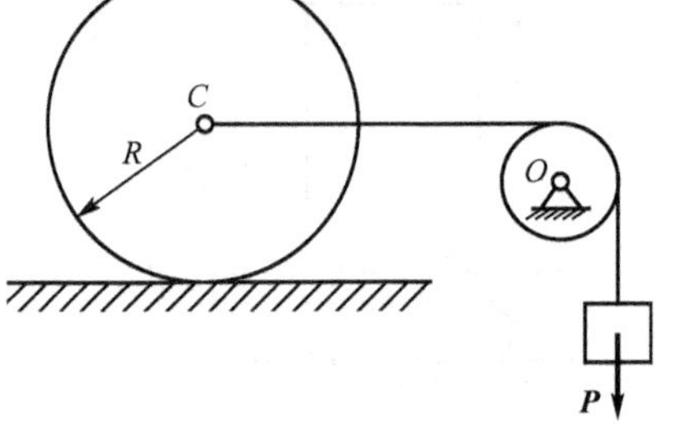

图 13.27　题四(3)图

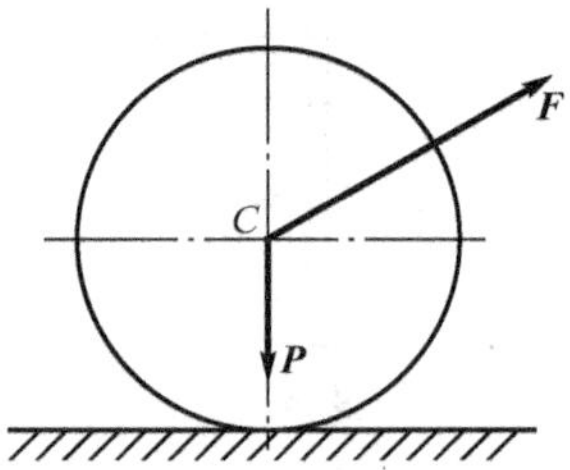

图 13.28　题四(4)图

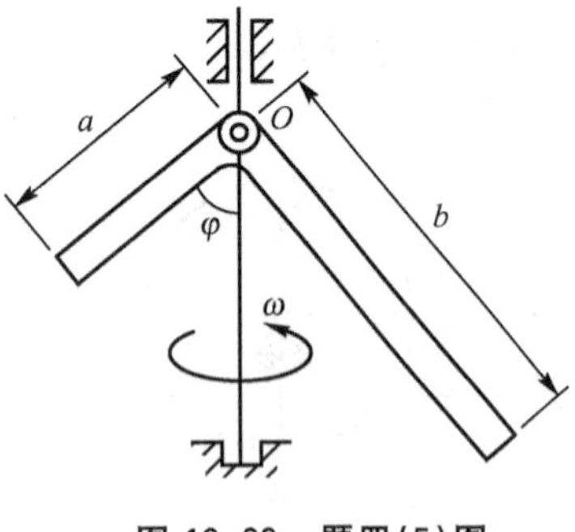

图 13.29　题四(5)图

5. 两细长均质直杆互成直角地固连在一起，其顶点 O 与铅垂轴以铰链相连，此轴以匀角速度 ω 转动，如图 13.29 所示。求长为 a 的杆离铅垂线的偏角 φ 与 ω 间的关系。

6. 质量 $m=10\text{kg}$ 的均质杆，用三根绳子吊住，尺寸如图 13.30 所示。求当绳子 AC 突然断裂时，绳 AD、BE 的拉力。

7. 曲柄滑道机构如图 13.31 所示，已知圆轮半径为 r，对转轴的转动惯量为 J，轮上作用一不变的力偶 M，滑槽 ABD 的质量为 m，不计摩擦力。试求圆轮的转动微分方程。

8. 如图 13.32 所示的曲柄 OA 的质量为 m_1，长为 r，以等角速度 ω 绕水平的 O 轴逆时针方向转动。曲柄的 A 端推动水平板 B，使质量为 m_2 的滑块 C 沿铅直方向运动。不计摩擦力，求当曲柄与水平方向夹角为 30°时的力偶矩 M 以及轴承 O 的反力。

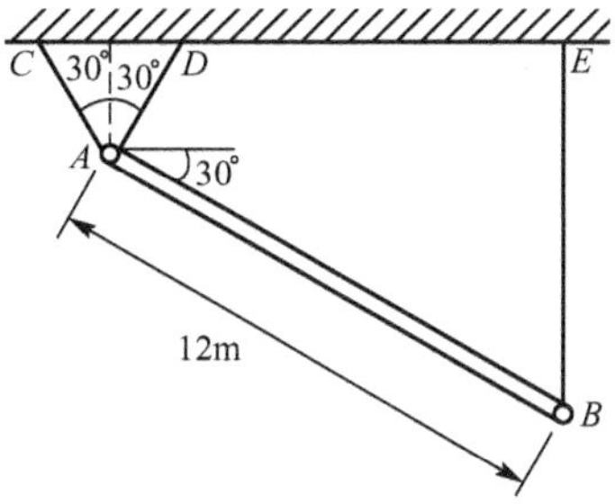

图 13.30 题四(6)图

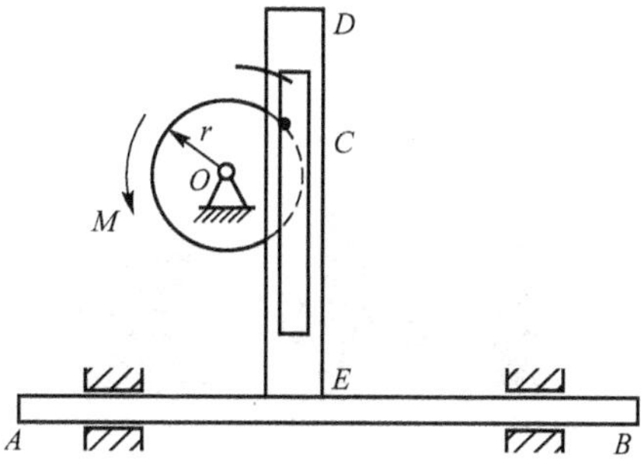

图 13.31 题四(7)图

9. 在如图 13.33 所示的曲柄连杆机构中，半径 $R=0.2\text{m}$，以不变的速度 $\omega_0=10\pi\text{rad/s}$ 绕 O 轴转动，连杆长 $l=0.5\text{m}$，其质量 $m_{AB}=4\text{kg}$，滑块质量 $m_B=5\text{kg}$，求 $\beta=0°$ 和 $\beta=180°$ 时，连杆 AB 所受的反力。

10. 在如图 13.34 所示的机构中，各杆单位长度的质量为 m，圆盘在铅直平面内做匀速转动，角速度为 ω_0。求在图示位置时，作用于 AB 杆上 A 点和 B 点的反力大小，尺寸如图 13.34 所示。

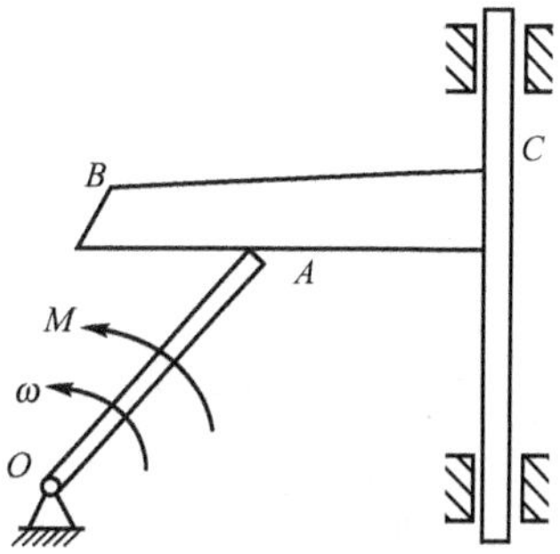

图 13.32 题四(8)图

11. 均质长方形板 $ABDE$ 的质量为 m，边长 $AB=2b$，$AE=b$，用两根等长细绳 O_1A 和 O_2B 吊在水平固定板上，如图 13.35 所示。若在静止状态突然剪断细绳 O_2B，试求该瞬时质心 C 的加速度 a_C 和绳 O_1A 的拉力 $\boldsymbol{F}$ 的大小。

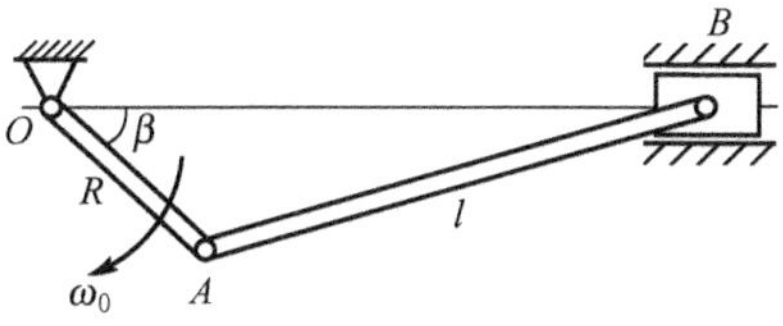

图 13.33 题四(9)图

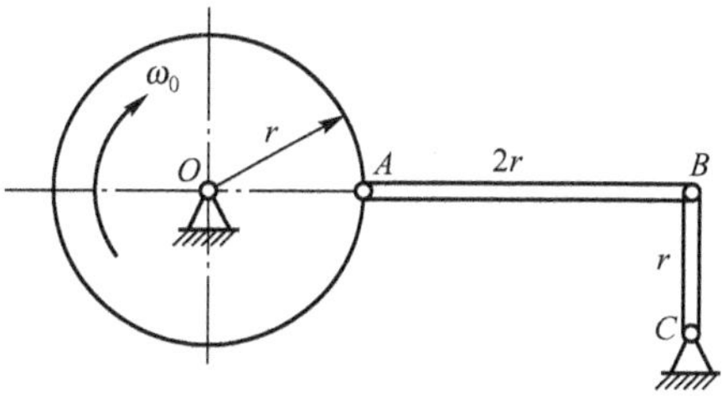

图 13.34 题四(10)图

12. 两根相同的均质杆 OA 和 AB 的质量各为 m，长度为 l，以铰链 A 连接，左端为固定铰链支座 O。求该系统在如图 13.36 所示的水平位置由静止开始运动的瞬时，杆 OA 和 AB 的角加速度以及铰链支座 O 的约束反力。

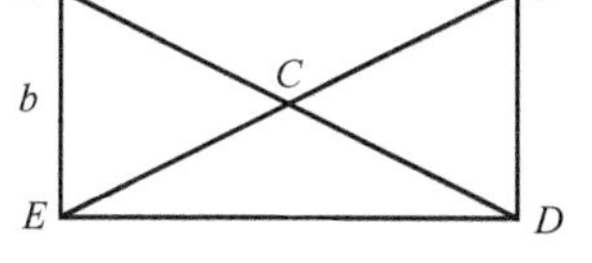

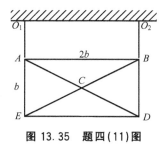

图 13.35 题四(11)图

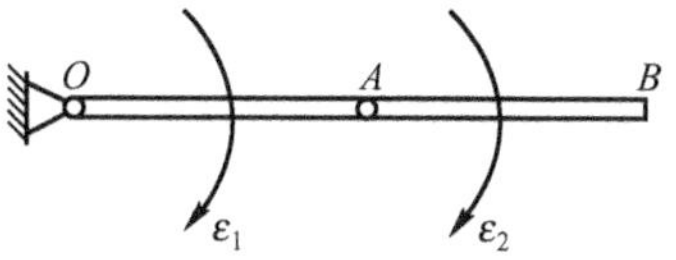

图 13.36 题四(12)图

第14章

虚位移原理

本章教学要点

知识要点	掌握程度	相关知识
基本概念	掌握理想约束、虚位移和虚功的基本概念	自由度、广义坐标
虚位移原理	掌握虚位移原理的应用	动能定理

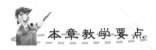

导入案例

虚位移原理是力学中的一个重要原理，应用很广。它不仅是求解平衡问题的普遍法则，而且和达朗贝尔原理结合起来得到动力学普遍方程，又为解决动力学问题提供了一个普遍原理。因此虚位移原理是求解静力平衡问题的普遍而有效的方法，也是分析力学的基础。虚位移原理用分析的方法建立了非自由质点系平衡的必要充分条件，是静力学普遍原理。学完本章后，我们可以对日常生活或者工程机构中各力之间的关系进行分析。例如，可以分析吸水拖把在挤水时拉力和阻力之间的关系，滑轮提升装置重物和人的推力之间的关系，也可以分析下面各图所示的机械装置中压紧力和作用于手柄的力之间的关系。当然为了满足某种要求，我们也可以设计一些常用的机构。下面将首先介绍虚位移原理涉及的几个基本概念，然后叙述虚位移原理及其应用。

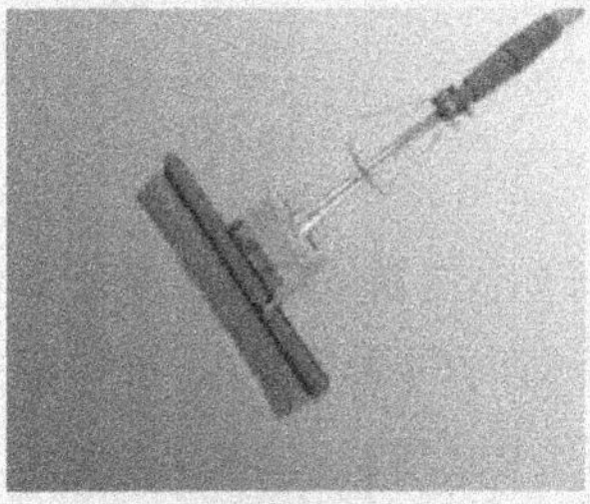

吸水拖把

滑轮提升装置

螺旋压榨机

四连杆压榨机

夹紧机构

台虎钳

14.1 约束质点系自由度和广义坐标

在工程实际中，特别是解决一些复杂的机构或结构的平衡问题时，不必像几何静力学那样求解一系列的联立方程组，而是根据具体的要求建立方程，使那些未知的但不需要求出的约束反力不在方程中出现，从而使繁冗的运算过程得到很大简化。这个原理不但能够简捷地处理非自由质点系的静力学问题，而且结合第 13 章所述的达朗贝尔原理还能建立普遍形式的动力学方程。本章只介绍虚位移原理及其工程应用，而不按分析力学的体系追求其完整性和严密性。

14.1.1 约束及其分类

从静力学的角度看，约束体现为约束和被约束物体之间的相互作用。而从运动学的角度看，约束体现为限制质点或质点系运动的条件。

在工程中所处理的质点系通常是非自由的，质点系中各质点的运动必须服从某些预先规定的限制条件。这些限制条件称为约束。其数学表达式称为约束方程。根据不同的角度，可将约束分为如下几类。

1. 几何约束和运动约束

只限制质点或质点系在空间几何位置的条件称为几何约束。其约束方程一般可写为 $f(r_i)=0$ 或 $f(r_i, t)=0(i=1, 2, 3)$，如图 14.1 所示的滑块，滑块由于受到滑道的约束而只能沿滑道运动，其约束方程为 $y=0$；如图 14.2 所示的小球 M 用轻质杆连接，小球在约束的限制下，只能在垂直面内作圆周运动，其约束方程为 $x^2+y^2=l^2$。

在力学中，除几何约束条件外，还有限制质点或质点系运动情况的运动学条件，称为运动约束。其约束方程一般可写为 $f(r_i, \dot{r}_i)=0$ 或 $f(r_i, \dot{r}, t)=0$，如在水平面上作纯滚动的车轮的运动，如图 14.3 所示，其运动约束方程为 $v_A=\dot{x}_A=r\omega$。

2. 定常约束和非定常约束

以上两例中，约束都不随时间而变，故约束方程中不含时间 t，这种约束称为定常约束。其约束方程一般可记为 $f(r_i)=0$ 或 $f(r_i, \dot{r}_i)=0$。如果约束随时间而变，因而约束方程中显含时间 t，这种约束称为非定常约束。其约束方程一般可记为 $f(r_i, t)=0$ 或 $f(r_i, \dot{r}_i, t)=0$。例如，将绳子的上端穿过小环 O，下端系一小球，如图 14.4 所示。设初瞬时小球与小环 O 的距离为 l_0，今以匀速度 $\boldsymbol{v}$ 拉动绳子，则在任一瞬时 t，小球与小环的距离为 $l=l_0-vt$，于是约束方程为

$$x^2+y^2=(l_0-vt)^2 \tag{14-1}$$

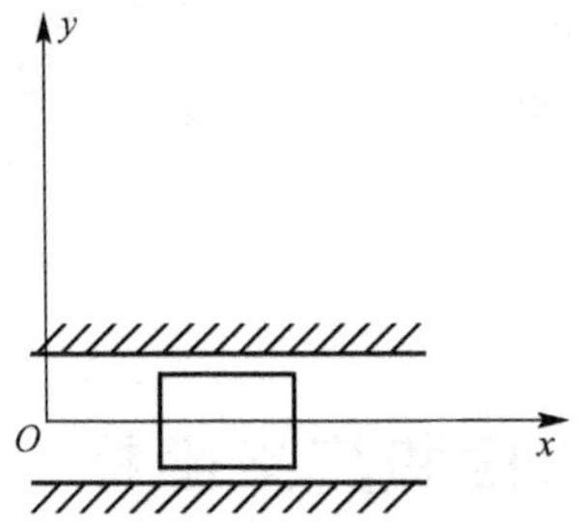

图 14.1 定常约束

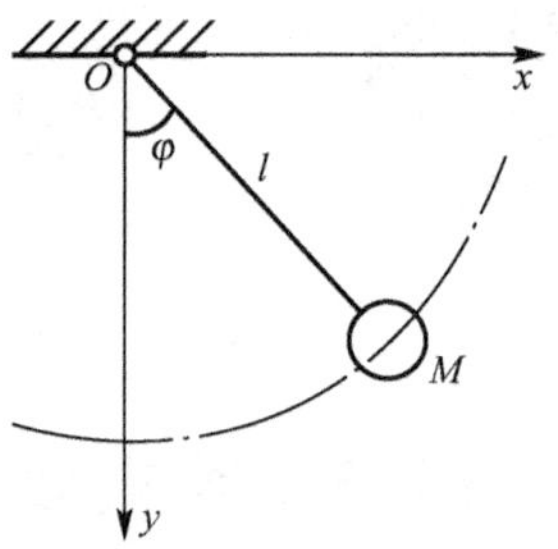

图 14.2 非定常约束

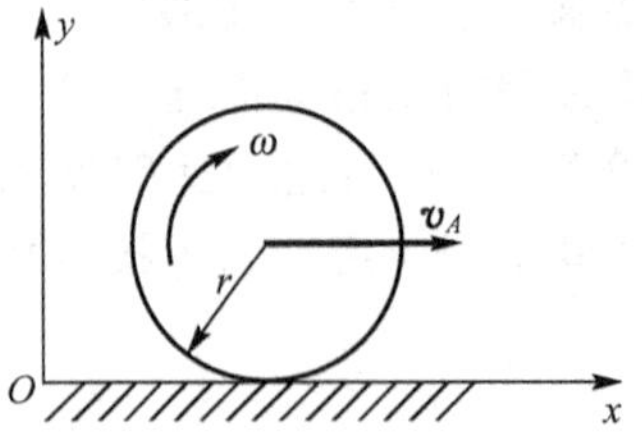

图 14.3 车轮在水平面上的滚动

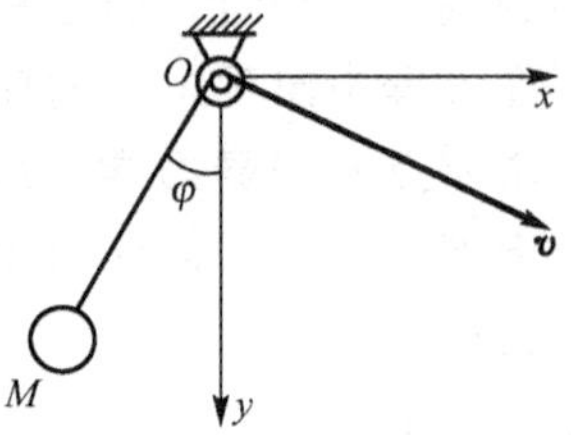

图 14.4 小球在绳子约束下运动

14.1.2 质点系的自由度和广义坐标

一个自由质点在空间的位置须用三个独立坐标来确定。设有由 n 个质点组成的质点系，其中每个质点都是自由的，则确定该质点系位置的 $3n$ 个坐标都是独立的。

对一个非自由质点系来说，由于受到约束，质点系中各质点的位置坐标因需满足几何约束条件，故不是完全独立的。一般对于由 n 个质点组成的质点系，受到 s 个几何约束，则确定质点系位置的 $3n$ 个坐标只有 $k=3n-s$ 个是独立的，即给定 k 个坐标，质点系的位置就可完全确定。

完全确定系统位置所需独立坐标的数目 k 被称为系统的自由度。例如图 14.5 所示的曲柄连杆机构，确定系统的位置共有四个坐标，即 x_A、y_A、x_B 和 y_B，但各坐标需满足三个约束方程，即

$$x_A^2+y_A^2=r^2;\quad (x_B-x_A)^2+(y_B-y_A)^2=l^2;\quad y_B=0 \tag{14-2}$$

因此，该系统只有一个坐标是独立的，此时质点系具有一个自由度。

又如图 14.6 所示的双锤摆在 Oxy 平面内运动，要确定该系统的位置需四个坐标 x_A、y_A、x_B 和 y_B，但系统共有两个约束方程，即

$$x_A^2+y_A^2=l_1^2;\quad (x_B-x_A)^2+(y_B-y_A)^2=l_2^2 \tag{14-3}$$

因此，系统只有两个坐标是独立的，此时质点系具有两个自由度。

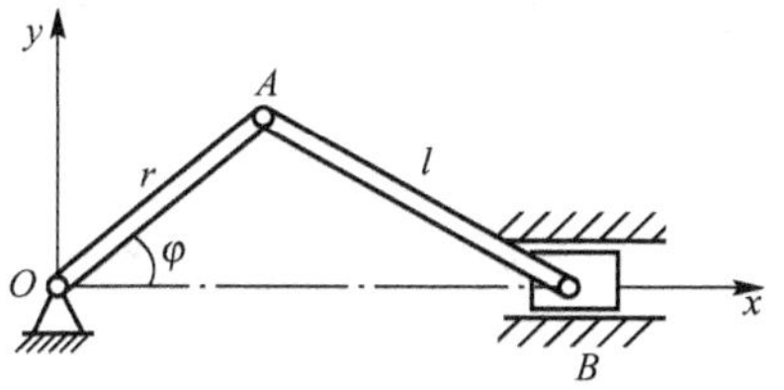

图 14.5 曲柄连杆机构

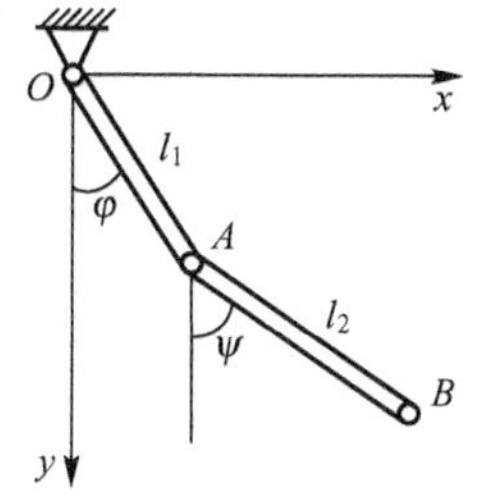

图 14.6 双锤摆

通过上面的分析可知，在通常情况下，可用各质点的坐标来确定一个系统的位置。但当质点系的质点和约束条件都较多时，为方便起见，可以适当选择和自由度数相等数量的其他独立变量来确定系统的位置。例如，可以用 φ 来确定如图 14.5 所示的系统的位置，用 φ 和 ψ 来确定如图 14.6 所示系统的位置。这些确定系统位置的独立变量称为广义坐标。

14.2 虚位移、虚功及理想约束

14.2.1 虚位移

在静平衡问题中，质点系中各质点都是静止不动的。可设想在约束允许的条件下，给某质点一个任意的、极其微小的位移。例如，如图 14.7 所示的质点 M 受到固定曲面的约束，质点沿曲面的法线方向 $\boldsymbol{n}$ 的位移将受到限制，但在不破坏约束的情况下，却容许质点沿所在位置切面上的任意方向发生无限小的位移 $\delta\boldsymbol{r}$。又如图 14.8 所示的曲柄连杆机构，

在某位置上，容许质点 A 沿垂直于 OA 方向有无限小的位移 $\delta \boldsymbol{r}_A$，容许质点 B 沿滑道方向有无限小的位移 $\delta \boldsymbol{r}_B$。上述例子中的 $\delta \boldsymbol{r}$、$\delta \boldsymbol{r}_A$、$\delta \boldsymbol{r}_B$ 都是约束条件允许的、可能实现的任意无限小的位移。在某瞬时，质点系在约束允许的条件下，可能实现的任意无限小的位移，称为虚位移，又称可能位移。虚位移可以是线位移，也可以是角位移。虚位移不同于真实的微小位移，所以用 δx、$\delta \varphi$ 和 $\delta \boldsymbol{r}$ 等表示，而不能用 $\mathrm{d}\boldsymbol{r}$ 表示。δ 是变分符号，它表示变量 x、φ 和 $\boldsymbol{r}$ 的无限小"变更"，即此位移并未发生，而是假想的虚设位移。

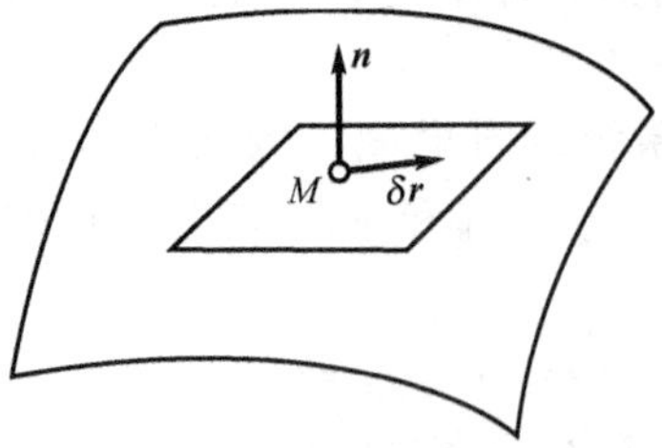

图 14.7　M受到固定曲面的约束虚位移

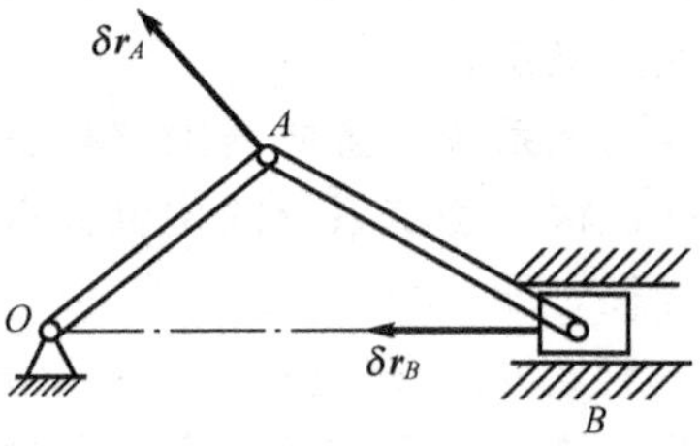

图 14.8　曲柄连杆机构的虚位移

值得一提的是，虚位移必须指明给定的瞬时，即必须指明质点或质点系所处的位置。事实上，在不同瞬时或不同位置，质点或质点系的虚位移是不同的。其次，虚位移必须为约束所允许，即满足约束方程。此外，虚位移是无限小的位移，而不是有限位移。由于任何为约束所容许的无限小的位移都是虚位移，因此，虚位移可能不止一个，如图 14.7 所示的质点 M 所在位置切面上任何一个无限小位移 $\delta \boldsymbol{r}$ 都是质点 M 的虚位移。

14.2.2　虚功

设某质点受力 $\boldsymbol{F}$，质点的虚位移为 $\delta \boldsymbol{r}$，则力 $\boldsymbol{F}$ 在虚位移 $\delta \boldsymbol{r}$ 上所做的功称为虚功，用 δW 表示，即

$$\delta W = \boldsymbol{F} \cdot \delta \boldsymbol{r} \tag{14-4}$$

本书中，虚功和实位移的元功虽然采用同一符号 δW，但它们之间有本质的区别。因为虚位移是假想的，不是真实发生的，因而虚功也是假想的，是虚的。

14.2.3　理想约束

如果在质点系的任何虚位移中，所有约束反力在虚位移上所做虚功之和为零，称这样的约束为理想约束。若以 $\boldsymbol{F}_{Ni}$ 表示作用于某质点的约束反力，$\delta \boldsymbol{r}_i$ 表示该质点的虚位移，δW_{Ni} 表示该约束反力在虚位移上做的功，则理想约束可以用公式表示为

$$\sum \delta W_N = \sum \boldsymbol{F}_{Ni} \cdot \delta \boldsymbol{r}_i = 0 \tag{14-5}$$

一般来说，不计摩擦的约束都属于理想约束。例如，光滑固定面约束、光滑圆柱铰链、不可伸长的绳索、固定端约束等都属于理想约束。

14.3　质点系的虚位移原理

虚位移原理可陈述如下：对具有理想约束的质点系，在某一位置处于平衡的充要条件

是所有作用于质点系的所有主动力，在该位置的任何虚位移中所做的虚功之和等于零，即

$$\sum\delta W_{\mathrm{F}}=0 \text{ 或} \sum \boldsymbol{F}_i\cdot\delta\boldsymbol{r}_i=0 \tag{14-6}$$

式中，$\boldsymbol{F}_i$为作用于质点系中第 i 个质点的主动力，$\delta\boldsymbol{r}_i$为第 i 个质点的虚位移。式(14-6)的解析表达式为

$$\sum(F_{xi}\delta x_i+F_{yi}\delta y_i+F_{zi}\delta z_i)=0 \tag{14-7}$$

式中，F_{xi}、F_{yi}、F_{zi}为主动力$\boldsymbol{F}_i$在三个坐标轴上的投影，δx_i、δy_i、δz_i为虚位移$\delta\boldsymbol{r}_i$在三个坐标轴上的投影。

下面证明虚位移原理。

1. 虚位移原理必要性的证明

设质点系处于平衡状态，证明作用于质点系上所有主动力在任一虚位移上所做虚功之和等于零，即

$$\sum\delta W_F=0$$

设 m_i是质点系中任意一点，作用在质点 m_i上的力分为主动力$\boldsymbol{F}_i$和约束力$\boldsymbol{F}_{\mathrm{N}i}$。因为质点系平衡，所以该质点满足

$$\boldsymbol{F}_i+\boldsymbol{F}_{\mathrm{N}i}=0$$

给质点系任意一组虚位移，质点 m_i的虚位移为$\delta\boldsymbol{r}_i$，如图 14.9 所示，则$\boldsymbol{F}_i$和$\boldsymbol{F}_{\mathrm{N}i}$所做的虚功之和必等于零

$$\delta W_F+\delta W_{\mathrm{N}}=(\boldsymbol{F}_i+\boldsymbol{N}_i)\cdot\delta\boldsymbol{r}_i=0$$

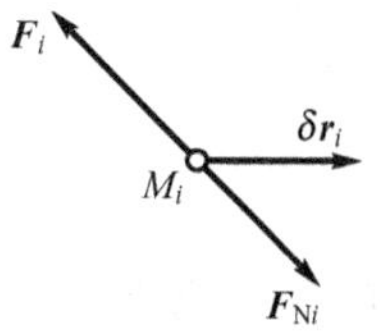

图 14.9 点的虚位移

对于质点系每一个质点都能写出这样一个等式，将每个等式相加得

$$\sum\delta W_F+\sum\delta W_{\mathrm{N}}=\sum\boldsymbol{F}_i\cdot\delta\boldsymbol{r}_i+\sum\boldsymbol{F}_{\mathrm{N}i}\cdot\delta\boldsymbol{r}_i=0$$

对于理想约束，约束反力在虚位移中所做的虚功之和为零，即

$$\sum\delta W_{\mathrm{N}}=\sum N_i\cdot\delta r_i=0$$

因而有

$$\sum\boldsymbol{F}_i\cdot\delta\boldsymbol{r}_i=0 \text{ 或} \sum\delta W_F=0$$

2. 虚位移原理充分性的证明

设所有作用于系统上的主动力在任一虚位移上的虚功之和等于零，即$\sum\delta W_F=0$。证明系统处于平衡。下面采用反证法证明虚位移原理的充分性。

设质点系在所有力的作用下不能平衡，不妨假设 m_i是质点系中某些由静止进入运动状态的质点中的一点，则作用在质点 m_i上的主动力$\boldsymbol{F}_i$和约束力$\boldsymbol{F}_{\mathrm{N}i}$必定有一合力$\boldsymbol{F}_{\mathrm{R}}$，如图 14.10 所示。质点 m_i在$\boldsymbol{F}_{\mathrm{R}}$的作用下发生微小实位移 $\mathrm{d}\boldsymbol{r}_i$，方向与$\boldsymbol{F}_{\mathrm{R}}$相同，在定常约束下，实位移是虚位移中的一个，仍然可以用$\delta\boldsymbol{r}_i$表示。这时$\boldsymbol{F}_{\mathrm{R}}$所做的功为

$$\delta W_F+\delta W_{\mathrm{N}}=\boldsymbol{F}_{\mathrm{R}}\cdot\delta\boldsymbol{r}_i>0$$

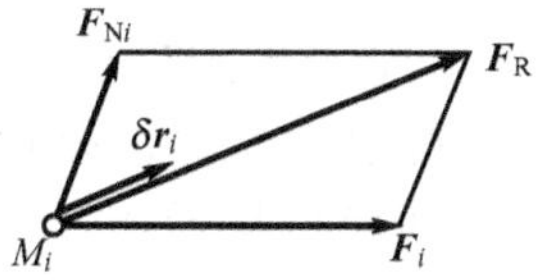

图 14.10 虚位移原理充分性的证明

对于质点系内每一个进入运动状态的质点都可以写出这样一个不等式，而对于质点系中，那些静止的每一个质点都可以写出这样一个等式

$$\delta W_F+\delta W_{\mathrm{N}}=(\boldsymbol{F}_i+\boldsymbol{F}_{\mathrm{N}i})\cdot\delta\boldsymbol{r}_i=0$$

将这些所有等式和不等式相加得到

$$\sum\delta W_F+\sum\delta W_{\mathrm{N}}>0$$

对于理想约束，有

$$\sum\delta W_N=0$$

将其代入上式得出

$$\sum\delta W_F>0$$

这个结果与假设$\sum\delta W_F=0$相矛盾。而这个矛盾是因为假设质点系在所有力的作用下不能平衡而产生的，所以质点系必须平衡。

应该指出，虽然虚位移原理是在理想约束条件下给出的，但该原理也可以应用于有摩擦的情况，只要把摩擦力处理成主动力，在虚功方程中计入摩擦力所做的虚功即可。

【例 14-1】 如图 14.11 所示的平面结构，$AB=r$，$BC=a$，$CD=b$。在 AB 杆上作用一力偶 M，C 点作用一水平力 $\boldsymbol{F}$。图示瞬时 $\theta=60°$，BC 杆处于水平位置，CD 杆处于铅垂位置。各杆的质量及铰链的摩擦均不计。求力偶 M 与 F 的关系。

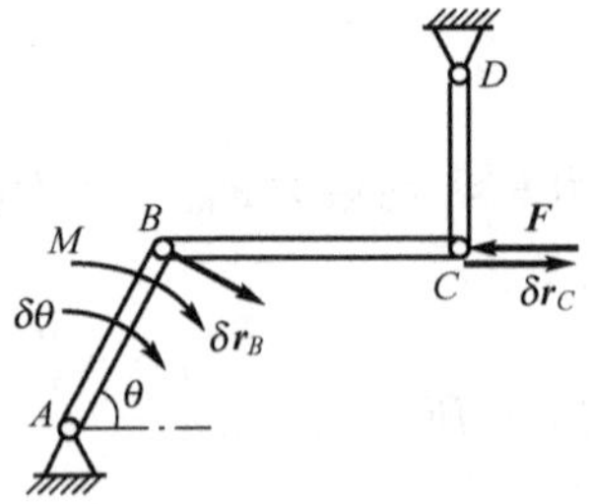

图 14.11 例 14-1 图

解： 以整个系统为研究对象，若忽略各铰链的摩擦，则约束是理想约束。作用于系统上的主动力为 AB 杆上作用一力偶 M，C 点作用一水平力 $\boldsymbol{F}$。给系统以虚位移，设 AB 杆按力偶 M 的转向转过极小的角 $\delta\theta$，于是水平力 $\boldsymbol{F}$ 的作用点 C 得到向右的位移 $\delta\boldsymbol{r}_C$。

计算所有主动力在虚位移中所作虚功的和，列出虚功方程

$$\delta W=M\delta\theta-F\delta r_C=0$$

为求得 M 与 F 的关系，应找出 $\delta\theta$ 和 δr_C 的关系。由于 BC 杆为刚性杆，B、C 两点的虚位移在 BC 连线上的投影应相等，由图可知

$$\delta r_B\cos30°=\delta r_C$$

而 $\delta r_B=r\delta\theta$，代入上式，有

$$r\delta\theta\cos30°=\delta r_C$$

上式代入虚功方程有

$$\delta W=(M-Fr\cos30°)\delta\theta=0$$

由于 $\delta\theta$ 是任意的，故

$$M-Fr\cos30°=0$$

解得

$$M=\frac{\sqrt{3}}{2}Fr$$

【例 14-2】 机构如图 14.12(a)所示。曲柄 OA 上作用一力偶，其力偶矩为 M，滑块 D 上作用一水平力 $\boldsymbol{F}$。各杆的质量及各处的摩擦均不计，求机构在图示位置平衡时 M 与 F 的关系。

解： 以整个系统为研究对象，若忽略各处的摩擦，则约束是理想约束。作用于系统上的主动力为 OA 杆上作用一力偶 M，滑块 D 上作用一水平力 $\boldsymbol{F}$。给系统以虚位移，设 OA 杆按力偶 M 的相反转向转过极小的角 $\delta\varphi$，A 点的虚位移为 $\delta\boldsymbol{r}_A$，B 点的虚位移为 $\delta\boldsymbol{r}_B$，于是水平力 $\boldsymbol{F}$ 的作用点 D 的虚位移为 $\delta\boldsymbol{r}_D$。

计算所有主动力在虚位移中所做虚功的和，列出虚功方程

$$\delta W=-M\delta\varphi+F\delta r_D=0$$

为求得 M 与 F 的关系，应找出 $\delta\varphi$ 和 δr_D 的关系。由于 AB、BD 杆为刚性杆，A、B

两点的虚位移在AB连线上的投影和B、D两点的虚位移在BD连线上的投影应分别相等，由图可知

$$\delta r_A\cos\theta=\delta r_B\cos2\theta,\quad \delta r_B\cos(90°-2\theta)=\delta r_D\cos\theta$$

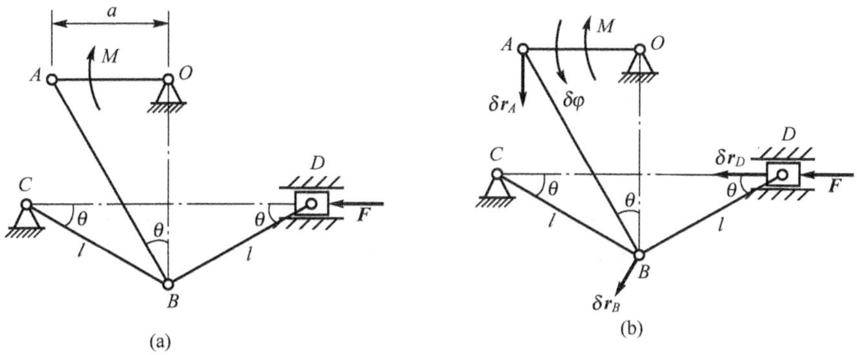

图 14.12 例 14-2 图

而$\delta r_A=a\delta\varphi$，代入上式，有

$$a\delta\varphi\tan2\theta=\delta r_D$$

上式代入虚功方程有

$$\delta W=(-M+Fa\tan2\theta)\delta\varphi=0$$

由于$\delta\varphi$是任意的，故

$$-M+Fa\tan2\theta=0$$

解得

$$M=Fa\tan2\theta$$

14.4 用虚位移原理求约束反力

虚位移原理虽然建立的是系统平衡时主动力之间的关系，但只要稍加处理，也可求约束反力，这就是解除约束求约束反力的方法。欲求某一约束反力，可将该约束解除，并以相应的约束反力代替此约束，系统仍平衡。将此约束反力当做主动力，给系统沿此约束反力方向一虚位移，利用虚位移原理即可求出此约束反力。

【例 14-3】 如图 14.13(a)所示的连续梁AOC尺寸如图所示，梁上作用有集中力$\boldsymbol{P}$和力偶M。求点B处的约束反力。

解： 这是一个完全约束的质点系。欲求点B处的约束反力，可以先解除点B处的约束，用约束反力$\boldsymbol{F}_{RB}$代替，将$\boldsymbol{F}_{RB}$视为主动力。用虚位移原理求解约束反力$\boldsymbol{F}_{RB}$。

以整个系统为研究对象，若忽略各处的摩擦，则约束是理想约束。作用于系统上的主动力为点B处作用一向上力$\boldsymbol{F}_{RB}$，点O处作用一向下的力$\boldsymbol{P}$。杆OD上作用一力偶M。给系统以虚位移，设杆AO按逆时针方向转过极小的角$\delta\varphi$，B点的虚位移为$\delta\boldsymbol{r}_B$，点O的虚位移为$\delta\boldsymbol{r}_O$，于是杆OD按顺时针方向转过极小的角$\delta\theta$。

计算所有主动力在虚位移中所做虚功的和，列出虚功方程

$$\delta W = M\delta\theta + F_{RB}\delta r_B - P\delta r_O = 0$$

为求得力 $\boldsymbol{F}_{RB}$ 的大小，应找出 $\delta\theta$、δr_O、δr_B 与 $\delta\varphi$ 的关系。由于杆 AO、OD 为刚性杆，由图可知

$$\delta r_B = a\delta\varphi,\quad \delta r_O = 2a\delta\varphi,\quad \delta r_O = a\delta\theta$$

即

$$\delta\theta = 2\delta\varphi,\quad \delta r_B = a\delta\varphi,\quad \delta r_O = 2a\delta\varphi$$

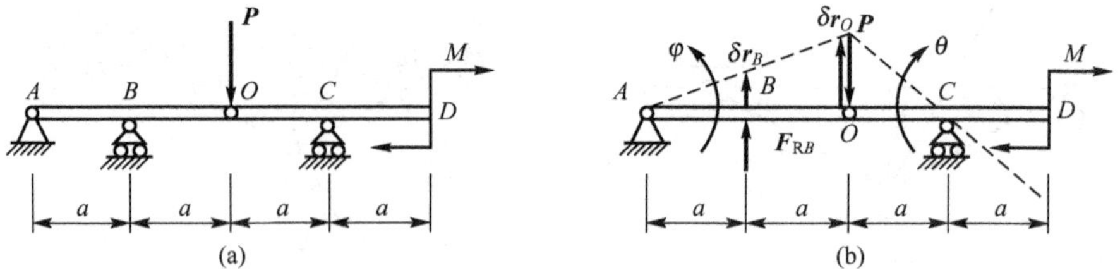

图 14.13　例 14-3 图

上式代入虚功方程有

$$\delta W = (2M + F_{RB}a - 2Pa)\delta\varphi = 0$$

由于 $\delta\varphi$ 是任意的，故

$$2M + F_{RB}a - 2Pa = 0$$

解得

$$F_{RB} = 2P - \frac{2M}{a}$$

【例 14-4】 平面结构如图 14.14(a)所示由 AB 和 BC 组成。$AB = BC = l$。在 AB 杆和 BC 杆的中点 D、E 上分别作用水平力 $\boldsymbol{P}$ 及铅垂力 $\boldsymbol{Q}$。图示位置 $\theta = 60°$。已知各杆质量及铰链处的摩擦力均不计，求 C 处的约束力。

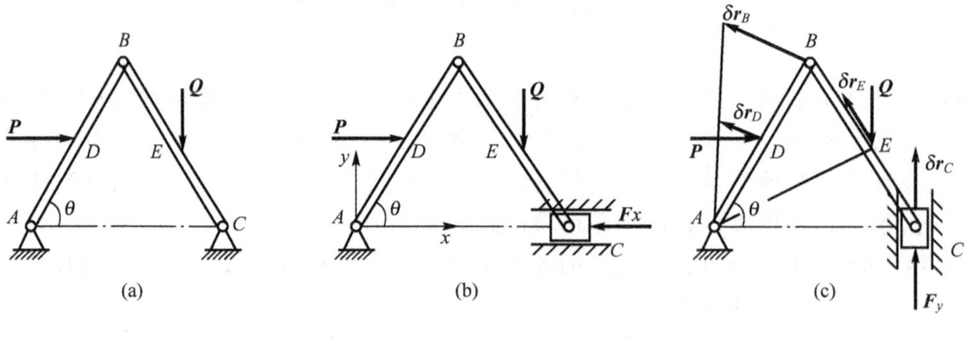

图 14.14　例 14-4 图

解： 这是一个完全约束的质点系。首先解除 C 处 x 方向的约束，将固定铰支座变成滑块并加上约束力 $\boldsymbol{F}_x$，如图 14.14(b)所示。将 $\boldsymbol{F}_x$ 处理成主动力，用虚位移原理求解约束反力 $\boldsymbol{F}_x$。

以整个系统为研究对象，若忽略各处的摩擦，则约束是理想约束。作用于系统上的主动力为 C 处作用一向左的水平力 $\boldsymbol{F}_x$，D 处作用一向的右水平力 $\boldsymbol{P}$，E 处作用一向下的力 $\boldsymbol{Q}$。给系统以虚位移，设杆 AB 按逆时针方向转过微小的转角 $\delta\theta$，则 C、D、E 的虚位移可

通过其坐标的变分得到。

$$x_D=\frac{l\cos\theta}{2},\quad y_E=\frac{l\sin\theta}{2}\quad x_C=2l\cos\theta$$

$$\delta x_D=-\frac{l\sin\theta}{2}\delta\theta,\quad \delta y_E=\frac{l\cos\theta}{2}\delta\theta\delta\quad \delta x_C=-2l\sin\theta\delta\theta$$

计算所有主动力在虚位移中所做虚功的和，列出虚功方程

$$\delta W=-F_x\delta x_C+P\delta x_D-Q\delta y_E=0$$

将 C、D、E 的虚位移表达式代入上式，可得

$$\delta W=\left(2F_xl\sin\theta-\frac{Pl\sin\theta}{2}-\frac{Ql\cos\theta}{2}\right)\delta\theta=0$$

由于 $\delta\theta$ 是任意的，故

$$2F_xl\sin\theta-\frac{Pl\sin\theta}{2}-\frac{Ql\cos\theta}{2}=0$$

解得

$$F_x=(3P+\sqrt{3}Q)/12$$

然后解除 C 处 y 方向的约束。将固定铰支座变成滑块并加上约束力 $\boldsymbol{F}_y$，如图 14.14(c)所示。同理，将 $\boldsymbol{F}_y$ 处理成主动力，用虚位移原理求解约束反力 $\boldsymbol{F}_y$。

设杆 AB 按逆时针方向转过微小的转角 $\delta\theta$，相应地 B 点的虚位移为 $\delta\boldsymbol{r}_B$，C 点的虚位移为 $\delta\boldsymbol{r}_C$，D 点的虚位移为 $\delta\boldsymbol{r}_D$。由于 AB 和 BC 杆均为刚性杆，故

$$\delta r_D=\frac{l}{2}\delta\theta,\quad \delta r_B=l\delta\theta,\quad \delta r_B\cos30^\circ=\delta r_E=\delta r_C\cos30^\circ$$

计算所有主动力在虚位移中所做虚功的和，列出虚功方程

$$\delta W=F_y\delta r_C-P\delta r_D\cos30^\circ-Q\delta r_E\cos30^\circ=0$$

将 C、D、E 的虚位移表达式代入上式，可得

$$\delta W=\left(F_y-\frac{P}{2}\cos30^\circ-Q\cos^2 30^\circ\right)\delta r_B=0$$

由于 δr_B 是任意的，故

$$F_y-\frac{P}{2}\cos30^\circ-Q\cos^2 30^\circ=0$$

解得

$$F_y=(\sqrt{3}P+3Q)/4$$

通过以上几个例题，可总结出应用虚位移原理求解质点系平衡问题的步骤和要点。

(1) 正确选取研究对象。以不解除约束的理想约束系统为研究对象，系统至少有一个自由度。若系统存在非理想约束，如弹簧力、摩擦力等，可把它们计入主动力，则系统又是理想约束系统，可选为研究对象。

若要求解约束反力，需解除相应的约束，代之以约束反力，并计入主动力。应逐步解除约束，每一次研究对象只解除一个约束，将一个约束反力计入主动力，增加一个自由度。

(2) 正确进行受力分析。画出主动力的受力图，包括计入主动力的弹簧力、摩擦力和待求的约束反力。

(3) 正确进行虚位移分析，确定虚位移之间的关系。计算系统的虚位移时，若各质点的直角坐标能用系统的广义坐标表示，进行变分运算即得各质点的虚位移的投影；对于常见的定常约束，实位移属于虚位移之列，因此可借助于运动学中分析速度的方法来求各点的虚位移之间的关系。

(4) 应用虚位移原理建立方程。

(5) 解虚功方程求出未知数。

小　　结

虚位移原理建立了质点系平衡的必要和充分条件，是解决质点系平衡问题的最一般原理。它从功的角度来研究质点系的平衡问题。

在某瞬时，质点系在约束允许的条件下，人所假想的任何无限小位移称为虚位移。虚位移可以是线位移，也可以是角位移。虚位移和实位移虽然都是约束所容许的位移，但二者是有区别的。实位移是质点系实际运动所发生的位移，而虚位移仅仅是想象中质点系可能发生的位移。实位移无所谓微小的限制，而虚位移则必须是微小的。

力在虚位移中所做的功称为虚功。

在质点系的任何虚位移中，所有约束力所做虚功的和等于零，这种约束称为理想约束。

对于具有理想约束的质点系，其平衡条件是作用于质点系上的所有主动力在任何虚位移上所做虚功的和等于零。其一般表达形式为$\sum\delta W_F=0$，这就是虚位移原理。

习　　题

一、是非题(正确的在括号内打“√”，错误的打“×”)

1. 因为实位移和虚位移都是约束允许的无限小位移，所以实位移必定总是诸多虚位移中的一个。　(　　)

2. 一个给定系统的自由度数是确定的，但广义坐标的选择是不确定的。　(　　)

3. 虚位移虽与时间无关，但与主动力的方向一致。　(　　)

二、填空题

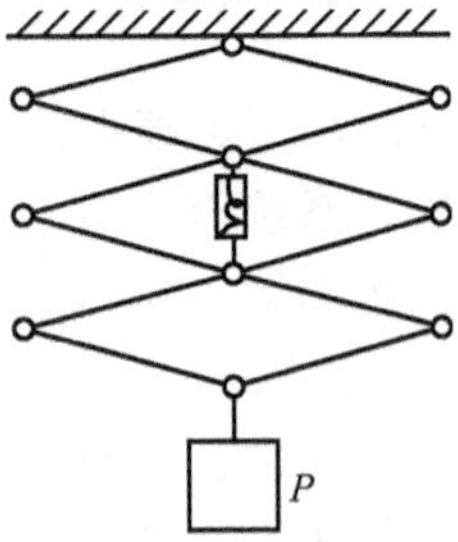

图 14.15　题二(1)图

1. 如图 14.15 所示的多菱形机构中，菱形中间放置一个弹簧秤，如果机构下端的重量为 $\boldsymbol{P}$，不计杆重，则弹簧秤显示的读数为________。

2. 一平面机构如图 14.16 所示。已知在杆 OA 上的C 点作用力 $\boldsymbol{P}$，在杆 AB 上的点 D 作用力 $\boldsymbol{Q}$，则作用在滑块 B 上的力 $\boldsymbol{F}$ 等于________。

3. 试确定如图 14.17 所示系统的自由度数。图 14.17(a)中自由度为________；图 14.17(b)中自由度为________。

4. 如果在质点系的虚位移中，所有约束反力所作虚功的代数和等于零，则称这种约束为________。

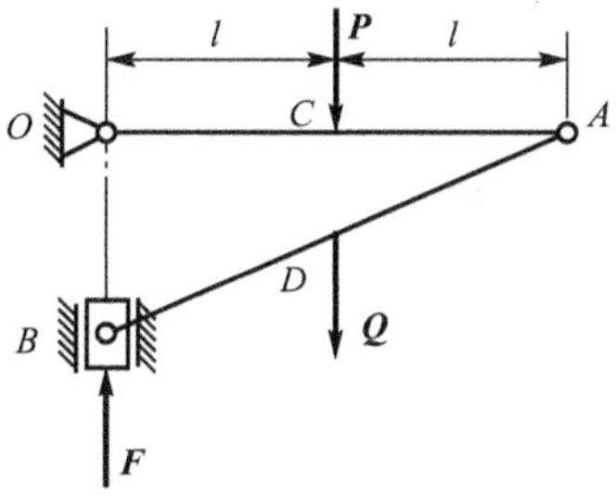

图 14.16 题二(2)图

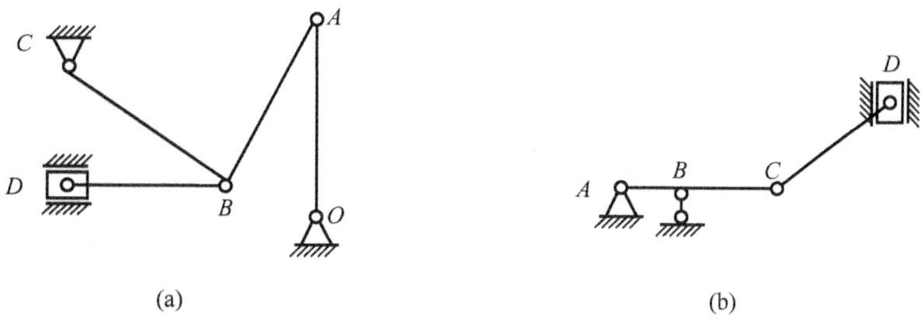

图 14.17 题二(3)图

三、选择题

1. 几何约束限制质点系中各质点的位置，但(　　)。

A. 不限制各质点的速度　　　　B. 同时也限制各质点的速度

2. 如图 14.18 所示的四连杆机构的虚位移有四种画法，其中正确的是(　　)。

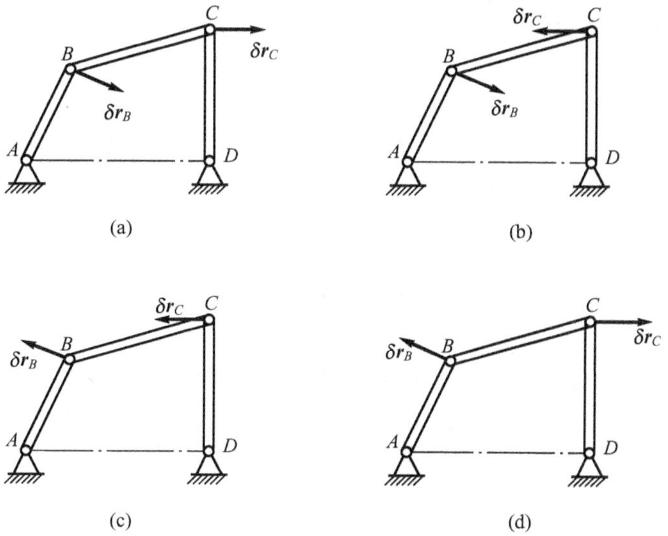

图 14.18 题三(2)图

3. 如图 14.19 所示系统中，虚位移 $\delta \boldsymbol{r}_A$ 是________的，$\delta \boldsymbol{r}_B$ 是________的，$\delta \boldsymbol{r}_C$ 是________的，$\delta \boldsymbol{r}_E$ 是________的。将不正确的虚位移改正，并画在图上。

A. 正确　　　　B. 不正确　　　　C. 不能确定

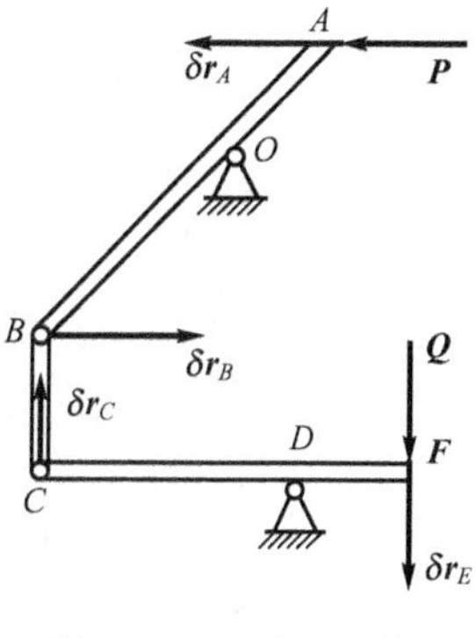

图 14.19 题三(3)图

四、计算题

1. 如图 14.20 所示的均质杆 AB 长 $2l$，一端靠在光滑的铅直墙壁上，另一端放在固定光滑面上。欲使 AB 杆能静止在图示的铅直平面内，问 $\boldsymbol{P}$、$\boldsymbol{Q}$ 的关系是怎样的？

2. 平面结构如图 14.21 所示。其中，$AC=CF=ED=DF=$

$BC=CE$。已知作用在 D 点上的力 $\boldsymbol{P}$ 和 θ 角，求 A 处水平方向的约束力 $\boldsymbol{F}_{Ax}$。

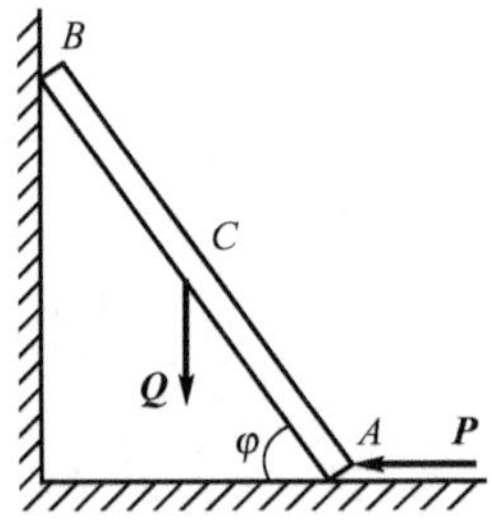

图 14.20　题四(1)图

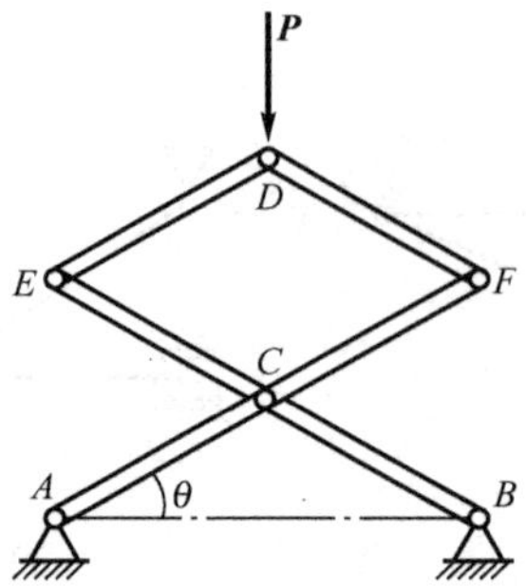

图 14.21　题四(2)图

3. 平面结构如图 14.22 所示。已知作用在 CB 杆上的力 $\boldsymbol{P}$，求 A 处的约束力。

4. 如图 14.23 所示为一平面机构。其中 $BO_2=2CO_2$，θ 角已知，各杆的自重不计。求 $\boldsymbol{P}$ 与 $\boldsymbol{Q}$ 的关系。

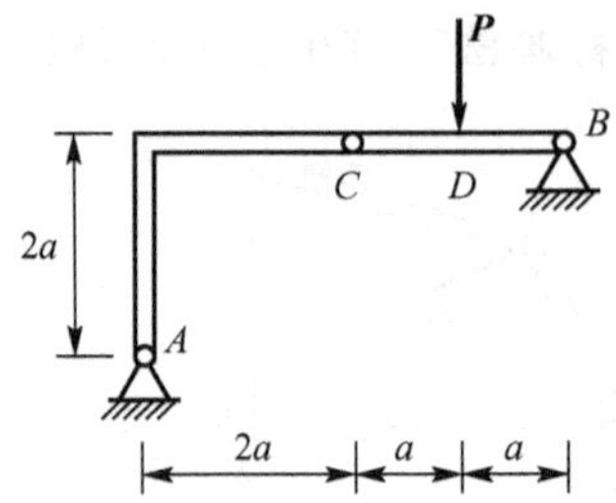

图 14.22　题四(3)图

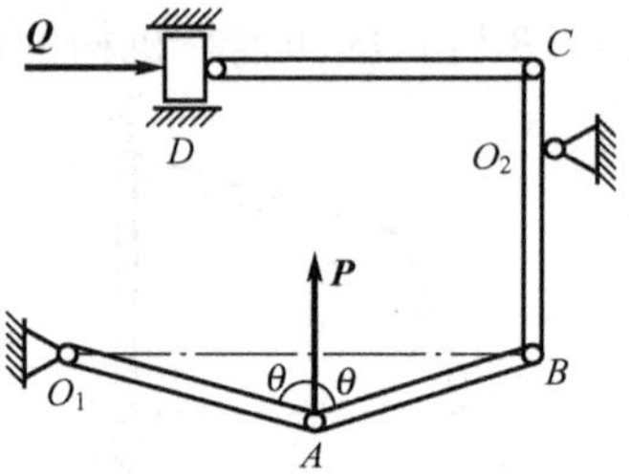

图 14.23　题四(4)图

5. 如图 14.24 所示，在四连杆机构(杆 CD 固定)的铰链 A 上作用一力 $P=200\text{N}$。试求使机构在给定位置上平衡的力 $\boldsymbol{Q}$ 的值。

6. 在图 14.25 所示机构中，当曲柄 OC 绕 O 轴摆动时，滑块 A 沿曲柄滑动，从而带动杆 AB 在铅直导槽 K 内移动。已知 $OC=a$，$OK=l$，在点 C 处垂直于曲柄作用一力 $\boldsymbol{F}_1$，而在点 B 沿 BA 作用一力 $\boldsymbol{F}_2$。求机构平衡时 F_1 和 F_2 的关系。

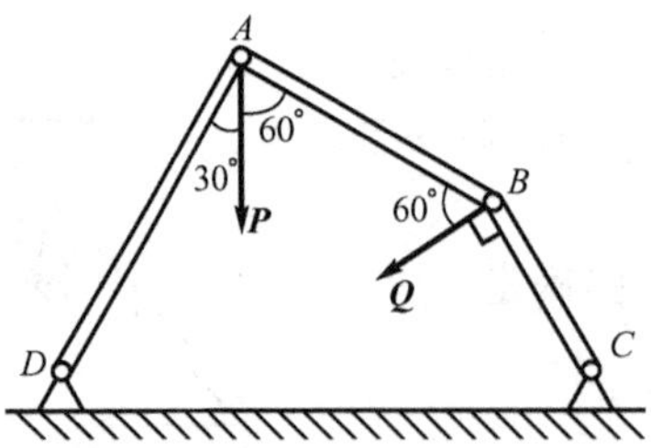

图 14.24　题四(5)图

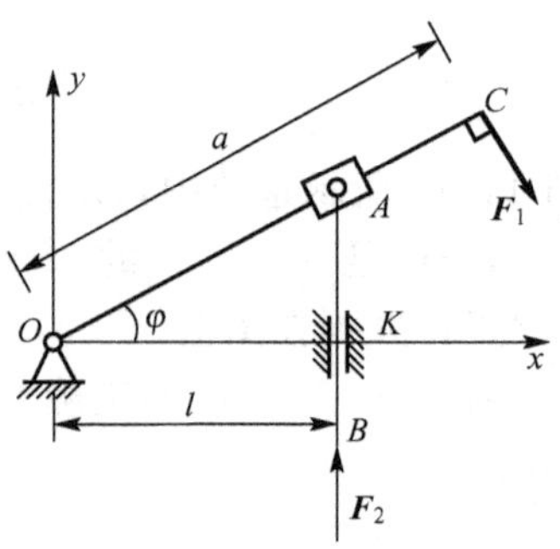

图 14.25　题四(6)图

7. 组合梁 ACD 如图 14.26 所示。其中 $a=0.8\text{m}$，$M=5\text{kN}\cdot\text{m}$，$P=10\text{kN}$。求固定端 A 处的约束反力。

8. 在图 14.27 所示的曲柄连杆式压榨机中的曲柄 OA 上作用一力偶矩 $M=500\text{N}\cdot\text{m}$，若 $OA=r=0.1\text{m}$，$BD=DC=ED=L=0.3\text{m}$。机构在水平面内，$\angle OAB=90°$，$\angle DEC=\alpha=15°$，求使机构在此位置平衡所需力 $\boldsymbol{P}$ 的大小。

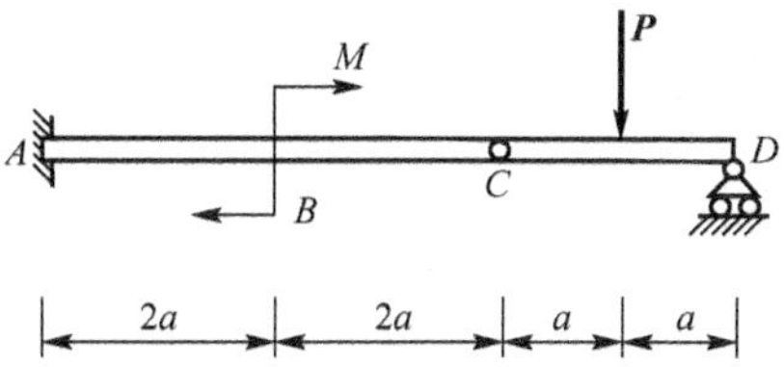

图 14.26 题四(7)图

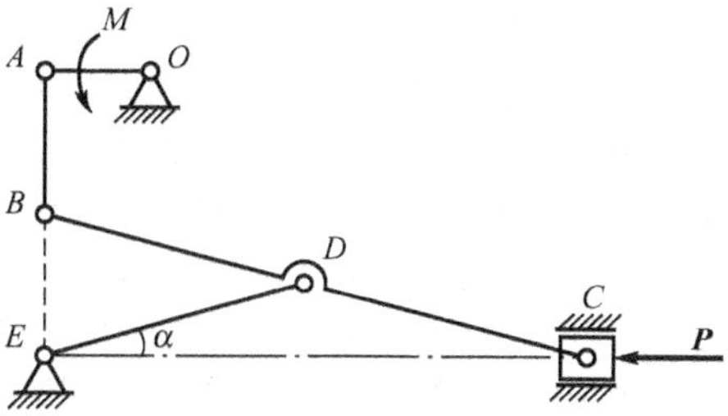

图 14.27 题四(8)图

9. 在图 14.28 所示两等长杆 AB 和 BC 在点 B 用铰链连接，又在杆的 D、E 两点连一弹簧。弹簧的刚度系数为 k，当距离 AC 等于 a 时，弹簧内拉力为零，不计各构件自重与各处摩擦。如在点 C 作用一水平力 $\boldsymbol{F}$，杆系处于平衡，求距离 AC 的值。

10. 图 14.29 所示的载荷作用如下：$q=2(\text{kN/m})$，$P=4(\text{kN})$，$P_1=12(\text{kN})$，其方向与水平线成 60°角，$M=18(\text{kN}\cdot\text{m})$。试求支座的约束反力。

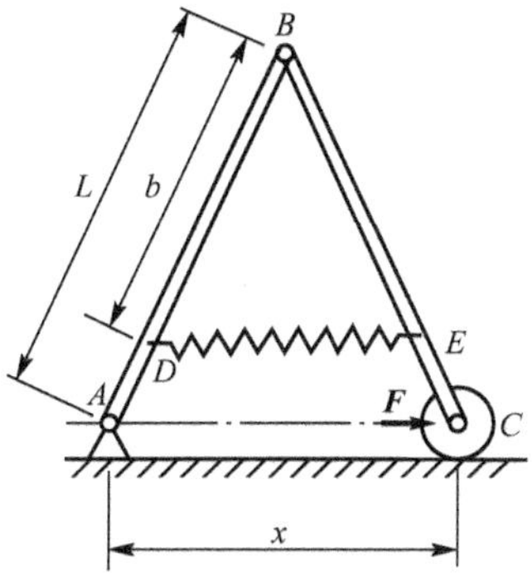

图 14.28 题四(9)图

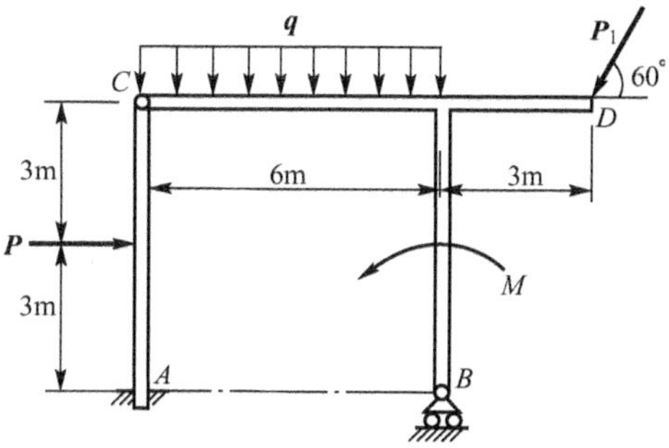

图 14.29 题四(10)图

参 考 文 献

[1] 哈尔滨工业大学理论力学教研室. 理论力学 [M]. 6 版. 北京：高等教育出版社，2002.
[2] 哈尔滨工业大学理论力学教研室. 理论力学思考题集 [M]. 北京：高等教育出版社，2004.
[3] 李冬华. 理论力学同步辅导 [M]. 哈尔滨：哈尔滨工业大学出版社，2003.
[4] 贾书惠. 理论力学教程 [M]. 北京：清华大学出版社，2004.
[5] 李俊峰，周克民. 理论力学 [M]. 北京：清华大学出版社，2003.
[6] 王铎. 理论力学习题集 [M]. 北京：人民教育出版社，1982.
[7] 和兴锁. 理论力学 [M]. 北京：科学出版社，2005.
[8] 蔡泰信，和兴锁. 理论力学解题方法和技巧 [M]. 北京：科学出版社，2005.
[9] 王崇革，付彦坤. 理论力学教程 [M]. 北京：北京航空航天大学出版社，2004.
[10] 西北工业大学网络教育学院.《理论力学》作业集 [M]. 西安：西北工业大学出版社，2005.
[11] 重庆建筑大学. 理论力学 [M]. 3 版. 北京：高等教育出版社，2006.
[12] 陈长征，罗跃纲，邹进和，等. 理论力学 [M]. 北京：科学出版社，2004.
[13] 谢传锋. 理论力学 [M]. 北京：中央广播电视大学出版社，1995.
[14] 韦林，周松鹤，唐晓弟. 理论力学 [M]. 上海：同济大学出版社，2007.
[15] 陈平. 理论力学辅导及习题精解 [M]. 西安：陕西师范大学出版社，2004.
[16] 李银山. Maple 理论力学 [M]. 北京：机械工业出版社，2006.

北京大学出版社教材书目

序号	书　名	标准书号	主　编	定价	出版日期
1	机械设计	978-7-5038-4448-5	郑　江，许　瑛	33	2007.8
2	机械设计(第 2 版)	978-7-301-28560-2	吕　宏　王　慧	47	2018.8
3	机械设计	978-7-301-17599-6	门艳忠	40	2010.8
4	机械设计	978-7-301-21139-7	王贤民，霍仕武	49	2014.1
5	机械设计	978-7-301-21742-9	师素娟，张秀花	48	2012.12
6	机械原理	978-7-301-11488-9	常治斌，张京辉	29	2008.6
7	机械原理	978-7-301-15425-0	王跃进	26	2013.9
8	机械原理	978-7-301-19088-3	郭宏亮，孙志宏	36	2011.6
9	机械原理	978-7-301-19429-4	杨松华	34	2011.8
10	机械设计基础	978-7-5038-4444-2	曲玉峰，关晓平	27	2008.1
11	机械设计基础	978-7-301-22011-5	苗淑杰，刘喜平	49	2015.8
12	机械设计基础	978-7-301-22957-6	朱　玉	38	2014.12
13	机械设计课程设计	978-7-301-12357-7	许　瑛	35	2012.7
14	机械设计课程设计(第 2 版)	978-7-301-27844-4	王　慧，吕　宏	42	2016.12
15	机械设计辅导与习题解答	978-7-301-23291-0	王　慧，吕　宏	26	2013.12
16	机械原理、机械设计学习指导与综合强化	978-7-301-23195-1	张占国	63	2014.1
17	机电一体化课程设计指导书	978-7-301-19736-3	王金娥　罗生梅	35	2013.5
18	机械工程专业毕业设计指导书	978-7-301-18805-7	张黎骅，吕小荣	22	2015.4
19	机械创新设计	978-7-301-12403-1	丛晓霞	32	2012.8
20	机械系统设计	978-7-301-20847-2	孙月华	32	2012.7
21	机械设计基础实验及机构创新设计	978-7-301-20653-9	邹旻	28	2014.1
22	TRIZ 理论机械创新设计工程训练教程	978-7-301-18945-0	蒯苏苏，马履中	45	2011.6
23	TRIZ 理论及应用	978-7-301-19390-7	刘训涛，曹　贺等	35	2013.7
24	创新的方法——TRIZ 理论概述	978-7-301-19453-9	沈萌红	28	2011.9
25	机械工程基础	978-7-301-21853-2	潘玉良，周建军	34	2013.2
26	机械工程实训	978-7-301-26114-9	侯书林，张　炜等	52	2015.10
27	机械 CAD 基础	978-7-301-20023-0	徐云杰	34	2012.2
28	AutoCAD 工程制图	978-7-5038-4446-9	杨巧绒，张克义	20	2011.4
29	AutoCAD 工程制图	978-7-301-21419-0	刘善淑，胡爱萍	38	2015.2
30	工程制图	978-7-5038-4442-6	戴立玲，杨世平	27	2012.2
31	工程制图	978-7-301-19428-7	孙晓娟，徐丽娟	30	2012.5
32	工程制图习题集	978-7-5038-4443-4	杨世平，戴立玲	20	2008.1
33	机械制图(机类)	978-7-301-12171-9	张绍群，孙晓娟	32	2009.1
34	机械制图习题集(机类)	978-7-301-12172-6	张绍群，王慧敏	29	2007.8
35	机械制图(第 2 版)	978-7-301-19332-7	孙晓娟，王慧敏	38	2014.1
36	机械制图	978-7-301-21480-0	李凤云，张　凯等	36	2013.1
37	机械制图习题集(第 2 版)	978-7-301-19370-7	孙晓娟，王慧敏	22	2011.8
38	机械制图	978-7-301-21138-0	张　艳，杨晨升	37	2012.8
39	机械制图习题集	978-7-301-21339-1	张　艳，杨晨升	24	2012.10
40	机械制图	978-7-301-22896-8	臧福伦，杨晓冬等	60	2013.8
41	机械制图与 AutoCAD 基础教程	978-7-301-13122-0	张爱梅	35	2013.1
42	机械制图与 AutoCAD 基础教程习题集	978-7-301-13120-6	鲁　杰，张爱梅	22	2013.1
43	AutoCAD 2008 工程绘图	978-7-301-14478-7	赵润平，宗荣珍	35	2009.1
44	AutoCAD 实例绘图教程	978-7-301-20764-2	李庆华，刘晓杰	32	2012.6
45	工程制图案例教程	978-7-301-15369-7	宗荣珍	28	2009.6
46	工程制图案例教程习题集	978-7-301-15285-0	宗荣珍	24	2009.6
47	理论力学(第 2 版)	978-7-301-23125-8	盛冬发，刘　军	49	2016.9
48	理论力学	978-7-301-29087-3	刘　军，阎海鹏	45	2018.1
49	材料力学	978-7-301-14462-6	陈忠安，王　静	30	2013.4
50	工程力学(上册)	978-7-301-11487-2	毕勤胜，李纪刚	29	2008.6
51	工程力学(下册)	978-7-301-11565-7	毕勤胜，李纪刚	28	2008.6
52	液压传动(第 2 版)	978-7-301-19507-9	王守城，容一鸣	38	2013.7
53	液压与气压传动	978-7-301-13179-4	王守城，容一鸣	32	2013.7

序号	书　　名	标准书号	主　　编	定价	出版日期
54	液压与液力传动	978-7-301-17579-8	周长城等	34	2011.11
55	液压传动与控制实用技术	978-7-301-15647-6	刘　忠	36	2009.8
56	金工实习指导教程	978-7-301-21885-3	周哲波	30	2014.1
57	工程训练(第4版)	978-7-301-28272-4	郭永环，姜银方	42	2017.6
58	机械制造基础实习教程(第2版)	978-7-301-28946-4	邱　兵，杨明金	45	2017.12
59	公差与测量技术	978-7-301-15455-7	孔晓玲	25	2012.9
60	互换性与测量技术基础(第3版)	978-7-301-25770-8	王长春等	35	2015.6
61	互换性与技术测量	978-7-301-20848-9	周哲波	35	2012.6
62	机械制造技术基础	978-7-301-14474-9	张　鹏，孙有亮	28	2011.6
63	机械制造技术基础	978-7-301-16284-2	侯书林　张建国	32	2012.8
64	机械制造技术基础(第2版)	978-7-301-28420-9	李菊丽，郭华锋	49	2017.6
65	先进制造技术基础	978-7-301-15499-1	冯宪章	30	2011.11
66	先进制造技术	978-7-301-22283-6	朱　林，杨春杰	30	2013.4
67	先进制造技术	978-7-301-20914-1	刘　璇，冯　凭	28	2012.8
68	先进制造与工程仿真技术	978-7-301-22541-7	李　彬	35	2013.5
69	机械精度设计与测量技术	978-7-301-13580-8	于　峰	25	2013.7
70	机械制造工艺学	978-7-301-13758-1	郭艳玲，李彦蓉	30	2008.8
71	机械制造工艺学(第2版)	978-7-301-23726-7	陈红霞	45	2014.1
72	机械制造工艺学	978-7-301-19903-9	周哲波，姜志明	49	2012.1
73	机械制造基础(上)——工程材料及热加工工艺基础(第2版)	978-7-301-18474-5	侯书林，朱　海	40	2013.2
74	制造之用	978-7-301-23527-0	王中任	30	2013.12
75	机械制造基础(下)——机械加工工艺基础(第2版)	978-7-301-18638-1	侯书林，朱　海	32	2012.5
76	金属材料及工艺	978-7-301-19522-2	于文强	44	2013.2
77	金属工艺学	978-7-301-21082-6	侯书林，于文强	32	2012.8
78	工程材料及其成形技术基础(第2版)	978-7-301-22367-3	申荣华	58	2016.1
79	工程材料及其成形技术基础学习指导与习题详解(第2版)	978-7-301-26300-6	申荣华	28	2015.9
80	机械工程材料及成形基础	978-7-301-15433-5	侯俊英，王兴源	30	2012.5
81	机械工程材料(第2版)	978-7-301-22552-3	戈晓岚，招玉春	36	2013.6
82	机械工程材料	978-7-301-18522-3	张铁军	36	2012.5
83	工程材料与机械制造基础	978-7-301-15899-9	苏子林	32	2011.5
84	控制工程基础	978-7-301-12169-6	杨振中，韩致信	29	2007.8
85	机械制造装备设计	978-7-301-23869-1	宋士刚，黄　华	40	2014.12
86	机械工程控制基础	978-7-301-12354-6	韩致信	25	2008.1
87	机电工程专业英语(第2版)	978-7-301-16518-8	朱　林	24	2013.7
88	机械制造专业英语	978-7-301-21319-3	王中任	28	2014.12
89	机械工程专业英语	978-7-301-23173-9	余兴波，姜　波等	30	2013.9
90	机床电气控制技术	978-7-5038-4433-7	张万奎	26	2007.9
91	机床数控技术(第2版)	978-7-301-16519-5	杜国臣，王士军	35	2014.1
92	自动化制造系统	978-7-301-21026-0	辛宗生，魏国丰	37	2014.1
93	数控机床与编程	978-7-301-15900-2	张洪江，侯书林	25	2012.10
94	数控铣床编程与操作	978-7-301-21347-6	王志斌	35	2012.10
95	数控技术	978-7-301-21144-1	吴瑞明	28	2012.9
96	数控技术	978-7-301-22073-3	唐友亮　佘　勃	45	2014.1
97	数控技术(双语教学版)	978-7-301-27920-5	吴瑞明	36	2017.3
98	数控技术与编程	978-7-301-26028-9	程广振　卢建湘	36	2015.8
99	数控技术及应用	978-7-301-23262-0	刘　军	49	2013.10
100	数控加工技术	978-7-5038-4450-7	王　彪，张　兰	29	2011.7
101	数控加工与编程技术	978-7-301-18475-2	李体仁	34	2012.5
102	数控编程与加工实习教程	978-7-301-17387-9	张春雨，于　雷	37	2011.9
103	数控加工技术及实训	978-7-301-19508-6	姜永成，夏广岚	33	2011.9
104	数控编程与操作	978-7-301-20903-5	李英平	26	2012.8
105	数控技术及其应用	978-7-301-27034-9	贾伟杰	46	2016.4
106	数控原理及控制系统	978-7-301-28834-4	周庆贵，陈书法	36	2017.9
107	现代数控机床调试及维护	978-7-301-18033-4	邓三鹏等	32	2010.11
108	金属切削原理与刀具	978-7-5038-4447-7	陈锡渠，彭晓南	29	2012.5
109	金属切削机床(第2版)	978-7-301-25202-4	夏广岚，姜永成	42	2015.1
110	典型零件工艺设计	978-7-301-21013-0	白海清	34	2012.8
111	模具设计与制造(第2版)	978-7-301-24801-0	田光辉，林红旗	56	2016.1
112	工程机械检测与维修	978-7-301-21185-4	卢彦群	45	2012.9
113	工程机械电气与电子控制	978-7-301-26868-1	钱宏琦	54	2016.3

序号	书　　名	标准书号	主　编	定价	出版日期
114	工程机械设计	978-7-301-27334-0	陈海虹，唐绪文	49	2016.8
115	特种加工(第 2 版)	978-7-301-27285-5	刘志东	54	2017.3
116	精密与特种加工技术	978-7-301-12167-2	袁根福，祝锡晶	29	2011.12
117	逆向建模技术与产品创新设计	978-7-301-15670-4	张学昌	28	2013.1
118	CAD/CAM 技术基础	978-7-301-17742-6	刘　军	28	2012.5
119	CAD/CAM 技术案例教程	978-7-301-17732-7	汤修映	42	2010.9
120	Pro/ENGINEER Wildfire 2.0 实用教程	978-7-5038-4437-X	黄卫东，任国栋	32	2007.7
121	Pro/ENGINEER Wildfire 3.0 实例教程	978-7-301-12359-1	张选民	45	2008.2
122	Pro/ENGINEER Wildfire 3.0 曲面设计实例教程	978-7-301-13182-4	张选民	45	2008.2
123	Pro/ENGINEER Wildfire 5.0 实用教程	978-7-301-16841-7	黄卫东，郝用兴	43	2014.1
124	Pro/ENGINEER Wildfire 5.0 实例教程	978-7-301-20133-6	张选民，徐超辉	52	2012.2
125	SolidWorks 三维建模及实例教程	978-7-301-15149-5	上官林建	30	2012.8
126	SolidWorks 2016 基础教程与上机指导	978-7-301-28291-1	刘萍华	54	2018.1
127	UG NX 9.0 计算机辅助设计与制造实用教程(第 2 版)	978-7-301-26029-6	张黎骅，吕小荣	36	2015.8
128	CATIA 实例应用教程	978-7-301-23037-4	于志新	45	2013.8
129	Cimatron E9.0 产品设计与数控自动编程技术	978-7-301-17802-7	孙树峰	36	2010.9
130	Mastercam 数控加工案例教程	978-7-301-19315-0	刘　文，姜永梅	45	2011.8
131	应用创造学	978-7-301-17533-0	王成军，沈豫浙	26	2012.5
132	机电产品学	978-7-301-15579-0	张亮峰等	24	2015.4
133	品质工程学基础	978-7-301-16745-8	丁　燕	30	2011.5
134	设计心理学	978-7-301-11567-1	张成忠	48	2011.6
135	计算机辅助设计与制造	978-7-5038-4439-6	仲梁维，张国全	29	2007.9
136	产品造型计算机辅助设计	978-7-5038-4474-4	张慧姝，刘永翔	27	2006.8
137	产品设计原理	978-7-301-12355-3	刘美华	30	2008.2
138	产品设计表现技法	978-7-301-15434-2	张慧姝	42	2012.5
139	CorelDRAW X5 经典案例教程解析	978-7-301-21950-8	杜秋磊	40	2013.1
140	产品创意设计	978-7-301-17977-2	虞世鸣	38	2012.5
141	工业产品造型设计	978-7-301-18313-7	袁涛	39	2011.1
142	化工工艺学	978-7-301-15283-6	邓建强	42	2013.7
143	构成设计	978-7-301-21466-4	袁涛	58	2013.1
144	设计色彩	978-7-301-24246-9	姜晓微	52	2014.6
145	过程装备机械基础(第 2 版)	978-301-22627-8	于新奇	38	2013.7
146	过程装备测试技术	978-7-301-17290-2	王毅	45	2010.6
147	过程控制装置及系统设计	978-7-301-17635-1	张早校	30	2010.8
148	质量管理与工程	978-7-301-15643-8	陈宝江	34	2009.8
149	质量管理统计技术	978-7-301-16465-5	周友苏，杨　飒	30	2010.1
150	人因工程	978-7-301-19291-7	马如宏	39	2011.8
151	工程系统概论——系统论在工程技术中的应用	978-7-301-17142-4	黄志坚	32	2010.6
152	测试技术基础(第 2 版)	978-7-301-16530-0	江征风	30	2014.1
153	测试技术实验教程	978-7-301-13489-4	封士彩	22	2008.8
154	测控系统原理设计	978-7-301-24399-2	齐永奇	39	2014.7
155	测试技术学习指导与习题详解	978-7-301-14457-2	封士彩	34	2009.3
156	可编程控制器原理与应用(第 2 版)	978-7-301-16922-3	赵　燕，周新建	33	2011.11
157	工程光学(第 2 版)	978-7-301-28978-5	王红敏	41	2018.1
158	精密机械设计	978-7-301-16947-6	田　明，冯进良等	38	2011.9
159	传感器原理及应用	978-7-301-16503-4	赵　燕	35	2014.1
160	测控技术与仪器专业导论(第 2 版)	978-7-301-24223-0	陈毅静	36	2014.6
161	现代测试技术	978-7-301-19316-7	陈科山，王　燕	43	2011.8
162	风力发电原理	978-7-301-19631-1	吴双群，赵丹平	33	2011.10
163	风力机空气动力学	978-7-301-19555-0	吴双群	32	2011.10
164	风力机设计理论及方法	978-7-301-20006-3	赵丹平	32	2012.1
165	计算机辅助工程	978-7-301-22977-4	许承东	38	2013.8
166	现代船舶建造技术	978-7-301-23703-8	初冠南，孙清洁	33	2014.1
167	机床数控技术(第 3 版)	978-7-301-24452-4	杜国臣	43	2016.8
168	工业设计概论(双语)	978-7-301-27933-5	窦金花	35	2017.3
169	产品创新设计与制造教程	978-7-301-27921-2	赵　波	31	2017.3